高 等 学 校 教 材

材料力学

（第2版）

○ 四川...
○ 秦世...

中国教育出版传媒集团

高等教育出版社·北京

内容提要

本教材是在第 1 版的基础上,根据教育部高等学校工科基础课程教学指导委员会制定的《高等学校工科基础课程教学基本要求》之"材料力学课程教学基本要求(A 类)"修订而成的。

本教材内容包括绪论、杆件的内力、固体力学中的基本概念、杆件的拉伸与压缩、轴的扭转、梁的弯曲应力、梁的弯曲变形、应力与应变状态分析、强度理论、弹性压杆稳定、能量法等。教材中带"＊"的章节可以根据需要选讲,跳过这些章节不会影响后续内容的教学;若不讲带"＊"的章节约需 64 学时,若讲授全部内容则约需 96 学时。

本教材适合高等学校工科机械类、土木类、航空航天类等专业中学时、多学时材料力学课程教学使用,亦可供参加材料力学考研、竞赛的师生及相关工程人员参考。

图书在版编目(CIP)数据

材料力学 / 四川大学材料力学教研室编 ;秦世伦,李晋川编著. -- 2 版. -- 北京 :高等教育出版社,2023.9

ISBN 978-7-04-060769-7

Ⅰ.①材… Ⅱ.①四… ②秦… ③李… Ⅲ.①材料力学-高等学校-教材 Ⅳ.①TB301

中国国家版本馆 CIP 数据核字(2023)第 123837 号

Cailiao Lixue

策划编辑	黄 强	责任编辑	黄 强	封面设计	裴一丹	版式设计	杜微言
责任绘图	于 博	责任校对	张 薇	责任印制	存 怡		

出版发行	高等教育出版社	网 址	http://www.hep.edu.cn
社 址	北京市西城区德外大街 4 号		http://www.hep.com.cn
邮政编码	100120	网上订购	http://www.hepmall.com.cn
印 刷	肥城新华印刷有限公司		http://www.hepmall.com
开 本	787mm×1092mm 1/16		http://www.hepmall.cn
印 张	28.75	版 次	2016 年 9 月第 1 版
字 数	680 千字		2023 年 9 月第 2 版
购书热线	010-58581118	印 次	2023 年 9 月第 1 次印刷
咨询电话	400-810-0598	定 价	60.00 元

本书如有缺页、倒页、脱页等质量问题,请到所购图书销售部门联系调换

材料力学

（第2版）

1 计算机访问 https://abooks.hep.com.cn/1251702，或手机扫描二维码，访问新形态教材网小程序。

2 注册并登录，进入"个人中心"，点击"绑定防伪码"。

3 输入教材封底的防伪码（20位密码，刮开涂层可见），或通过新形态教材网小程序扫描封底防伪码，完成课程绑定。

4 点击"我的学习"找到相应课程即可"开始学习"。

材料力学（第 2 版）

作者 四川大学材料力学教研室 编，秦世伦、李喜川编著

出版单位 高等教育出版社

出版时间 2023-07-20

开始学习　收藏

本课程与纸质教材一体化设计，紧密配合，内容包括电子教案、思考题和习题解答、自测题和模拟题及参考答案等，充分运用多种形式媒体资源，极大丰富了知识的呈现形式，拓展了教材内容。

绑定成功后，课程使用有效期为一年。受硬件限制，部分内容无法在手机端显示，请按提示通过计算机访问学习。

如有使用问题，请发邮件至 abook@hep.com.cn。

扫描二维码
访问新形态教材网小程序

https://abooks.hep.com.cn/1251702

第 2 版前言

本教材自 2016 年出版以来,受到不少读者的关注和青睐。为了回馈读者的厚爱,在四川大学有关部门的支持下,我们推出了本教材第 2 版。

本教材第 2 版秉承初版打造探究式学习教材的理念,在保留总体框架的前提下,补充完善了一些提法,对初版的文字和插图进行了全面的审视,修改了一些不够严谨的文字和一些例题和习题的数据。

除了教材自身的修订之外,这次还补充提供了下列教学资源:

1. 电子教案。

2. 练习与思考(含教材中所有思考题和习题的参考解答)。

3. 模拟试题(含多学时和中学时各 8 套模拟试题及其参考解答)。

登录与本教材配套的新形态教材网站,即可浏览或下载上述资料。

本次修订工作由四川大学材料力学教研室的王宠教授主持。

四川大学黄崇湘教授仔细审阅了本教材第 2 版,并且提出了很多宝贵的意见和建议,在此表示衷心的感谢。

我们深知,打造一部精品教材是一个长期的过程,需要反复审视和修改。我们期望能够得到广大读者的批评和帮助。编者的电子邮箱是 qinshilun@ sina. com。

编者

2023 年 5 月

第 1 版前言

  这部教材是国家级精品课程"工程力学"(静力学 + 材料力学)及四川省教改项目"材料力学教学资源库建设"的研究成果之一。

  "材料力学"课程的传统定位是"技术基础课"。为了顺应高校培养高素质创新人才的要求,适应当代科学技术的发展趋势,同时也考虑到力学学科自身的特点,我们把课程重新定位于"应用科学基础课"。在课程目标方面,把培养学生的创新精神和科学素质作为课程改革的出发点,并把"材料力学,我们身边的科学"作为课程的基本理念;在课程内容和体系方面,在强调课程的应用性的同时,把课程的基础性放到重要位置。

  为了实现上述设想,这部教材在以下几方面做出了努力:

  (1)把本教材打造为学生探究型学习的文本。教材中提供了丰富的资料和多维度的思考,努力构筑学生主动学习的宽阔平台。重视学生对知识的积累、发展和创新过程的体验和研究,对于基本概念、基本原理和基本方法的引入、证明和应用,不仅讲"怎么做",而且讲"为什么要这么做",还要引导学生思考"怎么会想到要这样做"。利用图形,引导学生的思维从形象到逻辑,从具体到抽象的转化。让学生从知识的琢磨、讨论和研究的过程中领悟知识的发展和创新,培养学生的思辨能力。

  (2)把本教材打造为开放型教材。编者认为,"材料力学"课程的特点,是重视构件在外荷载作用下所表现出来的主要特征,抓住主要矛盾,建立简化模型;综合利用几何分析、物理分析和力学分析的手段,得出符合主要物理事实并满足工程需要的结论。因此,本教材没有把课程内容固化为自我封闭的知识体系,而是将其作为正在发展、不断完善的科学技术的一个环节。既重视其基础性的地位和作用,也重视其与当代科技发展的联系;既重视其在解决许多工程技术问题的有效性,同时也要使学生看到它在应用中所受到的限制,从而培养学生的批判性思维和独立思考的能力。

  (3)重视知识的综合应用,有意识地加大了对综合问题分析的力度和深度,目的在于培养学生从总体上把握力学问题的能力。本教材加强了实验方面的内容,尤其加强了实验方案设计方面的训练,使之成为课程的有机组成部分。

  在内容的编写方面也有较大的改进。在"固体力学中的基本概念""梁的弯曲变形""应力与应变分析""弹性压杆稳定"等章节与国内同类教材相比有明显的变化,出现了一些新的提法。这些变化一方面来源于对国外教材的借鉴,一方面也来源于编者对于若干问题的研究体会。

  本教材重视对学生认知规律的研究、适应和利用。内容的安排方面力求深度适宜,难点分散,在循序渐进的同时适当增大梯度;语言叙述方面力求在准确的同时做到流畅通俗,易于理解,便于自学。尽管这部教材是新的,但其体系、内容和方法在近几年的教学实践中已经得到了体现,并已取得了较好的效果。因此,本教材应该说是近几年教学改革及实践的一个反映和总结。

本教材的另一个特点,就是提供了大量的思考题和习题,思考题和习题总量达 1 000 余道,大大超过目前国内同类教材。这一方面是让学生有充分思考和练习的机会,另一方面也为教师因材施教和学生自主学习提供素材;某些对较深入内容的拓展就是以习题的形式出现的。习题按难易程度分为 A、B 两组。习题和思考题充分注意了多样性与新颖性。其中有许多非工业工程类的题目,这是为了强调课程的基本理念而设置的;还有一些新型的研究型题目,供学有余力的学生进一步钻研。部分经典性的题目广泛采集于已经出版的教材。在此向这些教材的作者们致谢,并因不可能逐一查找起源而请求谅解。本教材中许多新型的题目则是编者原创的。

本教材是根据教育部高等学校教学指导委员会力学基础课程教学指导分委员会制定的《高等学校理工科非力学专业力学基础课程教学基本要求》而编写的。教材中带"*"的章节,其内容超过了教学基本要求,可以根据需要选讲,跳过这些章节不会影响后续的内容。根据我们的教学经验,若不讲带"*"的章节,约需 64 学时;若讲授全部内容,则约需 96 学时;因此本教材广泛适用于各类学时要求。

本教材的出版得到了北京工业大学隋允康教授和北京航空航天大学蒋持平教授的热情鼓励。两位教授仔细地审阅了全教材并提出了详尽的修改意见。在此,编者对两位教授表示诚挚的感谢。

中国矿业大学已故教授董正筑先生生前曾对本教材初稿提出很好的建议,编者感谢他的指教并对董先生的不幸故去表示深深的哀悼。

由于我们的水平和经验的限制,也由于教学改革是一个不断探索和创新的过程,因此恳请有关专家、同行,以及使用本教材的同学们提出批评、指正和建议。编者的电邮地址是 qinshilun@ sina. com。

编者

2016 年 1 月

目　录

第1章 绪 论

1.1 材料力学的主要内容

材料力学是研究工程构件和机械元件承载能力的基础性学科,也是固体力学中具有入门性质的分支。它以一维构件作为基本研究对象,定量地研究构件内部在各类变形形式下的力学规律,以便于选择适当的材料,确定恰当的形状尺寸,在保证能够承受预定的荷载的前提下设计出安全而经济的构件。

工程构件要能够正常工作,应能满足强度、刚度和稳定性三个方面的要求。

所谓强度(strength),是指构件抵抗破坏的能力。在一定的外荷载的作用下,某些构件可能会在局部产生裂纹。裂纹的扩展可能最终导致构件的断裂。还有些构件虽然没有裂纹产生,但是可能会在局部产生较大的不可恢复的变形,导致整个构件失去承载能力。这些现象都是工程构件应该避免的。一方面将构件换用另一类更加结实耐用的材料,就能够提高构件的强度,这是容易想到的一种解决方法。因此,需要对各类工程材料的力学性能加以研究、分析和比较,把一定的材料应用于最适合的场合。但是问题并非如此简单,因为更加结实耐用的材料往往意味着构件成本的提高。另外一方面,不换用材料,不增加材料用量,而采用更加合理的结构形式,也能提高结构的强度。例如,图 1.1 所示的矩形截面悬臂梁,很容易看出来,仅仅将构件的放置方向从图 1.1(b)改变为图 1.1(c),就可以提高构件抵抗破坏的能力。因此,在材料力学中,将全面地考虑影响构件强度的因素,并予以定量分析,从而使人们能够采取更为合理而可靠的措施提高构件的强度。

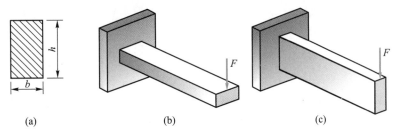

(a)　　　　　　　(b)　　　　　　　(c)

图 1.1　提高安全性

所谓刚度(stiffness),是指构件抵抗变形的能力。许多构件都需要满足一定的变形要求。例如,在飞行器及许多精密仪器中,结构的布置往往都十分紧凑。构件变形过大,会使构件之间产生擦挂而妨碍正常运转。如果摩天大楼在风荷载作用之下发生相当大的变形而摇晃,难免会使位于高层的人们惊慌失措。在这些情况下,我们都希望提高结构的刚度。另一方面,跳水运动员往往希望跳板有足够的弹性和适当的变形量,以便能发挥出更高的水平,这就要求构件的刚度要与使用要求相适应。针对这些实际要求,材料力学中将研究构件的变形的形式和机理,研究控制构件变形的措施。

一个容易让初学者混淆的问题就是把强度和刚度混为一谈,认为提高强度的同时也必然提高了刚度。的确,有些措施在提高强度的同时也提高了刚度。但即使是这样,它们在数量关系上也是不一样的。在今后的章节中读者会看到,当把梁由图 1.1(b)的形式变为图 1.1(c)的形式时,若截面宽度为 b,高度为 h,则在同样的强度条件要求下,允许施加的荷载提高到 $\dfrac{h}{b}$ 倍;而在同样的刚度条件要求下,允许施加的荷载提高到 $\left(\dfrac{h}{b}\right)^2$ 倍。而且,还存在着另外的情况。例如,在以后的学习中我们可以获知,在不改变其他条件的前提下,仅用高强度的合金钢材代替普通钢材,的确能够提高强度,却不能提高刚度。因此,强度和刚度是完全不同的两个概念。

从图 1.1 可看出,如果荷载沿竖直方向作用,提高构件截面的高宽比有助于提高强度和刚度。但是,过大的高宽比却可能产生如图 1.2 所示的另外一类情况。当外荷载不是很大时,梁保持着仅在竖直平面内发生弯曲的平衡状态,如图 1.2(a)的左图所示。但是当荷载逐渐增大,原有的平衡状态就变得很不稳定了,很容易转为图 1.2(a)右图的平衡状态。这种情况称作失稳。图 1.2(b)所示的压杆也存在着类似的情况。工程结构应该有足够的保持原有平衡状态的能力,这就是结构的稳定性(stability)。材料力学将以图 1.2(b)所示一类的压杆为例研究多大的荷载会使它失稳,研究哪些因素在影响压杆的稳定性。

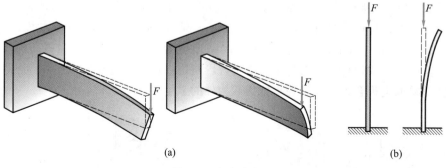

(a) (b)

图 1.2 失去稳定性

构件必须满足强度、刚度和稳定性的要求,是出于对工程构件安全性的考虑。这是构件首要的要求,但绝不是唯一的要求。把构件做得"傻大粗笨",固然可以满足安全性要求,却降低了经济效益,浪费了资源,不符合节能和低碳环保的要求。材料力学将研究结构和材料的特点,尽可能地做到物尽其用。读者可以看到,材料力学中的一些有效的、甚至是巧妙的措施,可以在不增加成本的前提下大幅度地提高结构和构件的安全性。

为了研究构件的强度、刚度和稳定性,必须借助于固体力学中所使用的一系列基本概念,其中最重要的概念是应力、应变和本构关系。

变形体在外荷载的作用下,内部将产生力学的响应。当外荷载作用在物体上时,物体内部一定也有力学效应产生。这种内部的力将以什么样的形式出现?某些外力可以用矢量来描述,变形体中某点处的内力也可以用矢量来描述吗? 这种内部的力如何与外荷载相联系? 如何与构件的强度相联系? 回答这些问题需要使用应力(stress)这一概念。

变形体对外荷载的另一类响应是几何响应,即变形。当外荷载作用在物体上时,物体将发生怎样的变形? 变形有哪些基本形式? 它们该如何描述? 如何度量? 又如何与刚度相联系? 解决这些问题要用到应变(strain)的概念。

一般地讲(尤其是弹性构件),只要约束允许,变形体内部的力学响应越强烈,它的变形也越大。因此,变形体的力学和几何两类响应应该是彼此相关的。由不同材料制成的构件,在相同的荷载作用之下其变形是不一样的,这就意味着力学和几何这两类响应之间的关系与材料特性有关。反映材料特性的关系泛称本构关系(constitutive relation)。

应力、应变、本构关系及其所衍生的一系列概念的研究,构成材料力学主要内容的一个方面。

材料力学对构件的强度、刚度和稳定性的研究,为后续工程课程提供了关于构件安全性的基本思路;固体力学的基本概念,则将为后续的力学课程和工程课程分析更为复杂的结构和更为复杂的力学现象打下基础。

1.2　材料力学的基本假定

材料力学研究工程构件中普遍存在的力学问题,有必要摈弃个别构件中存在的特殊现象,而抓住各类构件带有共性的本质特征,同时把这种共性特征作为研究的基本前提,从而形成这门学科的基本假定。材料力学的基本假定分为两类:一类是关于材料性质的,另一类是关于构件变形的。下面分别予以叙述。

1.2.1　关于材料性质的假定

对于所研究的对象,材料力学采用了连续性、均匀性和各向同性的基本假定。

所谓连续性(continuity),是指在物体所占据的空间中,物质是无间隙地连续地分布的。所谓均匀性(uniformity),是指物体的各部分的力学性能是相同的。显然,连续、均匀是一种理想化的模型。根据这一模型,连续体中的物理量(如密度、温度等),以及描述物体变形和运动的几何量(如位移、速度等),都假定为空间位置的连续函数。这样,便可以使用无穷小、极限等一系列数学概念。

近代物理学关于物质结构的理论指出,世间一切物体都是由基本粒子构成的。从这个意义上来讲,物体构成的模型应该是分离的。但是,如果所研究的对象不是少数粒子的微观的行为,而是大量物质微粒集合的宏观的行为,就可以采用连续模型。

人们之所以能够把事实上分离的物质微粒的集合简化为连续体,其原因在于,单个物质微粒的具体运动对物体的宏观行为影响不大;同时,个体性质相差甚远的物质微粒所构成的物体(例如,铸铁和陶瓷),其宏观的力学性质却有可能是很相似的。若从单个的物质微粒的运动规律出发去寻求大量物质微粒集合的宏观的运动规律,至少在目前还存在着巨大的数学和物理学的困难,因此,从连续体假定出发直接研究物体宏观的运动规律,在许多情况下仍然是十分必要的。

由于现代工业化生产流程的规范性,把研究对象的材料简化为均匀体是符合客观实际的。当然,由于科学技术的发展,满足某些特殊要求的非均匀材料也逐渐进入人们的视野。关于非均匀材料的力学特性和机理的研究,是固体力学研究的前沿领域之一。

如果材料的力学性能与空间方向无关,这种材料就称为各向同性(isotropy)的,否则就称为各向异性(anisotropy)的。钢材是一种典型的各向同性材料。如果在一块钢锭中沿不同方向取材制成相同规格的试样进行试验,那么各个试样将显示出相同的力学性能。这就是各向同性的含义。一般的金属材料,如铝、铜等,许多非金属材料,如陶瓷、玻璃、混凝土等,都可以视为各向同性材料。在本书中,除了特别声明的个别情况之外,总是假定所研究的材料都是各向同性的。

1.2.2 关于构件变形的假定

材料力学假定,所研究的构件在外荷载作用下发生的变形都是微小的,在很多情况下都是需要用仪器才能观察到的。比如结构工程中的梁,它在荷载作用下整个跨度上所产生的最大位移,也比梁横截面的尺寸小很多。

绝大多数工程构件在实际工作状态所发生的变形,都是这样的小变形。这正是采用小变形假定的合理之处。

采用小变形假定,可以使分析过程得以简化。

第一个简化之处,是使得分析和计算可以在未变形的构形(configuration,指形状和尺寸)上进行。这可从图 1.3 加以说明。图 1.3 是一个简单桁架,其中一根杆件是竖直的,另一根杆件是倾斜的。现在欲在下部结点作用一个竖向作用力 F。按理论力学中静力学的分析,如图 1.3(a)所示,斜杆是所谓的零杆,即内部没有作用力存在。但是当作用力实际作用后,平衡的形态将如图 1.3(b)所示。在严格的意义上,斜杆不再是零杆,因而两杆内部的力及变形都不再如图 1.3(a)的分析那么简单。但是,严谨的分析指出,由于杆件发生的是小变形,只要两杆的夹角不是很小,比如不小于$10°$,那么,两种构形计算结果的差别就比杆件内所发生的小变形还要小很多,因此完全可以忽略不计,斜杆仍然可认为是零杆。一般地,在材料力学课程中,除了

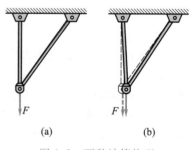

图 1.3 两种计算构型

少数几处特别需要并加以声明的情况之外,总是在未变形的构形上进行平衡分析,并以这种构形作为计算的基准。

第二个简化之处,便是对高阶小量的处理。在许多分析过程中,如果能够确定某些量纲一的量是高阶小量,本书都将适时地将其舍去,从而使分析的方程线性化,其求解大为简化。与此相联系的是常用函数的近似处理。例如,在已经确认 x 是微量的前提下,$\sin x$ 和 $\tan x$ 都可以简化为 x,而 $\cos x$ 则可以简化为 1。诸如此类的处理可以使分析计算容易得多。

1.3　杆件及其基本变形形式

　　工程构件的形式千差万别，但仍然可以根据其形状尺寸划分为杆、板、壳和体四种类型，分别如图 1.4(a)、(b)、(c)、(d)所示。

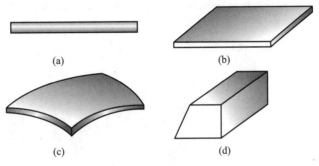

图 1.4　工程构件的基本类型

　　在材料力学中，将以杆件作为研究的基本对象。杆件的特点是一个方向上的尺寸显著地大于其他两个方向上的尺寸。

　　杆件的各截面的形心的连线形成轴线。根据轴线的形状，杆件可分为直杆和曲杆。垂直于轴线的截面称为横截面。根据横截面沿长度方向的变化情况，杆件可分为等截面杆(或分段等截面杆)和变截面杆。

　　杆件在外荷载作用下将发生变形，其基本的变形形式分为四种。

　　如果外力作用在轴线上，直杆将会发生拉伸(tension)或压缩(compression)的变形，如图 1.5(a)所示。在拉压变形中，直杆的两个相邻的横截面的距离会增加或减小。桁架的各部件、吊索、千斤顶螺杆等构件在受力时就将发生这种变形。拉压构件一般直接称为杆(bar)，有时候也把竖直方向上承受压缩荷载的构件称为柱(column)。

　　如果垂直于杆件轴线方向作用着一对反向的外力，且这一对反向力之间的距离相距很近，杆件就会产生剪切(shearing)变形，如图 1.5(b)所示。在剪切区域中，两个相邻的横截面将会发生平行错动。销、螺栓、键等连接件通常都将发生这种剪切变形。

　　如果外力偶矩矢量方向与杆件轴线重合，则杆件会产生扭转(torsion)变形，如图 1.5(c)所示。通常把这种发生扭转变形的杆件称为轴(shaft)。

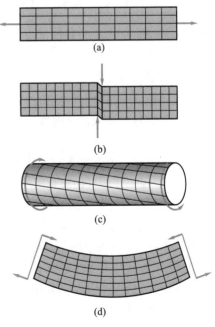

图 1.5　杆件的基本变形

在扭转中,两个相邻的横截面会绕着轴线发生相对转动。机械中的传动轴、汽车方向盘传动杆、钻杆等构件在工作状态就会发生扭转变形。

如果外力偶矩矢量方向与杆件轴线垂直,则杆件会产生弯曲(bending)变形,如图1.5(d)所示。通常把这种发生弯曲变形的杆件称为梁(beam)。在弯曲变形中,两个相邻的横截面会绕着垂直于轴线的一条线发生相对转动。结构工程中的横梁、桥式起重机的大梁、火车的轮轴等所发生的变形就是弯曲的例子。

实际工程结构中的杆件,有的会同时发生几种基本变形,这类变形称为组合变形。例如,图1.6所示的夹紧装置,当它被使用时,上方的弯臂部分就发生了拉伸和弯曲的组合变形。而图1.7所示的直升机中连结螺旋桨与机体的主轴,在飞行过程中则发生了扭转、拉伸和弯曲的组合变形。

图1.6 夹紧装置

图1.7 直升机

1.4 材料力学的研究方法和特点

材料力学整个研究领域都贯穿着对杆件及结构三个方面问题的研究,这就是力学分析、物理分析和几何分析。

(1)力学分析

力学分析就是要研究构件中的各个力学要素(包括内力和外力,力和力偶矩等)之间的关系。由于材料力学大部分内容属于静力学,因此,特别关注上述各类力学要素之间的平衡关系。

需要注意的一个事实是:当构件整体平衡时,它的任意的一个局部也都是平衡的。在材料力学中,不仅关注构件的整体平衡,同时还关注构件的局部平衡。这样,在分析过程中,往往会截取平衡构件的一个部分,甚至截取其一个微元长度,或者截取其一个微元体来进行研究。由于这根杆件总体是平衡的,那么它的一个部分、一个微元长度、一个微元体自然也都是平衡的。从而人们就可以用平衡条件来研究内力和外力的关系及内力各要素之间的关系等。

应该指出,材料力学的研究对象是变形体而不是刚体。因此,在理论力学中经常使用的关于力系的简化、刚体中力和力偶的平移定理等用到变形结构中时需要谨慎考虑。

(2)物理分析

由于材料的力学性能显著地影响构件的强度、刚度和稳定性,因此材料力学中必定要研究材料的力学性能,研究构件的力学要素(有时还包括热学要素)与几何要素之间的关系,其中包括荷载与变形量之间的关系,构件内部应力与应变之间的关系,以及温度变化与应力、变形量之间的关系等。

在目前的研究水平上,实验是研究材料的力学性能的首要手段。实验可以提供最基本的物理事实,可以提供指定材料有关强度、刚度和稳定性的基本数据,从而为模型的提炼和抽象提供线索,同时也能为验证模型的正确性提供最直接的证据。

(3)几何分析

几何分析研究构件和结构中各几何要素之间的关系,包括构件中应变和变形量之间的关系,结构中各构件变形量之间的关系等。

具体到杆件,平截面假设是进行几何分析的基础。平截面假设指出,杆件的横截面在拉压、扭转或弯曲变形过程中始终保持平面,并始终保持与轴线垂直。这一假定在许多情况下是精确成立的。这些情况下,这一假定可以通过实验,或理性分析,或采用更为严密的数学方法加以验证和证明。但在另一些情况下,平截面假设只是近似地成立。在本书以后的章节,将适时地对平截面假设做出更为详尽的说明。

在几何分析中需要注意的是,材料力学只研究处于完好状态的构件和结构,而不研究它们在发生破坏以后的行为。这就要求几何变形具有协调性。

对于构件而言,例如图 1.8(a)中的矩形,如果发生了如图 1.8(b)所示的变形,即构件中任意点的邻域变形后仍然是该点的邻域,则称变形是协调的;而图 1.8(c)的变形,由于出现了裂纹,因而是不协调的;图 1.8(d)的变形,由于出现了物质的重叠,因而也是不协调的。在固体介质中,一部分物质与另一部分物质在不改变自身组分的情况下相互浸入在技术上难度很高,却有可能虚拟地出现在不正确的计算中。

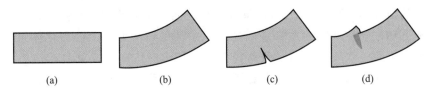

(a)　　　　　(b)　　　　　(c)　　　　　(d)

图 1.8　构件的协调

对于结构而言,变形协调条件不仅要求结构中的每个构件自身变形协调,还要求构件与构件之间的连接状态不因变形而遭到破坏。例如图 1.9(a)中的桁架,其下端结点有竖直向下的力作用。如果发生了如图 1.9(b)所示的变形,则称变形是协调的;而图 1.9(c)的变形和图 1.9(d)的变形,都因为三杆的伸长量之间没有满足一定的关系,下端结点由此而解体,因而也都是不协调的。

力学分析、物理分析和几何分析三种思路的综合,构成了材料力学研究方法的主体。

与其他力学课程相比较,材料力学在研究方法上有一个鲜明的特点,就是更加重视分析对象在外荷载作用下所表现出来的主要特征,抓住主要矛盾,忽略次要因素,建立简化模型;综合利用几何分析、物理分析和力学分析的手段,得出符合主要物理事实并满足工程需要的结论。在许多情况下,材料力学的研究并不完全指向"精确解",而在很大程度上指向"满足

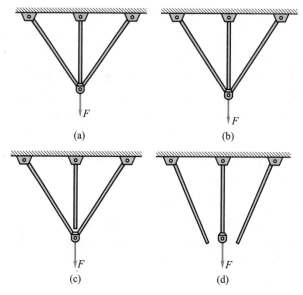

图 1.9 结构的协调

精度要求的解"。这样做可以避免采用更为艰深繁难的数学工具而容易得到工程上可用的结论。另一方面,近代数学力学的发展事实也表明,以解析形式表达的"精确解",往往只能在结构形式较为简单和理想的场合奏效,面对千变万化的实际问题却显得力不从心。因此,"满足精度要求的解"成为解决实际问题的必要选择。

可以从学科发展的角度来看待材料力学的上述特点。力学学科在近现代的发展大致沿着两个时有交叉的路径进行。一条路径是"基础"的,其重要成就包括柯西(Cuachy)等对弹性理论的研究;特鲁斯德尔(Truesdell)等对理性力学的研究;等等。这条路径将力学的许多研究范畴建立在严密的逻辑基础之上。尤其是理性力学中公理化体系的建立,在认识论的意义上是一次飞跃。另一条路径是"应用"的,其重要成就包括边界层理论、奇异摄动理论等。这一路径从问题的主要特征和基本物理事实出发,提出简化的力学模型,再发展出相应的数学方法进行分析和处理。这一路径寻求的往往是满足精度要求的近似解,并将其与工程实际结合起来。近代应用力学就是沿着第二条路径发展的,并取得了非凡的成就。例如,冯·卡门(von Kármán)领导的古根海姆应用力学学派对空气动力学的研究,使飞行器突破"声障"和"热障"成为可能,也使力学成为包括航空航天工业在内的许多产业强有力的支柱。可以看出,在研究方法的层面上,材料力学的特点,折射出近代应用力学的主要思想。

材料力学的上述特点表明,课程并不刻意追求一种自我封闭的知识体系,而是具有开放和不断完善的秉性。因此,在学习材料力学的过程中,一方面要充分重视其解决许多工程技术问题的有效性及所取得的巨大成就,另一方面也要看到它在应用中所受到的限制。在学习材料力学的过程中,重要的是学习它的思想、方法和分析实际问题的技巧,而不是盲目地照搬它的结论和公式。

从问题的主要特征和基本物理事实出发,提出简化的力学模型,是材料力学研究的起点。而能够提出恰当的简化模型,则需要对所研究的对象有深入的了解。因此,要学好材料力学,应该注意与工程实践的结合。同时,我们周围的许多事物都体现着各类力学概念、原理和方法。即使是纯天然的东西,例如常见的植物、动物,由于长时间的自然淘汰,它们在许多方面都体现了力学的合理性,某些方面还值得人们研究和借鉴。这些都需要更加细致地观察,把课程知识与观察联系起来,为正确提出简化模型打下牢固基础。如果能在此基础上,试着提出若干问题,努力地运用课程的知识对它们进行分析,那么,就能够真正掌握这门课程的真谛;同时也就会深切地体会到:材料力学是我们身边的科学。

第2章 杆件的内力

一般地考虑一个变形固体,这个变形固体在没有任何外荷载作用的情况下,由于分子间的相互作用,这个物体保持着固结在一起的形态。当有外荷载作用时,分子间的相对距离有所改变而产生了宏观的变形,分子间的力学作用也发生了相应的变化,这种变化在宏观上体现为力学作用,这种作用显然是一种内力。

例如,一杆件静置于一光滑的平台上,两端作用着拉力,如图 2.1(a)所示。用工具将杆件切开。如果两端没有作用拉力,那么,被切开的两部分将静止在原地,如图 2.1(b)所示;但是,如果杆件两端存在着轴向拉力,则切开的两部分将彼此远离而去,如图 2.1(c)所示。这就说明,由于外荷载的作用,未切开的杆件内部就比没有外荷载作用时多出一种张紧的力学作用,以保持物体的完好这就是一种内力。本章将在杆件的横截面上整体讨论这种内力。

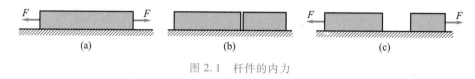

图 2.1 杆件的内力

2.1 内力的定义及其符号规定

如何考察承受外荷载作用的杆件中的内力呢? 可以想象用一个横截面将杆件截开,移走一部分,留下另一部分作为考察对象,如图 2.2 所示。那么,移走部分对留下部分一定存在着力学作用。由于外荷载作用的复杂性,截面上各部位的力的大小和方向都可能是不同的,因而这种力学作用是一种分布力系。但是,无论这个分布力系多么复杂,总是可以将其简化为形心上沿坐标轴方向的三个主矢分量和三个主矩分量。

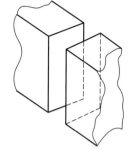

坐标系是这样建立的:坐标系的原点放在形心处,x 轴沿着杆件的轴线方向。可以看出,这三个主矢和主矩分量对横截面的作用效应是不同的。

沿着 x 轴的主矢分量 F_x 有着使横截面沿 x 轴方向平移的趋势,如图 2.3(a)所示,这个主矢分量称为轴力(axial force),记为 F_N。

图 2.2 截面上的
分布力

沿着 y 轴的主矢分量 F_y 有着使横截面沿 y 轴方向错切的趋势,如图 2.3(b)所示,称这样的主矢分量为剪力(shearing force),记为 F_S。沿着 y 轴方向的剪力记为 F_{Sy}。容易看出,沿着 z 轴的主矢分量 F_z 也是一种剪力,如图 2.3(c)所示,因而记为 F_{Sz}。

矢量方向沿着 x 轴的主矩分量 M_x 有使横截面绕着 x 轴旋转的趋势,如图 2.4(a)所示。

这个主矩分量称为扭矩(torque),记为 T。

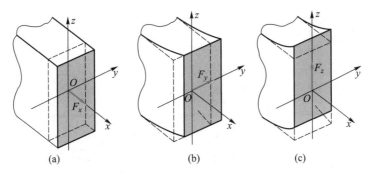

图 2.3 横截面上的三个主矢分量

矢量方向沿着 y 轴的主矩分量有着使横截面绕着 y 轴转动的趋势,如图 2.4(b)所示,称这样的主矩分量为弯矩(bending moment),记为 M。矢量方向沿着 y 轴的弯矩记为 M_y。容易看出,矢量方向沿着 z 轴的主矩分量也是一种弯矩,如图 2.4(c)所示,因而记为 M_z。

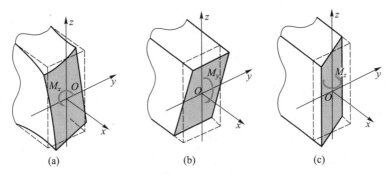

图 2.4 横截面上的三个主矩分量

这样,横截面形心处的三个主矢和三个主矩分量便可以按照它们对横截面及其附近区域变形的影响划分为轴力、剪力、扭矩和弯矩四种类型。这四种类型的作用统称为杆件横截面上的内力。

容易看出,对于承受外荷载作用的直杆,如果发生拉伸或压缩变形,横截面上一般都存在着轴力。如果发生扭转变形,则存在着扭矩。当杆件发生弯曲变形时,一般都存在着弯矩,在相当多的情况下,还存在着剪力。

应该注意,在图 2.3 与图 2.4 中,内力不仅是作用在图中所标示出的断面上的,而且也是作用在被移走部分的断面上的,如图 2.5 中的轴力。这"两个"轴力事实上是同一个横截面上的轴力。虽然人们在这两个断面上观察这同一个轴力有相反的方向,但是它们使断面连同邻近区段的伸长变形趋势是相同的。这样,人们在定义某种内力的符号时,在同一个截面只定义一个符号。同时,该符号是根据它所引起的截面附近微元区段的变形趋势而确定的。注意这种方式与外力的符号定义方式是不同的。

在横截面处取杆件的一个微元长度区段,如图 2.6 所示。图中的 A、B 两面与图 2.5 中的 A、B 面相对应。如果把这个微元区段看成一个实体,那么图中的 n 方向就是这个区段两个端面的外法线方向。

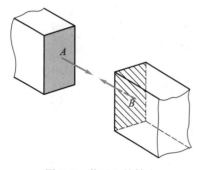

图 2.5　截面上的轴力

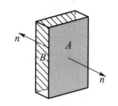

图 2.6　杆件的微元区段

图 2.7 将截面上的四个内力分量的正负号规定表示了出来。图中上面一行均为正内力,下面一行均为负内力。

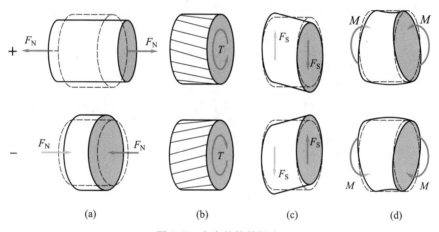

(a)　　　　　　(b)　　　　　　(c)　　　　　　(d)

图 2.7　内力的符号规定

人们规定,使微元区段有伸长趋势的轴力为正,使微元区段有缩短趋势的轴力为负,即拉为正,压为负,如图 2.7(a)所示。这一规定也可以用数学的形式表示为:与微元区段两端面的外法线方向相同的轴力为正,与外法线方向相反的轴力为负。

使微元区段侧面母线有变为右手螺旋线趋势的扭矩为正;反之,变为左手螺旋线的趋势为负,如图 2.7(b)所示。扭矩的正负号规定还可表述为:按矩的矢量方向考虑,与微元区段两端面的外法线方向相同的扭矩为正,与外法线方向相反的扭矩为负。

使微元区段有左上右下错动趋势的剪力为正;反之,使微元区段有左下右上错动趋势的剪力为负,如图 2.7(c)所示。这一规定也可以表述为:对微元区段内任意点有顺时针方向矩的剪力为正,有逆时针方向矩的剪力为负。

使微元区段有变凹趋势的弯矩为正,使微元区段有变凸趋势的弯矩为负,如图 2.7(d)所示。

应当指出,上述剪力和弯矩的正负规定与观察者的方位有关。

2.2　内力方程与内力图

当一根杆件处于平衡状态时,它的任意一个区段都处于平衡状态。根据这一点,可以利用截面法来求出任意指定截面的内力。

例如,图 2.8(a)的圆轴在轴向承受分布荷载,在横向①承受集中力、分布荷载和集中力偶矩,此外,圆轴还承受使轴产生扭转趋势的转矩。

另外一方面,轴的两端存在着支承,它们对轴的支反力(也称约束力)或支反力偶矩(也称约束力偶矩)对轴而言仍然是一种外力。

如果希望求出 A 截面处的内力,那么,就可以想象用一个截面在 A 处将轴切开,将其中一部分移走,留下另一部分。留下作为研究对象的这一部分称为脱离体(也称自由体)。显然,移走部分对脱离体的作用就体现为 A 截面上的内力,如图 2.8(b)所示。

脱离体的所有外力和内力一起构成平衡力系,即有

$$\sum F_x = 0, \quad \sum F_y = 0, \quad \sum F_z = 0, \tag{2.1a}$$

$$\sum M_x = 0, \quad \sum M_y = 0, \quad \sum M_z = 0。 \tag{2.1b}$$

利用上述平衡方程,便可求解出相应的内力。一般地,对于直杆总是将杆件的轴线方向确定为 x 轴方向,内力表达为坐标 x 的函数,这就是内力方程。

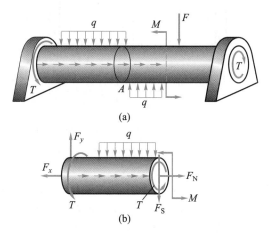

图 2.8　截面法求内力

显然,保留杆件左边部分所得出的内力与保留右边部分所得出的内力,各对应项应是大小相等、符号相同的。如果所保留的部分包含约束(铰、固定端等),必须在用截面截开之前先求出约束力,并将其作为外力的一个组成部分。

在许多情况下,可能无法预见内力的实际符号,这时不妨按照 2.2 节所建立的内力符号

---

① 注意:本书中杆件的"横向"固定地指垂直于杆件的轴线方向,而不是指水平方向;与此类似,杆件的"纵向"固定地表示沿着杆件的轴线方向,而不是指竖直方向。

规定预先假定这些内力都是正的。例如,图 2.8(b)中剪力 F_{S} 就假定为方向向下。

建立平衡方程时,所有的外力和内力则应按照统一的符号规定写进方程之中。例如,在建立平衡方程 $\sum F_y = 0$ 时,如果遵循作用力向上为正、向下为负的规定,上一段落提到的剪力 F_{S} 项前面的符号就应为负号。

通过求解平衡方程,即可得到所求的内力。当然,如果解答的结果中内力为负值,那就表明截面上内力的实际作用方向与假设相反。

根据内力方程,便可以画出相应的内力与杆件轴向坐标之间关系的图形,这就是内力图。下面举例说明内力方程的建立和相应内力图的绘制。

例 2.1 图 2.9 的圆柱形等截面空心塔的材料密度为 ρ,塔中瞭望台总重为 P,塔体外径为 D,内径为 d,求横截面上的内力。

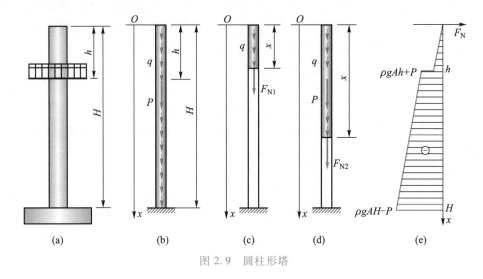

图 2.9 圆柱形塔

解:塔体可视为杆件。塔体是等截面的,因此,塔体的自重可简化为轴线方向上的均布荷载,这个均布荷载的大小 $q = \rho g A = \dfrac{1}{4}\rho g \pi (D^2 - d^2)$。而瞭望台的重量可认为是在距上端 h 处加在轴线上的集中力 P。这样,塔体可简化为图 2.9(b)的力学模型。同时可以确认,横截面上只存在着轴力。

以塔顶处为原点,坐标 x 以竖直向下为正,建立如图 2.9(b)所示的坐标系。用截面法求解此问题时,可选择截面上方塔体为脱离体。注意到在离坐标原点 h 处(即瞭望台处)有一集中力 P,因此截面取在瞭望台上方时脱离体将不包含 P,而截面取在瞭望台下方时脱离体将包含 P。因此,应该分段建立轴力方程。

第一步,先将截面取在瞭望台上方,如图 2.9(c)所示。设轴力 F_{N1} 为正,故方向向下。根据竖直方向上的力平衡,可得

$$F_{\mathrm{N1}} + \frac{1}{4}\rho g \pi (D^2 - d^2) x = 0,$$

由此可得

$$F_{\mathrm{N1}} = -\frac{1}{4}\rho g \pi (D^2 - d^2) x \quad (0 \leqslant x < h)。$$

第二步,将截面取在瞭望台下方,如图 2.9(d)所示。此时轴力记为 F_{N2},并有力平衡方程

$$F_{N2}+\frac{1}{4}\rho g\pi(D^2-d^2)x+P=0,$$

故有

$$F_{N2}=-\frac{1}{4}\rho g\pi(D^2-d^2)x-P \quad (h<x\leqslant H)。$$

上面所得到的 F_{N1} 和 F_{N2} 表达式便是本例的轴力方程。根据这两个方程,可以画出相应的轴力图,如图 2.9(e)所示[1]。轴力图的 x 轴沿着塔体轴向,另一个与之垂直的轴用以表示轴力。

注意到在坐标 h 处,即瞭望台位置处,轴力有一个突变,即集中力加载位置之前与之后轴力的绝对值增加了,增加的幅度就是集中力 P 的大小。

例 2.2 如图 2.10(a)所示,使用丝锥时每只手作用于丝杠上的力为 10 N,假定各锥齿受力相等,尺寸如图所示。试画出丝锥的扭矩图。

解:丝锥承受纯扭转作用,横截面上的内力只有扭矩。两只手通过丝杠对丝锥的扭转作用可视为集中力偶矩的作用。由于锥齿所受的阻力可以视为均匀分布的,因此加工件对丝锥的作用可视为均布力偶矩的作用。这样,丝锥可简化为如图 2.10(b)所示的力学模型。

作用在丝锥顶部的力偶矩[2]

$$M=2\times150\times10 \text{ N}\cdot\text{mm}=3\ 000 \text{ N}\cdot\text{mm},$$

由于丝锥所受的全部外荷载构成平衡力系,所以作用在齿部的均布力偶矩集度为

$$t=\frac{3\ 000 \text{ N}\cdot\text{mm}}{20 \text{ mm}}=150 \text{ N}\cdot\text{mm/mm}。$$

可以根据上述数据列出扭矩方程,再画出扭矩图,也可以直接考虑扭矩图。先在 AB 区间内任意取一个截面,取左边部分为脱离体,那么这个截面上的扭矩 T 都与 M 平衡,因此,在这个区段内的扭矩是常数。对应的扭矩图轮廓线是平行于横轴的直线。而且,截面上的扭矩的旋向与左端 M 的旋向相反,因此其扭矩为负值。从 B 到 C 的区间内,仍取左边部分为脱离体,随着反向的均布力偶矩的逐渐加入,扭矩绝对值必定会逐渐成比例地减小,因而相应的扭矩图必定是斜直线。在丝锥右端 C 截面处,全部外力已构成平衡力系,因而扭矩为零。由此,便可画出丝锥的扭矩图,如图 2.11 所示。

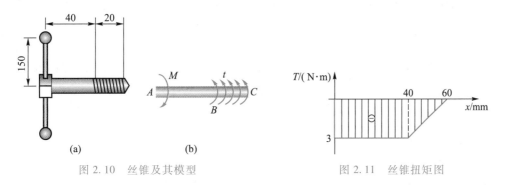

图 2.10 丝锥及其模型   图 2.11 丝锥扭矩图

例 2.3 求图 2.12(a)的简支梁承受均布力作用的内力方程,并画出相应的剪力图和弯矩图。

解:把坐标系原点取在梁的左端。

---

① 为表述简便和遵循材料力学的表达习惯,本书内力图中的坐标系省去坐标原点。

② 按照国际单位制及相关规定,长度的单位应为米(m),压强(包括后面讲到的应力和弹性模量等)单位为帕(Pa),力的单位为牛(N),并应在每个式子中的每一项中标示出来。照顾到实际使用和阅读的方便,在本书的例题计算中,除了特别说明之外,长度的单位取毫米(mm),压强(包含应力、弹性模量等)的单位取兆帕(MPa),力的单位取牛(N)。

先求出支座约束力,易于看出,左右两端铰处的支座约束力均为 $\frac{1}{2}ql$。

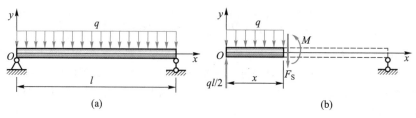

图 2.12 承受均布荷载的简支梁

在坐标为 x 处作截面,取左段为脱离体。在截面处,假设有正的剪力 F_S 和正的弯矩 M,如图 2.12(b) 所示,然后建立平衡方程。

由 $\sum F_y = 0$ 可得

$$\frac{1}{2}ql - qx - F_S(x) = 0,$$

即可得剪力方程

$$F_S(x) = \frac{1}{2}ql - qx。 \qquad\qquad ①$$

对截面取矩,由 $\sum M = 0$ 可得

$$\frac{1}{2}qx^2 - \frac{1}{2}qlx + M(x) = 0,$$

即可得弯矩方程

$$M(x) = \frac{1}{2}qx(l-x)。 \qquad ②$$

注意到剪力方程①中,剪力是坐标 x 的线性函数,因此相应的剪力曲线是一条直线。在这种情况下,可以由两点来确定这条直线。例如,在 $x=0$ 处,$F_S = \frac{1}{2}ql$;在 $x=l$ 处,$F_S = -\frac{1}{2}ql$;由此即可画出相应的剪力图,如图 2.13(a) 所示。

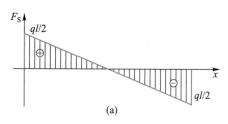

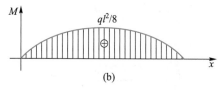

图 2.13 剪力与弯矩图

在弯矩方程②中,弯矩是坐标 x 的二次函数,因此弯矩曲线是一条抛物线。此时可由两端和中点这三点的弯矩值来确定这条曲线,如图 2.13(b) 所示。

从上例可以得出这样的结论:直梁某截面上的剪力在数值上等于该截面左端(如果脱离体取为左端部分)或者右端(如果脱离体取为右端部分)所有横向力(包括支座约束力)的代数和。代数和中各项的符号可以这样确定:与所求剪力方向相同的横向力取负,方向相反的横向力取正。

与此类似,直梁某截面上的弯矩在数值上等于该截面左端(如果脱离体取为左端部分)或者右端(如果脱离体取为右端部分)所有横向力(包括支座约束力)对于该截面的矩,以及所有力偶矩的代数和。代数和中各项的符号可以这样确定:与所求弯矩方向相同的矩取负,方向相反的矩取正。

利用上述性质,可以很快地确定梁中某指定截面的剪力和弯矩。

应充分重视和熟悉约束处内力的性质。图 2.14 中画出了一些常见的约束情况(上一排)及其相应的简化图形(下一排)。读者可自行对这些约束处的内力特点进行分析。例如,在图 2.14(b)、(c)、(d)中,如果铰附近没有集中力偶矩作用,则该处弯矩为零。

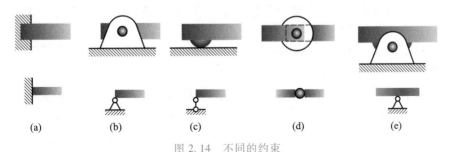

(a) (b) (c) (d) (e)

图 2.14 不同的约束

在例 2.3 中,分别用了一个式子就表示了全梁的剪力方程和弯矩方程。但是,梁弯曲的绝大多数情况并非如此简单。例如,图 2.15(a)所表示的外伸梁,其脱离体一般应该按图 2.15(b)、(c)、(d)三种情况截取,因此剪力方程和弯矩方程都应该分三段写出。

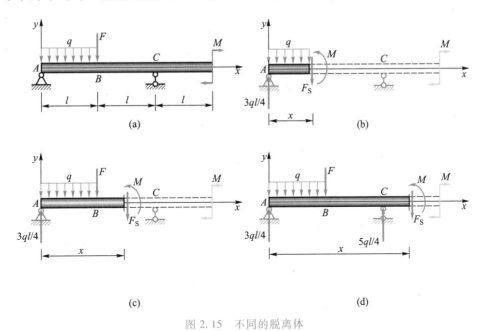

图 2.15 不同的脱离体

2.3 梁的平衡微分方程及其应用

由于梁弯曲问题的重要性,在本小节中,将专门讨论梁的弯曲内力,即剪力和弯矩。在上一节中,用截面法可以建立剪力和弯矩的方程,由此可以画出剪力图和弯矩图,并可以进一步确定人们所关心的关键截面上的剪力和弯矩值。但是,如果梁中存在着不同荷载形式时,必须分段讨论并建立方程,这是比较繁琐的。有没有可能更快速便捷地画出内力图,得到关键截面的内力值呢? 这便是本小节要解决的主要问题。显然,当梁承受横向荷载产生弯曲变形时,其内力是由外荷载引起的,因此,剪力和弯矩必定与外荷载之间存在着某种函数关系。本小节将分别讨论几种典型荷载作用下的这种关系,然后再利用这种关系,根据外荷载直接画出剪力图与弯矩图。

2.3.1 梁的平衡微分方程

首先考虑在分布力作用的情况下,荷载 q、剪力 F_S 和弯矩 M 之间存在的关系。

在有分布力 q 作用的梁上取出一个微元区段,其长度为 $\mathrm{d}x$,如图 2.16 所示。x 轴正向水平向右,y 轴正向竖直向上,荷载 q 向上为正。由于 $\mathrm{d}x$ 很小,故可认为在微元区段内 q 为常数。微元段左侧面有剪力 F_S 和弯矩 M。在右侧面,由于所在的坐标比左侧面多出 $\mathrm{d}x$,因而剪力和弯矩都有了增量而分别成为 $F_S+\mathrm{d}F_S$ 和 $M+\mathrm{d}M$。由 y 轴方向上力的平衡可得

$$F_S+q\mathrm{d}x-(F_S+\mathrm{d}F_S)=0,$$

由之可得

$$q=\frac{\mathrm{d}F_S}{\mathrm{d}x}。 \tag{2.2a}$$

对微元区段右截面中点取矩可得

$$M+\mathrm{d}M-M-F_S\mathrm{d}x-\frac{1}{2}q(\mathrm{d}x)^2=0,$$

注意到上式中的 $(\mathrm{d}x)^2$ 是二阶微量,因而可以忽略不计,由此可得

$$F_S=\frac{\mathrm{d}M}{\mathrm{d}x}。 \tag{2.2b}$$

式(2.2a)和式(2.2b)称作梁的平衡微分方程(differential equations of equilibrium)。

由梁的平衡微分方程可以导出,在梁的 A 截面到 B 截面之间(B 截面在 A 截面右侧),如果只有分布力作用(图 2.17),那么便有

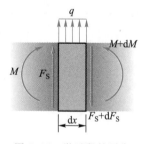

图 2.16 微元段的平衡

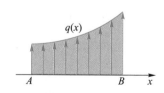

图 2.17 分布力

$$F_S(B)=F_S(A)+\int_A^B q(x)\mathrm{d}x, \tag{2.3a}$$

$$M(B)=M(A)+\int_A^B F_S(x)\mathrm{d}x。 \tag{2.3b}$$

由式(2.3a)可知,从 A 截面到 B 截面剪力的增量等于 AB 区段内横向分布力的总量。或者说,等于 AB 区段内分布荷载图的面积,即图 2.17 中灰色区域的面积。显然,如果在 AB 区段内 q 是常数,式(2.3a)便可进一步简化为

$$F_B = F_A + q \cdot AB。 \tag{2.3c}$$

同样,由式(2.3b)可知,从 A 截面到 B 截面弯矩的增量等于 AB 区段内剪力图的面积。此处应注意,剪力图在横轴下方的部分,其"面积"应是负数。

由式(2.2)和式(2.3),还可以得到一系列有意义的结论:

如果在 AB 区段内没有任何荷载作用,那么剪力在此区段内必定是常数,因而相应的剪力图必定是平行于 x 轴的直线;而弯矩必然是 x 的线性函数,弯矩图必定是斜线。进一步地,如果这个区段内剪力图位于横轴上方,即剪力为正,则对应的弯矩图向右上倾斜;反之,如果剪力图位于横轴下方,即剪力为负,则弯矩图向右下倾斜;如果剪力在此区段内恒等于零,则对应的弯矩图转化为平直线了,如图 2.18 所示。

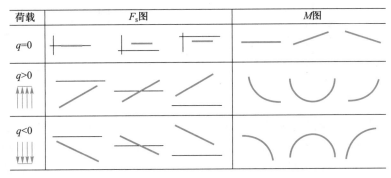

图 2.18　均布力、剪力和弯矩间的图形关系

如果从 A 截面到 B 截面有均布荷载 q 的作用,那么剪力函数必定是 x 的线性函数,因而相应的剪力图必定是斜线。如果 q 向上,那么剪力图便向右上方倾斜;而如果 q 向下,则剪力图向右下方倾斜。此时弯矩必然是 x 的二次函数,弯矩图必定是抛物线。如果这个区段内剪力图向右上倾斜,则抛物线是凹曲线;反之,如果剪力图向右下倾斜,则抛物线是凸曲线。

同时还应注意,如果剪力图穿过横轴,相应的弯矩曲线必定会出现局部的极值,如图 2.18 所示。

2.3.2　梁承受集中荷载的情况

应该注意,梁的平衡微分方程只是在梁的微元长度段上承受分布力的情况下导出的。如果出现其他形式的荷载,则可以根据微元的力平衡和力矩平衡推导出其他形式的方程。

集中力和集中力偶矩作用是梁中经常出现的情况。下面将考虑它们对剪力和弯矩的影响。如图 2.19(a)所示,梁中 A 处有集中力 F 的作用。在 A 处取微元区段 Δx,将集中力作用点的左侧面的剪力记为 F_S^-,右侧面的剪力记为 F_S^+。根据力平衡即可得

$$F_S^+ = F_S^- + F。 \tag{2.4}$$

这就是说,集中力 F 的作用使剪力在其作用处产生一个大小为 F 的增量。因此,如果从左到右考虑集中力作用处剪力图的变化,那么剪力图在此处将会产生一个跃变,跃变的方向与作用力方向相同,跃变的幅度就是作用力的大小,如图 2.19(b)所示。

由于在集中力作用点以前和以后的区段内剪力数值有了差异,也就是作为弯矩导数的数值有了差异,因而弯矩图在该点处的斜率有了差异。这样,弯矩图在该处必定会出现一个不光滑点,即尖角。尖角的朝向与集中力方向相反,如图 2.19(c)所示。

用同样的方式考察集中力偶矩对弯矩的影响,如图 2.20(a)所示。设在 A 处有顺时针方向作用的集中力偶矩 M,而把 A 偏左截面的弯矩记为 M^-,偏右截面的弯矩记为 M^+,根据矩的平衡可得

$$M^+ = M^- + M。 \tag{2.5}$$

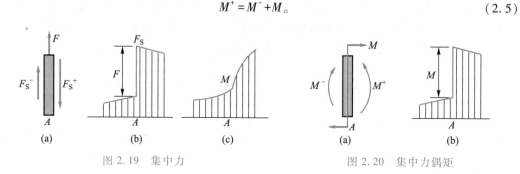

图 2.19　集中力　　　　　　　　　图 2.20　集中力偶矩

这说明,集中力偶矩 M 使得其作用点处的弯矩产生了一个大小为 M 的增量。如果从左到右观察相应弯矩图的变化就会发现,若力偶矩作用是顺时针方向的,弯矩图则向上跃变,如图 2.20(b)所示;若力偶矩作用是逆时针方向,弯矩图则向下跃变;跃变的幅度就是 M。

由于力偶矩的作用不直接影响作用点微元段处力的平衡,因此作用点处左右两侧面的剪力值不会因为力偶矩的作用而产生差异。

要注意上述规律是与一定的坐标系相对应的。这个坐标系就是:x 轴正向水平向右,纵轴剪力和弯矩都取向上为正。有的教材和文献规定弯矩图纵轴正向朝下,那么上述有关弯矩图的规律便刚好相反,这一点请读者注意。同时,上面所叙述的规律都是按图形从左到右的顺序得到的,如果从右到左观察图形,这些规律也应相应地予以修正。

2.3.3　根据外荷载画剪力图和弯矩图

利用上两小节所得到的一系列结论,便可以根据外荷载直接画出梁的剪力图和弯矩图。一般总是把坐标原点放在梁的最左端,在画图时应注意以下的要点:

（1）首先求出约束处的支座约束力及支座约束力偶矩。求出之后,支座约束力及支座约束力偶矩便与其他外荷载同等看待。

（2）根据各个荷载作用的位置将梁划分为若干个区段,从左到右依次画出连续的图线。

（3）应根据荷载、剪力、弯矩之间的微分关系明确图线的走向,并根据式(2.3)、式(2.4)和式(2.5)确定各荷载作用处剪力和弯矩的数值。

（4）图形最左端应从原点开始,右端的结束点应该在横轴上。

（5）注意标出图形转折点和局部极值点的数值。

下面便用一个实例来说明剪力图和弯矩图的画法。

图 2.21(a)是一个长度为 $2a$ 的简支梁,前半段承受向下的均布荷载 q,中点处承受顺时针方向的集中力偶矩 qa^2。

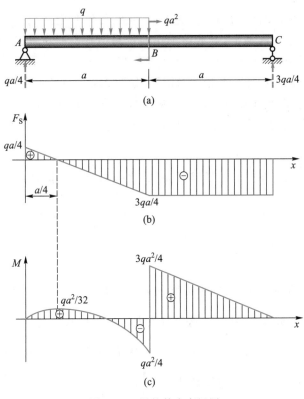

图 2.21 梁的剪力弯矩图

先求支座约束力。对左端铰 A 取矩,即可求出 C 处的支座约束力为向上作用的 $\dfrac{3}{4}qa$。

对右端铰 C 取矩,即可求出 A 处的支座约束力为向上作用的 $\dfrac{1}{4}qa$。这两个支座约束力已用虚线标注在图 2.21(a)中了。

画出剪力图的坐标系后即可开始画剪力图,如图 2.21(b)所示。原点对应左端面 A。首先注意到,A 处有向上的集中力 $\dfrac{1}{4}qa$,因此剪力图有一个向上的跃变,从而使剪力值从零升至 $\dfrac{1}{4}qa$。从 A 到 B 之间有向下的均布力,因而剪力图应向右下倾斜。由于 AB 间向下的均布力作用总量为 qa,因此其剪力值也应下降 qa,即从 $\dfrac{1}{4}qa$ 下降到 $-\dfrac{3}{4}qa$。容易看出,这条倾斜的直线在离 A 点 $\dfrac{1}{4}a$ 处穿越了横轴。

在 B 处有一个集中力偶矩的作用,但它并不影响剪力图的走势。从 B 到 C 之间没有任何荷载作用,因此剪力图保持水平直线直到 C 处。

在 C 处有一个向上的集中力 $\frac{3}{4}qa$,因此剪力图向上跃变 $\frac{3}{4}qa$,刚好到达横轴,从而使横轴和剪力图线一起构成闭合的剪力图。此处应注意,如果利用右端处的支座约束力画出剪力图的跃变后结束点不在横轴上,那么整个作图过程中肯定存在错误;或者,在开始时支座约束力的求解就有错误。

建立弯矩图的坐标系后即可开始画弯矩图,如图 2.21(c)所示。在左端 A 处为铰,而且没有集中力偶矩作用,因此 A 处弯矩是零。从 A 到 B 之间剪力图向右下倾斜,故弯矩图为凸的抛物线。由于 A 点偏右处剪力值为正数 qa,因而弯矩图从 A 处开始时应向右上方倾斜延伸。

注意到剪力图在距左端 $\frac{1}{4}a$ 处穿越横轴,因此抛物线将在该处达到局部极大值之后转而向右下倾斜延伸。由于左端铰处弯矩为零,这个局部极大值就等于 0 到 $\frac{1}{4}a$ 处剪力图的面积,也就是 $\frac{1}{32}qa^2$。

B 处偏左的弯矩值应为 AB 之间剪力图面积的代数和,注意横轴下方的面积为负值,因而 B 处的弯矩值是 $-\frac{1}{4}qa^2$。抛物线在这个位置上达到了它的终点。

由于 B 处有一个顺时针方向的集中力偶矩,因而该处弯矩图有一个向上的跃变。跃变的幅度即力偶矩的大小 qa^2,因此弯矩数值从 $-\frac{1}{4}qa^2$ 升至 $\frac{3}{4}qa^2$。

从 B 到 C,由于相应区段的剪力图是横轴下方的一条平直线,因而弯矩图应该是向右下方倾斜的直线。在此区间,弯矩值下降的幅度等于此区间内剪力图的面积,即 $\frac{3}{4}qa^2$。这使得弯矩图结束在横轴上。由于 C 处梁为铰支承,而且没有集中力偶矩作用,因而弯矩应该是零,这一点印证了所画弯矩图的正确性。

上面的例子详细地说明了剪力图和弯矩图的作法。在计算各处剪力和弯矩值时,用到了式(2.3)所表述的"几何"的方法;同时,计算也可以采用上节中所表述的"力学"的方法(即"直梁某截面上的剪力在数值上等于该截面左端所有横向力的代数和"等)。这两类方法可以视情况灵活地交替使用。

在实际作图过程中,除了熟练地应用上两小节所叙述的一系列图线走向的规律之外,还应熟练掌握梁的支承处的剪力和弯矩特点。

同时,还应观察结构及其受力特点。例如,在图 2.22(a)中,形成了对称结构承受对称荷载的情况。画出内力图后就会发现,它的剪力图是关于中点反对称的,而弯矩图则是关于中点对称的。这一特点可以这样定性地说明:如果荷载是关于中点对称的,那么,若以中点为原点,荷载便可以表达为一个偶函数。通过式(2.3a)和式(2.3b)的积分,剪力便是奇函数,弯矩便是偶函数。这样,剪力图便关于中点反对称,弯矩图便关于中点对称。

根据同样的理由,如图 2.22(b)所表示的那样,对称结构承受反对称荷载,其剪力图对称而弯矩图反对称。

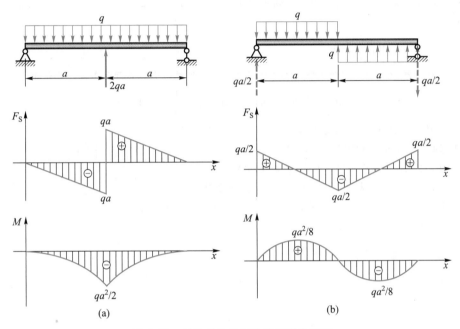

图 2.22 对称结构的对称和反对称荷载

2.3.4 弯矩的峰值

由于弯矩在梁的强度计算中将起到很重要的作用,因此本小节将特别讨论弯矩的局部极值,也就是弯矩的峰值。在弯矩图中,这些峰值应特别地标示出其数值,如图 2.21(c)中的三个弯矩值。

容易看出,弯矩的峰值一般会出现在下面几种情况下:在有分布荷载作用的区段,若某截面的剪力为零,则该截面处就会出现弯矩的局部极值,如图 2.21 中距左端 $\frac{a}{4}$ 处,就有弯矩峰值 $\frac{qa^2}{32}$;在集中力作用处(包括支座),弯矩图会出现尖点,这些尖点就可能构成弯矩的峰值;同时,在集中力偶矩作用处,弯矩会产生跃变,跃变前后的弯矩值也会成为弯矩的峰值。在全梁上考虑绝对值最大的弯矩时,梁的端点处也是值得注意的地方。

对于更为复杂的问题,则需要将各方面的因素综合加以考虑。下面用两个例子来说明。

例 2.4 如图 2.23 所示的承受均布荷载的简支梁长度为 l,为了提高它的承载能力,可以考虑它的两个支座关于中截面对称地向中点移动,记移动的距离为图中的 a。欲使梁中绝对值最大的弯矩为最小,求 a 与 l 之比;并求这样移动后,梁中绝对值最大的弯矩所下降的百分比。

解:由于结构关于中点对称,因此两个支座的支座约束力均为 $\frac{ql}{2}$。只要两个支座不靠近中点,梁的弯矩图就具有图 2.24(a) 的形式。其中在 D 截面具有最大的负弯矩 M_D,中截面 C 处具有最大的正弯矩 M_C。它们构成两个弯矩峰值。

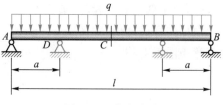

D 截面的弯矩就是 AD 长度上均布荷载对 D 截面的矩,故有

$$M_D = -\frac{1}{2}qa^2,$$

图 2.23 支座移动

而 C 截面的弯矩是 AC 长度上均布荷载 q 对 C 截面的矩与支座约束力对 C 截面矩的代数和,因而有

$$M_C = \frac{1}{2}ql\left(\frac{l}{2}-a\right) - \frac{1}{2}q\left(\frac{l}{2}\right)^2 = \frac{1}{8}ql(l-4a)。$$

显然,M_C 和 M_D 的数值随着 a 的变化而变化。为了了解这两个弯矩峰值关于 a 的变化规律,图 2.24(b) 中画出了它们关于 a 的函数图像。从图中可以看出,随着 a 的增加,M_D 的绝对值趋于增加,而 M_C 趋于减小。因此,要使梁中绝对值最大的弯矩为最小,应取两条弯矩曲线的交点处的弯矩,即两个弯矩峰值的绝对值应该相等,故取

$$\frac{1}{2}qa^2 = \frac{1}{8}ql(l-4a)。$$

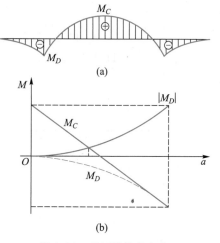

(a)

由之可解出

$$a = \frac{1}{2}(\sqrt{2}-1)l \approx 0.207l, \qquad 即 \frac{a}{l} = 0.207。$$

支座移动前,其最大弯矩为 $M_{max} = \frac{1}{8}ql^2$。按上述比例

图 2.24 弯矩峰值的变化

移动后,最大弯矩为

$$M'_{max} = \frac{1}{2}qa^2 = \frac{1}{8}ql^2(3-2\sqrt{2}) \approx \frac{1}{8}ql^2 \times 0.172。$$

故弯矩降低的比例为

$$\frac{M_{max} - M'_{max}}{M_{max}} \times 100\% = 82.8\%。$$

降低的百分比是很高的。

例 2.5 如图 2.25 所示,自重 $W = 20\text{ kN}$ 的简易起重机两轮间距为 1.6 m,起重机自身重心位于两轮中点。起重机可在跨度为 5 m 的简支梁上来回运行,求起吊重量 $P = 5\text{ kN}$ 时梁中的最大弯矩。

解:起重机与起吊重物对横梁的作用体现为两轮 C 和 D 处对横梁的集中力 F_1 和 F_2,如图 2.26(a) 所示。

以起重机为研究对象,分别对 C 和 D 取矩可得(为方便计算,本题中长度的单位取 m,力的单位取 kN):

$$F_1 = 6.25\text{ kN}, \quad F_2 = 18.75\text{ kN}。$$

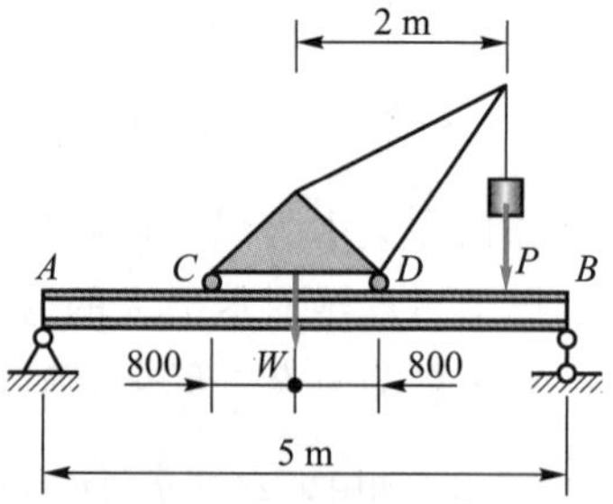

由于横梁上只有集中力 F_1 和 F_2 作用,因而其弯矩图必定为图 2.26(b) 所示的形状,且峰值一定出现在 C、D 两个截面处。

图 2.25 起重机简图

由于起重机可移动,因此梁中的弯矩将随着起重机的移动而发生连续的变化。针对这种情况,可引入

一个表示起重机位置的参量,并将弯矩峰值表达为该参量的函数。假定起重机左轮 C 处与梁左端铰的距离为 x,如图 2.26(a) 所示。对 B 取矩,便可得左端铰处的支座约束力

$$F_R = \frac{1}{l}[F_1(l-x)+F_2(l-x-a)],$$

式中,$l=5\text{ m}$,$a=1.6\text{ m}$。由此可得 C、D 两个截面处的弯矩:

$$M_C = F_R x = \frac{1}{l}[F_1(l-x)+F_2(l-x-a)],$$

$$M_D = F_R(x+a) = \frac{(x+a)}{l}[F_1(l-x)+F_2(l-x-a)].$$

使 C 截面弯矩取极值的 x_C 应满足 $\frac{dM_C}{dx}=0$,由此可得

$$x_C = \frac{l}{2} - \frac{F_2 a}{2(F_1+F_2)}.$$

代入数据可得

$$x_C = 1.9\text{ m}, \quad M_{C\text{max}} = 18.05\text{ kN·m}.$$

同理,使 D 截面弯矩取极值的 x_D 应满足 $\frac{dM_D}{dx}=0$,由此可得

$$x_D = \frac{l}{2} - \frac{(F_1+2F_2)a}{2(F_1+F_2)}.$$

代入数据可得

$$x_D = 1.1\text{ m}, \quad M_{D\text{max}} = 26.45\text{ kN·m}.$$

由此可知,当起重机左轮 C 与简支梁左端铰的距离为 1.1 m 时,起重机右轮 D 处截面的弯矩值 26.45 kN·m 是起重机移动过程中梁中产生的最大弯矩。

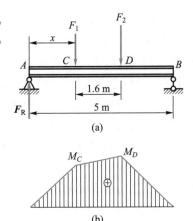

图 2.26 梁中的弯矩

2.4 简单刚架的内力图

如图 2.27 所示一类的结构称为刚架,它是若干个梁的组合结构。与桁架不同的是,它的单个部件可能不仅发生轴向拉压变形,还可能发生其他形式的变形。对于平面刚架而言,如果发生的变形仍然在这个平面内,那么,组成刚架的构件的内力就可能包含轴力、剪力和弯矩。这样,平面刚架的内力图就应该包含轴力图、剪力图和弯矩图这三种图形。

刚架中相邻两个构件的连接方式有两种。一种如同图 2.27(a) 和(b) 中左上方的连接方式,称为刚结点。刚结点处的刚度一般比较大,因此在结构受外荷载作用而变形时,刚结点所连接的两个杆件的夹角是不会改变的。另一种连接方式就是铰,如同图 2.27(b) 中右上角所表示的那样。易于理解,这种铰附近如果没有集中

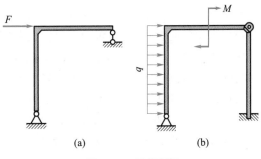

图 2.27 简单刚架

力偶矩作用的话,其弯矩应为零。

在画简单刚架的内力图时,一般以刚架轴线作为基本轮廓,它们相当于每个构件图形的横轴,轴力图、剪力图和弯矩图就以这个轮廓为基准线画出。其正负图像的放置方法一般是这样规定的:走进刚架之中,以刚架轮廓外侧为正,内侧为负。

可以按照以下步骤画内力图:首先,求出支承处的约束力及约束力偶矩。然后进入刚架之中,从左到右逐个对杆件画出其内力图。在画各个杆件内力图时,如果有必要(对初学者往往是这样),可将这个杆件左端面以外的所有外荷载(包括约束力)按规定平移到左端;而将这个杆件右端面以外的所有外荷载(包括约束力)按规定平移到右端。但应注意,这个杆件两端点之间所承受的外荷载是不能变更的。

下面用图 2.28(a)的例子来说明这种画法。

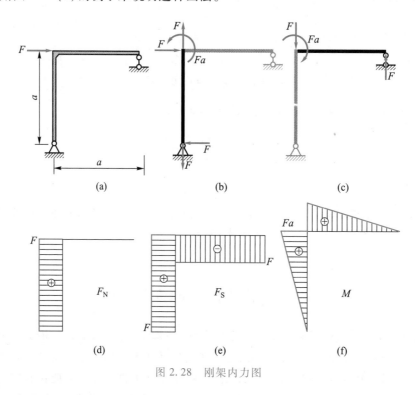

图 2.28　刚架内力图

在图 2.28(a)中容易求得,在左下方的固定铰处有水平向左的支座约束力 F 和竖直向下的支座约束力 F。在右上方的移动铰处有竖直向上的支座约束力 F。

根据刚架的轮廓,先画出轴力图、剪力图和弯矩图的坐标线框架。

先考虑竖梁的内力图。如图 2.28(b)所示,竖梁下结点有两个支座约束力,上结点有水平向右的力 F,右端移动铰处的支座约束力平移到此处的竖直向上的力 F,以及平移 F 所附加的力偶矩 Fa。这样,图 2.28(b)表示了竖梁的全部外荷载。

对应于竖梁两结点的竖直方向的作用力,竖梁中存在着不变的正轴力 F,相应的轴力图是水平幅度为 F 的矩形,并画在竖梁外侧。对应于两结点水平方向上的作用力,竖梁中存在着不变的正剪力 F,因此剪力图也是竖梁外侧的水平幅度为 F 的矩形。由于竖梁下端处为铰,而且没有集中力偶矩作用,因此弯矩图的下端为零。由于竖梁剪力为常数,相应的弯矩图则应为斜直线。由于剪力为正数,所以弯矩图应从下端开始向外侧倾斜。这条倾斜线的终点处的弯矩值等于竖梁剪力图的面积 Fa。竖梁上端的逆时针方向的集中力偶矩 Fa 刚好能使弯矩图线返回到竖梁上端处。

再考虑横梁。为此,将竖梁下结点的两个支座约束力平移到横梁左结点。图 2.28(c)表现了横梁的全部外荷载。

由于横梁没有轴向荷载作用,因此没有轴力。对应于左右两端的竖直方向的力 F,横梁存在着负的剪力,其值恒为 F,剪力图为横梁轮廓下侧的高度为 F 的矩形。由于横梁左端存在着顺时针方向的集中力偶矩 Fa,因此左端处弯矩图有一个向上的跃变 Fa。由于剪力是负的常值,因此弯矩图是向下倾斜的直线。弯矩值下降的幅度为 Fa,使斜直线在右端处归零。这刚好与铰处的弯矩值吻合。

从上面的例子中可以看到,在刚结点处内力的平衡有着与直梁不同的特点。

如图 2.29(a)所示,在直角刚结点处,如果没有集中力作用,一侧的轴力与另一侧的剪力平衡。

考虑刚结点处矩的平衡就可以看出,如图 2.29(b)和图 2.29(c)所示,如果刚结点处没有集中力偶矩作用,那么刚结点两边的弯矩图必定在轮廓线的同侧;要么同在外侧,如图 2.29(b)所示;要么同在内侧,如图 2.29(c)所示。同时,两梁无限接近刚结点的弯矩值应该相等。也就是说,竖梁端点处的弯矩等于相邻横梁端点处的弯矩。

利用刚结点的这些特点,可以提高画内力图的速度。

曲梁是工程中可能出现的另一种结构形式,例如,图2.30(a)所示的曲梁是四分之一圆。人们把截面形心处的主矢和主矩按照曲梁横截面的法线方向和切面方向定义为轴力、剪力、弯矩,如图 2.30(b)所示。

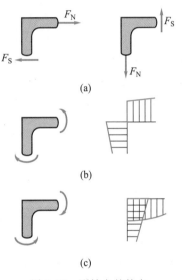

图 2.29 刚结点的特点

曲梁中各内力的符号可采用与刚架类似的规定:观察者进入曲梁所包围的区域之内,在曲梁中任取一个截面;保留左边部分,在截面上均为正号的轴力、剪力、弯矩,如图 2.30(c)所示;图 2.30(d)则表示了保留右边部分均取正号的各内力方向。

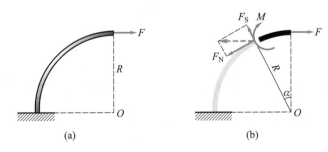

(a)　　　　(b)

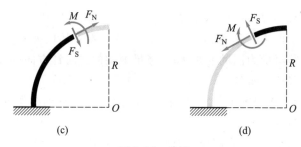

图 2.30　曲梁

容易得出,如图 2.30(b)所示,在与过圆心 O 的竖直线成 α 角的方位上取截面,以 α 为参量,其内力为轴力 $F_N = F\cos\alpha$,剪力 $F_S = F\sin\alpha$,弯矩 $M = -FR(1-\cos\alpha)$。

以曲梁轴线为内力图基线,走进曲梁之中,以轴线外侧为正,内侧为负;以曲梁中心作轴线的法线,法线的长度为内力大小,即可得曲梁内力图。图 2.31 所示即为上例的内力图。

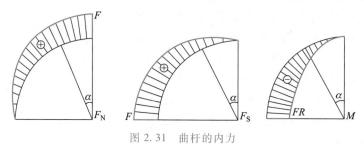

图 2.31　曲杆的内力

*2.5　用奇异函数求弯矩方程

从 2.2 节中可看出,梁弯曲的剪力方程和弯矩方程在绝大多数情况下必须分段写出,这种繁琐的做法可以借助于奇异函数来避免。

例如,对于如图 2.32(a)所示的简支梁,可以求出其支座约束力,如图 2.32(b)所示。这样,剪力方程应写为

$$F_S(x) = \begin{cases} -\dfrac{F}{3} & \left(0 < x < \dfrac{l}{3}\right) \\[2mm] -\dfrac{4F}{3} & \left(\dfrac{l}{3} < x < l\right) \end{cases},$$

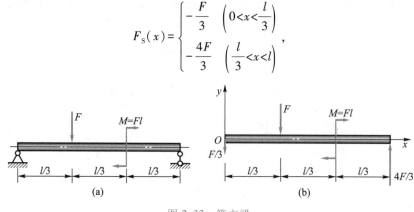

图 2.32　简支梁

或写为

$$F_S(x) = \begin{cases} -\dfrac{F}{3} & \left(0 < x < \dfrac{l}{3}\right) \\ -\dfrac{F}{3} - F & \left(\dfrac{l}{3} < x < l\right) \end{cases} 。 \qquad ①$$

弯矩方程应写为

$$M(x) = \begin{cases} -\dfrac{Fx}{3} & \left(0 < x < \dfrac{l}{3}\right) \\ -\dfrac{Fx}{3} - F\left(x - \dfrac{l}{3}\right) & \left(\dfrac{l}{3} \leqslant x < \dfrac{2l}{3}\right) \\ -\dfrac{Fx}{3} - F\left(x - \dfrac{l}{3}\right) + Fl & \left(\dfrac{2l}{3} \leqslant x < l\right) \end{cases} 。 \qquad ②$$

可以看出,式②中的第二式比第一式多出一项 $-F\left(x - \dfrac{l}{3}\right)$,而这一项是在 $x \geqslant \dfrac{l}{3}$ 的区段上多出来的。如果引用规定:

$$\left\langle x - \frac{l}{3} \right\rangle = \begin{cases} 0 & \left(x < \dfrac{l}{3}\right) \\ \left(x - \dfrac{l}{3}\right) & \left(x \geqslant \dfrac{l}{3}\right) \end{cases} ,$$

那么,式②的第一式和第二式就可以合并写为

$$-\frac{1}{3}Fx - F\left\langle x - \frac{l}{3} \right\rangle 。$$

同时,还可以看到,式②中第三式比前两式又多出一项 Fl,而这一项是在 $x \geqslant \dfrac{2}{3}l$ 的区段上多出来的。如果引用如下规定:

$$\left\langle x - \frac{2l}{3} \right\rangle^0 = \begin{cases} 0 & \left(x < \dfrac{2l}{3}\right) \\ 1 & \left(x \geqslant \dfrac{2l}{3}\right) \end{cases} ,$$

那么,式②的三个式子就可以合并写为如下的一个式子:

$$M(x) = -\frac{1}{3}Fx - F\left\langle x - \frac{l}{3} \right\rangle + Fl\left\langle x - \frac{2l}{3} \right\rangle^0 。 \qquad ③$$

根据上述做法,可以一般地定义一个函数:

$$\langle x - a \rangle^n = \begin{cases} 0 & (x < a) \\ (x - a)^n & (x \geqslant a) \end{cases} \quad (n \geqslant 0) , \qquad (2.6)$$

这个函数称为奇异函数(singular function)。图 2.33 表示了 n 取不同数值的函数图像。

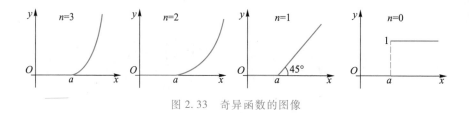

图 2.33 奇异函数的图像

很容易从这些函数图像看出,从自变量 x 自左至右的发展顺序来看,以 $x=a$ 点为界限,函数值在 a 之前总是零,在 a 之后才有非零的值。因此奇异函数有着从 a 点起才发挥作用的特点,或者说,有着"管后不管前"的性质。

需要说明的是,表示奇异函数的符号 $\langle x-a \rangle$ 是一种固定的写法,其中 a 特别地表示非零部分的起始位置。这个尖括弧是不可以拆开的。尖括弧外的因子也不可以"乘进"尖括弧之内。

特别注意奇异函数中 $n=0$ 的情况。它不是连续函数,而是表示了幅度为单位 1 的跃变。因此,在 2.3.3 中所讨论的剪力和弯矩的跃变,都可以用它表示出来。这一个跃变函数通常称为单位阶跃函数,或赫维赛德(Heaviside)函数。在电工电子学等领域,这一函数有着广泛的用途。

利用函数 $\langle x-a \rangle^0$,上面例子中的剪力函数式①便可以简单地写为

$$F_{\mathrm{S}} = -\frac{1}{3}F\langle x-0 \rangle^0 - F\left\langle x-\frac{l}{3} \right\rangle^0 。 \qquad ④$$

利用函数 $\langle x-a \rangle^0$,还可以把图 2.34(a)表示的向下均布荷载写为 $-q_0\left\langle x-\dfrac{l}{2} \right\rangle^0$。对于图 2.34(b)所示的情况,其向下均布荷载从 $x=a$ 处开始而在 $x=b$ 处结束,则可将其化为图 2.34(c)的情况而写为 $-q_0\langle x-a \rangle^0 + q_0\langle x-b \rangle^0$。

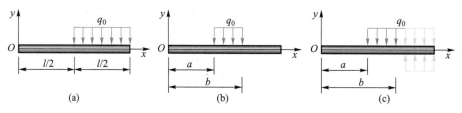

图 2.34 均布荷载的处理

根据奇异函数定义式(2.6),可以看出它有如下的性质:

$$\frac{\mathrm{d}}{\mathrm{d}x}\langle x-a \rangle^n = n\langle x-a \rangle^{n-1} \quad (n \geqslant 1), \qquad (2.7\mathrm{a})$$

$$\int \langle x-a \rangle^n \mathrm{d}x = \frac{1}{n+1}\langle x-a \rangle^{n+1} + C \quad (n \geqslant 0)。 \qquad (2.7\mathrm{b})$$

根据以上两式可以看出,式④可以积分得到式③前两项,即剪力的积分可以得到弯矩。式③最后一项 $Fl\left\langle x-\dfrac{2l}{3} \right\rangle^0$ 的力学意义是集中力偶矩所引起的弯矩值的跃变,而集中力偶矩

并不直接影响它作用处的剪力,因此可以把 $Fl\left\langle x-\dfrac{2l}{3}\right\rangle^{0}$ 认为是剪力函数 $F_{s}(x)$ 积分到弯矩函数 $M(x)$ 时所产生的积分常数。这样处理之后,式③微分即可得到式④。这样,两式之间的关系与 $F_{s}=\dfrac{\mathrm{d}M}{\mathrm{d}x}$ 所表示的关系相吻合。

但是,如果进一步将剪力 F_{s} 微分,根据 $q=\dfrac{\mathrm{d}F_{s}}{\mathrm{d}x}$,应该得到荷载函数 $q(x)$。但在本小节的这个例子中,并不存在分布力,只有集中力。有没有可能将集中力表达为分布力函数的形式呢? 另外一方面,式④本身包含了 $\langle x-a\rangle^{0}$ 一类的项次,要对其微分,便应处理像 $\dfrac{\mathrm{d}}{\mathrm{d}x}\langle x-a\rangle^{0}$ 这样的计算。

为了解决这一问题,可考虑用图 2.35(a) 中的折线所表示的函数来逼近单位阶跃函数 $\langle x-a\rangle^{0}$,其中 $\varepsilon\to 0$。这个函数对 x 求导。易于看出,其结果的图像如图 2.35(b) 所示。注意到图中阴影部分的面积恒等于 1。显然,若 $\varepsilon\to 0$,图 2.35(b) 中的阴影面积趋于一条无穷高的直线。根据这一点,可以导出一个新型函数的定义和性质:

$$\langle x-a\rangle^{-1}=\begin{cases}\infty & (x=a)\\ 0 & (x\neq a)\end{cases}, \tag{2.8}$$

$$\frac{\mathrm{d}}{\mathrm{d}x}\langle x-a\rangle^{0}=\langle x-a\rangle^{-1}, \tag{2.9a}$$

$$\int\langle x-a\rangle^{-1}\mathrm{d}x=\langle x-a\rangle^{0}+C。 \tag{2.9b}$$

在上面的定义中,$\langle x-a\rangle^{-1}$ 已经不是传统意义上的函数了。但是它却具有明确的物理背景。例如,作用在梁上的集中力,原本是作用在梁上很短一个区段上分布力的简化。在它被处理为分布力时,可以知道,在作用区段之外,其单位长度上的力自然是零,在作用区段之内,其单位长度上的平均作用力便是全部力的大小除以其作用区段的长度。当这样的分布力简化为集中力,作用区段缩小至零时,在作用点上这个单位长度上的力自然趋于无穷大了。但应注意其作用总量,即集中力的大小仍然是有限值。

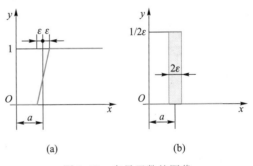

图 2.35　奇异函数的图像

此外,电学中的点电荷,热学中的点热源等,其总量是有限值,但分布集中于一点。如果要用单位长度(或单位面积、单位体积)上的作用量(如电荷密度等)来表示这些概念,就需用到 $\langle x-a\rangle^{-1}$ 的概念,因此 $\langle x-a\rangle^{-1}$ 是用分布函数的形式表示的某种集中作用量。这个函数在很多书籍和文献中称为 δ-函数,并一般地写为 $\delta(x-a)$。

利用式(2.7)、式(2.8) 和式(2.9),即可表示出荷载的作用。一般地,选择梁轴线从左到右的延伸方向为 x 轴,选向上的方向为 y 轴。则可按照如下方法写出荷载函数 $q(x)$:

（1）作用在 $x=a$ 处的集中力 F 可表示为分布力 $\pm F\langle x-a\rangle^{-1}$，向上作用取正号，向下作用取负号。

（2）起始点在 $x=a$ 处的均布力 q 可表示为分布力 $\pm q\langle x-a\rangle^{0}$，向上作用取正号，向下作用取负号。

根据上述讨论，即可从荷载函数 $q(x)$ 出发，经两次积分，逐次计算出剪力 $F_{\mathrm{S}}(x)$ 和弯矩 $M(x)$。步骤如下：

（1）按照通常的方法计算梁的支座约束力和支座约束力偶矩。

（2）利用上述的方法写出用分布函数表示的荷载函数 $q(x)$，其中，支座约束力也按集中力处理。由于奇异函数具有"管后不管前"的性质，作用于梁的最右端处的集中力可以不写入 $q(x)$ 之中。

（3）对 $q(x)$ 积分，便可得剪力函数 $F_{\mathrm{S}}(x)$。由于步骤（2）中已将支座约束力作为集中力写入 $q(x)$ 之中，故此次积分常数恒等于零。

（4）对剪力函数 $F_{\mathrm{S}}(x)$ 积分，便可得弯矩函数 $M(x)$。其积分常数就是梁中的集中力偶矩，包括支座约束力偶矩；这些集中力偶矩这样写入 $M(x)$ 之中：作用在 $x=a$ 处的集中力偶矩 M 所引起的弯矩跃变可表示为 $\pm M\langle x-a\rangle^{0}$，集中力偶矩顺时针时取正，逆时针时取负。同样，作用于最右端处的集中力偶矩可以不写入 $M(x)$ 之中。若梁中无集中力偶矩，则积分常数为零。

例 2.6 求图 2.36(a) 中所示的悬臂梁的剪力函数和弯矩函数。

解：易得固支处的约束力及约束力偶矩如图 2.36(b) 所示。由此可得

$$q(x)=\frac{3}{2}q_0 a\langle x-0\rangle^{-1}-q_0 a\left\langle x-\frac{a}{2}\right\rangle^{-1}-q_0\left\langle x-\frac{a}{2}\right\rangle^{0},$$

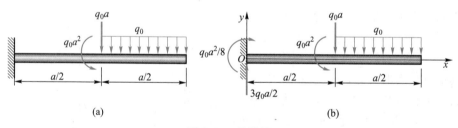

图 2.36 悬臂梁

注意在上式中，只包括力荷载及支座约束力，不包括集中力偶矩。将上式积分即可得剪力

$$F_{\mathrm{S}}(x)=\frac{3}{2}q_0 a\langle x-0\rangle^{0}-q_0 a\left\langle x-\frac{a}{2}\right\rangle^{0}-q_0\left\langle x-\frac{a}{2}\right\rangle^{1}$$
$$=\frac{3}{2}q_0 a-q_0 a\left\langle x-\frac{a}{2}\right\rangle^{0}-q_0\left\langle x-\frac{a}{2}\right\rangle^{1},$$

上式中的积分常数为零。将剪力函数积分即可得弯矩

$$M(x)=\frac{3}{2}q_0 ax-q_0 a\left\langle x-\frac{a}{2}\right\rangle^{1}-\frac{1}{2}q_0\left\langle x-\frac{a}{2}\right\rangle^{2}+\frac{1}{8}q_0 a^2\langle x-0\rangle^{0}-q_0 a^2\left\langle x-\frac{a}{2}\right\rangle^{0}$$
$$=\frac{3}{2}q_0 ax-q_0 a\left\langle x-\frac{a}{2}\right\rangle^{1}-\frac{1}{2}q_0\left\langle x-\frac{a}{2}\right\rangle^{2}+\frac{1}{8}q_0 a^2-q_0 a^2\left\langle x-\frac{a}{2}\right\rangle^{0},$$

上式中的最后两项即积分常数，分别表示两个集中力偶矩。注意集中力偶矩的作用位置如果不在 $x=0$ 处，

便应利用尖括弧中"减号"后的数值明确地表示出来。

利用上面的结果,便可以求出任意截面处的弯矩。例如,在 $x = \dfrac{a}{4}$ 的截面处,弯矩表达式中的奇异函数的各项均未发挥作用而取零值,故有

$$M\left(\frac{a}{4}\right) = \frac{3}{2} q_0 a \cdot \frac{a}{4} + \frac{1}{8} q_0 a^2 = \frac{1}{2} q_0 a^2。$$

而在 $x = \dfrac{3}{4}a$ 截面处,表示奇异函数的符号 $\left\langle x - \dfrac{a}{2}\right\rangle$ 转化为 $\left(x - \dfrac{a}{2}\right) = \dfrac{a}{4}$,故有

$$M\left(\frac{3}{4}a\right) = \frac{3}{2} q_0 a \cdot \frac{3}{4} a - q_0 a \cdot \frac{1}{4} a - \frac{1}{2} q_0 \cdot \left(\frac{a}{4}\right)^2 + \frac{1}{8} q_0 a^2 - q_0 a^2 \cdot 1 = -\frac{1}{32} q_0 a^2。$$

从上例可看出,奇异函数求剪力函数和弯矩函数的方法操作简单而且规范,无须使用截面法进行分析计算,其结果便于计算机编程。

思 考 题 $2^{①}$

2.1 杆件内力符号规定的原则与外力符号规定的原则有什么不同?

2.2 两根长度相同的等截面简支梁,在下列情况中,它们的内力相同吗?

（a）截面相同,材料相同,荷载不同;

（b）截面相同,材料不同,荷载相同;

（c）截面不同,材料相同,荷载相同;

（d）截面相同,材料不同,荷载不同;

（e）截面不同,材料不同,荷载相同。

2.3 平衡微分方程 $\dfrac{\mathrm{d}M}{\mathrm{d}x} = F_{\mathrm{s}}$ 和 $\dfrac{\mathrm{d}F_{\mathrm{s}}}{\mathrm{d}x} = q$ 是在考虑什么外荷载的前提下导出的？如果有其他类型的外荷载该如何处理?

2.4 梁的弯矩峰值一般会产生在什么位置?

2.5 在集中力和集中力偶矩作用处,梁的剪力图和弯矩图各有什么特点?

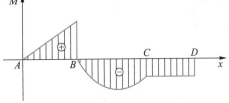

2.6 某梁的弯矩图如图所示。如果将支座约束力也视为一种外荷载,那么,梁承受了哪些荷载? 这些荷载各作用于什么位置?

思考题 2.6 图

2.7 某根梁分别承受 A、B 两组荷载,A 组荷载只比 B 组荷载多一个集中力偶矩。有人认为,由于画剪力图时,集中力偶矩不影响剪力,因此,对应于这两组荷载的剪力图是完全一样的。这种看法对吗? 为什么?

2.8 如图所示简支梁上有一根副梁。集中力 F 作用于副梁上。在求简支梁 A、B 处的支座约束力时,可以将 F 沿其作用线平移至梁上 D 处吗? 在求简支梁中的剪力和弯矩时,是否可以将 F 平移至 D 处?

2.9 若结构对称,荷载对称或反对称,其剪力图和弯矩

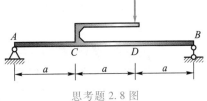

思考题 2.8 图

----

① 在各章的思考题和习题中所涉及的各类杆件,只要未加说明,均指等截面杆,一般不考虑自重。

图各有什么特性？

2.10 图示的结构是对称的,其中点作用有一个集中力偶矩。这种情况荷载是对称的还是反对称的？或是既不对称又不反对称？

2.11 如图所示,集中力作用在中间铰处,会在左端铰处引起支座约束力吗？会在左半部引起内力吗？会引起变形吗？会引起位移吗？

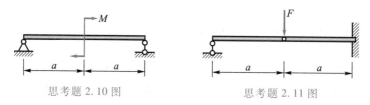

思考题 2.10 图　　　　　　　　思考题 2.11 图

2.12 在与思考题 2.11 同样的结构中,若集中力 F 作用在中间铰偏左处,上题的结论仍然正确吗？偏右处呢？

2.13 在图示的两种情况下,左半部的内力相同吗？

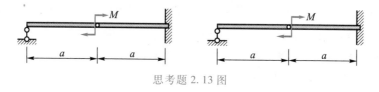

思考题 2.13 图

2.14 如果已知剪力图,可以完全确定弯矩图吗？在把约束视为外荷载的前提下,已知剪力图,可以完全确定荷载图吗？

2.15 如果已知弯矩图,可以完全确定剪力图吗？在把约束视为外荷载的前提下,已知弯矩图,可以完全确定荷载图吗？

2.16 刚架刚结点处力的平衡有什么特点？弯矩图有什么特点？

习题 2
参考答案

习 题 2（A）

2.1 试画出如图所示结构的轴力图,并指出轴力最大值。

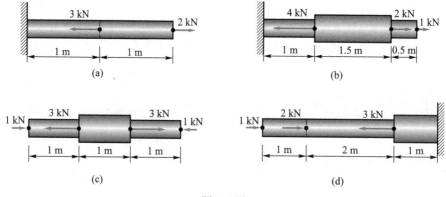

题 2.1 图

2.2 试画出如图所示结构的轴力图,并指出轴力最大值。

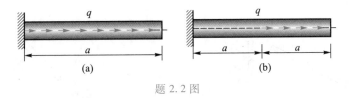

题 2.2 图

2.3 图中的 t 是单位长度上的外力偶矩。试画出如图所示结构的扭矩图,并指出扭矩最大值。

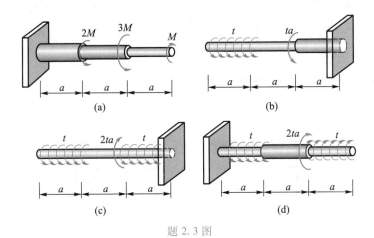

题 2.3 图

2.4 求图示结构中指定的 1、2、3 截面的内力。

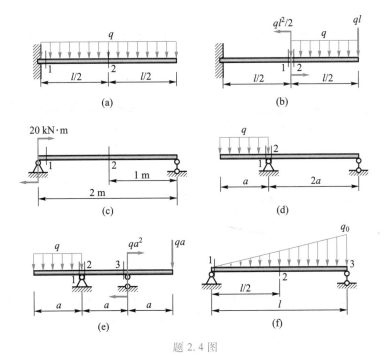

题 2.4 图

2.5　求图示结构中指定的 1、2 截面的内力。

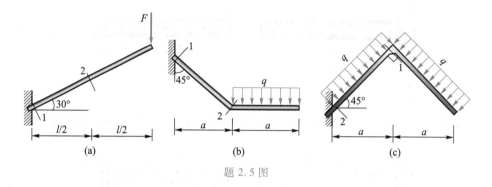

题 2.5 图

2.6　求图示结构中指定的 1、2、3 截面的内力。

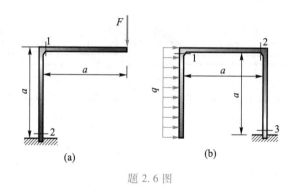

题 2.6 图

2.7　用截面法建立图示梁的剪力方程和弯矩方程,并指出绝对值最大的剪力和弯矩。

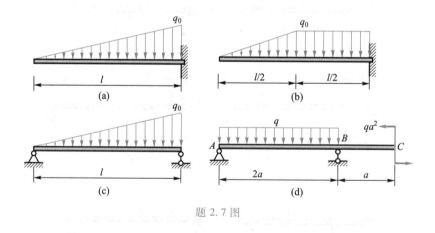

题 2.7 图

2.8　试画出图示简支梁的剪力图、弯矩图,并指出绝对值最大的剪力和弯矩。

2.9　试画出图示悬臂梁的剪力图、弯矩图,并指出绝对值最大的剪力和弯矩。

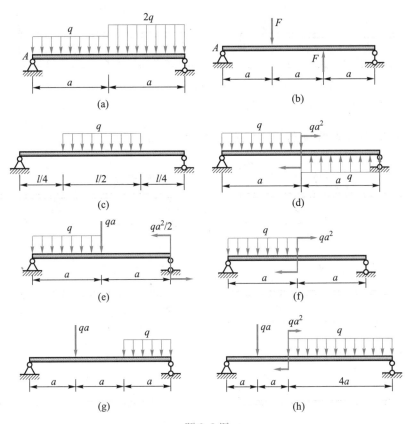

题 2.8 图

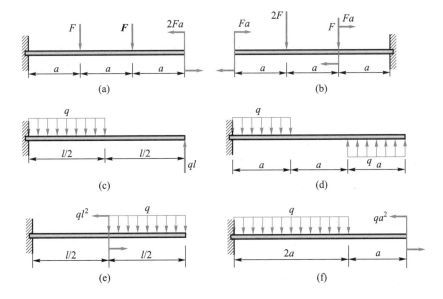

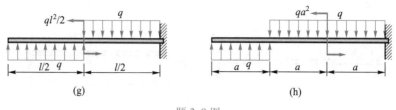

题 2.9 图

2.10 试画出图示外伸梁的剪力图、弯矩图,并指出绝对值最大的剪力和弯矩。

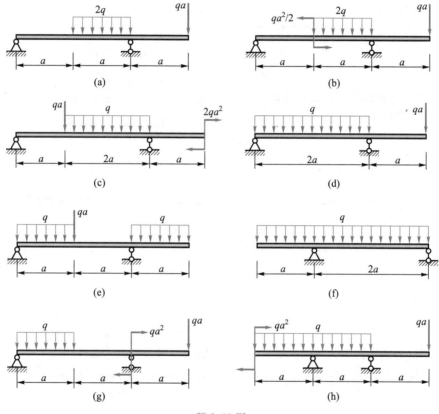

题 2.10 图

2.11 梁的剪力图如图所示,试作梁的弯矩图和荷载图。已知梁上没有集中外力偶矩作用。

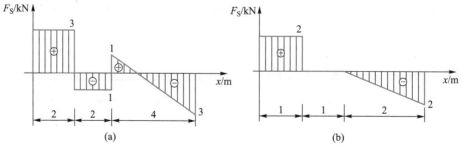

题 2.11 图

2.12　已知梁的弯矩图如图所示，作梁的荷载图和剪力图。

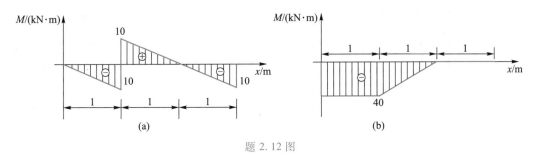

题 2.12 图

2.13　试画出图示结构的剪力图、弯矩图，并指出绝对值最大的剪力和弯矩。

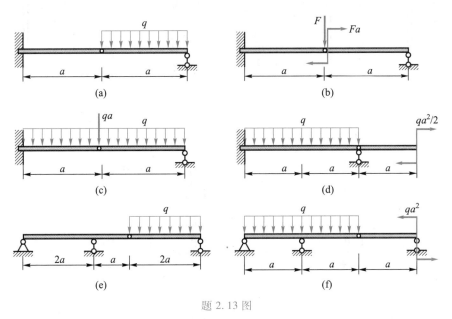

题 2.13 图

2.14　在图(a)中作用着使杆件产生弯曲变形的均布力偶矩 m_0；在图(b)中作用着使杆件产生扭转变形的均布力偶矩 t。以杆件左端为原点，x 轴正向向右，试建立图示各种情况的内力平衡微分方程。

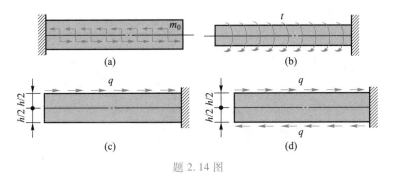

题 2.14 图

2.15　试画出图示刚架的内力图，并指出绝对值最大的轴力、剪力和弯矩。

2.16　试画出图示结构的内力图，并指出绝对值最大的轴力、剪力和弯矩。

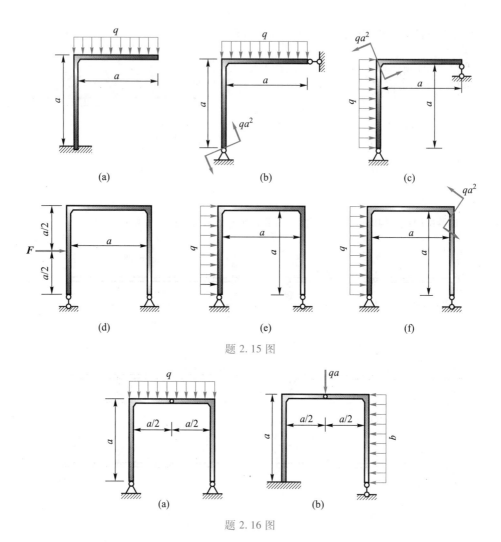

题 2.15 图

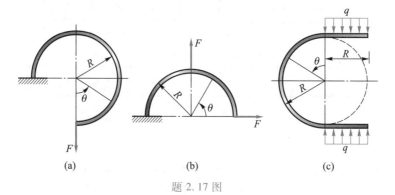

题 2.16 图

2.17 图示圆杆半径均为 R,以图示的 θ 为自变量建立内力方程,并指出各内力的极值。

2.18 图示吊车梁,吊车的每个轮子对梁的压力都是 F,试问:

(1) 吊车在什么位置时,梁内的弯矩最大?最大弯矩为多少?

(2) 吊车在什么位置时,梁的支座约束力最大?最大支座约束力和最大剪力各等于多少?

题 2.17 图

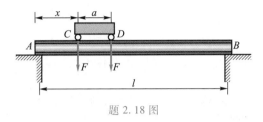

题 2.18 图

2.19 求下列直角曲拐结构中固定端面处的内力。在图（c）中，两个力 F 均在水平面内，其中一个与矩形截面梁轴线垂直，另一个与矩形截面梁轴线平行；在图（d）中，圆轴部分作用着使圆轴产生扭转变形的均布力偶矩。

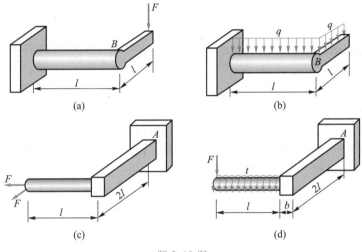

题 2.19 图

2.20 画出图示结构的内力图。

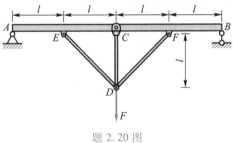

题 2.20 图

2.21 画出图示结构中主梁 AB 的内力图，不考虑滑轮的尺寸及摩擦。

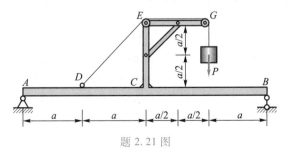

题 2.21 图

习 题 2（B）

2.22 如图所示,简支梁上等距地作用着 n 个大小相等的集中力,总荷载为 F,求梁中的最大弯矩,并求 n 趋于无穷多时最大弯矩的极限值。

2.23 图示简支梁承受两个集中力 F 的作用,由于弯矩最大绝对值过大,可在其中央加上一个向上的集中力 F'。要使梁中弯矩最大绝对值为最小,F' 应为多大? 加上了这样的 F' 后,梁中弯矩最大绝对值减小的百分比为多少?

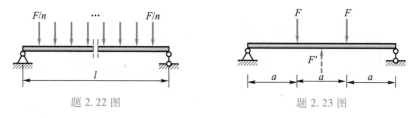

题 2.22 图　　　　　　　　　　题 2.23 图

2.24 如图所示,简易书架 AB 上均匀地码放着总重量为 P 的书,加固拉杆 BC 中的拉力 F' 可以调节。为使 AB 梁上绝对值最大的弯矩尽可能地小,拉杆中的拉力应为多大? 与没有拉杆 BC 相比,加上了这种恰当的拉力后,梁中弯矩值减小的百分比为多少?

2.25 如图所示,一条 4 m 宽的水沟上放置一块木板可以让人通过,但木板横截面上的最大弯矩达到 $0.7\,\mathrm{kN\cdot m}$ 时木板便会断裂。现有一个体重为 800 N 的人想从木板上走过,他可以安全通过吗? 如果不能,他缓慢行走到什么位置时木板就会断裂?

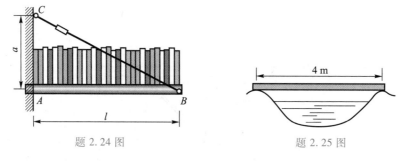

题 2.24 图　　　　　　　　　　题 2.25 图

2.26 如图所示,高度为 h、总长为 $2l$ 的梁中,右端下方有可移动铰,中截面下方有固定铰。上表面作用有均布切向荷载 q。画出其内力图。

2.27 某宾馆的工作人员为了晾晒长度为 l、宽度为 b 的长地毯,用木块和钢管搭成如图所示的简易装置。地毯单位面积的重量为 γ。晾晒和搬运地毯的过程中需要将地毯卷起来。地毯完全摊开后,短边沿与木块内边沿平齐。只考虑地毯的自重,不考虑卷起地毯所需的外力,且不考虑钢管的自重。在这种情况下求摊开或卷起的过程中在两根钢管中所产生的最大弯矩。

2.28 试画出图示结构的剪力图、弯矩图,并指出绝对值最大的剪力和弯矩。

2.29 在赛艇比赛中,运动员双手分别握桨周期性地划水。桨用一个固定铰与赛艇边沿的支架连接。在划水阶段,桨有很长一段位于水中。假定桨在水中部分所受到的阻力与水和桨之间的相对速度成正比,试画出桨的荷载图、剪力图和弯矩图(画出图形趋势,同时标出各段图线的几何性质,不必计算具体数值)。

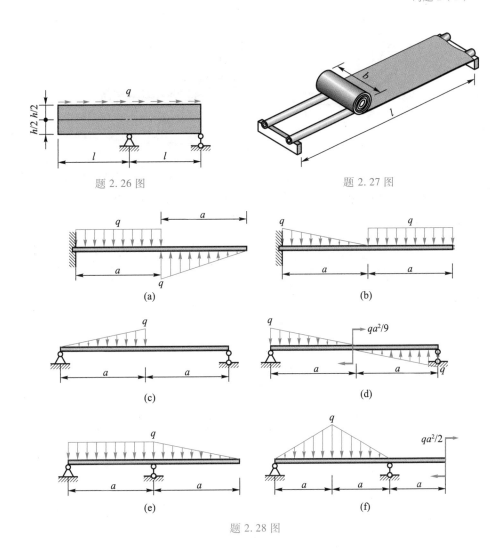

题 2. 26 图

题 2. 27 图

(a)

(b)

(c)

(d)

(e)

(f)

题 2. 28 图

2. 30 如图所示,简支梁承受荷载 $q(x) = q_0 \sin \dfrac{\pi x}{a}$,写出其剪力方程和弯矩方程,并画出剪力图和弯矩图。

题 2. 29 图

题 2. 30 图

2. 31 半径为 R 的四分之一圆的曲杆位于水平平面内,一端固定,一端自由。作用力方向是竖直向下的,求图(a)、(b)两种情况下杆内的弯矩和扭矩。

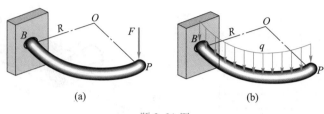

(a)   (b)

题 2.31 图

2.32 如图所示,平均半径为 R 的半圆环承受径向均布荷载 q,半圆环一端固定,求内力方程。

2.33 图示的四分之一圆杆沿轴线承受均匀分布的切向荷载 q,以图示的 φ 为自变量建立内力方程。

题 2.32 图   题 2.33 图

2.34 用奇异函数方法列出图示各梁的弯矩方程。

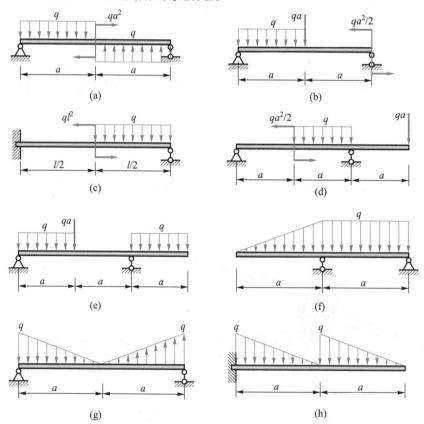

(a)   (b)

(c)   (d)

(e)   (f)

(g)   (h)

题 2.34 图

第3章 固体力学中的基本概念

固体力学主要研究在外界因素(荷载、温度等)作用下,变形固体内部各点所产生的位移、变形、运动及破坏的规律。材料力学作为固体力学的一个入门性的分支,必然要涉及固体力学中最基本的概念,即应力、应变和本构关系。本章将对这些概念作一个初步介绍。随着课程内容的深入,这些概念将不断地趋于完整和系统。

3.1 应力的基本概念

3.1.1 应力矢量的一般概念

在上一章中考虑了作用在杆件横截面上的内力,并以横截面形心处的主矢和主矩的形式整体性地将内力定义为轴力、扭矩、剪力和弯矩这四种形式。但是容易看出,这样定义的内力不是衡量杆件是否破坏的标志性物理量。例如,当同种材料制成的杆件具有相同的轴力时,横截面面积大的杆件显然比横截面面积小的杆件更安全。这就提示我们,轴力除以横截面面积而得到的物理量将比轴力本身更有利于表示拉伸杆件安全还是危险。但是,这种笼统地取平均值的方法没有体现出横截面上可能存在着的力作用不均匀的事实,因此,在横截面上取其中的任意的一个微元面,再考虑这个微元面上的力作用与微元面面积之比,将能更准确地反映事物的真实情况。

一般地,考虑某个承受荷载的物体,想象有一个剖面(这个剖面可以是平面,也可以是曲面)将其分为两个部分。由于外荷载的存在,这两个部分之间一定相应地存在着相互作用。留下一部分作为研究对象而舍去另一部分,那么,舍去部分对于留下部分的作用就体现为剖面上的力作用。这种力作用应该是分布在剖面上的各处的。在剖面上考虑某个点 K,在点 K 处取一个微元面 ΔA,这个分布力系在这个微元面上表现为作用力 $\Delta \boldsymbol{F}$,如图 3.1 所示,定义极限

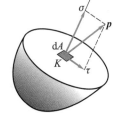

$$p = \lim_{\Delta A \to 0} \frac{\Delta \boldsymbol{F}}{\Delta A} = \frac{\mathrm{d}\boldsymbol{F}}{\mathrm{d}A} \qquad (3.1)$$

图 3.1 应力的概念

为物体中点 K 处在 ΔA 上的应力矢量(stress vector)。

应力矢量 $\boldsymbol{p}$ 可以按照某种方式分解。例如,可以沿坐标轴方向分解而得到它的三个分量 p_x、p_y 和 p_z。但常用的分解方式是将其向微元面 ΔA 的法线方向和切面方向分解,如图 3.1 所示。前一种分量称为法向应力或正应力(normal stress),通常用希腊字母 σ 来表示;后一种分量称为切向应力或切应力(shearing stress),通常用希腊字母 τ 来表示。

之所以常常采用法向应力和切向应力的分解方式,是因为这两种应力分量在微元面 ΔA 及其邻域作用所引起的变形效应是不同的。

法向应力有使微元面 ΔA 沿法线方向拉离(或压陷)原位置的趋势;该处的以 ΔA 为表面的微元体可能因为这个分量的作用而拉长(或压短),如图 3.2(a)所示。人们把使微元体有伸长趋势的法向应力(即拉应力)定义为正值;相反,把使微元体有缩短趋势的法向应力(即压应力)定义为负值。法向应力值的正负在工程中往往具有很重要的意义。这是因为某些材料,例如,混凝土、铸铁等,其抗拉能力远低于抗压能力,因此,这些材料对法向应力值的正负比较敏感。

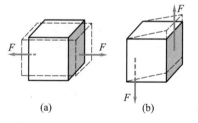

切向应力有使 ΔA 沿切面方向错动的趋势,该处的以 ΔA 为表面的立方微元体可能因为这个分量的作用而产生畸变,成为平行六面体,如图 3.2(b)所示。

图 3.2　应力法向分量和切向分量

在国际单位制中,应力的单位是帕($1\,\mathrm{Pa}=1\,\mathrm{N/m^2}$),由于工业工程中帕这个单位常常显得过小,因此常用的应力单位是兆帕($1\,\mathrm{MPa}=10^6\,\mathrm{Pa}=1\,\mathrm{N/mm^2}$)。

一般地,对于不同的点而言应力是不同的。因此,应力应该是指定点位置的函数。另外一方面,过物体中的某个指定点,可以沿着不同的方位取微元面;而这些不同方位的微元面上,其应力矢量一般也是不同的。例如,考虑一个两端在轴线上承受拉力的等截面直杆中的某个点 K。如果过点 K 沿垂直于轴线的方位取截面(图 3.3),那么,这个截面上的应力就是截面左右介质的相互作用,即拉应力。但是,如果过点 K 沿平行于轴线的方位取截面,那么,这个截面上的应力就是截面上下介质的相互作用,而上下介质之间,既无拉压作用,又无错切作用,故应力为零。因此,讨论应力矢量及其分量时,不但应当事先明确讨论点所处的位置,还应当指定过该点微元面的方位。离开微元面来讨论应力矢量是没有意义的。一般地,微元面的方位以该微元面的法线方向作为其表征。

应力的概念不仅可以用于变形体内部,还可用于变形体的边界,以及两个变形体的交界面上。在用于边界时,应力矢量就是外介质对变形体的力作用的描述。特别地,如果边界的某个区域上,外介质对变形体没有任何力作用,那么在这个区域的各点处,边界面上的应力矢量则为零。当然其正应力分量和切应力分量也都为零。称这类边界为自由边界。如图 3.4 所示的悬臂梁,外界作用限于梁的左右两个端面,而其他的四个侧面均为自由表面。

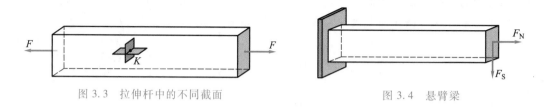

图 3.3　拉伸杆中的不同截面　　　　　　　图 3.4　悬臂梁

例 3.1　如图 3.5(a)所示的轴和轴套之间紧密配合,轴套固定。已知轴径 $d=60\,\mathrm{mm}$,接触层区段高 $h=80\,\mathrm{mm}$,而且已知轴向力 F 所引起的最大轴向切应力为 6.2 MPa,且当接触层的切应力超过 $\tau_\mathrm{b}=10\,\mathrm{MPa}$ 时紧密配合就会脱开。那么,作用于轴上的转矩 M 最大允许多大?

解:在只考虑轴向力 F 和转矩 M 的作用的前提下,轴和轴套之间的相互作用是一种切向力的作用。因此,在接触层上只考虑切应力。

对于轴而言,外界在轴线方向上的作用包含两部分:一部分是轴向外力 F 的向上作用;另一部分是轴套对轴的作用,它体现为轴侧面上竖直向下的切应力 τ_F ,如图 3.5(b)所示。

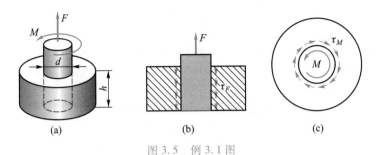

图 3.5　例 3.1 图

在轴的环周方向上,外界的作用也分为两部分。一部分是直接作用在轴上的转矩 M ,另一部分是轴套在环周方向上对轴所作用的切应力 τ_M ,如图 3.5(c)所示。易于看出,τ_M 与 τ_F 的方向是相互垂直的。而两者的几何和构成了接触层上各点处的总切应力。因此,τ_M 的允许值为

$$\tau_M = \sqrt{\tau_b^2 - \tau_F^2} = \sqrt{10^2 - 6.2^2}\ \text{MPa} = 7.85\ \text{MPa}。$$

在轴的侧面上,可以假定切应力 τ_M 是均匀分布的。故环周方向上的全部切向力对轴线的矩等于 τ_M 与环周总面积 $h\pi d$ 之积再乘以轴半径,这个矩与转矩 M 平衡。因此,要使接触层不至于脱开,应有

$$M \leqslant h\pi d \cdot \tau_M \cdot \frac{d}{2} = 80 \times \pi \times 60 \times 7.85 \times \frac{60}{2}\ \text{N} \cdot \text{mm} = 3\ 549\ 456\ \text{N} \cdot \text{mm} \approx 3.55\ \text{kN} \cdot \text{m}。$$

对于杆件的横截面而言,内力(轴力、剪力、扭矩和弯矩)是横截面上的整体力学效应,而应力(正应力、切应力)则是横截面上各处局部的力学效应。因此,横截面上应力的某种形式的集成,便构成了这个横截面上的内力。

第一种集成的方式是应力关于横截面微元面直接积分。如图 3.6 所示,正应力在横截面上的积分等于这个面上的轴力,即

$$\int_A \sigma \mathrm{d}A = F_\mathrm{N}。$$

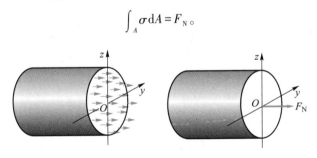

图 3.6　横截面上正应力和轴力的关系

与此类似,切应力在某个方向上的分量 τ(如果切应力方向并不全部都沿着这个方向的话)的积分等于这个方向上的剪力 F_s ,即

$$\int_A \tau \mathrm{d}A = F_\mathrm{s}。$$

第二种集成的方式是考虑应力对轴的矩。正应力关于横截面内形心轴的矩的积分,就构成了关于这根轴的弯矩。例如,关于 y 轴就构成弯矩 M_y ,即

$$\int_A \sigma z \mathrm{d}A = M_y。$$

而切应力对于穿过形心且垂直于横截面的轴线取矩可以集成为扭矩,即

$$\int_A \tau r \mathrm{d}A = T_\circ$$

例 3.2　如图 3.7(a)所示的矩形截面杆,横截面宽度 $b = 60$ mm,高度 $h = 100$ mm。横截面上的正应力沿横截面高度呈线性分布,上沿应力为 50 MPa,下沿应力为零。正应力沿横截面宽度均匀分布。试问杆件横截面上存在何种内力分量,并确定其大小。

解:由于横截面上只有正应力,因此它的内力只可能有轴力和弯矩。

建立如图 3.7(b)所示坐标。在这个坐标系中正应力的表达式为

$$\sigma = \frac{1}{2}z + 25,$$

式中,坐标 z 的单位为 mm,σ 的单位为 MPa。由于式中应力与 y 无关,为了便于积分,可取如图 3.7(b)所示的微元条面来代替微元面积,即 $\mathrm{d}A = b\mathrm{d}z$。这样便有

正应力的合力(轴力)为

$$F_\mathrm{N} = \int_A \sigma \mathrm{d}A = b\int_{-50}^{50}\left(\frac{1}{2}z + 25\right)\mathrm{d}z = 150\,000 \text{ N} = 150 \text{ kN}_\circ$$

正应力对 y 轴的合力矩(弯矩)为

$$M_y = \int_A \sigma z \mathrm{d}A = b\int_{-50}^{50}\left(\frac{1}{2}z + 25\right)z\mathrm{d}z = 2\,500\,000 \text{ N} \cdot \text{mm} = 2.5 \text{ kN} \cdot \text{m}_\circ$$

根据弯矩的符号规则,上述弯矩应为负值,如图 3.7(c)所示。同时,由于应力分布关于 z 轴对称,因此应力关于 z 轴的矩为零。

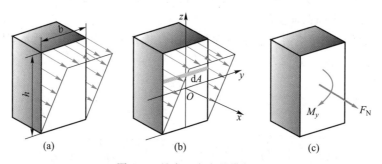

图 3.7　具有正应力的横截面

3.1.2　切应力互等定理

下面,一般地考察变形体中切应力的性质。为此,在变形体中某点的邻域内任取一个微元体,其边长分别为 $\mathrm{d}x$、$\mathrm{d}y$ 和 $\mathrm{d}z$。如果一个表面上有垂直于棱边的切应力存在,根据力的平衡,在这一表面的对面,一定也存在着切应力,而且这一对侧面上的切应力应该方向相反(图 3.8)。注意到这样的一对切应力不能使微元体的力矩平衡。因此,必定会在另一对侧面上也同时存在着切应力。一般地,考虑一个微元体的平衡时,注意应力(正应力和切应力)本身不构成平衡,必须将其乘以所作用的微元面积以构成力,再建立平衡方程式。这样,对 AB 取矩,便有

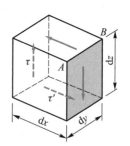

图 3.8　承受切向应力的微元体

$$\tau \mathrm{d}z\mathrm{d}y \cdot \mathrm{d}x = \tau' \mathrm{d}x\mathrm{d}y \cdot \mathrm{d}z,$$

故有

$$\tau = \tau'. \tag{3.2}$$

上式表明,在变形体内过任意点的相互垂直的两个微元面上,垂直于交线的切应力分量必然会成对地出现,其数值相等,方向则共同指向或共同背离这两个微元面的交线。这一规律称为切应力互等定理(theorem of conjugate shearing stress)。

虽然式(3.2)是在微元体只有切应力而无正应力的情况下导出的,也没有考虑物体的体积力,以及动态情况下的惯性力,但可以证明,考虑了上述各项力以后,切应力互等定理仍然成立。同时应注意,在推导式(3.2)时,没有涉及材料性质。因此,切应力互等定理原则上适用于各类变形体。

在导出式(3.2)时,忽略了可能存在的分布力偶矩。对于大多数工程材料而言,物体内的确不存在这类分布力偶矩,因此这些材料统称为非极性体。但是,对于某些工作在电磁场中的介质,例如,压电晶体等新兴材料,这类分布力偶矩却是客观存在的,人们称之为极性体。对于极性体,切应力互等定理应加以修正[①]。

例 3.3　如图 3.9 所示的等截面杆的侧面为自由表面。证明:如果某横截面上各处有切应力存在,那么,在这个横截面边沿上的切应力方向必定沿着边界曲线的切向。

解:可用反证法来证明这个命题。如果在横截面边界某点处的切应力不沿边界曲线的切向,那么必定可以分解为沿边界切向和法向的两个分量。对于法向分量,根据切应力互等定理,在杆侧面上必定存在着相应的切应力(图 3.9 中的蓝色虚线)。由于侧面为自由表面,这一切应力是不存在的,因此,所假设的法向分量也是不存在的。综上所述,横截面边沿上的切应力方向必定沿着边界曲线的切向。

图 3.9　侧面自由的等截面杆

3.2　应变的基本概念

3.2.1　正应变与切应变

物体在承受外界作用时,内部除了可能产生应力这一力学效应之外,还可能产生变形这一几何效应。考虑图 3.10 所示的拉伸杆中某点处的微元正方形。可以想见,变形前这个微元正方形在变形后成为了菱形。正方形的边发生了两种变化:一是边长度发生了变化,二是相邻两个边的夹角发生了变化。这两种变化反映了变形的两个最基本的要素:微元线段长度的变化和两个微元线段夹角的变化。

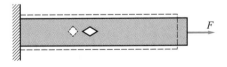

图 3.10　微元正方形的变形

为了刻画微元线段长度的变化程度,可以考虑变形体中过某指定点 K 处的微元线段,如

---

① 这方面的理论,可参考书后的参考文献[27]、[30]。

图 3.11(a)所示,它在变形前为 KA,变形后为 ka,定义

$$\varepsilon = \lim_{KA \to 0} \frac{ka-KA}{KA} \tag{3.3}$$

为指定点 K 处沿着线段 KA 方向上的线应变,或称正应变(normal strain)。

特别地,如果微元线段 KB 平行于 x 轴方向,如图 3.11(b)所示,则记相应的应变为 ε_x,即

$$\varepsilon_x = \lim_{KB \to 0} \frac{kb-KB}{KB}, \tag{3.4a}$$

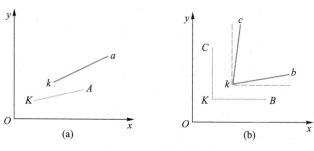

图 3.11 线应变的定义

类似地,对于如图 3.11(b)所示的平行于 y 轴方向的微元线段 KC,还可定义 ε_y 为

$$\varepsilon_y = \lim_{KC \to 0} \frac{kc-KC}{KC} \text{。} \tag{3.4b}$$

根据应变的定义可看出,拉应变为正,压应变为负。

为了刻画微元线段夹角的变化,考虑变形前两个相互垂直的微元线段 KA 和 KB,在变形后它们分别成为了 ka 和 kb,如图 3.12(a)所示,其夹角有了变化。定义直角 $\angle AKB$ 的变化量 γ 为 K 点处沿 KA 方向的角应变,并以弧度来计量,即

$$\gamma = \lim_{\substack{KA \to 0 \\ KB \to 0}} (\angle AKB - \angle akb) \text{。} \tag{3.5}$$

特别地,如果微元线段 KA、KB 分别沿着 x、y 轴方向,如图 3.12(b)所示,则相应的角应变记为 γ_{xy},即

$$\gamma_{xy} = \lim_{\substack{KA \to 0 \\ KB \to 0}} (\angle AKB - \angle akb) = \lim_{\substack{KA \to 0 \\ KB \to 0}} (\alpha + \beta) \text{。} \tag{3.6}$$

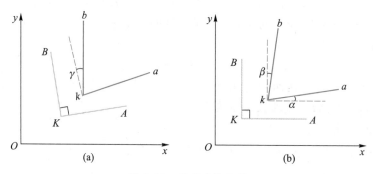

图 3.12 角应变的定义

角应变也称为切应变(shearing strain)。线应变和角应变都是量纲一的量[①]。

一般地,同一物体中不同点的应变是不同的。同时,即使在同一点,沿着不同方向的应变也是不同的。例如,考虑一个两端在轴线上承受拉力的等截面直杆中的某个点,这点沿轴线方向上的应变明显大于垂直于轴线方向上的应变。

例 3.4　如图 3.13 所示,边长为 1 的正方形发生如图所示的均匀形变,γ 为很小的数。求这个正方形的应变。

解:取 x 轴与 AB 平行,y 轴与 AD 平行。由于 AB 没有变形,故

$$\varepsilon_x = 0。$$

考虑 AD 的变形,它在变形后成为 AD',而

$$AD' = \frac{AD}{\cos \gamma} = \sec \gamma。$$

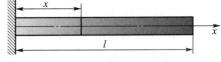

图 3.13　正方形的变形

由于 γ 是很小的数,可将上式展开为泰勒级数,得

$$AD' = 1 + \frac{1}{2}\gamma^2 + \frac{5}{24}\gamma^4 + \cdots,$$

忽略二阶及更高阶的小量,便可得 $AD' = 1$。因此,有

$$\varepsilon_y = 0。$$

显然 γ 就是直角 $\angle DAB$ 的变化量,因此有 $\gamma_{xy} = \gamma$,即正方形的应变可表示为

$$\varepsilon_x = 0,\quad \varepsilon_y = 0,\quad \gamma_{xy} = \gamma。$$

例 3.5　如图 3.14 所示的直杆沿轴线方向的应变可表示为 $\varepsilon = a\sqrt{x}$,式中 a 为常数。证明杆中的平均应变是最大应变的 $\dfrac{2}{3}$。

解:由于应变是沿轴线单调递增的,因此最大应变在 $x = l$ 处,即

$$\varepsilon_{max} = a\sqrt{l}。$$

图 3.14　应变不均匀的杆

杆中的平均应变是指杆的总伸长量与原杆长之比。根据应变定义可知,杆的总伸长量

$$\Delta l = \int_0^l \varepsilon \, \mathrm{d}x = \int_0^l a\sqrt{x}\,\mathrm{d}x = \frac{2}{3}al\sqrt{l}。$$

故平均应变

$$\varepsilon_{av} = \frac{\Delta l}{l} = \frac{2}{3}a\sqrt{l}。$$

故有

$$\frac{\varepsilon_{av}}{\varepsilon_{max}} = \frac{2}{3}。$$

3.2.2　用电测法测量应变

在许多场合,需要用实验方法来确定构件某些部位的应变,电阻应变测量技术是应用较广泛而且发展成熟的测量应变的方法。

[①]　量纲一的量就是以前所说的无量纲量,单位名称为"一",符号为"1"。

在测量静态应变时,电阻应变测量装置主要包含两个部分:应变片(strain gage)和应变仪(strain instrumentation)。应变片感应构件变形,将构件的应变转化为电信号;应变仪则测量这种微弱的电信号并最终转换成应变值显示出来。应变仪的读数一般用 10^{-6} 表示,称为"微应变"。

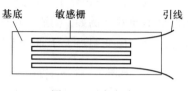

图 3.15 应变片

应变片包含基底、敏感栅和引线三部分,如图 3.15所示。常见的金属电阻应变片的敏感栅有丝式和箔式。丝式由金属丝盘绕或焊接而成。箔式由金属电阻箔采用光刻技术制成。使用时将应变片牢固地粘贴在构件表面上,构件在加载后,敏感栅将随构件表面粘贴部位一起变形。

应变片轴向(图 3.15 中的水平方向)的变形,使得应变片的电阻丝长度随之发生变化,导致其电阻发生变化。电阻的变化率与该处的正应变成正比,即 $\dfrac{\Delta R}{R} = k\varepsilon$,比例系数 k 称为应变片的灵敏系数。在应变片的适用范围内,灵敏系数可视为定值。这样,电阻的变化率便可以反映应变片所粘贴部位轴线方向上的应变。当然,这个应变是应变片覆盖区域内实际轴向应变的平均值。

在实际工况中,应变片的电阻不仅随着构件的变形而变化,而且随着环境温度的变化而变化。因此,应变片所反映的应变不可避免地包含变形应变(工作应变)ε_{w} 和温度应变 ε_{t} 这两部分。解决这一问题的方案之一是采用温度补偿片的方法。温度补偿片与测量应变片同时接入应变仪中的惠斯通电桥(Wheatstone bridge),便可以解决如何消除温度应变的问题。

在应变仪中,惠斯通电桥将应变片的电阻变化信号转换为电压信号;再通过放大器、模数变换器,最后显示出应变值。

图 3.16 是惠斯通电桥的示意图。设电桥四个桥臂的电阻分别是 R_1、R_2、R_3 和 R_4。容易证明,当

$$R_1 R_4 = R_2 R_3 \tag{3.7}$$

时,电桥平衡,亦即电桥输出 $U_{\mathrm{d}} = 0$。

当四个电阻分别有微小的变化 ΔR_i($i = 1, 2, 3, 4$)时,同样可以证明[1],电桥输出

$$U_{\mathrm{d}} = C(R)\left(\frac{\Delta R_1}{R_1} - \frac{\Delta R_2}{R_2} - \frac{\Delta R_3}{R_3} + \frac{\Delta R_4}{R_4}\right)。 \tag{3.8}$$

式中,$C(R)$ 是由直流电源 U_0 和桥臂电阻决定的常数。通过式(3.8),惠斯通电桥把电阻变化信号转化为了电压变化信号。

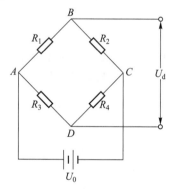

图 3.16 惠斯通电桥

电桥的每一个电阻都可以用应变片代替。惠斯通电桥的 A、B、C 和 D 正是应变片与应变仪的连接端口。一般采用半桥连接和全桥连接两种方式,分别如图 3.17、图 3.18 所示。这样,经过一定的数据处理,根据式(3.8),可以在应变仪上直接读出

半桥连接: $\varepsilon_{\mathrm{d}} = \varepsilon_{(1)} - \varepsilon_{(2)}$, $\tag{3.9}$

① 参见参考文献[10]。

全桥连接：$\varepsilon_d = \varepsilon_{(1)} - \varepsilon_{(2)} - \varepsilon_{(3)} + \varepsilon_{(4)}$。　　　　　　　　　　(3.10)

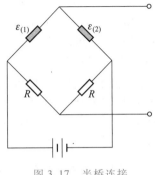

图 3.17　半桥连接　　　　　　　　　　图 3.18　全桥连接

利用惠斯通电桥，就可以解决消除温度应变的问题。将温度补偿片贴在与所测构件相同的材料块上，并将其放置在所测构件附近但无须加载，再采用半桥连接，工作片和补偿片分别连接在 $\varepsilon_{(1)}$ 和 $\varepsilon_{(2)}$ 的位置上，由式(3.9)便可得

$$\varepsilon_d = (\varepsilon_w + \varepsilon_t) - \varepsilon_t = \varepsilon_w。$$

这样，所得到的应变仪读数就只有变形应变了。

应变片只能测量正应变，不能直接测量切应变。切应变只能通过多个应变片间接地测算出来。关于这方面的细节，将在本书第 8 章介绍。

电阻应变测量技术的优点是精度高，可以实测，可以在高温、高压和高速旋转等条件苛刻的环境中测量，还可实现遥测，这一测量技术的应用范围已经非常广泛。

3.3　材料的力学性能

工程中所使用的材料成千上万，它们的力学性能也千差万别。这里所谓"力学性能"，主要是指材料对于荷载所产生的力学的和几何的响应特性。人们研究材料的力学性能的目的，在于能够预言工程材料及其构件在一定荷载作用下的力学行为，从而确定构件在预期的时限内是否能够安全有效地工作。研究材料的力学性能的首要途径是实验。而拉伸实验则是最基本最典型的一类实验。在实验基础上，人们通过对实验事实和数据的鉴别、归纳和拟合，从中总结出材料的力学性能的规律。

人们在研究材料的力学性能时，通常会从以下的几个方面加以考察。

3.3.1　材料的力学性能的方向性

如果材料的力学性能与空间方向无关，这种材料就称为各向同性的，否则就称为各向异性的。钢材是一种典型的各向同性材料。观察钢构件未经打磨的断面就会发现，钢材是由大量晶体随机排列构成的。正是这种细观层次上的随机性造成了整体性能的各向同性。木材则是典型的各向异性材料，其力学性能与它的纹理的走向有关。沿着木材纹理方向和垂直于纹理方向取材制成的试样，则将显示出迥然不同的力学性能。

在一些各向异性材料中,由于分子(或晶体、或细胞、或其他细观微元体)排列的规律性,造成了材料性能在空间方向上的某种规律性。正交各向异性(orthotropic)就是其中的一种情况。在正交各向异性材料中,材料的力学性能在三个相互正交的方向上彼此不同却又各自始终保持不变。某些人工合成材料,例如,纤维增强型复合材料,如果沿着两个相互正交的方向铺设增强纤维,那么这种复合材料就是典型的正交各向异性材料。

就材料的力学性能描述而言,各向同性与各向异性的根本区别在于反映材料的力学性能参数的个数不同。本书将在 8.3 节中证明,对于各向同性弹性体,只有两个独立的材料常数。至于描述各向异性材料的常数个数,根据具体情况,可能有 5 个、9 个、13 个,甚至 21 个,这些结论可以通过材料性能的空间对称性加以证明①。

独立的材料常数个数的一个重要意义,就是决定了全面地测试这种材料的力学性能所需要的实验类型的个数。例如对于各向同性弹性体,既然有两个独立的力学常数,就应该有两种不同类型的实验来全面地反映在等温情况下的力学性能。拉伸和扭转就是通常采用的两种实验类型。

在有的情况下,就局部而言,材料本身是各向同性的,但采用了某种特殊工艺之后,便构成了整体上的各向异性。例如包装箱常采用瓦楞纸(两层纸板之间有瓦楞状的纸制夹层)制成,瓦楞纸在整体上的力学性能就体现为正交各向异性。

3.3.2　材料的变形能力

根据破坏时的变形情况,材料可分为塑性(plasticity)和脆性(brittleness)。通俗地理解,将塑性材料在破坏时的状态与其未加载的状态相比较,其变形是显著的;相反,脆性材料直到破坏时都没有发生多大的变形。一般条件下,低碳钢和铸铁分别是典型的塑性材料和脆性材料。下面将详细地讨论它们在单向拉伸和压缩时的力学性能。

(1) 低碳钢的拉伸

将低碳钢材料加工为标准拉伸试样(为了使试验结果具有可比性,力学性能试验的试样尺寸和形状必须遵循一定的标准。在我国,室温下低碳钢拉伸试验的最新国家标准为 GB/T 228.1—2021),在试验机上加载直至断裂,将试样的应变(横轴)和应力(纵轴)的曲线绘制出来,即可得到如图 3.19 所示的图形。

根据这一图形,可将变形分为以下几个区段。

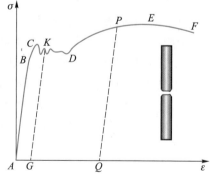

图 3.19　低碳钢试样拉伸的应力-应变图

AB——线弹性区。这一区段的应力-应变图线是一段斜直线。在此区间中的某一点卸载,卸载时的应力-应变曲线将沿加载曲线返回到 *A* 点。也就是说,应力消失时,应变也就消失了,这就是"弹性"的含义。同时,这一区段的应力-应变的关系可以相当精确地用正比关系来表达。这就是

---

①　详细的论述可见参考文献[2]、[8]。

"线弹性"的含义。线弹性区的结束点 B 的应力称为比例极限(proportional limit),用 σ_p 表示。在 B 点后的一段狭窄的 BC 区段内,材料仍然是弹性的,但不再保持线性,因此 BC 区段为非线性弹性区段。

CD——塑性区。在这一区间,即使应力水平不再增加,其应变也会继续增长,这一现象称为材料的屈服,也称为塑性流动。从数量上来看,CD 区段对应的应变增加量,要比 AB 区段对应的应变增加量大许多。在 CD 段中的某一点 K 处卸载,则卸载的应力-应变曲线 KG 将沿几乎平行于弹性区加载曲线的直线返回。荷载完全消失,应变并未完全消失,也就是说,留下了不可恢复的残余应变 AG。卸载完毕再次加载,其加载曲线则基本上沿着 GK 变化直到 K 点。"屈服"的两个特点是:变形显著增加,同时卸载后将有残余变形存在。CD 段的应力水平有一定的波动。除去塑性区刚开始时明显的波动外,塑性区中最低的应力称为屈服极限(yield limit),用 σ_s 表示。在塑性区内可以观察到的另一个现象是滑移线。如果试样具有平整的表面并打磨光滑,那么试样在拉伸并进入塑性阶段时,其表面将会出现与试样轴线成45°的纹路。这种纹路称为滑移线,如图 3.20 所示。

DF——强化区。在这一区间中,要增加变形,必须继续增加荷载。这一区间的卸载特性与 CD 段相似,即也会沿着一条几乎平行于弹性加载直线的线段返至横轴,如图 3.19 所示的虚线 PQ。同时也产生不可恢复的残余应变 AQ。如果此时再加载,则弹性区段要保持到 P 处才再次进入塑性。由于 P 点的应力高于 B 点的应力,因此,它的比例极限值提高了,这一现象称为冷作硬化。强化区延伸到 E 点,其应力水平达到最大值。越过 E 点,试样的某个部位将发生横截面面积显著减小的现象,称为颈缩,如图 3.21(a)所示。颈缩现象发生部位的应力在越过 E 点时将下降。曲线达到 F 点,试样在颈缩部位沿着横截面方位断裂,如图 3.21(b)所示。强化区中应力的最大值称为强度极限(strength limit),用 σ_b 表示。

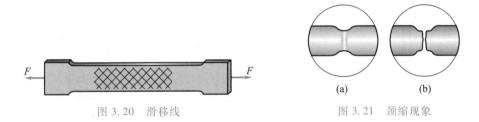

图 3.20　滑移线　　　　　　　　图 3.21　颈缩现象

应该指出,在进入强化区之后,试样颈缩部位横截面面积的变化不再是小量。如果仍然用试样的初始横截面面积来计算应力,那么所得应力只是一种名义应力。图 3.19 表示的正是这种名义应力的变化曲线,上述强度极限的应力数值也是名义应力数值。如果考虑横截面面积的变化对应力计算的影响,那么得到的将是真实应力,这种真实应力与名义应力在进入强化区段之后将产生明显的区别。由于大变形情况超出了本书基本假定的范围,因此,在此不再深入讨论。有兴趣的读者,可以参考塑性理论的相关论著。

像低碳钢这种具有明显延伸特性的材料称为塑性材料。许多金属,如铜、铝等,虽然其拉伸曲线与低碳钢的拉伸曲线不尽相同,但是到断裂前,也都会产生相当大的应变。因此,这些金属也属于塑性材料。

图 3.22 是铬锰硅钢和硬铝的拉伸曲线,从图中可以看出它们具有下述特点:

① 在应力水平较低的区段中,应力与应变呈线性关系。

② 在应力水平较高的区段中,应力与应变呈非线性关系。

③ 不具有明显的屈服点。

对于这类不具有明显的屈服点的材料,一般取卸载后产生 0.2% 的残余应变所对应的应力为该材料的屈服极限,这种屈服极限通常记为 $\sigma_{0.2}$。

表征塑性特征的另外两个数据分别是断后伸长率 A 和断面收缩率 Z。其中,

$$A = \frac{l_u - l_0}{l_0} \times 100\%, \tag{3.11}$$

式中,l_0 是试样原始标距长度,l_u 是断后的标距长度。一般认为,若某种材料的试样的伸长率大于 5%,即可把这种材料视为塑性材料。

断面收缩率的定义是

$$Z = \frac{S_0 - S_u}{S_0} \times 100\%, \tag{3.12}$$

式中,S_0 是试样原始横截面面积,S_u 是断后的横截面面积。

(2) 低碳钢的压缩

低碳钢试样的压缩呈现出与拉伸基本相同的特征。如图 3.23 所示,压缩曲线(应力与应变取绝对值)也存在着弹性区、塑性区和强化区。其比例极限、屈服点等与拉伸时的相应数值基本一致。但在进入强化区之后,其承载能力可以一直持续下去,横截面面积可以不断地增大。而试样本身则呈现出明显的变形,例如,由圆柱形变成腰鼓形。这样,就不存在与拉伸断裂时相对应的强度极限。

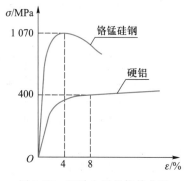

图 3.22 两种金属的拉伸曲线

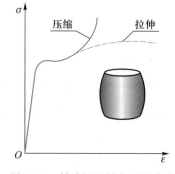

图 3.23 低碳钢试样的压缩曲线

(3) 铸铁的拉伸

如果将铸铁试样进行类似的拉伸试验,将获得如图 3.24 所示的曲线。在这条曲线中,没有明显的塑性区和强化区。直至断裂前,几乎都保持着弹性的特征,而且断裂时的残余变形显著小于低碳钢。同时,在断口处不存在明显的颈缩现象。像铸铁这样没有明显延伸特性的材料称为脆性材料。脆性材料断裂时的应力 σ_b 称为强度极限。

脆性材料拉伸的应力-应变关系曲线一般不是直线。然而许多脆性材料的拉伸曲线对于直线的偏离都是很小的。为了使用方便,人们选定了一个应变值(例如 0.1%),在应力-应变曲线中找到相应的点,用这个点与坐标原点的连线来近似表达这种材料应力与应变之

间的关系。

(4) 铸铁的压缩

低碳钢等塑性材料在压缩时的许多力学性能与拉伸时基本相同,但铸铁等脆性材料在压缩时的力学性能呈现出与拉伸时很不相同的特点,如图 3.25 所示(应力与应变取绝对值)。首先,许多脆性材料的抗压强度比抗拉强度要高出许多。铸铁的抗压强度就是抗拉强度的 3~5 倍。同时,铸铁试样压缩破坏的断裂面并不垂直于轴线,而是断裂面的法线与轴线大约呈 50°~55° 的角度。这一现象的力学机理将在第 8 章中予以说明。

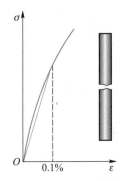

图 3.24　铸铁试样的拉伸曲线

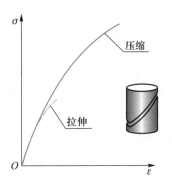

图 3.25　铸铁试件的压缩曲线

3.3.3　材料的力学性能中的时间效应

根据变形的时间效应,材料区分为弹塑性和黏弹性。

材料在弹性阶段时呈现出这样的特性:它在某一时刻的力学行为只与该时刻相对于初始时刻的变形有关,而与如何达到这一时刻的变形状态的过程无关。因此,在描述弹性材料的应力和应变时,没有时间因素的作用。

材料在塑性阶段时,某一时刻的力学行为不仅与当时的应力状态(或应变状态)有关,而且与它如何达到这一状态的经历有关,这一点有别于弹性阶段。但是,这种经历是仅就应力和应变状态而言的,与这种经历所持续的时间无关。这就是说,塑性材料的应力和应变关系中不包含时间,在这一性质上,弹性与塑性是相同的。这类应力和应变关系与时间无关的材料可称为弹塑性材料。

如果应力和应变之间的关系与时间有关,则称材料呈现出黏弹性(visco-elasticity)的性质。黏弹性材料最典型的现象当属蠕变(creep)和松弛(relaxation)。在一定的温度条件下,保持应力不变,黏弹性体的应变会随着时间的推进而逐渐变大,如图 3.26(a)所示,这种现象称为蠕变。如果保持应变不变,黏弹性体的应力会逐渐衰减,如图 3.26(b)所示,这种现象称为松弛。蠕变和松弛是黏弹性体普遍的特征。许多高聚合物、复合材料,以及生物组织都呈现出黏弹性材料的特征。

应该注意,考察材料变形是否具有时间效应时,与所使用的时间尺度有关。在以分钟、小时为时间尺度时,可以认为混凝土的变形与时间无关。但是,当以月、年为时间尺度时,混凝土的蠕变特性便表现出来了。混凝土大坝浇灌固化后有相当明显的蠕变,这一蠕变过程要持续若干年。

材料的黏弹性性质强烈地依赖于温度。普通金属在常温下,黏弹性性质很不明显,其黏弹性效应的时间尺度甚至以年计;然而在高温下,金属的黏弹性性质就比较明显了。机械工程中对大型铸件的回火处理以消除其残余应力,便是材料在高温状态下应力松弛的例子。

应该指出,上面对材料的力学性能研究的几个方面基于不同的视角,因而它们应该是相互交错的。例如,既存在着各向同性的脆性材料,也存在着各向异性的脆性材料。

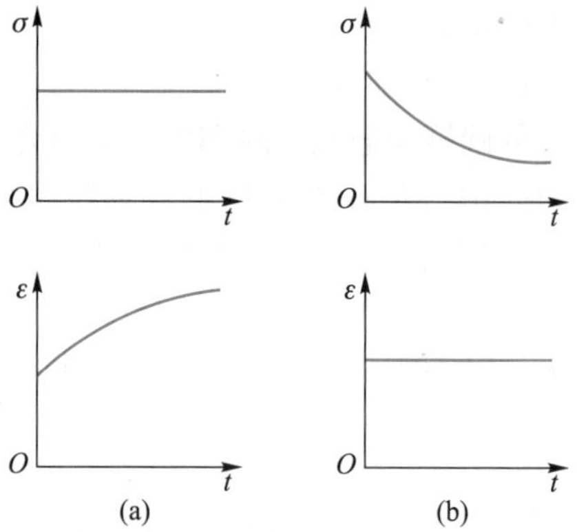

图 3.26   蠕变与松弛

固体材料的力学性能的研究是一个相当宽广的领域。除了上述一般性的考虑之外,某些情况下还必须考虑下列因素:

(1)温度效应   温度效应的存在是十分普遍的现象。上文中未考虑温度的叙述原则上只适合于等温的情况。如果有温度的变化或构件中温度分布不均匀,就必须考虑温度对应力和应变的影响。如果对构件的加载十分迅速,原则上也存在着局部温度升高的问题。此外还应注意,高聚合物类材料的力学性能对温度十分敏感。

(2)加载速率的影响   静力状态或缓慢加载时材料的力学性能与迅速加载时的力学性能区别很大,其中典型的例子就是冲击状态下材料的力学性能显著区别于常态。一般地讲,如果材料在加载过程中一直处于线弹性阶段,那么荷载作用的变化将通过应力波的形式由荷载作用处传播到构件各处。一般形式的荷载的变化速度赶不上应力波速,因此这种情况下加载速率对应力和应变的关系影响不大。但是,如果材料中产生屈服,那么塑性区内应力的传播速度大大低于弹性区;这种情况下,如果加载速率超过这一速率,那么应力和应变的关系将由于动态效应而显著地区别于静载的情况。

(3)工作环境的影响   构件的工作环境有可能强烈地影响材料的力学性能。例如,高聚合物在高温、高压、辐射等条件下的性能就比较特殊。尤其是生物组织处于在体条件或离体条件,其性能的区别是很显著的。

(4)构件的尺度效应   人们在研究中发现,即使是同一种材料,构件的空间尺度悬殊也可能显现出性能的重大区别。例如,利用实验室中测得的冰块性能去计算北冰洋中悬浮的冰山的力学行为,其结果与实测数据相差很大。

目前,材料的力学性能研究是一个十分活跃的领域。随着研究在深度和广度两方面的推进,固体材料的力学性能的新规律正在被揭示出来。

3.4   材料的简单本构模型

在大量关于材料的力学性能的实验基础上,人们对实验资料进行了分析、归纳和整理,从而抽象出一些模型。这些模型称为本构模型。本构模型并不能面面俱到地反映材料性能的各种细节,而是抓住材料性能中最主要的特征,从而使其应用成为可能。描述本构模型的方程称为本构方程。广义地讲,各类描述材料性能的方程都可归类为本构方程。在固体力学领域中,本构方程通常指应力和应变的关系。

本构关系是理想模型。确定本构关系的一般准则是:能够定性地解释实验观察到的现象;能够用它来进行定量计算,所得到的数据与实测数据的误差应在允许的范围内;能够用它来建立恰当的数学问题。

本小节将介绍几类常用工程材料的本构模型。

3.4.1　线弹性体

许多工程材料在应力水平不是很高的情况下都显示出应力与应变成正比的特性。这一规律最早是由英国科学家胡克(Hooke,1635—1703)总结出来的,人们称之为胡克定律[①]。单向拉伸或压缩的胡克定律可表示为

$$\sigma = E\varepsilon, \tag{3.13}$$

式中,E 称为**弹性模量**(modulus of elasticity),如图 3.27(a)所示。常用的工程材料的弹性模量见附录Ⅲ。

剪切胡克定律可表示为

$$\tau = G\gamma, \tag{3.14}$$

式中,G 称为**切变模量**(shear modulus),如图 3.27(b)所示。可以看出,胡克定律是塑性材料中应力低于比例极限情况下应力和应变关系的描述,也是脆性材料应力和应变关系的简化。胡克定律广泛用于一般工程材料。

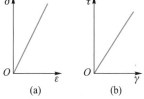

图 3.27　胡克定律

承受轴向拉压的杆件,除了在轴向上会产生伸长或缩短的变形外,还将在横向上产生收缩或膨胀的变形,这种现象称为**泊松**(Poisson)**效应**(图 3.28)。泊松效应广泛地存在于各类变形固体之中。实验指出,在线弹性范围内,轴向拉杆横向的收缩应变与纵向的伸长应变成正比。如果将轴向记为 x 方向,横向记为 y 方向,那么可定义

$$\varepsilon_y = -\nu\varepsilon_x, \tag{3.15}$$

式中,ν 称为**泊松比**(Poisson's ratio),它也是一个材料常数。对于各向同性材料的拉杆,任意方向上的泊松比相等,故垂直于 x 轴的任意方向上的应变相等。常用的工程材料的泊松比见附录Ⅲ。

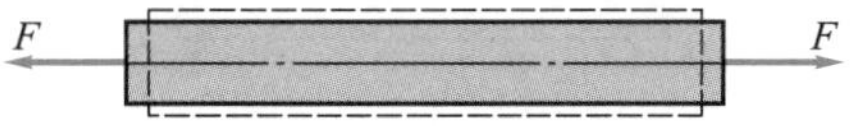

对于一般的工程材料,泊松比的取值范围为

$$0 < \nu < 0.5_\circ \tag{3.16}$$

图 3.28　泊松效应

大多数工程材料的泊松比介于 0.25~0.33 之间。若 $\nu \to 0.5$,说明材料的体积在变形过程中趋于不变,即所谓不可压缩材料,这一点将在第 8 章中加以说明。

由此,在描述应力和应变时,就有了 3 个材料常数:弹性模量 E、切变模量 G 和泊松比 ν。由于各向同性弹性体独立的材料常数只有 2 个,因此,这 3 个常数不是彼此无关的。在本书的 8.3 节中将在理论上证明,这三者之间满足关系式

[①]　据考证,中国学者郑玄(127—200)曾在《考工记·弓人》中表达过类似的概念。他写道:"每加物一石,则张一尺"。

$$G = \frac{E}{2(1+\nu)}。 \qquad (3.17)$$

*3.4.2 弹塑性体

根据低碳钢和一些塑性体的应力和应变关系的特征,人们提出了若干弹塑性体的简化模型。

(1) 刚塑性模型(plastic-rigid model)

这种模型完全忽略了弹性阶段的应变,如图 3.29(a)所示,其本构方程可写为

$$\sigma = \sigma_s。 \qquad (3.18)$$

(2)理想弹塑性模型(idealized elastic-plastic model)

这种模型如图 3.29(b)所示,其本构方程是

$$\begin{cases} \sigma = E\varepsilon & (\varepsilon \le \varepsilon_s) \\ \sigma = \sigma_s = E\varepsilon_s & (\varepsilon \ge \varepsilon_s) \end{cases}。 \qquad (3.19)$$

在上述两种模型中,考虑到塑性应变一般高出弹性应变许多,同时材料还没有进入强化阶段,因此塑性阶段用一段平直线来表示。上述两种模型多用于小变形情况。

(3) 线性强化弹塑性模型(linear harden model)

如图 3.29(c)所示,这种模型的本构方程是

$$\begin{cases} \sigma = E\varepsilon & (\varepsilon \le \varepsilon_s) \\ \sigma = E\varepsilon_s + E'(\varepsilon - \varepsilon_s) & (\varepsilon \ge \varepsilon_s) \end{cases}。 \qquad (3.20)$$

在这种模型中,考虑了强化的影响。合金钢、铝合金等强化材料多采用这种模型。

在上述弹塑性模型中考虑材料屈服后的卸载过程时,可采用平行于弹性加载路径的直线作为卸载路径,如图 3.29 各图中的蓝色虚线所示。

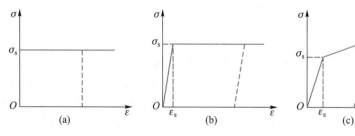

图 3.29 弹塑性体本构模型

应该注意,只有在各构件所发生的变形仍然处于小变形状态的情况下,才能使用图 3.29 所表示的三种模型。例如,对于低碳钢,就应确保材料还未进入强化区段,否则模型与实际情况之间会产生较大的偏差。在本书中使用这些模型的各种场合,都视为的确是满足上述限制的。

例 3.6 金属试样的测试长度(原始标距)$l = 100$ mm,加载到横截面应力 $\sigma = 380$ MPa 时产生屈服。保持这一荷载,使测试长度增加到 $l' = 105.0$ mm,然后完全卸载。此时测试长度 $l_r = 102.9$ mm 而不能恢复。用理想弹塑性模型计算试样的弹性模量。

解:根据理想弹塑性模型,试样的加载-卸载曲线如图 3.30 所示。根据这一图形可知,总应变:

$$\varepsilon = \frac{l'-l}{l} = \frac{105.0\ \text{mm} - 100\ \text{mm}}{100\ \text{mm}} = 0.05,$$

残余应变:

$$\varepsilon_r = \frac{l_r - l}{l} = \frac{102.9\ \text{mm} - 100\ \text{mm}}{100\ \text{mm}} = 0.029,$$

弹性应变:

$$\varepsilon_e = \varepsilon - \varepsilon_r = 0.05 - 0.029 = 0.021,$$

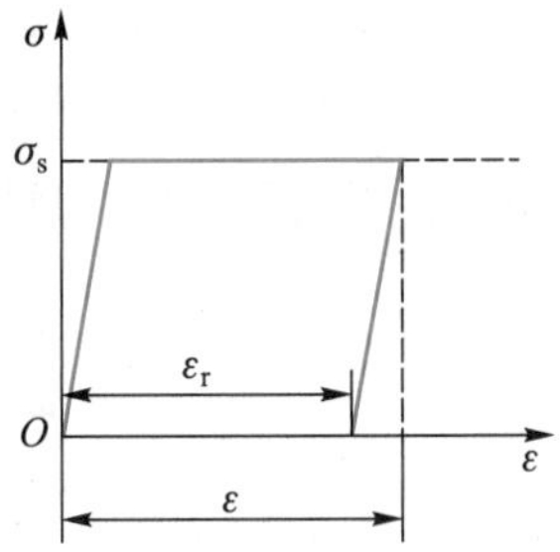

故有弹性模量

$$E = \frac{\sigma}{\varepsilon_e} = \frac{380\ \text{MPa}}{0.021} = 18\ 095\ \text{MPa} \approx 18.1\ \text{GPa}_{\circ}$$

图 3.30 加载路径

3.4.3 黏弹性体

作为一种实际应用,人们常采用机械元件模型来模拟真实材料的松弛和蠕变的性质。基本的元件是弹簧(spring)和阻尼器(dashpot)[①],如图 3.31 所示。弹簧元件用以模拟材料的弹性性质,其本构关系可用

$$\sigma_{(1)} = E\varepsilon_{(1)} \tag{3.21}$$

 弹簧

来表示。阻尼器则用以模拟黏性流体性质,其本构关系可用

$$\sigma_{(2)} = \mu\dot{\varepsilon}_{(2)} \tag{3.22}$$

 阻尼器

来表示。这里 μ 是黏度,$\dot{\varepsilon}$ 表示 ε 的时间导数。两种元件的基本连接方式是串联和并联,从而形成两种基本模型。

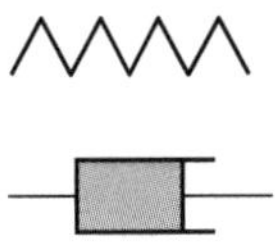

图 3.31 机械元件模型

(1) Maxwell(麦克斯韦)模型

两种元件的串联构成 Maxwell 模型,如图 3.32(a)所示。在这个模型中,总应变是两个元件应变之和,而总应力分别与作用在两个元件上的应力相等,即

$$\varepsilon = \varepsilon_{(1)} + \varepsilon_{(2)}, \qquad \sigma = \sigma_{(1)} = \sigma_{(2)}_{\circ}$$

由此可导出

$$\dot{\varepsilon} = \frac{\dot{\sigma}}{E} + \frac{\sigma}{\mu}, \tag{3.23}$$

这就是 Maxwell 模型的本构方程。

(2) Kelvin(开尔文)模型

两种元件的并联构成 Kelvin 模型,如图 3.32(b)所示。在这个模型中,总应力是两个元件应力之和,而总应变分别与两个元件中的应变相等,即

$$\varepsilon = \varepsilon_{(1)} = \varepsilon_{(2)}, \qquad \sigma = \sigma_{(1)} + \sigma_{(2)}_{\circ}$$

所以有本构方程

$$\sigma = E\varepsilon + \mu\dot{\varepsilon}_{\circ} \tag{3.24}$$

可以证明,Maxwell 模型比较好地体现了蠕变的特征,而 Kelvin 模型则长于体现松弛的

---

① 有些文献资料译为"粘壶"。

特征。在实际应用中,还可将多个弹簧和阻尼器组合起来,形成如图 3.32(c)所示的三参数流体模型和如图 3.32(d)所示的三参数固体模型,以及更复杂的模型,这些模型可以较好地模拟各种不同材料的黏弹性行为。

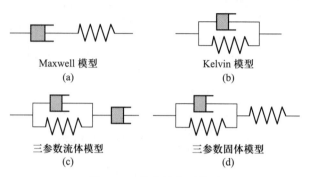

图 3.32 黏弹性主要模型

除了上述机械元件模型所构成的微分型本构关系之外,表达黏弹性材料应力和应变关系的还有积分型本构关系①。

3.5 材料的破坏及构件的失效

3.5.1 构件的强度、刚度和稳定性条件

对于任何工程构件,其应力都不可能无限增大,否则构件将会破坏。工程中常定义材料破坏前能够承受的应力的最大值为**极限应力**(ultimate stress)或破坏应力。对塑性材料,可取其屈服极限 σ_s 为破坏应力;对脆性材料,可取其强度极限 σ_b 为破坏应力;可将破坏应力记为 $\sigma_{s/b}$。破坏应力一般还不能直接用做工程中的应力许可值,因为很多因素都可能使实际的工作应力偏离设计应力。这些因素包括:由于材料在事实上所存在的非均匀性和细观上的缺陷,例如,夹渣、空穴、微裂纹等;由于构件加工中的误差,例如,尺寸误差、初始曲率等;由于实际荷载的大小和作用位置与设计之间的偏差,例如,偏心等。因此,有必要降低应力的许可值。人们采用一个大于 1 的安全因数 n 来综合考虑上述因素,n 是与材料、构件使用条件及构件重要程度有关的常数。破坏应力除以安全因数 n,便得到**许用应力**(allowable stress)。法向许用应力用 $[\sigma]$ 来表示,切向许用应力用 $[\tau]$ 来表示。研究构件应力的目的之一,就是要控制构件的最大工作应力 σ_w,使之不超过许用应力,这就是说,构件必须满足**强度条件**(strength condition),即

$$\sigma_{\max} \leqslant [\sigma], \quad \tau_{\max} \leqslant [\tau]。 \tag{3.25}$$

有时,也用安全因数 n 来作为衡量构件强度的指标,即工作时构件实际存在的安全因数(破坏应力与工作应力之比)应不小于额定的安全因数,即

---

① 详细的分析可参见相关固体力学的资料,例如参考文献[21]。

$$n = \frac{\sigma_{s/b}}{\sigma_w} \geq [n]。 \tag{3.26}$$

利用强度条件,可对构件进行多方面的计算。例如,根据构件的尺寸和受力情况,计算构件的最大工作应力,检验其是否超过许用应力,这就是强度校核;也可以根据构件的受力情况和许用应力,来决定构件适当的尺寸和形状;此外,还可以根据构件的许用应力和尺寸,来决定外荷载的许可值。对于集中力 F,许用荷载用 $[F]$ 来表示。

衡量构件是否失效的另一个重要因素是刚度。刚度不足将引起较大的变形,这在很多情况下是不允许的。例如,一些空间比较局促、布局十分紧凑的设计中,过大的变形将引起元件之间的擦挂,从而引起运行的阻滞。刚度一般用构件的最大变形量来衡量,例如,最大伸长量 Δl_{max},最大转角 θ_{max} 等。最大变形量的许用值应根据结构的需要事先给定,并用符号 $[\Delta l]$、$[\theta]$ 等来表示。就伸长量和转角而言,刚度要求可写为

$$\Delta l_{max} \leq [\Delta l], \quad \theta_{max} \leq [\theta]。 \tag{3.27}$$

所有的构件都必须满足强度和刚度的要求。此外,对某些构件,例如,受压杆件、拱等,还必须满足稳定性要求。对可能产生失稳的构件,都存在着不至于引起失稳的最大荷载,称为临界荷载 F_{cr},失稳构件中与之相应的应力称为临界应力 σ_{cr}。满足稳定性的要求就是应使构件的实际荷载 F 不得超过许用稳定临界荷载,即

$$F \leq [F] = \frac{F_{cr}}{n_{st}}, \tag{3.28}$$

式中,n_{st} 是稳定安全因数;或者工作应力不得超过许用应力,即

$$\sigma_w \leq [\sigma] = \frac{\sigma_{cr}}{n_{st}}; \tag{3.29}$$

或者

$$n_{st} \geq [n_{st}]。 \tag{3.30}$$

构件必须满足强度、刚度和稳定性的全部要求。

上述关于强度的设计准则称为许用应力法。

应该指出,许用应力法在很多情况下是一种比较保守的设计方法。由于构件中应力分布的复杂性,当危险点的应力达到破坏应力时,构件其他地方的应力水平可能还是比较低的。尤其是对于塑性材料,某个点或某些点的应力达到屈服极限时,整个构件并未失效。如果以少数危险点应力作为控制整个构件设计的依据,显然会导致材料的浪费。一种新的极限设计的方法可以在一定程度上解决这一问题。本书将在讨论拉压、扭转和弯曲时,结合塑性特性,分析如何更充分地利用塑性材料的强度,介绍极限设计的概念。

在许用应力法中,将客观存在的材料特性误差、加工误差、荷载误差等,无差别地笼统处理为一个安全因数,这也是缺乏充分依据的。事实上,上述种种误差都是有着自己的分布规律的随机变量。如果利用这些规律,采用数理统计的方法进行处理,建立用概率表示的强度条件,最后确定构件在规定的条件下和规定的时间内,完成指定功能的概率,那么将更加符合客观实际。由此而发展起来的结构设计方法,称为结构可靠性设计①。

---

① 结构可靠性设计的详细论述可参见参考文献 [17]。

3.5.2 构件的疲劳简介

上面提到的构件强度,一般都是指在静态荷载,或者偶尔存在着动荷载的情况下讨论的。在工程实际中,还存在着大量周期性变化的荷载情况。例如,工作中的齿轮,处于啮合状态的齿的啮合点(或线)处会产生很大的挤压应力,齿根部也有很高的应力水平。但未啮合的齿则没有这些应力存在。那么,对一个齿而言,其应力将周期性地反复出现。这样的应力称为交变应力(alternating stress)。图 3.33 就表示了几种交变荷载随时间变化的图像。

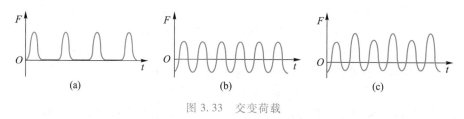

图 3.33 交变荷载

在长期的交变应力的作用下,即使其应力水平比静态情况下的许用应力小很多,构件也会产生断裂破坏。这种现象称为疲劳破坏(fatigue rupture)。疲劳破坏除了应力水平低于静态许用应力这一特征之外,还有一个重要的特征,这就是:即使是塑性材料制成的构件,其疲劳破坏也呈现出脆性断裂的一些特征。图 3.34 是疲劳断裂断口图,图中的断面分为光滑区和粗糙区两种区域。这一现象可以通过疲劳的机理予以解释。

一般地,构件总是存在着内部缺陷的,这些缺陷包括细观层次上的夹渣、空隙、微裂纹等。在交变应力的

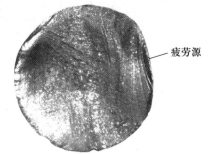

疲劳源

图 3.34 疲劳断裂断口图

作用下,构件内部应力水平高的部位的缺陷将会逐渐交汇、连通、扩展,最终产生宏观的裂纹。这个裂纹区域称为疲劳源,也就是图 3.34 中右侧的狭窄区域。随着交变应力的不断作用,这种裂纹将会逐渐扩展。在扩展的过程中,裂纹两侧的界面会由于荷载的交替往复而相互不断挤压或摩擦,从而逐渐光滑起来,并形成状如贝壳表面的条纹。这一区域称为裂纹扩展区。裂纹扩展到一定程度,未开裂的部位会不堪重负而突然断裂,因而形成粗糙的断口。

疲劳破坏与荷载的交变形式有密切的关系。在图 3.33(b)中,最大拉应力与最大压应力的数值相等,称这类应力的循环为对称循环。由于对称循环的实验技术相对简单,因此常用它来测定疲劳的有关指标。

目前研究疲劳破坏的主要手段是实验。对于某种材料和规格的试样,用周期性加载的方式使其经历疲劳破坏的全过程,直至破坏。直至破坏的循环加载次数称为该试样的疲劳寿命。在完整的疲劳破坏实验中,需要用一批试样来进行试验,且试样尺寸和加载方式是不变的。在每个试样的试验过程中,试样中周期性反复出现的最大应力数值也是不变的。需要记录的是试样中的最大应力和这一应力水平下的疲劳寿命。一般地,需要将这一批试样分为若干组。先期进行实验的一组试样所设置的应力水平较高,相应地,疲劳寿命也就较

低。以后的各组试验依次地递降应力水平。一般地,随着应力水平的递次降低,疲劳寿命也会递次增加。

可将各次实验记录下来的最大应力和疲劳寿命用一个图形表示出来。图形的横轴是循环加载的次数,由于次数较高,故横轴计量的方式一般是循环次数 N 的常用对数 $\lg N$。纵轴则是试样中的最大应力 σ。对每个试样的最大应力和疲劳寿命情况,都可以在这个 $\sigma\text{-}\lg N$ 平面内确定一个点。一系列的实验结果,便可形成一条如图 3.35 所示的曲线。这种曲线称为 $S\text{-}N$ 曲线。

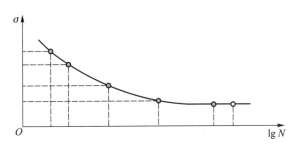

图 3.35 $S\text{-}N$ 曲线

钢、铸铁一类的材料,$S\text{-}N$ 曲线存在着一条水平渐近线,与这条水平渐近线对应的应力称为疲劳极限。有色金属及其合金一般没有渐近线。这类情况下,一般指定某个循环次数(例如 $10^7 \sim 10^8$)所对应的应力为疲劳极限。由于疲劳极限所对应的循环加载次数都比较高,因此它可以作为承受交变荷载构件的应力水平的上限,相当于静载设计中采用的破坏应力。

实验指出,构件材料是影响疲劳极限的重要因素;同时,构件的形式也是影响疲劳极限的重要因素。因此,构件的疲劳是一个综合性的问题。

构件的尺寸、外形和加工对疲劳寿命影响很大。第一个因素是应力集中。构件由一个较大的断面尺寸突然变化到较小的断面尺寸时,其交接处一般应力水平显著高于其他部位,这种现象称为应力集中。应力集中形成局部的高应力区,这个区域内的初始细观缺陷就容易萌生宏观裂纹。第二个因素是构件截面尺寸。尤其是高应力区域尺寸较大的构件,初始细观缺陷萌生宏观裂纹的概率也就增加了,因此更容易导致疲劳源的产生。第三个因素是构件表面加工质量。对于传动轴、弯曲梁一类的构件,横截面上应力最高的区域都在构件外表面。而外表面的精细加工,以及渗碳、表层滚压等表面强化措施,都可以使表层的微细缺陷得以克服或改善,减小了萌生宏观裂纹的概率,从而提高构件的疲劳寿命。

对于疲劳破坏机理的研究,目前正在深入进行。现代断裂力学和损伤力学的理论和实验,正在使疲劳研究逐渐由定性走向定量,由描述走向计算;与此同时,随着实验技术的提高和实验设备的发展,一些新的有关材料疲劳破坏的规律也正在被揭示出来。

思 考 题 3

3.1   什么是应力矢量? 应力矢量与力矢量有什么区别? 应力与压强有什么区别?

3.2 在变形体内部有一点 K,过该点竖直微元面上如图(a)所示的正应力与过 K 点水平微元面上如图(b)所示的切应力,是同一个应力吗?

3.3 在拉伸杆中有一个纵向平面,如图所示。显然,在拉伸变形的过程中,这一平面被拉长了。据此,有人认为:这个平面上作用了轴线方向上的力,因而就有了切应力。这种看法对吗? 为什么?

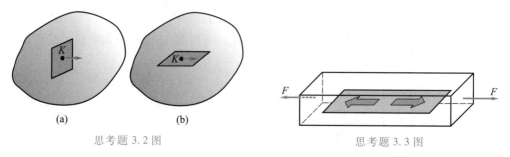

思考题 3.2 图   思考题 3.3 图

3.4 图中微元体上的应力单位为 MPa。这个微元体平衡吗? 如何将平衡的概念引入应力的讨论之中?

3.5 如图所示,一个微元正方形受力后变形为平行四边形。有人认为,因为切应力互等,所以图中的两个角 α 和 β 就应该相等。这种看法正确吗? 为什么?

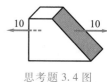

思考题 3.4 图

3.6 为什么微元体中的切应力必须是如图(a)所示那样成对地出现? 有人认为,若如图(b)所示的薄板下边缘固定,上边缘作用切向力,左右边沿为自由边界,那么板中各点的微元体就处于如图(c)所示的"单向切应力状态"。你对此有何看法?

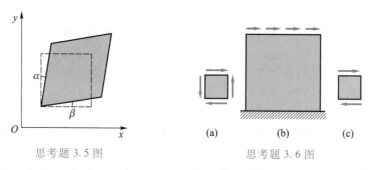

思考题 3.5 图   思考题 3.6 图

3.7 如图所示的悬臂梁左端固定,右端有集中力作用,其余各侧面均为自由表面。考虑梁中部的一个横截面,由于有剪力存在,因此存在着切应力。如果考虑截面截开的左面部分,那么各处切应力的大致方向应为竖直向下的。那么,在这个截面的上边沿和下边沿,存在着竖直向下的切应力吗? 为什么?

3.8 与题 3.7 类似,只是把右端的集中力作用改为一个集中力偶矩作用。那么,横截面上的角点处切应力存在吗? 为什么?

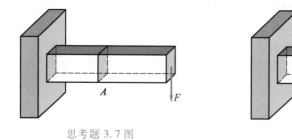

思考题 3.7 图   思考题 3.8 图

3.9　图示为 A 处附近的变形情况,图中虚线为未变形的形状(均为正方形),实线为已变形的形状。三种情况的切应变各为多少?

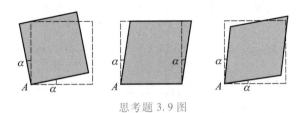

思考题 3.9 图

3.10　在轴向拉伸杆中观察一根倾斜的微小纤维,变形过程中这根纤维的倾斜程度一定发生了变化。这事实上反映了切应变的影响。为什么不直接用微元线段的偏斜角来定义切应变,而要用两个微元线段的夹角呢?

3.11　应力和应变总是成对出现的吗?你能不能举出有应力而无应变,或有应变而无应力的例子出来?

3.12　空心圆轴轴向拉伸时,由于泊松效应,其内径和壁厚分别是增加了还是减小了?试证明你的结论。

3.13　有人说,圆截面杆在轴向拉伸时,由于它的体积不变,因此在长度伸长的同时直径变小了,这就是泊松效应产生的原因。这种说法对吗?为什么?

3.14　试举出各向异性的塑性材料和各向异性的脆性材料的例子。

3.15　下列固体材料如何归类?归类的依据是什么?

　　　玻璃　低碳钢　铜　混凝土　沥青　玻璃钢　陶瓷　砖　铝　聚氯乙烯　砂岩
　　　土壤　环氧树脂　云母　铸铁　橡胶　人或动物的肌肉　人或动物的骨骼

3.16　断后伸长率和线应变有什么区别和联系?断面收缩率与横向线应变有什么区别和联系?

3.17　松弛和蠕变对构件的正常工作各有些什么影响?

3.18　在图示的三种材料 A、B、C 中,哪种材料的强度最高?哪种材料的塑性最好?哪种材料在线弹性范围内的弹性模量最大?

3.19　图示三条曲线是某种高聚合物构件在常温、低温和高温下的加载图线。根据你的认识,试判断①、②、③号曲线分别对应于哪一种温度,并简单说明理由。

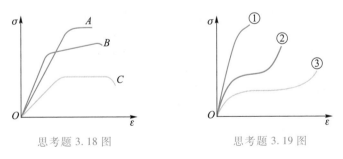

思考题 3.18 图　　　　　　　思考题 3.19 图

3.20　你能举出在实际生活或工程实践中松弛和蠕变的例子来吗?

3.21　各向同性弹性体中,弹性模量与切变模量有什么联系?这两者的数值有大小的区别吗?哪一个量在数值上更大一些?

3.22　工作应力、极限应力和许用应力各是什么含义?

3.23　保证构件正常运行的最基本的要求是什么?

3.24 什么叫交变应力？试举出承受交变荷载的实例。

3.25 构件疲劳破坏有什么特点？

3.26 疲劳试验的 $S-N$ 曲线是如何得到的？影响构件疲劳寿命的主要因素有哪些？

习题 3
参考答案

习 题 3（A）

3.1 某杆件斜截面上 A 点处的正应力 $\sigma = 50\,\mathrm{MPa}$，切应力 $\tau = 30\,\mathrm{MPa}$，求应力矢量 p 与斜截面法线间的夹角 α。

3.2 如图所示，某杆件斜截面的斜角为 $70°$，截面上 A 点处的应力矢量与水平轴线的夹角为 $30°$，其大小 $p = 60\,\mathrm{MPa}$，求该处的正应力与切应力。

3.3 如图所示，某杆件横截面为宽 $b = 30\,\mathrm{mm}$、高 $h = 50\,\mathrm{mm}$ 的矩形。杆件中有一法线方向与杆轴线成 $30°$ 角的斜截面。斜截面上作用有均布正应力 $\sigma = 30\,\mathrm{MPa}$ 和均布切应力 $\tau = 20\,\mathrm{MPa}$。求该斜截面上所有应力的合力的大小与方位。

3.4 某杆件横截面是宽为 b、高为 h 的矩形。在如图所示的坐标系中（原点位于形心），截面上有切应力 $\tau = \dfrac{6F}{bh^3}\left(\dfrac{h^2}{4} - z^2\right)$，式中 F 为已知。求该截面上切应力的合力，并求该截面上最大切应力与平均切应力的比值。

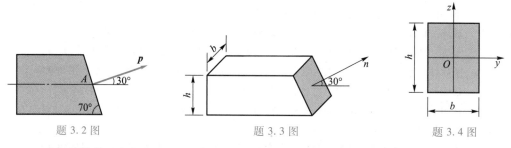

题 3.2 图   题 3.3 图   题 3.4 图

3.5 某杆件横截面为宽 $b = 30\,\mathrm{mm}$、高 $h = 60\,\mathrm{mm}$ 的矩形，坐标系如同题 3.4。该横截面上有正应力分布，正应力沿 y 方向没有变化，沿 z 方向呈线性分布。其上沿（即 $z = h/2$ 的边沿）的正应力为拉应力 $100\,\mathrm{MPa}$，下沿（即 $z = -h/2$ 的边沿）的正应力为压应力 $20\,\mathrm{MPa}$。求该横截面上的内力。

3.6 某轴横截面中任意半径上的切应力分布均如图所示。圆心处切应力为零。在靠圆心的内 $20\,\mathrm{mm}$ 范围内切应力为线性分布；在靠边沿的外 $20\,\mathrm{mm}$ 范围内切应力均为 $60\,\mathrm{MPa}$。求该横截面上的扭矩。

3.7 边长为 $100\,\mathrm{mm}$ 的正方形 $ABCD$ 发生均匀变形而成为如图所示的矩形 $abcd$，偏转角度 $\alpha = 3°$。求正方形的应变 ε_x、ε_y 和 γ_{xy}。

3.8 正方形构件变形如图所示。求棱边 AB 与 AD 的平均正应变，以及 A 点处的切应变。

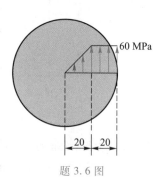

题 3.6 图

3.9 长度 $l = 200\,\mathrm{mm}$ 的杆件在外部因素作用下沿轴向发生的应变可由 $\varepsilon = (\sqrt{x} - 10) \times 10^{-3}$ 表示（式中，x 的单位为 mm）。杆件左端处 $x = 0$ 且 x 轴正向向右。求杆件的最大应变、平均应变和总伸长量。

3.10 某种材料的试样直径 $d = 10\,\mathrm{mm}$，长度 $l = 200\,\mathrm{mm}$，试样两端的轴向拉伸荷载由零增加到 $F = 50\,\mathrm{kN}$ 时长度成为 $l' = 203.1\,\mathrm{mm}$。此时荷载逐渐卸载至零，其长度仍然保持为 $200\,\mathrm{mm}$。在整个加载和卸载过程中

杆中横截面上的应力始终是均布的,求材料的弹性模量。若材料泊松比 $\nu = 0.3$,求在加载过程中直径的最小值。

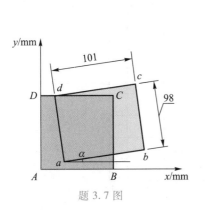

题 3.7 图

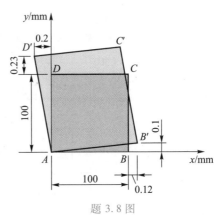

题 3.8 图

3.11　弹性模量 $E = 50\ \text{GPa}$,泊松比 $\nu = 0.25$ 的材料制成如图所示的厚 10 mm 的薄板,其上下边沿承受均布荷载 $q = 500\ \text{N/mm}$。求薄板面积的改变量和体积的改变量。

3.12　$E = 50\ \text{GPa}$ 的材料制成如图所示的厚 10 mm 的薄板,其左右边沿承受均布荷载 $q = 400\ \text{N/mm}$ 而产生均匀变形。若已知薄板面积的改变量 $\Delta A = 56\ \text{mm}^2$,求材料的泊松比 ν。

3.13　图示为直径 $D = 120\ \text{mm}$ 的圆形薄板,它发生形变之后仍为圆形,而直径长度变为 $D' = 120.3\ \text{mm}$。试求圆形径向上的平均应变 ε_r 和沿圆周方向上的平均应变 ε_φ。

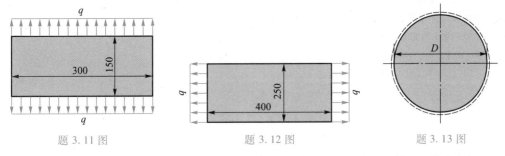

题 3.11 图　　　　　　　题 3.12 图　　　　　　　题 3.13 图

3.14　某种材料的试样的应力-应变曲线如图所示。图中上方曲线对应于 ε 轴上一排应变标识,下方曲线对应于 ε 轴下一排应变标识,即低应变区。试确定这种材料的类型,并确定其弹性模量 E、屈服极限 σ_s、强度极限 σ_b 与伸长率。

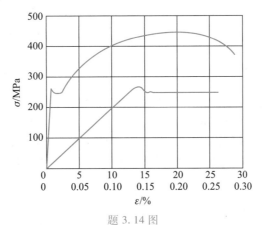

题 3.14 图

3.15 某种材料的试样的应力-应变曲线如图所示。试确定其弹性模量 E、比例极限 σ_p 与屈服极限 σ_s。确定当应力 $\sigma = 350\ \text{MPa}$ 时的全应变 ε、弹性应变 ε_e 与塑性应变 ε_p。

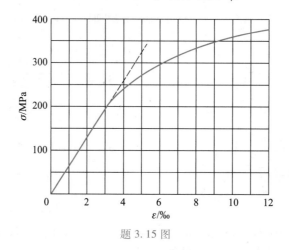

题 3.15 图

3.16 某种材料试样的应力-应变曲线为如图所示的理想弹塑性模型。若试样直径 $d = 10\ \text{mm}$，有效长度 $l = 200\ \text{mm}$，杆中横截面上的应力是均布的，试计算杆端分别承受轴向拉力 $F = 10\ \text{kN}$ 时杆件的轴向变形量，以及使杆件屈服的荷载。

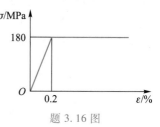

题 3.16 图

3.17 某种材料的试样的应力-应变曲线与题 3.16 相同。若试样直径 $d = 10\ \text{mm}$，有效长度 $l = 200\ \text{mm}$，试样加载使之屈服，当杆中轴向应变达到 0.8% 时开始卸载。杆中横截面上的应力始终是均布的。当荷载卸到 $F = 10\ \text{kN}$ 时，杆中轴向的弹性应变和塑性应变各为多少？

习 题 3 (B)

3.18 某种材料的试样的应力-应变曲线为如图所示的线性强化模型。若试样直径 $d = 10\ \text{mm}$，长度 $l = 200\ \text{mm}$，试样加载直至荷载加到 $F = 12\ \text{kN}$ 时开始卸载，卸到荷载为零。在此过程中杆中横截面上的应力始终是均布的。当荷载卸完后，杆中轴向的残余应变为多少？

3.19 如图所示的等腰直角三角形 ABC 发生均匀变形，其直角边的应变为 $\varepsilon_{(1)}$，斜边的应变为 $-\varepsilon_{(2)}$，求：

(1) 斜边上的高的应变 ε；

(2) 直角的变化量 γ。

3.20 边长为 1 的正方形发生如图所示的均匀形变而成为矩形，已知两个边长上的应变 ε_x 和 ε_y，求对角线 BD 的应变。

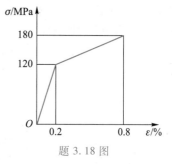

题 3.18 图

3.21 红酒瓶一般会用一段较长的软木塞来密封。当用开瓶器拔出木塞时，软木塞侧面将承受切应力。假定瓶口直径为常数 d，木塞与瓶的接触长度为 h，拔木塞所用的轴向力为 F，证明软木塞侧面的最大切应力 $\tau_{\max} > \dfrac{F}{\pi hd}$。

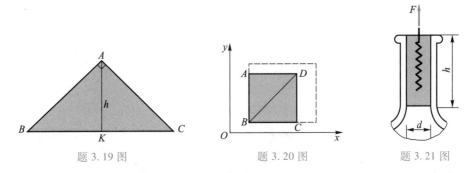

题 3.19 图   题 3.20 图   题 3.21 图

3.22 小明把若干工程材料的力学性能的常用数据制成了一个表格并存入计算机。不料计算机遭病毒袭击，原有的表格变成了如下残缺的模样：

	弹性模量 E/GPa	切变模量 G/GPa	泊松比 ν	拉伸强度极限 $\sigma_{\mathrm{b}}/\mathrm{MPa}$
普通碳素钢			0.25	400
合金钢	200			
铝合金			0.3	
混凝土	30			

又经过一番折腾，计算机终于显示出了一组数据：

$$0.16,\ 0.25,\ 6,\ 12.9,\ 30.8,\ 50,\ 80,\ 830$$

小明确认，这些数据就是表中的数据。但是显然数据的顺序完全乱了。而且，表中有 11 个空格，但出现的数据只有 8 个。会不会某些数据重复出现？小明没有把握。

请你利用所学的力学知识替小明恢复表中的数据，并简单地叙述理由。

3.23 根据你的直觉，图中的构件可能如何失效？失效的原因是什么？其中图（a）是平面机构，图（b）是轴对称结构。

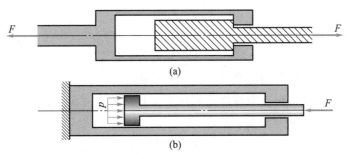

（a）

（b）

题 3.23 图

3.24 硬度这一个表达材料的力学性能的指标并未在本章中提及。有人认为，硬度高就意味着弹性模量高。试查阅有关硬度测试的资料，根据这些资料对上述看法进行分析，并指出硬度与本章的哪些材料性能指标紧密相关。

第4章 杆件的拉伸与压缩

4.1 杆件拉伸和压缩的应力

当直杆所受外力或外力的合力沿直杆轴线作用时,在其横截面上仅存在着轴向的内力分量,即轴力。这时杆件将发生轴向伸长或缩短的变形。

4.1.1 横截面上的应力

如图 4.1(a) 所示杆件的拉伸,利用截面法,在杆中某处作一个横截面 m-m,可知在任意横截面上的轴力 F_N 在数值上与 F 相等。为了进一步寻求应力在横截面上的分布规律,根据实验事实,可以提出杆件拉伸或压缩的平截面假设:拉压杆件变形前的横截面在变形后仍然保持为平面,只是各个横截面之间发生了沿轴线的相对平移。更加精密的理论分析证明,在杆件中离两个端面不太近的大部分区域,这个假设是准确的。

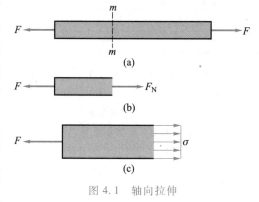

图 4.1 轴向拉伸

由平截面假设可以看出,横截面上各点处的轴向变形是相同的,因而可以推断,横截面上的应力是均匀分布的。这些应力的合力便是轴力,如图 4.1(c) 所示。因此,在横截面上的法向应力为

$$\sigma = \frac{F_N}{A} \text{。} \tag{4.1}$$

容易看出,杆件受拉时法向应力 σ 为正,受压时 σ 为负。

根据平截面假设,杆件中各横截面之间没有沿任何方向上的相互错切的趋势,因此,可以推断:在横截面上切向应力为零。

要保证受拉或受压杆件的强度,根据许用应力方法,应有

$$\sigma = \frac{F_N}{A} \leqslant [\sigma] \text{。} \tag{4.2}$$

同时,还可以根据上式计算横截面所需最小面积,或者确定许用荷载。

例 4.1 如图 4.2 所示的圆轴由 AB、BC 和 CD 三段组成,并在 B、C、D 三个截面处有轴向荷载。圆轴中 CD 段为空心的,其内径 $d = 20$ mm,AB、BC 段为实心的。若材料的许用拉应力 $[\sigma_t] = 10$ MPa,许用压应力 $[\sigma_c] = 50$ MPa,试根据强度条件设计圆轴各段的外径。

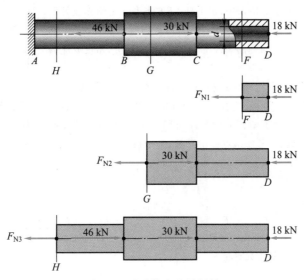

图 4.2　承受轴向力的圆轴

解:在本题中,应分别分析各区段内的轴力,再根据许用应力来决定各段的轴径。采用截面法分析轴力时,可设未知轴力为正。如图所示,在 CD 区段取截面 F,可得脱离体 FD,并由此可得 CD 区段的轴力 F_{N1} = -18 kN(压)。将此结论用以计算横截面应力时,可只取其数值,故有

$$\sigma_{(1)} = \frac{4F_{N1}}{\pi(D_1^2 - d^2)} \leqslant [\sigma_c],$$

即有

$$D_1 \geqslant \sqrt{\frac{4F_{N1}}{\pi[\sigma_c]} + d^2} = \sqrt{\frac{4 \times 18 \times 10^3}{\pi \times 50} + 20^2} \text{ mm} = 29.3 \text{ mm},$$

取 CD 区段外径 $D_1 = 30$ mm。

同样,在 BC 区段取截面 G,可得脱离体 GD,并可得 BC 区段的轴力 $F_{N2} = 12$ kN(拉),故有

$$\sigma_{(2)} = \frac{4F_{N2}}{\pi D_2^2} \leqslant [\sigma_t],$$

可得

$$D_2 \geqslant \sqrt{\frac{4F_{N2}}{\pi[\sigma_t]}} = \sqrt{\frac{4 \times 12 \times 10^3}{\pi \times 10}} \text{ mm} = 39.1 \text{ mm},$$

取 BC 区段轴径 $D_2 = 40$ mm。

在 AB 区段取横截面 H,得脱离体 HD,由平衡得 AB 区段轴力 $F_{N3} = -34$ kN(压),故有

$$\sigma_{(3)} = \frac{4F_{N3}}{\pi D_3^2} \leqslant [\sigma_c],$$

可得

$$D_3 \geqslant \sqrt{\frac{4F_{N3}}{\pi[\sigma_c]}} = \sqrt{\frac{4 \times 34 \times 10^3}{\pi \times 50}} \text{ mm} = 29.4 \text{ mm},$$

取 AB 区段轴径 $D_3 = 30$ mm。

此题中许用压应力比拉应力大许多,这是许多脆性材料(如混凝土、岩石、铸铁)的共同特性。

例 4.2   在如图 4.3 所示的桁架中,水平杆 CB 的长度 l 是预先设计定下来的,而斜角 θ 则可以变化。两杆由同一材料制成,且 $[\sigma_t]=[\sigma_c]$。在不考虑 CB 杆可能存在的稳定问题的条件下,要使结构最经济,角度 θ 应为多少?

解:要使结构最经济,则应使结构用料最省,即两杆的总体积为最小。角度 θ 从两方面影响体积:一方面,它控制了斜杆的长度;另一方面,它影响了两杆的轴力,而轴力决定了两杆的横截面面积。这样,便可以建立起结构的总体积关于 θ 的函数。考虑结点 B 的平衡,易于得到:

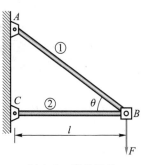

图 4.3   简单桁架

$$F_{N1}=F_1=\frac{F}{\sin\theta}(\text{拉}),\qquad F_{N2}=F_2=\frac{F}{\tan\theta}(\text{压})。$$

因而有

$$\sigma_{(1)}=\frac{F_{N1}}{A_1}=\frac{F}{A_1\sin\theta}\leqslant[\sigma_t],\qquad \sigma_{(2)}=\frac{F_{N2}}{A_2}=\frac{F}{A_2\tan\theta}\leqslant[\sigma_c]。$$

由此可得两杆横截面面积的最小允许值

$$A_1=\frac{F}{[\sigma_t]\sin\theta},\qquad A_2=\frac{F}{[\sigma_c]\tan\theta}。$$

由此可得结构的总体积

$$V=lA_2+\frac{l}{\cos\theta}A_1=\frac{lF}{[\sigma_c]\tan\theta}+\frac{lF}{[\sigma_t]\sin\theta\cos\theta}。$$

注意到 $[\sigma_t]=[\sigma_c]$ 且为常数,同时 l、F 也都为常数,这样,体积 V 便仅为角度 θ 的函数,即

$$V(\theta)=C\left(\frac{1}{\tan\theta}+\frac{1}{\sin\theta\cos\theta}\right),$$

式中,C 表示常数。要使材料体积为最小,则应有 $\dfrac{\mathrm{d}V(\theta)}{\mathrm{d}\theta}=0$,即

$$-\frac{1}{\sin^2\theta}+\frac{\sin^2\theta-\cos^2\theta}{\sin^2\theta\cos^2\theta}=0,$$

由此可得 $\tan\theta=\sqrt{2}$,即 $\theta=54°44'$。

例 4.3   如图 4.4(a)所示,电视塔相当高,因而在设计塔体外形时,材料容重 ρg 是不可忽略的。若塔体内径 r_0 保持不变,为使塔体材料的强度得到充分利用,旋转餐厅以下部分的塔体外形应选用什么形状?

解:塔体荷载来自两部分:旋转餐厅及其以上部分的重量和塔体的自重。显然塔体各横截面上均承受压应力。如果塔体每个横截面上的压应力都等于许用应力 $[\sigma]$,塔体材料的强度就能得到充分利用。这是"物尽其用"的最理想的状态。

取塔体中旋转餐厅的下顶点 A 处为坐标原点,x 轴正向竖直向下。坐标原点以上部分,包括旋转餐厅和塔顶部分的重量,可以简化为一个集中力 F,如图 4.4(b)所示。塔体是一个关于塔体轴线的回转体,求塔体外形,就是要写出横截面半径 r 关于 x 的表达式 $r(x)$。易得横截面面积

$$A(x)=\pi[r^2(x)-r_0^2]。\tag{①}$$

下面,以 $A(x)$ 为研究对象,建立关于 $A(x)$ 的微分方程并求解,然后再通过上式求出函数 $r(x)$ 的表达式。

在塔体上沿轴向取一个微元区段 $\mathrm{d}x$,如图 4.4(c)所示。区段上侧面积为 $A(x)$,微元区段的自重 $\rho gA(x)\mathrm{d}x$ 使下侧面积有一个增量而成为 $A(x)+\mathrm{d}A$。忽略二阶微量,由微元区段力的平衡可得

$$\rho gA(x)\mathrm{d}x+[\sigma]A(x)-[\sigma](A(x)+\mathrm{d}A)=0,$$

即

$$\frac{\mathrm{d}A}{A(x)} = \frac{\rho g}{[\sigma]}\mathrm{d}x。$$

积分后可得

$$\ln A(x) = \frac{\rho g}{[\sigma]}x + C。$$

上式中的积分常数可由 A 处的情况确定。由于 $x = 0$ 时，

$$A(0) = A_0 = \frac{F}{[\sigma]},$$

可得

$$C = \ln A_0 = \ln\frac{F}{[\sigma]}。$$

故有

$$\ln\frac{A(x)}{A_0} = \frac{\rho g}{[\sigma]}x,$$

即

$$A(x) = A_0\exp\left(\frac{\rho g}{[\sigma]}x\right)。$$

将上式代入式①即可得横截面半径 r 关于 x 的表达式：

$$r(x) = \left[r_0^2 + \frac{F}{[\sigma]\pi}\exp\left(\frac{\rho g}{[\sigma]}x\right)\right]^{\frac{1}{2}}。$$

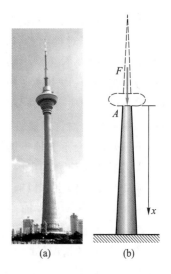

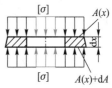

图 4.4 电视塔及其简化模型

对直杆而言，式(4.1)应用的必要条件是外力作用线与杆件轴线(各横截面形心的连线)重合。在横截面上的特征尺寸(如高或宽、直径等)与杆件的长度相比相对较小的等截面直杆中，在离两端不很近的大部分区域内，该式是准确的。对变截面直杆，若横截面尺寸沿轴向变化的梯度很小，该式也有相当高的精度。式(4.1)不仅适用于处于线弹性阶段的杆件，而且适用于进入塑性阶段的杆件。但是应注意，在横截面发生剧烈变化的区域内，在存在着孔、槽的区域内，式(4.1)将不再适用。

实验和弹性理论指出，在横截面突变的区域，如图 4.5(a)所示的那些区域内，某些点的应力水平显著地高于用式(4.1)所计算的应力，这一现象称为应力集中(stress concentration)。应力集中现象还经常出现在构件中有槽、孔的部位，如图 4.5(b)所示。应力集中削弱了构件的强度，因此，通常情况下应加以避免。例如，在圆轴横截面直径突然变化的部位，可用一段圆弧过渡，这样便可有效地降低应力集中的程度(图 4.6)。

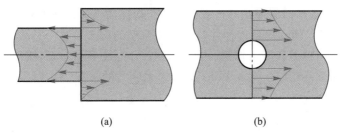

(a)   (b)

图 4.5 应力集中

但是应该指出,不同的材料对应力集中的敏感
性是不一样的。对许多塑性材料而言,在应力最大
的微小局部,材料容易产生塑性屈服;而产生了屈服
的区域变形很大,应力增长却很有限,这就使得该区
域及邻近区域的应力重新分布而不至于产生结构失

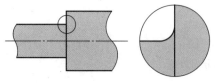

图 4.6   改善应力集中

效的严重后果。对许多脆性材料而言,在应力集中处则容易催生裂纹。尤其是在交变荷载
作用下,裂纹还会不断地扩展。因此应当重视对脆性材料的构件应力集中现象的改善。

人们通常用应力集中因子(最大应力与平均应力之比)来表述应力集中的程度。某些情
况下的应力集中因子可以通过严格的数学弹性力学的方法进行计算①。

图 4.7(b)的两个端面作用了集中力,因此端面附近也存在着应力集中现象。但是这并
不影响在离端部较远的截面上使用式(4.1)。可以比较图 4.7 中两种不同的外荷载形式。
对于图 4.7(a)的情况,式(4.1)直到非常接近端面都适用;但对于图 4.7(b)的情况,在离端
面较近的区域,式(4.1)就不适用了。尽管如此,只要图 4.7(a)的外荷载与图 4.7(b)的外
荷载是等效力系,那么,在离端部较远的区域,两者的变形情况和应力分布情况是完全一
样的。

这一现象可用圣维南原理(Saint-Venant principle)加以说明。圣维南原理表明:如果作
用在物体某些边界上的小面积上的力系用静力等效的力系代换,那么这一代换在物体内部
相应产生的应力变化将随着与这块小面积的距离的增加而迅速地衰减。具体到图 4.7(b)
的拉伸杆件中,如果横截面与端面的距离超过该截面的最大尺寸,就可以认为该截面上应力
分布与图 4.7(a)所示的应力分布基本一致了。

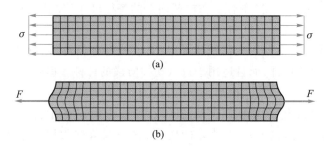

图 4.7   圣维南原理

圣维南原理的应用通常可以使问题得到简化。这一原理在固体力学的诸多领域和大量
的工程实际问题中有着广泛的应用。

但是应该注意,圣维南原理并不是适合于任何构件和任何加载形式的,尤其是某些薄壁
杆件。例如,图 4.8(a)所示的薄壁杆件就是一个典型的例子。这个杆件的悬臂梁在自由端
承受四个相等的轴向拉力和压力作用,由于这四个力构成平衡力系,按照圣维南原理,在离
端面不远处就应该逐渐趋同于图 4.8(b)所示的无应力的情况。然而实验和理论分析都指

①   可参见参考文献[7],文献[12]分析了一些常见情况下的应力集中因子,文献[29]则给出了多种情况下的应力
集中因子的数值和图表。

出。图4.8(a)所示的薄壁杆件甚至到固定端附近都还存在着应力[①]。

4.1.2　斜截面上的应力

如果截面不垂直于轴线,就得到一般的斜截面。斜截面的方位可用该截面的法线方向与轴线的夹角 α 来表示,如图4.9(a)所示。

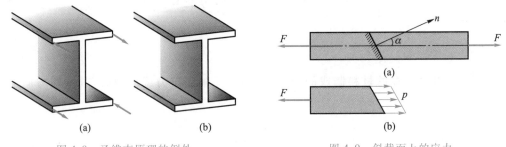

图4.8　圣维南原理的例外　　　　　图4.9　斜截面上的应力

如果在变形前沿斜截面方位在杆件上刻下两条平行细线,那么变形后,这两条细线将保持平行。根据这一事实,可以判断出斜截面上的应力是均匀分布的。如果记横截面(垂直于轴线的截面)的面积为 A ,那么,这个斜截面的面积就应当是 $\dfrac{A}{\cos \alpha}$ 。如图4.9(b)所示,考虑截面左半部的平衡即可知,斜截面上的应力矢量的大小为

$$p = \frac{F_N}{A}\cos \alpha = \sigma_0 \cos \alpha,$$

式中, σ_0 是 $\alpha=0$ 时,也就是横截面上的正应力。

可以将这个应力矢量分解为斜截面上的正应力(记为 σ_α)和切应力(记为 τ_α):

$$\sigma_\alpha = p\cos \alpha = \sigma_0 \cos^2 \alpha,$$
$$\tau_\alpha = p\sin \alpha = \sigma_0 \cos \alpha \sin \alpha。$$

利用三角公式,可将上两式分别写为

$$\sigma_\alpha = \frac{1}{2}\sigma_0(1+\cos 2\alpha), \tag{4.3}$$

$$\tau_\alpha = \frac{1}{2}\sigma_0 \sin 2\alpha。 \tag{4.4}$$

上面两式说明,在 $\alpha=0$ 时,即横截面上有最大的正应力。而在 $\alpha=\dfrac{\pi}{2}$ 时,正应力为零;此时截面与轴线平行。在 $\alpha=0$ 和 $\alpha=\dfrac{\pi}{2}$ 时,切应力为零。在 $\alpha=\dfrac{\pi}{4}$ 时,切应力达到最大值,这一最大值是横截面上正应力的二分之一。

上面两式进一步说明了应力与截面方位密切相关。随着方位的改变,应力矢量及其正

[①]　这个例子的具体分析可参见参考文献[15]。

应力分量和切应力分量都在发生改变。这些关系还说明,正应力和切应力这两个分量不是相互孤立的,它们随着截面方位的变化而共同变化。拉伸变形只产生拉应力的看法只能局限于横截面。如果在其他截面上考察,这种看法则是不正确的。

4.2　拉伸和压缩的变形

4.2.1　拉压杆的变形

对于服从胡克定律的材料制成的杆件,当其承受轴向拉力或压力时,其轴线方向上的应变

$$\varepsilon = \frac{\sigma}{E} = \frac{F_N}{EA}。 \tag{4.5}$$

易知,在拉伸时 ε 为正值,压缩时 ε 为负值。由上式可知,在微元区段 $\mathrm{d}x$ 上由拉压产生的变形量

$$\mathrm{d}(\Delta l) = \frac{F_N}{EA}\mathrm{d}x,$$

因此,在整个直梁上的总变形量

$$\Delta l = \int_l \frac{F_N}{EA}\mathrm{d}x。 \tag{4.6}$$

对于长度为 l 的等截面杆,若轴力保持常数(沿轴线的外力只作用在杆的两端就属于这种情况),F_N 和 EA 均为常数,上式则可简化为

$$\Delta l = \frac{F_N l}{EA}。 \tag{4.7}$$

上面各式中,EA 称为杆的拉压刚度(tension and compressive rigidity),有时也称为抗拉刚度或抗压刚度,它反映了杆件抵抗拉压变形能力的大小。

工程中有时需要控制杆件的变形量。结构允许的最大变形称为许用变形(allowable deformation)。对于拉压杆件,许用伸长量用 $[\Delta l]$ 来表示。因此,由式(4.6)或式(4.7)所计算出的实际伸长量应满足

$$\Delta l \leqslant [\Delta l]。 \tag{4.8}$$

这就是刚度条件(stiffness condition)。

例 4.4　图 4.10 所示的阶梯形钢杆,AB 段和 CD 段的横截面面积相等,均为 $A_1 = 500 \text{ mm}^2$,BC 段横截面面积 $A_2 = 300 \text{ mm}^2$。已知材料的弹性模量 $E = 200 \text{ GPa}$,试求:

(1) 各段的应变及变形量;

(2) 整个杆件的总变形量。

解:(1) 记 AB、BC、CD 三个区段分别为 1、2、3 区段,由截面法可求得各段轴力分别为

$$F_{N1} = 30 \text{ kN}, \quad F_{N2} = -20 \text{ kN}, \quad F_{N3} = -40 \text{ kN}。$$

故各段应变分别为

$$\varepsilon_{(1)} = \frac{F_{N1}}{EA_1} = \frac{30 \times 10^3}{200 \times 10^3 \times 500} = 3 \times 10^{-4},$$

$$\varepsilon_{(2)} = \frac{F_{N2}}{EA_2} = \frac{-20 \times 10^3}{200 \times 10^3 \times 300} = -3.33 \times 10^{-4},$$

$$\varepsilon_{(3)} = \frac{F_{N3}}{EA_3} = \frac{-40 \times 10^3}{200 \times 10^3 \times 500} = -4 \times 10^{-4}.$$

各段的变形量分别为

$$\Delta l_1 = \varepsilon_{(1)} \cdot l_1 = 3 \times 10^{-4} \times 1\ 000\ \text{mm} = 0.3\ \text{mm},$$

$$\Delta l_2 = \varepsilon_{(2)} \cdot l_2 = -3.33 \times 10^{-4} \times 1\ 500\ \text{mm} = -0.5\ \text{mm},$$

$$\Delta l_3 = \varepsilon_{(3)} \cdot l_3 = -4 \times 10^{-4} \times 1\ 000\ \text{mm} = -0.4\ \text{mm}.$$

（2）整个杆的总变形量为各段变形量之和，即

$$\Delta l = \Delta l_1 + \Delta l_2 + \Delta l_3 = 0.3\ \text{mm} - 0.5\ \text{mm} - 0.4\ \text{mm} = -0.6\ \text{mm}.$$

计算出的变形量为负，表示实际产生的变形效应是轴向总长度的缩短。

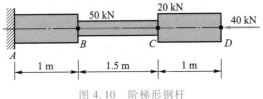

图 4.10　阶梯形钢杆

例 4.5　如图 4.11 所示，埋入土内长度为 l 的桩顶部有向下的集中力 F 的作用。土对桩有摩擦阻力作用，作用的大小与埋入土内的深度的平方成正比。桩的抗压刚度为 EA，求桩的缩短量。

解：要求解桩的缩短量，根据式（4.6），必须求出轴力。由于本例中轴力是随着埋入土内的深度的变化而变化的，因此，应将轴力表达为深度的函数。桩所受的摩擦阻力是分布力，如图 4.11 所示，以地平面为起点向下建立 x 轴，那么，距地面 x 处的微元长度 $\mathrm{d}x$ 上所受的阻力

$$\mathrm{d}f = kx^2 \mathrm{d}x,$$

式中，k 为比例系数。因此整个桩所受阻力

$$f = \int_0^l \mathrm{d}f = \int_0^l kx^2 \mathrm{d}x = \frac{1}{3}kl^3.$$

由于全部阻力 f 与桩顶端的外力 F 平衡，故有

$$F = \frac{1}{3}kl^3,$$

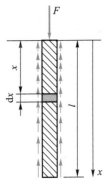

图 4.11　埋入土内的桩

因此

$$k = \frac{3F}{l^3}.$$

距顶端 x 处的轴力可用截面法求得。如图 4.12 所示，根据自由体的平衡，

$$F + F_N - \int_0^x kx'^2 \mathrm{d}x' = 0,$$

故有

$$F_N(x) = \frac{1}{3}kx^3 - F = \left(\frac{x^3}{l^3} - 1\right)F。$$

整个桩的变形量

$$\Delta l = \int_0^l \frac{F_N}{EA}\mathrm{d}x = -\frac{F}{EA}\int_0^l \left(1 - \frac{x^3}{l^3}\right)\mathrm{d}x = -\frac{3Fl}{4EA}。$$

式中,负号说明桩的长度被压短了。

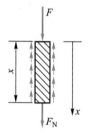

图 4.12 自由体平衡

4.2.2 简单桁架的结点位移

所谓桁架,是指结构中的每个构件都是二力杆。当桁架承受荷载时,它的各个构件一般都相应地产生轴力,因而也一般地将产生伸长或缩短的变形。这样,各个构件之间的连接点(即结点)也就相应地产生了位移。本小节考虑简单桁架中结点的位移。

例如,在图 4.13(a)所示的结构中,两杆的拉压刚度均为 EA,在 B 点承受竖直向下的荷载 F。易见,AB 杆的轴力为拉力 $\sqrt{2}F$,而 BC 杆的轴力为压力 F。这样,AB 杆将会产生一个伸长量,图 4.13(b)是 B 结点附近的局部放大图,图中 AB 的伸长量

$$BK = \frac{\sqrt{2}F \cdot \sqrt{2}a}{EA} = \frac{2Fa}{EA}。$$

同理,BC 杆将会产生压缩量

$$BR = \frac{Fa}{EA}。$$

由于 A 处是固定铰,考虑 AB 杆的变形,B 结点变形后应在以 A 为圆心、以 AK 为半径的弧上。同理,由于 C 处是固定铰,考虑 BC 杆的变形,B 结点还应在以 C 为圆心、以 CR 为半径的弧上。这样,B 处铰变形后的位置应在两段弧的交点 P 处。

但是这样直接计算 B 点的位移比较繁琐。注意到问题本身属于小变形范畴,因此,可以作这样的简化处理:过 K 点作 AK 的垂线,并用此垂线来代替圆弧 KP,同样,过 R 点作 CB 的垂线来代替圆弧 RP。两段垂线的交点 P' 便是 P 点的近似位置,如图 4.13(b)所示。可以证明,由此而带来的误差是比 AB 杆和 BC 杆的变形量更高阶的小量。

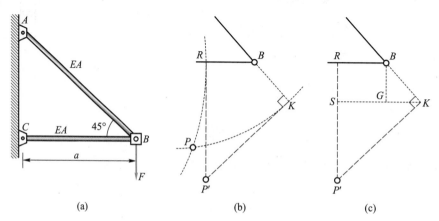

图 4.13 桁架结点位移

这样,便可由图 4.13(c)得到 B 点的水平位移 u_B 和竖向位移 v_B:

$$u_B = BR = \frac{Fa}{EA}(\text{向左}),$$

$$v_B = RS + SP' = RS + SG + GK = 2GK + RB = \sqrt{2}BK + RB$$

$$= (2\sqrt{2} + 1)\frac{Fa}{EA}(\text{向下}).$$

上述方法可以一般地应用于其他桁架结构上。

例 4.6　如图 4.14(a)所示桁架结构中,BD 为刚性的,AB、BC、CD 三杆的抗拉刚度均为 EA。已知物体重量为 P,求 BD 梁中点 E 的位移。

解:先求各杆轴力。取 BD 为研究对象。考虑 BD 的水平方向的力平衡,即可确定 BC 为零杆(轴力为零)。若对 B 取矩,便可知 CD 杆对 BD 的作用力为 $\frac{P}{2}$,故有 $F_{NCD} = \frac{P}{2}$(拉)。同样,对 D 取矩,便可得 $F_{NAB} = \frac{P}{2}$(拉)。

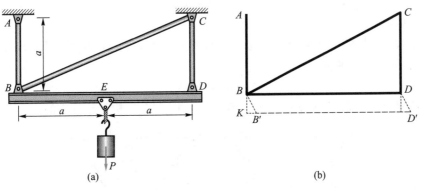

图 4.14　桁架结点位移

现在确定 B 点位移。由于 AB 有正的轴力,故其伸长量为

$$\Delta a = \frac{F_{NAB}a}{EA} = \frac{Pa}{2EA}.$$

作 AB 的延长线 BK,使 $BK = \frac{Pa}{2EA}$;过 K 作 BK 的垂线(即水平线),如图 4.14(b)所示,加载后 B 点的位置就应该在这条水平线上。

由于 BC 是零杆,它既不伸长也不缩短,因此,可直接在 B 点作 BC 的垂线 BB',交水平线 KB' 于 B',则 B' 则是 B 点加载后的位置。

根据几何关系不难看出,

$$KB' = \frac{1}{2}BK = \frac{Pa}{4EA}.$$

同样可看出,CD 杆的伸长量也是 $\frac{Pa}{2EA}$。加载后的 D 点在 CD 延长线的垂线(即水平线)上。同时,由于 BD 是刚性的,故 BD 梁上各点具有相同的水平位移。故 D 点的水平位移也是 $\frac{Pa}{4EA}$。

由此可知,BD 中点 E 的水平位移 u_E 和竖向位移 v_E 分别为

$$u_E = \frac{Pa}{4EA}(\text{向右}), \qquad v_E = \frac{Pa}{2EA}(\text{向下})\text{。}$$

4.3　拉压超静定问题

4.3.1　拉压超静定问题及其求解方法

如果单靠平衡条件不足以确定结构的全部支座约束力或各构件中的内力,则称这种问题为超静定(statically indeterminate)问题,也称为静不定问题。

例如,在图 4.15(a)中,①、②号两杆的材料及横截面完全相同,位置关于中轴线对称,通过平衡方程可导出两杆中的轴力都等于

$$F_N = \frac{F}{2\cos \alpha},$$

因此结构是静定的。

如果在这个结构的中部增加一个③号杆而成为图 4.15(b)的情况,那么在考虑对称性后,能够建立的独立的平衡方程是

$$2F_{N1}\cos \alpha + F_{N3} = F, \tag{①}$$

其中包含了两个未知数,但独立的平衡方程只有一个,因此结构是超静定的。

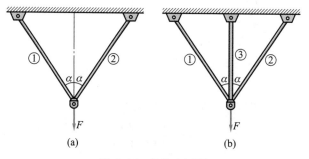

图 4.15　超静定问题

在这个例子中,未知量的个数比平衡方程的个数多出一个,因此称之为一次超静定问题。

为了求出该超静定结构的内力,必须进一步考虑结构的变形。结构的变形与每根杆件的变形是紧密相关的,而各杆件的变形与其抗拉刚度有关。因此,各杆件的变形与其抗拉刚度的关系必须予以考虑。表达这种关系的方程称为物理方程。

设③号杆长度为 l,①号杆和②号杆的长度则均为 $l_1 = \dfrac{l}{\cos \alpha}$。显然三根杆都发生了伸长变形。记①号杆和②号杆的抗拉刚度均为 $E_1 A_1$。显然①号杆和②号杆的变形情况相同,其伸长量均为

$$\Delta l_1 = \frac{F_{N1} l}{E_1 A_1 \cos \alpha}。 \qquad ②$$

记③号杆的抗拉刚度为 $E_3 A_3$，则③号杆的伸长量

$$\Delta l_3 = \frac{F_{N3} l}{E_3 A_3}。 \qquad ③$$

这样，上面②、③两式便是本问题的物理方程。

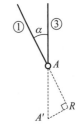

图 4.16 协调条件

同时应该注意，为了保持结构的完好，即下部结点不会因为各构件的变形而解体，那么，三根杆的变形就不应该是彼此无关的。根据对称性可以看出，变形后结点的位置仍应在中轴线上。根据桁架结点位移的计算方法，如图 4.16 所示，①号杆伸长后，其伸长量为 AR，过 R 作①号杆的垂线，该垂线交中轴线于 A'，如果 AA' 刚好为③号杆的伸长量，那么结构就会保持完好，因此应有

$$\Delta l_3 \cos \alpha = \Delta l_1。 \qquad ④$$

上式称为协调方程。

综合考虑方程①~④，其中包含了 F_{N1}、F_{N2}、Δl_1 和 Δl_2 四个未知数，因此可以获得解答。不难得到

$$F_{N1} = F_{N2} = \frac{F \cos^2 \alpha}{2\cos^3 \alpha + \kappa}, \qquad F_{N3} = \frac{F}{1 + \dfrac{2\cos^3 \alpha}{\kappa}}, \qquad ⑤$$

式中，$\kappa = \dfrac{E_3 A_3}{E_1 A_1}$ 是中间杆和侧杆的抗拉刚度的比值，它是一个量纲一的常数。

根据上例可以得到求解拉压超静定问题的一般思路，这就是利用如下三种条件：

（1）力学条件：构件的内力与外荷载所构成的力或力矩的静力平衡条件；

（2）物理条件：各构件的变形量与相应内力之间的关系；

（3）几何条件：为保持结构的完好，各构件的变形量之间应满足的协调关系。几何条件通常也称为协调条件。

利用上述三个条件，便可以求解结构的全部内力或支座约束力。

上面的例子是一次超静定的，因此协调方程就只有一个。在超静定次数高于一次的情况下，则需要建立更多的协调方程，以获得足够的方程来求解问题。

在上面的例子中，利用抗拉刚度的比值 κ，可以对式⑤的结果的合理性进行考核。如果中间杆的抗拉刚度比起两侧杆的抗拉刚度小得多，那么事实表明中间杆将起不到什么作用。而这种情况在以上的演算结果中表现为 $\kappa \to 0$。式⑤的第一式趋于

$$F_{N1} = F_{N2} = \frac{F}{2\cos \alpha},$$

而第二式趋向于 $F_{N3} = 0$，这说明演算结果与物理事实相吻合。另一个极端的情况是，如果中间杆的抗拉刚度比起两侧杆的抗拉刚度大得多，那么很显然，中间杆在承载中起到了决定性的作用。这时，$\kappa \to \infty$，那么便有 $F_{N1} = F_{N2} = 0$，而 $F_{N3} = F$。这也与物理事实相吻合。这就说明上述结果是合理的。

一般地,像 κ 这样的量纲一的常数决定了超静定结构中各构件承载的比例。在许多情况下,抗拉刚度越大的构件所承担的份额也越大。

例 4.7　图 4.17 的两个矩形截面杆,其弹性模量分别为 E_1 和 E_2。截面宽度均为 b,高度分别为 h_1 和 h_2。构件两端与刚性板连接,轴向外力 F 作用在恰当的位置上,使得两杆只发生单纯拉伸的变形。

(1)试求两杆的伸长量 Δl;

(2)外力 F 应作用在什么位置上,才能实现两杆只有单纯拉伸的变形?

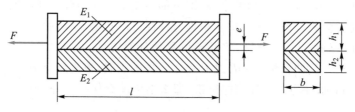

图 4.17　矩形截面拉杆

解:(1)这是一个超静定问题,因此应对其力学条件、物理条件和几何条件进行综合分析。

由于作用在结构的外力 F 等于两杆内的轴力的和,故可得力学条件

$$F_{N1}+F_{N2}=F,\qquad\qquad ①$$

在只发生单纯拉伸变形的情况下,两杆的变形量与其抗拉刚度的关系,即物理条件为

$$\Delta l_1=\frac{F_{N1}l}{E_1A_1},\qquad \Delta l_2=\frac{F_{N2}l}{E_2A_2}。\qquad\qquad ②$$

要使结构变形是协调的,根据题意,可得几何协调条件为

$$\Delta l_1=\Delta l_2=\Delta l \qquad\qquad ③$$

式①、②、③三式联立即可解得

$$F_{N1}=\frac{\kappa}{1+\kappa}F,\qquad F_{N2}=\frac{1}{1+\kappa}F,\qquad\qquad ④$$

式中,$\kappa=\dfrac{E_1A_1}{E_2A_2}=\dfrac{E_1h_1}{E_2h_2}$。 $\qquad\qquad\qquad ⑤$

由此可得两杆的伸长量

$$\Delta l=\frac{Fl}{E_1A_1+E_2A_2}。\qquad\qquad ⑥$$

(2)要使两杆都实现单纯拉伸变形,只有作用在两杆上的力都在自己的轴线上。以杆端头的刚性板为研究对象,设外力 F 的作用线相对于两杆界面 O 处的偏移量为 e,如图 4.18 所示,对 O 取矩,便可得

$$F_{N1}\cdot\frac{h_1}{2}=Fe+F_{N2}\cdot\frac{h_2}{2}。\qquad ⑦$$

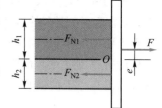

利用式④的结论,即可得

$$e=\frac{\kappa h_1-h_2}{2(1+\kappa)}=\frac{E_1h_1^2-E_2h_2^2}{2(E_1h_1+E_2h_2)}。\qquad ⑧$$

图 4.18　刚性板的平衡

下面对上述结果进行一些讨论。式⑥可进一步简单地写为

$$\Delta l=\frac{Fl}{EA} \qquad\qquad ⑨$$

式中，$A=A_1+A_2$，$E=\dfrac{E_1A_1+E_2A_2}{A}=E_1V_1+E_2(1-V_1)$，$V_1=\dfrac{A_1}{A}$ 是两杆中第一杆所占的体积比。 ⑩

式⑨和式⑩引入了一个新的量 E，它表示了组合结构的相当弹性模量。这在工程中是一种常用的方法。例如，可以在一种韧性好的基体材料中加入某种强度高的纤维，以形成性能有明显改善的复合材料。相当弹性模量 E 便是由基体材料和纤维材料的弹性模量及两种材料的体积比所决定的物理常数，它可以体现这种复合材料在沿高强度纤维方向拉伸时的整体性能。

在（2）的结果中可看出，如果两种杆件的横截面高度相同，即 $h_1=h_2=h$，那么由式⑧可得

$$e=\frac{(E_1-E_2)h}{2(E_1+E_2)}。$$

这意味着，当 $E_1>E_2$ 时，力 F 作用线往上移，反之往下移。这与人们的常识相吻合。若 $E_1=E_2$，同样可由式⑧得

$$e=\frac{1}{2}(h_1-h_2)，$$

特别地，当 $E_1=E_2$ 且 $h_1=h_2$ 时，$e=0$，即力 F 作用线是不用偏移的。

例 4.8 图 4.19 所示桁架各杆的抗拉刚度均为 EA，求结点 D 的水平位移和竖向位移。

解：易于看出这个结构是超静定的。要求解结点 D 的位移必须先求解超静定问题。易见②号杆和③号杆均承受拉力，可假定①号杆承受压力。记三杆的轴力分别为 F_{N1}、F_{N2} 和 F_{N3}，显然，作用在 D 铰上的力在数值上分别与三杆的轴力相等，这样，由图 4.20（a）可得水平方向和竖直方向上的平衡方程：

$$F_{N1}=\frac{1}{2}\sqrt{2}F_{N2}，\quad \frac{1}{2}\sqrt{2}F_{N2}+F_{N3}=F。$$

物理方程：

$$\delta_1=\frac{F_{N1}a}{EA}，\quad \delta_2=\frac{F_{N2}\cdot\sqrt{2}a}{EA}，\quad \delta_3=\frac{F_{N3}a}{EA}。$$

图 4.20（b）表达了协调条件。在③号杆 BD 的延长线上取 $DP=\delta_3$，然后过 P 作 DP 的垂线。其余两杆也作类似的处理。三条垂线汇交于 D'，该点便是 D 在变形后的位置。由此图可得

$$DP=DK+KP=\sqrt{2}\cdot DQ+D'P，$$

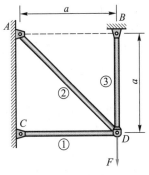

图 4.19 桁架

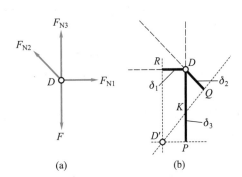

图 4.20 平衡条件与协调条件

故有

$$\delta_1+\sqrt{2}\delta_2=\delta_3。$$

由以上几式可导出关于 F_{N1}、F_{N2} 和 F_{N3} 的联立方程组：

$$\begin{cases} \sqrt{2}\,F_{N1} - F_{N2} = 0 \\ F_{N2} + \sqrt{2}\,F_{N3} = \sqrt{2}\,F。 \\ F_{N1} + 2F_{N2} - F_{N3} = 0 \end{cases}$$

可得

$$F_{N1} = \frac{1}{2}(\sqrt{2} - 1)F, \quad F_{N2} = \frac{1}{2}(2 - \sqrt{2})F, \quad F_{N3} = \frac{1}{2}(3 - \sqrt{2})F。$$

因此 D 点的水平位移为

$$\delta_1 = \frac{F_{N1}a}{EA} = \frac{1}{2}(\sqrt{2} - 1)\frac{Fa}{EA}\,(向左),$$

D 点的竖向位移为

$$\delta_3 = \frac{F_{N3}a}{EA} = \frac{1}{2}(3 - \sqrt{2})\frac{Fa}{EA}\,(向下)。$$

在这个例题中,②号杆和③号杆承受了拉力,这是很容易看出来的。但①号杆承受了压力这一点却不太容易通过直观进行判断。在这种情况下,即使开始时假定了①号杆承受了拉力,也同样可以导出正确的结果,只不过平衡方程和协调方程都要发生相应的改变,如图 4.21 所示,读者可通过该图的提示自行列出这种情况下的平衡方程和协调方程。在这里要注意的是,杆件的拉伸(压缩)一定要与协调条件图形中的伸长(缩短)相对应,否则容易产生错误。

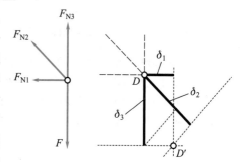

图 4.21　另一种平衡条件与协调条件

4.3.2　装配应力

另一类超静定问题是装配应力问题。如图 4.22(a)所示,图中横梁是刚性的。当杆①和杆②的长度相等时,结构中是没有应力的。但是,如果其中杆①由于加工的原因而比规定长度少了 Δ,如图 4.22(b)所示,那么,强行将横梁倾斜而将杆①与横梁连接,杆①和杆②都将产生拉应力。这种应力就称为装配应力。

两杆中的应力当然取决于两杆中的轴力。而两杆的轴力则可按照超静定问题来处理。也就是说,仍然要通过建立平衡方程、物理方程和协调方程来得到问题的解答。读者可根据图 4.22(c)的提示自行完成这一解答。

图 4.22(c)中两杆的应力完全是由于装配间隙而产生的。如果具有装配应力的结构同时还具有外荷载,例如,图 4.23(a)中刚性横梁右端还有向下的作用力,那么两杆中的应力则是由装配间隙和外荷载共同引起的。

在求解同时具有装配应力和外荷载应力的问题时,首先要注意这样的事实:间隙 Δ 毕竟是很小的。当具有间隙的结构安装好了以后,尽管两杆内部已存在了应力,但整个结构的总体尺寸形状与图 4.23(b)区别极小。因此,在这种情况下右端再加上一个荷载,在两杆中的应力的增加部分与图 4.23(b)中(即没有装配应力的情况)两杆的应力情况一样。

这样,便可以形成如下的方法:先求解没有外荷载情况下的装配应力问题,然后再求解

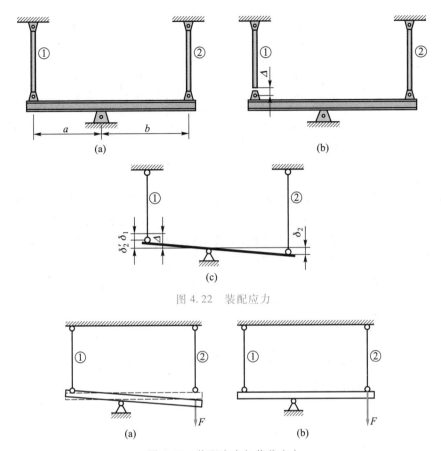

图 4.22　装配应力

图 4.23　装配应力与荷载应力

没有装配间隙情况外荷载应力问题,最后把两种结果叠加起来。前两个步骤是可以交换的。

　　上述方法在实质上与下述情况蕴含着同样的道理:当一根直杆两端作用有轴向荷载 F_1+F_2 时,其横截面上的轴力就等于两端分别作用 F_1 和 F_2 所具有的轴力之和;而应力也等于两端分别作用 F_1 和 F_2 所对应的应力之和。与此类似的许多事实被人们抽象出一个原理,称之为叠加原理。叠加原理成立基于两个条件:其一,杆件的外荷载与内力的关系、外荷载与应力的关系必须是线性的;其二,杆件所产生的变形必须是小变形。上面例子的方法实际上就是叠加原理的一种应用。

　　装配应力在很多情况下对结构强度是有害的,因此,应采取措施减小甚至消除它。但另一方面,有些场合下则可以有意识地利用装配应力。机械工程中常采用过盈配合来牢固地连结轴和轴套,就是利用装配应力的例子。又例如图 4.24(a)所示的超静定结构。如果①号杆和②号杆的材料和横截面面积均相同,横梁为刚性的,那么②号杆的应力将比①号杆应力大。这就意味着,在外荷载 F 逐渐加大的过程中,虽然两杆都存在着拉应力,但是当②号杆达到许用拉应力时①号杆却没有达到。换言之,②号杆强度不足而①号杆的强度并未得到充分利用。在这种情况下,可以在加工时便事先将①号杆比原定长度缩短 δ,如图 4.24(b)所示。这样,结构组装之后加载之前,①号杆便存在着拉应力而②号杆存在着压应力。这种应力称为预应力。

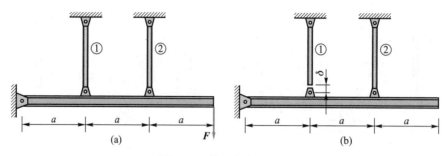

图 4.24 装配应力的应用

由于②号杆事先就有了压应力的储备,在外荷载 F 逐渐增加的过程中,②号杆将先抵消掉压应力,然后再产生拉应力,这就比未作预应力处理的情况更晚达到许用应力,从而可望在整体上提高结构的承载能力。易于理解,要使结构的承载能力提高得最多,应使两杆同时达到许用应力。这一目的可以通过选择恰当的 δ 值而达到。

结构由于事先处理而存在的应力都可称为预应力。预应力技术在工程中有着广泛的应用。

4.3.3 热应力

除了外荷载之外,温度变化也会使物体产生变形。杆件中的微元长度 Δx,如果不受阻碍地热膨胀,那么它的伸长量是

$$d(\Delta x) = \alpha_l \cdot T \cdot \Delta x, \tag{4.9}$$

式中,T 是温度变化量,α_l 是该物体在 Δx 方向上的线胀系数。在温度变化幅度不是很大的情况下,α_l 是常数。对于各向同性体而言,物体中沿所有方向的 α_l 值是相同的。常见工程材料的线胀系数见附录 Ⅲ。

因此,在力学和热学的双重作用下,拉压杆件中的轴向应变

$$\varepsilon = \frac{\sigma}{E} + \alpha_l T_\circ \tag{4.10}$$

上式可认为是在一维情况下包含应力、应变和温度的本构关系。应该指出,对于各向同性体中的微元体而言,如果热膨胀没有受到阻碍,温度的变化将在各个方向上产生相同的膨胀或收缩的趋势,因此,温度变化对这个微元体的各个方位上的切向应变没有影响。

如果物体中的自由热膨胀受到阻碍,就将在物体中引起相应的应力,这种应力称为热应力(thermal stress)。例如,图 4.25(a)中两端固定在刚性壁上的杆件,当温度升高时,杆件具有伸长的趋势,但两端刚性壁之间的距离不可改变,阻碍了这种伸长的趋势,这就产生了热应力。在温度均匀升高的情况下,由于应变处处为零。由式(4.10)即可得

$$\sigma = -E\alpha_l T_\circ \tag{4.11}$$

一些形式上没有外部约束的构件,如图 4.25(b)所示的形状为多连通域的构件,往往也会产生热应力[①]。

---

① 关于弹性体热应力的系统论述,可参见参考文献[24]。

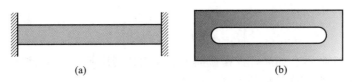

图 4.25　产生热应力的例子

例 4.9　如图 4.26 所示的钢轴铜套结构温度都升高了 T,钢轴和铜套的抗拉刚度分别为 $E_{St}A_{St}$ 和 $E_{Cu}A_{Cu}$,线胀系数分别为 α_{lSt} 和 α_{lCu},不计两个端头部分变形的影响,求钢轴和铜套中由于温度升高而引起的轴力。

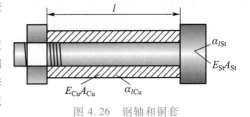

图 4.26　钢轴和铜套

解:两个构件由于温度的升高会产生热膨胀效应而使得长度得以增加。但由于铜的线胀系数高于钢,铜套的膨胀效应受到了钢轴的牵制,这种牵制体现为铜套中的压缩轴力。而钢轴在产生热膨胀时同时也承受了源自铜套膨胀的拉伸作用。由此而构成一个超静定问题。

设钢轴和铜套的轴力分别为拉力 F_{NSt} 和压力 F_{NCu}。由此可得平衡方程:

$$F_{NSt} = F_{NCu} \,。$$

物理方程:

由轴力产生的变形量

$$\Delta l_{FSt} = \frac{F_{NSt}l}{E_{St}A_{St}}, \qquad \Delta l_{FCu} = -\frac{F_{NCu}l}{E_{Cu}A_{Cu}} ;$$

由温度升高 T 产生的变形量

$$\Delta l_{TSt} = \alpha_{lSt} T l, \qquad \Delta l_{TCu} = \alpha_{lCu} T l \,。$$

几何方程:

$$\Delta l_{St} = \Delta l_{Cu} ,$$

即

$$\frac{F_{NSt}l}{E_{St}A_{St}} + \alpha_{lSt} T l = -\frac{F_{NCu}l}{E_{Cu}A_{Cu}} + \alpha_{lCu} T l \,。$$

由上面的各式可导出

$$F_{NSt} = F_{NCu} = \frac{1}{1+\kappa} (\alpha_{lCu} - \alpha_{lSt}) T E_{St}A_{St} ,$$

式中,$\kappa = \dfrac{E_{St}A_{St}}{E_{Cu}A_{Cu}}$ 是两个构件抗拉刚度之比。

*4.4　塑性结构的极限荷载

对于单个的拉压杆,如果横截面上的应力达到了破坏应力,那么这根杆件就丧失了承载能力。对于脆性材料,破坏应力为强度极限 σ_b,杆件将发生断裂,这根杆件就不能使用了。

对于塑性材料,通常采用理想弹塑性模型,即

$$\begin{cases} \sigma = E\varepsilon & (\varepsilon \leqslant \varepsilon_s) \\ \sigma = \sigma_s = E\varepsilon_s & (\varepsilon \geqslant \varepsilon_s) \end{cases},$$

模型图形如图 4.27 所示。如果杆件横截面上的应力达到屈服极限 σ_s，那么这根杆件将发生相对较大的变形，原则上这根杆件不能再继续加载了。

但是，如果超静定结构中的某根杆件屈服，并不意味着整个结构立即失去承载能力。

考虑图 4.28 所示的由塑性材料制成的桁架，如果三根杆件的抗拉刚度均为 EA，那么根据 4.3.1 的分析，可得中间的③号杆和两根斜杆中的应力分别为

$$\sigma_{(3)} = \frac{F}{A(1+2\cos^3\alpha)}, \quad \sigma_{(1)} = \sigma_{(2)} = \frac{F\cos^2\alpha}{A(1+2\cos^3\alpha)}.$$

显然 $\sigma_{(3)} > \sigma_{(1)}$，因此，如果荷载持续增加，那么③号杆将先进入塑性变形阶段。

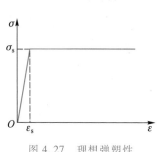

图 4.27　理想弹塑性

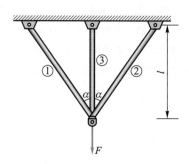

图 4.28　超静定桁架

当③号杆刚进入塑性时，$\sigma_{(3)} = \sigma_s$，相应的荷载

$$F_s = \sigma_s A(1+2\cos^3\alpha),$$

这里，F_s 称为屈服荷载。

如果再考虑安全因数 n，那么③号杆应力还不能超过许用应力。如果认为结构中任何地方的应力都不能超过许用应力，并按照这种方式进行强度设计，那么这样的方法称为许用应力法。

按照许用应力法的要求，有

$$\sigma_{(3)} \leqslant [\sigma] = \frac{\sigma_s}{n}.$$

由此可知，由许用应力法所确定的许用荷载

$$[F_s] = [\sigma]A(1+2\cos^3\alpha).$$

但是，当③号杆进入塑性变形阶段时，两根斜杆并未进入塑性变形阶段，结构并未完全失去承载能力。由此看来，许用应力法过于保守了，因为它没有充分利用两根斜杆的强度。

当③号杆屈服之后，根据理想弹塑性模型，其应力 $\sigma_{(3)}$ 将一直保持 σ_s 的值不变。因此，在这种状态下两根斜杆的应力可由下述平衡条件确定：

$$2A\sigma_{(1)}\cos\alpha + \sigma_s A = F,$$

即有

$$\sigma_{(1)} = \frac{F-\sigma_s A}{2A\cos\alpha}.$$

如果 F 继续增大,使得 $\sigma_{(1)}$ 也达到 σ_s,则结构中所有构件均屈服,结构完全失去了承载能力。这种情况下荷载的临界值

$$F_u = \sigma_s A(1+2\cos\alpha)。$$

这里,F_u 称为极限荷载。如果再考虑安全因数 n,那么由此而确定的许用荷载

$$[F_u] = [\sigma]A(1+2\cos\alpha)。$$

按照上述思路进行强度设计的方法称为极限荷载法。

容易得到,如果 $\alpha=30°$,那么

$$\frac{[F_u]}{[F_s]} = \frac{1+2\cos\alpha}{1+2\cos^3\alpha} = 1.19,$$

许用荷载提高了近 20%,效果还是相当明显的。

由于极限荷载法能够更充分地利用结构各个部件的强度,因此,它广泛地应用于塑性材料的结构强度设计之中。

例 4.10　在如图 4.28 所示的桁架中,若三根杆件均有 $E=200$ GPa,$A=1\,250$ mm²,$\sigma_s=240$ MPa,且有 $\alpha=30°$。荷载 F 由零逐渐增大至 720 kN,然后缓慢卸载至零。求完全卸载后三杆的残余应力。

解:由上文可知,按理想弹塑性模型,结构的屈服荷载和极限荷载分别为

$$F_s = \sigma_s A(1+2\cos^3\alpha)$$
$$= 240\times1\,250\times(1+2\cos^3 30°)\text{ N} = 689\,711\text{ N} = 689.7\text{ kN},$$
$$F_u = \sigma_s A(1+2\cos\alpha)$$
$$= 240\times1\,250\times(1+2\cos 30°)\text{ N} = 819\,615\text{ N} = 819.6\text{ kN}。$$

故外荷载 $F=720$ kN 超过了屈服荷载而未达到极限荷载。所以,加载结束时中间杆的应力达到了屈服极限,即 $\sigma_{(3)}=\sigma_s=240$ MPa,而两根斜杆的应力

$$\sigma_{(1)} = \sigma_{(2)} = \frac{F-\sigma_s A}{2A\cos\alpha} = \frac{720\times10^3 - 240\times1\,250}{2\times1\,250\times\cos 30°}\text{ MPa} = 193.99\text{ MPa}。$$

在整个加载过程中,在 F 由零增至 689.7 kN 的区间内,三根杆均产生弹性变形。中间杆的应力和应变的情况如图 4.29 中的 OA 区段所示。在 F 由 689.7 kN 增至 720 kN 的区间内,两斜杆仍然产生弹性变形,而中间杆产生了不可逆的塑性变形,如图中的 AB 区段。

完全卸载的过程,相当于在反方向加上 $F=720$ kN 的加载过程。

当荷载由 720 kN 降至 720 kN − 689.7 kN = 30.3 kN 的过程中,中间杆变形的弹性部分得以逐渐恢复,如图中的 BC 区段。当荷载降到 30.3 kN 时,中间杆的拉应力已降至零,弹性变形已恢复殆尽。但由于外荷载尚未完全卸去,两根斜杆还残存着相当大的拉应力,这就强迫中间杆在余下的卸载过程中进一步恢复部分的塑性变形,从而形成了压应力,如图中的 CD 区段。

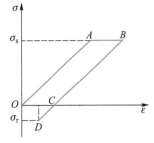

图 4.29　中间杆的加载卸载

在整个卸载,即反向加载的过程中,如图 4.29 所示的 BD 区段,中间杆的反向应力(压应力)

$$\sigma'_{(3)} = -\frac{F}{A(1+2\cos^3\alpha)} = -\frac{720\times10^3}{1\,250\times(1+2\times\cos^3 30°)}\text{ MPa} = -250.54\text{ MPa}。$$

而两斜杆中的反向应力

$$\sigma'_{(1)} = \sigma'_{(2)} = -\frac{F\cos^2\alpha}{A(1+2\cos^3\alpha)} = -\frac{720\times10^3\times\cos^2 30°}{1\,250\times(1+2\times\cos^3 30°)}\text{ MPa} = -187.90\text{ MPa}。$$

这样,在完全卸载之后,中间杆的残余应力

$$\sigma_{r(3)} = \sigma_{(3)} + \sigma'_{(3)} = -10.5 \text{ MPa}(\text{压})。$$

两斜杆中的残余应力

$$\sigma_{r(1)} = \sigma_{(1)} + \sigma'_{(1)} = 6.1 \text{ MPa}(\text{拉})。$$

不难验证,在完全卸载之后,三根杆的轴力构成自相平衡的体系。

4.5　连接件中应力的实用计算

在工程结构中常常用到螺栓、铆钉、键一类的零件,它们的功能是把两个构件连接起来,例如,图 4.30(a)的铆钉连接两个板件,图 4.30(b)的键连接齿轮和轴。在外荷载的作用下,连接件的受力一般来讲是比较复杂的。在很多情况下,连接件不能简单地简化为细长杆件来进行计算。另外,连接件与被连接的构件将同时发生变形,其接触表面的变形情况往往难以事先确定。这样,连接件的应力分析事实上是一件较为困难的事情。对于重要的连接件,可以借助弹性理论和现代结构数值分析方法(如有限元法)来进行。如果结构中连接件不是关键性的元件,那么就可以采用下面介绍的简化计算方式进行计算,其结果在一般情况下还是可用的。

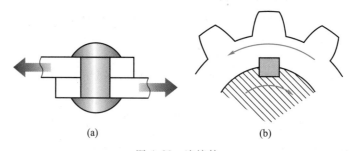

(a)   (b)

图 4.30　连接件

在图 4.31 和图 4.32 中,如果两个板件受到图示的拉伸作用,那么板对铆钉的作用可以分为两种形式。第一种形式是板的孔内侧面对铆钉侧面的挤压作用,如图 4.31 所示,相应的应力称为挤压应力,记为 σ_{bs};第二种形式是两块板在铆钉横截面上的剪切作用,相应的应力是切应力,如图 4.32 所示。

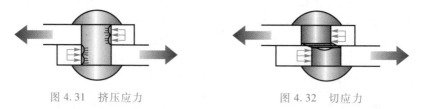

图 4.31　挤压应力   图 4.32　切应力

就挤压而言,常见的受挤压面的形状有两类。一类是平面,例如,连接齿轮和轴的键,如图 4.33 所示。这种情况下,挤压应力可用下式计算:

$$\sigma_{bs} = \frac{F_{bs}}{A_{bs}}, \tag{4.12}$$

式中, F_{bs} 是挤压力, A_{bs} 是挤压面面积。例如,图 4.33 中的挤压面是图示右侧的灰色部分,就应取

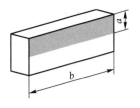

$$A_{bs} = ab。$$

图 4.33　键连接的挤压面

另一类受挤压面为半圆柱面。图 4.31 的铆钉就属于这类情况。挤压应力在铆钉的上半段的实际分布如图 4.34(a) 所示。在半圆弧面中点处有最大的挤压应力。实验和分析指出,如果式 (4.12) 中的计算面积取半圆柱面在对应的中截面上的投影,如图 4.34(b) 所示,将是实际最大挤压应力的良好近似,即

$$A_{bs} = td。$$

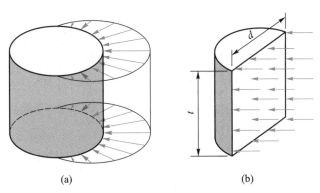

(a)　　　　　　　　(b)

图 4.34　挤压应力的真实分布及实用计算

切应力的计算方式是

$$\tau = \frac{F_s}{A}。 \tag{4.13}$$

式中, F_s 是剪力, A 是承受剪切作用的总面积。这个公式实际上假定切应力是均匀分布在剪切面上的,如图 4.35 所示。对于如图 4.32 所示的铆钉,其剪切面面积就是铆钉横截面面积。对于图 4.33 所示的键,剪切面面积则是图 4.36 中灰色所表示的纵截面面积。

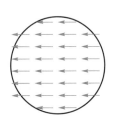

图 4.35　切应力分布

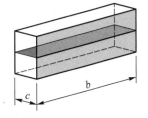

图 4.36　键的剪切面

挤压应力和切应力的强度条件分别为

$$\sigma_{bs} \leqslant [\sigma_{bs}], \qquad \tau \leqslant [\tau]。$$

工程中关于连接件的设计计算规范,可参见参考文献[1]。

例 4.11　在如图 4.37 所示的结构中,两块厚度均为 $t = 10\ \text{mm}$ 的拉板与上下两块厚 $\delta = 6\ \text{mm}$ 的盖板用

8 颗铆钉连接起来。拉板两端所承受的拉力为 80 kN。铆钉直径为 16 mm，许用切应力为 80 MPa，许用挤压应力为 240 MPa。校核铆钉的强度。

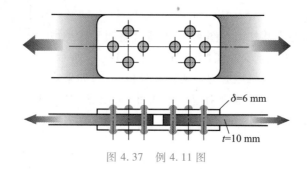

图 4.37   例 4.11 图

解：假定拉力平均作用在四个铆钉上，故每个铆钉承受的力为 $F = 20$ kN。

注意到每个铆钉有两个剪切面，故切应力

$$\tau = \frac{F}{2A} = \frac{2F}{\pi d^2} = \frac{2 \times 20 \times 10^3}{\pi \times 16^2} \text{ MPa} = 49.7 \text{ MPa} < [\tau] = 80 \text{ MPa}。$$

在计算挤压应力时，注意到中间拉板对铆钉的挤压面面积 td 小于上下盖板对铆钉的总挤压面面积 $2\delta d$，故最大挤压应力出现在中间拉板处，即

$$\sigma_{bs} = \frac{F}{td} = \frac{20 \times 10^3}{10 \times 16} \text{ MPa} = 125 \text{ MPa} < [\sigma_{bs}] = 240 \text{ MPa}，$$

故铆钉安全。

例 4.12   如图 4.38 所示的支撑架用四个螺栓固定在刚性壁上，尺寸如图所示。已知 $F = 10$ kN，螺栓许用切应力 $[\tau] = 80$ MPa。试根据切应力强度设计螺栓尺寸。

解：在分析这个问题时，可把四个螺钉视为一个整体，这个整体的中心 O 就位于四个螺钉位置的中心处。把外力 F 向中心简化，得到一个向下作用的力 $F = 10$ kN 和一个顺时针转向的力偶矩 M。

$$M = 10 \times 10^3 \times (1\,000 + 40 + 180/2) \text{ N} \cdot \text{mm}$$
$$= 11.3 \times 10^6 \text{ N} \cdot \text{mm}。$$

对于竖向作用力 F，可以认为它平均分配于四个螺钉，因此每个螺钉所受的力

$$F_{1y} = 2\,500 \text{ N}。$$

对于力偶矩 M，也可以认为由四个螺钉平均分担。由图 4.39 可看出，$OA = 150$ mm，故有

$$F_2 = \frac{M}{4 \cdot OA} = \frac{11.3 \times 10^6}{4 \times 150} \text{ N} = 18\,833 \text{ N}。$$

它在水平方向上的分量

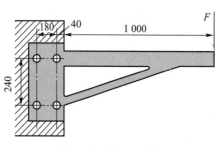

图 4.38   例 4.12 图

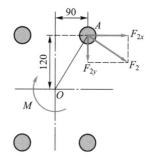

图 4.39   四个螺钉及其中心位置

$$F_{2x} = 18\ 833 \times \frac{4}{5}\ \text{N} = 15\ 066\ \text{N},$$

竖向分量

$$F_{2y} = 18\ 833 \times \frac{3}{5}\ \text{N} = 11\ 300\ \text{N}_{\circ}$$

可以看出,右边上下两个螺钉的分量 F_{2y} 与 F_{1y} 同向,因此,比左边上下两个螺钉更危险。它们所受的剪力

$$F_{\text{S}} = \sqrt{F_{2x}^2 + (F_{1y} + F_{2y})^2} = \sqrt{15\ 067^2 + (2\ 500 + 11\ 300)^2}\ \text{N} = 20\ 432\ \text{N}_{\circ}$$

由 $\tau = \dfrac{4F_{\text{S}}}{\pi d^2} \leqslant [\tau]$ 可得

$$d \geqslant \sqrt{\frac{4F_{\text{S}}}{\pi [\tau]}} = \sqrt{\frac{4 \times 20\ 432}{\pi \times 80}}\ \text{mm} = 18\ \text{mm},$$

故取 $d = 18\ \text{mm}_{\circ}$

思 考 题 4

4.1 拉压杆中横截面上的正应力公式 $\sigma = \dfrac{F_{\text{N}}}{A}$ 是否只适合于线弹性杆?杆件进入塑性阶段后还能用这个公式吗?非线性弹性材料可以用这个公式吗?

4.2 图示两杆中的许用轴力

$$[F_{\text{N1}}] = [\sigma_{(1)}]A = 2[\sigma_{(2)}]A = 2[F_{\text{N2}}],$$

同时,由结点平衡可得

$$F_{\text{N1}} = \frac{1}{2}\sqrt{3}F, \qquad F_{\text{N2}} = \frac{1}{2}F_{\circ}$$

考虑下面两种关于许用荷载的判断是否正确,并说明理由:

(1)由于 $[F_{\text{N1}}] > [F_{\text{N2}}]$,故有 $[F] = \dfrac{2}{\sqrt{3}}[F_{\text{N1}}]$; (2)$[F] = [F_{\text{N1}}]\cos 30° + [F_{\text{N2}}]\cos 60°$。

4.3 单位长度重量为 q 的杆件竖直放置且上端固定。在计算固定端支座约束力时,能否将荷载简化为如题图所示的集中力?在计算杆的轴力时能否作同样的简化?在计算杆的伸长量时能否作同样的简化?

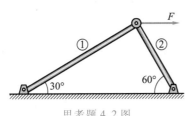

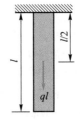

思考题 4.2 图   思考题 4.3 图

4.4 已知等截面直杆两端承受轴向拉力时,横截面上的应力均匀分布。如何证明横截面应力的合力通过截面的形心?

4.5 若图示结构中两杆的伸长量 Δl_1 和 Δl_2 为已知,能否按照图示方法求结点 A 的新位置 A':沿杆件

伸长方向,以 Δl_1 和 Δl_2 为邻边作平行四边形,则平行四边形中 A 的对角点 A' 即为 A 的新位置。为什么?

4.6 塑性材料和脆性材料中局部的应力集中(最高应力超过破坏应力)各引起何种几何和力学的效应?

4.7 应力集中在许多情况下降低了构件的强度,需要避免或减弱其影响。但有时人们也有意识地利用应力集中来达到某种目的。试举出工程中或生活中利用应力集中的例子。

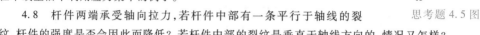

思考题 4.5 图

4.8 杆件两端承受轴向拉力,若杆件中部有一条平行于轴线的裂纹,杆件的强度是否会因此而降低?若杆件中部的裂纹是垂直于轴线方向的,情况又怎样?

4.9 在求桁架结点位移时,采用了用切线代替圆弧的方法。应用这个方法的前提条件是什么?如果某根杆件两端连接的都不是固定铰,如何应用切线代替圆弧的方法?

4.10 在图中的几种结构中,哪些是静定结构,哪些是超静定结构?

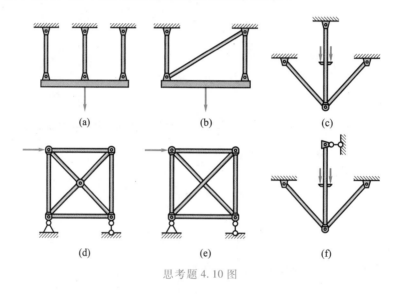

思考题 4.10 图

4.11 图示结构中两杆的抗拉刚度均为 EA,如下求解超静定问题的错误在何处?应如何改正?

平衡条件:$F_{N1}a = Fa + F_{N2}a$,

物理条件:$\Delta l_1 = \dfrac{F_{N1}l}{EA}$, $\Delta l_2 = \dfrac{F_{N2}}{EA} \cdot \dfrac{l}{2}$,

协调条件:$\Delta l_1 = \Delta l_2$。

解之即得:$F_{N1} = F$, $F_{N2} = 2F$。

4.12 在题图所示的结构中,各个杆件的温度都均匀地升高了 ΔT,哪些结构会产生热应力?为什么?

4.13 试举出工程中或生活中利用装配应力的例子。

4.14 承受拉伸荷载的混凝土杆件常在轴线方向上加上钢筋以提高抗拉能力。为了进一步提高其抗拉能力,可以预

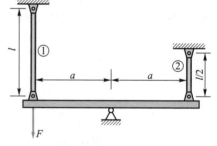

思考题 4.11 图

先将钢筋拉伸,使之横截面上存在着拉应力;在保持这种钢筋拉伸的状态下浇灌混凝土使之成型,如图所示。等混凝土完全固化后,再撤去拉伸钢筋的荷载。这样就形成了预应力钢筋混凝土。在撤去拉伸钢筋的荷载后,构件横截面上钢筋和混凝土各具有何种应力?为什么这种措施可以再提高构件的抗拉能力?

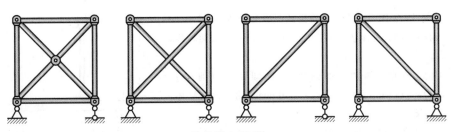

思考题 4.12 图

4.15　对于如图所示的螺栓,分别指出其在抗拉强度不足、抗压强度不足和抗剪切强度不足时的破坏面位置。

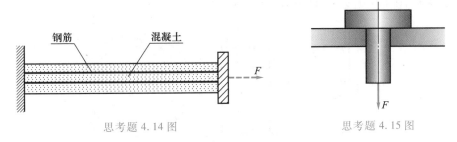

思考题 4.14 图　　　　　　　思考题 4.15 图

习 题 4（A）

4.1　图示的结构中,横梁是刚性的,重物重为 $P = 20\,\text{kN}$,可以自由地在 AB 间移动。两拉杆均为实心圆截面杆,其许用应力为 $[\sigma] = 80\,\text{MPa}$。试确定两杆直径。

4.2　图示桁架,杆①为圆形截面钢杆,杆②为正方形截面木杆,在结点 B 处承受铅垂方向的荷载 F 作用,试确定钢杆的直径 d 与木杆截面的边长 b。已知载荷 $F = 50\,\text{kN}$,钢的许用应力 $[\sigma_{\text{St}}] = 160\,\text{MPa}$,木材的许用应力 $[\sigma_{\text{w}}] = 10\,\text{MPa}$。

4.3　图示的吊环装置中,两侧臂由许用应力 $[\sigma] = 120\,\text{MPa}$,宽度为 b、厚度 $\delta = \dfrac{b}{4}$ 的矩形截面杆制成。若起吊的最大重量为 $P = 200\,\text{kN}$,试确定侧臂截面尺寸。

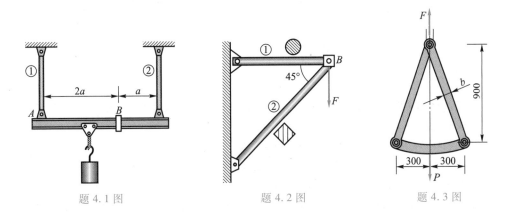

题 4.1 图　　　　　　题 4.2 图　　　　　　题 4.3 图

4.4　图示结构中,①、②两杆的横截面直径分别为 10 mm 和 20 mm。设两根横梁皆为刚体,并在 C 处用铰连接。试求两杆横截面上的应力。

4.5　某机械的进给油缸如图所示,已知油缸内油压 $p = 2$ MPa,内径 $D = 350$ mm,活塞杆直径 $d = 50$ mm。油缸盖与缸体采用 6 个螺栓连接。

（1）已知活塞杆材料的许用应力 $[\sigma] = 100$ MPa,试校核活塞杆的强度;

（2）螺栓材料的许用应力 $[\sigma_0] = 80$ MPa,试确定螺栓的直径。

4.6　图示的平板每平方米重量为 5 kN,用四根长为 3 m 的钢绳吊装。若钢绳的许用应力 $[\sigma] = 120$ MPa,试求钢绳的直径 d。

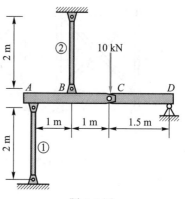

题 4.4 图

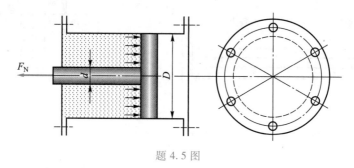

题 4.5 图

4.7　图示桁架,两杆材料相同,屈服极限 $\sigma_s = 320$ MPa,杆①与杆②的横截面均为圆形,直径分别为 $d_1 = 30$ mm 和 $d_2 = 20$ mm,安全因数 $n = 2.0$。该桁架在节点 A 处承受铅垂方向的荷载 $F = 80$ kN 作用,试校核桁架的强度。

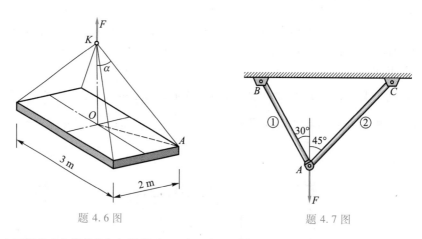

题 4.6 图　　　　　　　　　　题 4.7 图

4.8　由两杆组成的简单构架如图所示。已知两杆的材料相同,横截面面积之比 $A_1 : A_2 = 2 : 3$,在结点 B 承受铅垂载荷 F。

（1）为使两杆横截面上的应力相等,夹角 α 应为多大?

（2）取 $F = 10$ kN,$A_1 = 100$ mm²,以及上一问结果的 α,求两杆横截面上的应力。

4.9　图示结构中,直径 $D = 80$ mm、高度 $h = 3$ m 的立柱 KO 由三根钢缆同步拉紧而固定在竖直方向上。钢缆下方等距安置在 $R = 2$ m 的圆周上。每根钢缆由 80 根 $d = 1$ mm 的钢丝制成,忽略制造安装过程中存在的预应力,钢缆还能承受的应力为 $\sigma = 200$ MPa。如果钢缆尽可能地拉紧,立柱横截面上附加的最大压应力为多大?

4.10　图示的三段柱的横截面均为正方形,其中 a 已知。又已知材料密度为 ρ,许用应力为 $[\sigma]$,柱对地面的许用压强为 $\dfrac{[\sigma]}{2}$,求各段高度 h_1、h_2 和 h_3 的最大允许值。

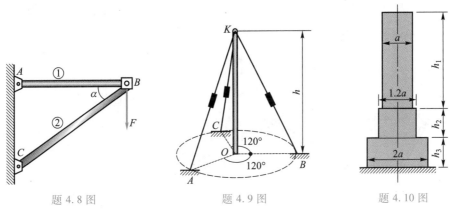

题 4.8 图　　　　　　　　题 4.9 图　　　　　　　　题 4.10 图

4.11　图示的等腰三角形桁架结构中各杆均为塑性材料,许用应力为 $[\sigma]$。跨度 l 是预先给定的,求使结构最经济的角度 θ。

4.12　如图所示,试求直径 $d = 10$ mm 的圆杆在拉力 $F = 10$ kN 作用下的最大切应力,并求与圆杆的横截面夹角为 $\alpha = 30°$ 的斜截面上正应力及切应力。

4.13　图示杆件由两块材料粘接而成,斜线即为胶层。杆件两端承受轴向拉力 F 的作用。若胶层的许用正应力 $[\sigma]$ 是许用切应力 $[\tau]$ 的 2 倍,并限定 $0 < \alpha < 45°$,试选择胶层合理的倾角 α。

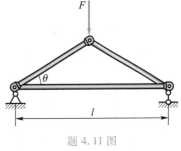

题 4.11 图

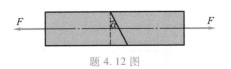　　　　　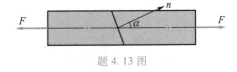

题 4.12 图　　　　　　　　　　题 4.13 图

4.14　如图所示,横梁是刚性的,①、②号竖杆的长度均为 l,抗拉刚度分别为 EA 和 $2EA$,物体重为 P,可在 AB 间自由移动。求横梁中间点 C 处的最大竖向位移和最小竖向位移。

4.15　在图示的桁架中,BC 杆和 AB 杆的抗拉刚度分别为 EA 和 $20EA$。AB 的设计长度为 l,而 C 处铰的位置及 BC 杆的长度可随 θ 的变化而变更。求使 B 点竖向位移为最小时的 θ 值。

4.16　图示桁架的两杆材料相同。如果要使 A 点在力 F 作用下只沿铅垂方向移动,两杆的横截面面积之比应为多少?

4.17　如图所示的结构中,两根横杆的横截面均为 $b = 2$ mm、$h = 5$ mm 的矩形,它们的弹性模量均为 $E = 39$ GPa。竖杆是刚性的,且 $a = 100$ mm。如果要使竖杆顶端的作用力每增加 200 N,顶端的水平位移就增加 1 mm,两根横杆的长度 l 应取多大?

4.18　如图所示,一根直径 $d = 25$ mm 的钢试样做拉伸试验以测出材料的弹性模量。引伸仪标距 $s = 80$ mm,对于加载的一系列 F 值,可从千分表得到标距 s 上伸长量的相应读数(每一读数为 0.001 mm)。试从下表数据中用平均值方法求出弹性模量(以 GPa 表示,保留四个有效数字)。

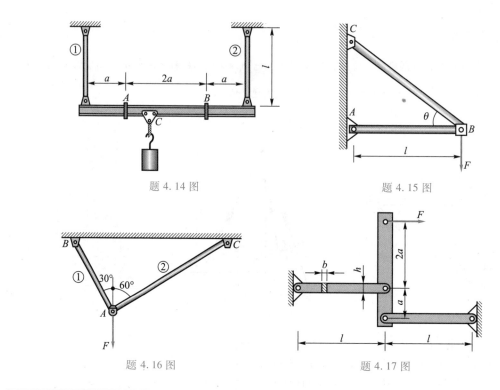

题 4.14 图

题 4.15 图

题 4.16 图

题 4.17 图

荷载 F/kN	40	50	70	90	110	130
读数/10^{-3} mm	31	39	55	70	86	115

4.19 图示直径为 d、长为 $3l$、弹性模量为 E 的圆杆在力 F 的作用下缓慢地从轴套中拔出，假定圆杆与轴套的切向作用力沿接触面均匀分布，求拔出长度为 l 时圆杆的伸长量。

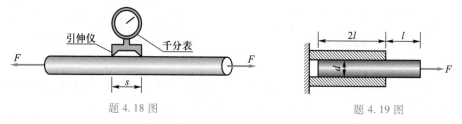

题 4.18 图

题 4.19 图

4.20 一个直径为 1.6 m 的圆台形刚性机架质量轴对称分布，其重量 $F = 50$ kN。现拟用三根有效横截面面积 $A = 745.4 \text{ mm}^2$ 的尼龙缆绳将机架吊装搬运，如图所示。缆绳弹性模量 $E = 3$ GPa，许用应力 $[\sigma] = 30$ MPa。

（1）为了安全吊装，每根缆绳至少要多长（精确到 mm）？

（2）将三根缆绳与起重机吊钩连接妥当后，吊钩便缓慢上升。在缆绳伸直后，吊钩还要上升多大的距离才能使机架脱离地面？（根据上一问选定的缆绳长度进行计算，计算结果精确到 0.1 mm。）

4.21 图示横梁为刚体，横截面面积 $A = 80 \text{ mm}^2$、弹性模量 $E = 30$ GPa 的钢索绕过无摩擦的滑轮，C 点的作用力 $F = 20$ kN，试求钢索横截面上的应力和 C 点的铅垂位移。

4.22 某种型号的弓箭的弓弦的原始总长度为 900 mm，运动员将其拉到图示的位置。若弓弦的直径 $d = 1.5$ mm，弹性模量 $E = 3$ GPa，且弓弦的变形一直处于线弹性范围。不考虑弓柄的变形，张开弓的力有多大？

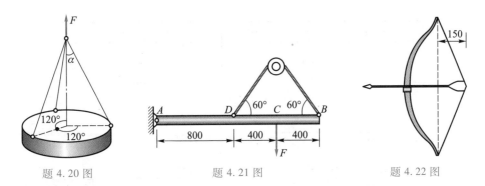

题 4.20 图　　　　　题 4.21 图　　　　　题 4.22 图

4.23　图示很长的竖直缆绳须考虑其自重的影响。设缆绳单位体积的质量（密度）为 ρ，横截面面积为 A，许用应力为 $[\sigma]$，下端所受拉力为 F，试求缆绳的允许长度及其总伸长量。

4.24　图示的桁架结构的每根杆件的抗拉刚度均为 EA，求 D 点的竖向位移和水平位移。

4.25　图示刚性横梁 AB 左端铰支，钢绳绕过无摩擦的滑轮将横梁置于水平位置。设钢绳的刚度系数（即产生单位伸长所需的力）为 k，求力 F 的作用点处的竖向位移。

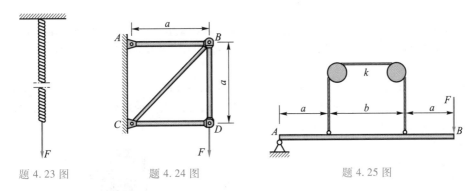

题 4.23 图　　　　　题 4.24 图　　　　　题 4.25 图

4.26　图示等厚度 δ 的杆两端高度分别为 b_1 和 b_2，杆的高度沿轴线线性变化，且 b_2-b_1 与长度 l 相比小很多。已知材料弹性模量为 E，轴向拉力为 F。求杆的总伸长。

4.27　图中 ABC 是一个刚性滑槽，A、B 两处各有一个刚度系数为 k_1 和 k_2 的弹簧支承。C 处下方 b 处有一个凹坑。滑槽 BC 区段上有一重为 P 的重物放置而使滑槽倾斜。重物应放置在何处，才能使 C 处滑槽的端部刚好与凹坑边沿接触？

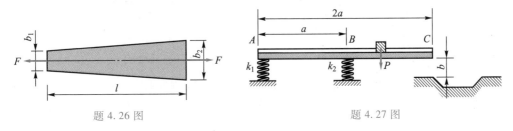

题 4.26 图　　　　　　　　　题 4.27 图

4.28　图示两端固定的直杆，承受轴向载荷 F 或 q 作用，试求支座约束力与最大轴力。

4.29　图示桁架各杆的抗拉刚度均为 EA，求各杆的轴力。

4.30　图示的钢筋混凝土立柱中，横截面是边长 $b=200$ mm 的正方形，其中钢筋总面积与混凝土面积之比为 $1:40$，而两者弹性模量之比为 $10:1$。柱顶中心的压力 $F=300$ kN，求横截面上混凝土和钢筋的应力。

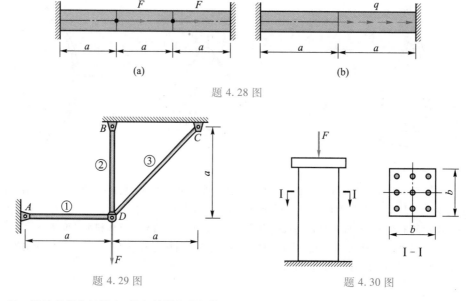

题 4.28 图

题 4.29 图   题 4.30 图

4.31 图示的复合材料中,基底材料的弹性模量 $E_1 = 45\,\mathrm{GPa}$,其体积占整个复合材料的 80%。纤维材料沿 x 轴方向均匀铺设,其弹性模量 $E_2 = 180\,\mathrm{GPa}$,其体积占 20%。求整个复合材料沿 x 轴方向的相当弹性模量。

4.32 如图所示,铜套内径 $d_1 = 12\,\mathrm{mm}$,外径 $D_1 = 20\,\mathrm{mm}$,弹性模量 $E_1 = 96\,\mathrm{GPa}$。钢杆的有效直径 $d_2 = 10\,\mathrm{mm}$,弹性模量 $E_2 = 210\,\mathrm{GPa}$。两者的计算长度 $l = 200\,\mathrm{mm}$。钢杆螺纹的螺距 $s = 0.5\,\mathrm{mm}$。每拧转螺帽半圈,铜套和钢杆横截面上各增加多少应力?

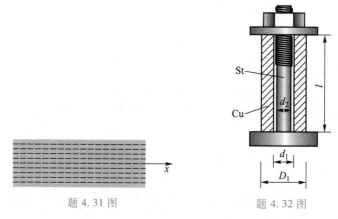

题 4.31 图   题 4.32 图

4.33 图示固定在两个刚性壁之间的阶梯形钢杆,横截面面积分别为 $A_1 = 1\,\mathrm{cm}^2$,$A_2 = 2\,\mathrm{cm}^2$。各段材料相同,其线胀系数 $\alpha_l = 12.5 \times 10^{-6}\,{}^{\circ}\mathrm{C}^{-1}$,弹性模量 $E = 200\,\mathrm{GPa}$。试求当温度升高 30 ℃ 时杆内横截面上的最大应力。

4.34 如图所示,两端固定的细长杆的温升从左到右由零均匀变化到 T_0,杆的线胀系数为 α_l,求各横截面位移中的最大值。

4.35 在内径为 D 的刚性圆环中有三根材料相同、直径均为 d 的圆杆在圆周上等距排列,每根圆杆的一端与刚性环铰结,另一端在中心铰结,如图所示。但其中一根圆杆比预定长度做短了 δ。现在将其强行安装起来,试求三杆中的应力。

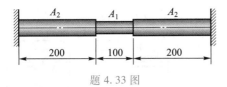

题 4.33 图

题 4.34 图

4.36 在图示结构中,杆①、杆②的弹性模量均为 E,横截面面积均为 A,梁 BD 为刚体,试在下列两种情况下,求两杆中的轴力。

（1）若杆②的实际尺寸比设计尺寸稍短,误差为 δ;

（2）若杆①的温度升高 ΔT,而杆②温度不变,材料的线胀系数为 α_l。

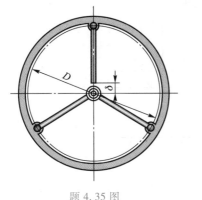

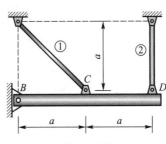

题 4.35 图

题 4.36 图

4.37 图示结构中,半径为 1 m 的圆弧形刚体上方有三根拉杆汇集于圆心 O 点,三杆材料相同,$E = 200$ GPa,但中间杆件的横截面面积是两斜杆的 2 倍。由于加工误差,中间杆比原定长度短了 $\delta = 0.5$ mm。现将中间杆强制安装,求三杆中的应力。

4.38 图示的结构中,各杆的抗拉刚度均为 EA,但②号杆比规定长度 $2a$ 短了 δ。现将三杆强行安装起来,求各杆中的轴力。

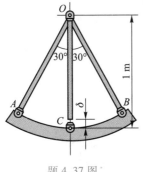

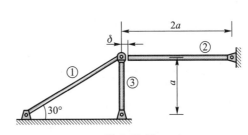

题 4.37 图

题 4.38 图

4.39 图示手柄和轴通过一个横截面为 $b \times b$ 的正方形键相连接,尺寸如图所示。键的侧面陷入手柄和轴的深度均为 b 的一半。键的长度为 a,试求键侧面承受的挤压应力和键纵截面上的切应力。

4.40 如图所示,用两个铆钉将壁厚为 12 mm 的槽钢铆接在立柱上构成托架。若 $F = 30$ kN,铆钉的直径 $d = 20$ mm,试求铆钉的切应力和挤压应力。

4.41 图示木榫接头,$F = 50$ kN,试求接头的切应力与挤压应力。

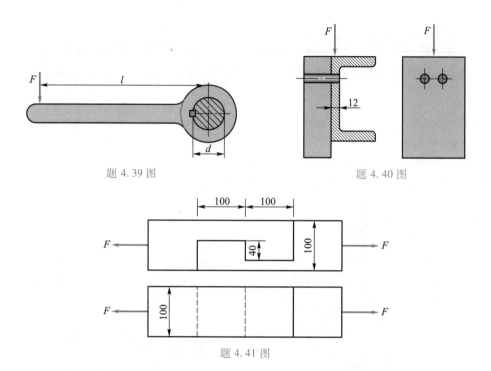

题 4.39 图   题 4.40 图

题 4.41 图

4.42 图示为冲床的冲压部分。已知钢板厚度 $\delta = 2$ mm,钢板的剪切强度极限 $\tau_b = 400$ MPa,若要在钢板上冲出一个直径 $d = 30$ mm 的圆孔,需要多大的冲切力 F?

4.43 图示两根矩形截面木杆用两块钢板连接在一起,承受轴向荷载 $F = 45$ kN 作用。已知木杆的横截面宽度 $b = 250$ mm,许用的拉应力 $[\sigma] = 6$ MPa,挤压应力 $[\sigma_{bs}] = 10$ MPa,切应力 $[\tau] = 1$ MPa。试确定钢板的尺寸 δ 与 l,以及木杆的高度 h。

4.44 图示构件材料许用的拉应力 $[\sigma_t] = 140$ MPa,切应力 $[\tau] = 100$ MPa,挤压应力 $[\sigma_{bs}] = 240$ MPa。外力 $F = 50$ kN。现已取 $D = 30$ mm, $d = 20$ mm, $h = 10$ mm。

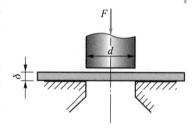

题 4.42 图

(1) 试校核构件强度;

(2) 如何在上述数据的基础上调整尺寸 D、d 和 h,使结构在满足强度要求的前提下更为合理?

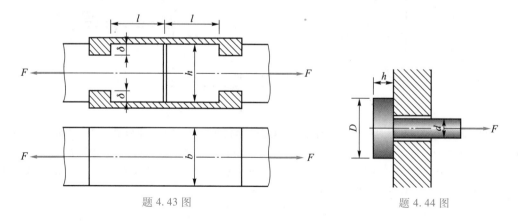

题 4.43 图   题 4.44 图

4.45 图示结构中，各处销的许用切应力 $[\tau] = 100$ MPa，A、B 两处销的直径均为 $d_1 = 30$ mm，若取各处销的抗剪强度相同，试确定 C 处销的直径，并确定这种情况下的许用荷载。

4.46 图示联轴器传递的力矩 $M = 200$ N·m，两轴之间靠四个对称分布于 $D = 100$ mm 的圆周上的螺栓连接。螺栓直径 $d = 8$ mm，许用切应力 $[\tau] = 60$ MPa。试校核螺栓的剪切强度。

4.47 如图所示的活塞与连杆用空心圆柱活塞销连接。活塞直径 $D = 140$ mm，活塞承受的最大冲击气压 $p = 7$ MPa。活塞销外径 $D_1 = 50$ mm，内径 $d_1 = 25$ mm。长度根据与活塞的接触分为三段，其中 $l = 72$ mm，$a = 32$ mm。活塞销材料 $[\tau] = 70$ MPa，$[\sigma_{bs}] = 120$ MPa。试校核活塞销强度。

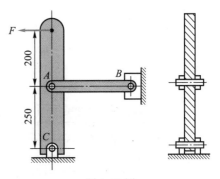

题 4.45 图

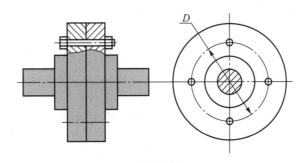

题 4.46 图

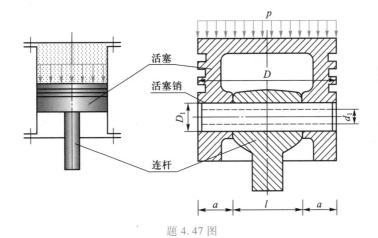

题 4.47 图

4.48 如图所示，两块厚度为 $\delta = 10$ mm 的板由 5 个 $\phi 20$ 的铆钉连接，两板受力 $F = 235$ kN。两板和铆钉的材料相同，许用拉应力 $[\sigma] = 160$ MPa，许用切应力 $[\tau] = 120$ MPa，许用挤压应力 $[\sigma_{bs}] = 340$ MPa。校核该结构的强度。

4.49 在图示结构中，$F = 5$ kN，螺栓许用切应力 $[\tau] = 90$ MPa，刚架变形很小，试根据切应力强度设计螺栓尺寸 d。若在工作中从上到下第三颗螺栓松脱，剩余螺栓中的最大切应力超过许用切应力百分之几？

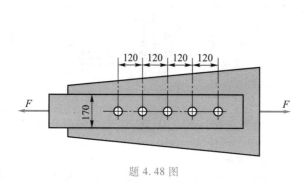

题 4.48 图

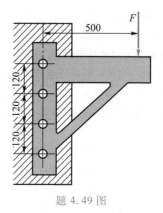

题 4.49 图

习 题 4（B）

4.50 图示结构中，AB 为刚性梁，两杆横截面面积相等，两杆的许用应力值之间存在着关系 $[\sigma]_1 = 2[\sigma]_2$。重为 P 的重物可以在 AB 间自由移动，求许用荷载。如果重物静止在梁上的某个位置，试求重物在什么位置能使结构承受最大荷载，并求此最大荷载。

4.51 单位面积重量为 $4\,kN/m^2$ 的刚性平板水平放置，一边用两个铰链固定在竖直刚性壁上，另一边 AB 的中点 C 用两根有效直径 $d = 30\,mm$ 的尼龙缆绳固定，如图所示。缆绳材料的弹性模量 $E = 3\,GPa$，试求平板 AB 边由于缆绳的变形而导致的竖向位移。

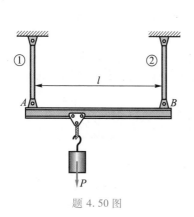

题 4.50 图

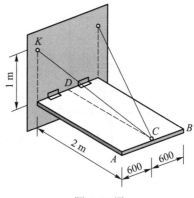

题 4.51 图

4.52 图示正方形桁架，在结点 A 与 C 处承受载荷 F 作用，在线弹性范围内，计算结点 A 与 C 间的相对位移 Δ_{AC}。设各杆的拉压刚度均为 EA。

4.53 图示结构各杆的 EA 相同，试计算各杆的轴力。

4.54 在图示的桁架中，各杆的抗拉刚度均为 EA，$CG = DG = l$。BA 杆比预定的长度短了 δ，现施加外力使 B 处与 G 处连结。连结后撤去外力，求外力撤去后各杆的轴力。

4.55 图示桁架结构中，杆 AD 的尺寸比原定尺寸短了 δ。各杆抗

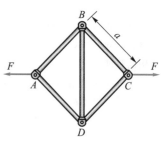

题 4.52 图

拉刚度均为 EA,求桁架强制装配后各杆的轴力。

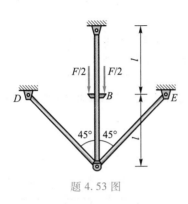

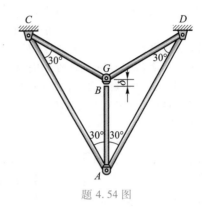

题 4.53 图　　　　　　　　　　题 4.54 图

4.56　图示的三根杆件的弹性模量 E、横截面面积 A 均相等且为已知,$\alpha = 30°$。在保持原结构和构件的形式不变,连接方式不变,不增加材料用量,不更换材料的前提下,采取什么措施可以使许用荷载得到提高？试定量计算你所采取的措施的效果。

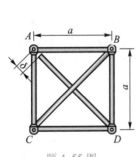

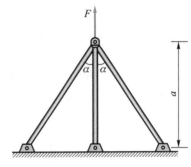

题 4.55 图　　　　　　　　　　题 4.56 图

4.57　长度相同的铝杆和铜杆套合并用两个销固结在一起,尺寸如图所示。销的直径为 d,且销的轴线与两管的轴线相交并相互垂直。若两杆的弹性模量 E_{Al}、E_{Cu} 及两杆的线胀系数 α_{lAl}、α_{lCu} 为已知,两管温度升高了 T。求销中的平均切应力。

4.58　图示的结构由两根 $E_{St} = 200\ \text{GPa}$,$\alpha_{lSt} = 11.7 \times 10^{-6}\ \text{℃}^{-1}$ 的圆形截面钢杆和一根 $E_{Al} = 70\ \text{GPa}$,$\alpha_{lAl} = 23.6 \times 10^{-6}\ \text{℃}^{-1}$ 的圆形截面铝杆构成,两端的板为刚体。初始时两端未加载,各杆温度均为 5 ℃,且均无应力。若各杆温度都升至 85 ℃,同时两端加载 $F = 10\ \text{kN}$,求各杆中的应力。

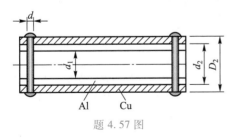

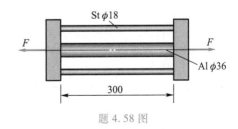

题 4.57 图　　　　　　　　　　题 4.58 图

4.59　图示为某个受拉钢筋混凝土杆件的示意图。横截面中钢筋部分的总面积 $A_{St} = 900\ \text{mm}^2$,弹性模量 $E_{St} = 200\ \text{GPa}$,许用应力 $[\sigma_{St}] = 180\ \text{MPa}$;混凝土部分的总面积 $A_{Con} = 40\ 000\ \text{mm}^2$,弹性模量 $E_{Con} = 18\ \text{GPa}$,

许用拉应力 $[\sigma_{\text{Con}}] = 0.6$ MPa。为了增强构件的抗拉能力,在钢筋的位置固定之后,先施加拉力 F_0 使钢筋伸长,然后在保持钢筋的受力状态下浇灌混凝土。当混凝土固化后,再将作用力 F_0 撤去,这样就制成了预应力钢筋混凝土杆件。不考虑制作和使用过程中构件横截面上各尺寸的变化。

(1) 若要使预应力钢筋混凝土杆件具有最强的抗拉能力,预置荷载 F_0 应为多大?

(2) 经过上述预应力处理的构件的许用荷载是未经处理构件的多少倍?

4.60 如图所示,在两端固定的杆件截面 C 上,$b>a$,沿轴线作用的力 F 由零缓慢地增长至杆件完全进入塑性。杆件的横截面面积为 A,材料的弹性模量为 E,屈服极限为 σ_s。根据理想弹塑性模型,画出截面 C 的位移 u_C 和力 F 之间的关系图线。

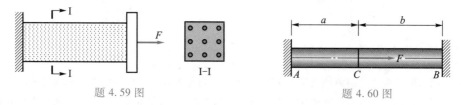

题 4.59 图 　　　　　　　　　　　　　 题 4.60 图

4.61 在图示结构中,横梁 BE 是刚性的,其中点 C 作用了竖直向下的集中力 F。AB 杆长度 $l_1 = 2$ m,横截面面积 $A_1 = 200$ mm^2,DE 杆 $l_2 = 3.6$ m,$A_2 = 300$ mm^2。两杆材料相同,$E = 200$ GPa,$\sigma_s = 280$ MPa。F 由零缓慢加载使 C 点位移达到 5 mm 时再缓慢卸载至 F 归零,求 C 点的最终位移。

4.62 图示组合结构中,$b = 50$ mm,$l = 800$ mm。两种材料的弹性模量均为 $E = 200$ GPa;两外层材料厚度均为 $\delta_1 = 4$ mm,屈服极限 $\sigma_{s1} = 540$ MPa;内层材料厚度 $\delta_2 = 12$ mm,$\sigma_{s2} = 300$ MPa。组合结构两端通过刚性板施加轴向拉力 F,F 由零缓慢增加,当结构长度 l 增加 2 mm 时停止加载,并逐渐卸载至零。求两种材料中的残余应力。

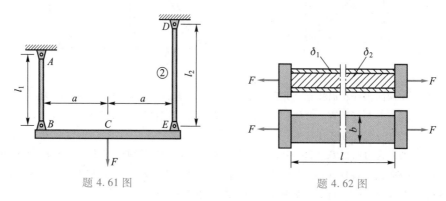

题 4.61 图 　　　　　　　　　　　　 题 4.62 图

4.63 图示结构中,四根拉杆长度均为 l,抗拉刚度均为 EA。拉杆下方的横梁 AC 和 CB 是刚性的,C 处是铰。现有一个集中力 F 距左端为 b,$b<a$。求四根杆中的轴力。

4.64 图示结构中,横梁是刚性的并承受均布荷载。四根拉杆均为直径 $d = 40$ mm 的圆杆,许用应力均为 $[\sigma] = 200$ MPa。试求横梁所承受均布荷载 q 的最大许可值。

4.65 图示结构中,四杆长度均为 l,横截面面积均为 A。①号杆和③号杆的弹性模量为 E_0,许用应力 $[\sigma_c] = 2[\sigma_t] = [\sigma_0]$,②号杆和④号杆的弹性模量为 $2E_0$,许用应力为 $[\sigma_0]$,竖向力 F 可在刚性的正方形平板上自由平移。不考虑平板和杆的自重。

(1) 求结构许用荷载。

(2) 在不改变材料和增加材料、不改变结构基本形式和大体尺寸的前提下,可采用什么方式增大结构的许用荷载? 试定量地分析结构改善的效果。

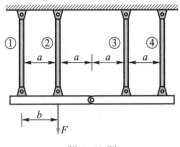

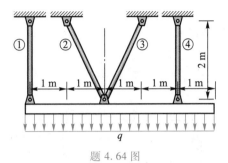

题 4.63 图　　　　　　　　　　题 4.64 图

4.66　图示结构中，AB 杆材料应力-应变关系为 $\sigma = E_0\sqrt{\varepsilon}$，$AC$ 杆的材料应力和应变关系为 $\sigma = E\varepsilon$，两杆横截面面积相同，试求 A 点铅垂位移。

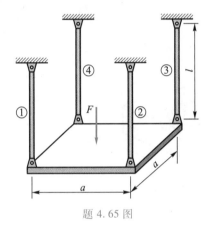

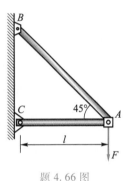

题 4.65 图　　　　　　　　　　题 4.66 图

4.67　AB 两点间的钢丝在中点被一力 F 竖直向下拉。钢丝直径为 1 mm，应变为 0.003 5。钢丝采用线性强化模型，如图所示，$\varepsilon_s = 0.002$，$E_1 = 2.1 \times 10^5$ MPa，$E_2 = 0.1E_1$。试求中点下降的距离 Δ 和 F 的大小。（提示：在变形后的构形上进行分析。）

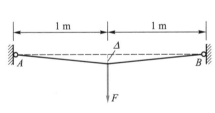

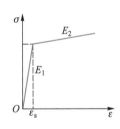

题 4.67 图

4.68　如图所示，重量为 P 的杂技演员在表演走钢丝。钢丝的总长度为 $2a$，抗拉刚度为 EA，不考虑支架的变形，当演员静止于中点时，试建立中点的竖向位移 v 与 P 之间的关系式。其中，v 远小于 a。

4.69　如图所示的结构中，各杆的抗拉刚度均为 EA，试建立 D 点的竖向位移 v 与 F 之间的方程 $F = F(v)$。

4.70　如图所示的长方体容器中盛了一半的水。钢绳的抗拉刚度为 EA，初始时容器左右下方均由铰支承并使容器处于水平状态，右方竖直钢绳伸直但无应力。现将容器右部下方的支座缓慢移开。钢绳上方的装置可以使钢绳始终处于竖直状态，钢绳的抗拉刚度可保证水不至于溢出。

（1）不考虑容器的重量和钢绳的自重，试求钢绳的伸长量 δ；

（2）试编写计算机迭代程序解决上述问题。

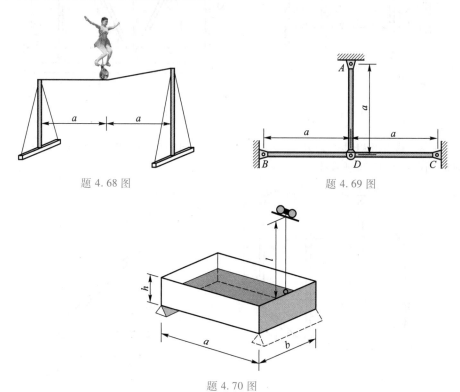

题 4.68 图   题 4.69 图

题 4.70 图

第5章 轴的扭转

观察司机在转动方向盘的动作时就会发现,作用在方向盘上的力常常构成力偶,力偶作用通过一根圆轴传递到车架机构上。在这个过程中,圆轴中自然会有扭矩作用而产生扭转变形。一般地,当杆的横截面上的内力分量有扭矩 T 时,杆件将产生扭转变形。扭转是工程构件的主要变形形式之一。尤其是在将电动机的功率通过旋转轴传递到其他构件的情况下,传动机构的许多构件都将承受扭转的作用。工程中常把通过扭矩传递功率的构件称为轴。

机构中的轴多数是圆轴。本章将主要讨论圆轴的应力和变形,然后再讨论其他类型构件的扭转。

5.1 圆轴扭转的应力

为了分析圆轴扭转的变形情况,可以在圆轴侧面上刻上若干平行于轴线的母线和一系列圆周线,观察圆轴扭转时这些细线的变形。可以看到,这些母线都发生了同一角度的倾斜,而圆周线只是在原处绕圆轴线旋转了一个微小的角度,圆周线之间的距离没有发生变化,如图 5.1 所示。根据这一事实,可以提出圆轴扭转的平截面假设:

(1) 圆轴横截面在扭转时始终保持是平面。

(2) 圆轴横截面上的半径在扭转时始终保持是直线。

根据上述假设可以看出,圆轴的横截面在扭转时像一个刚性平面一样在原处绕圆心与相邻截面作相对的微小转动。

上述假设的正确性为实验和弹性理论所证实。

根据平截面假设首先可以推断,在圆轴扭转时,其横截面上只有切应力而没有正应力。这种切

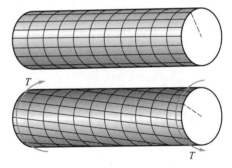

图 5.1 圆轴扭转的平截面假设

应力作为分布力系,其总体效应构成截面上的扭矩,因此,切应力的方向应该与扭矩的旋向一致。

图 5.2(a) 表现了圆轴扭转中的一个微元区段 dx 上的相对变形的情况。为了便于观察和说明,在图 5.2(b) 中想象地移走了这个微元区段中的一个扇形区域。由于满足平截面假设,因此,变形前的一条半径 OA 转至半径 OA' 的位置。作为母线的一个小区段,KA 是垂直于截面圆周的。变形后直角 $\angle AKB$ 变成了 $\angle A'KB$。$\angle AKA'$ 是直角的变化量,因而也就是切应变。显然,离圆心越远,切应变(图中一系列锐角)就越大,变形就越剧烈。由此可以推断,在线弹性范围内,切应力与到轴心距离成正比。

同时,根据第 3 章中的例 3.3 可知,这些切应力在边界附近应与圆周相切。进一步地,

由图 5.2(b)可知,各处的切应力方向都是垂直于半径的。

在线弹性范围内,横截面上的扭矩越大,切应力也越大,两者成正比。于是,根据平截面假设可以知道,横截面上的切应力

$$\tau \propto Tr_{\circ}$$

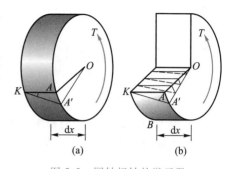

图 5.2 圆轴扭转的微元段

为了进一步得到横截面上切应力的计算公式,必须综合考虑以下三方面的因素:

(1) 几何条件,即圆轴扭转时的切应变情况;在小变形范围内,可利用平截面假设导出切应变。

(2) 物理条件,即切应变与切应力之间的关系,在线弹性范围内,即剪切胡克定律。

(3) 力学条件,在这里体现为应力与内力的关系,即横截面上各处的切向力(即切应力与微元面积的乘积)对轴心的矩的积分构成该截面上的扭矩。

几何条件:如图 5.2 所示,截取圆轴中长度为 $\mathrm{d}x$ 的微元区段。由于只考虑这个区段的前后两个截面在扭转中的相对变形,因而可以把后截面视为固定的。在扭转过程中,前截面上处于圆周上的 A 点在变形后成为 A',因此,前截面产生了相对转角 $\angle AOA'$,记之为 $\mathrm{d}\varphi$。变形所构成的角度 $\angle AKA'$ 记为 γ,也就是圆柱表面沿母线方向上的切应变。由于是小变形,故有

$$\gamma = \tan \gamma = \frac{AA'}{KA} = \frac{AA'}{\mathrm{d}x},$$

在前截面上,有

$$AA' = R\mathrm{d}\varphi,$$

故有

$$\gamma = R \frac{\mathrm{d}\varphi}{\mathrm{d}x}_{\circ} \tag{5.1}$$

从图 5.2(b)中还可看出,如果在半径 OA 上选择离轴心为 r 的点,那么与上面类似,可得该点处的切应变

$$\gamma(r) = r \frac{\mathrm{d}\varphi}{\mathrm{d}x}_{\circ} \tag{5.2}$$

由于 $\mathrm{d}\varphi$ 在整个截面上是相同的,因此上式表明,切应变与到圆心的距离成正比。显然,在圆轴的外表面,切应变达到最大值。

物理条件:在线弹性范围内,切应力与切应变成正比。因此,在横截面上,到圆心距离为 r 处的切应力

$$\tau = G\gamma = Gr \frac{\mathrm{d}\varphi}{\mathrm{d}x}, \tag{5.3}$$

即切应力与到圆心的距离成正比。

力学条件:作用在横截面上的切应力形成一个分布力系。如图 5.3 所示,距轴心 r 处的微元面 $\mathrm{d}A$ 上有切应力 τ,切向力 $\tau\mathrm{d}A$ 对于轴线的矩为 $\tau r\mathrm{d}A$。这样,横截面上的全部切向力

向圆心简化的结果为一力偶矩,这一力偶矩就是作用在该截面上的扭矩,于是有

$$\int_A \tau r \mathrm{d}A = T_\circ \tag{5.4}$$

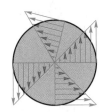

图 5.3 横截面上的切应力

将式(5.3)代入式(5.4)即可得

$$T = \int_A G \frac{\mathrm{d}\varphi}{\mathrm{d}x} r^2 \mathrm{d}A = G \frac{\mathrm{d}\varphi}{\mathrm{d}x} \int_A r^2 \mathrm{d}A = GI_\mathrm{p} \frac{\mathrm{d}\varphi}{\mathrm{d}x},$$

式中,

$$I_\mathrm{p} = \int_A r^2 \mathrm{d}A \tag{5.5}$$

是横截面的极惯性矩(见附录 I)。这样便有

$$\frac{\mathrm{d}\varphi}{\mathrm{d}x} = \frac{T}{GI_\mathrm{p}}, \tag{5.6}$$

再将式(5.6)代回式(5.3)即可得

$$\tau = \frac{Tr}{I_\mathrm{p}}_\circ \tag{5.7}$$

这就是圆轴扭转时横截面上距圆心 r 处的切应力的表达式。

利用这一公式,可以得到圆轴横截面上切应力分布的概貌,如图 5.4 所示(两图中的扭矩都是逆时针转向的)。

在圆轴横截面上,切应力都是垂直于半径的,其数值与到轴心的距离成正比。因此,最大切应力总是出现在横截面的外边缘处。为了便于计算,可把这个最大切应力表达为

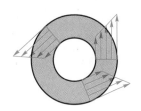

图 5.4 横截面上的切应力分布

$$\tau_{\max} = \frac{T}{W_\mathrm{p}}, \tag{5.8}$$

式中,

$$W_\mathrm{p} = \frac{I_\mathrm{p}}{R} \tag{5.9}$$

称为扭转截面系数(section modulus of torsion)。这是一个表达横截面几何性质的常数。对于实心圆轴和空心圆轴,分别有

$$W_\mathrm{p} = \frac{1}{16}\pi D^3, \tag{5.10a}$$

$$W_\mathrm{p} = \frac{1}{16}\pi D^3(1-\alpha^4), \tag{5.10b}$$

式中,α 是内径 d 和外径 D 之比。

出于强度方面的考虑,根据许用应力方法,应有

$$\tau_{\max} = \frac{T}{W_\mathrm{p}} \leqslant [\tau]_\circ \tag{5.11}$$

这就是圆轴扭转的强度条件。利用这一条件,可以校核事先设计的轴是否满足强度要求,也可以控制相应的外荷载,或者用以确定圆轴的截面尺寸。

式(5.7)和式(5.8)适用的条件是 τ_{max} 不超过比例极限。

例 5.1　图 5.5 所示的结构中,左侧的实心圆轴与右侧的空心圆轴通过牙嵌式离合器相连。已知轴的转速 $n = 100$ r/min,传递的功率 $P = 6$ kW。若两轴的许用切应力均为 $[\tau] = 31$ MPa,空心圆轴的内外径之比 $\alpha = 0.7$,试设计两轴的外径,并求在相同长度情况下两轴的重量比。

解:不难证明(留作习题),通过扭矩传递功率的轴,其传递的力偶矩 M、功率 P 和转速 n 的数值之间存在着如下的关系:

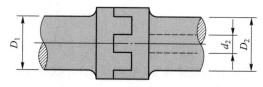

图 5.5　传递转矩的两个轴

$$\{M\}_{kN \cdot m} = 9.550 \frac{\{P\}_{kW}}{\{n\}_{r/min}}。 \qquad (5.12)$$

式(5.12)采用的是《有关量、单位和符号的一般原则》(GB 3101—1993)中规定的数值方程式的表示方法。其中,$\{M\}_{kN \cdot m}$ 表示力偶矩以 kN·m 为单位时,M 之值;$\{P\}_{kW}$ 表示功率以 kW 为单位时,P 之值;$\{n\}_{r/min}$ 表示转速以 r/min 为单位时,n 之值。

在本题中,两轴中的扭矩均等于外力偶矩,即

$$T = M = 9.550 \times \frac{6}{100} \text{ kN} \cdot \text{mm} = 0.573 \text{ kN} \cdot \text{m}$$

$$= 0.573 \times 10^6 \text{ N} \cdot \text{mm}。$$

对于左方直径为 D_1 的实心轴,由

$$\tau_{max} = \frac{T}{W_{p1}} = \frac{16T}{\pi D_1^3} \leqslant [\tau],$$

可得

$$D_1 \geqslant \sqrt[3]{\frac{16T}{\pi [\tau]}} = \sqrt[3]{\frac{16 \times 0.573 \times 10^6}{\pi \times 31}} \text{ mm} = 45.5 \text{ mm},$$

取 $D_1 = 46$ mm。

对于右方外径为 D_2 的空心轴,由

$$\tau_{max} = \frac{T}{W_{p2}} = \frac{16T}{\pi D_2^3 (1 - \alpha^4)} \leqslant [\tau],$$

可得

$$D_2 \geqslant \sqrt[3]{\frac{16T}{\pi [\tau] (1 - \alpha^4)}} = \sqrt[3]{\frac{16 \times 0.573 \times 10^6}{\pi \times 31 \times (1 - 0.7^4)}} \text{ mm} = 49.8 \text{ mm},$$

取 $D_2 = 50$ mm,相应内径 $d_2 = 0.7 D_2 = 35$ mm。

易知,相同长度的两轴重量比,就是两轴的横截面面积之比,即

$$\frac{A_1}{A_2} = \frac{D_1^2}{D_2^2 - d_2^2} = \frac{46^2}{50^2 - 35^2} = 1.66。$$

可见,在两轴都满足强度条件的情况下,空心轴比实心轴节省材料。这是由于实心圆轴轴心附近的切应力较小,因而强度未得到充分利用所致。

例 5.2　工程中用于缓冲和减振的密圈螺旋弹簧的简图如图 5.6(a)所示,其中螺圈的倾角 α 是一个很小的值(例如小于 5°),而弹簧中径 D 远大于弹簧丝的直径 d,求弹簧在轴向压力 F 的作用下,弹簧丝中的切应力。

解:采用截面法,在弹簧丝的某部位将弹簧截开,得如图 5.6(b)所示的结构。由题设的两个重要条件,可以使问题得到简化。由于倾角 α 很小,因此,可以认为垂直于弹簧丝轴线的截面近似地与轴向力 F 平行,从而可以认为弹簧丝中的剪力 $F_s=F$,扭矩 $T=FR$。由于弹簧中径远大于弹簧丝直径,因此,可以忽略弹簧丝曲率的影响,从而将弹簧丝简化为直杆,并应用式(5.8)来求弹簧丝中由扭转产生的切应力,即

$$\tau_1=\frac{T}{W_p}=\frac{8FD}{\pi d^3}。 \qquad ①$$

由扭转产生的切应力分布如图 5.6(c)所示。

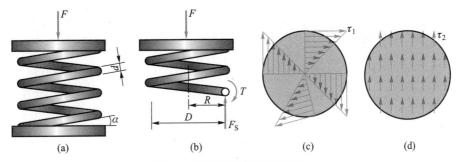

图 5.6　密圈弹簧及截面切应力

弹簧丝中与剪力 F_s 相应的切应力 τ_2 可假定是均匀分布在横截面上的,如图 5.6(d)所示,故有

$$\tau_2=\frac{F}{A}=\frac{4F}{\pi d^2}。 \qquad ②$$

这样,弹簧丝中的切应力就是①、②两式切应力的几何和。如图 5.6(c)和(d)所示,在截面水平直径的左端点,两种切应力方向重合,故有

$$\tau_{max}=\tau_1+\tau_2=\frac{8FD}{\pi d^3}\left(1+\frac{d}{2D}\right)。 \qquad ③$$

由①、②两式可看出,若 $\dfrac{D}{d}\geqslant 10$,则 τ_1 是 τ_2 的 20 倍之多,因此,一般忽略后者的影响。

应该指出,由上述简化计算的结果比弹簧丝中实际存在的切应力要小,因此,一般应加以修正。误差主要源自将事实上具有曲率的构件简化为直线形构件。此外,倾角的忽略也是造成误差的一个重要原因①。

例 5.3　总长度为 l 的圆轴承受均布力偶矩 t 的作用而产生扭转变形。材料的许用切应力为 $[\tau]$。为了节省材料,可考虑将圆轴设计为两段等截面的形式,如图 5.7 所示。试确定恰当的 d_1、d_2、l_1 和 l_2,以使圆轴的用料为最省。

解:本例是一个优化类题目,其目的是在满足强度要求的前提下,求构件体积的极小值。体积取决于 d_1、d_2、l_1 和 l_2 这四个量。但应注意,这四个量并不是相互独立的。

易于得到圆轴的扭矩图,如图 5.8 所示。

在 AB 段,B 截面的扭矩最大,因此,AB 段的直径 d_1 应根据 B 截面的扭矩及许用应力来考虑。但 B 截面的扭矩取决于 AB 段的长度 l_1。这样,AB 段的体积就取决于 l_1。

在 BC 段,C 截面的扭矩最大,而且 C 截面的扭矩为定值 tl,因此,BC 段的直径 d_2 事实上已经固定。但 BC 段的长度仍然取决于 l_1,故 BC 段的体积也取决于 l_1。这样,便可以把体积 V 表达为 l_1 的函数。根据这个函数,就可以求出其极值。

---

① 弹簧丝最大切应力修正的公式可参见参考文献[1]、[5]。

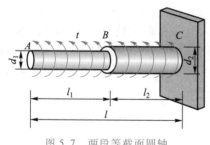

图 5.7　两段等截面圆轴

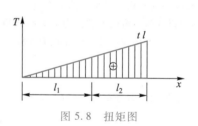

图 5.8　扭矩图

由强度条件, B 截面的最大切应力

$$\tau_{B\max} = \frac{16tl_1}{\pi d_1^3} \leqslant [\tau],$$

故有

$$d_1 \geqslant \sqrt[3]{\frac{16tl_1}{\pi[\tau]}}\,。$$

同理,

$$d_2 \geqslant \sqrt[3]{\frac{16tl}{\pi[\tau]}}\,。$$

故有圆轴体积

$$V = \frac{\pi}{4}(d_1^2 l_1 + d_2^2 l_2) = \frac{\pi}{4}\left[l_1\left(\frac{16tl_1}{\pi[\tau]}\right)^{2/3} + (l-l_1)\left(\frac{16tl}{\pi[\tau]}\right)^{2/3} \right]$$

$$= \frac{\pi}{4}\left(\frac{16t}{\pi[\tau]}\right)^{2/3}\left[l_1^{5/3} + (l-l_1)l^{2/3} \right]\,。$$

要使上式取极值,应有

$$\frac{\mathrm{d}V}{\mathrm{d}l_1} = 0,$$

即

$$\frac{5}{3}l_1^{2/3} - l^{2/3} = 0,$$

$$l_1 = \left(\frac{3}{5}\right)^{3/2} l \approx 0.465l\,。$$

由此便可取:

$$d_1 = 0.77\sqrt[3]{\frac{16tl}{\pi[\tau]}}, \qquad l_1 = 0.47l; \qquad d_2 = \sqrt[3]{\frac{16tl}{\pi[\tau]}}, \qquad l_2 = 0.53l\,。$$

5.2　圆轴扭转的变形

在圆轴扭转中,出现了两个角度。一个是圆轴侧面上母线的偏转角(以弧度计),即侧面上沿轴线方向的切应变 γ。另一个是圆轴两个端面之间的转角 φ。考虑圆轴在扭转中的总体变形时,人们常把后者作为表征圆轴扭转变形的标志性几何量。

在推导圆轴扭转的应力时,得到了单位长度扭转角$\dfrac{\mathrm{d}\varphi}{\mathrm{d}x}$和扭矩 T 及 GI_p 之间的关系:

$$\frac{\mathrm{d}\varphi}{\mathrm{d}x} = \frac{T}{GI_\mathrm{p}},$$

所以圆轴两端面的相对扭转角

$$\varphi = \int_l \frac{T}{GI_\mathrm{p}} \mathrm{d}x \text{。} \qquad\qquad (5.13)$$

上式可用于扭矩沿轴线变化(例如,存在着分布力偶矩作用),或者截面半径随轴线长度变化的一般情况。如果长度为 l 的等截面圆轴的扭矩是常数,则上式可简化为

$$\varphi = \frac{Tl}{GI_\mathrm{p}} \text{。} \qquad\qquad (5.14)$$

式(5.13)和式(5.14)中的 GI_p 称为圆轴的扭转刚度(torsional rigidity),或抗扭刚度。

注意按式(5.13)和式(5.14)所计算出来的角度 φ 的单位是弧度。如果圆轴由若干段等截面圆轴组成,则可利用式(5.13)或式(5.14)分段计算,再求其代数和。

显然,两个端面之间的相对转角 φ 应满足刚度要求:

$$\varphi \leqslant [\varphi] \text{。} \qquad\qquad (5.15)$$

另一个常用于考察刚度的量是轴线方向上相距单位长度的两个横截面之间的相对转角 θ,易见,

$$\theta = \frac{T}{GI_\mathrm{p}} \text{。} \qquad\qquad (5.16\mathrm{a})$$

刚度条件也常常表示为

$$\theta \leqslant [\theta] \text{。} \qquad\qquad (5.16\mathrm{b})$$

例 5.4   如图 5.9 所示结构,左段为实心圆轴,轴径 $D_1 = 60$ mm,长度 $l_1 = 600$ mm,右段为空心轴,外径 $D_2 = 40$ mm,内径 $d_2 = 20$ mm,长度 $l_2 = 300$ mm,材料弹性模量 $E = 200$ GPa,泊松比 $\nu = 0.25$,外荷载 $M_1 = 3$ kN·m,$M_2 = 1$ kN·m,自由端与固定端的相对转角为多少度?

解:材料的切变模量

$$G = \frac{E}{2(1+\nu)} = \frac{200 \times 10^3}{2 \times (1+0.25)} \text{ MPa} = 80 \times 10^3 \text{ MPa}\text{。}$$

容易得到结构的扭矩图如图 5.10 所示。左段部分的扭矩

$$T_1 = M_1 - M_2 = 2 \times 10^6 \text{ N·mm},$$

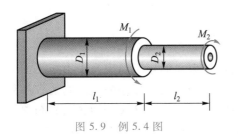

图 5.9 例 5.4 图   图 5.10 扭矩图

故左段部分右截面相对于固定端的转角为

$$\varphi_1 = \frac{T_1 l_1}{GI_{p1}} = \frac{32 T_1 l_1}{G\pi D_1^4} = \frac{32 \times 2 \times 10^6 \times 600}{80 \times 10^3 \times \pi \times 60^4} \text{ rad} = 1.18 \times 10^{-2} \text{ rad}_{\circ}$$

右段部分的扭矩

$$T_2 = M_2 = -1 \times 10^6 \text{ N} \cdot \text{mm},$$

故右段部分右截面相对于左截面的转角为(转角的正负号规定与扭矩的正负号规定一致)

$$\varphi_2 = \frac{T_2 l_2}{GI_{p2}} = \frac{32 T_2 l_2}{G\pi D_2^4 (1-\alpha^4)} = -\frac{32 \times 1 \times 10^6 \times 300}{80 \times 10^3 \times \pi \times 40^4 \times (1-0.5^4)} \text{ rad} = -1.59 \times 10^{-2} \text{ rad}_{\circ}$$

注意到两段轴上转角的符号相反,故整个轴自由端相对于固定端的转角

$$\varphi = \varphi_1 + \varphi_2 = -0.41 \times 10^{-2} \text{ rad}_{\circ}$$

这里的负号表示该转角沿 M_2 的方向。换算为角度为

$$\varphi = -0.41 \times 10^{-2} \times \frac{180°}{\pi} = -0.23°_{\circ}$$

例 5.5　总长度为 $2h$ 的钻杆有一半在泥土中,如图 5.11(a)所示。钻杆顶端作用有一个集中力偶矩 M。若泥土对于钻杆的阻力矩沿长度均匀分布,钻杆的抗扭刚度为 GI_p,求钻杆的上下端面之间的相对转角。

解:根据题意,钻杆的受力可简化为如图 5.11(b)所示的模型。其中下半段的分布力偶矩

$$t = \frac{M}{h}_{\circ}$$

由下而上地建立坐标系,则下半段钻杆的扭矩可表示为

$$T = \frac{M}{h}x,$$

故下半段两端面的相对转角

$$\varphi_1 = \int_0^h \frac{Mx}{hGI_p} \mathrm{d}x = \frac{Mh}{2GI_p}_{\circ}$$

上半段的扭矩一直保持为 M,故上半段两端面的相对转角

$$\varphi_2 = \frac{Mh}{GI_p}_{\circ}$$

故上下端面之间的相对转角

$$\varphi = \varphi_1 + \varphi_2 = \frac{3Mh}{2GI_p}_{\circ}$$

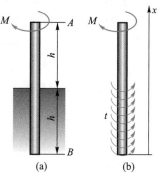

图 5.11　钻杆

5.3　扭转超静定问题

在圆轴扭转问题中,如果轴各部分的扭矩或支座约束力偶矩不能完全由力矩平衡方程确定,那么就构成了扭转超静定问题。简单扭转超静定问题与拉压超静定问题的求解思路相同;同样需要掌握力学条件(体现为力矩平衡条件)、物理条件(体现为扭矩与转角之间的关系)以及几何条件(轴的各部分的转角之间必须协调,以保证结构的完好)这三个环节,列出足够的方程来求解。下面举例说明。

例 5.6 求图 5.12 所示圆轴的支座约束力偶矩和 C 截面的转角。

解:设圆轴两端的支座约束力偶矩分别为 M_A 和 M_B,如图中轴两端的虚线所示,则有平衡条件

$$M_A + M_B = M_o \qquad \text{①}$$

考虑物理条件,即 AC 间的相对转角和 CB 间的相对转角为

$$\varphi_{AC} = \frac{T_{AC}a}{GI_p} = -\frac{M_A a}{GI_p}, \quad \varphi_{CB} = \frac{T_{CB}b}{GI_p} = \frac{M_B b}{GI_p}o \qquad \text{②}$$

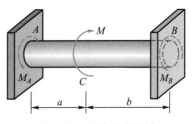

这里转角的正负号取决于扭矩的正负号。由于 A、B 两截面间没有相对转角,故可得几何协调条件

$$\varphi_{AB} = \varphi_{AC} + \varphi_{CB} = 0_o \qquad \text{③}$$

联立求解式①~③即可得

$$M_A = \frac{b}{a+b}M, \quad M_B = \frac{a}{a+b}M_o$$

图 5.12 两端固定圆轴

因此,C 截面的转角

$$\varphi_C = |\varphi_{AC}| = \frac{M_A a}{GI_p} = \frac{Mab}{GI_p(a+b)}o$$

易知,若 $a=b$,则可由上述结论得到 $M_A = M_B = \dfrac{M}{2}$,而这一结果可根据结构的对称性直接看出。

例 5.7 在图 5.13 所示的两端固定圆轴中,不考虑应力集中的影响,试求左、右两个区段横截面上的最大切应力。

解:显然这是一个超静定结构。应首先确定两个固定端处的支座约束力偶矩,才能确定两个区段中的最大扭矩,进而确定横截面上最大的切应力。

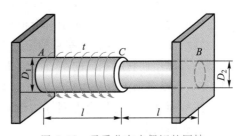

图 5.13 承受分布力偶矩的圆轴

记左端的支座约束力偶矩为 M_A,右端的支座约束力偶矩为 M_B,这两个力偶矩转向相同。可得平衡方程

$$M_A + M_B = tl_o \qquad \text{①}$$

考虑 AC 区段的扭矩。以 A 为原点,向右为 x 轴正向,便可得扭矩

$$T_{AC} = M_A - tx_o \qquad \text{②}$$

这样便可得到 A、C 两截面的相对转角

$$\varphi_{AC} = \int_0^l \frac{M_A - tx}{GI_{p1}} \mathrm{d}x = \frac{l}{GI_{p1}}\left(M_A - \frac{1}{2}tl\right)o \qquad \text{③}$$

在 CB 区段,扭矩保持着 $T_{CB} = -M_B$ 的大小不变,故有

$$\varphi_{CB} = -\frac{M_B l}{GI_{p2}}o \qquad \text{④}$$

③、④两式即为物理方程。由于 AB 两端面之间的相对转角为零,故有几何方程

$$\varphi_{AB} = \varphi_{AC} + \varphi_{CB} = 0_o \qquad \text{⑤}$$

联立①、③、④、⑤四式即可得

$$M_A = \frac{tl}{2}\left(\frac{1+2\kappa}{1+\kappa}\right), \quad M_B = \frac{tl}{2}\left(\frac{1}{1+\kappa}\right),$$

式中,$\kappa = \dfrac{GI_{p1}}{GI_{p2}} = \dfrac{D_1^4}{D_2^4}$,为两种截面抗扭刚度之比。

在 AC 区段，A 截面具有最大的扭矩 M_A，故 AC 区段横截面上的最大切应力出现在 A 截面的外沿，有

$$\tau_{AC\,\max}=\frac{M_A}{W_{\mathrm{p}1}}=\frac{8tl}{\pi D_1^3}\Big(\frac{1+2\kappa}{1+\kappa}\Big)。$$

在 BC 区段，各截面具有相同的扭矩 M_B，故 BC 区段横截面上的最大切应力出现在该区段各横截面的外沿，有

$$\tau_{BC\,\max}=\frac{M_B}{W_{\mathrm{p}2}}=\frac{8tl}{\pi D_2^3}\Big(\frac{1}{1+\kappa}\Big)。$$

*5.4　圆轴扭转的极限荷载

对于拉压杆件而言，当轴向力 F 持续增加时，如果横截面上某点的正应力达到了破坏应力，由于应力分布均匀，这个横截面上各点处的应力也就都达到了破坏应力。进一步地，如果这根杆件只在两端承受轴向力 F，那么可以认为它的各个横截面上各点的应力都达到了破坏应力。因此，在这类杆件中，一般不存在单个的危险点问题。

扭转的情况有所不同。对于一个横截面而言，由于切应力分布是不均匀的，因此，当外荷载持续增加时，必定会有一些点的应力先达到破坏应力。

特别考虑塑性材料制成的实心圆轴扭转的情况，如图 5.14 所示。在外荷载 M 持续增加的过程中，当横截面上的最大切应力小于屈服切应力 τ_s 时，切应力从轴心到外沿是线性分布的。当截面最外沿的切应力刚好达到屈服切应力 τ_s 时，相应的扭矩称为屈服扭矩 T_s，外荷载称为屈服荷载。

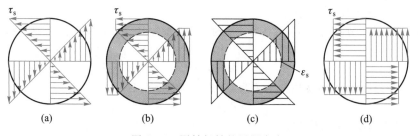

图 5.14　圆轴扭转的屈服应力

这种情况下，整个截面上的切应力仍然呈线性分布，如图 5.14(a) 所示。由

$$\tau_{\max}=\frac{16T}{\pi D^3}=\tau_s$$

可得

$$T_s=\frac{\pi D^3}{16}\tau_s。\tag{5.17}$$

按照许用应力设计法的观点，外荷载已经达到高限了。相应的许用扭矩

$$[T_s]=\frac{T_s}{n}。$$

但是当 $T=T_s$ 时，截面并未丧失承载能力。如果外荷载还要逐渐增大，则由外沿开始的塑性区逐渐向内扩展。在塑性区内，如图 5.14(b)所示的灰色区域，根据理想弹塑性模型，切应力保持为 τ_s。而轴心附近的区域仍是线弹性的，这个区域内切应力的分布仍然是线性的。

在这种状态下，仅就应力-应变关系而言，似乎塑性区内的切应变可以是任意的。但事实上，圆轴作为一个整体，塑性区内的切应变仍然受到相邻弹性区变形的制约。在这种情况下，可以认为平截面假设仍然成立，从圆心到外缘的切应变仍然呈线性地增长，如图 5.14(c)所示。这样，可以根据 τ_s 确定 ε_s，然后根据弹性区和塑性区的径向尺寸的比例关系算出截面外缘处的切应变，即最大切应变。

当整个截面全部进入塑性时，如图 5.14(d)所示，整个截面都处于塑性流动阶段，圆轴完全丧失了承载能力。相应的扭矩 T_u 称为极限扭矩，外荷载称为极限荷载。可以看出，

$$T_u = \int_A r\tau_s \mathrm{d}A = \tau_s \int_A r\mathrm{d}A = 2\pi\tau_s \int_0^{D/2} r^2 \mathrm{d}r = \frac{\pi D^3}{12}\tau_s \, 。 \tag{5.18}$$

故有

$$\frac{T_u}{T_s} = \frac{4}{3} \, 。 \tag{5.19}$$

按照极限荷载法的设计观点，圆轴的许用扭矩

$$[T_u] = \frac{T_u}{n} \, 。$$

例 5.8 半径 $R=60$ mm 的实心圆轴承受扭矩作用而产生扭转变形。圆轴可视为理想弹塑性的，屈服切应力 $\tau_s=160$ MPa。若横截面上的扭矩 $T=64$ kN·m，试求横截面上弹性区与塑性区分界圆半径 R_s，如图 5.15(a)所示；并求完全卸载后横截面上的残余应力。

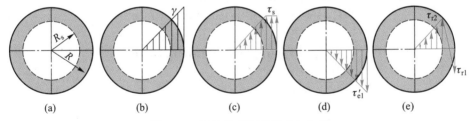

图 5.15 圆轴横截面及其应力分布

解：首先注意到，在加载与卸载过程中，始终满足平截面假设。横截面上水平半径上切应变分布如图 5.15(b)所示。根据式(5.17)，可得屈服荷载

$$T_s = \frac{\pi D^3}{16}\tau_s = \frac{\pi \times 120^3 \times 160}{16} \text{ N·mm} = 54\,290\,000 \text{ N·mm} = 54.29 \text{ kN·m} \, 。$$

又由式(5.19)，可得极限荷载

$$T_u = \frac{4}{3}T_s = 72.39 \text{ kN·m} \, 。$$

故横截面存在的扭矩 T 超过了屈服扭矩 T_s 而未达到极限扭矩 T_u。

加载过程结束时横截面上切应力分布如图 5.15(c)所示。在弹性区 A_e，应力分布为 $\tau_e = \frac{\tau_s}{R_s}r$，在塑性区

A_p,应力分布为常数 $\tau_p = \tau_s$。横截面上的扭矩等于两个区域内的切应力关于轴心的矩之和,故有

$$T = \int_{A_e} \tau_e r \mathrm{d}A + \int_{A_p} \tau_p r \mathrm{d}A = 2\pi \int_0^{R_s} \frac{\tau_s}{R_s} r^2 \cdot r \mathrm{d}r + 2\pi \int_{R_s}^R \tau_s r \cdot r \mathrm{d}r = \frac{\tau_s \pi}{6}(4R^3 - R_s^3)_o$$

从中可解出

$$R_s = \sqrt[3]{4R^3 - \frac{6T}{\tau_s \pi}} = \sqrt[3]{4 \times 60^3 - \frac{6 \times 64 \times 10^6}{160 \times \pi}} \ \mathrm{mm} = 46.42 \ \mathrm{mm}_o$$

图 5.16 显示了圆轴外沿处的切应变与切应力的关系。如果在整个加载过程中,圆轴外沿处始终保持为弹性的话,那么,加载路径应该沿图中的 OA 直到 A',相应的应力增量为 τ'。但是,由于 $\tau' > \tau_s$,应力沿弹性直线 OA 升至屈服应力 τ_s 时,相应的扭矩已达到屈服扭矩 T_s。当扭矩继续增加时,按理想弹塑性模型,应力不再升高而沿水平直线发展。直至扭矩达到 T,水平直线终止于 B。

整个卸载过程相当于在反方向上加上扭矩 T。在卸载过程中,应力沿 OA 的平行线 BC 降低,直至横轴上的 C 点。此时已卸去的扭矩大小为 T_s,圆轴外沿处应力水平已降至零,但仍然存在着不可自动恢复的应变 OC。由于外荷载尚未完全卸去,这将迫使外沿处沿 CD 进一步降低塑性应变,由此导致在反方向上形成切应力 τ_r。从 B 到 D 的应力数值的减少量,与完全弹性的加载过程 OA' 的应力数值的增加量 τ' 是相等的。其附加切应力如图 5.15(d)所示。

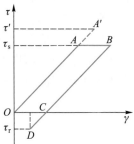

图 5.16 外沿处的加载与卸载过程

在外沿处,附加应力

$$\tau'_{e1} = -\frac{2T}{\pi R^3} = -\frac{2 \times 64 \times 10^6}{\pi \times 60^3} \ \mathrm{MPa} = -188.63 \ \mathrm{MPa},$$

在弹塑性交界处,附加应力

$$\tau'_{e2} = \tau'_{e1} \cdot \frac{R_s}{R} = -188.63 \times \frac{46.42}{60} \ \mathrm{MPa} = -145.94 \ \mathrm{MPa}_o$$

这样,残余应力分布如图 5.15(e)所示。在外沿处的残余应力

$$\tau_{r1} = \tau'_{e1} + \tau_s = -188.63 \ \mathrm{MPa} + 160 \ \mathrm{MPa} = -28.63 \ \mathrm{MPa};$$

在弹塑性交界处的残余应力

$$\tau_{r2} = \tau_s + \tau'_{e2} = 160 \ \mathrm{MPa} - 145.94 \ \mathrm{MPa} = 14.06 \ \mathrm{MPa}_o$$

5.5 矩形截面轴的扭转

观察图 5.17 所示的圆轴和矩形横截面轴的扭转时,就可以发现它们之间有明显不同。圆轴受扭时其母线发生倾斜,而横截面外圆除了在原地绕轴转动一个角度之外,不发生其他的变化。根据这一现象,人们才提出了圆轴扭转时的平截面假设。

矩形截面轴在扭转时不满足平截面假设,它的横截面将产生翘曲。但是,如果扭转时除了两端的力偶矩作用之外没有任何其他的作用,那么就会发现,相邻两个横截面的翘曲情况完全相同。这就是说,沿着轴向的纤维尽管可能产生轴向的位移,却不会产生轴向的应变,因而横截面上正应力仍然为零。这种情况称为纯扭转或自由扭转。反之,如果横截面上的这种自由翘曲受到了阻碍,横截面就将产生正应力,这种情况称为约束扭转。

矩形截面轴在自由扭转的情况下,横截面上只有切应力而无正应力。根据切应力互等定理可以判断,横截面的角点处切应力为零,在边沿上切应力方向与边沿平行。精确的分析可把横截面上的应力表达为由正弦函数和双曲余弦函数组成的级数的形式[1],利用这个级数可以得到横截面上切应力分布的概貌,如图 5.18 所示。就整个截面而言,切应力的大致方向与扭矩的旋向一致。图 5.18 所示的切应力,就表明这个截面上的扭矩是逆时针方向的。就矩形的边沿而言,各边中点都有着自己这条边上最大的切应力,而矩形长边中点处的切应力数值大于短边中点。在边沿上,从中点沿相反方向往两个角点靠近,切应力数值对称地逐渐下降至零。另一方面,从边沿中点到形心,其切应力数值也是逐渐降低至零的。

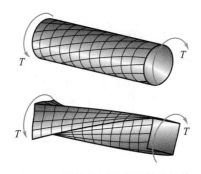

图 5.17　圆轴和矩形截面轴的扭转

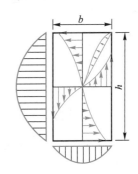

图 5.18　矩形截面轴的扭转应力

利用这个级数还可以导出,最大切应力发生在矩形的长边中点(图 5.18),其值为

$$\tau_{\max} = \frac{T}{\alpha h b^2},\qquad(5.20)$$

式中,α 是与长边 h 和短边 b 之比有关的系数,其值参见表 5.1。在短边中点,也有着这条边上的最大切应力,其值可用下式计算:

$$\tau' = \gamma \tau_{\max},\qquad(5.21)$$

式中,γ 也与长边 h 和短边 b 之比有关,其值参见表 5.1。

表 5.1　矩形截面轴扭转时的系数

h/b	1.0	1.2	1.5	2.0	2.5	3.0	4.0	6.0	8.0	10.0	∞
α	0.208	0.219	0.231	0.246	0.258	0.267	0.282	0.299	0.307	0.313	0.333
β	0.141	0.166	0.196	0.229	0.249	0.263	0.281	0.299	0.307	0.313	0.333
γ	1.000	0.930	0.858	0.796	0.767	0.753	0.745	0.743	0.743	0.743	0.743

当 $\dfrac{h}{b} > 10$ 时,横截面成为狭长的矩形,如图 5.19 所示。这时 $\alpha \rightarrow 0.333 \approx \dfrac{1}{3}$,则式(5.20)成为

$$\tau_{\max} = \frac{3T}{h b^2}。\qquad(5.22)$$

---

① 参见参考文献[2]、[8]、[28]。

在这种情况下,除开两端点附近,长边上的切应力可视为沿着边沿均匀分布,其值由式(5.22)给出。在离矩形两端不很近的相当长的一个区域内,切应力可视为沿厚度 b 线性分布,如图 5.19 所示。

对于长度为 l 的矩形截面轴,其扭转时两端截面的相对扭转角

$$\varphi = \frac{Tl}{G\beta hb^3},\tag{5.23}$$

式中,β 可由表 5.1 查出。

易见,当 $\dfrac{h}{b}$ 相当大时,β 也趋近于 $\dfrac{1}{3}$。

例 5.9　轴的两端承受扭矩而产生自由扭转。在强度相同、长度相等的条件下计算圆形截面轴与正方形截面轴(图 5.20)的重量比。

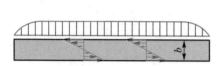

图 5.19　狭长矩形上沿长边的切应力分布

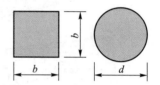

图 5.20　例 5.9 图

解:扭矩 T 在正方形横截面的边沿中点处引起最大的切应力,由表 5.1 可查得,当 $\dfrac{h}{b} = 1$ 时 $\alpha = 0.208$。故可得

$$\tau_{\max} = \frac{T}{0.208b^3} \le [\tau]。$$

由此可得正方形边长

$$b \ge \sqrt[3]{\frac{T}{0.208[\tau]}}。$$

而对于圆形截面轴,

$$\tau_{\max} = \frac{16T}{\pi d^3} \le [\tau],$$

故有

$$d \ge \sqrt[3]{\frac{16T}{\pi[\tau]}}。$$

易知,圆形截面轴重量 G_d 与正方形截面轴重量 G_b 之比即为两者横截面面积之比,故有

$$\frac{G_d}{G_b} = \frac{\pi d^2}{4b^2} = \frac{\pi}{4} \cdot \sqrt[3]{\left(\frac{16T}{\pi[\tau]} \cdot \frac{0.208[\tau]}{T}\right)^2} \approx 0.80。$$

由此可看出,在强度相同时,正方形截面轴要比圆形截面轴花费更多的材料。这是由于正方形截面轴棱边附近的切应力很小,因而强度未得到充分利用的缘故。

*5.6　薄壁杆件的自由扭转

工程中常采用薄壁杆件。在这类杆件中,壁厚远小于横截面的宽度或高度。若杆件横

截面的薄壁中线是一条不封闭的折线或曲线,则称为开口薄壁杆件,如图 5.21(a)所示;若杆件的横截面中线是一条封闭的折线或曲线,则称为闭口薄壁杆件,如图 5.21(b)所示。薄壁杆件在自由扭转中,其横截面一般都会产生翘曲。

下面分别考虑这两类薄壁杆件在自由扭转情况下的强度和刚度计算。

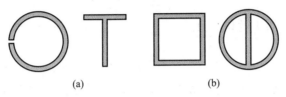

(a)   (b)

图 5.21 薄壁杆件的横截面

5.6.1 开口薄壁杆件的扭转

如图 5.22 所示的开口薄壁杆件的特点,是横截面壁厚处处相等,其壁厚中线是单条的未封闭的曲线。在计算这种等厚度薄壁杆件的扭转切应力和扭转变形时,可以将其横截面展平,从而构成狭长矩形,然后再按式(5.22)和式(5.23)来进行计算。

某些开口薄壁杆件的横截面可以看作是由若干狭长矩形组成的,例如,图 5.23 所示的构件。利用超静定问题的处理方法,可以解决这类薄壁杆件扭转的变形和应力问题。

考虑这一杆件力偶矩的平衡,可得力学条件:

$$T_1 + T_2 = T, \tag{①}$$

图 5.22 可展开为狭长矩形的截面 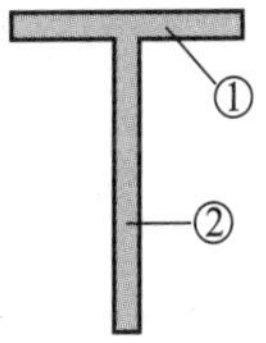   图 5.23 薄壁杆件横截面

而单独考虑各个狭长矩形截面杆的变形,则可用式(5.23)且取 $\beta = \dfrac{1}{3}$,因此有物理条件:

$$\varphi_1 = \frac{3T_1 l}{Gh_1 b_1^3}, \qquad \varphi_2 = \frac{3T_2 l}{Gh_2 b_2^3}。 \tag{②}$$

再考虑协调条件,即有

$$\varphi_1 = \varphi_2 \tag{③}$$

由上述①~③三式,即可得到两个狭长矩形截面杆各自所承担的扭矩为

$$T_1 = \frac{h_1 b_1^3}{h_1 b_1^3 + h_2 b_2^3} T, \quad T_2 = \frac{h_2 b_2^3}{h_1 b_1^3 + h_2 b_2^3} T。$$

由上式即可导出横截面上最大切应力等一系列的结论。

将上述方法推广到一般的由 n 个狭长矩形组成横截面的情况,便可得到以下结论:

(1)在这 n 个矩形中的第 i 个矩形上所承受的扭矩

$$T_i = \frac{Th_i b_i^3}{3I_n}, \tag{5.24a}$$

式中，I_n 可认为是横截面的一种相当的极惯性矩，

$$I_n = \sum_{j=1}^{n} \frac{1}{3} h_j b_j^3 \text{。} \tag{5.24b}$$

（2）第 i 个矩形长边上的切应力

$$\tau_i = \frac{Tb_i}{I_n} \text{。} \tag{5.25}$$

由上式可知，整个横截面上的最大切应力发生在厚度最大的狭长矩形的长边上。

（3）构件中相距单位长度的两截面间的相对转角

$$\theta = \frac{T}{GI_n} \text{。} \tag{5.26}$$

5.6.2　闭口薄壁杆件的扭转

对于横截面形同图 5.24 的闭口薄壁杆件，由切应力互等定理可知，横截面上切应力方向与边缘曲线相切。同时，由于壁厚很薄，可以认为切应力沿壁厚是均匀分布的。这样，切应力的图像形成了一个环流，常称之为**切应力流**（shearing stress flow）。

为了讨论这种切应力流的规律，可以想象在薄壁杆件中切出一个长度为 dx 的区段，然后取其一部分，如图 5.25 所示。这一部分右端的切应力为 τ_1，厚度为 δ_1；左端的切应力为 τ_2，厚度为 δ_2。根据切应力互等定理，这部分的右侧面也有切应力 τ_1，左侧面也有切应力 τ_2。这样，考虑 x 方向上的力平衡就可得

$$\tau_2 \cdot \delta_2 \mathrm{d}x = \tau_1 \cdot \delta_1 \mathrm{d}x,$$

图 5.24　切应力流

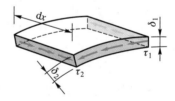

图 5.25　微元区段

即

$$\tau_2 \delta_2 = \tau_1 \delta_1 \text{。} \tag{5.27}$$

这说明，在闭口薄壁杆件的横截面中，某处的壁厚 δ 与该处切应力 τ 之积为常数，可记为

$$Q = \tau \delta \text{。} \tag{5.28}$$

Q 可认为是切应力流的一种度量。

由于切应力的合力矩就是作用在横截面上的扭矩，因此，如图 5.26 所示，有

$$T = \oint_s \rho \cdot \tau \delta \sin \alpha \mathrm{d}s = \tau \delta \oint_s \rho \sin \alpha \mathrm{d}s,$$

式中，α 是 ds 的切线方向与矢径 ρ 之间的夹角。注意到 $\rho \sin \alpha \mathrm{d}s$

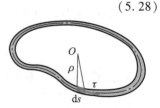

图 5.26　横截面

就是图 5.26 中 ds 与它前后两个 ρ 所夹的微小三角形的面积的 2 倍,故有

$$\tau = \frac{T}{2\omega\delta}。 \tag{5.29}$$

式中,δ 是壁厚,ω 是中线曲线所包围的面积。根据这一式子可知,最大切应力存在于壁厚最小之处,这一性质与开口薄壁杆件正好相反。

在第 11 章的例 11.3 中将用能量方法证明,自由扭转的闭口薄壁杆件两端面的相对扭转角为

$$\varphi = \frac{Tl}{4G\omega^2}\oint_s \frac{ds}{\delta}。 \tag{5.30}$$

式中,l 是杆件的长度,闭合曲线积分是沿横截面壁厚中线 s 进行的。若壁厚不变,则上式可简化为

$$\varphi = \frac{Tls}{4G\omega^2\delta}。 \tag{5.31}$$

式中,s 为横截面壁厚中线的总长度。

例 5.10　如图 5.27 所示的两薄壁杆件的尺寸、材料完全相同,右为闭口杆件,左为开口杆件,且切口很小。比较两者在相同扭矩 T 作用下的最大切应力和单位长度转角。

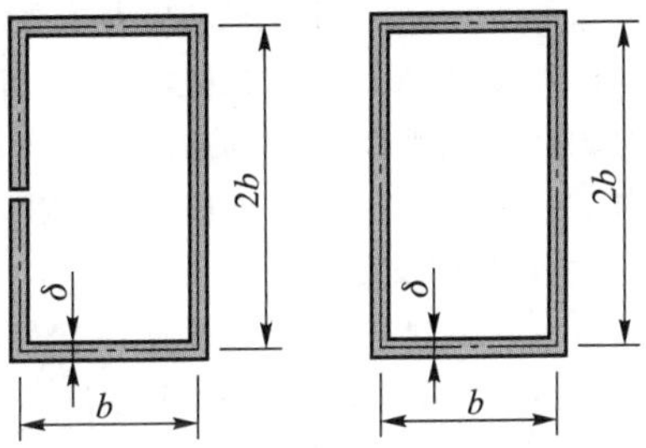

解:可把开口杆件横截面展直为一个狭长矩形,然后按式(5.22)计算其最大切应力,即

$$\tau_{max} = \frac{3T}{hb^2} = \frac{T}{2b\delta^2}。$$

而单位长度转角,则可由式(5.23)导出,即

$$\theta = \frac{3T}{Ghb^3} = \frac{T}{2Gb\delta^3}。$$

式中,G 为材料的切变模量。

图 5.27　两种薄壁杆件的横截面

对于闭口杆件,其中线所包围的面积

$$\omega = 2b^2,$$

因此,其最大切应力

$$\tau'_{max} = \frac{T}{2\omega\delta} = \frac{T}{4b^2\delta},$$

单位长度扭转角

$$\theta' = \frac{Ts}{4G\omega^2\delta} = \frac{T \cdot 6b}{4G(2b^2)^2\delta} = \frac{3T}{8Gb^3\delta}。$$

两种结构形式最大切应力之比

$$\frac{\tau_{max}}{\tau'_{max}} = \frac{T}{2b\delta^2} \cdot \frac{4b^2\delta}{T} = \frac{2b}{\delta}。$$

两者单位长度转角之比

$$\frac{\theta_{max}}{\theta'_{max}} = \frac{T}{2Gb\delta^3} \cdot \frac{8Gb^3\delta}{3T} = \frac{4b^2}{3\delta^2}。$$

　　注意到在例 5.10 的薄壁杆件中，b 比 δ 大许多，因此，若将开口薄壁杆件用焊接等方式改造为闭口杆件，则将极大地提高构件的强度和刚度。同时例 5.10 也说明，开口薄壁杆件承受扭转作用常常是很不利的，应采取适当措施加以避免。

　　应当再次说明，上面关于薄壁杆件的扭转，都是针对自由扭转的。如果是约束扭转，则横截面上不仅有切应力，还有正应力出现[①]。

思 考 题 5

　　5.1　推导圆轴扭转的切应力公式 $\tau=\dfrac{Tr}{I_{\mathrm{P}}}$ 的思路分几个主要步骤？这些步骤各采用了何种假设？

　　5.2　圆轴扭转的切应力公式的适用范围是什么？

　　5.3　圆轴扭转时横截面上切应力方向为什么总是垂直于半径？

　　5.4　在用料相等的条件下，为什么空心圆轴比实心圆轴的抗扭强度高？空心圆轴的强度与内外径之比 α 在理论上呈什么关系？在工程中是否 α 越大越好？

　　5.5　在分段等截面圆轴的扭转问题中，是否扭矩最大的区段中横截面上的切应力总是最大？是否直径最大的区段中横截面上的切应力总是最小？

　　5.6　如图所示，在受扭圆轴内取一个微元体，该微元体 A 面在横截面上，B 面在与圆柱外表面同轴的圆柱面上，C 面则在过轴线的纵截面上。同时该微元体不在轴线上。受扭前微元体为立方体，在受扭后这三个面中，哪一个（或一些）面由正方形变为平行四边形？哪一个（或哪些）面的形状没有变化？

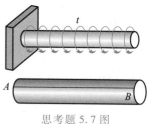

思考题 5.6 图

　　5.7　如图所示，圆轴左端固定，全轴承受均布力偶矩 t。变形前取一条母线 AB，关于变形后这条线的形状的正确叙述是：

　　（a）仍然是一条直线；

　　（b）成为一条抛物线，且 A 端处抛物线的切线平行于轴线；

　　（c）成为一条抛物线，且 B 端处抛物线的切线平行于轴线；

　　（d）成为一条曲线，且 AB 两处曲线的切线都不平行于轴线。

　　5.8　求解扭转超静定问题的主要环节是什么？

　　5.9　某矩形截面轴扭转时，如果已知满足平截面假设，其横截面上存在着何种应力？

　　5.10　在矩形截面轴自由扭转时，横截面上切应力分布有什么规律？是否离轴心越远的地方切应力越大？

思考题 5.7 图

　　5.11　承受扭转作用的开口薄壁杆件与闭口薄壁杆件的横截面上，切应力沿壁厚方向上的分布有什么区别？两者横截面上的最大切应力产生的位置有什么区别？

　　5.12　理想实验：理想实验不是通过物化过程而实现的实验，而是由人们根据人所共知的逻辑法则设想出来的一种抽象思维活动。在材料力学中，许多结论或定理也可以通过理想实验来得到证实。下面，我们就针对圆轴扭转的平截面假设做一番逻辑分析，并证实这一结论。

[①]　相关分析可参看参考文献［3］、［12］等。

（1）考虑如图(a)所示的圆轴。如果通过轴的各个平面上的对应点的位移情况完全相同,如图(b)所示,那就可以称变形为轴对称的。当圆轴在两端承受扭矩作用,如图(a)所示,其变形是轴对称的吗?位于圆轴两端面的观察者所观察到的圆轴扭转变形应该存在什么样的关系?

（2）根据你的结论,请利用在圆轴两端面的观察者考察图(c)中位于同一圆周上的两点 A 和 B,在变形前和变形后这两点间的距离会发生变化吗?这两点在变形的过程中可以如图(c)所示的那样,从一个圆周的位置上变到另一个圆周的位置上吗?由此可以说明什么?

（3）再次利用在圆轴两端面的观察者考察图(d)的情况,一条直径在变形的过程中可以发生如图所示的弯曲吗?由此可以说明什么?

请你从上述分析中导出平截面假设。

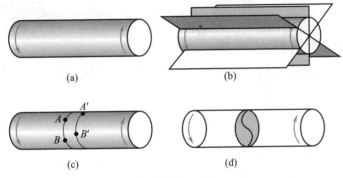

思考题 5.12 图

习 题 5（A）

5.1 试证明公式 $\{M\}_{kN \cdot m} = 9.550 \dfrac{\{P\}_{kW}}{\{n\}_{r/min}}$。

5.2 如图所示,已知空心圆轴 B 点处扭转切应力为 36 MPa,求 A 点和 C 点的切应力大小。

5.3 某传动轴,转速 $n = 300$ r/min,轮 B 为主动轮,输入功率 $P_1 = 50$ kW,轮 A、轮 C 与轮 D 为从动轮,输出功率分别为 $P_2 = 10$ kW,$P_3 = P_4 = 20$ kW。

（1）试画轴的扭矩图,并求轴的最大扭矩;

（2）若许用切应力 $[\tau] = 80$ MPa,试确定轴径 d;

（3）若将轮 B 与轮 C 的位置对调,轴的最大扭矩为何值?对调对轴的强度是否有利?

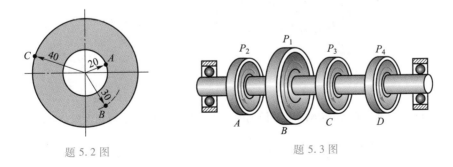

题 5.2 图   题 5.3 图

5.4　某个变速箱简图如图所示。电动机输入处的①号轴与②号轴的转速比是 3 : 1,而②号轴与③号轴的转速比是 5 : 1。各轴的许用切应力[τ] = 160 MPa。若机构需要③号轴以 n = 100 r/min 的转速输出扭矩 T = 500 N·m,不考虑功率的损耗,求①号轴的输入功率。只考虑扭转的影响,试求②号轴与③号轴允许的最小直径。

5.5　图示的结构用伞齿轮传递扭矩。已知齿轮①的半顶角 α = 22.5°,与之相连的轴直径 d₁ = 80 mm。若两轴材料相同,在相同的剪切强度条件下设计齿轮②的轴直径 d_2。

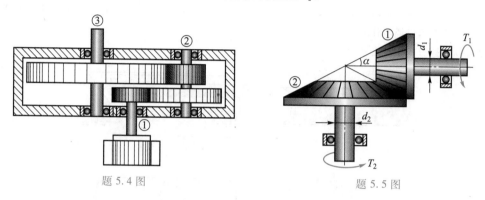

题 5.4 图　　　　　　　　　　　　　题 5.5 图

5.6　图示的圆轴的许用切应力[τ] = 64 MPa,试求均布力偶矩 t 的取值范围。

5.7　如图所示的圆轴两端作用有 1 kN·m 的扭矩。D_1 = 40 mm,D_2 = 50 mm。内孔径不变且 d = 30 mm。求圆轴横截面上的最大切应力和最小切应力。

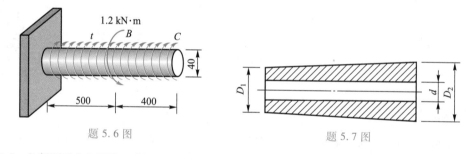

题 5.6 图　　　　　　　　　　　　题 5.7 图

5.8　如图所示实心圆轴承受扭矩 T = 3 kN·m 作用。试求:

(1)轴横截面上的最大切应力;

(2)轴横截面上直径为 30 mm 的阴影部分(右图)所承受的扭矩占全部横截面上扭矩的百分比为多少?

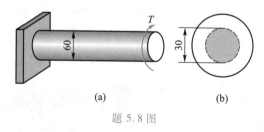

(a)　　　　　　　　　(b)

题 5.8 图

5.9　用同种材料制成的实心圆轴和空心圆轴的横截面面积相等,空心圆轴内外径之比为 α。证明实心轴许用扭矩[T_1]与空心轴许用扭矩[T_2]之比 $\dfrac{[T_1]}{[T_2]} = \dfrac{\sqrt{1-\alpha^2}}{1+\alpha^2}$。

5.10　图示圆轴横截面上的扭矩为 T，试求四分之一截面上内力系的合力大小、方向及作用点。

5.11　图示的钻杆的有效直径为 d，假定钻入工件部分的阻力矩 t 是均布的，材料的切变模量为 G。

（1）求钻杆横截面上的最大切应力；

（2）求自由端 B 与固定端 A 的相对转角；

（3）试绘出 AB 区段的转角图。

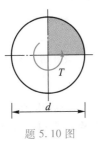
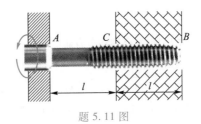

题 5.10 图　　　　　　　　　　　题 5.11 图

5.12　图示的圆轴左段为实心圆轴，轴径 $D_1=60$ mm，轴长 $l_1=600$ mm，右段为空心轴，外径 $D_2=40$ mm，内径 $d_2=20$ mm，轴长 $l_2=300$ mm。承受的外荷载 $M_1=3$ kN·m，$M_2=1$ kN·m，材料的弹性模量 $E=200$ GPa，泊松比 $\nu=0.25$。自由端对固定端的相对转角为多少度？

5.13　圆轴的转速 $n=250$ r/min，传递功率 $P=60$ kW。许用切应力 $[\tau]=40$ MPa，单位长度的许用转角 $[\theta]=0.8$ (°)/m，材料的切变模量 $G=80$ GPa，试确定轴径。

5.14　阶梯形圆轴直径分别为 $d_1=40$ mm，$d_2=70$ mm，轴上装有三个带轮，如图所示。已知由轮 3 输入的功率为 $P_3=30$ kW，轮 1 输出的功率为 $P_1=13$ kW，轴作匀速转动，转速 $n=200$ r/min，材料的许用切应力 $[\tau]=60$ MPa，切变模量 $G=80$ GPa，许用扭转角 $[\theta]=2$ (°)/m。只考虑扭转，且不考虑带轮的厚度，试校核轴的强度和刚度。

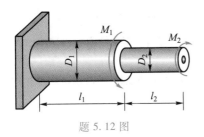
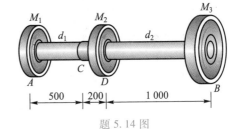

题 5.12 图　　　　　　　　　　　题 5.14 图

5.15　直径 $d=25$ mm 的钢杆，受轴向拉力 60 kN 作用时，在标距为 200 mm 的长度内伸长了 0.113 mm。当它受一对大小为 0.2 kN·m 的扭矩作用时，在标距为 200 mm 的长度内转角为 0.732°。试求钢材的弹性常数 E、G 和 ν。

5.16　如图所示的传动轴转速 $n=500$ r/min，主动轮 A 输入功率 $P_1=300$ kW，从动轮 B 和 C 分别输出功率 $P_2=100$ kW 和 $P_3=200$ kW。已知 $[\tau]=80$ MPa，$G=70$ GPa，$[\theta]=1$ (°)/m。

（1）试确定 AB 段和 BC 段的直径；

（2）调整三个轮子的位置使之更为合理，将 AB 和 BC 两段直径选为相等，再次设计轴径。

5.17　如图所示的结构中，BC 和 CD 区段均为 $d=30$ mm 的圆轴，BC 区段 $G_1=20$ GPa，CD 区段 $G_2=60$ GPa。BC 和 CD 之间牢固连接。D 处为固定端，B 处为轴式支承。AB 区段可视为刚性的。若要使 A 处的作用力 F 每增加 50 N，A 处的竖向位移就增加 1 mm，两个区段 BC 和 CD 的长度应各取多少？

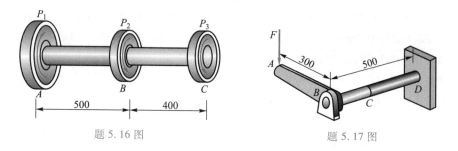

| 题 5.16 图 | 题 5.17 图 |

5.18 在图示的圆轴中,已知均布力偶矩 $t = \dfrac{2M}{l}$,材料的切变模量为 G,求 A、B 截面的相对转角和 A、C 截面的相对转角。

5.19 总长度为 $2l$、直径为 d 的搅拌棒有一半在液体中,如图所示。棒顶端作用有一个集中力偶矩 M。若液体对于棒的阻力矩与深度成正比,其最下端的阻力矩集度为 t_0,搅拌棒的切变模量为 G。试求:

(1)搅拌棒横截面上的最大切应力;

(2)搅拌棒上、下端面之间的相对转角。

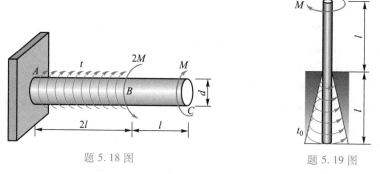

| 题 5.18 图 | 题 5.19 图 |

5.20 如图所示,全长为 l,两端直径分别为 d_1 与 d_2 的实心圆锥形杆,其锥度很小,在两端面承受一对大小为 M 的力偶矩作用。试求杆两端面的扭转角。

5.21 在如图所示的结构中,螺栓的材料相同,直径均为 d,传递的扭矩为 T,求每个螺栓的平均切应力。

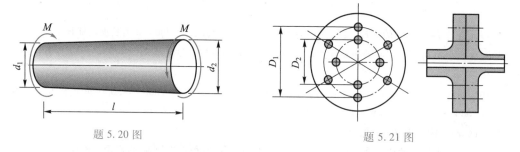

| 题 5.20 图 | 题 5.21 图 |

5.22 由厚度 $\delta = 8$ mm 的钢板卷制成的圆筒,平均直径为 $D = 200$ mm。接缝处用铆钉铆接。若筒的两端受扭矩 $T = 5$ kN · m 作用,铆钉直径 $d = 20$ mm,许用的切应力 $[\tau] = 60$ MPa,挤压应力 $[\sigma_{bs}] = 160$ MPa,试求铆钉的间距 s。

5.23 如图所示的结构中,空心圆轴 AB 内径 $d = 20$ mm,外径 $D = 40$ mm,$l = 100$ mm,$F = 5$ kN,材料切变

模量 $G=60$ GPa。若许用切应力$[\tau]=80$ MPa，轴的任意两个横截面的相对转角不得超过 0.1°。校核该轴的强度和刚度。

5.24　圆轴两端固定，在 B、C 两截面作用有相等的扭矩 $T=3$ kN·m。若材料的许用切应力$[\tau]=72$ MPa，切变模量 $G=50$ GPa，$l=300$ mm。

（1）试确定轴径 d；

（2）根据所选定的轴径计算 A、B 两截面间和 A、C 两截面间的相对转角。

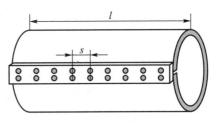

题 5.22 图

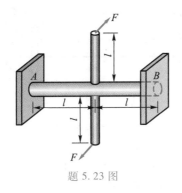

题 5.23 图

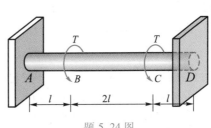

题 5.24 图

5.25　圆轴两端固定，其抗扭刚度 GI_p 为常数。求两端的支座约束力偶矩。

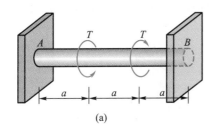

(a)

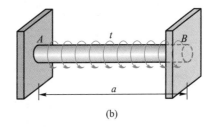

(b)

题 5.25 图

5.26　图示阶梯形圆轴两端固定，承受扭矩 T 的作用，其许用应力为$[\tau]$，试确定两段轴径 d_1 和 d_2。

5.27　在如图所示结构中，左右两圆杆直径相同，左杆为钢杆，右杆为铝杆，两者的切变模量之比为 3∶1，若不考虑两圆杆端部曲臂部分的变形，力 F 的作用将以怎样的比例分配到左右两杆？

5.28　如图所示两端固定的圆轴中，左右两区段材料相同，它们的直径满足 $D_1=\sqrt{2}\,D_2$，不考虑可能存在的应力集中现象，试求左右两区段横截面上的最大切应力之比。

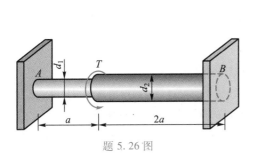

题 5.26 图

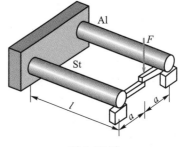

题 5.27 图

5.29 如图所示抗扭刚度为 GI_p 的圆轴右端固定,左端为铰支承,同时有一阻止转动的螺旋弹簧,其刚度为 $\beta = \dfrac{GI_p}{2a}$。轴中部有一集中力偶矩 M 的作用。试求:

(1) 力偶矩作用处截面相对于固定端的转角;

(2) 左右端面的相对转角。

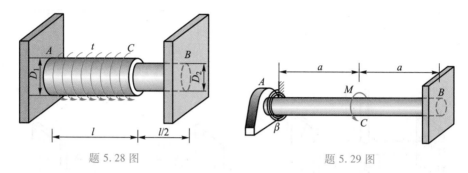

题 5.28 图   题 5.29 图

5.30 杆件的横截面面积 $A = 2\,500\ \text{mm}^2$,承受扭矩 $T = 1.5\ \text{kN} \cdot \text{m}$ 发生扭转变形,试计算横截面分别为正方形、矩形($h : b = 4$)、圆形和圆环形($\alpha = d : D = 0.5$)时横截面上的最大切应力。

5.31 图示正方形截面轴承受力偶矩作用,$M_1 = 2\ \text{kN} \cdot \text{m}$ 和 $M_2 = 1.5\ \text{kN} \cdot \text{m}$,材料许用切应力 $[\tau] = 80\ \text{MPa}$,自由端相对于固定端的许用转角 $[\varphi] = 1°$,$G = 70\ \text{GPa}$,试确定截面边长。

5.32 如图所示的结构由同种材料的正方形截面轴 AB 和圆轴 BC 组成。材料的切变模量 $G = 45\ \text{GPa}$,许用切应力 $[\tau] = 90\ \text{MPa}$。结构在 A 端固定,并承受 B 处的 $M_1 = 1.8\ \text{kN} \cdot \text{m}$ 和 C 处的 $M_2 = 2.2\ \text{kN} \cdot \text{m}$ 两个外力偶矩作用。

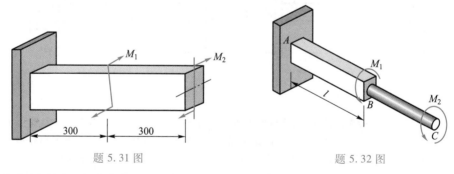

题 5.31 图   题 5.32 图

(1) 试根据强度要求分别确定正方形截面的边长 b 和圆轴直径 d;

(2) 已知正方形轴的长度 $l = 450\ \text{mm}$,若要求 A、C 截面的相对转角不超过 $3°$,根据上一问所确定的截面尺寸,试确定对圆轴 BC 的长度的限制。

5.33 壁厚为 δ、平均半径为 R_0 的薄壁圆管两端承受力偶矩 M 的作用而发生扭转变形,其长度为 l,材料的切变模量为 G。

(1) 推导横截面上切应力公式;

(2) 推导圆管两端的相对扭转角公式。

5.34 外径 $D = 42\ \text{mm}$、内径 $d = 40\ \text{mm}$ 的圆管承受扭矩 $T = 500\ \text{N} \cdot \text{m}$ 的作用而发生扭转。若材料的切变模量 $G = 75\ \text{GPa}$,试计算横截面与纵截面上的切应力,以及圆管外表面母线的倾斜角。

5.35 图示薄壁圆锥形管的锥度很小,厚度 δ 不变,长度为 l。左右两端平均直径分别为 d_1 和 d_2。试求两端面的相对扭转角。

5.36 图示的两根薄壁杆件长为 1.5 m,两端作用有集中力偶矩 $M = 0.3$ kN·m。材料的切变模量 $G = 80$ GPa,试求它们在自由扭转时的最大切应力和两端面间的相对转角。

5.37 两个薄壁杆件截面尺寸如图所示,其横截面面积基本相等。若材料 $G = 80$ GPa,扭矩 $T = 20$ N·m,试计算两杆在自由扭转时的单位扭转角及最大切应力。

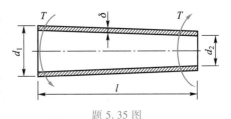

题 5.35 图

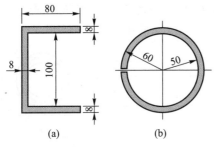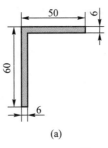 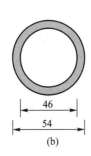

(a)　　　　(b)　　　　　　　　(a)　　　　(b)

题 5.36 图　　　　　　　　　　题 5.37 图

5.38 T 形截面薄壁杆件长 $l = 2$ m,截面尺寸如图所示。材料的切变模量 $G = 80$ GPa,截面上的扭矩 $T = 200$ N·m。试求在自由扭转时截面上的最大切应力及两端面的扭转角。

5.39 图示的正三角形截面薄壁杆件长为 1.5 m,厚度均为 $\delta = 6$ mm。两端承受集中偶矩 $M = 0.5$ kN·m。材料切变模量 $G = 70$ GPa,求横截面上的最大切应力和两端面间的相对转角。

5.40 图示的椭圆截面薄壁杆件长为 1.5 m,厚度均为 $\delta = 6$ mm。两端承受集中偶矩 $M = 3$ kN·m。材料切变模量 $G = 70$ GPa,求横截面上的最大切应力和两端面间的相对转角。

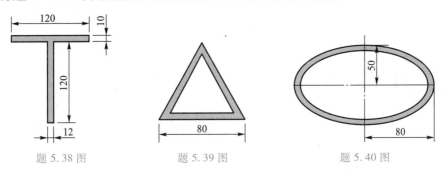

题 5.38 图　　　　　　题 5.39 图　　　　　　题 5.40 图

5.41 某种轻型飞行器机翼的横截面如图所示,其圆弧部分壁厚为 1.5δ,其余部分壁厚为 δ。若机翼承受扭矩 600 N·m,材料 $[\tau] = 30$ MPa,不考虑应力集中因素,试确定 δ。

5.42 图示两个薄壁杆件截面的外半径 R_2 和内半径 R_1 对应相等。左边的杆件内外圆同心,右边的杆件内外圆心相差 e。试求右边和左边两个杆件许用扭矩之比 $[T_r] : [T_l]$。

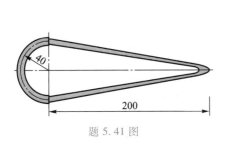　　　　　　　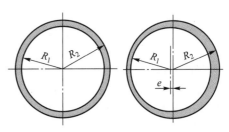

题 5.41 图　　　　　　　　　　题 5.42 图

习 题 5（B）

5.43 直径为 d 的圆轴两端承受扭矩 T 作用产生扭转变形。在轴中部截取长为 l 的区段,作其过轴线的纵截面 $ABCD$,求该截面上全部应力的合力和合力矩。

5.44 两根等长度的钢管松套在一起。当内管受扭矩 $T=2\,\mathrm{kN\cdot m}$ 作用时,将两管的两端焊接起来,然后去掉扭矩。此时两管内横截面上的最大切应力各为多少? 试画出横截面上的应力分布图。

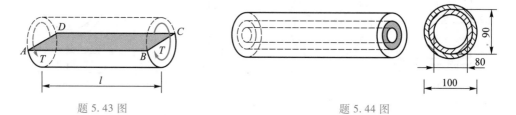

题 5.43 图   题 5.44 图

5.45 直径为 d、长度为 l 的圆轴 AB 两端分别与刚性板 CD 和 BE 固结,固结处均装有固定轴承使轴可以绕自身轴线转动但不能移动。C、D 两处均有刚度系数为 k 的弹簧相连。试求力 F 作用点处的竖向位移。

5.46 图示三根圆柱直径均为 d,材料的切变模量均为 G。除圆柱外的其他部件均可视为刚体。圆柱 OC 下底面与地基牢固联接,圆柱 DA' 顶面有力偶矩 M 作用。求 A、B 两处在图示固定坐标系中 x 方向上的位移(记为 u)和 y 方向上的位移(记为 v)。

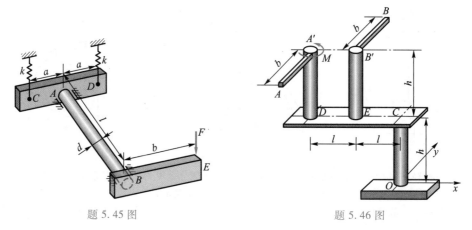

题 5.45 图   题 5.46 图

5.47 图示抗扭刚度为 GI_p 的圆轴左右两端固定,C 截面处有一个阻止圆轴转动的螺旋弹簧,刚度 $\beta=\dfrac{3GI_\mathrm{p}}{a}$。$D$ 截面处有一集中力偶矩 M 的作用。试求两端面的支座约束力偶矩。

5.48 圆轴两端承受扭矩 T 的作用而产生扭转变形,材料的应力-应变关系满足 $\tau=C\gamma^{\frac{1}{n}}$,如图所示。式中,$C$ 和 n 是由实验确定的常数。试根据平截面假设导出横截面切应力公式。

5.49 空心圆轴内径 $d=60\,\mathrm{mm}$,外径 $D=100\,\mathrm{mm}$,其材料的应力-应变关系如图所示。求圆轴的屈服扭矩和极限扭矩。

5.50 空心圆轴外径 $D=100\,\mathrm{mm}$,内径 $d=50\,\mathrm{mm}$。材料的切变模量 $G=40\,\mathrm{GPa}$,剪切屈服极限 $\tau_\mathrm{s}=80\,\mathrm{MPa}$。

（1）试求横截面上的屈服扭矩和极限扭矩；

（2）若横截面上的扭矩刚达到极限扭矩即完全卸载，求卸载后截面外边沿和内边沿处的残余应力。

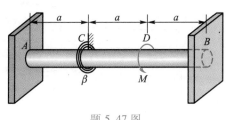

题 5.47 图　　　　　　　　　　题 5.48 图

5.51　长度 $l=1.2$ m、直径 $d=50$ mm 的实心圆轴两端承受扭矩 $T=4.6$ kN·m 的作用。材料的切变模量 $G=77$ GPa，剪切屈服极限 $\tau_s=150$ MPa。试求：

（1）横截面弹性区域的半径 R_s；

（2）两端面之间的相对转角；

（3）完全卸载后的残余应力。

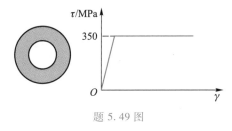
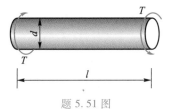

题 5.49 图　　　　　　　　　　题 5.51 图

5.52　长度为 l、外径为 D 的铜套内有一个锥形钢轴。钢轴左端直径为 d_1，右端直径为 d_2。两种材料的切变模量分别为 G_{Cu} 和 G_{St}。两轴牢固结合，轴两端作用有力偶矩 M，导出横截面上的切应力分布公式。

5.53　如图所示的薄壁圆筒长度为 l，平均半径为 R。上半圆周壁厚为 δ_1，下半圆周壁厚为 δ_2。$\delta_1<\delta_2$。圆筒承受扭矩 T。求横截面上最大切应力和圆管两端的相对转角。

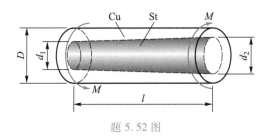
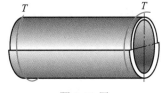

题 5.52 图　　　　　　　　　　题 5.53 图

5.54　如图所示，有一截面为矩形的闭口薄壁杆件，其横截面面积 A 和厚度 δ 保持不变，而比值 $\beta=\dfrac{a}{b}$ 可以改变，在扭矩 T 作用下，试证明切应力 τ 正比于 $\dfrac{(1+\beta)^2}{\beta}$。

5.55　如图所示的变截面实心圆轴承受线性变化的分布力偶矩作用。圆轴长度为 l，分布力偶矩左端为 t_1，右端为 t_2。由于结构需要，圆轴左端的直径为 d_1，求圆轴的合理直径。

5.56　散热器由材料相同的一个圆管和八个在环周上均布的散热片牢固焊接而成，其横截面如图所示。圆管和散热片的厚度均为 $\delta=5$ mm，圆管平均直径 $d=80$ mm，散热片宽度 $h=75$ mm，若散热器横截面承

受扭矩 $T = 2\,\mathrm{kN} \cdot \mathrm{m}$，求在自由扭转时圆管和散热片中的最大切应力。

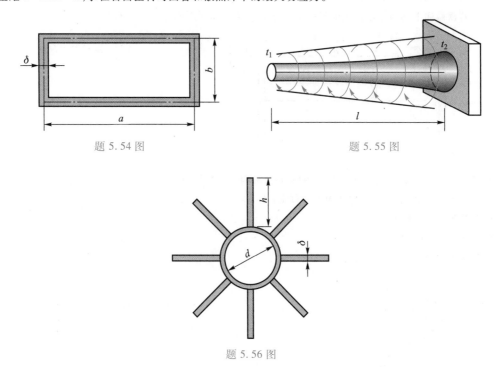

题 5.54 图　　　　　　　　　　　　　题 5.55 图

题 5.56 图

第6章 梁的弯曲应力

杆件在横向荷载的作用下会发生弯曲变形，通常把发生弯曲变形的杆件称为梁。

如果梁的轴线在弯曲前、后的位置保持在同一个平面内，则称梁处于平面弯曲（plane bending）状态。如果梁的横截面具有对称轴，那么，梁的各个横截面的对称轴构成整个梁的对称面。显然，梁的轴线在这个对称面内。如果外荷载也位于这个对称面上，那么，这个梁的弯曲就是一种典型的平面弯曲。

当梁或梁的一部分只有弯矩而没有剪力作用，则称其处于纯弯曲（pure bending）状态；存在剪力的弯曲则称为横力弯曲（transverse load bending）。

通过实验可以对梁的纯弯曲提出两个假设：

（1）平截面假设：梁的横截面在弯曲时保持为平面，并与轴线保持垂直，如图 6.1(a)所示。

（2）单向受力假设：梁在弯曲时轴向纤维只产生轴线方向上的拉伸或压缩变形，这些轴向纤维之间没有相互拉离或挤压的作用。

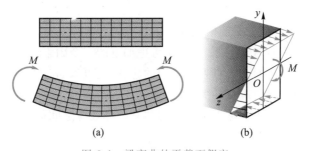

图 6.1 梁弯曲的平截面假定

梁在负弯矩的作用下，靠近下表面的纵向纤维缩短了，而靠近上表面的纵向纤维伸长了，如图 6.2 所示。根据变形的连续性可以断定，在梁中总有一个面上的纵向纤维既不伸长也不缩短，这一层称为中性面（neutral surface），如图 6.2 所示梁内部深色的面。中性面与横截面的交线称为中性轴（neutral axis）。

利用中性轴的概念，再利用平截面假设就可以知道，在弯曲变形的过程中，若不考虑梁的横截面可能存在的局部的刚体平移和转动，只就变形而言，它将会绕着自己的中性轴旋转一个微小的角度，如图 6.1(b)所示的那样。根据这一变形现象，可以得到如下的判断：

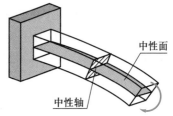

图 6.2 中性面和中性轴

（1）变形的主要形式是轴线方向上的拉伸（图 6.2 所示中性层上方）和压缩（图 6.2 所示中性层下方）。因此，横截面上的应力是正应力。在图 6.2 所示的情况下，中性轴上侧为拉应力，下侧为压应力。

（2）正应力的大小与到中性轴的距离成正比,在图 6.1(b)所示的坐标系中,应有 $\sigma \propto y$。

（3）与此同时,如果只考虑线弹性材料(即满足胡克定律的材料),可以看出,横截面上的正应力与这个横截面上的弯矩成正比,即应有 $\sigma = kMy$,式中,k 是一个比例系数。

（4）很显然,横截面上的正应力应该与横截面的形状尺寸有关,因此,k 应该与横截面的形状尺寸有关。根据量纲分析,可以导出 k 的量纲为 L^{-4}(L 为长度量纲)。

根据圆轴扭转的切应力公式 $\tau = \dfrac{Tr}{I_p}$,读者可能会猜想到,弯曲正应力公式应该为 $\sigma = \dfrac{My}{I_z}$。

当然,上述分析和猜想应该接受严格的定量分析的检验。本章将首先导出弯曲正应力公式。

6.1　梁的弯曲正应力

在弯曲时,梁的横截面上存在着正应力,弯矩则是截面上全部正应力作用的整体性的体现。在本节中,将导出弯曲正应力公式,再讨论它的应用。

6.1.1　梁横截面上的正应力公式

本节将导出纯弯曲情况下梁的横截面上的正应力公式。在分析横截面上正应力分布的规律时,与分析许多变形体力学问题一样,应考虑如下的三个因素:

（1）几何条件,即横截面上各点处沿轴向的应变,这可以通过平截面假设来考虑。

（2）物理条件,即应力与应变的关系,在弹性变形范围内,这种关系就是胡克定律。

（3）力学条件,这体现为横截面上正应力与其整体效应之间的关系,即正应力与轴力的关系,以及正应力与弯矩的关系。

几何条件:在本节中,只考虑横截面具有左右对称轴的情况,并把对称轴选为 y 轴,如图 6.3 所示。将中性轴选为 z 轴(下面将确定中性轴的具体位置)。过 y、z 轴的交点,将轴延伸的方向选为 x 轴。在 x 轴方向上截取梁的一个微元区段 $\mathrm{d}x$,在弯矩 M_z 的作用下,根据平截面假设,这个区段的两个横截面仍分别保持为平面,而且它们之间有了相对的夹角 $\mathrm{d}\theta$,如图 6.4 所示。同时,中性层有了曲率,设微元区段处中性层的曲率半径为 ρ。虽然中性层有了曲率,但是中性层自身沿 x 轴方向的长度没有变化,因此有 $\mathrm{d}x = \rho \mathrm{d}\theta$。

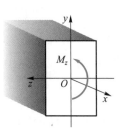

图 6.3　梁的坐标系

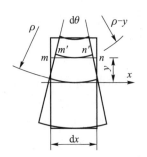

图 6.4　纯弯梁的微元区段

考虑该区段中坐标为 y 处沿 x 轴方向的微元线段 mn 的变形,变形后 mn 成为弧段 $m'n'$,其长度变为 $(\rho-y)\mathrm{d}\theta$,如图 6.4 所示,因此,该处沿 x 轴方向的应变

$$\varepsilon = \frac{m'n'-mn}{mn} = \frac{(\rho-y)\mathrm{d}\theta-\mathrm{d}x}{\mathrm{d}x} = \frac{(\rho-y)\mathrm{d}\theta-\rho\mathrm{d}\theta}{\rho\mathrm{d}\theta},$$

即

$$\varepsilon = -\frac{y}{\rho}。 \tag{6.1}$$

这就是根据平截面假设导出的应变表达式。显然,在横截面上,中性层的曲率是不变化的,因此,上式说明梁轴线方向上的线应变与到中性轴的距离成正比。这正是平截面假设所表达的内容。

　　物理条件:在线弹性范围内,线应变与正应力之间满足

$$\sigma = E\varepsilon = -E\frac{y}{\rho}。 \tag{6.2}$$

因此,正应力与该截面处中性层的曲率成正比;同时,正应力沿截面的 y 轴方向呈线性分布。

　　力学条件:横截面上的正应力是一个分布力系,这个分布力系的整体效应体现为横截面的轴力和弯矩。一方面,正应力在横截面上的积分构成轴力,但横截面上没有轴力,即

$$\int_A \sigma \mathrm{d}A = F_N = 0, \tag{①}$$

将式(6.2)代入式①可得

$$\int_A \left(-\frac{E}{\rho}y\right)\mathrm{d}A = -\frac{E}{\rho}\int_A y\mathrm{d}A = -\frac{E}{\rho}S_z = 0,$$

上式中的分式项不可能为零,故必定有

$$S_z = 0。 \tag{6.3}$$

这说明,中性轴必定通过截面的形心。由此即可事先确定 z 轴的位置。

　　另一方面,微元面 $\mathrm{d}A$ 上的力 $\sigma\mathrm{d}A$ 对 z 轴的矩在横截面上的积分构成弯矩,即

$$\int_A y\sigma\mathrm{d}A = -M_z。 \tag{②}$$

上式中的负号是这样得到的:由图 6.3 可看出,在 y 坐标取正(z 轴上方)的部位,微元面积 $\mathrm{d}A$ 上的拉应力 $\sigma\mathrm{d}A$ 对 z 轴的矩沿着图示 z 轴的负方向。这样,将式(6.2)代入式②可得

$$M_z = -\int_A y\left(-\frac{E}{\rho}y\right)\mathrm{d}A = \frac{E}{\rho}\int_A y^2\mathrm{d}A,$$

所以,有

$$\frac{1}{\rho} = \frac{M_z}{EI_z}, \tag{6.4}$$

式中,

$$I_z = \int_A y^2\mathrm{d}A \tag{6.5}$$

正是截面对 z 轴的惯性矩(见附录 Ⅰ)。将式(6.4)代入式(6.2)即可得正应力计算公式

$$\sigma = -\frac{M_z}{I_z}y。 \tag{6.6}$$

这就是梁在纯弯曲情况下横截面上的正应力公式。这个公式给出了横截面上正应力分布的规律：

（1）中性轴是过横截面形心的一条直线，中性轴上正应力为零。

（2）以中性轴为界，横截面上的一侧受拉，另一侧受压。

（3）离中性轴越远，正应力的绝对值越大。在横截面上离中性轴最远的边（例如，矩形截面）或者点（例如，圆形截面）上有最大的拉应力和最大的压应力。

图 6.5 给出了当弯矩为正值时几种典型横截面上正应力分布的概貌。由于弯矩为正，因此，总是中性轴的下侧受拉，上侧受压。如图 6.5(a)、(b)所示的两种情况下，中性轴是上下对称轴，因此，最大拉应力与最大压应力数值相等。如图 6.5(c)、(d)所示的两种情况下，中性轴不是对称轴，因此，最大拉应力与最大压应力数值不相等。

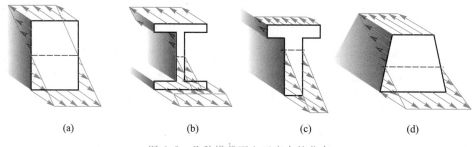

(a)　　　　　　(b)　　　　　　(c)　　　　　　(d)

图 6.5　几种横截面上正应力的分布

可以看出，如果横截面不具有左右对称轴，只要将坐标系原点放在横截面形心处，仍然可以导出与式(6.1)～式(6.6)相同的一系列结论。

应当说明，式(6.6)中的负号是非本质的，它与坐标的选择有关。在一般情况下，可根据弯矩对中性层两侧的拉压作用直接判断正应力的符号，而不必将负号带入计算式中。至于弯矩对中性层两侧的作用是拉还是压，在简单情况下可根据梁的变形情况直接进行判断。在复杂情况下，则可依靠弯矩图进行判断。当弯矩为正时，弯矩图画在横轴上方，此时中性轴上侧受压；当弯矩为负时，弯矩图画在横轴下方，此时中性轴下侧受压。所以，通俗地说，弯矩图总是画在中性轴受压一侧。但是要注意，这一规律是与弯矩图向上为正的规定相呼应的。有的教材规定弯矩图向下为正，那么弯矩图就总是画在受拉一侧。

式(6.6)的推导与横截面的具体形状无关。但应该注意，该式仅在最大正应力在线弹性范围内时适用。

式(6.4)同样也是一个值得重视的公式。当梁轴线弯曲的曲率半径已知时，可以利用这一式子来求弯矩。同时，这一公式在理论推导，尤其是在下一章讨论梁的弯曲变形时起着重要的作用。

在横力弯曲的情况下，横截面上有剪力，因而有切应力存在，这样，横截面将会产生翘曲，平截面假设不再严格地成立。但是，以后本书将说明，对一般细长梁而言，切应力数值比正应力数值小很多，因而翘曲是微小的。工程中的一般杆件，式(6.6)仍然具有令人满意的精度。此外，在梁的上表面上有分布的横向力时，纵向纤维间无拉压作用的假定也不再严格地成立，但是同样可以证明，这种纵截面上的拉压作用比起横截面上的正应力要小许多。因此,在许多情况下可以忽略这一因素带来的影响①。

6.1.2 梁的最大弯曲正应力

根据式(6.6)可以计算梁弯曲时各横截面的最大正应力。根据强度要求,采用许用应力方法,应有

$$\sigma_{max}^{t} \leqslant [\sigma_{t}], \ \sigma_{max}^{c} \leqslant [\sigma_{c}]。 \tag{6.7}$$

式中的 t 表示拉,c 表示压。对于许多塑性材料,许用拉应力与许用压应力的数值相同,因此,只需计算最大拉应力和最大压应力中绝对值较大的一个即可。对于许多脆性材料,许用拉应力数值小于许用压应力数值,因此,可能要分别进行计算。

容易从式(6.6)中看出,梁横截面的最大正应力计算有两个层面。第一,由于梁中各横截面的弯矩不同,因此,应该选择可能产生最大正应力的横截面来进行计算。如果梁的弯矩图已经画好,那么这类横截面的确定是很方便的。在许多情况下,只需选择弯矩绝对值最大的横截面即可,即取式(6.6)中的 M 为 M_{max}。第二,在已选择好的横截面上,针对离中性轴最远的点进行计算,即取式(6.6)中的 y 为 y_{max}。下面分两类情况分别进行讨论。

（1）横截面中性轴是对称轴

如图 6.6 所示的矩形、圆形、工字形截面梁,都有两个对称面,而且外荷载就作用在其中一个对称面内。在这种情况下,任何一个横截面上,最大拉应力和最大压应力的数值是相等的。因此,整个梁中各个横截面上的

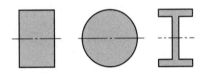

图 6.6　中性轴是对称轴的截面

最大拉应力与最大压应力必定出现在同一横截面上。这样,出现最大正应力的横截面,必定是弯矩绝对值最大的横截面。

在这类情况中,采用下式计算最大正应力的值较为方便:

$$\sigma_{max} = \frac{M_{zmax}}{W_z}, \tag{6.8}$$

式中,

$$W_z = \frac{I_z}{y_{max}} \tag{6.9}$$

称为弯曲截面系数(section modulus in bending),是一个只与截面形状尺寸有关的数据。易于导出,

矩形截面:

$$W_z = \frac{1}{6}bh^2 \left(当 \ I_z = \frac{1}{12}bh^3 \ 时\right), \tag{6.10a}$$

圆形截面:

$$W_z = \frac{1}{32}\pi D^3, \tag{6.10b}$$

环形截面:

---

① 关于这方面的误差分析可参见参考文献[28]。

$$W_z = \frac{1}{32}\pi D^3 (1 - \alpha^4),\qquad\qquad\qquad(6.10c)$$

式中,D 为外径,α 为内径与外径之比。

例 6.1　对于图 6.7(a)所示的外伸梁,承受均布荷载 $q = 10\ \text{kN/m}$,若结构要求横截面是高宽比等于 2 的矩形,材料许用应力$[\sigma] = 105\ \text{MPa}$,试确定横截面尺寸。

解:易于求得两铰处的支座约束力均为 25 000 N。由结构对称性可知,具有绝对值最大弯矩的横截面可能是铰支承处截面或中截面,如图 6.7(b)所示。可以算出,在铰支承处,$M_D = -5 \times 10^6\ \text{N} \cdot \text{mm}$,在中截面处,$M_C = 6.25 \times 10^6\ \text{N} \cdot \text{mm}$。因此,绝对值最大弯矩在中间截面,即

$$M_{\max} = 6.25 \times 10^6\ \text{N} \cdot \text{mm}。$$

危险点在中截面上下两边沿。

假设矩形截面的宽为 b,则有

$$W_z = \frac{1}{6}b(2b)^2 = \frac{2}{3}b^3。$$

故有

$$\sigma_{\max} = \frac{M_{\max}}{W_z} = \frac{3M_{\max}}{2b^3} \leqslant [\sigma],$$

即有

$$b \geqslant \sqrt[3]{\frac{3M_{\max}}{2[\sigma]}} = \sqrt[3]{\frac{3 \times 6.25 \times 10^6}{2 \times 105}}\ \text{mm} = 44.7\ \text{mm}。$$

因此,取 $b = 45\ \text{mm}$。

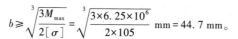

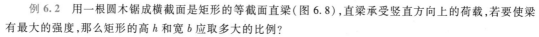

图 6.7　例 6.1 图

例 6.2　用一根圆木锯成横截面是矩形的等截面直梁(图 6.8),直梁承受竖直方向上的荷载,若要使梁有最大的强度,那么矩形的高 h 和宽 b 应取多大的比例?

解:要使梁有最大的强度,也就是要承受的荷载尽可能地大;或者说,在同样的荷载情况下,调整 h 和 b 的比例,使得横截面中上下边沿的正应力尽可能地小。根据式(6.8),这就要求 W_z 为最大。对于矩形截面,有

$$W_z = \frac{1}{6}bh^2,\qquad\qquad ①$$

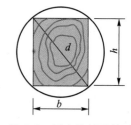

图 6.8　圆木的矩形截面

因此,本题需要求上式的极大值。注意到上式中 b 和 h 不是独立的变量,显然有

$$b^2 + h^2 = d^2,\qquad\qquad ②$$

将式②代入式①便可得

$$W_z = \frac{1}{6}b(d^2 - b^2)。$$

由 $\dfrac{\mathrm{d}W_z}{\mathrm{d}b} = 0$,即可得 $b = \sqrt{\dfrac{1}{3}}d$。再代入式②即可得 $h = \sqrt{\dfrac{2}{3}}d$,故有

$$\frac{h}{b} = \sqrt{2}。$$

(2) 中性轴不是对称轴

横截面如图 6.9 所示的一类梁只有一个竖向的对称面,外荷载就作用在这个对称面内。

在这种情况下,中性轴到上沿和到下沿的距离不相等,因此,同一横截面上最大拉应力与最大压应力的数值不等。就整个梁而言,如果梁中的弯矩不只有一个峰值,则有可能产生最大拉应力与最大压应力不在同一横截面的情况。因此,有必要对可能产生最大正应力的横截面分别进行计算。下面用一个例子来予以具体的说明。

图 6.9　只有一个对称轴的横截面

例 6.3　T 形截面外伸梁的荷载与截面尺寸如图 6.10 所示。求梁的横截面上的最大拉应力和最大压应力。

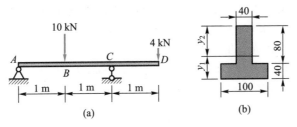

(a)　　　　　　(b)

图 6.10　T 形截面外伸梁

解:要计算正应力,必须事先计算截面惯性矩。对于本例,要计算惯性矩,还得先确定中性轴的位置,因此,应首先计算横截面的形心位置。以下边沿为基准,如图 6.10(b)所示,有

$$y_1 = \frac{100\times40\times40\div2+80\times40\times(80\div2+40)}{100\times40+80\times40}\ \text{mm} = 46.67\ \text{mm},$$

$$y_2 = 40\ \text{mm}+80\ \text{mm}-y_1 = 73.33\ \text{mm}。$$

这样,利用平行移轴定理,横截面关于中性轴的惯性矩

$$I_z = \left[\frac{100\times40^3}{12}+100\times40\times\left(46.67-\frac{40}{2}\right)^2\right]\text{mm}^4 + \left[\frac{40\times80^3}{12}+40\times80\times\left(73.33-\frac{80}{2}\right)^2\right]\text{mm}^4$$

$$= 8.64\times10^6\ \text{mm}^4。$$

易于看出,弯矩的峰值出现在 B、C 两截面上。最大拉应力和最大压应力一定会出现在这两个截面上,因此,先求出这两个截面上的弯矩。由平衡关系可求出 A、C 两处的支座约束力分别为

$$F_A = 3\ 000\ \text{N}, \quad F_C = 11\ 000\ \text{N}。$$

两个支座约束力的方向均向上。这样便可得弯矩图如图 6.11(a)所示,并可得 B、C 截面的弯矩

$$M_B = 3\times10^6\ \text{N}\cdot\text{mm}, \quad M_C = -4\times10^6\ \text{N}\cdot\text{mm}。$$

下面进一步求出这两个截面上的最大拉应力和最大压应力。在 C 截面上,有

$$\sigma^t_{C\max} = \frac{|M_C|\cdot y_2}{I_z} = \frac{4\times10^6\times73.33}{8.64\times10^6}\ \text{MPa} = 34.0\ \text{MPa},$$

$$\sigma^c_{C\max} = \frac{|M_C|\cdot y_1}{I_z} = \frac{4\times10^6\times46.67}{8.64\times10^6}\ \text{MPa} = 21.6\ \text{MPa}。$$

在 B 截面上,有

$$\sigma^c_{B\max} = \frac{|M_B|\cdot y_2}{I_z} = \frac{3\times10^6\times73.33}{8.64\times10^6}\ \text{MPa} = 25.5\ \text{MPa}。$$

同时,由于 $M_B<|M_C|$,$y_1<y_2$,故 $\sigma^t_{B\max}$ 明显小于 $\sigma^t_{C\max}$,不用再具体计算。

故在全梁上考虑,最大拉应力出现在 C 截面的上边沿点,$\sigma^t_{\max} = 34.0$ MPa。最大压应力出现在 B 截面

的上边沿点,$\sigma_{max}^c = 25.5$ MPa。

上面的结果中,正应力的最大值为拉应力。这种情况对脆性材料而言是不利的,因为许多脆性材料抗拉能力比抗压能力弱得多。如果将梁截面倒置,如图 6.11(b)所示,那么容易算出,最大拉应力出现在 B 截面的下边沿点,$\sigma_{max}^t = 25.5$ MPa;最大压应力出现在 C 截面的下边沿点,$\sigma_{max}^c = 34.0$ MPa。因此,对于脆性

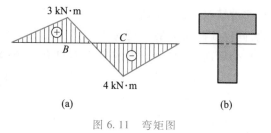

图 6.11   弯矩图

材料,将图 6.10(b)所示的截面倒置为图 6.11(b)所示的截面,将能提高梁的强度。

例 6.4   简支梁的横截面形状和形心位置如图 6.12(a)所示,惯性矩 $I_z = 8 \times 10^5$ mm^4。梁总长 $l = 2$ m,材料的许用拉应力$[\sigma_t] = 20$ MPa,许用压应力$[\sigma_c] = 100$ MPa。重为 P 的物体可在全梁上自由移动。为了提高梁的承载能力,可考虑梁的两个铰支座在水平方向上向中部适当移动。试求铰支座处于什么位置可使梁的许用荷载为最大,并求出相应的许用荷载$[P]$。

解:首先注意到横截面上形心到上下沿的距离之比为 2,因此,每个截面上最大拉应力与最大压应力的比为 2:1 或 1:2。但材料许用压应力是许用拉应力的 5 倍,故拉应力是梁的强度的控制因素。下面的计算只考虑拉应力。同时,要尽可能地提高强度,两支座显然应该对称平移。设平移距离为 a,如图 6.12(b)所示。

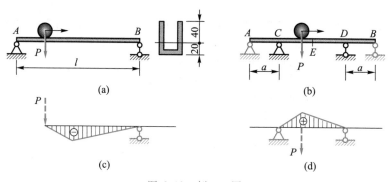

图 6.12   例 6.4 图

由于物体是移动的,故应考虑其移动到什么位置对梁的强度最为不利,然后根据最不利位置进行分析。有的情况下,最不利位置需要依靠计算来确定;而有的情况下则可以直接进行判断,本例就是这样。

当物体在 AC 区间移动时,只在荷载作用点到 D 之间产生弯矩。显然物体位于 A 对梁最不利。此时弯矩图如图 6.12(c)所示,绝对值最大的弯矩产生于 C 截面,且有

$$|M_C| = Pa \text{。}$$

C 截面的上侧受拉,最大拉应力

$$\sigma_{C\,max}^t = \frac{Pa}{I_z} \cdot 40 \text{ mm}\text{。} \qquad ①$$

当物体在 CD 区间移动时,只在 CD 之间产生弯矩,显然物体位于中点 E 时对梁最不利。此时弯矩图如图 6.12(d)所示,最大弯矩产生于中截面 E,且有

$$M_E = \frac{1}{4}P(l-2a) \text{。}$$

E 截面的下侧受拉,最大拉应力

$$\sigma_{E\,max}^t = \frac{P(l-2a)}{4I_z} \cdot 20 \text{ mm}\text{。} \qquad ②$$

要尽可能地提高强度,应使式①和式②的两个拉应力极值都等于许用拉应力,故有

$$\frac{Pa}{I_z} \cdot 40 \text{ mm} = \frac{P(l-2a)}{4I_z} \cdot 20 \text{ mm} = [\sigma_t],$$

即有

$$a = \frac{1}{10}l = 200 \text{ mm}。$$

选定距离 a 之后,即可得荷载

$$P \leqslant \frac{[\sigma_t]I_z}{40 \text{ mm} \cdot a} = \frac{20 \times 8 \times 10^5}{40 \times 200} \text{ N} = 2 \text{ 000 N}。$$

故有许用荷载 $[P] = 2 \text{ kN}$。

6.2 梁的弯曲切应力

在梁的纯弯曲区段,横截面上只有弯矩而没有剪力,因而只有正应力而无切应力。但大多数梁的弯曲都是横力弯曲,因而横截面上既有弯矩又有剪力,当然就既有正应力又有切应力了。在本小节中,就先以矩形截面梁为例,分析横截面上的切应力。由于切应力这个局部效应在整体上体现为剪力,因此,切应力的总体方向与剪力应该一致,如图 6.13(a)和图 6.13(b)所示。

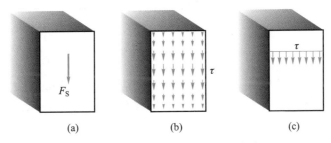

(a)   (b)   (c)

图 6.13 矩形截面上的剪力与切应力

首先注意到,由于梁的上侧面和下侧面都没有切向荷载存在,因此,根据切应力互等定理,横截面的上下边沿的切应力都应为零。这样,横截面上的切应力的分布既不可能是均匀的,也不可能是线性的。

注意到横截面上的剪力 $F_S = \dfrac{\text{d}M}{\text{d}x}$,这样剪力就与弯矩的增量有关,同样,切应力就与 x 方向上正应力的增量有关。因此,考察切应力,就可以在一个微元区段 $\text{d}x$ 中进行,并考察这个微元区段两端面上正应力的增量情况。

注意到在整个横截面上正应力的合力(也就是轴力)是等于零的,因此,整体性地考察整个截面是看不出微元区段 $\text{d}x$ 两侧面正应力的区别的。如果在微元区段 $\text{d}x$ 中再沿平行于中性轴截取一部分,便可以看出 $\text{d}x$ 两侧面正应力的总体效应的区别,并可望导出它们与切应力的关系,如图 6.14 所示。

考虑横截面宽度为 b 的矩形截面梁。在梁上截取微元区段 $\text{d}x$,如图 6.14(a)所示。假

定在这个区段前侧面上坐标为 y 的线 $m'n'$ 上有方向朝下的切应力 τ,这一小节讨论的目的就是导出这个 τ 的表达式。为此,沿着 $m'n'$ 再次截取微元区段的上部分作为脱离体。若截面 $ABCD$ 上有弯矩 M,则有正应力分布 $\sigma = \dfrac{My}{I_z}$,如图 6.14(b)所示。这样,脱离体上区域 $AmnB$ 上的正应力的合力为轴向力 $F_1 = \displaystyle\int_{A_1} \dfrac{My}{I_z} \mathrm{d}A$。同理,截面 $A'B'D'C'$ 上有弯矩 $M+\mathrm{d}M$,区域 $A'm'n'B'$ 上的正应力的合力则为 $F_2 = \displaystyle\int_{A_2} \dfrac{(M+\mathrm{d}M)y}{I_z} \mathrm{d}A$,如图 6.14(c)所示。显然,这两个力是不平衡的,一定还存在着与 F_1 方向相同的另一个力 F_3。由于脱离体的左右侧面都是自由表面,上表面不存在轴线方向的作用力,所以能够提供轴线方向力 F_3 的表面只能是底面,即截面 $mnn'm'$。

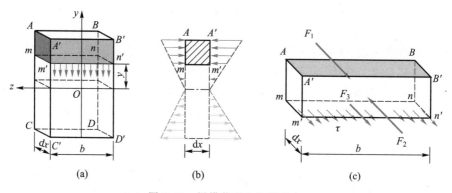

图 6.14 梁横截面上的切应力

由于横截面上线段 $m'n'$ 上各点有方向朝下的切应力 τ,如图 6.14(a)所示,根据切应力互等定理,底面 $mnn'm'$ 上就有方向向前的切应力 τ,如图 6.14(c)所示。这个区域上切应力的合力就形成了与 F_1 和 F_2 相平衡的 F_3。

$$F_3 = \int_0^b \tau \mathrm{d}z \cdot \mathrm{d}x$$

记 $Q = \displaystyle\int_0^b \tau \mathrm{d}z$,称之为切应力流,这样便有 $F_3 = Q\mathrm{d}x$。由脱离体在 x 方向上的力平衡,如图 6.14(c)所示,即可得

$$F_1 + F_3 - F_2 = 0, \quad 即 \quad \int_{A_1} \dfrac{My}{I_z}\mathrm{d}A + Q\mathrm{d}x - \int_{A_2} \dfrac{(M+\mathrm{d}M)y}{I_z}\mathrm{d}A = 0,$$

式中,A_1 和 A_2 分别为平面区域 $ABnm$ 和 $A'B'n'm'$,显然这两个区域是全等的,且有

$$Q\mathrm{d}x - \dfrac{\mathrm{d}M}{I_z}\int_{A_1} y\mathrm{d}A = 0,$$

即

$$Q\mathrm{d}x - \dfrac{S'\mathrm{d}M}{I_z} = 0,$$

式中,S' 是区域 $ABnm$ 关于中性轴的静矩。引用弯矩与剪力之间的微分关系 $F_S = \dfrac{\mathrm{d}M}{\mathrm{d}x}$,即可得

横截面上坐标为 y 处的切应力流公式:

$$Q = \frac{F_S S'}{I_z}。 \tag{6.11a}$$

式中, F_S 是整个截面 $ABDC$ 上的剪力, I_z 是整个截面关于中性轴的惯性矩。

对于高宽比不太小的矩形截面梁,可以假定与中性轴平行的线 $m'n'$ 上切应力大小相等,如图 6.13(c)所示。那么切应力流 $Q = \tau b$。这样式(6.11a)便成为

$$\tau = \frac{F_S S'}{I_z b}。 \tag{6.11b}$$

这就是高宽比不太小的矩形截面梁的切应力公式。

由此可知,要求出横截面上坐标为 y 的 K 点处的切应力,可过 K 点作中性轴的平行线,将矩形分为两部分,取其一部分计算关于中性轴的静矩 S',如图 6.15(a)所示,即

$$S' = b \cdot \left(\frac{h}{2} - y\right) \cdot \frac{1}{2}\left(\frac{h}{2} + y\right) = \frac{bh^2}{8}\left(1 - \frac{4y^2}{h^2}\right)。$$

根据式(6.11b),即可得到矩形横截面上切应力沿高度分布的规律

$$\tau = \frac{3}{2} \cdot \frac{F_S}{bh}\left(1 - \frac{4y^2}{h^2}\right)。 \tag{6.12}$$

由上式即可知,切应力沿高度按抛物线规律分布,如图 6.15(b)所示,图中右方抛物线部位的水平平行线的长度表示切应力的大小。易于看出,在中性轴上,切应力达到最大。记横截面面积 $A = bh$,则最大切应力

$$\tau_{max} = \frac{3}{2} \cdot \frac{F_S}{A}。 \tag{6.13a}$$

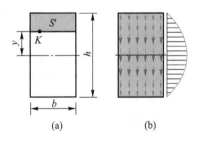

图 6.15　矩形截面上的切应力

下面考察式(6.11a)和式(6.11b)的有效性。在推导式(6.11a)的过程中,使用了弯曲正应力的表达式(6.6);式(6.6)对于横力弯曲是近似正确的,因此,式(6.11a)也是近似正确的。由于在推导过程中没有引入新的假设,因此,式(6.11a)和式(6.6)有相同的近似等级。同时,容易看出,式(6.11a)的推导过程实际上并未用到横截面是矩形的条件,因此,这个公式适用于横截面为各种形状的梁。

在式(6.11a)的基础上,引入新的假设,即与中性轴平行的线上切应力大小相等,便得到式(6.11b)。这个假定用在中性轴上,实际上是用该轴上的平均切应力来充当最大切应力的。但这一假设是有限制条件的。精密的三维弹性力学分析指出[1],在矩形中性轴上,左右边缘点的应力大于中点。在泊松比取 0.25 的情况下,当截面的高宽比等于 2 时,精确的最大切应力比中性轴的平均切应力高出约 3%,切应力分布大致如图 6.16(a)所示;当高宽比等于 1 时,这一误差上升到 10%;而当高宽比等于 0.5 时,这一误差高达 40%,切应力分布大致如图 6.16(b)所示。因此,在导出式(6.11b)时,限定为"高宽比不太小的矩形截面梁"。这也说明,式(6.11b)的精确程度要低于式(6.11a)。

---

① 参见参考文献[28]。

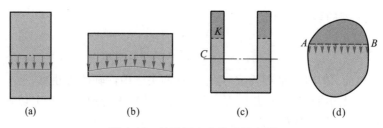

图 6.16 关于切应力公式的应用

式(6.11b)也可以推广到某些类型的横截面上。例如,要计算如图 6.16(c)所示的横截面上某点 K 处的切应力,便可以过 K 点作中性轴的平行线,然后计算其上侧阴影部分关于中性轴 C 的静矩 S',再代入式(6.11b)中。注意式中的 b 应取图中两部分宽度之和。

应该指出,在有些情况下,与中性轴平行的线上切应力的方向并不总是垂直于中性轴的。例如,图 6.16(d)所示的截面上,根据切应力互等定理,A、B 两点,以及与它们相邻的点上,切应力的真实方向应该与边缘平行。但在推导式(6.11a)时,只考虑了竖直方向上的切应力,因此,这种情况下,按式(6.11b)所计算的切应力,是这些点处的真实切应力在竖直方向上的分量。

从强度观点来看,最大切应力是考虑的重点。由式(6.11b)可看出,许多横截面的最大切应力都出现在中性轴处。下面就一些常见截面考查其最大切应力。

(1) 圆形截面

圆形截面上,切应力分布的方向不会像矩形截面那样各处与剪力方向相同。尤其是边缘处的切应力只能与圆周相切,因此圆形截面上切应力的分布呈现出较为复杂的情况,如图 6.17(a)所示。

如果按照式(6.11b)的计算方式,那么可以看出,最大切应力出现在圆形截面的水平直径,即中性轴上。在这根轴上,各点处的切应力方向都是沿着竖直方向的,且可以近似地认为各点切应力相等。这样便有

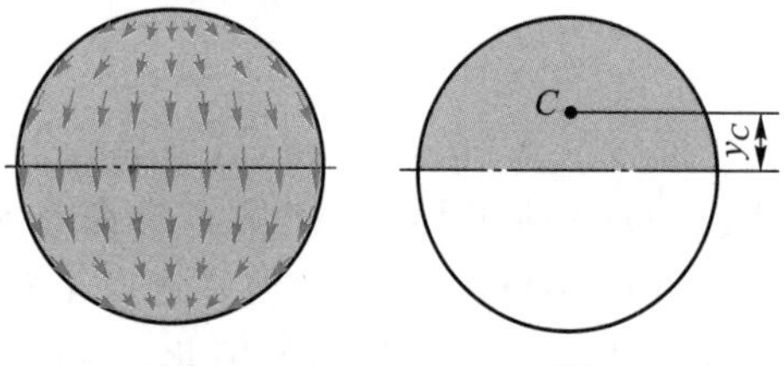

$$S' = \frac{\pi}{8}d^2 \cdot \frac{2d}{3\pi} = \frac{d^3}{12}。$$

图 6.17 圆形截面上的切应力

故有

$$\tau_{max} = \frac{F_s S'}{Id} = \frac{64F_s}{\pi d^4 \cdot d} \cdot \frac{d^3}{12} = \frac{16F_s}{3\pi d^2},$$

即

$$\tau_{max} = \frac{4}{3} \cdot \frac{F_s}{A}。 \tag{6.13b}$$

精确的分析指出[①],圆形截面上的切应力数值与泊松比 ν 有关。当取 $\nu = 0.3$ 时,式

① 参见参考文献[28]。

(6.13b)的误差约为 4%。因此,式(6.13b)是能够满足工程问题精度要求的解答。

类似地,薄壁圆环截面上切应力的最大值也出现在水平直径上,数值可取为

$$\tau_{\max} = 2 \cdot \frac{F_S}{A}。 \tag{6.13c}$$

式(6.13b)和式(6.13c)中的 A 分别为圆形和薄壁圆环的横截面面积。

（2）工字形截面

工字形截面由上下翼缘和腹板组合而成。可以证明（参见本章 6.5.1）,对于薄壁工字形截面,腹板承担了绝大部分的剪力。而且,腹板中切应力的最大值（中性轴处）和最小值（腹板上下边缘处）相差不多,如图 6.18 所示。因此,在翼缘宽度比腹板厚度大许多的情况下,可近似认为腹板上切应力均匀分布,即

$$\tau_{\max} = \frac{F_S}{A}, \tag{6.13d}$$

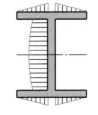

图 6.18　工字形截面上的切应力

式中,A 为腹板部分的横截面面积。

如果是按有关标准生产的工字钢,则最大切应力可按下式计算:

$$\tau_{\max} = \frac{F_S}{d \cdot (I_x : S_x)}, \tag{6.13e}$$

式中,d 的意义和数值可在型钢规格表（附录Ⅳ）中查出。

对于上述各类截面上的最大切应力,一般可用

$$\tau_{\max} = k \cdot \frac{F_S}{A} \tag{6.14}$$

表示。对于矩形截面,$k = \dfrac{3}{2}$;对于圆形截面,$k = \dfrac{4}{3}$;对于薄壁圆环截面,$k = 2$;对于工字形截面,$k = 1$（腹板）。

例 6.5　如图 6.19 所示的悬臂梁由三根板条胶合而成,在自由端作用有荷载 F,横截面尺寸如图所示,梁长 $l = 1.2$ m。板条材料的许用的拉应力 $[\sigma_t] = 8.5$ MPa,压应力 $[\sigma_c] = 10$ MPa,切应力 $[\tau] = 1$ MPa。胶合面上黏合层的许用正应力 $[\sigma_g] = 1$ MPa,许用切应力 $[\tau_g] = 0.3$ MPa,试求许可荷载 $[F]$。

解:先考虑板条的强度。就弯曲正应力而言,危险截面在固定端面处,$M_{\max} = Fl$。最大拉应力出现在这个截面的上沿,最大压应力出现在这个截面的下沿,且两者数值相等。由于许用拉应力数值小于许用压应力数值,故只须考虑拉应力。

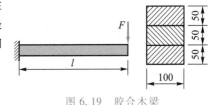

图 6.19　胶合木梁

$$\sigma_{\max} = \frac{M_{\max}}{W_z} = \frac{6Fl}{bh^2} \leqslant [\sigma_t],$$

故有

$$F \leqslant \frac{bh^2 [\sigma_t]}{6l} = \frac{100 \times 150^2 \times 8.5}{6 \times 1\,200} \text{ N}$$

$$= 2\,656 \text{ N} = 2.66 \text{ kN}。 \qquad ①$$

木板各横截面剪力相同,均有 $F_S = F$。最大切应力出现在横截面中性轴上,即

$$\tau_{\max}=\frac{3F_{\mathrm{s}}}{2A}=\frac{3F}{2bh}\leqslant[\tau],$$

故有

$$F\leqslant\frac{2bh[\tau]}{3}=\frac{2\times100\times150\times1}{3}\ \mathrm{N}$$
$$=10\ 000\ \mathrm{N}=10\ \mathrm{kN}_{\circ}$$

②

根据梁的单向受力假定,在黏合层上没有正应力。

横截面有切应力存在,如图 6.20 所示,根据切应力互等定理,横截面上的粘缝处(即 $y=25$ mm 处)的切应力等于黏合层上的切应力,从而有

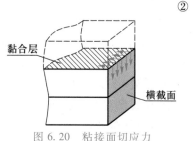

$$\tau=\frac{3F}{2bh}\left[1-\left(\frac{2y}{h}\right)^{2}\right]\leqslant[\tau_{\mathrm{g}}],$$

故有

图 6.20 粘接面切应力

$$F\leqslant\frac{2bh[\tau_{\mathrm{g}}]}{3}\left[1-\left(\frac{2y}{h}\right)^{2}\right]^{-1}=\frac{2}{3}\times100\times150\times0.3\times\left[1-\left(\frac{2\times25}{150}\right)^{2}\right]^{-1}\mathrm{N}$$
$$=3\ 375\ \mathrm{N}=3.38\ \mathrm{kN}_{\circ}$$

③

由式①、②、③可得三个不同的许用值,显然只能取其中最小的一个,故有许可荷载

$$[F]=2.66\ \mathrm{kN}_{\circ}$$

例 6.6 如图 6.21 所示,悬臂梁由两层矩形截面梁用五个螺栓固结而成。螺栓等距排列,假定每个螺栓所承受的剪力相等,试根据剪切强度确定螺栓直径 d。已知螺栓许用切应力 $[\tau]=80$ MPa,且 $F=2$ kN,$l=1.2$ m,$h=60$ mm,$b=80$ mm。

解:在这个结构中,如果没有螺栓,那么上下梁在变形过程中将彼此错切开来。螺栓的存在,阻止了这种错切趋势,因而螺栓在界面上承受了剪力。

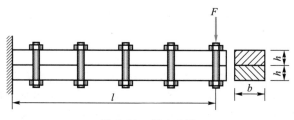

图 6.21 例 6.6 图

考虑沿梁的轴线方向上长度为 a 的一个区段,$a=\dfrac{l}{5}=240$ mm,这个区段上只有一个螺栓,如图 6.22 所示。由于螺栓的连接作用,该区段左右两侧面上半承受拉应力。

设该区段右侧面的弯矩为 M,则左侧面的弯矩为 $M+Fa$。右侧面的最大拉应力

$$\sigma_{\max}=\frac{M}{W}=\frac{6M}{b\,(2h)^{2}}=\frac{3M}{2bh^{2}},$$

故右侧面的上半部分的正应力的合力

$$F_{1}=\frac{1}{2}\sigma_{\max}bh=\frac{3M}{4h}_{\circ}$$

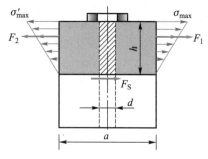

图 6.22 梁的局部

同理,左侧面上半部分的正应力的合力

$$F_2 = \frac{3(M+Fa)}{4h}。$$

记螺栓在上下部分交界面上的剪力为 F_S,考虑如图 6.22 所示上半部分水平方向上的力平衡,便可得

$$F_1 + F_S = F_2,$$

故有

$$F_S = F_2 - F_1 = \frac{3Fa}{4h}。$$

故有

$$\frac{1}{4}\pi d^2[\tau] \geqslant \frac{3Fa}{4h},$$

即

$$d \geqslant \sqrt{\frac{3Fa}{\pi h[\sigma]}} = \sqrt{\frac{3 \times 2\,000 \times 240}{\pi \times 60 \times 80}} \text{ mm} = 9.8 \text{ mm},$$

故取 $d = 10$ mm。

6.3 梁的强度设计

在梁中,横截面上的最大弯曲正应力和最大弯曲切应力不会出现在同一点处。这样,根据许用应力法,梁的强度条件可表述为

$$\sigma_{max} \leqslant [\sigma], \qquad \tau_{max} \leqslant [\tau]。 \tag{6.15}$$

但是应该指出,在一般实体截面的细长梁中,正应力的数值往往比切应力高许多。例如,在图 6.23 所示的矩形截面悬臂梁中,易得 $\sigma_{max} = \dfrac{6Fl}{bh^2}$,$\tau_{max} = \dfrac{3F}{2bh}$,两者之比 $\dfrac{\sigma_{max}}{\tau_{max}} = \dfrac{4l}{h}$。细长梁中,$l > 5h$,这意味着正应力数值比切应力高出一个数量级。

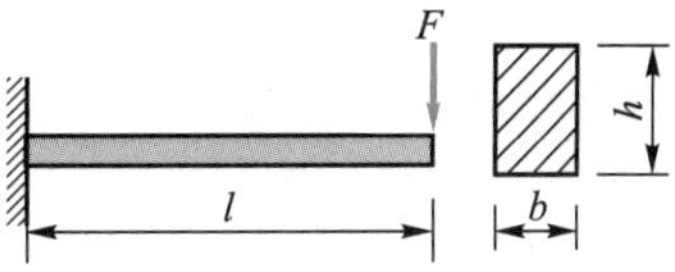

图 6.23 悬臂梁

一般塑性材料的许用切应力与许用正应力之间的关系为 $[\tau] = (0.5 \sim 0.577)[\sigma]$(这一关系将在第 9 章中给予说明);而一般脆性材料的许用拉应力甚至低于许用切应力。因此,在细长梁的弯曲问题中,影响强度的主要因素是正应力。在短粗梁、薄壁杆件、层合梁和抗剪能力较弱的复合材料梁中,切应力是引起破坏的值得重视的因素。在截面尺寸设计时,常常是利用正应力确定相关尺寸,再利用已设计好的尺寸对切应力进行校核。

在设计梁的结构时,当然要在满足强度条件的前提下节省材料,从而提高所设计的梁的经济性。其主要措施有以下几个方面。

(1)荷载设计

合理地布置荷载,可以在不改变荷载总量的情况下有效地降低梁中的最大弯矩。例如,图 6.24(a)中的集中力改为通过一个副梁作用在主梁上而形成图 6.24(b)所示的情况,从而有效地降低了最大弯矩。也可以将集中荷载改为均布荷载,如图 6.24(c)所示,也可以降低

梁中的最大弯矩。

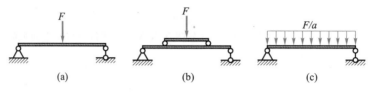

图 6.24 改变加载的方式

（2）支承设计

设计支承包含两类措施。第一类措施是合理地设计支承位置,例如,如图 6.25(a)所示的简支梁结构中的两个铰对称地向中部移动一段距离,得到图 6.25(b)所示的情况,其最大弯矩就可望得以减小,因而可以提高梁的强度。而移动的距离为多大,则要根据梁的材料性质(塑性或脆性)及横截面的形状尺寸综合分析计算得到。本章例 6.4 就提供了一个计算实例。第二类措施则是将约束改为更加刚性的形式,例如,将图 6.25(a)所示的左边的铰改为固定端而形成图 6.25(c)所示的情况,甚至在其中部增加一个铰支承,都可以降低梁中的最大弯矩。当然,这样处理实际上是增加了约束的个数,因而将一个静定结构改变成为超静定结构。关于超静定梁的分析计算将在下一章中进行。

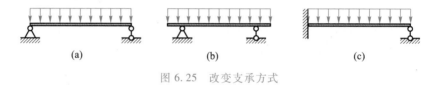

图 6.25 改变支承方式

（3）截面设计

合理地选择截面形式首先要考虑材料的性质。如果材料的抗拉强度与抗压强度基本相等(如塑性材料),则一般采用关于中性轴对称的截面。在这种情况下,由于

$$\sigma_{\max} = \frac{M}{W} \leqslant [\sigma],$$

因此,要获得强度比较高的梁,应选择较大的抗弯截面系数 W。但从节省材料的角度考虑,应尽量地减小横截面面积 A,不能以单纯增加横截面面积的途径来增大抗弯截面系数。因此,合理的设计应该使 $\frac{W}{A}$ 尽量取得大一些。例如,对于竖向荷载,图 6.26(a)中的截面就比图 6.26(b)中的截面合理。又例如,空心圆形截面比实心圆形截面有着更高的 $\frac{W}{A}$ 值。工字形截面也是一种较好的截面形式,它在正应力较大的区域(远离中性轴的区域)集中了较多的材料,较充分地利用了材料的强度,因而具有较高的 $\frac{W}{A}$ 值。

如果材料的抗拉强度明显低于抗压强度(如脆性材料),则可考虑采取关于中性轴非对称形式的截面,并使中性轴偏于截面受拉一侧。例如,图 6.27 中 T 形截面梁的应用就是一种较为合理的形式。在这一类形式中,应尽量使材料的抗拉能力和抗压能力都得到充分的

利用,最理想的情况,应有 $\dfrac{\sigma_{max}^{t}}{\sigma_{max}^{c}}=\dfrac{[\sigma_t]}{[\sigma_c]}$ 。就图 6.27 的结构而言,便应有 $\dfrac{y_2}{y_1}=\dfrac{[\sigma_t]}{[\sigma_c]}$ 。

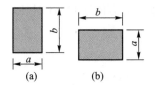

图 6.26　截面选择

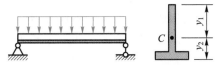

图 6.27　T 形截面梁的应用

（4）等强度梁

在上面的讨论中,都采用了等截面梁的形式。在采用许用应力作为强度标准的设计中,总是根据所出现的最大正应力来进行截面尺寸设计的。而最大正应力往往出现在弯矩最大的截面上。但是一般地,弯曲梁各截面的弯矩是不同的,根据最大弯矩所确定的截面尺寸在其他截面中就显得过于厚重,因而存在着材料浪费的问题。

非等截面梁可解决这一问题。将截面的抗弯截面系数考虑为梁长 x 的函数,取

$$\sigma_{max}=\frac{M(x)}{W(x)}=[\sigma],$$

可得

$$W(x)=\frac{M(x)}{[\sigma]}。 \tag{6.16}$$

由此便可以确定截面的尺寸。根据这一方式所设计的梁称为等强度梁。

在确定截面尺寸时,考虑到构件的工艺性,一般可采用截面宽度不变而高度变化,以及高度不变而宽度变化等多种形式。在矩形截面的情况下,由于 $W=\dfrac{bh^2}{6}$,因此,当荷载作用在竖直方向上时,增加截面高度比增加截面宽度有着更高的经济性。这样,等强度梁就可设计为如图 6.28 所示的"鱼腹梁"的形式。

以图 6.28 所示的简支梁为例,假定梁截面的宽度保持为 b,考虑截面高度 h 的变化。建立如图所示的坐标系,并且由于对称性,可以只考虑 $0\leqslant x\leqslant\dfrac{l}{2}$ 的区间内的高度变化。

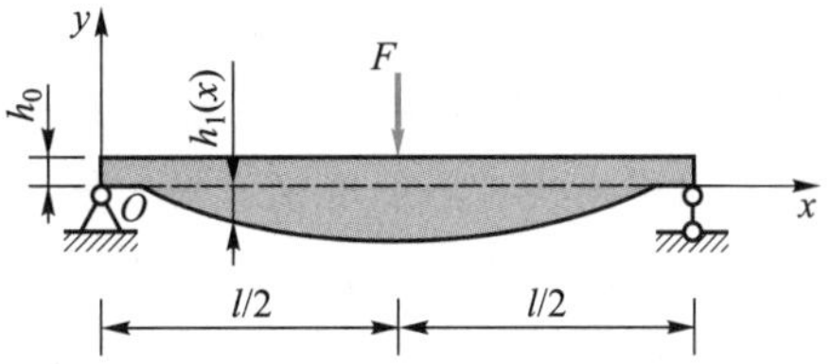

图 6.28　鱼腹梁

在 $x=0$ 附近的区域内弯矩很小,根据弯矩的要求,梁在此处附近的高度 h_0 可以取得很小。但是应注意,在这一区段内剪力保持着恒定的数值 $\dfrac{F}{2}$,因此,横截面上应满足剪切强度条件,即

$$\tau_{max}=\frac{3}{2}\cdot\frac{F}{2bh_0}\leqslant[\tau]。$$

由此便可以确定左端处的梁的横截面高度

$$h_0 = \frac{3F}{4b[\tau]}。$$

随着 x 的增加，由于 $M(x) = \frac{1}{2}Fx$，弯矩的影响开始超过剪力的影响，此时便应增加梁截面的高度。设增加值为 $h_1(x)$，由正应力强度条件可得

$$\sigma_{max} = \frac{Fx}{2} \cdot \left[\frac{1}{6}b(h_0 + h_1)^2 \right]^{-1} \leqslant [\sigma],$$

由此可得

$$h_1(x) = \sqrt{\frac{3Fx}{b[\sigma]}} - h_0。$$

切应力强度控制高度与正应力控制高度的交点位置可由 $h_1 \geqslant 0$ 的条件来确定，即有

$$\sqrt{\frac{3Fx}{b[\sigma]}} \geqslant \frac{3F}{4b[\tau]},$$

即

$$x \geqslant \frac{3F[\sigma]}{16b[\tau]^2}。$$

故梁的高度 h 的曲线为

$$h(x) = \begin{cases} \dfrac{3F}{4b[\tau]} & \left(0 \leqslant x \leqslant \dfrac{3F[\sigma]}{16b[\tau]^2} \right) \\[3mm] \sqrt{\dfrac{3Fx}{b[\sigma]}} & \left(\dfrac{3F[\sigma]}{16b[\tau]^2} \leqslant x \leqslant \dfrac{l}{2} \right) \end{cases}。$$

鱼腹梁的设计使得梁的大部分区段的上下表面达到许用应力，使得梁的强度的利用比较充分。应当指出，上述关于提高梁的强度的诸多措施仅仅是从力学角度上来考虑的。在实际应用中，还应该兼顾工艺性、加工成本等多种因素。例如，考虑到等强度梁加工的困难，实际工程中往往采用如图 6.29 所示那样的分段等截面梁来代替等强度梁。对于复杂的受力情况，可考虑用实验方法对梁的形状和尺寸进行规划，以达到充分利用材料强度的目的。

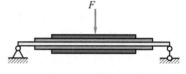

图 6.29   变截面梁

*6.4   梁弯曲的极限荷载

在塑性材料制成的梁中，若危险点的应力达到屈服应力，按许用应力的观点，便认为梁的荷载已达到高限了。其实这种情况下，梁并未失去承载能力。下面便以承受均布荷载的简支梁为例加以说明。

如图 6.30(a) 所示，当荷载 q 加大到一定值时，在梁的中央横截面的上侧 A 点和下侧 A' 点将产生屈服，AA' 断面上的应力分布如图 6.30(a) 的右图所示。如果按照许用应力法的观

点,这时的 q 值已经达到屈服荷载,相应梁中的最大弯矩称为屈服弯矩 M_s。容易得到

$$\sigma_{max} = \frac{M_s}{W} = \sigma_s,$$

$$M_s = W\sigma_s。 \tag{6.17}$$

但是应注意,A 点和 A' 点的屈服并未使构件的承载能力丧失。如果 q 继续增大,根据理想弹塑性模型,A 点和 A' 点处的应力保持屈服应力 σ_s 不变,但屈服的区域扩大了,如图 6.30(b) 所示。AA' 断面上的应力分布如图 6.30(b) 右图所示。靠近上下边缘的区域为屈服区域。这个区域内的正应力为常数 σ_s。而靠近中性层的区域内材料仍然是线弹性的,因而应力仍然沿高度呈线性分布。

随着 q 的继续增大,屈服区域会逐渐扩大,直至 A 点为起始的塑性区与 A' 点为起始的塑性区相通,如图 6.30(c) 所示。这种状态下,整个横截面 AA' 上的正应力全都达到了 σ_s。这时整个梁才完全丧失承载能力。因为 AA' 断面的材料的塑性流动使结构在此区域呈现出铰的特性,称 AA' 面形成一个塑性铰(plastic hinge),如图 6.30(d) 所示。

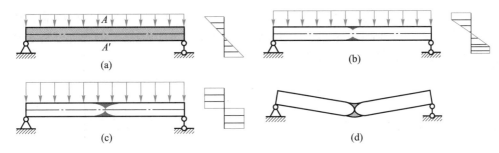

图 6.30 塑性铰的形成

在这种情况下,横截面上的弯矩 M_u 称为极限弯矩。易得

$$M_u = \int_{A_c} \sigma_s y \mathrm{d}A + \int_{A_t} \sigma_s y \mathrm{d}A,$$

式中,A_c 和 A_t 分别是横截面 AA' 上压缩和拉伸两个区域的面积。由上式可得

$$M_u = \sigma_s(|S_c| + |S_t|)。 \tag{6.18}$$

式中,S_c 和 S_t 分别是横截面 AA' 上压缩和拉伸两个区域关于中性轴的静矩。

这样,极限弯矩与屈服弯矩之比

$$\frac{M_u}{M_s} = \frac{|S_c| + |S_t|}{W}。$$

对于宽为 b、高为 h 的矩形,

$$|S_c| = |S_t| = \frac{bh}{2} \cdot \frac{h}{4} = \frac{1}{8}bh^2,$$

$$W = \frac{1}{6}bh^2,$$

故

$$\frac{M_u}{M_s} = \frac{3}{2}。$$

容易看出,比值

$$f = \frac{|S_c| + |S_t|}{W} \tag{6.19}$$

只依赖于截面的形状和尺寸,而与外荷载无关。这样,通常将式(6.19)所表达的 f 称为**形状系数**(shape factor)。

应该注意,如果截面的中性轴不是对称轴,例如,图 6.31 所示的梯形截面,由于最大拉应力和最大压应力的数值不同,随着荷载的逐渐增大,截面的下沿比上沿先进入塑性变形阶段。当截面上沿刚进入塑性阶段时,下部已有一个区域进入了塑性阶段。这样,当最后整个截面都进入塑性阶段时,上下两个区域(即受拉受压区域)的界线已经不再是原来整个截面都处于弹性阶段时的中性轴了。

将 M_u 除以安全因数之后作为构件的许用弯矩,并以此为基础设计许用荷载或构件尺寸,这样的设计方法就是极限荷载法。

显然,极限荷载法要比许用应力法更充分地利用塑性材料的强度。

例 6.7　如图 6.32 所示,已知矩形截面梁的某个横截面上的弯矩 $M = 36.8 \ \text{kN} \cdot \text{m}$,且中性轴上侧受压;矩形宽 $b = 50 \ \text{mm}$,高 $H = 120 \ \text{mm}$,屈服极限 $\sigma_s = 240 \ \text{MPa}$。弯矩 M 是否超过屈服弯矩? 如果已超过,试计算塑性区的厚度 h_0;并求完全卸载后的残余应力。

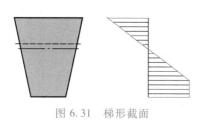

图 6.31　梯形截面　　　　　　图 6.32　例 6.7 图

解:抗弯截面系数

$$W = \frac{1}{6} b H^2 = \frac{1}{6} \times 50 \times 120^2 \ \text{mm}^3 = 120\,000 \ \text{mm}^3,$$

故横截面的屈服弯矩

$$M_s = W \sigma_s = 120\,000 \times 240 \ \text{N} \cdot \text{mm} = 28.8 \times 10^6 \ \text{N} \cdot \text{mm} = 28.8 \ \text{kN} \cdot \text{m}_\circ$$

故横截面弯矩 $M = 36.8 \ \text{kN} \cdot \text{m}$ 超过了屈服弯矩。

记弹性区高度为 h,如图 6.33(a)所示。在塑性区内的弯矩

$$M_p = 2 \cdot \sigma_s \cdot \frac{1}{4}(H+h) \cdot b \cdot \frac{1}{2}(H-h) = \frac{1}{4}\sigma_s b(H^2 - h^2)_\circ$$

而弹性区内的弯矩

$$M_e = 2 \cdot \sigma_s b \cdot \frac{h}{2} \cdot \frac{h}{6} = \frac{1}{6}\sigma_s b h^2_\circ$$

故总弯矩

$$M = M_p + M_e = \frac{1}{12}\sigma_s b(3H^2 - h^2)_\circ$$

故有

$$h^2 = 3H^2 - \frac{12M}{\sigma_s b} = 3 \times 120^2 \ \text{mm}^2 - \frac{12 \times 36.8 \times 10^6}{240 \times 50} \ \text{mm}^2 = 6\,400 \ \text{mm}^2 \, 。$$

故有 $h = 80$ mm，即塑性区厚度 $h_p = 20$ mm。

横截面上应力分布如图 6.33(b)所示。

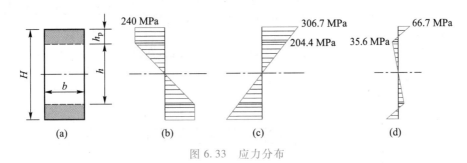

图 6.33　应力分布

卸载过程的力学机理与圆轴扭转情况类似。读者可参考本书 5.4 节中的相关叙述。外力完全卸载，相当于在反方向上加上 $M' = 36.8$ kN·m 的作用。相应的最大附加应力

$$\sigma'_{max} = \frac{M'}{W} = \frac{6M}{bH^2} = \frac{6 \times 36.8 \times 10^6}{50 \times 120^2} \ \text{MPa} = 306.67 \ \text{MPa} 。$$

在弹塑性交界处的附加应力

$$\sigma' = \frac{h}{H} \sigma'_{max} = \frac{80}{120} \times 306.67 \ \text{MPa} = 204.45 \ \text{MPa} 。$$

卸载附加应力分布如图 6.33(c)所示，这一应力为中性轴上侧受拉，下侧受压。

残余应力分布如图 6.33(d)所示。其中，上边沿处的残余应力为拉应力，其大小为

$$\sigma_{r1} = 306.67 \ \text{MPa} - 240 \ \text{MPa} = 66.67 \ \text{MPa} 。$$

在中性层上方的弹塑性交界处，残余应力为压应力，其大小为

$$\sigma_{r2} = 204.45 \ \text{MPa} - 240 \ \text{MPa} = -35.55 \ \text{MPa} 。$$

应该注意，在整个加载和卸载的过程中，平截面假设始终得到满足。读者可以验证，完全卸载后，中性轴上侧各处的轴向应变仍为压应变，平截面假设仍然得到满足。

*6.5　薄壁杆件的弯曲

6.5.1　薄壁杆件的弯曲切应力

薄壁杆件在弯曲时，其横截面正应力分布的规律和计算公式与实体截面梁相同。但是，切应力分布与实体截面梁的分布规律有较大的差异。这主要体现在切应力的方向上。如图 6.34 所示的工字形截面，由于杆件壁厚较薄，根据切应力互等定理可以推断，垂直于壁厚中线方向上的切应力分量很小，切应力的主要分量方向与壁厚中线平行。

在图 6.34 所示的截面上，如果剪力方向是向下的，由于该截面上各处切应力的总体效应是该截面上的剪力，因此可以推断，腹板上的切应力方向应该是向下的。但翼板上的切应力方向却难以直接看出。

　　为判断翼板上切应力的方向,可想象在这个杆件上切下厚度为 dx 的微元区段,如图 6.35(a)所示。若其后截面上的弯矩为 M,那么前截面上的弯矩就应为 $M+dM$,不失一般性,假定 M 为正值,dM 也为正值。这样,根据正应力分布的规律可判断,后截面上各点的正应力比前截面上相应点的正应力略小。根据剪力和弯矩间的微分关系 $F_s = \dfrac{dM}{dx}$,前截面上的剪力应该为正,即方向向下,如图 6.35(b)所示。

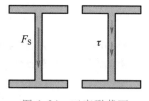

图 6.34　工字形截面

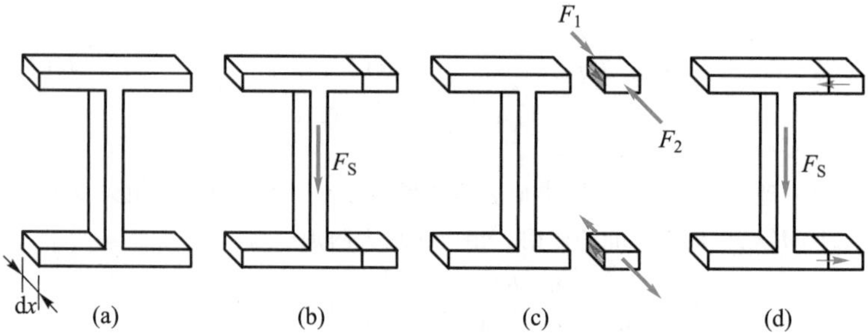

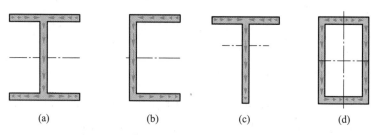

图 6.35　薄壁杆件上的切应力分析

　　进一步,在翼缘上,想象再切开一部分。考察切出的两个小部分的力平衡。对于上部分,由于弯矩为正,后截面和前截面上的正应力均为压应力。又由于 dM 为正,因此,后截面的应力值小于前截面的应力值。这样,仅凭前、后截面的正应力,该部分不可能平衡。要使其平衡,唯一的可能是第二次截开的截面上存在着方向朝前的切应力,如图 6.35(c)所示。这样,根据切应力互等定理,前截面上就存在着方向向左的切应力,如图 6.35(d)所示。

　　相应地,在下方翼板的右方,其切应力方向则是向右的。这样,整个横截面上的切应力方向就如图 6.36(a)所示。这种切应力分布构成一种切应力流。

　　用同样的方法,可以得到常用的薄壁杆件切应力流的情况,如图 6.36(b)、(c)、(d)所示。这些图中,剪力方向都是竖直向下的。

图 6.36　薄壁杆件横截面上的切应力方向

　　如果把上述定性的分析定量化,如图 6.35(c)所示,第二次截开的上部小方块上,与矩形截面切应力公式推导类似,后截面 A_0 上正应力的合力

$$F_1 = \int_{A_0} \frac{My}{I}dA = \frac{MS'}{I},$$

式中,S' 是第二次截开的上部小方块中后截面 A_0 关于中性轴的静矩。同理,前截面上正应力的合力

$$F_2 = \frac{(M+\mathrm{d}M)S'}{I}。$$

而在第二次截开的截面上,切应力的合力

$$F_3 = Q\mathrm{d}x,$$

式中,Q 是横截面上翼板的切应力流。由平衡方程 $F_1 + F_3 = F_2$ 即可导出第二次截开部位的切应力流

$$Q = \frac{F_S S'}{I}。$$

由于翼板壁厚 b 较小,可以认为沿壁厚方向上切应力均匀分布,则有

$$\tau = \frac{F_S S'}{bI}。$$

上面的推导方法可以推广到一般的薄壁杆件并获得同样的结果。注意到上两式分别与式(6.11a)和式(6.11b)具有相同的形式。但需要注意,虽然两式中的 F_S 与 I 仍然分别是整个横截面上的剪力和惯性矩,但是薄壁杆件中的 S' 和 b 与实体截面不同。薄壁杆件中的 S' 可以这样确定:在要计算的部位沿垂直于壁厚中心线的方向截开,所截开的部分关于中性轴的静矩即 S',b 则是截开处的壁厚。图 6.37(a)、(b)便表示了 T 形截面中翼板 A 处和腹板 B 处的计算区域。图 6.37(c)、(d)则表示了箱形截面中水平板 A 处和竖直板 B 处的计算区域。注意箱形截面中的竖直对称轴上切应力为零,因此,S' 的计算只取竖直对称轴到 A 处或 B 处之间的区域。

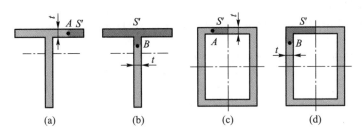

图 6.37　几种薄壁杆件截面

下面,将对如图 6.38(a)所示的工字形截面详细讨论其腹板及翼板上切应力的具体分布情况。设截面上的剪力为 F_S,腹板及翼板的厚度均为 t。

先考虑腹板上坐标为 y 处点的切应力,并过该点作腹板壁厚中线的垂线,如图 6.38(b)所示。计算图中阴影部分关于中性轴的静矩:

$$S' = \frac{1}{2}(H-h)B \cdot \frac{1}{4}(H+h) + t\left(\frac{h}{2}-y\right) \cdot \frac{1}{2}\left(y+\frac{h}{2}\right) = \frac{1}{8}\left[B(H^2-h^2)+t(h^2-4y^2)\right],$$

故有

$$\tau(y) = \frac{F_S}{8It}\left[B(H^2-h^2)+t(h^2-4y^2)\right]。$$

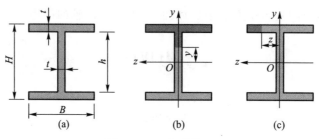

图 6.38　工字形截面

可以看到,最大切应力出现在中性轴处,即 $y = 0$ 处,

$$\tau_{\max} = \frac{F_s B}{8It} \left[H^2 - h^2 \left(1 - \frac{t}{B} \right) \right] \circ$$

腹板上的最小切应力出现在腹板与翼板交界处,即 $y = \frac{h}{2}$ 处,

$$\tau_{\min} = \frac{F_s B}{8It} (H^2 - h^2) \circ$$

对于薄壁工字形截面,一般 t 比 B 小很多,因此,腹板中的切应力数值彼此相差不大,可以近似地认为切应力在腹板上均匀分布。如果将切应力在腹板上积分,便可得到腹板上所承受的剪力。可以算出,当 $t : B = 1 : 10$、$h : H = 9 : 10$ 时,腹板承受了总剪力的 95.8%。根据如上事实,可以用剪力在腹板上的平均值来近似最大切应力,即

$$\tau_{\max} \approx \frac{F_s}{ht} \circ$$

上式与式(6.13d)吻合。

至于翼板上的切应力,可按图 6.38(c)所示那样,在翼板上考虑坐标为 z 处点的切应力,此处壁厚 $b = \frac{1}{2} (H - h)$。图中阴影部分对中性轴的静矩

$$S' = b \left(\frac{B}{2} - z \right) \cdot \frac{1}{4} (H + h),$$

故有

$$\tau = \frac{F_s (H + h)}{8I} (B - 2z) \circ$$

这是一个关于 z 的线性函数,当 $z = \frac{B}{2}$,即翼板左右两端切应力为零。在 $z = \frac{t}{2}$ 处有切应力的极大值。

整个横截面上的切应力分布如图 6.39(a)所示。

图 6.39 同时给出了另外几种横截面上切应力分布的概貌,截面外水平平行线或竖直平行线的长度表示应力的大小。从这些图可看出,最大切应力都出现在中性轴上。

例 6.8　如图 6.40(a)所示的悬臂梁由两个 No. 14a 的槽钢和上下两个盖板组合而成,其横截面尺寸如图 6.40(b)所示。盖板与槽钢之间用若干个螺栓等距连接。螺栓直径 $d = 10 \text{ mm}$,其许用切应力 $[\tau] =$

70 MPa。不计自重,试根据螺栓剪切强度确定螺栓间距 s。

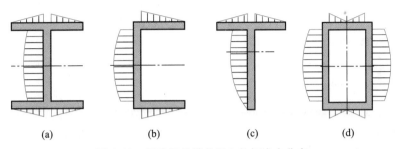

图 6.39 薄壁杆件横截面上的切应力分布

解:由于螺栓的固定作用,阻止了加载过程中盖板与槽钢之间的相对滑动的趋势,从而使螺栓在盖板与槽钢的界面上承受了剪切作用。由于螺栓将盖板与槽钢固结为一整体,因此,可以将其简化为如图 6.40 (c)所示的模型,模型中的上下两块板即真实结构中的两个盖板。螺栓组所受的剪力便是模型中盖板与中间部分交界处切应力的合力。

先计算截面惯性矩。图 6.40(c)所示的模型中间部分关于中性轴的惯性矩应等于两个槽钢截面的惯性矩,由附录Ⅳ型钢规格表可查得,一根槽钢 $I_1 = 5.64 \times 10^6$ mm^4,$h = 140$ mm。此外,一块盖板关于整体中性轴的惯性矩

$$I_2 = \frac{1}{12} \times 180 \times 10^3 \ \text{mm}^4 + 180 \times 10 \times (70+5)^2 \ \text{mm}^4 = 10.14 \times 10^6 \ \text{mm}^4,$$

故截面惯性矩

$$I = 2(I_1 + I_2) = 31.56 \times 10^6 \ \text{mm}^4。$$

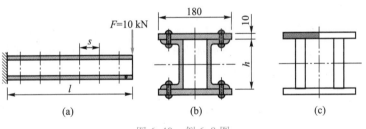

图 6.40 例 6.8 图

若考虑整个结构中四排螺栓中的一排,则应考虑图 6.40(c)中灰色区域与中间部分交界处的切应力流。灰色区域关于中性轴的静矩

$$S' = 90 \times 10 \times 75 \ \text{mm}^3 = 6.75 \times 10^4 \ \text{mm}^3,$$

悬臂梁各横截面上的剪力均为 F,故切应力流

$$Q = \frac{F_s S'}{I} = \frac{F S'}{I},$$

沿轴向在长度为 l 的区段上的切应力流处处相等,这些切应力流构成的总剪力为

$$Ql = \frac{F S' l}{I}。$$

由于螺栓等距排列,故可认为各个螺栓承受的剪力相等。设在长度为 l 的区段上有 N 个螺栓承受上述剪力,则有

$$Ql \leqslant \frac{1}{4} \pi d^2 [\tau] N = \frac{1}{4} \pi d^2 [\tau] \frac{l}{s},$$

即有

$$s \leqslant \frac{\pi d^2 [\tau]}{4Q} = \frac{I\pi d^2 [\tau]}{4FS'} = \frac{31.56 \times 10^6 \times \pi \times 10^2 \times 70}{4 \times 10 \times 10^3 \times 6.75 \times 10^4} \text{ mm} = 257 \text{ mm}。$$

故可取螺栓间距 $s = 255$ mm。

6.5.2　弯曲中心

考察如图 6.41 所示的薄壁悬臂梁,其横截面上不存在竖直对称轴,其自由端的横向作用力沿着竖直方向。当力的作用位置未加以特别考虑时,梁在弯曲的同时往往还会产生扭转,如图 6.41(a) 所示。只有当力的作用线通过截面左方的某个确定的点时,才能够只产生平面弯曲,如图 6.41(b) 所示。这个点称为截面的弯曲中心(bending center),又称为剪切中心。

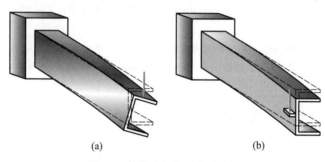

(a)　　　　　　　　　　(b)

图 6.41　薄壁杆件的弯曲中心

下面以图 6.41 所示的例子定量地分析弯曲中心 K 的位置,其横截面的各种尺寸如图 6.42 所示。在平面弯曲的情况下,横截面上的切应力构成切应力流。切应力流的大致分布如图 6.36(b) 所示。在腹板上,切应力的合力方向向下,其数值等于剪力 F_S。在上下翼板上,切应力的合力构成了一个逆时针方向的力偶矩 M,如图 6.42(a) 所示。但平面弯曲中截面上只有剪力而没有扭矩,这一种情况只有在剪力作用线穿过弯曲中心 K 的情况下才能实现。这就说明,横截面上所有切应力的合力向弯曲中心 K 简化的结果是主矢为 F_S,而主矩为零。这也说明,对于事先选定的一个计算基准点 O,横截面上所有切应力的合力关于 O 点的

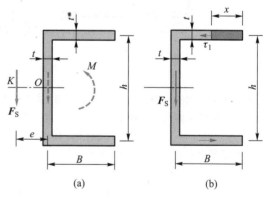

(a)　　　　　　(b)

图 6.42　弯曲中心位置计算

矩,就等于作用在弯曲中心 K 处的剪力 F_S 对 O 点的矩,由此就可以确定弯曲中心的位置。

在上翼板距右端 x 处,阴影部分相对于中性轴的静矩,如图 6.42(b) 所示,

$$S' = xt \cdot \frac{h}{2},$$

因此,该处的切应力

$$\tau_1 = \frac{F_s S'}{It} = \frac{F_s xh}{2I}。$$

这样,上翼板上全部切应力的合力

$$F_1 = \int_0^B \tau_1 t \mathrm{d}x = \int_0^B \frac{F_s hxt}{2I} \mathrm{d}x = \frac{F_s htB^2}{4I}。$$

显然,根据对称性,下方翼板上所有切应力的合力的大小与 F_1 相等而方向相反,这样,上下翼板切应力的合力构成一个力偶矩,如图 6.42(a)所示,其大小为

$$M = \frac{F_s h^2 tB^2}{4I}。$$

选择腹板中心线中点 O 为计算基准点,这样,横截面上全部切应力关于 O 点的矩就等于 M,因此,弯曲中心 K 到 O 点的距离 e 应满足

$$e = \frac{M}{F_s} = \frac{h^2 tB^2}{4I}。 \tag{6.20}$$

由此,便完全确定了弯曲中心的位置。

从上式可看出,弯曲中心是截面自身的几何性质,与外荷载无关。

图 6.43 列出了若干常见薄壁杆件的弯曲中心位置。可以看出,若横截面具有双轴对称或关于形心反对称的形式,则弯曲中心就在形心处,如图 6.43(b)所示的两种情况。若横截面是两个狭长矩形的组合,则弯曲中心就在两个狭长矩形交汇处,如图 6.43(c)所示的两种情况。

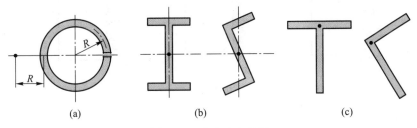

图 6.43 弯曲中心位置

在实际工程结构中,对于产生弯曲变形的薄壁杆件,应尽量使横向力的作用线穿过弯曲中心以避免产生附加的扭转变形。这一点对开口薄壁杆件而言尤为重要。

6.6 组合变形的应力分析

在第 4 章、第 5 章和本章前面的几个小节分别讨论了杆件在拉压、扭转和弯曲时横截面上的应力。但是,工程中的杆件在很多情况下产生的却是这几种变形形式的某种组合,即所谓组合变形。在本节中,将在几种典型的组合变形情况下,针对横截面上的应力进行分析。

组合变形的应力计算的一个基本出发点,是认为应力关于荷载满足叠加原理,即:若第

一组荷载在构件某截面上 K 点所引起的正应力和切应力分别是 $\sigma_{(1)}$ 和 $\tau_{(1)}$，第二组荷载在 K 点所引起的应力是 $\sigma_{(2)}$ 和 $\tau_{(2)}$，则两组荷载共同作用在 K 点所引起的应力分别为 $\sigma_{(1)}+\sigma_{(2)}$ 和 $\tau_{(1)}+\tau_{(2)}$，其中前者是代数和，后者则可能是几何和。

6.6.1　拉（压）弯组合

下面用具体的实例来分析拉（压）弯组合的应力。图 6.44(a)所示的杆件承受轴向拉伸荷载 F，但是外力 F 的作用线并不在轴线上，而是与轴线有一个距离 e。这样的杆件发生的变形就不再是单纯的拉伸了。如果将两端的作用力平移到轴线上，如图 6.44(b)所示，那么根据力平移的原则，应该附加一个力偶矩 $M=Fe$。根据圣维南原理，这样平移处理，对杆件内应力和变形的影响只局限在端面附近的一个小区域上，杆件内的绝大部分区域的应力和变形不会受到影响。

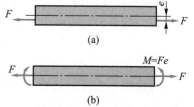

图 6.44　拉弯组合

上述杆件横截面上两种应力成分可用图 6.45 来表示。如图 6.45(a)所示，在力平移后，作用在轴线上的拉力 F 将对杆件起到单纯拉伸的作用，由此在杆件各横截面会产生均布正应力，即

$$\sigma_N = \frac{F_N}{A} = \frac{F}{A},$$

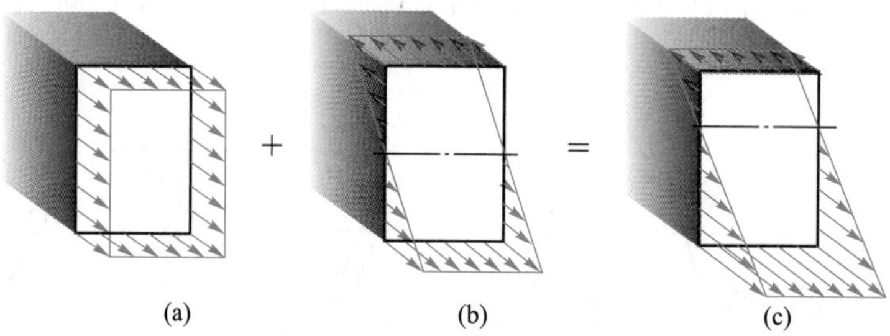

图 6.45　拉弯组合横截面上的应力

如图 6.45(b)所示，力平移所附加的力偶矩则将在杆中产生弯曲正应力，即

$$\sigma_M = -\frac{My}{I}。$$

故横截面上的正应力是上述两项正应力之和，如图 6.45(c)所示，即

$$\sigma = \frac{F_N}{A} - \frac{My}{I}。$$

对于弯曲中性轴的下侧而言，拉伸和弯曲这两重作用都将引起拉应力，两重拉伸作用使拉应力的数值增高。在下边缘处有最大的拉应力，其数值为

$$\sigma_{\max} = \sigma_N + \sigma_{M\max} = \frac{F_N}{A} + \frac{M}{W}。 \tag{6.21a}$$

而对于弯曲中性轴的上侧而言，弯曲引起的压应力由于拉伸所引起的拉应力的冲抵而减小

了。上边缘处的正应力的代数值为

$$\sigma'_{max} = \sigma_N - \sigma_{Mmax} = \frac{F_N}{A} - \frac{M}{W}。 \tag{6.21b}$$

如果弯曲作用在上边缘所引起的压应力数值比拉伸应力 σ_N 小，那么在上边缘就没有压应力了；在这种情况下，整个横截面上都没有压应力了。

在图 6.45 所示的情况中，横截面上正应力为零的那一条线，即组合变形后的中性轴，相对于单纯弯曲的中性轴而言，发生了向上的平移。

例 6.9 如图 6.46 所示的偏心受拉杆件的上侧和下侧分别测出轴向应变为 $\varepsilon_a = 100 \times 10^{-6}$ 和 $\varepsilon_b = 35 \times 10^{-6}$，杆件弹性模量 $E = 200$ GPa，横截面尺寸如图 6.46(b)所示，试求拉力 F 和偏心距 e。

解：记 $b = 6$ mm，$h = 30$ mm。偏心受拉使杆件承受拉弯组合荷载。在杆件的上沿，有

$$\sigma_a = \frac{F}{A} + \frac{Fe}{W} = E\varepsilon_a，$$

下沿则有

$$\sigma_b = \frac{F}{A} - \frac{Fe}{W} = E\varepsilon_b。 \qquad ②$$

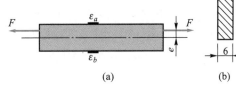

图 6.46 例 6.9 图

①、②两式相加，可得

$$\frac{F}{A} = \frac{1}{2}E(\varepsilon_a + \varepsilon_b)，$$

故有

$$F = \frac{1}{2}bhE(\varepsilon_a + \varepsilon_b) = \frac{1}{2} \times 6 \times 30 \times 200 \times 10^3 \times (100 + 35) \times 10^{-6} \text{ N} = 2\ 430 \text{ N} = 2.43 \text{ kN}。$$

而①、②两式相减，可得

$$\frac{Fe}{W} = \frac{1}{2}E(\varepsilon_a - \varepsilon_b)，$$

故有

$$e = \frac{bh^2}{12F}E(\varepsilon_a - \varepsilon_b) = \frac{6 \times 30^2}{12 \times 2\ 430} \times 200 \times 10^3 \times (100 - 35) \times 10^{-6} \text{ mm} = 2.41 \text{ mm}。$$

从本例可以得到一个对实验测试有意义的结论。在拉伸实验中，轴向荷载的偏心往往是难以避免的。如果在试样两侧对称地贴应变片，就可以通过本例所示的方法有效地消除偏心的影响。

例 6.10 矩形截面钢梁的上沿设有吊装装置，钢梁的尺寸和吊装缆绳的位置如图 6.47(a)所示。钢的密度 $\rho = 7\ 875$ kg/m³，求钢梁横截面上由于自重和吊装而产生的最大拉应力和最大压应力。

解：首先对构件的外荷载进行分析。记钢梁横截面宽度为 b，高度为 h，$l = 800$ mm，$a = 600$ mm。计算简图如 6.47(b)所示，则构件的总体积

$$V = 2bh(a + l)$$
$$= 2 \times 90 \times 200 \times (600 + 800) \text{ mm}^3 = 50.4 \times 10^6 \text{ mm}^3 = 0.050\ 4 \text{ m}^3。$$

总重量

$$F = V\rho g = 0.050\ 4 \times 7\ 875 \times 9.8 \text{ N} = 3\ 890.0 \text{ N}。$$

钢梁单位长度的重量

$$q = \frac{F}{2(a + l)} = \frac{3\ 890}{2 \times (600 + 800)} \text{ N/mm} = 1.389 \text{ N/mm}。$$

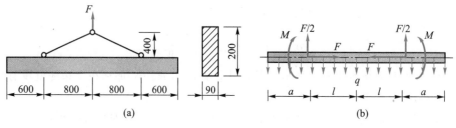

图 6.47 吊装钢梁

这样,钢梁所受的全部外荷载就由向下的均布荷载与向上的吊装力构成。考虑到吊装缆绳的尺寸和角度,两个吊装力可以分解为竖向分量 $\frac{F}{2}$ 和水平分量 F。

注意到吊装力作用点位于钢梁上沿,不在轴线上。因此,应将两个吊装力的水平分量 F 平移到轴线上,如图 6.47(b)所示,这两个水平分量将使钢梁两个吊钩之间的区段产生压缩变形。平移时所附加的力偶矩 $M = F \cdot \frac{h}{2}$,连同吊装力的竖向分量 $\frac{F}{2}$,以及钢梁自重的均布荷载 q 共同使构件产生弯曲变形,从而使该区段构成压弯组合变形。

根据构件的荷载可以画出弯矩图如图 6.48 所示,中截面有最大的弯矩

$$M_{max} = \frac{Fh}{2} + \frac{1}{2}Fl - \frac{1}{2}q(l+a)^2$$

$$= \frac{3\,890 \times 200}{2} \text{N} \cdot \text{mm} + \frac{1}{2} \times 3\,890 \times 800 \text{N} \cdot \text{mm} - \frac{1}{2} \times 1.389 \times (800+600)^2 \text{N} \cdot \text{mm}$$

$$= 583\,780 \text{N} \cdot \text{mm}_{\circ}$$

最大弯曲正应力:

$$\sigma_{M\,max} = \frac{M_{max}}{W} = \frac{6M_{max}}{bh^2}$$

$$= \frac{6 \times 583\,780}{90 \times 200^2} \text{MPa} = 0.973 \text{MPa}_{\circ}$$

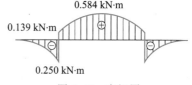

图 6.48 弯矩图

在两个吊钩之间,横截面上的压缩正应力:

$$\sigma_N = \frac{F}{bh} = \frac{3.89 \times 10^3}{90 \times 200} \text{MPa} = 0.216 \text{MPa}_{\circ}$$

所以,中截面的最大拉应力

$$\sigma_{max}^t = \sigma_{M\,max} - \sigma_N = 0.973 \text{MPa} - 0.216 \text{MPa} = 0.76 \text{MPa}_{\circ}$$

最大压应力

$$\sigma_{max}^c = \sigma_{M\,max} + \sigma_N = 0.973 \text{MPa} + 0.216 \text{MPa} = 1.19 \text{MPa}_{\circ}$$

弯矩的另一个峰值位于左边吊装点偏左截面(或右边吊装点偏右截面),该截面上的应力仅由弯曲引起。不难算出,该截面上的最大拉应力和最大压应力数值均低于中截面的相应数值。

例 6.11 如图 6.49 所示的一个夹紧装置可以简化为图 6.50 所示的模型,上半部为半圆柱,尺寸如图所示。若螺杆的作用力 $F = 2$ kN,材料的许用应力 $[\sigma] = 25$ MPa,校核半圆部分的强度。

解:易于看出,半圆形截面部分承受拉弯组合变形。

半圆形截面的形心位置

$$y_c = \frac{2D}{3\pi} = \frac{2 \times 40}{3 \times \pi} \text{mm} = 8.49 \text{mm}_{\circ}$$

外力 F 的作用线与半圆形心相距 $e=15\ \mathrm{mm}+y_C$，故半圆形截面部分承受的弯矩

$$M=Fe=2\,000\times(15+8.49)\ \mathrm{N\cdot mm}=46\,980\ \mathrm{N\cdot mm}。$$

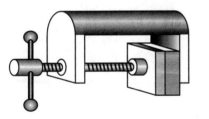

图 6.49　夹紧装置

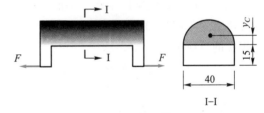

图 6.50　简化模型

根据平行移轴定理可得半圆形截面关于中性轴的惯性矩

$$I=\frac{1}{2}\times\frac{1}{64}\times\pi\times40^4\ \mathrm{mm}^4-\frac{1}{2}\times\frac{1}{4}\times\pi\times40^2\times8.49^2\ \mathrm{mm}^4=17\,542\ \mathrm{mm}^4。$$

半圆上顶点处有最大弯曲压应力

$$\sigma_{M\max}^{c}=\frac{M(R-y_C)}{I}=\frac{46\,980\times(20-8.49)}{17\,542}\ \mathrm{MPa}=30.83\ \mathrm{MPa},$$

半圆下边沿有最大弯曲拉应力

$$\sigma_{M\max}^{t}=\frac{My_C}{I}=\frac{46\,980\times8.49}{17\,542}\ \mathrm{MPa}=22.74\ \mathrm{MPa}。$$

另一方面，半圆形截面部分还承受轴向拉伸作用，其应力

$$\sigma_{N}=\frac{F_N}{A}=\frac{8\times2\,000}{\pi\times40^2}\ \mathrm{MPa}=3.18\ \mathrm{MPa}。$$

因此，半圆上顶点处有最大压应力

$$\sigma_{\max}^{c}=30.83\ \mathrm{MPa}-3.18\ \mathrm{MPa}=27.65\ \mathrm{MPa}。$$

半圆下边沿有最大拉应力

$$\sigma_{\max}^{t}=22.74\ \mathrm{MPa}+3.18\ \mathrm{MPa}=25.92\ \mathrm{MPa}。$$

上述两种应力均大于许用应力，故半圆形截面部分强度不足。

应该看到，尽管这个结构强度不足，但拉伸应力起到了"削峰填谷"的作用，因此，它的结构形式还是比较合理的。如果将半圆部分倒置，如图 6.51 所示，那么构件的强度将更加不足。

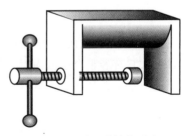

图 6.51　另一种结构形式

6.6.2　斜弯曲

考虑如图 6.52 所示的具有矩形横截面的悬臂梁，坐标系已在图中标出。在其端面上有一集中力 F 的作用。但是这一集中力既未沿 y 轴方向，又未沿 z 轴方向。考虑这一集中力在截面 $ABCD$ 上所引起的应力。显然，可以将 F 沿两个坐标轴方向分解而得到 F_y 和 F_z，从而可以在两个方向上来考查 $ABCD$ 面上的应力。

易于看出，分量 F_y 将使梁产生竖直平面（即 xy 平面）内的弯曲。对于梁中的截面 $ABCD$，相应的弯矩为 M_z，相应的正应力

$$\sigma=-\frac{M_z y}{I_z}。$$

显然,这种弯曲将在 AD 边上引起最大的压应力,而在
BC 边上引起最大的拉应力,如图 6.53(a)所示。

另一个分量 F_z 将使梁产生水平平面(即 xz 平面)内
的弯曲,相应的弯矩为$-M_y$(弯矩矢量方向与 y 轴正向相
反)。相应的正应力

$$\sigma = \frac{M_y z}{I_y}。$$

这个弯曲将使横截面 $ABCD$ 上的 AB 边产生最大的压应
力,CD 边上产生最大的拉应力,如图 6.53(b)所示。

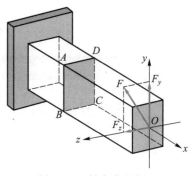

图 6.52　斜弯曲的例子

这样,两个分量共同作用的结果,将使横截面上的正应力为

$$\sigma = -\frac{M_z y}{I_z} + \frac{M_y z}{I_y}。 \tag{6.22}$$

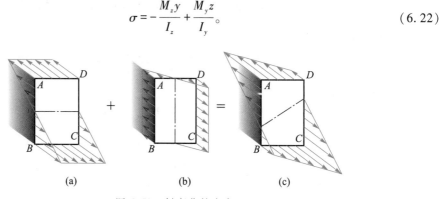

图 6.53　斜弯曲的应力

由此可看出,如图 6.53(c)所示,横截面上的 A 点是两种弯曲压应力最大值所在边的交
点,因此,它有着整个横截面上最大的压应力;而 C 点则具有最大的拉应力。这两点是横截
面上应力水平最高的点。这两点的正应力数值均为

$$\sigma_{\max} = \frac{M_y}{W_y} + \frac{M_z}{W_z}。 \tag{6.23}$$

上面的这种变形情况称为斜弯曲。在一般的斜弯曲中,虽然对应于两个弯矩分量的弯
曲分别是平面弯曲,但是两个分量共同作用时,梁的弯曲可能不再是平面弯曲了。也就是
说,梁的轴线在斜弯曲中可能不再是一条平面曲线。

在上例中,对应于两个分量的弯曲在 $ABCD$ 截面内所构成的中性轴分别为水平对称轴
和竖直对称轴,但是两个分量共同作用时,中性轴却是倾斜的一条直线,如图 6.53(c)所示。

如果在横截面为矩形、工字形、T 形之类的梁中出现斜弯曲现象,那么,最大正应力一般
出现在横截面的外凸角点上。

例 6.12　图 6.54(a)所示结构中,若材料$[\sigma_t] = 80$ MPa,$F_y = 4$ kN,$F_z = 2$ kN,横截面为矩形,宽度 $b =$
60 mm,试确定横截面高度 h。

解:易于看出,悬臂梁的固定端是危险截面。在 F_z 作用下,如图 6.54(b)所示,固定端截面的弯矩数值

$$M_y = 2\ 000 \times (600 + 800) \text{ N} \cdot \text{mm} = 2.8 \times 10^6 \text{ N} \cdot \text{mm}。$$

对应于这个弯矩,横截面上沿承受最大拉应力。

在 F_y 作用下,固定端面的弯矩数值

$$M_z = 4\ 000 \times 600\ \text{N} \cdot \text{mm} = 2.4 \times 10^6\ \text{N} \cdot \text{mm},$$

横截面左沿承受最大拉应力。

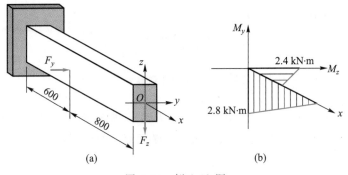

图 6.54 例 6.12 图

因此,横截面的左上角点为危险点。该处正应力

$$\sigma_{\max} = \frac{M_y}{W_y} + \frac{M_z}{W_z} = \frac{6M_y}{bh^2} + \frac{6M_z}{hb^2} \leqslant [\sigma_t].$$

由上式可得

$$[\sigma_t]b^2h^2 - 6M_zh - 6M_yb \geqslant 0,$$

取上式解中有意义的值可得

$$h \geqslant \frac{1}{[\sigma_t]b^2} [3M_z + \sqrt{9M_z^2 + 6M_yb^3[\sigma_t]}].$$

代入数据后可得 $h \geqslant 89.2\ \text{mm}$,故可取 $h = 90\ \text{mm}$。

例 6.13 屋架上的檩条可视为两端简支并倾斜放置的矩形截面梁。若其单位长度重量为 q,长度为 l,梁的横截面如图 6.55(b)所示,求梁中横截面上的最大正应力,并求当倾角 α 为多大时这种正应力达到最大。

解: 可以把梁的自重简化为均布荷载 q,并将其分解为如图所示的两个分量,即

$$q_z = q\cos \alpha, \quad q_y = q\sin \alpha。$$

由于梁为两端简支,因此中截面上有最大弯矩:

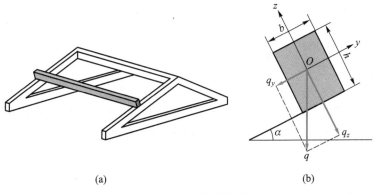

图 6.55 倾斜放置的梁

$$M_{y\,max} = \frac{1}{8} q l^2 \cos \alpha, \quad M_{z\,max} = \frac{1}{8} q l^2 \sin \alpha。$$

中截面上的最大正应力

$$\sigma_{max} = \frac{M_{y\,max}}{W_y} + \frac{M_{z\,max}}{W_z} = \frac{6 q l^2 \cos \alpha}{8 b h^2} + \frac{6 q l^2 \sin \alpha}{8 b^2 h} = \frac{3 q l^2}{4 b h} \left(\frac{\cos \alpha}{h} + \frac{\sin \alpha}{b} \right)。$$

上式中 α 是变量,要使 σ_{max} 达到最大,应有

$$\frac{\mathrm{d}\sigma_{max}}{\mathrm{d}\alpha} = \frac{3 q l^2}{4 b h} \left(-\frac{\sin \alpha}{h} + \frac{\cos \alpha}{b} \right) = 0。$$

故有 $\tan \alpha = \dfrac{h}{b}$,即 $\alpha = \arctan \dfrac{h}{b}$ 时中点横截面的正应力达到最大。

　　注意上述斜弯曲处理方法不能用于横截面为圆形、圆环形梁的正应力求解。圆形截面梁中某个横截面上若有弯矩 M_y 和 M_z,那么这个横截面上的最大正应力

$$\sigma_{max} = \frac{1}{W} \sqrt{M_y^2 + M_z^2}。 \tag{6.24}$$

　　例如,图 6.56(a) 所示的圆轴中,易于看出,具有最大弯矩的截面为固定端 B 截面,外力 F_2 和 F_1 对 B 截面的矩分别为

$$M_y = -F_2 a, \qquad M_z = F_1 l。$$

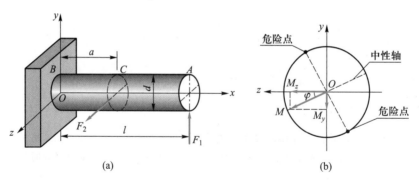

图 6.56　圆轴弯曲危险点

M_y 的表达式中含有负号的原因是,若用右手螺旋法则考虑矩矢量 M_y,则该矢量指向 y 轴的负向。利用两个矩矢量 M_y 和 M_z,便可确定其合矢量

$$M = \sqrt{M_y^2 + M_z^2}。$$

而且矢量 M 和 M_z 的夹角

$$\varphi = \arctan \frac{M_y}{M_z}。$$

显然,B 截面的中性轴与矢量 M 重合,如图 6.56(b) 所示。并由此可以准确地确定正应力数值最大的两个点的位置,这两个点显然是圆轴中应力水平最高的点,因而是危险点。

6.6.3　截面核心的概念

　　在斜弯曲中,横截面上的正应力由式(6.22)给出。如果在这种情况下还有轴力存在,那

么,横截面上的正应力

$$\sigma = \frac{F_N}{A} - \frac{M_z y}{I_z} + \frac{M_y z}{I_y}。 \tag{6.25}$$

因而中性轴已不再过形心,而且最大拉应力与最大压应力数值不等。

偏心受压柱是一种典型的压缩与斜弯曲组合的例子。如图 6.57(a)所示,立柱的顶端面上有轴向压力作用。由于轴向压力 F 的作用点不在截面形心上,立柱将产生斜弯曲和压缩的组合变形。这样,立柱的横截面上就可能出现拉应力、压应力,以及受拉区和受压区的界限,即中性轴。在许多工程结构中,柱是混凝土制成的,而混凝土抗拉能力特别低,因此,常常应该设法避免偏心受压柱横截面出现拉应力。

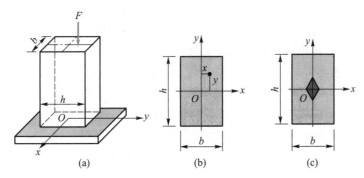

图 6.57　截面核心的确定

显然,如果柱顶端面的轴向压力准确地作用在立柱轴线上,那么横截面上只有压应力。如果轴向压力与立柱轴线有一个很小的偏移量,尽管横截面上也会有弯矩,但压弯组合的结果仍然使截面上不会出现拉应力。如果偏移量较大,横截面上就会产生拉应力了。因此,在柱顶端面形心附近的一个区域内,轴向压力是不会在横截面上引起拉应力的。那么,这个区域具有怎样的形状和尺寸呢? 下面就以图 6.57(a)所示的例子来加以说明。

例 6.14　如图 6.57(a)所示的立柱横截面是宽为 b、高为 h 的矩形。集中荷载 F 可在立柱端面上平行移动,要使立柱横截面上不产生拉应力,F 应该限制在什么样的区域内?

解:在立柱顶端面建立坐标系如图 6.57(b)所示。不妨先考虑 F 的作用点在第一象限内坐标为 (x,y) 的位置上。由于力 F 的作用线不在立柱的轴线上,因而立柱处于产生偏心受压的状态。如果将力 F 平移至端面形心处,则将产生附加的力偶矩,其绝对值为

$$M_x = Fy, \qquad M_y = Fx。$$

相应于上述两个弯矩,在立柱的任一横截面的左下角将会产生最大拉应力

$$\sigma_{M\max} = \frac{M_x}{W_x} + \frac{M_y}{W_y} = \frac{6Fy}{bh^2} + \frac{6Fx}{hb^2}。$$

与此同时,对应于作用在轴线上的压力 F,同一横截面上将会产生均匀的压应力

$$\sigma_N = \frac{F}{bh}。$$

这样,要使左下角不产生拉应力,则应有

$$\sigma_N - \sigma_{M\max} = \frac{F}{bh} - \left(\frac{6Fy}{bh^2} + \frac{6Fx}{hb^2} \right) \geqslant 0。$$

由此可得

$$6\left(\frac{x}{b} + \frac{y}{h}\right) \leqslant 1。$$

这意味着,力的作用点应限制在由 x 轴、y 轴及直线 $\frac{x}{b} + \frac{y}{h} = \frac{1}{6}$ 所包围的直角三角形区域内。显然,这个三角形的高为 $\frac{h}{6}$、宽为 $\frac{b}{6}$。

　　在四个象限内考虑,不难看出力的作用点应限制在如图 6.57(c)所示的菱形区域中。这个菱形位于矩形中央,水平对角线长度为 $\frac{b}{3}$,竖直对角线长度为 $\frac{h}{3}$。

　　上例所得到的菱形区域称为矩形的截面核心(kern of cross-section)。

　　在上例推导中,要使左下角不产生拉应力,实际上就是将中性轴放在左下角,或左下角以外。这就提示我们,可以通过中性轴位置来一般地讨论任意截面的截面核心。当轴向压力作用点通过截面形心 C 时,截面上压应力均匀分布,此时不存在中性轴。当轴向压力作用点 K 偏离形心 C 时,可能会使截面某些部分受压,另一部分受拉,此时中性轴 l 穿过截面,如图 6.58(a)所示。因此,某个中性轴的位置与轴向力的一个作用点存在着相互对应的关系。对于一根恰好与截面边缘外切的中性轴 l,此时整个截面上都不存在拉应力,这样的中性轴也一定存在着对应的轴向力作用点 K,如图 6.58(b)所示。

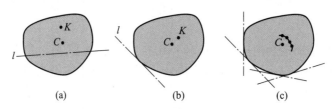

图 6.58　一般截面核心的确定

　　这样,考虑一系列与截面外边沿相切的中性轴,即考虑连续地在区域外边沿"滚动"的中性轴,它们也对应着一系列的轴向力作用点。这一系列轴向力作用点所包围的区域,就是该截面的截面核心,如图 6.58(c)所示。

　　由于中性轴上正应力为零,即

$$\frac{F_N}{A} - \frac{M_z y}{I_z} + \frac{M_y z}{I_y} = 0。 \tag{6.26}$$

由此便可以定量地计算外力作用点 K 的位置,并确定截面核心的形状和尺寸。

　　如果截面外边沿由几条直线组成,则可将中性轴分别置于这些直线上,相应的几个轴向力作用点的连线就构成截面核心边界的一部分。如果截面上的外边沿是一段弧线,那么与这段弧线相应的轴向力作用点也构成一段弧线。在许多情况下,可以利用式(6.26)找到截面核心区域边界在形心坐标轴上的四个截距点,然后用直线或曲线将这四个点连接起来,即可得到截面核心。

　　容易看出,截面的形心总是在该截面的截面核心之内。

　　由于中性轴不应穿过截面,因此,当截面是凹形区域时,截面核心仍然是凸形区域,如图

6.59 所示的截面就属于这种情况。

还可以看出,截面核心是截面自身的性质。与立柱是否承载,或承载多大没有关系。

6.6.4 弯扭组合

考虑如图 6.60 所示的直角曲柄结构模型,在末端 C 作用有集中力 F。在这个力的作用下圆轴部分 AB 所产生的变形效应可以这样来分析:将力 F 从 C 平移到 B,同时附加一个力偶矩 Fa。作用在 B 处的集中力使 AB 区段产生弯曲变形,力偶矩 Fa 使 AB 区段产生扭转变形。

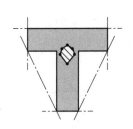
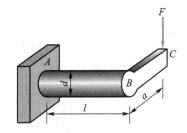

图 6.59 凹形区域的截面核心　　　　图 6.60 曲柄结构模型

AB 区段中的截面最上点和最下点分别有这个截面中的最大拉应力和最大压应力。

在 AB 区段所产生的弯曲变形中,固定端 A 截面有最大的弯矩

$$M = Fl。$$

因此,就整个 AB 区段而言,A 截面的上下点具有最大的正应力,其值为

$$\sigma = \frac{M}{W} = \frac{32Fl}{\pi d^3}。 \tag{6.27}$$

在 AB 区段所产生的扭转变形中,各横截面的扭转切应力情况相同。每个截面上,处于圆轴外表面的点上具有最大的切应力,其值为

$$\tau_T = \frac{T}{W_p} = \frac{16Fa}{\pi d^3}。 \tag{6.28}$$

原则上,图 6.60 所示的圆轴部分还存在着弯曲切应力。但是,可以看出,弯曲切应力最大的点(横截面上的中性轴)恰恰弯曲正应力为零;而弯曲正应力最大的点(横截面的最上点与最下点)弯曲切应力为零。就一般的细长梁而言,弯曲正应力数值要比弯曲切应力数值大许多,因此,如果不是特别要求,在圆轴的弯扭组合变形问题中可以不必考虑弯曲切应力这一因素。这样,在图 6.60 所示的曲柄中,AB 区段最危险的点是固定端面的上下两点。这两点具有最大的弯曲正应力,又具有最大的扭转切应力。

应该注意,在拉弯组合和斜弯曲中,危险点的应力是两项正应力的代数和。但在弯扭组合中,危险点处得到的是正应力分量与切应力分量,它们一般不按照矢量和的方式将其合成;也不采用将这两种应力分量分开考核的方式(即最大弯曲正应力 $\sigma_{\max} \leqslant [\sigma]$,最大扭转切应力 $\tau_{\max} \leqslant [\tau]$)进行强度校核。这种情况下应力的进一步分析,将留待第 8 章和第 9 章进行。

同时应注意,上面仅就圆轴的弯扭组合变形情况进行了讨论;如果发生这类变形的轴具

有其他类型的截面,则情况要更复杂一些。在第 9 章的例 9.4 中,就讨论了一个矩形截面轴发生弯扭组合变形的情况。在这个例子中,既考虑了弯曲正应力和扭转切应力,又考虑了弯曲切应力。

*6.6.5   梁弯曲的一般情况

本章所进行的讨论,是以平面弯曲作为基本的考查对象进行的。但是梁在承受横向荷载时,并不总是发生平面弯曲。下面以悬臂梁在自由端承受横向集中力这种典型的情况,根据集中力作用位置的不同和作用方向的不同,来说明可能发生的变形形式。

（1）平面弯曲

如果集中力作用线穿过截面弯曲中心,且平行于形心主惯性矩的方向,梁就会产生平面弯曲。例如,图 6.61 所示的各类情况,图中的点画线都是形心惯性主轴。

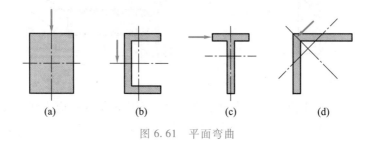

图 6.61   平面弯曲

特别地,对于正多边形截面,以及圆形截面,由于过形心的任意轴都是形心惯性主轴,且形心与弯曲中心重合,所以只要集中力作用线穿过形心,都将产生平面弯曲。

（2）斜弯曲

如果集中力作用线穿过截面弯曲中心,但并不平行于形心主惯性矩的方向,梁就会产生斜弯曲,如图 6.62 所示的各类情况。

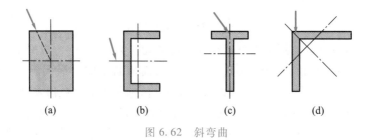

图 6.62   斜弯曲

（3）扭转与弯曲的组合

如果集中力作用线不穿过截面弯曲中心,梁就会产生弯曲与扭转的组合变形,如图 6.63 所示的各类情况。图 6.63(a)、(b)、(c)所示三种情况都是平面弯曲与扭转的组合,图 6.63 (d)所示则是斜弯曲与扭转的组合。

就强度问题而言,如果发生比较复杂的弯扭拉(压)组合变形的情况,那么应该首先将引起三种变形的外荷载成分区分开来,然后分别进行计算。在这种情况下,危险点的正应力和切应力对强度的影响留待第 9 章处理。

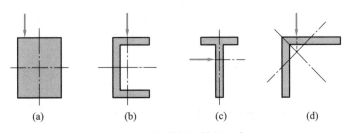

图 6.63　弯曲与扭转的组合

单就弯曲问题而言,梁的轴线沿 x 轴,对于某个横截面(yz 平面),其惯性矩和惯性积分别为 I_y、I_z 和 I_{yz},该截面上作用了任意方向的弯矩,如图 6.64(a)所示。可以证明[①],这种情况下,中性轴仍然通过截面形心 C,截面上坐标为(y,z)的 K 点的正应力

$$\sigma(y,z)=\frac{M_y(zI_z-yI_{yz})-M_z(yI_y-zI_{yz})}{I_yI_z-I_{yz}^2}。 \tag{6.29}$$

式中,M_y 和 M_z 是弯矩矢量在坐标轴上的投影,如图 6.64(b)所示。上式是弯曲正应力的一般公式,这个公式可以应对各种复杂的计算弯曲正应力的情况。

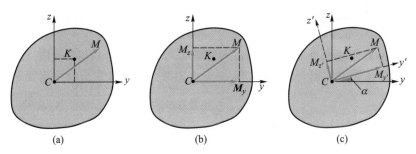

图 6.64　弯曲的一般情况

另一个值得推荐的方法是,首先利用式(Ⅰ.27)确定截面的形心主惯性矩的方位角 α,求出截面两个主惯性矩 $I_{y'}$ 和 $I_{z'}$,然后将弯矩矢量和 K 点的坐标矢量用主轴方向分量表示出来,即

$$\begin{bmatrix} M_{y'} \\ M_{z'} \end{bmatrix}=\begin{bmatrix} \cos\alpha & \sin\alpha \\ -\sin\alpha & \cos\alpha \end{bmatrix}\begin{bmatrix} M_y \\ M_z \end{bmatrix}, \quad \begin{bmatrix} y' \\ z' \end{bmatrix}=\begin{bmatrix} \cos\alpha & \sin\alpha \\ -\sin\alpha & \cos\alpha \end{bmatrix}\begin{bmatrix} y \\ z \end{bmatrix},$$

如图 6.64(c)所示。即可得

$$\sigma=-\frac{M_{z'}y'}{I_{z'}}+\frac{M_{y'}z'}{I_{y'}},$$

这实际上就是斜弯曲的正应力公式(6.22)。利用这个公式,可以比较方便地分析横截面的最大正应力,继而确定危险点。

---

① 参见参考文献[26]

思 考 题 6

6.1   推导公式 $\sigma = -\dfrac{My}{I}$ 的主要思路分为哪几个步骤？在什么前提条件下导出了横截面上的正应变 $\varepsilon = -\dfrac{y}{\rho}$？横截面上的正应力之和（即轴力）等于零这一条件起到了什么作用？

6.2   公式 $\sigma = -\dfrac{My}{I}$ 的适用范围是什么？

6.3   什么情况下弯曲梁横截面上的最大拉应力和最大压应力相等？什么情况下不相等？

6.4   某梁横截面形状及形心位置如图所示。若已知该梁的几种弯矩图，那么，哪些情况下会出现最大拉应力和最大压应力不在同一横截面上的现象？

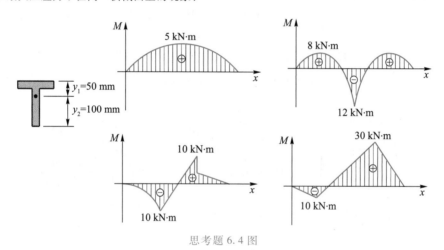

思考题 6.4 图

6.5   两个表面光滑且材料、形状尺寸完全相同的矩形截面梁叠合起来但不粘合，左端固定，右端承受集中力 F，如图所示。这两个梁中的内力、应力情况相同吗？为什么？

6.6   在思考题 6.5 的情况中，两梁粘合与不粘合的应力分布有什么区别？粘合与不粘合两种情况下的最大正应力之比为多少？

思考题 6.5 图

6.7   钢筒表面密集地缠绕着一层直径远小于钢筒直径的钢丝。缠绕之后，发现原本无应力的钢丝应力过大。为了降低钢丝应力，是应该换用直径更大的钢丝，还是直径更小的钢丝？为什么？

6.8   混凝土的梁经常加上钢筋来提高它的抗拉强度。在图示各种情况中，试确定大致的配筋部位。

6.9   试判断在图示结构中，最大弯曲拉应力出现在什么截面？最大压应力出现在什么截面？最大切应力出现在什么区段？

6.10   推导梁横截面上的切应力公式所采用的方法是什么？弯曲切应力公式与圆轴扭转切应力公式相比，它们的精确程度一样吗？弯曲切应力公式的应用受到什么限制？

6.11   在截面是高宽比较大的矩形，以及圆形、薄壁圆环、工字形、T 形等梁中，横截面上的最大弯曲切应力都出现在中性轴上。这是一个普遍的规律吗？你能举出例外的例子吗？

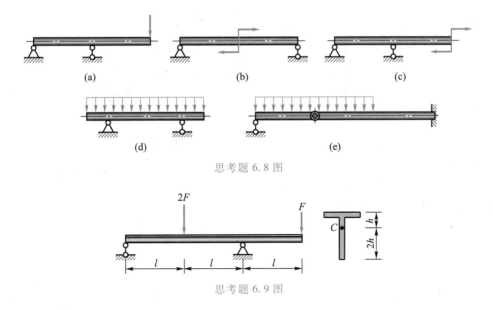

思考题 6.8 图

思考题 6.9 图

6.12   一般实体截面的细长梁横截面上的正应力和切应力的大小有什么区别？这种区别如何影响梁截面尺寸选择的流程？

6.13   在等强度梁设计中，什么情况下应该考虑弯曲切应力？

6.14   在横力弯曲中，由于横截面上切应力的存在，平截面假设不再精确地成立了，变形前的平截面在变形后不再是平面了。图示虚线表示梁变形前的横截面形状，实线表示变形后的形状。这些图中，哪一个才可能是正确的？

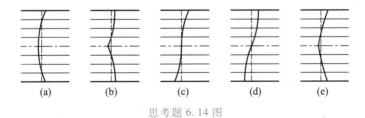

思考题 6.14 图

6.15   薄壁杆件弯曲切应力分布的规律是什么？薄壁杆件弯曲切应力沿壁厚分布的规律与开口薄壁杆件扭转切应力沿壁厚分布的规律类似吗？与闭口薄壁杆件类似吗？

6.16   在计算矩形截面梁横截面上任意点的切应力时可用公式 $\tau = \dfrac{F_s S'}{bI}$，计算薄壁杆件横截面的切应力也用到这个公式。两者在使用中有什么区别？

6.17   弯曲中心的力学意义是什么？悬臂梁自由端处的横向力作用线穿过弯曲中心与不穿过弯曲中心所引起的梁的变形有什么区别？

6.18   横截面如图所示的薄壁箱形梁承受竖直方向上且位于左右对称面内的荷载。在横截面竖直对称线的部位 A 和 B，其切应力为什么是零？

6.19   如图所示的薄壁箱形梁是由四块木板用钉子钉成的。梁承受竖直方向上的荷载，连接木板的钉子承受的剪切力大致沿着什么方向？

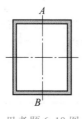

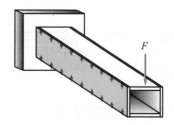

思考题 6.18 图   思考题 6.19 图

6.20 将如图所示的三种情况下中部横截面的最大正应力按从大到小的顺序排列起来。

6.21 两个绕过大型刚性圆柱的构件材料相同,一个由整体钢筋制成,一个由若干根钢丝组成,两者有效横截面面积相同,谁能承受更大的力 F? 为什么?

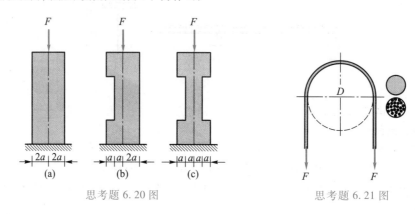

思考题 6.20 图   思考题 6.21 图

6.22 拉(压)弯组合与斜弯曲这两种情况下的中性轴位置有什么区别?

6.23 轴线沿 x 轴方向的圆轴横截面上存在着弯矩 M_y 和 M_z,为什么不能按照斜弯曲最大正应力公式计算最大正应力? 如何确定该截面上正应力最大的点的位置?

6.24 轴线沿 x 方向的圆轴横截面上存在着轴力 F_N、弯矩 M_y 和 M_z,如何确定截面上正应力最大的点的位置?

6.25 当斜弯曲现象出现在横截面为矩形、工字形等形状的梁中时,为什么最大正应力出现在横截面的外凸角点上?

6.26 试分析图示直角刚架各部分所发生的变形。

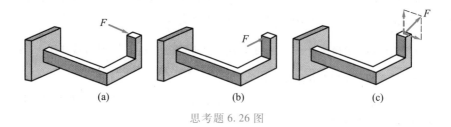

思考题 6.26 图

6.27 截面核心有哪些特点?

6.28 图示是一些悬臂梁横截面的图形,点画线线为形心惯性主轴。箭头表示在自由端所加的集中力。这些梁中,哪些情况产生了斜弯曲而且只有斜弯曲,而没有其他变形?

6.29 利用图示的情况,用"理想实验"的方法来说明弯曲中的单向受力假定:在图(a)所示的悬臂梁中,当自由端有横向集中力存在时,在 A 处的纵截面上不存在正应力。

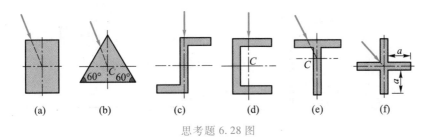

思考题 6.28 图

（1）如果在 A 处的纵截面上存在着正应力,那么是如图(a)所示的压应力吗?

（2）如果上一问题回答"是",那么,这就意味着 A 处的纵截面的上面部分介质对下面部分介质存在着压力。那么,下面部分对上面部分是不是也应该有压力[图(b)]?

（3）如果上一问题回答"是",将集中力在自由端沿相反方向作用,如图(c)所示,那么,A 处上面部分对下面部分,或者下面部分对上面部分是不是也应该有压力?

（4）如果上一问题回答"是",那么,将自由端处的两个相反方向的集中力同时作用[图(d)],根据上述逻辑,在 A 处难道不是应该有双倍的压应力吗? 但是,在 A 处有双倍的压应力的结论合理吗?

（5）由此可以得到什么结论?

（6）如果上面的一系列问题与思考得到了在 A 处的纵截面上不存在正应力的结论,那么你的思考中事实上已经假定了某些原理的存在。哪些原理在你的思考中得到了应用?

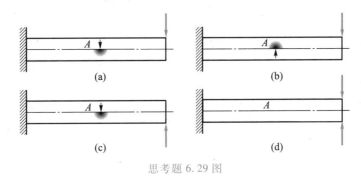

思考题 6.29 图

6.30　你能否自行设计一个理想实验来验证纯弯曲情况下平截面假设是正确的?

习题 6
参考答案

习 题 6（A）

梁的正应力（6.1~6.26）

6.1　直径为 d 的直金属丝,被绕在了直径为 D 的轮缘上,D 远大于 d,如图所示。

（1）已知材料的弹性模量为 E,且金属丝保持在线弹性范围内,试求金属丝的最大弯曲正应力。

（2）已知材料的屈服极限为 σ_s,如果要使已弯曲的金属丝能够完全恢复为直线形,轮缘的直径不得小于多少?

6.2　图示撑竿跳过程中某时刻跳竿最小曲率半径 $\rho = 7.5\,\mathrm{m}$,增强玻璃钢跳竿的材料常数 $E = 120\,\mathrm{GPa}$,直径 $d = 40\,\mathrm{mm}$,求此时杆中的最大正应力。

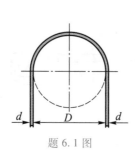

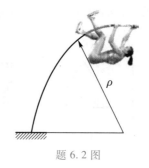

| 题 6.1 图 | 题 6.2 图 |

6.3 由两根 No.20 槽钢组成的外伸梁,在两端分别受到 F 的作用,如图所示。已知 $l = 6$ m,钢材的许用应力 $[\sigma] = 170$ MPa,求梁的许用荷载 $[F]$。

6.4 举重杠铃杆直径为 25 mm,长度为 2.2 m,质量为 20 kg。两端杠铃片(含卡箍)重心之间的距离为 1.3 m。若运动员举起杠铃时双手的间距为 1 m。求运动员举起 150 kg 时杠铃杆横截面中的最大正应力。

6.5 一简支工字钢梁,梁上荷载如图所示。已知 $l = 6$ m,$q = 6$ kN/m,$F = 20$ kN,钢材的许用应力 $[\sigma] = 150$ MPa,试根据正应力强度选择工字钢的型号。

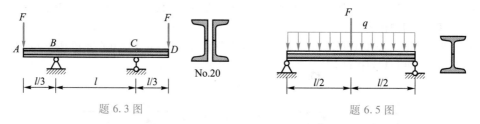

| 题 6.3 图 | 题 6.5 图 |

6.6 图(a)所示为某个等截面直梁的剪力图,全梁上无集中力偶矩作用。梁的横截面如图(b)所示。

(1) 画出梁的弯矩图;

(2) 求梁横截面上的最大正应力;

(3) 求具有最大正应力的截面中上翼板所有正应力的合力。

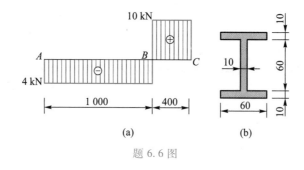

题 6.6 图

6.7 外伸梁承受如图所示荷载,其中,$F = 15$ kN,$a = 1$ m,梁由两根 No.14b 槽钢按图(a)、(b)两种方式并排焊接而成。求这两种情况下梁中横截面上的最大正应力。

6.8 在如图所示的结构中,$q = 5.6$ kN/m,$a = 300$ mm,梁的横截面形状均为实心圆,且 AB、BC、CD 三个区段可以分别采用不同直径 d_1、d_2 和 d_3。若 $[\sigma] = 160$ MPa,求三个区段合理的直径。

6.9 一块长为 2.5 m、宽为 400 mm、厚为 30 mm 的木板上按如图所示方式堆放了 28 袋水泥。每袋水泥质量为 50 kg。试求木板横截面上的最大正应力。如果要降低木板中的应力水平,可如何改变水泥堆放方式？注意：为了堆放安全，一垛水泥最多只能比邻近的一垛水泥高出 4 袋。试计算改变堆放方式后木板横截面上的最大正应力。

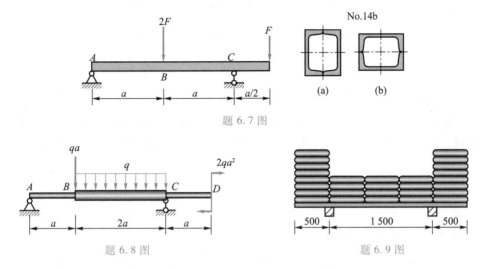

题 6.7 图

题 6.8 图   题 6.9 图

6.10　求如图所示的边长为 a 的正六边形关于 x 轴和 y 轴的抗弯截面系数。

6.11　图示梁由 No.16 槽钢制成，荷载 $q = 3.75$ kN/m，求梁中最大弯曲拉应力和压应力。

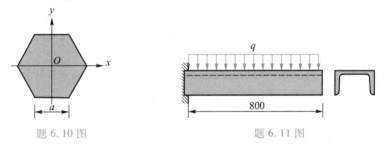

题 6.10 图   题 6.11 图

6.12　图(b)所示为跳板的横截面示意图。若运动员的体重 $P = 650$ N，跳板横截面上的最大拉应力和最大压应力各为多大？

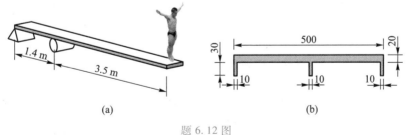

(a)   (b)

题 6.12 图

6.13　在图示外伸梁中，载荷 P 可在全梁上移动，若梁的许用拉应力 $[\sigma_t] = 35$ MPa，许用压应力 $[\sigma_c] = 140$ MPa，$l = 1$ m，求载荷 P 的许用值。

6.14　如图所示的结构中，A 为固定端，B、C 处为铰。两段梁的横截面均为如图所示的形状，且均按槽口向下的方位放置。横截面惯性矩 $I = 9 \times 10^6$ mm^4，中性轴到上、下沿的距离分别如图所示。材料的许用拉应力 $[\sigma_t] = 40$ MPa，许用压应力 $[\sigma_c] = 80$ MPa。

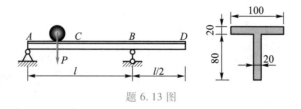

题 6.13 图

（1）由右段梁 BC 的强度确定均布荷载 q 的大小；

（2）要使左段梁与右段梁具有相同的强度，它的长度 a 应为多少？

6.15 如图所示的结构中，左段梁为半圆轴且圆弧面朝下放置。右段梁横截面为正方形。两段梁的材料均为铸铁。若已知右段梁横截面边长为 a，在两段梁具有相同强度的前提下确定左段梁的横截面直径 D。

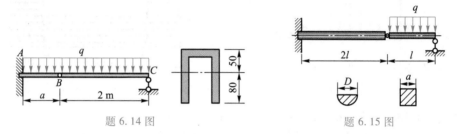

<table>
<tr><td style="text-align:center">题 6.14 图</td><td style="text-align:center">题 6.15 图</td></tr>
</table>

6.16 长度为 l 的悬臂梁的横截面是边长为 a 的正三角形，单位长度的重量为 q。仅由于自重，梁产生弯曲。该梁应如何放置才能使梁中横截面上的最大正应力为最小？这个应力大小是多少？

6.17 横截面如图所示的简支梁承受竖直向下的均布荷载。若材料的许用压应力是许用拉应力的 4 倍，求下沿宽度 b 的最佳取值。

6.18 如图所示，用力 F 将放置于地面的钢筋提起。若已知钢筋单位长度的重量为 q，试求当 $b = 2a$ 时所需的力 F 的大小。

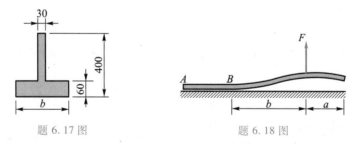

<table>
<tr><td style="text-align:center">题 6.17 图</td><td style="text-align:center">题 6.18 图</td></tr>
</table>

6.19 火车行驶时，其重量压在铁轨上，而铁轨是通过矩形截面的枕木压在碎石的路基上的。若两根轨道的间距 l 是预定的，那么枕木的长度 l_0 取多大最好？

6.20 有一批长为 3 m、宽为 400 mm、厚为 60 mm，重量为 1 500 N 的均质混凝土板需在加工后运出。为了运输方便，在成型时即需在板的长边沿上预装两个吊钩。同时利用一个钢管特制了如图所示的吊装构件。

（1）吊钩应该预装在混凝土板的何处最为安全？按你所设定的吊钩位置，在吊装时板中由于自重而产生的最大拉应力为多大？

（2）为何吊装构件要采用如图所示的形式？比起直接用钢绳吊装，这种装置有什么优点？

6.21 如图所示，主梁长度为 l，其中点作用有集中力 F。为了改善载荷分布，在主梁中部安置一个长度为 a 的副梁。主梁和副梁材料相同，主梁抗弯截面系数 W_1 是副梁抗弯截面系数 W_2 的 2 倍，试求副梁长度 a 的合理值。

题 6.19 图　　　　　　　题 6.20 图　　　　　　　题 6.21 图

6.22　运动员可以在双杠的任意位置做动作。从强度因素考虑，双杠的支撑点应位于何处，即图中 a 与 l 的比例为多少最为合理？

6.23　某水上漂浮广告装置由密封的空腔体、增加稳定性的重物及广告牌构成。空腔体由厚度为 2 mm 的金属板材制成，重量为 700 N，外部尺寸为 400 mm×120 mm×3 200 mm，如图所示。若重物在扣除了浮力对自身的影响后能提供的下坠力为 200 N，置于中部位置的广告牌重量为 400 N。不考虑两端面的影响，求空腔体横截面上的最大弯曲正应力。

6.24　受纯弯曲的梁横截面如图所示，该截面上作用有正弯矩 M。试求该截面中上面三分之二部分与下面三分之一部分各自所承受的弯矩之比。

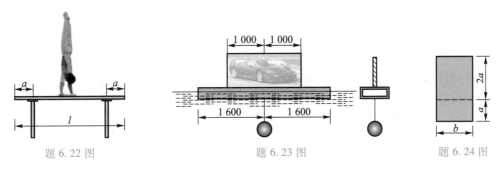

题 6.22 图　　　　　　　　　　题 6.23 图　　　　　　　　　题 6.24 图

6.25　如图所示阶梯形悬臂梁承受均布荷载 q，其横截面为宽度均为 b 的矩形，左、右段截面高度分别为 h_1 和 h_2，长度分别为 l_1 和 l_2，而其总长度 l 不变，许用应力 $[\sigma]$ 为已知。要使梁的总重量为最小，不考虑应力集中的影响，试确定 h_1 和 h_2，l_1 和 l_2 的数值。

6.26　在如图所示的分段矩形等截面简支梁中，横截面的宽度全为 b，AD 及 EB 区段内高度为 h_1，DE 区段内高度为 h_2。不考虑应力集中的影响，若要使梁的用料为最省，试求 $\dfrac{a}{l}$ 和 $\dfrac{h_1}{h_2}$。

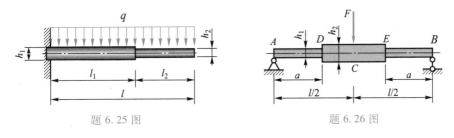

题 6.25 图　　　　　　　　　　　　　题 6.26 图

梁的切应力及梁的强度（6.27～6.45）

6.27　弯曲梁的某横截面尺寸如图所示，该截面上有剪力 $F_S = 50$ kN，求该截面上的最大弯曲切应力和 A、B 处的弯曲切应力。

6.28　图示的梁由两块宽度为 40 mm、高度为 50 mm 的板材粘合而成。板材许用正应力 $[\sigma] = 25$ MPa，许用切应力 $[\tau] = 10$ MPa；胶层许用正应力 $[\sigma_0] = 2$ MPa，许用切应力 $[\tau_0] = 1.5$ MPa。求许用荷载 F。

6.29 简支梁长度 $l = 1\,200$ mm, 距其左端三分之二长度处承受集中力 $F = 4$ kN 的作用, 梁是由四块宽度 $b = 40$ mm, 厚度 $h = 25$ mm 的木板粘接而成的。若木材许用应力 $[\sigma] = 20$ MPa, 胶层许用切应力 $[\tau] = 2$ MPa, 校核梁的强度。

6.30 如图所示的简支梁承受均布荷载。

（1）求横截面上的最大弯曲正应力；

（2）求剪力最大的截面上 A、B 和 C 点处的切应力。

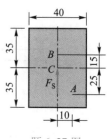

题 6.27 图

6.31 如图所示的悬臂梁的横截面是宽度为 b、高度为 h 的矩形。在上表面承受竖直向下的均布荷载 q 的作用。求图示梁的中性层上灰色区域 $ABCD$ 内切应力的合力。

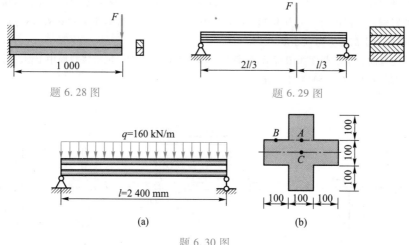

题 6.28 图　　　　　　题 6.29 图

题 6.30 图

6.32 图示为某个等截面直梁的弯矩图。横截面全部壁厚均为 4 mm, 尺寸如图所示。求该结构中横截面上的最大拉应力、最大压应力和最大切应力。

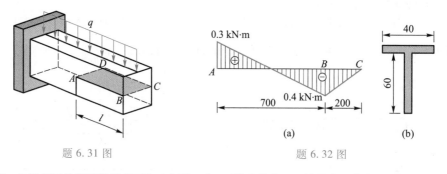

题 6.31 图　　　　　　题 6.32 图

6.33 如图所示的悬臂梁横截面为工字形。求 l 区段内横截面上的最大正应力和最大切应力。

6.34 如图所示的横截面的壁厚均为 $\delta = 6$ mm, 其弯矩 $M = 3$ kN·m, 剪力 $F_s = 6$ kN, 该梁产生平面弯曲。求截面的最大正应力、最大切应力和 K 点处的切应力。

6.35 如图所示的箱形悬臂梁由四块厚度 20 mm 的木板用钉子钉成, 钉子间距为 100 mm。若木材的抗压许用应力 $[\sigma_c] = 20$ MPa, 抗拉许用应力 $[\sigma_t] = 60$ MPa, 钉子直径 $d = 4$ mm, $[\tau] = 80$ MPa。求结构的许用荷载。

6.36 若干等距排列的螺钉将四块木板连接成如图所示的箱形梁。每块木板的横截面面积皆为

150 mm×25 mm。若每一个螺钉的许可剪力为 1.1 kN,已知 $F = 5.5$ kN。试确定螺钉的间距 s。

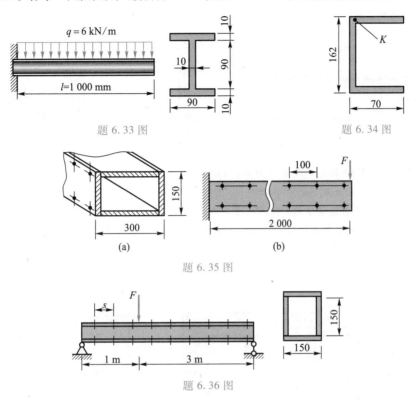

题 6.33 图   题 6.34 图

题 6.35 图

题 6.36 图

6.37 悬臂梁由两个截面如图所示的薄壁半圆环的梁用若干个等距的铆钉连接而成。圆环平均半径 $R = 80$ mm,壁厚 $\delta = 8$ mm。悬臂梁长度 $l = 2$ m,在自由端有竖直向下的集中力 $F = 16$ kN 的作用。铆钉许用切应力 $[\tau] = 165$ MPa,直径 $d = 10$ mm。试根据铆钉的剪切强度确定铆钉的间距 s。

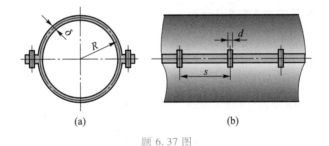

题 6.37 图

6.38 如图所示的简支梁中,两块木板由一组间距为 70 mm 的螺钉连接。集中力 $F = 10$ kN。求螺钉剪切面上的剪力。

6.39 已知内径为 d、外径为 D 的圆环形杆件横截面上的剪力为 F_s。求该横截面上的最大切应力,并以此导出薄壁圆环最大切应力公式。

6.40 如图所示的悬臂梁承受均布荷载 q,其横截面为矩形,宽度 b 保持不变,试根据等强度观点设计其厚度 h 的曲线。

6.41 如图所示挡水板每间隔 2 m 由一立桩加固。立桩下端与地基固结,上段截面是边长为 b 的正方形。若宽度 b 不变,求厚度 h 沿水深的合理变化规律。

6.42 如图所示的悬臂梁承受均布荷载 q,其厚度保持 h 不变。由于结构需要,其自由端的宽度要求为 b_0,以自由端为坐标原点,x 轴向左为正,求整个梁宽度 $b(x)$ 的合理函数。

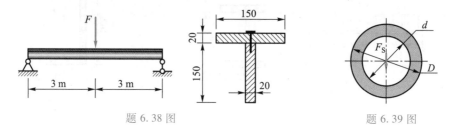

题 6.38 图

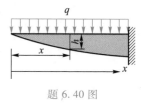

题 6.39 图

6.43 横截面为宽 $b = 40\ \text{mm}$、高 $h = 120\ \text{mm}$ 的矩形悬臂梁在自由端承受集中力 F 的作用。若在梁侧面上相距 $a = 200\ \text{mm}$ 的两点 A、B 间测得伸长量 $\Delta = 0.04\ \text{mm}$,已知材料的弹性模量 $E = 80\ \text{GPa}$,求 F 的大小。

6.44 如图所示的矩形截面简支梁承受均布荷载 q。设材料的弹性模量 E、均布荷载 q、跨度 l 和截面尺寸 b、h 均为已知,试求梁下边缘的总伸长量 Δl。

题 6.40 图

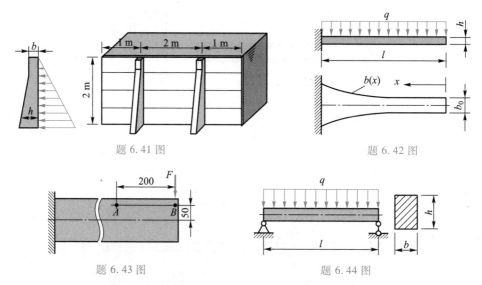

题 6.41 图

题 6.42 图

题 6.43 图

题 6.44 图

6.45 如图所示的截面承受正弯矩 $M = 40\ \text{kN·m}$,材料的弹性模量 $E = 200\ \text{GPa}$,泊松比 $\nu = 0.3$,求线段 AB 和 CD 的变化量。

组合变形(6.46~6.73)

6.46 图为人的腿骨在某个状态的受力简图,它所承受的上身的作用力 $F = 241\ \text{N}$,其偏离骨轴线 $e = 52\ \text{mm}$。若不考虑骨中心海绵状骨质的承载能力,试计算 I-I 截面上的最大拉应力和最大压应力。

6.47 图示偏心拉伸杆件,截面为矩形。已知 $F = 3\ \text{kN}$,材料的弹性模量 $E = 20\ \text{GPa}$。用电阻应变片测得杆件上表面的轴向正应变。

(1)若要测得最大拉应变,偏心矩为多少?最大拉应变为多少?

(2)若电阻应变片读数为零,偏心矩为多少?

6.48 如图所示的路边交通指示牌总重为 1.2 kN,它所悬挂的横梁 AB 为外径 $D = 80\ \text{mm}$,内径 $d = 70\ \text{mm}$ 的空心圆杆。拉杆 CB 为直径 $d_0 = 10\ \text{mm}$ 的实心圆杆。试求梁 AB 和杆 CB 横截面上的最大正应力。

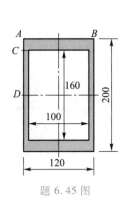

题 6.45 图

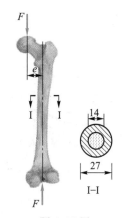

题 6.46 图

6.49 比萨斜塔未倾斜前的高度 $h = 55$ m，如果把塔体简化为外径 $D = 20$ m，内径 $d = 14$ m 的均质圆筒，要使塔体横截面上不产生拉应力，塔体容许的最大倾斜角为多少度？目前塔体已倾斜了 $5.5°$，塔体横截面上是否已产生了拉应力？

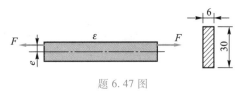

题 6.47 图

6.50 如图所示的灯柱中，左边灯及曲管共重 $P_1 = 200$ N，其重心距灯柱轴线 $a_1 = 1$ m。右边灯及曲管共重 $P_2 = 450$ N，其重心距灯柱轴线 $a_2 = 2.2$ m。灯柱自重 $P = 3\ 200$ N。其底部 I–I 截面为外径 $D = 200$ mm、内径 $d = 180$ mm 的空心圆。求 I–I 截面上的最大正应力。

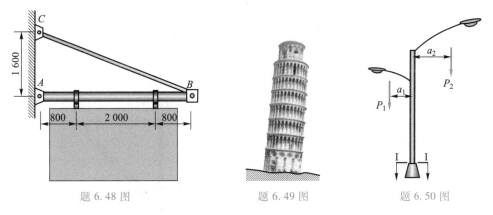

题 6.48 图   题 6.49 图   题 6.50 图

6.51 图示为某种自行车坐垫结构的示意图，其中 AB 段是外径为 25 mm、内径为 22 mm 的空心圆管。若作用在坐垫上力的总量 $F = 800$ N，求 AB 段横截面上正应力的极值。

6.52 如图所示结构中，圆柱重为 P，半径为 R。直角刚架用横截面是边长为 b 的正方形钢条制成，$a = 2R = 10b$。左方悬吊的绳索的直径是 d，$b = 5d$。不考虑圆柱与刚架的摩擦和应力集中因素，求刚架横截面上的最大拉应力与绳索横截面上的应力之比。

6.53 半径为 R 的一段圆弧杆圆心角为 $50°$，杆横截面为矩形。杆两端的水平作用力 $F = 2.5$ kN，材料 $[\sigma] = 75$ MPa。若 $R = 350$ mm，横截面矩形高度 $h = 30$ mm，其厚度 b 应取多大？

6.54 直径为 D 的长圆柱承受轴向拉力 F 的作用。因为结构需要，在其中部去掉了横截面为半圆的部分，如图所示。图中三段的长度都远大于 D。

（1）求柱中减弱部分与未减弱部分横截面上的最大拉应力之比（用数字表示）。

（2）上述计算结果是该圆柱的最大正应力与最小正应力之比吗？试说明理由。

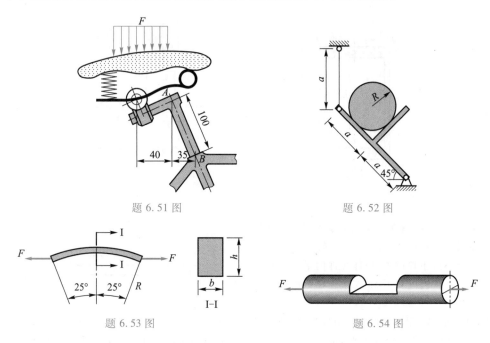

题 6.51 图　　　　　　　　　　　　题 6.52 图

题 6.53 图　　　　　　　　　　　　题 6.54 图

6.55　直角曲拐的截面为矩形，其自由端处有位于曲拐平面内的集中力 $F = 5$ kN 作用，求图示 A 点处的正应力。

6.56　为了将一根长为 l、横截面直径为 d、总重量为 F 的等截面均匀实心圆柱从平放于地面的状态竖立起来，特地搭设了一个高度为 l 的架子，架子顶端安置滑轮。然后将柱的左端顶住，柱的右端用直径为 d_0 的钢绳连接，钢绳绕过滑轮与卷扬机相连，如图所示。卷扬机转动便慢慢地将圆柱拉起。考虑拉起的整个过程。

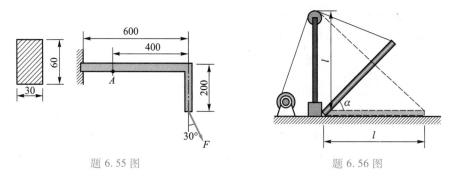

题 6.55 图　　　　　　　　　　　　题 6.56 图

（1）圆柱在什么方位（即图中 α 为多大时），钢绳横截面上的拉应力最大？在什么方位上这个拉应力最小？不计滑轮摩擦，这个最大和最小的拉应力各是多少？

（2）在什么方位上圆柱各个横截面上的最大压应力为最大？在什么方位上圆柱各个横截面上的最大压应力为最小？这两个压应力值各是多少？

6.57　图示为混凝土重力坝的剖面图。坝高 $h = 30$ m，混凝土单位体积重量为 23 kN/m³，水的单位体积重量为 10 kN/m³。要使坝底不产生拉应力，坝底宽度 b 至少应多大？

6.58　图示矩形截面木榫头承受拉力 $F = 50$ kN。木材的几种应力许用值分别为：挤压应力 $[\sigma_{bs}] =$

10 MPa,切应力$[\tau]=1$ MPa,拉应力$[\sigma_t]=6$ MPa,压应力$[\sigma_c]=10$ MPa,试确定接头尺寸 a、l 与 c。

6.59 图示承受斜弯曲的矩形截面梁中的一个横截面上,A 点正应力为 18 MPa,C 点正应力为零,B 点的正应力为多少?

6.60 图示简支梁,承受偏斜的集中载荷 F 作用,试计算梁的最大弯曲正应力。已知 $F=10$ kN,$l=1$ m,$b=90$ mm,$h=180$ mm。

6.61 图示矩形截面悬臂梁承受自由端平面内的载荷 F 作用,F 与竖直方向的夹角为 β。由实验测得梁表面 A 与 B 点处的轴向正应变分别为 $\varepsilon_A=2\,539\times10^{-6}$ 与 $\varepsilon_B=461\times10^{-6}$,试求载荷 F 及其方位角 β 之值。材料的弹性模量 $E=200$ GPa。

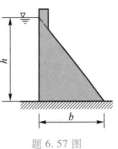

题 6.57 图

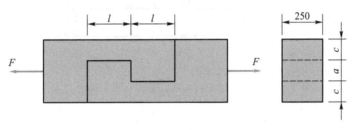

题 6.58 图

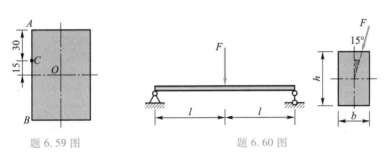

题 6.59 图 　　　　　　　　　　题 6.60 图

6.62 矩形截面悬臂梁如图所示。梁的水平对称面内受力 $F_1=0.8$ kN,竖直对称面内受力 $F_2=1.65$ kN 作用。已知横截面宽 $b=90$ mm,高 $h=180$ mm,试求梁横截面上的最大正应力及其作用点的位置。如果截面为圆形,直径 $d=130$ mm,则最大正应力又为多少?

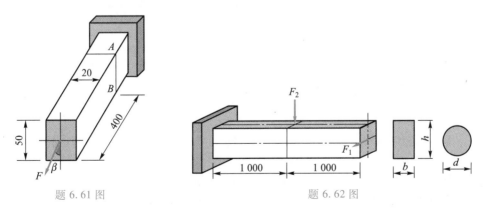

题 6.61 图 　　　　　　　　　　题 6.62 图

6.63 搁置在倾斜角为 α 的屋架上的檩条(图 6.55)单位长度重量为 q,横截面是宽为 b、高为 h 的矩形,檩条两端可认为是铰。证明:当檩条矩形截面的高和宽的比例使对角线为竖直时最为经济。

6.64   图示为某个立柱的横截面。在立柱顶部的下翼缘 A 处,作用着一个轴向的偏心载荷 $F=200\ \text{kN}$。若许用应力$[\sigma]=125\ \text{MPa}$,试求偏心距 e 的许可值。

6.65   图示简支梁承受水平方向上的集中力 F 和竖直方向上的集中力 $3F$ 的作用。求梁中最大弯曲正应力。

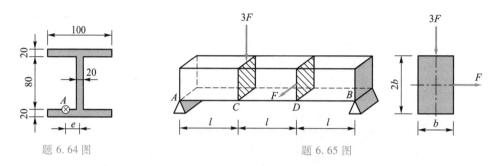

题 6.64 图   题 6.65 图

6.66   如图所示,两个伸出臂上承受使伸出臂部分扭转的分布力偶矩 $t=80\ \text{N} \cdot \text{mm/mm}$,同时臂端有集中力 $F=300\ \text{N}$。已知臂长 $a=50\ \text{mm}$,立柱横截面 $b=10\ \text{mm}$,$h=20\ \text{mm}$。求立柱中部横截面上的最大拉应力和最大压应力。

6.67   在如图所示的悬臂梁中,$q=10\ \text{kN/m}$,集中力 $F=3\ \text{kN}$,臂长 $l=500\ \text{mm}$,横截面为矩形且 $h=2b$,材料$[\sigma]=100\ \text{MPa}$。试确定横截面尺寸。

6.68   如图所示的矩形立柱下端固定,求横截面上 A、B、C、D 各点的应力。

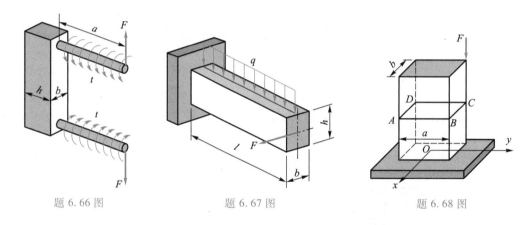

题 6.66 图   题 6.67 图   题 6.68 图

6.69   图示结构中,$F_1=2F_2$,试根据立柱强度确定 F_1 和 F_2 的许用值。有关数据和尺寸为:$b=20\ \text{mm}$,$h=48\ \text{mm}$,$l=2a=200\ \text{mm}$,$[\sigma]=160\ \text{MPa}$。

6.70   如图所示的 T 形截面梁承受竖直方向的荷载,由于横截面倾斜放置,导致横截面上的最大拉压力与最大压应力数值相等。这种情况下,横截面倾斜了多少度?

6.71   偏心受压柱的横截面形状尺寸如图所示。若已知 C、D 两点正应力为零,试求柱顶端面上压力 F 的作用位置。

6.72   图示横截面为矩形的悬臂梁承受横向力 F 和偏心轴向压力 $10F$ 的共同作用。若材料的许用拉应力$[\sigma_1]=30\ \text{MPa}$,许用压应力$[\sigma_e]=90\ \text{MPa}$,确定 F 的许用值。

6.73   证明:直径为 d 的圆形截面的截面核心是半径为 $\dfrac{d}{8}$ 的圆。

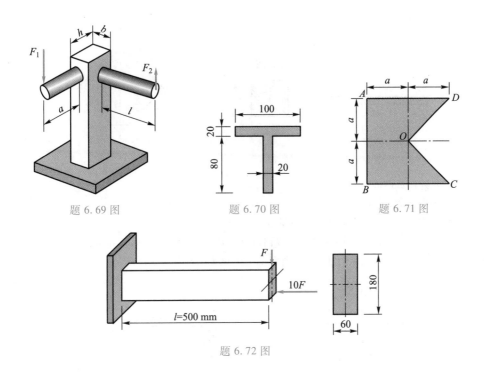

题 6.69 图　　　　题 6.70 图　　　　题 6.71 图

题 6.72 图

习 题 6（B）

6.74 如图所示截面的悬臂梁由脆性材料制成,许用压应力远高于许用拉应力。梁中点作用有集中力 F,如图(a)所示,梁的强度略显不足。这种情况下允许在自由端 B 处再加上一反向作用力 F',如图(b)所示。要使梁的强度提高最多,F' 应为多大? 在加上满足这一条件的 F' 之后,图(b)中的最大拉应力比图(a)中的最大拉应力降低了百分之多少?

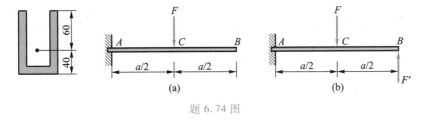

题 6.74 图

6.75 悬臂梁由牢固粘合的两种材料制成,横截面如图所示,且有 $E_1 > E_2$。自由端处的力 F 应作用在何处(即 e 为多大),才能使梁产生平面弯曲?

6.76 为提高如图所示放置的边长为 a 的正方形截面梁的强度,可适当地在其上下角切去边长为 ka 的三角形部分。试求最大限度地提高强度所需要的 k 值。

6.77 小明和小刚野外旅行时要越过一道约 3 m 宽的沟。沟上放着一块长约 4 m 的木板供人通行,如图所示。但路旁一块牌子上写着:体重超过 50 kg 的人将使木板断裂! 小明和小刚的体重都是 60 kg。他俩想了一下,仍然利用这块木板安全地过了沟。

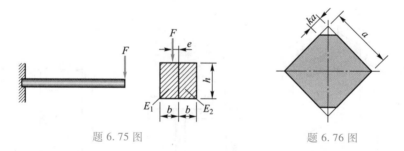

题 6.75 图   题 6.76 图

（1）他们是如何过沟的？

（2）解释他们安全过沟的力学道理。

（3）这种过沟的方法对两人的体重有限制吗？

6.78 长度为 l 的等截面梁 AB 的外力在纵向对称面内，已知梁内无轴力，并略去剪力对变形的影响。若梁内距中性层等距的任一层纵向纤维的总伸长 $\Delta l = 0$，试证明以下两结论成立：

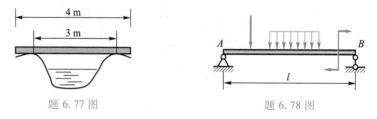

题 6.77 图   题 6.78 图

（1）该梁弯矩图的总面积为零，即 $\int_0^l M(x)\,\mathrm{d}x = 0$。

（2）梁两端面的转角相等，即 $\theta_A = \theta_B$。

6.79 如图所示的简支梁由两根 No.50a 工字钢用若干铆钉连接而成。已知工字钢 $[\sigma] = 160$ MPa，铆钉直径 $d = 20$ mm，$[\tau] = 90$ MPa。在不考虑自重的前提下确定梁的许用载荷 $[q]$ 和铆钉的间距 s。

6.80 求如图所示的圆形变截面梁中的最大弯曲正应力。

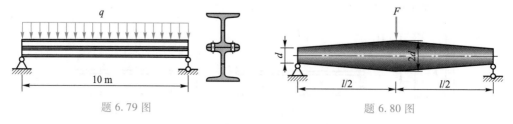

题 6.79 图   题 6.80 图

6.81 如图所示，儿童跷跷板要求有 3 m 长、200 mm 宽，板两端所留座位长度为 300 mm。但现在只有 200 mm 宽、20 mm 厚，但长度没有什么限制的木板可供使用。如果已经测得这批木板的破坏应力 $\sigma_s = 20$ MPa，安全因数至少要取 $n = 2$，如何合理设计这个跷跷板？总共用料是多少？在跷跷板上玩的人的体重限制为多少？

6.82 如图所示薄壁杆件各部分的壁厚均为 δ，δ 远小于 h，剪力方向向下，求弯曲中心位置。

6.83 如图所示的薄壁杆件截面各处的壁厚均为 δ，δ 远小于 h。在右竖边中部有一切口，剪力方向是向下的。

（1）画出其切应力流方向；

（2）画出各边切应力大小的示意图；

（3）求其弯曲中心位置。

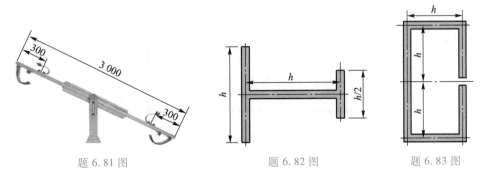

题 6.81 图   题 6.82 图   题 6.83 图

6.84 壁厚为 δ 的杆件截面如图所示，δ 远小于 R 和 b，求其弯曲中心位置。

6.85 图示为幅角等于 2β 的部分圆环截面（R 比 δ 大很多），该截面上有竖直方向上的剪力 F_s。

（1）求切应力分布规律及弯曲中心 K 的位置；

（2）将其结果推广到半圆环，即 $\beta = \dfrac{\pi}{2}$ 的情况中去；

（3）将其结果推广到开口圆环，即 $\beta = \pi$ 的情况中去。

6.86 钢管混凝土是一种工程中实用的结构形式。某个钢管混凝土柱承受偏心受压荷载，如图所示，其中，$D = 300$ mm，$d = 280$ mm。钢的弹性模量 $E_1 = 200$ GPa，混凝土的弹性模量 $E_2 = 21$ GPa。如果在加载的过程中，钢管和混凝土之间不产生任何脱离的现象，而且平截面假设始终成立，试求不至于使横截面上混凝土产生拉应力的最大偏心距 e 为多大。

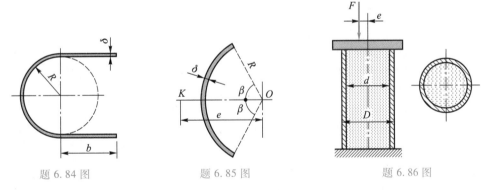

题 6.84 图   题 6.85 图   题 6.86 图

6.87 在具有两种材料构成的层合梁中，横截面尺寸如图（a）所示，z 轴为中性轴。梁承受竖直方向上的荷载而发生弯曲，弯矩为 M。

（1）证明中性轴位置 $a = \dfrac{h}{2} \cdot \dfrac{E_1 - E_2}{E_1 + E_2}$；

（2）证明在截面上的两个区域内，应力的表达式分别为

$$\sigma_{(1)} = -\frac{M_z y}{I_0}, \qquad \sigma_{(2)} = -\frac{M_z y}{I_0}\kappa,$$

式中，$\kappa = \dfrac{E_2}{E_1}$，$I_0 = I_1 + \kappa I_2$，$I_1$ 和 I_2 分别为两个区域关于中性轴的惯性矩；

（3）证明图（b）所示截面的中性轴位置和惯性矩与上两小题的结论一致；

（4）由此可得到什么结论？利用这一结论，求解下面的题 6.88—6.92。

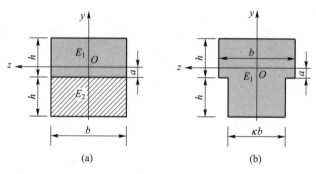

题 6.87 图

6.88　如图所示的外伸梁承受均布荷载 $q = 90$ kN/m。该梁是由钢和铝两种材料制成的，横截面如图（b）所示。材料常数 $E_{St} = 210$ GPa，$E_{Al} = 70$ GPa，求梁的最大弯曲正应力。

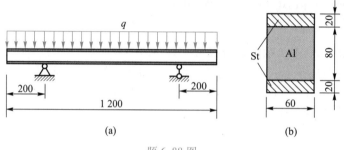

题 6.88 图

6.89　长为 4 m 的简支梁承受均布荷载 $q = 40$ kN/m，梁由钢材（左右两层）和木材（上下两块）牢固组合而成，其横截面如图所示。其中钢材 $E_{St} = 200$ GPa，$[\sigma_{St}] = 160$ MPa，木材 $E_W = 10$ GPa，$[\sigma_W] = 10$ MPa，试确定钢板的恰当厚度 δ。

6.90　长度 $l = 1$ m 的简支梁由塑料板和两个壁厚 $\delta = 2$ mm 的镁合金箱形薄壁杆件牢固粘合而成，截面尺寸如图（b）所示。简支梁承受均布荷载 q。塑料弹性模量 $E_1 = 4$ GPa，许用应力 $[\sigma_1] = 20$ MPa，镁合金弹性模量 $E_2 = 40$ GPa，许用应力 $[\sigma_2] = 100$ MPa。试确定许用荷载。

6.91　如图所示的材料不同，但截面尺寸相同的梁牢固粘合，两端固定连接于刚性板上。已知 $E_1 = 3E_2$，外力作用线位于两层材料的界面上，求横截面上下沿的正应力。

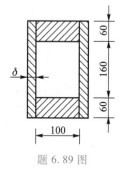

题 6.89 图

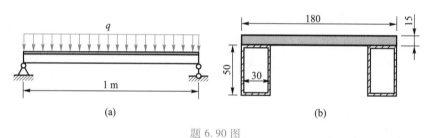

题 6.90 图

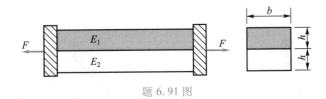

题 6.91 图

6.92　钢筋混凝土是一种常见的工程结构形式。某钢筋混凝土梁矩形截面尺寸如图（a）所示。横截面承受正弯矩 $M=0.5$ kN·m，三根钢筋横截面总面积 $A=240$ mm²，其余混凝土的弹性模量 $E_{Conc}=20$ GPa，钢筋的弹性模量 $E_{St}=200$ GPa。

在本题的情况中，平截面假设仍然成立，横截面上的应变如图（b）所示，应力如图（c）所示。由于混凝土抗拉能力特别弱，而钢筋横截面面积相对很小，因此，可以针对钢筋混凝土的这种情况提出特殊的处理方法：

① 混凝土部分只承受压应力；

② 钢筋横截面上拉应力均匀分布。

试用相当截面法计算这个钢筋混凝土截面上的最大弯曲正应力。

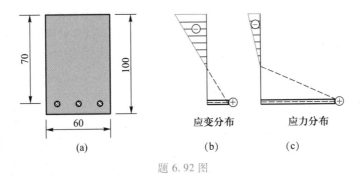

　　（a）　　　　　　（b）　　　　　　（c）

题 6.92 图

6.93　如图所示的立柱是用四块厚度 $t=5$ mm 的钢板焊接而成的。横截面外沿为 $a=100$ mm 的正方形。由于结构需要，其中部侧面中央开了一个长孔，其宽度 $b=70$ mm。立柱顶部中心处作用有轴向压力 F。只考虑强度问题，同时不考虑孔角点处可能存在的应力集中，求立柱的许用荷载由于开孔而降低的百分点。

6.94　双拉杆箱包是常用的旅行用品，如图（a）所示，图（b）所示是其简化的模型。拉杆是由横截面为正方形的薄壁杆件制成，其壁厚均为 $\delta=1$ mm，如图（c）所示。拉杆横截面外部尺寸在 AB 区段内为 15 mm×15 mm，在 BC 区段内为 18 mm×18 mm。若箱包重为 200 N，箱体与水平面成 45°，求下面两种状态中拉杆横截面上的最大正应力：

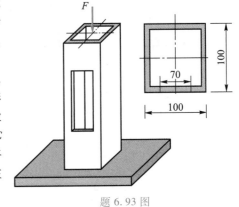

题 6.93 图

（1）静止状态；

（2）拖着箱包匀速前进，因滚轮尺寸很小，可近似地取前进的阻力与滚轮对地面的压力成正比，比例系数 $\mu=0.2$。

6.95　大型广告牌靠两根下端固定的立柱支承，尺寸如图所示。广告牌的单位面积重量为 980 N/m²，承受的最大风压为 600 Pa。两立柱为 $\alpha=0.8$ 的空心圆柱，许用应力 $[\sigma]=160$ MPa。不计立柱和固定装置重量,试选择立柱外径。

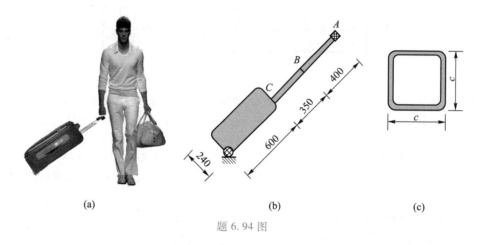

(a)   (b)   (c)

题 6.94 图

6.96 三根长度 $l = 1.6$ m,外径 $D = 50$ mm,内径 $d = 40$ mm 的圆杆上端 K 处铰接,下端放在光滑的地面上。为了使这个结构能够固定并承载,在圆杆下方四分之一处用一根总长度 $S = 1.8$ m,横截面直径 $d_0 = 10$ mm 的粗绳系住而形成如图所示的结构,其中 $\triangle ABC$ 为正三角形。若上端铰的竖向荷载 $F = 6$ kN,试求杆中和绳中的最大正应力。

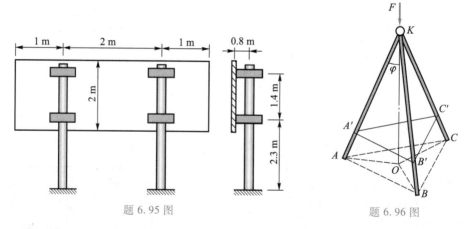

题 6.95 图   题 6.96 图

6.97 简支梁是用 200 mm×200 mm×20 mm 的等边角钢制成,且一个边处于水平位置,如图所示。若 $F = 8$ kN,$a = 2$ m,试求中截面 K 中 A、B、C 三点的弯曲正应力。

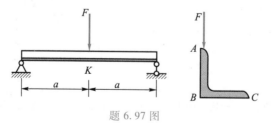

题 6.97 图

6.98 图示 $b \times h$ 的矩形截面细长梁在两个对角顶上承受拉力 F 并保持平衡,梁长为 l。求图示 A、B、C 三个横截面上四个角点的应力。

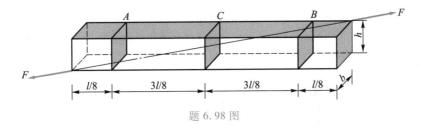

题 6.98 图

6.99　工字钢制成的简支梁如图所示倾斜放置，$l = 4$ m，梁承受竖直方向上的均布荷载，$q = 4.5$ kN/m，材料的许用应力 $[\sigma] = 160$ MPa，试选择工字钢的型号。

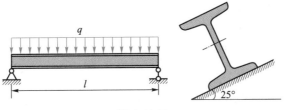

题 6.99 图

6.100　在如图所示的薄壁工字形截面简支梁中，壁厚均为 t，b 比 t 大很多。若安装时形成一个小的倾角 φ，求由此而引起的最大正应力的相对误差。

6.101　如图所示的半圆形闭口薄壁杆件的中线半径为 R，壁厚均为 δ，R 比 δ 大很多。横截面有正弯矩 M，求横截面位置为平放、竖放和倾斜 45°放置这三种情况下的最大拉应力和最大压应力。

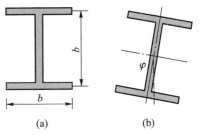

(a)　　　　(b)

题 6.100 图

6.102　图示为一个健身器材。人站在踏板上，可左右晃动而达到活动下肢的目的。踏板是通过两个圆弧形的薄壁弯杆与支架相连的。在制造弯杆的过程中，首先要将直杆的原料弯成曲杆。制成曲杆的模具半径总是小于曲杆最后成型的半径。在弯曲的过程中，通常要采取措施防止薄壁工件突然变瘪。一种简单易行的方法就是在薄壁圆管中灌满沙子一类散粒状填充物，然后将圆管与填充物一起弯曲。一批弯杆成型后，通常都要将其放入炉具中升温至较高的温度（例如 500℃），然后保持封闭状态并停止加热，让炉具与这批弯杆共同降温。而后弯杆经打磨、去锈、进一步加工、油漆后，再与其他构件组装。

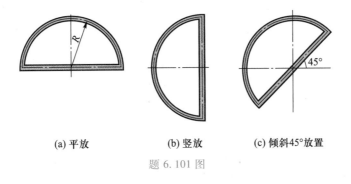

(a) 平放　　　　(b) 竖放　　　　(c) 倾斜45°放置

题 6.101 图

（1）上述弯杆的加工过程涉及哪些力学概念或力学过程？

（2）若弯杆的半径 $R = 3$ m，其中心幅角为 25°，如图所示。弯杆本身是平均直径 $D = 60$ mm，壁厚 $\delta = 1$ mm 的薄壁管。当体重为 900 N 的人站在踏板中部且全部重量都落在踏板上时，弯杆中由于人站上去而新增加的最大拉应力为多大？

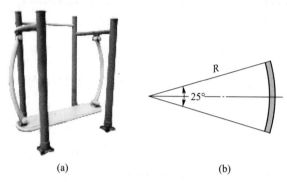

(a)   (b)

题 6.102 图

6.103 登山缆车的结构形式如图所示。定性地分析其结构并回答下列问题：

（1）悬挂的直杆部分 AB 具有哪些内力分量？这些内力分量在横截面上引起什么应力分量？这些应力分量应如何计算？

（2）在 A 和 B 两处横截面上，上述应力计算的数值有区别吗？

（3）如图（c）所示，悬挂的杆件并未安置在箱体的轴线方向上，而是偏向后退方向一些。为何要采用这样的设计方式？

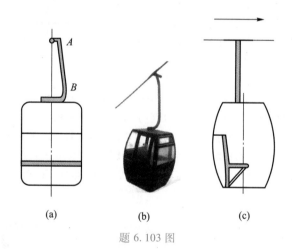

(a)   (b)   (c)

题 6.103 图

6.104 爱尔兰作家斯威夫特所写的小说《格列佛游记》中描述了主人公格列佛游历大人国和小人国的种种奇遇。从力学强度的观点来看，大人国和小人国有没有可能存在？

6.105 如图所示的薄壁杆件壁厚均为 a，自由端承受竖直向下的集中力作用。确定截面上中性轴的位置。

6.106 求如图所示结构中危险截面的中性轴方位，以及最大拉应力。

6.107 图示直径为 d 的钢丝绳由 n 根直径为 d_0 的钢丝组成。钢丝绳绕过直径为 D 的刚性滑轮。若钢丝的弹性模量为 E，许用应力为 $[\sigma]$，且 D 远大于 d。求钢丝绳的许可拉力。

6.108 求图示截面的截面核心。

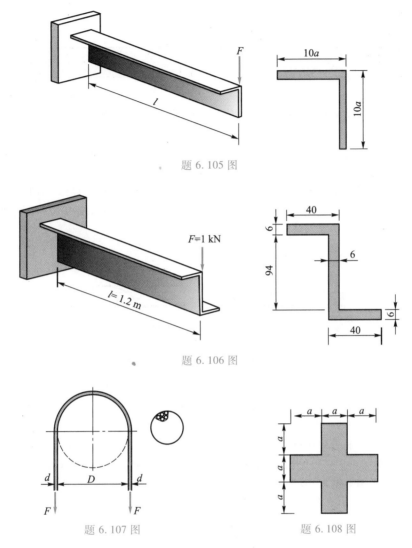

题 6.105 图

题 6.106 图

题 6.107 图

题 6.108 图

6.109　如图所示的圆形截面悬臂梁中,左、右两端直径分别为 d_2 和 d_1,且 $d_2 \geqslant d_1$。要使这个梁横截面的最大弯曲正应力只会出现在固定端而不会出现在梁的中部,比例 $\lambda = \dfrac{d_2}{d_1}$ 应满足什么条件?

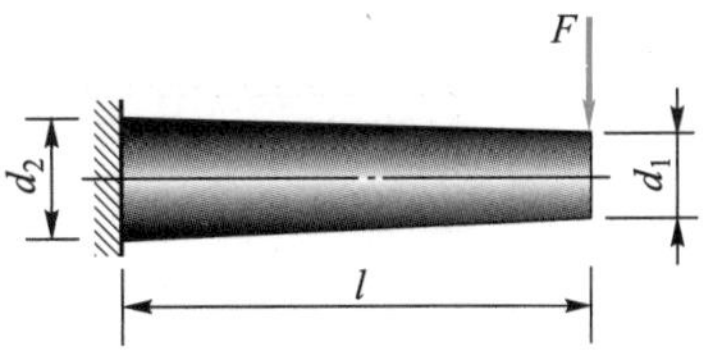

6.110　弯曲梁的横截面是宽为 b、高为 h 的矩形。若材料的拉伸和压缩弹性模量分别为 E_t 和 E_c。截面承受的弯矩为 M,求截面上的最大拉应力和最大压应力。

题 6.109 图

6.111　梁的横截面是宽为 b、高为 h 的矩形,其承受的弯矩为 M,材料应力和应变的绝对值满足 $\sigma = C\varepsilon^n$,其中 C、n 均为材料常数,且 $0 \leqslant n \leqslant 1$。试根据平截面假设导出纯弯曲时横截面上正应力计算公式。

6.112　图示右端固定的悬臂梁的横截面是宽为 b、高为 h 的矩形。

（1）梁的上下侧面分别承受切向荷载 q_1 和 q_2,导出距左端为 x 的横截面上切应力的计算式。

（2）梁的上侧面承受均匀横向均布荷载 q,导出距左端为 x 且平行于上下侧面的纵截面上的正应力的计算式。

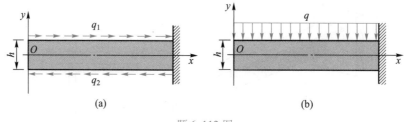

题 6.112 图

6.113　已知作用在宽 $b = 30\ \text{mm}$、高 $H = 60\ \text{mm}$ 的矩形截面的弯矩 $M = 4.6\ \text{kN} \cdot \text{m}$,材料的屈服极限 $\sigma_s = 200\ \text{MPa}$。分析该截面的屈服状态。

6.114　简支梁横截面是宽为 b、高为 h 的矩形,其中点承受集中力,集中力的大小刚好使梁形成塑性铰。材料的屈服极限为 σ_s。在如图所示坐标系下导出中截面附近塑性区与弹性区界面的曲线方程 $e = f(x)$。

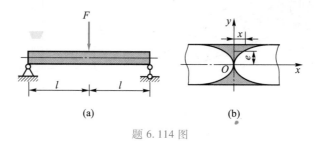

题 6.114 图

6.115　T 形截面简支梁在中点承受集中力作用,其横截面尺寸如图所示。若材料的屈服极限 $\sigma_s = 250\ \text{MPa}$,试求结构的屈服荷载和极限荷载。

6.116　薄壁杆件材料的弹性模量 $E = 200\ \text{GPa}$,屈服极限 $\sigma_s = 240\ \text{MPa}$。横截面各处厚度均为 $\delta = 10\ \text{mm}$,其余尺寸如图所示。已知在图示的 A、B 两处各有一个轴向应变片。外荷载由零逐渐增加,不考虑应力集中,当 A 处应变片读数为 $1\,200 \times 10^{-6}$ 时停止加载。此时 B 处应变片读数为多少?此后外荷载逐渐完全卸去。A、B 两处的最后读数各为多少?

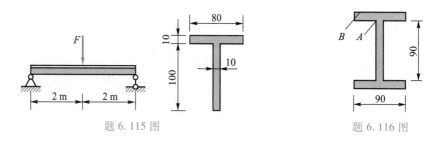

题 6.115 图　　　　　　　　　　　　题 6.116 图

第 7 章　梁的弯曲变形

本章将讨论梁在线弹性范围内的弯曲变形。梁的轴线在弯曲后所形成的曲线,是弯曲变形的重点考察对象,也是衡量梁的刚度的重要指标。本章将讨论如何导出梁轴线的弯曲曲线方程,以及如何计算梁中重要指定部位的位移。

研究梁的弯曲变形的目的,是要控制变形,使结构满足刚度要求。

7.1　挠度曲线微分方程

梁在横向荷载作用下发生弯曲变形。在弹性范围内,梁的轴线在变形后成为一条连续的、光滑的曲线。这条曲线称为挠度曲线(deflection curve),如图 7.1 所示。本书只考虑平面弯曲的挠度曲线,在这种情况下,挠度曲线是平面曲线。在这一平面内,取梁变形前的轴线为 x 轴,一般地,取梁左边端点为原点,x 轴向右为正。取另一坐标轴为 y 轴,并以向上为正。这样,梁弯曲时轴线上各点的横向位移便定义为挠度函数,并表示为

$$w = w(x)。 \tag{7.1}$$

在小变形情况下,可以证明梁轴线上任意点处的轴向位移 u 比该点处的横向位移 w 小一个数量级,故通常不予考虑。

在 x 处,挠度曲线的切线与 x 轴正向的夹角为 θ,如图 7.2 所示。易于看出,θ 等于 x 处的横截面在弯曲变形中转动的角度,于是一般称 θ 为转角(slope),并以弧度计量。转角正负符号的规定是:逆时针转向为正,顺时针转向为负。

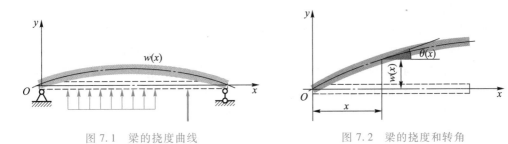

图 7.1　梁的挠度曲线　　　　　　　　图 7.2　梁的挠度和转角

根据定义可知,$\theta(x)$ 是挠度曲线在 x 处切线的斜率,故有

$$\tan \theta = \frac{\mathrm{d}w(x)}{\mathrm{d}x},$$

在小变形情况下,θ 与 $\tan \theta$ 相差二阶微量,故可取

$$\theta(x) = \frac{\mathrm{d}w(x)}{\mathrm{d}x}。 \tag{7.2}$$

在第 6 章中推导梁的纯弯曲的正应力公式时,曾得到了梁的中性层的曲率和弯矩的关

系式(6.4),即

$$\frac{1}{\rho} = \frac{M_z}{EI},$$

对横力弯曲,变形是由弯矩和剪力两个因素共同引起的。但对于工程中的细长梁,剪力产生的挠度远小于弯矩产生的挠度,可略去不计,故上式仍然适用[①]。

数学上,曲线 $y = y(x)$ 的曲率计算式为

$$\frac{1}{\rho} = \pm \frac{y''}{[1+(y')^2]^{3/2}},$$

因此,对于梁的弯曲,应有

$$\frac{w''}{[1+(w')^2]^{3/2}} = \pm \frac{M_z}{EI}。$$

在小变形情况下,w'(即 θ)的绝对值远小于 1,因此,上式左端分母中的 $(w')^2$ 可以忽略。同时,由内力的符号规定可知,弯矩的正负规定和曲率的正负规定是一致的(即梁轴线为凹曲线时取正,为凸曲线时取负),故上式中只取正号,这样便有

$$\frac{d^2 w}{dx^2} = \frac{M_z}{EI}。 \tag{7.3}$$

上式即为挠度曲线的近似微分方程。其中,EI 称为弯曲刚度(flexural rigidity),或抗弯刚度。对于等截面直梁,EI 为常数,挠度曲线方程还可以写成下列的高阶微分的形式:

$$EI \frac{d^3 w}{dx^3} = \frac{dM_z}{dx} = F_s(x), \tag{7.4}$$

$$EI \frac{d^4 w}{dx^4} = \frac{dF_s}{dx} = q(x)。 \tag{7.5}$$

式(6.4)表达了挠度曲线曲率与弯矩之间的关系,同时,梁的约束条件对挠度曲线的走势具有一些限制,这两个因素构成了分析梁弯曲的挠度曲线的大致形状的基础。

例如,图 7.3(a)所示的悬臂梁,其弯矩图如图 7.3(b)所示。由于 AB 区段弯矩为零,故曲率为零,挠度曲线应是直线。注意到 A 处是固定端约束,既不允许梁的左端有位移,也不允许该处存在转角,因此,AB 段是一段水平直线。BC 段的弯矩是正的常数,因此,BC 段是一段凹的圆弧。由于挠度曲线在弹性范围内一定是光滑曲线,故 B 处直线与曲线相切。这样 C 端向上挠曲,如图 7.3(c)所示。CD 段又应该是一段直线,由于 C 处弧线已有一个转角,故 CD 段直线沿着这一转角向右上方延伸。

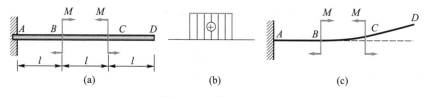

图 7.3　悬臂梁的变形

---

① 　这方面的误差分析,可参见参考文献[28]。

图 7.4(a)所示是一个简支梁的例子。它的各段曲线形式与图 7.3(c)的情况一样。但是,由于约束情况不同,挠度曲线也不相同。在 AB 段和 CD 段,挠度曲线分别是向右下倾斜和向右上倾斜的直线,如图 7.4(c)所示。

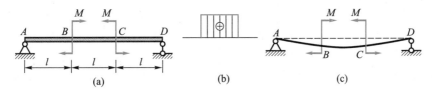

图 7.4　简支梁的变形

由上面这两个简单的例子可看出,内力情况相同的梁,其挠度曲线不一定相同。在这两个例子中,约束处都没有支座约束力,但是约束却对挠度曲线的走势起到了限制作用。因此,弯矩和约束共同决定了挠度曲线从左到右的发展态势。

7.2　积分法求梁的变形

7.2.1　原理和方法

梁的挠度曲线方程,可以从式(7.3)直接积分求得。将弯矩函数代入该式积分得

$$\theta(x) = \frac{\mathrm{d}w(x)}{\mathrm{d}x} = \int_l \frac{M(x)}{EI}\mathrm{d}x + C, \tag{7.6}$$

式中,C 是积分常数。再积分一次得

$$w(x) = \int_l\int_l \frac{M(x)}{EI}\mathrm{d}x\mathrm{d}x + Cx + D, \tag{7.7}$$

式中,D 是又一个积分常数。如果是等截面梁,还可把上两式改写为

$$\theta(x) = \frac{1}{EI}\Big[\int_l M(x)\,\mathrm{d}x + C\Big], \tag{7.8}$$

$$w(x) = \frac{1}{EI}\Big[\int_l\int_l M(x)\,\mathrm{d}x\mathrm{d}x + Cx + D\Big]。 \tag{7.9}$$

上面各式的 C 和 D 需要由补充条件来确定。

若梁的弯矩方程在全梁中可只用一个式子来表达,则积分常数 C 和 D 将由支承处的几何约束条件(包括位移 w 和转角 θ)予以确定,这类条件也称边界条件。例如,在铰支承处,其挠度为零;在固定端处,挠度为零,转角为零。下面用例子加以说明。

例 7.1　简支梁 AB 受均布荷载作用,如图 7.5 所示。若抗弯刚度为常数 EI,求挠度曲线方程,以及梁中的最大挠度和最大转角。

解:易得两端 A、B 处的支座约束力均为向上的 $\frac{1}{2}ql$,用截面法可得弯矩方程

$$M(x) = \frac{1}{2}qlx - \frac{1}{2}qx^2 ,$$

积分得

$$\theta = \frac{1}{EI}\left(\frac{1}{4}qlx^2 - \frac{1}{6}qx^3 + C \right) ,$$

$$w = \frac{1}{EI}\left(\frac{1}{12}qlx^3 - \frac{1}{24}qx^4 + Cx + D \right) .$$

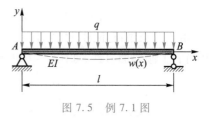

图 7.5　例 7.1 图

显然,在 $x=0$ 处,$w=0$,由此可得 $D=0$;同时,在 $x=l$ 处,$w=0$,由此可得 $C=-\frac{1}{24}ql^3$。于是转角和挠度曲线方程分别为

$$\theta(x) = \frac{1}{EI}\left(\frac{1}{4}qlx^2 - \frac{1}{6}qx^3 - \frac{1}{24}ql^3 \right) = -\frac{q}{24EI}(4x^3 - 6lx^2 + l^3) , \qquad ①$$

$$w(x) = \frac{1}{EI}\left(\frac{1}{12}qlx^3 - \frac{1}{24}qx^4 - \frac{1}{24}ql^3 x \right) = -\frac{qx}{24EI}(x^3 - 2lx^2 + l^3) 。 \qquad ②$$

易于看出,梁中最大的挠度出现在跨中点处,即 $x=\frac{l}{2}$ 处。将 $x=\frac{l}{2}$ 代入式②即可得

$$w_{\max} = -\frac{5ql^4}{384EI}(\text{向下}) 。$$

在梁的两端有最大的转角。将 $x=0$ 和 $x=l$ 分别代入式①可得

$$\theta_A = -\frac{ql^3}{24EI}(\text{顺时针}) , \qquad \theta_B = \frac{ql^3}{24EI}(\text{逆时针}) 。$$

当分布荷载不是连续地分布在整个梁上时,或者有集中力、集中力偶矩作用时,相应的弯矩图一般会出现曲线形式的变化、尖点或跃变。这种情况下弯矩方程一般需要分段写出。这样,由弯矩方程积分所得到的挠度和转角方程也就是分段形式的。而每一段挠度方程都会出现自己的积分常数 C 和 D。除了整个梁的边界条件应该参与确定积分常数之外,还必须另外补充条件。注意到挠度曲线必定是连续的(否则表示梁已经断开),因此在两段交界 $x=a$ 处必定有连续条件

$$w(a^-) = w(a^+) 。 \tag{7.10a}$$

式中,$w(a^-)$ 表示 $x<a$ 区段上 $x \to a$ 时的挠度值,$w(a^+)$ 表示 $x>a$ 区段上 $x \to a$ 时的挠度值。同时,挠度曲线必定是光滑的(否则表示梁已经折裂),故有光滑条件

$$\theta(a^-) = \theta(a^+) 。 \tag{7.10b}$$

式中,$\theta(a^-)$ 和 $\theta(a^+)$ 的意义与挠度类似。这样便可以获得足以确定所有积分常数的条件。下面便是一个简单的例子。

例 7.2　如图 7.6 所示,简支梁 AB 在离左端为 a 的 C 处有一集中力作用,求其挠度曲线方程。

解:由截面法可得 AC 段及 CB 段的弯矩方程分别为

$$M_1(x) = \frac{Fb}{l}x \quad (0 \leqslant x \leqslant a) ,$$

$$M_2(x) = \frac{Fb}{l}x - F(x-a) \quad (a \leqslant x \leqslant l) 。$$

在求转角函数和挠度函数时,应对上两式分别积分。由此可得

$$\theta_1(x) = \frac{F}{EIl}\left(\frac{1}{2}bx^2 + C_1\right) \quad (0 \leqslant x \leqslant a),$$

$$\theta_2(x) = \frac{F}{EIl}\left[\frac{1}{2}bx^2 - \frac{1}{2}l(x-a)^2 + C_2\right] \quad (a \leqslant x \leqslant l).$$

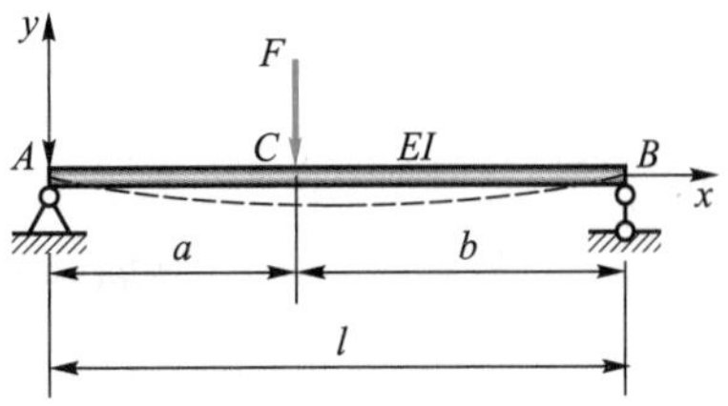

再积分一次可得

$$w_1(x) = \frac{F}{EIl}\left(\frac{1}{6}bx^3 + C_1x + D_1\right) \quad (0 \leqslant x \leqslant a),$$

$$w_2(x) = \frac{F}{EIl}\left[\frac{1}{6}bx^3 - \frac{1}{6}l(x-a)^3 + C_2x + D_2\right] \quad (a \leqslant x \leqslant l).$$

由 $x=0, w_1=0$ 可得 $D_1=0$。由 $x=l, w_2=0$ 可得

$$C_2l + D_2 = -\frac{1}{6}bl(l^2 - b^2)。$$

由光滑条件 $\theta_1(a) = \theta_2(a)$ 可得 $C_1 = C_2$。由连续条件 $w_1(a) = w_2(a)$ 可得

$$C_1a + D_1 = C_2a + D_2,$$

故有

$$D_2 = D_1 = 0, \qquad C_1 = C_2 = -\frac{1}{6}b(l^2 - b^2)。$$

这样便可得挠度曲线方程

$$w_1(x) = -\frac{Fbx}{6EIl}(l^2 - b^2 - x^2) \quad (0 \leqslant x \leqslant a),$$

$$w_2(x) = -\frac{Fb}{6EIl}\left[(l^2 - b^2 - x^2)x + \frac{l}{b}(x-a)^3\right] \quad (a \leqslant x \leqslant l)。$$

积分法是求梁的挠度和转角的基本方法。积分法的优点是可以全面地掌握整个梁的挠度和转角的变化规律。一旦挠度和转角的函数确定下来,那么任意截面的挠度和转角都可以求出来了。

*7.2.2 用奇异函数求梁的挠度

显然上小节的方法对包含复杂荷载的梁来说相当繁杂。采用本书 2.5 节中所叙述的奇异函数,则可有效地克服这一困难。

在 2.5 节中,已经将弯矩用奇异函数表达出来。这样,只需要再积分两次,就可以得到用奇异函数表达的挠度函数了。积分过程中产生的两个积分常数仍然需用边界条件予以确定。这样得到的挠度曲线方程自然地满足连续条件和光滑条件。下面举例加以说明。

例 7.3 图 7.7 所示的悬臂梁在右半部承受均布荷载 q,求挠度曲线方程、最大转角和最大挠度。梁的 EI 为常数。

解:易得 $x=0$ 处的支座约束力为 $F_{RA} = \dfrac{1}{2}ql$,方向向上。

同时有支座约束力偶矩 $M_A = \dfrac{3}{8}ql^2$,方向为逆时针。上述 F_{RA} 和 M_A 已在图 7.7 中用虚线表示出来。由此,利用 2.5 节所表述的方法可建立分布荷载函数,并经两次积分即可得弯矩方程

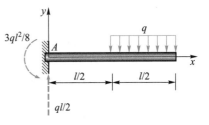

图 7.7 例 7.3 图

图 7.6 例 7.2 图

$$M(x) = -\frac{3}{8}ql^2 + \frac{1}{2}qlx - \frac{1}{2}q\left\langle x - \frac{l}{2} \right\rangle^2,$$

再次积分得

$$EI\theta(x) = -\frac{3}{8}ql^2x + \frac{1}{4}qlx^2 - \frac{1}{6}q\left\langle x - \frac{l}{2} \right\rangle^3 + C,$$

$$EIw(x) = -\frac{3}{16}ql^2x^2 + \frac{1}{12}qlx^3 - \frac{1}{24}q\left\langle x - \frac{l}{2} \right\rangle^4 + Cx + D。$$

在 $x=0$ 处, $w=0$, 由此可得 $D=0$; 在 $x=0$ 处, $\theta=0$, 由此可得 $C=0$。故有

$$\theta(x) = \frac{q}{EI}\left[-\frac{3}{8}l^2x + \frac{1}{4}lx^2 - \frac{1}{6}\left\langle x - \frac{l}{2} \right\rangle^3 \right],$$

$$w(x) = \frac{q}{EI}\left[-\frac{3}{16}l^2x^2 + \frac{1}{12}lx^3 - \frac{1}{24}\left\langle x - \frac{l}{2} \right\rangle^4 \right]。$$

在 $x=l$ 处有最大的转角和最大的挠度。将 $x=l$ 代入上两式, 奇异函数符号 $\left\langle x - \frac{l}{2} \right\rangle$ 转化为 $\left(x - \frac{l}{2} \right) = \frac{l}{2}$, 即可得

$$\theta_{max} = \theta(l) = -\frac{7ql^3}{48EI}(顺时针), \quad w_{max} = w(l) = -\frac{41ql^4}{384EI}(向下)。$$

例 7.4 图 7.8(a)所示的外伸梁承受均布荷载 q 和集中力 ql, 抗弯刚度为 EI, 求挠度曲线方程和自由端 D 处的挠度和转角。

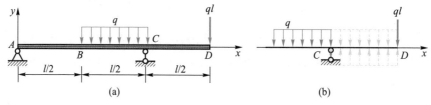

图 7.8 外伸梁

解: 易于求出 A 处支座约束力 $F_{RA} = \frac{3}{8}ql$, 方向向下; C 处支座约束力 $F_{RC} = \frac{15}{8}ql$, 方向向上。

为了正确地使用奇异函数, 可在 CD 区段设想同时作用有向下的均布荷载 q 和向上的均布荷载 q, 如图 7.8(b)所示。这样, 弯矩方程便可表示为

$$M(x) = -\frac{3}{8}qlx - \frac{1}{2}q\left\langle x - \frac{l}{2} \right\rangle^2 + \frac{15}{8}ql\langle x - l \rangle^1 + \frac{1}{2}q\langle x - l \rangle^2。$$

两次积分得

$$EI\theta(x) = -\frac{3}{16}qlx^2 - \frac{1}{6}q\left\langle x - \frac{l}{2} \right\rangle^3 + \frac{15}{16}ql\langle x - l \rangle^2 + \frac{1}{6}q\langle x - l \rangle^3 + C,$$

$$EIw(x) = -\frac{1}{16}qlx^3 - \frac{1}{24}q\left\langle x - \frac{l}{2} \right\rangle^4 + \frac{5}{16}ql\langle x - l \rangle^3 + \frac{1}{24}q\langle x - l \rangle^4 + Cx + D。$$

在 $x=0$ 处, $w=0$, 可得 $D=0$。在 $x=l$ 处, $w=0$, 可得 $C = \frac{25}{384}ql^3$。代入上两式整理得

$$\theta(x) = \frac{q}{384EI}\left[-72lx^2 - 64\left\langle x - \frac{l}{2} \right\rangle^3 + 360l\langle x - l \rangle^2 + 64\langle x - l \rangle^3 + 25l^3 \right],$$

$$w(x) = \frac{q}{384EI}\left[-24lx^3 - 16\left\langle x - \frac{l}{2}\right\rangle^4 + 120l\langle x-l\rangle^3 + 16\langle x-l\rangle^4 + 25l^3x\right]。$$

为了求自由端 D 处的转角和挠度,只需将 $x = \frac{3l}{2}$ 代入上两式即可。这种情况下,有

$$\left\langle x - \frac{l}{2}\right\rangle \rightarrow \left(x - \frac{l}{2}\right) = l, \quad \langle x-l\rangle \rightarrow (x-l) = \frac{l}{2},$$

故有

$$\theta_D = \theta\left(\frac{3l}{2}\right) = -\frac{103ql^3}{384EI}(顺时针), \quad w_D = w\left(\frac{3l}{2}\right) = -\frac{29ql^4}{256EI}(向下)。$$

原则上,奇异函数不仅可以用于等截面直梁的挠度求解,还可以用于分段等截面的梁,以及带铰的梁。但这些情况下,方程应分段建立,并在分段交界处建立衔接条件。这样做比较复杂,因此,推荐仅在单个的等截面直梁的挠度求解中采用这一方法。

7.3 叠加法计算梁的挠度与转角

积分法的结果可以全面地反映整个梁的挠度和转角的变化规律,但有时较繁琐。如果关心的不是整个挠度函数,而是某些关键部位的挠度和转角,那么本节所叙述的叠加法就更为便捷。

叠加法的基本依据是叠加原理。由第二章中的分析可看出,梁的内力(剪力和弯矩)与外荷载呈线性关系。因此,如果(广义)荷载 F_1 在梁中引起的弯矩为 $M_1(x)$,荷载 F_2 在该梁引起的弯矩为 $M_2(x)$,那么,F_1 和 F_2 共同作用所引起的弯矩就是 $M_1 + M_2$。这就是说,梁的内力关于外荷载满足叠加原理。

与此同时,由式(7.3)可知,梁的挠度与弯矩构成线性微分方程。根据这个方程,如果 $M_1(x)$ 所引起的挠度是 $w_1(x)$,$M_2(x)$ 所引起的挠度是 $w_2(x)$,$M_1(x)$ 和 $M_2(x)$ 共同所引起的挠度为 $w(x)$,那么就有

$$M_1 = EI\frac{\mathrm{d}^2w_1(x)}{\mathrm{d}x^2}, \quad M_2 = EI\frac{\mathrm{d}^2w_2(x)}{\mathrm{d}x^2}, \quad (M_1+M_2) = EI\frac{\mathrm{d}^2w(x)}{\mathrm{d}x^2}。$$

但是,

$$M_1 + M_2 = EI\frac{\mathrm{d}^2w_1(x)}{\mathrm{d}x^2} + EI\frac{\mathrm{d}^2w_2(x)}{\mathrm{d}x^2} = EI\frac{\mathrm{d}^2}{\mathrm{d}x^2}(w_1+w_2),$$

故有

$$w(x) = w_1(x) + w_2(x)。$$

这就说明,挠度关于弯矩满足叠加原理。同样可以导出,挠度关于荷载也满足叠加原理。也就是说,如果(广义)荷载 F_1 在梁中某截面 K 引起的广义位移(挠度、转角)为 v_1,荷载 F_2 在 K 截面引起的同类位移为 v_2,那么,F_1 和 F_2 共同作用在 K 截面所引起的这个位移就是 v_1+v_2。这构成了计算梁变形的叠加法的理论基础。

在原理上,利用叠加法不仅可以求出指定截面处的挠度和转角,同样也可以求出整个梁

的挠度函数和转角函数。但从操作层面上来讲,用叠加法求挠度函数的过程反而不如直接用积分法(尤其是采用奇异函数)来得直接。因此,叠加法用来求指定截面处的挠度和转角更能发挥自身的优势。

本书将简单梁在常见荷载作用下的挠度和转角列于附录Ⅱ。应用叠加法时,通常将所求问题中的荷载以及结构分解或转化为附录Ⅱ中所列出的典型形式。

下面讨论一些常用的叠加法手段。

7.3.1 荷载的分解与重组

为了将实际结构转化为附录Ⅱ中若干个简单情况的组合,有时需要把荷载进行分解。例如,在图 7.9 中,图 7.9(a)所示的荷载就可以分解为图 7.9(b)和(c)所示荷载的组合;图 7.9(a)中 B 截面的挠度,就等于图 7.9(b)和(c)中 B 截面挠度的和。

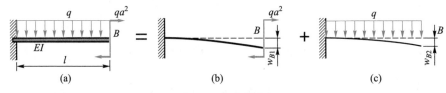

图 7.9 荷载的分解

有的情况下,需要将荷载重新组合,见下例。

例 7.5 用叠加法计算例 7.10(a)中 B 端的挠度和转角,梁的抗弯刚度为常数 EI。

解:为了在例 7.10 中应用附录Ⅱ的结果,可将荷载表示为图 7.10(b)和(c)所示两种情况的和。

图 7.10(b)中的荷载在 B 端所引起的挠度和转角可直接采用附录Ⅱ的结论,即

$$\theta_{B1} = -\frac{ql^3}{6EI}, \qquad w_{B1} = -\frac{ql^4}{8EI}。$$

在图 7.10(c)中,从 A 端到中点 C 将引起向上的弯曲变形,AC 区段的变形与悬臂梁承受向上的均布荷载而发生的变形完全一样。从中点 C 到 B 端,由于没有横向荷载,它将顺着 C 处的转角形成向右上倾斜的直线,因此,B 端的转角 θ_{B2} 就等于中点 C 处的转角,

$$\theta_{B2} = \frac{q}{6EI} \cdot \left(\frac{l}{2}\right)^3 = \frac{ql^3}{48EI};$$

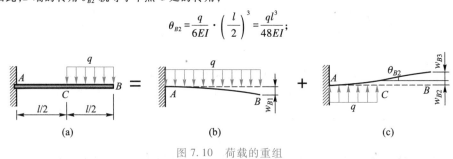

图 7.10 荷载的重组

而 B 端的挠度包含两部分:中截面 C 的挠度 $w_{B2} = w_C$,以及右半段由于 C 处的转角而引起的挠度 w_{B3},即

$$w_C = w_{B2} = \frac{q}{8EI} \cdot \left(\frac{l}{2}\right)^4 = \frac{ql^4}{128EI},$$

$$w_{B3} = \frac{1}{2}l \cdot \tan\theta_{B2} = \frac{1}{2}l\theta_{B2} = \frac{ql^4}{96EI}。$$

故有

$$\theta_B = \theta_{B1} + \theta_{B2} = -\frac{ql^3}{6EI} + \frac{ql^3}{48EI} = -\frac{7ql^3}{48EI}(\text{顺时针}),$$

$$w_B = w_{B1} + w_{B2} + w_{B3} = -\frac{ql^4}{8EI} + \frac{ql^4}{128EI} + \frac{ql^4}{96EI} = -\frac{41ql^4}{384EI}(\text{向下}).$$

7.3.2 逐段刚化法

结构中某点的位移,原则上受到这个结构中各个部件变形的影响。本小节的方法只适用于静定结构。例如,图 7.11(a)中的静定刚架,在 F 的作用下 A 点产生竖向位移。从图 7.11(b)中可看出,A 点的位移不仅受到横梁变形的影响,而且受到竖梁变形的影响。

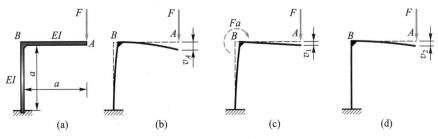

图 7.11 逐段刚化法

竖梁变形是这样影响 A 点竖向位移的:向下作用的力 F,使竖梁在其上端受到顺时针方向的力偶矩 Fa 的作用,因而产生弯曲变形,其上端 B 处产生了一个顺时针方向转角 θ_B。由于刚结点处的直角是不会改变的,因此,横梁也将产生一个同方向的转角 θ_B。即使横梁不变形,这一转角也将使横梁右端产生竖向位移 $v_1 = \theta_B \cdot a$,如图 7.11(c)所示。因此,在考虑竖梁变形对 A 点位移的贡献 v_1 时,不妨将横梁视为刚体。

考虑在竖梁变形的基础之上叠加上横梁的变形。由于只考虑横梁变形,故 A 点的竖向位移相当于一个悬臂梁在端点承受集中力时自由端的挠度 v_2,如图 7.11(d)所示。这样,在考虑 v_2 时便可把竖梁视为刚体,只计算横梁的变形。

这样,便可以将结构的两部分逐段"刚化",算出未刚化部分变形对所求位移的贡献,然后将其叠加起来,便可以得到所求的位移了。原则上,由于是在竖梁变形的基础上叠加横梁变形对 A 点位移的贡献,故这一贡献应为 $v_2\cos\theta_B$;但由于 θ_B 很小,在忽略二阶微量的前提下,$\cos\theta_B = 1$,故这一贡献可直接记为 v_2。这样,横梁和竖梁对 A 点位移的贡献都可以分别在未变形的构形(尺寸与形状)上进行计算后直接叠加,故有

$$v_A = v_1 + v_2 = \frac{(Fa)a}{EI} \cdot a + \frac{Fa^3}{3EI} = \frac{4Fa^3}{3EI}(\text{向下}).$$

上述方法不仅可以用来求解线位移(挠度),还可以用来求解角位移(转角)。

逐段刚化法并非适用于任何结构。这一点在使用时要给予注意。

例 7.6 外伸梁受集中力 F 作用,如图 7.12(a)所示,已知 EI 为常数,求 C 截面的挠度 w_C 和转角 θ_C。

解:C 截面的挠度和转角是由梁的简支部分 AB 段和外伸部分 BC 段共同变形引起的,现在把梁的变形分为两部分考虑。

（1）只考虑 BC 段变形，暂不考虑 AB 段的变形，这相当于将 AB 段视为刚体。这样，BC 段的变形相当于一个悬臂梁的变形，如图 7.12（b）所示。C 截面的转角和挠度分别为

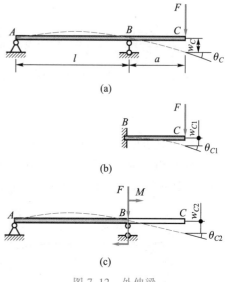

$$\theta_{C1} = -\frac{Fa^2}{2EI}, \qquad w_{C1} = -\frac{Fa^3}{3EI}。$$

（2）只考虑 AB 段变形而不考虑 BC 段的变形，这相当于把 BC 段当成刚体。这时作用在 C 处的外力可平移至 B 处，并附加一个力偶矩 $M = Fa$，如图 7.12（c）所示。作用在 B 点处的 F 不引起梁的变形，只有力偶矩引起变形，这种变形在 B 点处体现为 B 截面顺时针方向的转角。这种情况下 BC 段虽不变形，但可以随 B 截面的转动而产生刚体转动，从而在 C 点引起竖直向下的挠度 w_{C2}。于是有

$$\theta_{C2} = \theta_{B2} = -\frac{ml}{3EI} = -\frac{Fa \cdot l}{3EI},$$

$$w_{C2} = \theta_{B2} \cdot a = -\frac{ml}{3EI} \cdot a = -\frac{Fa^2 l}{3EI}。$$

(a)

(b)

(c)

图 7.12　外伸梁

C 截面的挠度和转角为上述两种情况中对应项的叠加，即

$$\theta_C = \theta_{C1} + \theta_{C2} = -\frac{Fa}{6EI}(3a + 2l)（顺时针），\qquad w_C = w_{C1} + w_{C2} = -\frac{Fa^2}{3EI}(a + l)（向下）。$$

例 7.7　在图 7.13 所示的直角曲拐中，AB 段为直径为 d 的圆轴，BC 段的横截面是宽度为 b、高度为 h 的矩形。在 C 点处有向下作用的集中力 F。已知材料的弹性模量为 E，泊松比为 ν，求 C 点处的竖向位移 w。

解：可以看出，在 F 的作用下，BC 段将产生弯曲的变形效应。在只考虑 BC 段的弯曲时，不妨暂时把 AB 段视为刚体。即可得

$$w_{BC} = -\frac{Fa^3}{3EI_{BC}} = -\frac{4Fa^3}{Ebh^3}。$$

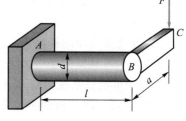

另一方面，F 的作用也将在 AB 段引起变形。在考虑 AB 段变形时，可以暂时把 BC 段视为刚体，从而将力 F 由 C 平移到 B，同时附加一个集中力偶矩 Fa。作用在 B 处的力 F 使 AB 段产生弯曲变形，在 B 处的竖向位移为

图 7.13　直角曲拐

$$w_{AB} = -\frac{Fl^3}{3EI_{AB}} = -\frac{64Fl^3}{3E\pi d^4}。$$

作用在 B 处的力偶矩使 AB 段产生扭转，B 截面相对于 A 截面的扭转角

$$\varphi = \frac{Tl}{GI_{pAB}} = \frac{32Fal}{G\pi d^4} = \frac{64Fal(1+\nu)}{E\pi d^4}。$$

而对应于这一转角，BC 段将产生刚体的转动，因而 C 处便产生相应的竖向位移

$$w_\varphi = -\varphi a = -\frac{64Fa^2 l(1+\nu)}{E\pi d^4}。$$

易于看出，C 点的全部竖向位移便是上述三项竖向位移之和，即

$$w_C = w_{BC} + w_{AB} + w_\varphi = -\frac{4F}{E}\left[\frac{a^3}{bh^3} + \frac{16l^3}{3\pi d^4} + \frac{16(1+\nu)la^2}{\pi d^4}\right]（向下）。$$

7.3.3　利用结构的对称性

工程中常出现结构的形状尺寸以及约束关于中线对称的情况,称这类结构为对称结构。对称结构受到关于中线对称的荷载作用时,其变形是对称的。因此,在对称点(或对称面上),垂直于对称轴方向的位移必定为零,该处如果无铰,其转角也必定为零,但该处沿对称轴的位移一般不为零,如图 7.14 所示。同时,其内力也与对称性有关,即对称面(点)上剪力、扭矩为零(某些情况下可能存在跃变),但对称面(点)上轴力、弯矩一般不为零。

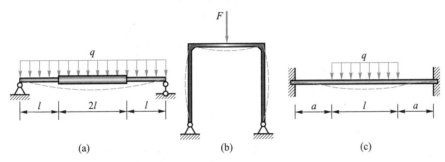

图 7.14　对称结构承受对称荷载的例子

与上述情况相反,对称结构受到关于中线反对称的荷载作用时,其变形是反对称的。因此,在对称点(或对称面上),垂直于对称轴方向的位移和转角不一定为零,但该处沿对称轴的位移一定为零,如图 7.15 所示。同时,其内力也与反对称性质有关,即对称面(点)上剪力、扭矩一般不为零,但对称面(点)上轴力、弯矩为零(某些情况下可能存在跃变)。

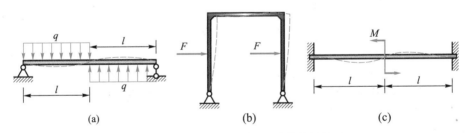

图 7.15　对称结构承受反对称荷载的例子

利用上述特点,可以更方便地求出许多对称结构中指定截面的位移和转角。

例 7.8　求如图 7.16(a)所示的分段等截面简支梁的中点 A 处的挠度。

解:由于对称性,原结构中点的转角必定为零。取其右边一半考虑,将中点视为固定端,右端铰用向上的作用力 $\dfrac{F}{2}$ 代替,如图 7.16(b)所示;则图 7.16(b)的悬臂梁与图 7.16(a)的右半段梁的外荷载和内力完全相同,约束的几何效果相同,故原结构中点的挠度与图 7.16(c)中的悬臂梁自由端 B 处的挠度在数值上相等而符号相反。

在计算图 7.16(c)中 B 处的挠度时,由于 AC 段与 CB 段抗弯刚度不同,故应分段计算。C 处的挠度 w_C、由于 C 处转角而导致的 B 处挠度 w_θ、BC 间的相对挠度 w_{BC} 三者之和构成了 B 处的挠度。注意到 w_C 和

C 处转角都是由集中力 $\dfrac{F}{2}$ 和力偶矩 $\dfrac{Fa}{2}$ 共同引起的,如图 7.16(d)所示,故有

$$w_C = \left(\frac{F}{2}\right) \cdot \frac{a^3}{3 \cdot (2EI)} + \left(\frac{Fa}{2}\right) \cdot \frac{a^2}{2 \cdot (2EI)} = \frac{5Fa^3}{24EI},$$

$$w_\theta = \theta_C a = \left[\left(\frac{F}{2}\right) \cdot \frac{a^2}{2 \cdot (2EI)} + \left(\frac{Fa}{2}\right) \cdot \frac{a}{(2EI)}\right] a = \frac{3Fa^3}{8EI}。$$

B 相对于 C 的挠度:

$$w_{BC} = \left(\frac{F}{2}\right) \cdot \frac{a^3}{3EI} = \frac{Fa^3}{6EI}。$$

故 B 相对于 A 的挠度:

$$w_B = w_C + w_\theta + w_{BC} = \frac{Fa^3}{EI}\left(\frac{5}{24} + \frac{3}{8} + \frac{1}{6}\right) = \frac{3Fa^3}{4EI}。$$

故原结构中点 A 处的挠度 $w_A = -\dfrac{3Fa^3}{4EI}$(向下)。

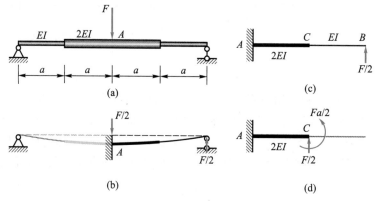

图 7.16 简支梁的实例

例 7.9 图 7.17(a)所示刚架各部分的抗弯刚度均为 EI,求断口处 AB 间的相对位移。

解:由于结构对称而荷载反对称,因此,结构下梁中点 C 处弯矩为零,而剪力不为零。由截面法易得,C 处剪力等于 F。这样,结构便可只考虑其一半,并简化为如图 7.17(b)所示的结构。其中 AC 间的相对位移等于 AB 间的相对位移的一半。

进一步考虑图 7.17(b)所示的结构,显然它关于水平中线对称,因此,可再次考虑其一半而简化为如图 7.17(c)所示的结构。其中 AD 间的相对竖向位移等于 AC 间的相对位移的一半。

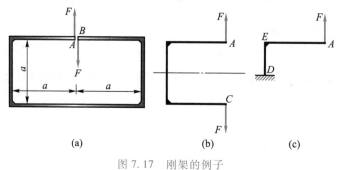

图 7.17 刚架的例子

在图 7.17(c)中，

$$w_A = \theta_E a + \frac{Fa^3}{3EI} = \frac{Fa}{EI} \cdot \frac{a}{2} \cdot a + \frac{Fa^3}{3EI} = \frac{5Fa^3}{6EI}。$$

故图 7.17(b)中 AC 间的相对位移为 $\dfrac{5Fa^3}{3EI}$。故原结构中所求的 AB 间的相对位移为 $\dfrac{10Fa^3}{3EI}$（分开）。

　　如果对称结构承受既非对称，也非反对称的荷载，那么可以证明，任意的荷载都可以分解为对称荷载与反对称荷载之和的形式。例如，图 7.18(a)所示的荷载，就可以分解为图 7.18(b)所示的对称情况和图 7.18(c)所示的反对称情况的合成。因此，本小节的一系列的方法和结论可以用于对称结构承受各类荷载的情况。

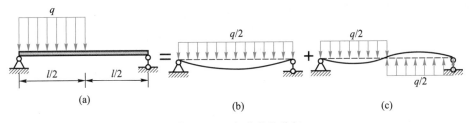

图 7.18　一般荷载的分解

7.4　简单超静定问题

　　在车床上加工一根圆轴时，常将轴左端固定在车床上的卡盘上，车削从右到左进行。这样，圆轴承受切削力的情况就可以简化为悬臂梁承受集中力的作用，如图 7.19(a)所示，此时结构是静定的。如果圆轴较细长，那么加工时将会引起较大的变形，刀具的真实进刀深度与刀具的横向位移（即刀具表盘显示出的进刀深度）存在着较大的误差。为了改善这种情况，通常会在轴的右端加上一个顶针，限制住轴的右端的挠度，从而使加工精度得以保证。对于这种情况，结构可简化为图 7.19(b)所示的情况，显然结构因此而成为超静定的了。

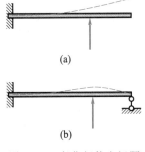

图 7.19　弯曲超静定问题

　　下面用图 7.20(a)所示的结构来分析该如何求解简单的弯曲超静定问题。长度为 l、抗弯刚度为 EI 的梁左端固定、右端铰支，梁的中截面 C 处承受集中力 F。显然，右边铰对梁而言起到了一个向上支承的作用。因此，可以设想用一个支座约束力 F_R 来代替右边铰的作用，如图 7.20(b)所示。

　　要是没有这个支座约束力 F_R，如图 7.20(c)所示，在 B 点将由于集中力 F 的作用而产生挠度

$$w_{BF} = -\frac{F}{3EI} \cdot \left(\frac{l}{2}\right)^3 - \frac{F}{2EI} \cdot \left(\frac{l}{2}\right)^2 \cdot \left(\frac{l}{2}\right) = -\frac{5Fl^3}{48EI}。 \qquad ①$$

作为一个集中力的作用,如图 7.20(d)所示,F_R 在 B 点应产生挠度

$$w_{BF_R} = \frac{F_R l^3}{3EI}。$$ ②

然而,由于铰的约束作用,B 点处事实上的挠度为零,这样就有

$$w_{BF_R} + w_{BF} = -\frac{5Fl^3}{48EI} + \frac{F_R l^3}{3EI} = 0。$$ ③

由上式即可解出右端铰的支座约束力

$$F_R = \frac{5}{16}F(向上)。$$

随之可确定左端的支座约束力和约束力偶矩分别为

$$F_A = \frac{11}{16}F(向上),\quad M_A = \frac{3}{16}Fl(逆时针)。$$

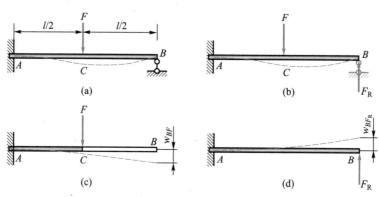

图 7.20　超静定问题的解法

在上面的处理方法中,荷载 F 及支座约束力 F_R 所引起的挠度实际上是考虑力学平衡和材料的力学性能的结果,而最后的方程③明显是几何变形的协调条件。因此,对弯曲超静定问题的处理,本质上仍然考虑了力学条件、物理条件和协调条件这三个要素。

这类简单弯曲超静定问题求解方法的一般步骤是:

(1)将结构中造成超静定的"多余"约束解除,而代之以相应的约束力,使结构成为静定结构,这个静定结构称为静定基。

(2)在静定基上,分别计算解除约束处外荷载所引起的位移(挠度和转角)和"多余"约束力引起的相应位移。

(3)利用上述计算结果,根据解除"多余"约束处的实际位移情况建立协调方程。

(4)求解协调方程,即可得到多余约束力,超静定问题即告解决。

应该注意,上述多余约束力是广义的,它包括支座约束力和支座约束力偶矩。相应地,位移也是广义的,它包括线位移(挠度)和角位移(转角)。

同时要注意,由于关于"多余"约束力的考虑方式不同,静定基不是唯一的。例如,在上面的例子中,可把静定基选择为简支梁,"多余"约束力则是左端的一个支座约束力偶矩 M(图 7.21)。考虑到左端是固定端,相应的协调条件就是集中力 F 在左端引起的转角和力偶

矩 M 在左端引起的转角的代数和为零。这样做的最后结果与上面的做法的结果是完全一样的。

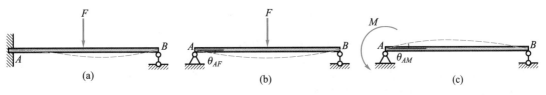

图 7.21 静定基的另一个选择

此外还应注意到,所谓"多余"约束力是相对于静定结构而言的。对于实际结构,这样的约束不仅不是"多余"的,相反,在许多情况下,它是增加结构强度和刚度而采用的必要手段。

例 7.10 如图 7.22 所示的 ABC 为刚架,其中 AB 段抗弯刚度为 EI,BC 段可视为刚体。在 C 处有一刚度系数为 k 的弹簧与固定端相连。求梁 AB 中绝对值最大的弯矩。

解:梁的变形如图 7.23(a)所示。由于弹簧对 C 处的拉伸作用,使结构成为超静定的。因此,可将弹簧处的约束去掉而代之以水平力 F_R,F_R 与弹簧伸长量 Δ 有关,即

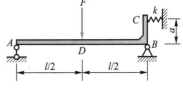

图 7.22 带弹簧的梁

$$F_R = k\Delta,$$

式中,弹簧伸长量 Δ 与 BC 的转角有关,由于 BC 为刚体,这一转角与 AB 梁中 B 处的转角 θ_B 相等,故有

$$\Delta = a\theta_B, \quad \text{即} \quad F_R = ka\theta_B。$$

考虑 AB 梁,它在 B 处的转角 θ_B 是由两种因素共同形成的。一个因素是中点的集中力 F 在 B 处所引起的转角

$$\theta_{BF} = \frac{Fl^2}{16EI};$$

另一个因素是 F_R 的作用在 B 处所引起转角 θ_{BF_R}。F_R 对于 AB 的作用体现为 B 处的力偶矩,即

$$M = F_R a = ka^2\theta_B,$$

如图 7.23(b)所示,力偶矩 M 在 B 处引起的转角为

$$\theta_{BF_R} = -\frac{Ml}{3EI} = -\frac{kla^2}{3EI}\theta_B。$$

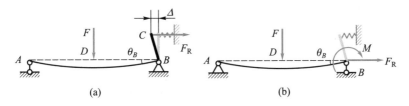

图 7.23 变形与受力

故由协调条件

$$\theta_B = \theta_{BF} + \theta_{BF_R}$$

可得

$$\frac{Fl^2}{16EI} - \frac{kla^2}{3EI}\theta_B = \theta_B。$$

从中可解得

$$\theta_B = \frac{Fl^2}{16EI}\left(1 + \frac{kla^2}{3EI}\right)^{-1}。$$

并有

$$F_R = ka\theta_B = \frac{Fl^2 ka}{16EI}\left(1 + \frac{kla^2}{3EI}\right)^{-1}, \qquad M = F_R a = \frac{Fl^2 ka^2}{16EI}\left(1 + \frac{kla^2}{3EI}\right)^{-1}。$$

至此超静定问题已解决。利用上述结果,可进一步求得 AB 中的最大弯矩。

AB 梁的弯矩图如图 7.24 所示。易知弯矩峰值出现在中点 D 或右端点 B。

可以得到左端点 A 处的支座约束力

$$F_{RA} = \frac{F}{2} - \frac{M}{l} = \frac{F}{2} - \frac{Flka^2}{16EI}\left(1 + \frac{kla^2}{3EI}\right)^{-1},$$

故有

$$M_D = \frac{1}{2}F_{RA}l = \frac{Fl}{4} - \frac{Fl^2 ka^2}{32EI}\left(1 + \frac{kla^2}{3EI}\right)^{-1},$$

$$M_B = -M = -\frac{Fl^2 ka^2}{16EI}\left(1 + \frac{kla^2}{3EI}\right)^{-1}。$$

两处弯矩峰值绝对值的大小的比较取决于弹簧刚度系数 k。不难算出,当弹簧刚度系数 $k = \frac{24EI}{la^2}$ 时,M_D 和 M_B 绝对值相等,此时

$$M_D = -M_B = \frac{1}{6}Fl。$$

当 $k < \frac{24EI}{la^2}$ 时,M_B 的绝对值小于 M_D。特别地,在 $k = 0$ 的情况下,有

$$M_D = \frac{1}{4}Fl, \qquad M_B = 0。$$

由于弹簧刚度系数很小,对 AB 梁不构成约束,此时 AB 梁等同于一般简支梁,而上两式正是简支梁的结论。

当 $k > \frac{24EI}{la^2}$ 时,M_B 的绝对值大于 M_D。特别地,在 $k \to \infty$ 的情况下,有

$$1 + \frac{kla^2}{3EI} \to \frac{kla^2}{3EI}, \qquad \frac{Fl^2 ka^2}{16EI}\left(1 + \frac{kla^2}{3EI}\right)^{-1} \to 3Fl,$$

$$M_D = \frac{Fl}{4} - \frac{3Fl}{32} = \frac{5}{32}Fl,$$

$$M_B = -\frac{3}{16}Fl。$$

弹簧可认为不能变形,故 B 处相当于固支端,即图 7.25 所示的情况。这与本小节开始时的例子的数据是吻合的。

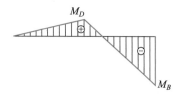

图 7.24 弯矩图

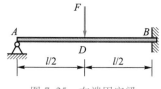

图 7.25 右端固定梁

例 7.11　如图 7.26 所示的结构中各构件材料相同。AB 和 ED 均为圆形截面梁,$D = 35$ mm。CD 为 $d = 8$ mm 的圆杆。荷载 $q = 2$ kN/m,$a = 500$ mm。求各个构件横截面上的最大正应力。

解:显然这是一个超静定问题,为形成静定基,可考虑解除中间拉杆,而代之以一对力 F_R 分别作用在上下梁上,如图 7.27 所示。

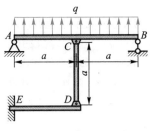
图 7.26　例 7.11 图

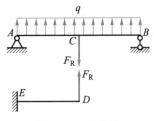
图 7.27　静定基

对于上梁而言,C 点挠度

$$w_C = \frac{5q(2a)^4}{384EI} - \frac{F_R(2a)^3}{48EI} = \frac{5qa^4}{24EI} - \frac{F_R a^3}{6EI} \text{。}$$

对于下梁而言,D 点挠度

$$w_D = \frac{F_R a^3}{3EI} \text{。}$$

拉杆的变形量

$$\Delta a = \frac{F_R a}{EA} \text{。}$$

协调条件:

$$w_C - w_D = \Delta a \text{。}$$

即

$$\frac{5qa^4}{24EI} - \frac{F_R a^3}{6EI} - \frac{F_R a^3}{3EI} = \frac{F_R a}{EA} \text{。}$$

可得

$$F_R = \frac{5qa}{12}\left(1 + \frac{2I}{Aa^2}\right)^{-1} \text{。}$$

由于

$$\frac{2I}{Aa^2} = \frac{D^4}{8d^2 a^2} = \frac{35^4}{8 \times 8^2 \times 500^2} = 0.0117,$$

$$\left(1 + \frac{2I}{Aa^2}\right)^{-1} = 0.99 \approx 1,$$

故有

$$F_R \approx \frac{5qa}{12} \text{。}$$

易于看出,如果竖杆横截面面积 A 增大,则这一结果更加精确。这说明,取上述近似值相当于将竖杆视为刚体。这一结论也可直接在协调方程中忽略竖杆变形 Δa 导出。根据上述结果,下梁的固定端弯矩

$$M_{ED\max} = F_R a = \frac{5}{12}qa^2 \text{。}$$

因此,下梁横截面上的最大正应力

$$\sigma_{ED\max} = \frac{M_{ED\max}}{W} = \frac{40qa^2}{3\pi D^3} = \frac{40 \times 2 \times 500^2}{3 \times \pi \times 35^3} \text{ MPa} = 49.5 \text{ MPa}。$$

竖杆横截面上应力

$$\sigma_N = \frac{F_R}{A} = \frac{5qa}{3\pi d^2} = \frac{5 \times 2 \times 500}{3 \times \pi \times 8^2} \text{ MPa} = 8.3 \text{ MPa}。$$

由于 AB 段上作用有均布荷载 q 和集中力 F_R，其弯矩图为两段左右对称的抛物线，由于 F_R 的作用，中截面 C 处会出现一个尖点，如图 7.28(a) 所示。AB 段最大弯矩值可能产生在 AC 区段中某个 K 截面处。同时，如果 F_R 足够大，也可能在 C 截面形成正弯矩，并使其超过 K 截面弯矩的绝对值，如图 7.28(b) 所示。因此，为求 AB 的最大弯矩，应分别考虑 K 截面和 C 截面的弯矩并加以比较。为此，先求 A 处支座约束力

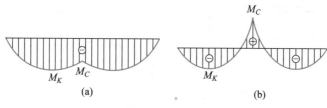

图 7.28 弯矩图

$$F_{RA} = qa - \frac{1}{2}F_R = \frac{19}{24}qa(\text{向下})。$$

由此可得 AC 区段中距 A 为 x 处的弯矩

$$M(x) = -\frac{19}{24}qax + \frac{1}{2}qx^2。$$

为求 K 截面位置，可对 $M(x)$ 求导（或寻求剪力为零截面的位置），

$$\frac{dM(x)}{dx} = -\frac{19}{24}qa + qx = 0, \quad x = \frac{19}{24}a,$$

故 K 截面距 A 为 $\frac{19}{24}a$，K 截面弯矩

$$M_K = -\frac{1}{2} \cdot \left(\frac{19}{24}\right)^2 qa^2 = -\frac{361}{1\,152}qa^2 = -0.313\,4qa^2。$$

在中截面 C 处，

$$M_C = -\frac{19}{24}qa^2 + \frac{1}{2}qa^2 = -\frac{7}{24}qa^2 = -0.291\,7qa^2。$$

故上横梁 AB 的弯矩图同图 7.28(a)，其绝对值最大弯矩在 K 截面处，即

$$|M_{AB\max}| = \frac{361}{1\,152} \times 2 \times 500^2 \text{ N} \cdot \text{mm} = 156\,684 \text{ N} \cdot \text{mm}。$$

故上横梁 AB 横截面上的最大正应力

$$\sigma_{AB\max} = \frac{M_{AB\max}}{W} = \frac{32M_{AB\max}}{\pi D^3} = \frac{32 \times 156\,684}{\pi \times 35^3} \text{ MPa} = 37.2 \text{ MPa}。$$

这样，各构件中横截面的最大正应力为：AB 梁 37.2 MPa、CD 杆 8.3 MPa、ED 梁 49.5 MPa。

上面所讨论的问题都是一次超静定问题。如果是二次超静定问题，则需将两个"多余"约束用约束力替代而构成静定基，同时需要建立两个协调方程。

有的情况下，可以根据结构和荷载的具体特征将超静定次数较高的问题简化为超静定

次数较低的问题。

　　例如,图 7.29(a)所示的两端固支梁,如果只存在着一个固定端,结构就是悬臂梁,属于静定结构。多出一个固定端,将限制该端部的轴向位移、竖向位移和转角。因此,这一个结构原则上属于三次超静定问题。

　　但是,由于不存在轴向荷载,而梁弯曲问题一般也不考虑轴向位移,因此轴向约束可以忽略。这样结构就成为二次超静定问题。

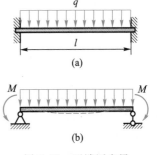

图 7.29　两端固定梁

　　进一步地,考虑到本问题中结构和荷载都关于梁中点对称,因此可以断定,两端的约束作用也必定是对称的。这样,可以把结构的静定基选为对称结构简支梁,把两铰处的约束力偶矩选为"多余约束力",而这两个约束力偶矩 M 是相等的,如图 7.29(b)所示。这样,问题的未知量便减少为一个了。

　　例 7.12　求图 7.30(a)所示结构中梁的中点 C 处的挠度。

　　解:注意到这是一个对称结构。它的荷载既非对称又非反对称。但是,这种荷载可视为图 7.30(b)所示的对称荷载和图 7.30(c)所示的反对称荷载的合成。在图 7.30(c)中,由于变形反对称,中点 C 处的挠度为零。因此,图 7.30(a)中 C 点的挠度与图 7.30(b)中 C 点的挠度相等。

　　注意到图 7.30(b)的对称性特点,在中截面 C 处,其剪力为零,只有弯矩,记其为 M_C。同时,由于变形关于中点对称,C 处的转角应为零。现只考虑其一半,相当于一个悬臂梁,如图 7.31 所示。

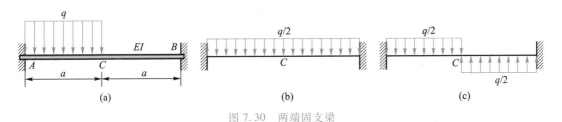

图 7.30　两端固支梁

　　在这个悬臂梁自由端,均布荷载 $\dfrac{1}{2}q$ 引起的转角为 $-\left(\dfrac{q}{2}\right)\cdot\dfrac{a^3}{6EI}$,$M_C$ 引起的转角为 $\dfrac{M_C a}{EI}$,故有

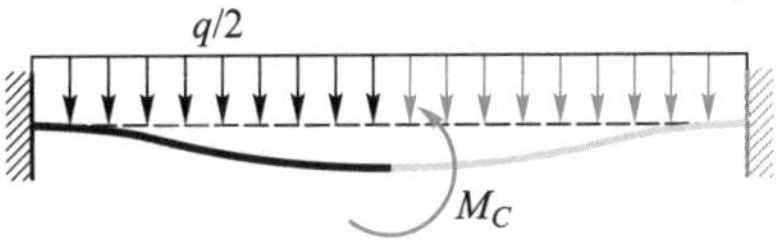

$$-\left(\frac{q}{2}\right)\cdot\frac{a^3}{6EI}+\frac{M_C a}{EI}=0,$$

即可得 $M_C=\dfrac{1}{12}qa^2$。

图 7.31　利用对称性

　　C 处的挠度是均布荷载 $\dfrac{1}{2}q$ 和 M_C 共同引起的,故有

$$w_C=-\left(\frac{q}{2}\right)\cdot\frac{a^4}{8EI}+\left(\frac{qa^2}{12}\right)\cdot\frac{a^2}{2EI}=-\frac{qa^4}{48EI}\,(\text{向下})。$$

7.5　梁的刚度设计

梁的最大挠度或最大转角是衡量梁的刚度高低的标志性几何量。梁的刚度要求一般可表示为

$$w_{\max} \le [w], \qquad \theta_{\max} = [\theta]。$$

提高梁的刚度,就需要将最大挠度或最大转角降下来。

提高刚度的措施在很多情况下与提高强度的措施有相通之处。因此,某些提高强度的措施也能提高刚度。

合理地布置荷载,例如,将集中力改为通过一个副梁作用在主梁上,或者将集中荷载改为均布荷载,都能有效地降低梁中的最大弯矩,从而提高梁的强度和刚度。

合理地设计支承位置,或者将约束改为更加刚性的形式,也都能提高梁的强度和刚度。特别地,在允许的情况下,增加中间约束,则强度和刚度都有显著的改善。当然,增加中间约束或将约束改为更加刚性的形式,都使得静定梁转化为超静定梁。虽然在设计计算中可能增加一些难度,但是在工程实际中往往是必要的。

某些情况下,使用预应力技术,也可以有效地提高结构的强度和刚度。本章习题 7.95 便提供了这方面的实例。

但是,提高刚度的措施还是与提高强度的措施有所区别的。

即使一个措施既能提高强度又能提高刚度,它们在数量关系方面还是有所区别的。例如,在其他条件不变的条件下仅将圆形截面梁的截面直径增大一倍,那么,从强度方面考虑,它的许用荷载可以增加到原来的 8 倍;从刚度方面考虑,它的许用荷载则可以增加到原来的 16 倍。

某些可以提高梁强度的措施是不能提高梁的刚度的。例如,对于图 7.32(a)所示的用铸铁制成的 T 形截面简支梁,如果横截面从图 7.32(b)左图的形式改为右图的形式,那就可以提高强度却不能改善刚度。

又例如,图 7.33 所示为低碳钢和高碳钢的拉伸曲线。从图中可以看出,高碳钢的屈服极限要比低碳钢高出许多。因此,用高碳钢代替低碳钢,的确能够改善强度。但是图形也说

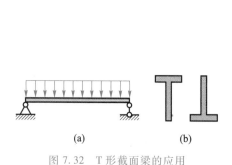

图 7.32　T 形截面梁的应用　　　　图 7.33　低碳钢和高碳钢的拉伸曲线

明,两条曲线在线弹性区段内的斜率几乎没有差别,即两类材料的弹性模量相差不多。也就是说,用高碳钢代替低碳钢不能达到改善刚度的目的。

7.6　梁理论的形成和发展

历史上最早对梁进行定量研究的是伽利略(Galileo)。他在《关于力学和位置运动之两门新科学的对话和数学证明》中,涉及悬臂梁等诸多问题。在研究中,他只注意到梁的力学要素的分析,认为悬臂梁根部横截面上作用着均匀分布的拉应力,如图 7.34(a)所示,而没有考虑到梁的变形。因此,虽然他在局部得到了一些有用的结论,但是在总体上是不正确的。

法国的马略特在 1686 年发表的著作中对梁进行了进一步的研究。他注意到了梁的纵向纤维的变形,而且认识到沿横截面纵向纤维的变形是线性分布的。但他错误地默认梁的中性层位于梁的下部,如图 7.34(b)所示。同时代的英国的胡克(Hooke)已经认识到梁的应力分布应如图 7.34(c)所示,但他未将相应的工作展开。

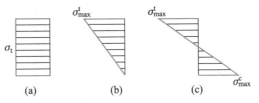

图 7.34　梁横截面上应力分布的不同认识

真正从梁的变形出发,最早采用平截面假设的学者是瑞士的伯努利(Jacob Ⅰ Bernoulli)。其后,法国的纳维(Navier)得出中性轴过形心的结论。至此,梁理论形成了基本的框架。这个以平截面假设为研究基础的梁理论称为伯努利梁。

从上述的研究轨迹可以看出,几何分析、物理分析和力学分析的结合,在变形体力学研究中所占据的位置是何等的重要。

伯努利梁以弯矩作为广义力,挠度作为广义位移,形成了一个较为严整的数学体系。但这一体系并未回答实践中存在的许多问题,例如切应力问题。

俄国工程师儒拉夫斯基(Zhuravsky)于 1844—1850 年间对梁的切应力进行了系统的研究,并首次得到矩形截面最大切应力是平均切应力的一倍半的结论。他所发展出的近似方法至今仍在工程中广泛采用。

人们发现,伯努利梁理论并不能有效地解决梁的振动等动力学问题,铁摩辛柯(Timoshenko)对伯努利梁理论提出了修正。他放弃了平截面假设,以弯矩和剪力作为广义力,以挠度和转角作为广义位移,同时在惯性项中加进了截面转动的惯性力。以此为框架的梁理论①称为铁摩辛柯梁。铁摩辛柯梁在动力学问题的研究中得到广泛的应用。

但是很难说梁理论就已经走到尽头。例如,在求解本章习题 7.25、7.26 一类与刚性地基接触的问题时,在从与地基脱开状态到接触状态的临界点处,伯努利梁理论给出了集中力作用的结论,铁摩辛柯梁理论也给出分布力的尖点。这些都与人们的直觉不符,也与实验事实不吻合。因此,相应的理论仍有改进的必要。

---

① 关于梁理论的发展历史,可参见参考文献[11]、[13]。

与此同时,经典梁理论还面临着新的挑战。例如,新材料的出现,需要处理诸如各向异性材料、黏弹性材料和功能梯度材料等问题;由于压电材料的出现,还需要处理力学-电学-热学的耦合问题。经典梁理论还有着广阔的发展空间。

对梁的研究在弹性力学的领域内也得到长足的进步。由于弹性理论的完整与优美,可以得到一些问题的"精确解",这类成果的精密表述是伯努利梁等初等理论无法企及的。但是,这些成果同时也存在着一些问题和缺陷。其一,"精确解"只能在横截面是矩形、圆形等简单情况下取得,对于形状稍微复杂的横截面,"精确解"的获得就异常困难。其二,在梁的支承和外力作用处,"精确解"给出了严格的限制;对于不满足这些限制的约束和外力作用方式,弹性理论只能用圣维南原理来进行变通。这无疑在梁的支承和外力作用附近降低了其作为"精确解"的地位。

梁的精细的解答可以由现代最有效的数值算法——有限元给出。在弹性理论的基础上,通过能量方法,借助于计算机技术,有限元建立了梁问题的两类解法:一类是基于平截面假设的梁单元,另一类是采用三维弹性力学的一般有限元解法解算梁问题。后者对细节问题的求解(例如,应力集中、支承和外力作用等),几乎可以做到"要多精细就能多精细"的程度。

但有限元等现代计算技术的发展,并不意味着经典理论的过时。相对于弹性理论和有限元,经典的梁理论把三维问题简化为一维问题,便于学习和掌握;所分析的问题中主要参数所起的作用比较容易识别和评估,因而可用以指导工程设计;即使在精度不够的情况下,其数值结果也可以作为精确结果的第一级近似;在非线性问题中,其数值结果也可以用作良好的迭代初值;因此经典梁理论仍然具有重要的意义。作为有限元软件包的用户,正确地使用现成的软件是至关重要的。这需要具有多方面的综合能力,这包括正确地提出问题,提出恰当的简化模型,正确地确定边界条件,合理地选用和划分单元,估计计算非线性问题的收敛性,评价计算结果的合理性,估计计算结果的误差范围,找出改善计算结果的措施等;而我们学习经典梁理论乃至整个材料力学课程,正是在为培养这些能力打下基础。

思 考 题 7

7.1　梁的弹性挠度曲线有什么特点?

7.2　两个梁的材料和横截面尺寸完全一样,其剪力和弯矩也完全一样,它们的挠度曲线方程就相同吗?

7.3　如何根据弯矩和约束条件来判断弹性挠度曲线的大致形状?

7.4　在图 7.3 和图 7.4 所示的两种情况下,梁的弯矩方程相同,故挠度曲线方程中仅积分常数 C 和 D 不同。根据这一情况,试分析常数 C 和 D 的几何意义及其在确定挠度曲线中所起的作用。

7.5　在直杆拉压中,微元区段 $\mathrm{d}x$ 上的伸长量 $\mathrm{d}(\Delta l) = \dfrac{F_{\mathrm{N}}}{EA}\mathrm{d}x$;在圆轴扭转中,微元区段 $\mathrm{d}x$ 两端面的相对转角 $\mathrm{d}\varphi = \dfrac{T}{GI_{\mathrm{p}}}\mathrm{d}x$。在梁的弯曲中,与前面两式相类似的表达式是什么?这个表达式的含义是什么?它可以用来计算什么?

7.6 如果在其他条件不变的前提下,仅将承受竖直方向荷载的矩形截面梁的宽度减小一半,高度增加一倍,那么梁横截面的最大弯曲正应力发生了什么变化? 最大挠度发生了什么变化?

7.7 如果在其他条件不变的前提下,仅将静定梁的材料由铝改为钢,且已知钢的弹性模量为铝的 3 倍,那么梁的最大弯曲正应力、最大挠度和最大转角分别发生了什么变化?

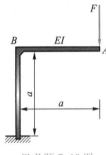

思考题 7.8 图

7.8 对于如图所示的结构,梁中弯矩处处相等,由 $\dfrac{1}{\rho}=\dfrac{M}{EI}$ 可知,挠度曲线的曲率处处相等,故挠度曲线为圆弧。但这一结构的挠度可通过积分法得 $w=\dfrac{Mx^2}{2EI}$,这是一个抛物线方程。如何解释这两者之间的矛盾? 又如何将两者统一起来?

7.9 叠加法的数学依据是什么? 叠加法的应用范围有什么限制?

7.10 试分析图示结构中,横梁弯曲、竖梁弯曲和竖梁压缩这三种变形成分对 A 点竖向位移的贡献的比例。从分析结果中可以导出什么结论?

7.11 使用叠加法时,应把荷载分解或重组为怎样的形式?

7.12 试举出不能使用逐段刚化法求结构指定位置位移的例子。

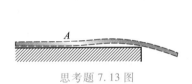

7.13 图示为刚性平台上放置的梁的变形示意图。梁的变形是由自重引起的。如果将梁刚好抬离平台处(即 A 处)的支承简化为铰支承或固定支承,那么这两种简化形式分别满足了何种力学和几何条件? 又分别有什么条件没有得到满足?

思考题 7.10 图

7.14 图示的上下两根梁之间是光滑接触的。上梁加载时,是如何将荷载传递到下梁的?

思考题 7.13 图　　　　　思考题 7.14 图

7.15 哪些措施可以提高梁的强度却不能提高梁的刚度?

7.16 在图 7.20 所示的超静定问题中,结构事实上存在着三个约束,即右端对于横向位移的约束,左端对于横向位移的约束,以及左端对于转角的约束。在关于该问题的讨论中,已经对解除右端约束和解除对于转角的约束这两种情况做出了解释。求解这个问题能否解除左端对于横向位移的约束? 如果可以,那么相应的静定基是什么结构? 协调条件是什么?

7.17 图示的各种情况是超静定的吗? 如果是,则是几次超静定的?

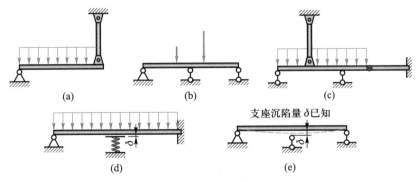

思考题 7.17 图

7.18 在如图所示的结构中,为了增加梁的强度,在悬臂梁自由端 C 处增加了一个弹簧支承。假若弹簧的刚度系数 k 是可调的,那么,随着弹簧刚度系数的增加,A 截面和 B 截面的弯矩各发生什么变化? A 截面弯矩变化的幅度有多大?

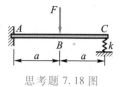

思考题 7.18 图

习题 7
参考答案

习 题 7(A)

7.1 图示各梁的抗弯刚度均为 EI,试绘制挠度曲线的大致形状,并用积分法计算最大挠度与最大转角。

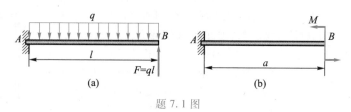

(a)　　　　　　　　　　(b)

题 7.1 图

7.2 图示水闸门单位宽度的抗弯刚度为 EI,水深为 l,试求闸门的中点挠度与最大转角。

7.3 图示梁的抗弯刚度为 EI,试绘制挠度曲线的大致形状,并用积分法计算中截面转角。

7.4 图示抗弯刚度为 EI 的简支梁承受三角形分布荷载,试用积分法计算其最大挠度。

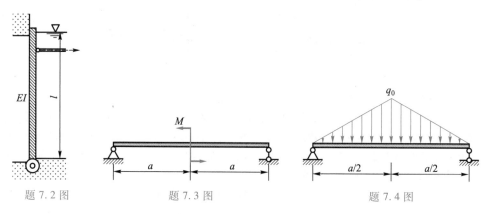

题 7.2 图　　　　　　题 7.3 图　　　　　　题 7.4 图

7.5 长度为 l 的悬臂梁横截面的厚度 h 为定值,宽度呈图示的线性变化。材料弹性模量为 E。梁轴线上承受均布荷载 q,求自由端 A 处的挠度。

7.6 图示梁 AB 在 B 处受集中力 F 作用,A 为固定铰支座,B 为定向约束(不能转动,没有水平位移,但允许有竖向位移)。已知 $l=6$ m,$EI=4.9\times10^{5}$ N·m^{2}。若要求该梁的最大挠度不超过跨度 l 的三百分之一,问荷载 F 的值不能超过多少?

7.7 求图示悬臂梁中自由端的挠度。其中 $EI=5\times10^{5}$ N·m^{2},$l=2$ m,$q_0=2$ kN/m。

7.8 长度为 l 的悬臂梁横截面宽度为定值 b,高度根据等强度要求设计,如图所示。在固定端处梁的高度为 h,材料弹性模量为 E。求梁的挠度函数及最大挠度。

7.9 图示悬臂工字钢梁的长度 $l=6$ m,已知材料的许用正应力 $[\sigma]=170$ MPa,许用切应力 $[\tau]=100$ MPa,弹性模量 $E=206$ GPa,梁的容许挠度 $[w]=\dfrac{l}{400}$。试按强度条件和刚度条件选择工字钢的型号。

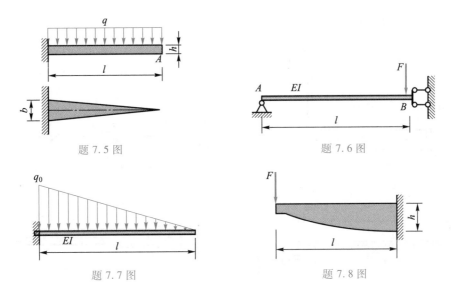

题 7.5 图

题 7.6 图

题 7.7 图

题 7.8 图

7.10 在图示结构中，$q = 30$ kN/m，$a = 500$ mm。左段梁抗弯刚度 $EI_1 = 1.5 \times 10^{12}$ N·mm²，右段梁抗弯刚度 $EI_2 = 0.5 \times 10^{11}$ N·mm²。求图中 C、D 点的竖向位移。

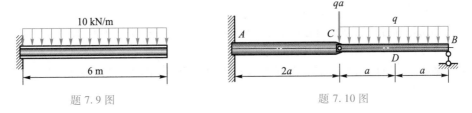

题 7.9 图

题 7.10 图

7.11 图示各梁弯曲刚度为 EI，试用叠加法求 B 截面的转角与 C 截面的挠度。

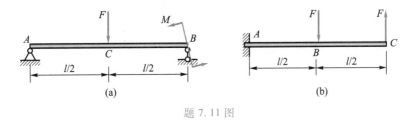

(a)

(b)

题 7.11 图

7.12 边长 $a = 200$ mm 的正方形截面梁 AB 受均布荷载作用，左端铰支，右端与一根拉杆的下方铰接。已知梁的弹性模量 $E_1 = 10$ GPa；拉杆横截面面积 $A_2 = 200$ mm²，弹性模量 $E_2 = 200$ GPa。试求拉杆的伸长量和梁中截面 C 的挠度。

7.13 图示外伸梁的抗弯刚度为 EI，B 处的弹簧刚度系数 $k = \dfrac{12EI}{a^3}$。求 C 截面的竖向位移。

7.14 图示电磁开关由铜片 AB 与电磁铁组成。为使端点 B 与触点接触，试求 C 处电磁铁所需的吸力的最小值 F 及间距 a 的大小。其中铜片横截面惯性矩 $I = 0.18$ mm⁴，弹性模量 $E = 101$ GPa。

7.15 图示分段等截面梁，其抗弯刚度如图所示，试用叠加法求自由端的挠度和转角。

7.16 置于跳高架上的水平标杆是长度为 l、内径为 d、外径为 D 的细长圆杆，其弹性模量为 E。为了使跳高成绩的标定不受标杆变形的影响，拟规定最大挠度不得超过长度的四千分之一。为了达到这一标准，标杆材料的密度的最大值允许为多少？

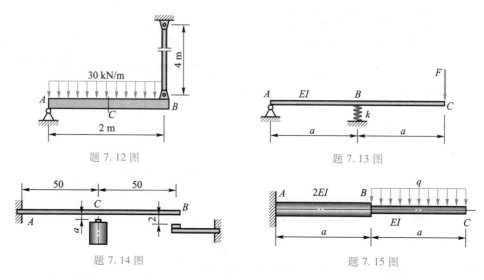

题 7.12 图　　　　　　　　题 7.13 图

题 7.14 图　　　　　　　　题 7.15 图

7.17　一根金属实心圆柱直径 $d = 50 \text{ mm}$，如果将其平放于刚性平台上，其长度 $l = 2 \text{ m}$。当它竖直立起时，可测得其高度缩短了 0.03 mm，当它平放且只在两端铰支时，其最大挠度为多少？

7.18　求如图所示外伸梁端点 A 处的竖向位移。

7.19　实心轧辊的长度及所轧制的板材宽度如图所示。板材位于轧辊正中部，端部的轴承 A 处测得竖直方向支承力 $F = 29 \text{ kN}$。若要求刚轧制的板材的最大厚度与最小厚度之差不得超过 1 mm，已知轧辊材料的弹性模量 $E = 210 \text{ GPa}$，不考虑轧辊横截面的变形及两个轧辊轴线平行度的误差，求轧辊的最小直径 D。

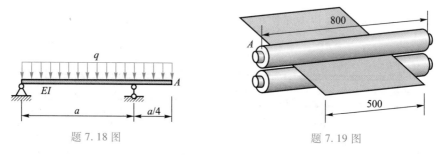

题 7.18 图　　　　　　　　题 7.19 图

7.20　某种型号的太阳能电池由完全一样的两块长板 AB 和 BC 组成。每块板长均为 l，单位长度重量为 q。A 处固结，两板连接处 B 为铰，同时 B 处有一支架，如图所示。当 BC 板完全打开，即 $\varphi = \pi$ 时，BC 板在 B 处刚好被支架右侧的托板托住。这样，如果两块板和支架是完全刚性的，那么当 BC 板完全打开后，C 点应在水平线 AB 的延长线上。但两板和支架都是弹性的，两板的抗弯刚度均为 EI，支架可视为刚度系数为 $\beta = \dfrac{6EI}{l}$ 的角弹簧。为了防止 C 点在 BC 板完全打开后产生过大的竖向位移，可在设计时使支架的托板稍微向上倾斜一个角度 θ_0。若要使 BC 板完全打开后 C 点仍在水平线上，不计支架的重量和尺寸的影响，预置的倾角 θ_0 应为多大？

7.21　求如图所示简支梁中点 A 处的挠度。

7.22　图示结构中，梁 AC 和 CB 的抗弯刚度均为 EI，C 处的弹簧刚度系数 $k = \dfrac{4EI}{a^3}$。求 B 处的挠度。

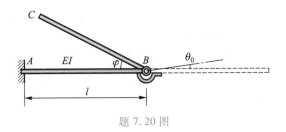

题 7.20 图

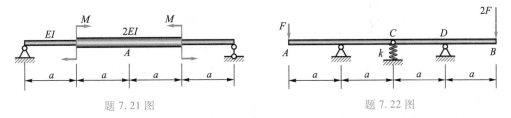

题 7.21 图　　　　　　　　　　　　题 7.22 图

7.23　某实际结构的基本形式如图所示，其中梁的横截面是宽度为 b、高度为 h 的矩形。为了详细了解和测试结构的受力情况与变形情况，现拟用同种材料做一个所有尺寸都是实际尺寸的十分之一的模型。

（1）若要使模型中的应力与原结构应力相等，模型中的荷载 F' 与原结构荷载 F 有什么数量关系？

（2）若要使模型中的挠度曲线与原结构的挠度曲线相似，模型中的荷载 F' 与原结构荷载 F 有什么数量关系？

7.24　如图所示，将一段圆木制成矩形截面梁，该梁的荷载沿竖直方向。要使梁具有最大的刚度，h 与 b 的比值应为多少？

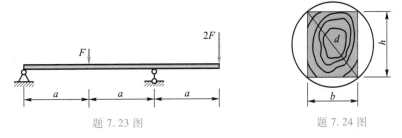

题 7.23 图　　　　　　　　　　　题 7.24 图

7.25　单位长度重量为 q 的长钢条放在刚性平台上，用大小为 ql 的力将它一头提起，求：

（1）钢条离开平台部分的长度 a 与 l 的比值；

（2）力作用点处钢条提起的高度 Δ。

7.26　长度为 l，抗弯刚度为 EI 的悬臂梁靠着一个半径为 R 的刚性圆柱，R 远大于 l，全梁上承受均布荷载 q。

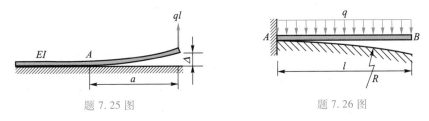

题 7.25 图　　　　　　　　　　　题 7.26 图

（1）求自由端 B 处的挠度；

（2）在不考虑剪力的情况下说明刚性圆柱对梁的约束力。

7.27 在图示的结构中,横梁的抗弯刚度为 EI,长度为 $2l$,竖杆的抗拉刚度为 EA,长度为 a。已知当力 F 作用时,A 处的挠度为 δ,试确定左端弹簧的刚度系数 k 的大小。

7.28 图示两段梁的弯曲刚度均为 EI,试用叠加法求 A 截面的转角与 C 截面的挠度。

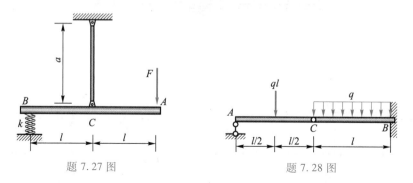

题 7.27 图　　　　　　　　　　题 7.28 图

7.29 图示两根梁的 EI 相同。两梁在 C 处由铰链相互连接。试求力 F 作用点 D 的位移。

7.30 如图所示的简支梁 AB 的横截面是宽 $b = 60$ mm、高 $h = 100$ mm 的矩形,材料的弹性模量 $E = 80$ GPa。C、D 两处高为 400 mm 的竖梁可视为刚性的,且与横梁固结。物重 $P = 30$ kN,试求 C、D 两处的挠度和中截面 O 的挠度。

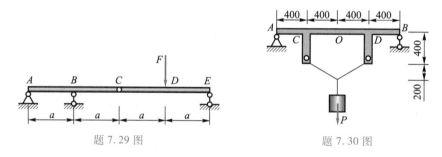

题 7.29 图　　　　　　　　　　题 7.30 图

7.31 图示结构各部分的抗弯刚度均为 EI,试求 E 截面挠度。

7.32 如图所示,在水平面内的圆形截面直角拐 ABC 中,$AB \perp BC$,在 BC 段内受竖直向下的均布荷载 q 的作用。若截面直径为 d,弹性模量 E 已知,泊松比 $\nu = 0.25$,试求 C 截面的竖向位移。

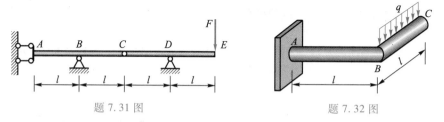

题 7.31 图　　　　　　　　　　题 7.32 图

7.33 如图所示折杆的横截面为圆形,直径为 d。已知材料弹性模量为 E,泊松比为 ν,$l = 0.8h$。试求在力偶矩 M 作用下,折杆自由端的线位移和角位移。

7.34 图示的曲拐是由三根长度为 l、直径为 d 的圆杆制成。其中,$\angle ABC$ 是竖直平面内的直角,$\angle BCD$ 是水平平面内的直角。材料的弹性模量 E 为已知,泊松比 $\nu = 0.25$。D 处有竖直向下的集中力 F 作用,求 D 处的竖向位移。

7.35 三根直径为 d、长度为 a 的圆杆制成如图所示的直角 Z 字形框架 $ABCD$ 并放置在水平平面内,A

端固定，D 端自由且有向下作用的集中力 F。已知圆杆材料的弹性模量为 E，泊松比为 ν，求 D 端的竖向位移。

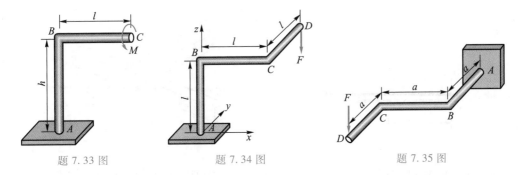

题 7.33 图　　　　　题 7.34 图　　　　　题 7.35 图

7.36　如图所示的 T 字形刚架由直径为 d、弹性模量为 E 的圆钢制成。刚架左右两端为铰，自由端作用有转矩 T。试求自由端 D 处的转角。

7.37　图示微弯悬臂梁 AB，重为 P 的物体在梁上移动。若使重物沿梁移动时总保持相同的水平高度，试求梁轴线的预弯曲线方程。梁的抗弯刚度 EI 为常数。

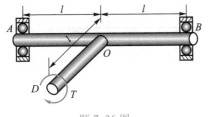

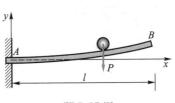

题 7.36 图　　　　　题 7.37 图

7.38　重为 P 的物体在抗弯刚度为 EI 的简支梁上移动，如果要使重物保持在一个水平线上，则梁轴线应预先制成什么样的曲线？

7.39　抗弯刚度为 EI 的悬臂梁的横截面带有凹槽并可放置重量为 P 的球体。要使球体放在梁的任意部位都不会沿轴向滚动，梁轴线应预先制成什么样的曲线？

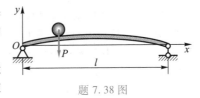

题 7.38 图

7.40　如图所示的悬臂梁长度为 $2a$，抗弯刚度为 EI。其自由端有一作用力 F，使得其自由端向下移动。此时，可在梁中点处装置一个千斤顶，拧动千斤顶手柄，便把梁往上顶。千斤顶吃上劲之后，顶端应上升多少才能使自由端保持在未加载时的水平位置上？

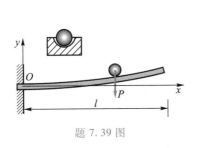

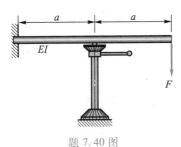

题 7.39 图　　　　　题 7.40 图

7.41　在图示结构中，已知横梁的抗弯刚度为 EI，竖杆的抗拉刚度为 EA。求竖杆的内力。

7.42 如图所示的两个长度均为 a 的简支梁在中点垂直交错,上梁底面与下梁上面刚好接触。上、下梁的抗弯刚度分别为 EI 和 $2EI$,中点处有作用力 F。求中点的挠度。

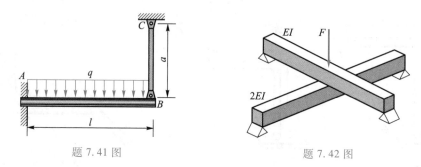

题 7.41 图   题 7.42 图

7.43 悬臂梁 AB 因强度和刚度不足,用同一材料和同样截面的短梁 $A'C'$ 进行加固,如图所示。试求:

(1) 两根梁接触处的压力;

(2) 加固后梁 AB 的最大弯矩和 B 点的挠度减小了百分之多少?

7.44 在如图所示的结构中,求 C 点处的挠度。

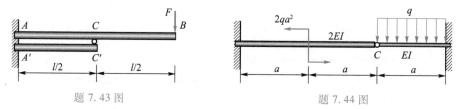

题 7.43 图   题 7.44 图

7.45 在如图所示的梁中,$F = 2\ \text{kN}$,$a = 500\ \text{mm}$。梁的横截面惯性矩 $I = 1.8 \times 10^5\ \text{mm}^4$,形心距上边沿 $y_1 = 22\ \text{mm}$,距下边沿 $y_2 = 42\ \text{mm}$。求横截面上的最大拉应力和最大压应力。

7.46 钢制工字形截面简支梁如图所示,横截面 $h = 400\ \text{mm}$,$I_z = 217 \times 10^6\ \text{mm}^4$。梁上承受均布荷载 $q = 24\ \text{kN/m}$,已知弹性模量 $E = 200\ \text{GPa}$。未加载时,梁中点 C 与活动铰间的间隙 $\delta = 15\ \text{mm}$。

(1) 求加载后各支座约束力;

(2) 画出弯矩图;

(3) 求梁中最大正应力。

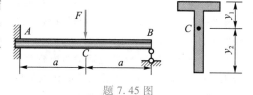

题 7.45 图

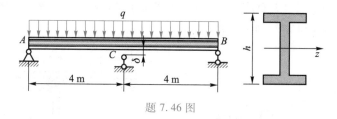

题 7.46 图

7.47 如图所示梁的横截面是直径为 d 的圆。梁的中点承受集中力 F,梁右端 C 处下方有一个刚度系数 $k = \dfrac{3EI}{a^3}$ 的弹簧,梁与弹簧之间有间隙 $\delta = \dfrac{Fa^3}{3EI}$,求梁的最大正应力。

7.48 图示结构中,左梁的抗弯刚度为 $2EI$,右梁的抗弯刚度为 EI,两梁之间在竖直方向上的间隙 $\Delta =$

$\dfrac{Fl^3}{3EI}$，求右梁自由端的挠度，并画出当荷载由零缓慢地加载至 F 时，力作用点处的竖向位移与荷载之间的关系图线。

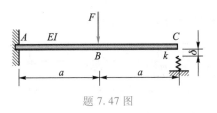

题 7.47 图

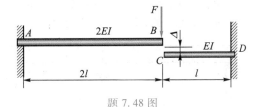

题 7.48 图

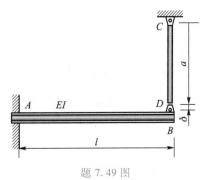

题 7.49 图

7.49　抗弯刚度为 EI 的悬臂梁自由端 B 处正上方有一拉杆 CD，但 D 端与 B 端间存在着一个微小的间隙 δ，现用一个向上的力 F 作用于 B 端使之与 D 端相连，力 F 应为多大？将 D 端与 B 端铰结起来，撤去外力 F，此时 CD 杆的轴力为多大？

7.50　体重 $P=450\ \mathrm{N}$ 的运动员静止于平衡木中点处。平衡木图示长度 $l=5.5\ \mathrm{m}$，截面惯性矩 $I=2.8\times10^{7}\ \mathrm{mm}^{4}$，材料弹性模量 $E=10\ \mathrm{GPa}$。求平衡木中的最大挠度。

7.51　求如图所示两端固支梁的最大挠度。

7.52　在固端梁上作用有均布荷载，如图所示。求在两固定端产生的弯矩 M_A 和 M_B。

7.53　图示结构中，三块宽度 $b=5\ \mathrm{mm}$、厚度 $\delta=1\ \mathrm{mm}$ 的钢片在圆周上等距排列，钢片弹性模量 $E=210\ \mathrm{GPa}$，钢片与外圈、内芯牢固焊接。已知 $d=20\ \mathrm{mm}$，$D=120\ \mathrm{mm}$。外圈的钢环与内芯均可认为是刚性的。外圈固定，在内芯中央有竖向集中力 F。若要内芯的竖向位移为 $1\ \mathrm{mm}$，F 应为多大？

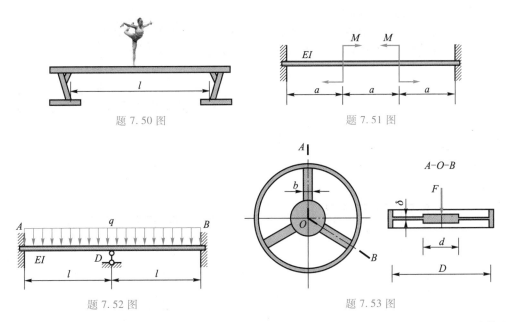

题 7.50 图　　　　　　　题 7.51 图

题 7.52 图　　　　　　　题 7.53 图

7.54　人们在搬运长块石料时，会在石料下方垫上两根圆木以便搬运，最开始如图（a）所示。这样垫圆木，常使石料断裂，于是人们改为如图（b）所示那样。这样做，情况自然要比图（a）好，但石料有时还是会断裂。于是又有人提议如图(c)所示的那样,垫上三根圆木。

(1) 在图(b)所示的情况下,石料一般会在什么截面断裂? 裂纹最初从该截面的什么位置出现?

(2) 图(c)所示的情况是否使图(b)的情况得到改善? 如果改善,改善的程度有多大? 图(c)中石料一般会在什么截面断裂? 裂纹最初从该截面的什么位置出现?

(3) 你能否设想一种更佳的方案,既比图(c)所示的情况更加安全,又能节省圆木?

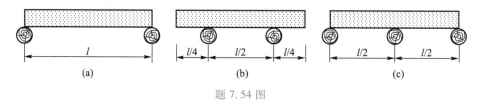

题 7.54 图

7.55 某景区的一座木梁桥被改造为钢梁桥。其主要的改造是将沿桥轴线的两根主梁由横截面为 $b \times b$ 的正方形木质梁改为宽为 $\frac{1}{2}b$、高为 b 的钢梁。显然这种改造提高了桥的强度和刚度。试半定量地评估经改造后的桥的承载能力和刚度各有什么样的变化。

7.56 图示结构中梁的抗弯刚度为 EI,求各支座的支座约束力,并画出剪力图、弯矩图。

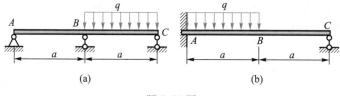

题 7.56 图

7.57 图示结构中的上下横梁均由 No.18 工字钢制成,竖杆由 $d = 20$ mm 的圆钢制成。材料的弹性模量均为 $E = 200$ GPa,荷载 $F = 30$ kN。试计算各构件横截面上的最大正应力,以及 C 截面的竖直位移。

7.58 已知如图所示刚架各梁的抗弯刚度 EI,画出其内力图。

7.59 图示平面刚架各部分的抗弯刚度均为 EI,右端 D 处的弹簧刚度系数为 k,求弹簧的受力。并讨论弹簧刚度系数为零,以及弹簧刚度系数为无穷大时 D 处的支座约束力。

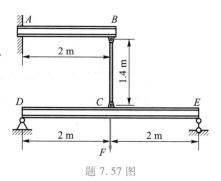

题 7.57 图

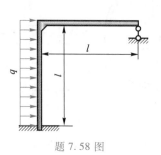

题 7.58 图

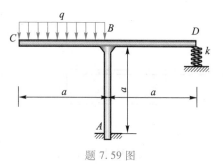

题 7.59 图

习 题 7（B）

7.60 图示结构的抗弯刚度均为 EI，用奇异函数方法求 B 截面的转角和 C 截面的挠度。

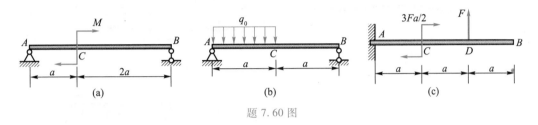

题 7.60 图

7.61 图示结构的 $q = 12\ \text{kN/m}$，材料弹性模量 $E = 200\ \text{GPa}$，$a = 5\ \text{m}$，横截面 $I = 1.18 \times 10^{8}\ \text{mm}^{4}$，用奇异函数方法求 C、D 截面的挠度。

7.62 如图所示抗弯刚度为 EI 的梁中，试用奇异函数方法求出 F 应为多大才能使 C 点的挠度为零。

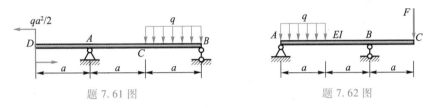

题 7.61 图   题 7.62 图

7.63 图示外伸梁抗弯刚度为 EI，两端有集中力 F 的作用。

（1）当 $x : l$ 为何值时，梁中点的挠度与自由端的挠度在数值上相等？

（2）当 $x : l$ 为何值时，梁中点的挠度最大？

7.64 如图所示，厚度为 δ 的薄钢带卡在一组间距为 a 的刚性圆柱之间，圆柱直径为 d。若钢带弹性模量为 E，试求钢带横截面上的最大正应力。

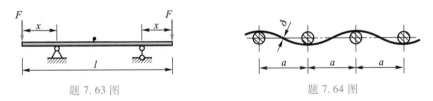

题 7.63 图   题 7.64 图

7.65 长度为 l、抗弯刚度为 EI 的梁两端固定，其左方固定端转动了一个微小的角度 θ，如图所示。求两端由此而产生的支座约束力。

7.66 如图所示结构中，梁的抗弯刚度为 EI，两个圆柱是刚性的。圆柱半径与梁长度的数量级相同，求力 F 作用之后，梁两端的转角 θ（结果保留二阶小量）。

7.67 图示梁的抗弯刚度为 EI，三处弹簧的刚度系数均为 k。求三个弹簧处的支座约束力。

7.68 判定图中在水平方向上移动的荷载处于什么位置对结构的强度最不利。

7.69 如图所示的弹性元件中，上面部分有三个厚度 $\delta = 2\ \text{mm}$，宽度 $b = 20\ \text{mm}$ 的薄钢片沿圆周等距排列，钢片的上方与刚性圆柱牢固焊接。结构的下面部分与上部完全对称，但三个钢片的位置与上面部分绕轴线错开 60°。上下两部分之间由一个刚性环相连，六个钢片均与刚性环铰接。图中尺寸为 $r = 40\ \text{mm}$，$c =$

120 mm，$h = 80$ mm。钢片的弹性模量 $E = 200$ GPa。若将这个弹性元件在竖直方向上视为一个弹簧，求其弹簧刚度系数。

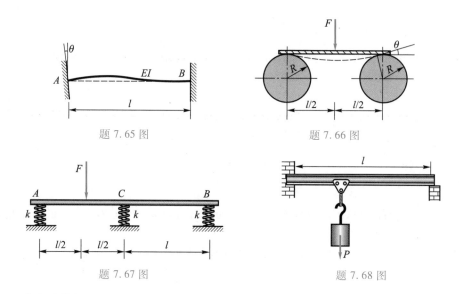

题 7.65 图　　　　　　　　　　　题 7.66 图

题 7.67 图　　　　　　　　　　　题 7.68 图

7.70 框架由横截面是边长为 b 的正方形钢条构成，材料弹性模量为 E，求横截面上的最大正应力。

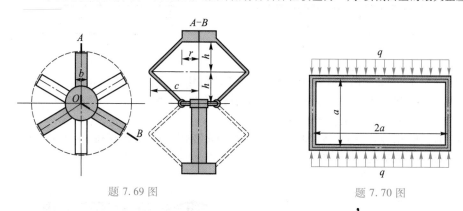

题 7.69 图　　　　　　　　　　　题 7.70 图

7.71 如图所示的简支梁中，BC 段为刚体。求梁中的最大挠度和 A、B 两截面的转角。

7.72 如图所示的简支梁是由两段长度相等但抗弯刚度不同的梁在中点固结而成的，已知最大挠度产生在中截面 C 处。试求 AC 和 CB 两段梁抗弯刚度之比。

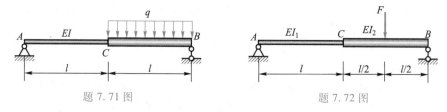

题 7.71 图　　　　　　　　　　　题 7.72 图

7.73 图示简支梁中，AG 和 HB 段的抗弯刚度均为 EI，而 GH 段为刚体。梁中点 C 处有一集中力偶矩作用。试求使 C 处产生单位转角所需的力偶矩 M 之值。

7.74 如图所示，无限长的梁放置在刚性平台上，但有长度为 a 的区段位于平台之外。梁单位长度重

量为 q，梁的抗弯刚度为 EI，求 C 处的挠度。

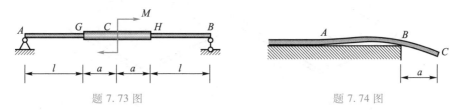

题 7.73 图   题 7.74 图

7.75 图示承受均布荷载的梁中，AB、CD 区段的抗弯刚度为 EI，BC 区段的抗弯刚度为 $2EI$，梁的下方有刚性平台，其间隙为 δ。

（1）若 AD 中点刚好与平台接触，δ 为多大？

（2）若 BC 区段刚好与平台接触，δ 为多大？

7.76 如图所示，抗弯刚度为 EI、单位长度重量为 q 的长梁放置在刚性平台上。有一力 F 将梁向上提起，求提起的高度 Δ。

题 7.75 图   题 7.76 图

7.77 图示结构中，横梁的抗弯刚度为 EI，中点处的弹簧刚度系数应为多大，才能使梁中弯矩峰值尽可能地小？

7.78 画出图示结构的剪力图、弯矩图。

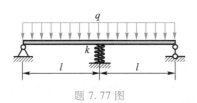 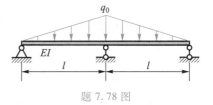

题 7.77 图   题 7.78 图

7.79 如图所示，矩形截面部分 DC 的抗弯刚度为 EI_0。圆轴部分 AB 总长为 $2a$，抗弯刚度 $EI = \dfrac{15}{4}EI_0$，抗扭刚度 $GI_p = 3EI_0$。圆轴 B 端固定，A 端支承的滚珠轴承可视为铰。同时 A 端处有一个阻止圆轴转动的螺旋弹簧，其刚度系数 $\beta = \dfrac{6EI_0}{a}$。未加荷载时曲拐处于水平面上。求加力 F 后 D 截面的竖向位移。

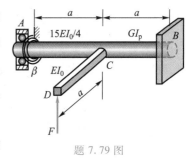

题 7.79 图

7.80 直径 $d = 20$ mm 的圆杆总长度为 $8a$，其中 $a = 300$ mm，该圆杆制成了如图所示的正方形平面框架并水平放置。框架在 D 处有一个缺口，缺口两侧有一对 $F = 100$ N 的力沿相反方向作用。当力 F 沿竖直方向作用时，缺口张开了 $\delta_1 = 98$ mm。当力 F 的作用线位于框架平面内，且垂直于缺口所在区段的轴线时，缺口张开了 $\delta_2 = 23$ mm。不考虑剪力和轴力对变形的影响，试求圆杆材料的弹性模量 E 和泊松比 ν。

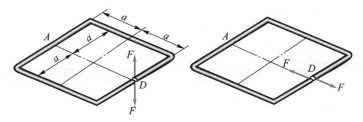

题 7.80 图

7.81 弹性模量为 E、泊松比 $\nu=0.25$、直径为 d、总长为 $8a$ 的圆钢被制成正方形平面封闭框架 $BDFH$ 并置于水平平面内,HB 边和 FD 边中点 A 和 E 处各穿过一个内径为 d、内壁光滑的套筒,套筒位置固定。套筒的长度与 a 相比很小而可以忽略不计,但套筒对于杆件变形的约束不可忽略。在 BD 边和 FH 边中点 C 和 G 各有一竖直方向上的力 F_1 和力 F_2 的作用。试求:

(1) 当 $F_2=F_1$ 时 C 点的竖向位移;

(2) 当 $F_2=-F_1$(即方向相反)时 C 点和 G 点的相对位移;

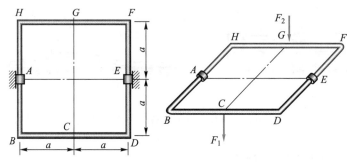

题 7.81 图

(3)当 $F_2=0$ 时 C 点和 G 点的相对位移。

7.82 图中刚架自由端产生的位移与其作用力 F 的方向相同,求 α 的值。

7.83 一条厚度 $b=20$ mm 的长条金属带放在长 $l=1$ m 的刚性平台上,且两端伸出相同长度 a。在金属带的两个端头加上相等的力 F,使得金属带中部凸起,如图所示。为了测量中间处凸起的高度 δ,可在金属带上表面沿轴向贴一个应变片。

(1) 若应变片的读数 $\varepsilon=400\times10^{-6}$,凸起的最大高度 δ 为多少?

(2) 如果沿轴向的应变片并未如图示那样刚好贴在金属条的中点处,而是往左或往右偏离,那么,会对计算结果的准确性产生影响吗?为什么?

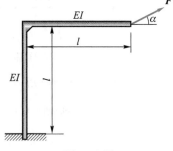

题 7.82 图

7.84 图示抗弯刚度为 EI、长度为 $2a$ 的梁具有关于中点对称的初始曲率。它放置在刚性平台上,且两端抬起的高度均为 δ。在两端作用以力 F,将其全长与平台接触。如果此时全梁上受到的平台的反作用力为均布荷载,

(1) 求初始时的挠度曲线方程;

(2) 求 δ。

7.85 求图示两端固定梁的中截面 C 处的挠度。

7.86 图示梁的材料的弹性模量 $E=50$ GPa,$I=2.8\times10^5$ mm^4,$a=300$ mm,$q=5$ kN/m,求 A 端的挠度。

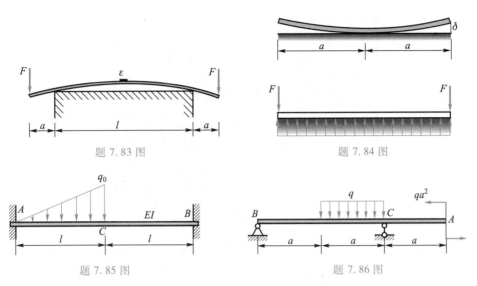

题 7.83 图

题 7.84 图

题 7.85 图

题 7.86 图

7.87　图示长为 l 的梁 AB 的抗弯刚度为 EI，在 B 处受集中力 F 作用，A 为固定铰支座，该处有刚度系数 $\beta = \dfrac{6EI}{l}$ 的螺旋弹簧。B 处为定向约束（不能转动，没有水平位移）。若要求该梁的最大挠度不超过跨度的三百分之一，问荷载 F 的值不能超过多少？

7.88　图示重量为 P 的钢球与 BC 间的静摩擦因数为 μ，钢架 AB 与 BC 的抗弯刚度均为 EI，求使钢球沿 BC 滚动的最小距离 a。

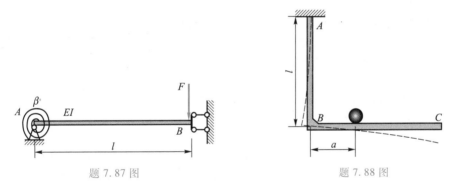

题 7.87 图

题 7.88 图

7.89　某公司的标志如图所示，它是由一个正方形框架和四根长度相等、直径均为 d 的圆杆制成。制作方法如下：先加工出正方形框架，框架横截面是边长 $b = 80$ mm 的正方形，内框尺寸 $3a = 900$ mm，然后在图示位置钻出四个内径为 d 的圆孔。四根圆杆与方框材料相同，均为某种塑性金属材料。四根圆杆的长度均为 $2a + b + \dfrac{d}{2}$。四根圆杆都从外部沿圆孔方向向方框内插入，当遇到邻近圆杆的阻碍时，可轻轻用手将圆杆抬起或压下，以便于结构装卡到位。在已装卡好的结构中，记各杆横截面上的最大弯曲正应力为 σ_0。由于需要，这个结构要能多次装配和拆卸，在装配和拆卸的过程中出现的最大应力不超过 σ_0 的 1.5 倍。若要使拆卸后各杆不存在残余应力和残余应变，圆杆的直径 d 应满足何种要求？已知材料的弹性模量 $E = 40$ GPa，屈服极限 $\sigma_s = 256$ MPa，不考虑弯曲切应力的影响。

7.90　如图所示，悬臂梁右端恰好与具有小倾角 θ 的刚性光滑平面接触。已知梁的横截面面积为 A，线胀系数为 α_l，试求当梁的温度均匀升高 T 时梁中的最大弯矩。

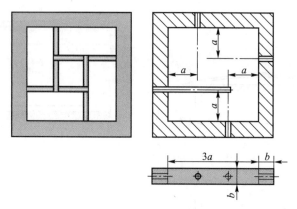

题 7.89 图

7.91　横截面高度为 h、面积为 A、惯性矩为 I 的梁安装于两刚性壁之间。安装时梁内无应力。安装后梁的温度升高,上沿升高了 T_1,下沿升高了 T_2,且 $T_2 > T_1$,温度沿梁高度线性分布。材料的弹性模量为 E,线胀系数为 α_l。求梁端部的约束力和约束力偶矩。

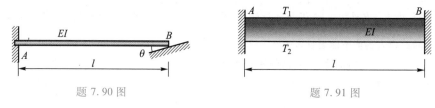

<table>
<tr><td style="text-align:center">题 7.90 图</td><td style="text-align:center">题 7.91 图</td></tr>
</table>

7.92　双金属控温片的横截面均为宽度为 b、高度为 h 的矩形。上下两片牢固粘合,其弹性模量和线胀系数分别为 E_1、α_{l1} 和 E_2、α_{l2},且 $\alpha_{l2} > \alpha_{l1}$。求当温度升高 T 时自由端 B 处的挠度。

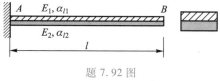

题 7.92 图

7.93　由钢和铝制成的层合梁截面尺寸如图所示。其中 $l = 0.8\text{ m}$,$F = 30\text{ kN}$。两种材料的弹性模量分别为 $E_{St} = 210\text{ GPa}$ 和 $E_{Al} = 70\text{ GPa}$。求横截面上两种材料的最大正应力。

7.94　两根直径为 d、长度为 l 的圆杆 CE 和 DF 的 E、F 端固定,另一端 C 和 D 均分别扭转 φ_0 角后与暂时固定的刚性板 AB 焊接。焊接后先将 A 端与一固定铰相连,然后将 B 端放松使之成为自由端。已知圆杆弹性模量为 E、切变模量为 G,试求 B 端位移。

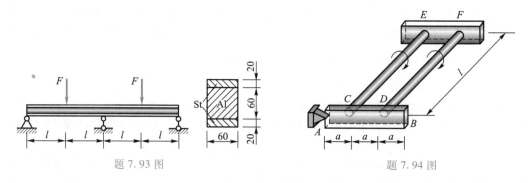

<table>
<tr><td style="text-align:center">题 7.93 图</td><td style="text-align:center">题 7.94 图</td></tr>
</table>

7.95　长度为 l、抗弯刚度为 EI 的梁左端固定,右端铰支。为提高结构承受均布荷载 q 的能力,可通过

移动铰支座的位置来实现。一种方法是向上移一点，如图（a）所示。另一种方法是向左移动一段距离，如图（b）所示。

（1）试求两种方法中各自移动量的最佳值；

（2）定量地分析哪一种方法效果更显著。

7.96　在如图所示的结构中，具有不变长度 l 的悬臂梁 AB 的自由端 A 处承受竖向集中力 F，但梁的强度不足。因此在其下方增加一个副梁 DC 以增加主梁 AB 的强度。两个梁的材料及横截面均相同。由于某种原因，不能将两个梁光滑的接触面做任何粘合或增加摩擦。

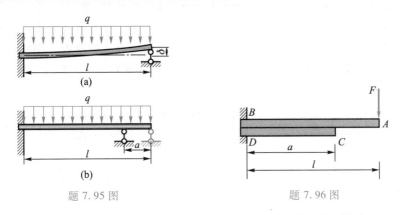

题 7.95 图　　　　　　　　　题 7.96 图

（1）不考虑剪力的影响，主梁是如何将荷载传递到副梁上的？试定量地予以说明。

（2）如果简单地认为增强措施的费用与副梁 DC 的长度 a 成正比，那么 a 应取多大才能使增强措施的性价比最高？

7.97　在本章中的挠度曲线方程是在没有考虑剪力的前提下得到的。事实上，在有剪力的情况下，平截面假设就不再成立了，因为横截面有了翘曲。但这种翘曲对于细长的实体截面梁来讲一般是很小的，其误差在常见的工程问题中是可以接受的。与此同时，横截面剪力也会对挠度曲线产生影响。下面就这一问题进行讨论。

（1）在梁中取一个微元长度 $\mathrm{d}x$，如图所示。记横截面剪力为 F_{s}，则中性层处的最大切应力导致了梁轴线有了一个偏转角 γ，从而导致了该区段内挠度有了一个增量 $\mathrm{d}w_\tau$。试利用剪切胡克定律写出 γ 的表达式，进一步写出 $\mathrm{d}w_\tau$ 的表达式。

（2）同时考虑弯矩和剪力的影响，写出挠度曲线方程。

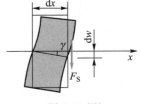

题 7.97 图

（3）利用上题的结论，用积分法写出长度为 l、截面宽度为 b、高度为 h 的悬臂梁的挠度曲线方程，该梁承受均布荷载 q，且左端固定。利用所得到的挠度曲线方程求出最大挠度。

（4）若材料泊松比 $\nu = 0.3$，试在 $\dfrac{l}{h} = 5$ 和 $\dfrac{l}{h} = 10$ 两种情况下算出梁的最大挠度中剪力和弯矩所引起的挠度之比。

第8章 应力与应变状态分析

　　观察拉伸杆侧面上的一个微小的圆形,可以看到,在变形过程中,它从一个微圆变成了一个微椭圆,如图 8.1(a) 所示。在扭转圆轴的侧面上观察一个微圆,为了看清它的变形,不妨作两条母线(水平线)和两个横截面圆周(竖直线)与它相切,使微圆成为四条线的内切圆,如图 8.1(b) 所示。圆轴扭转变形后,微圆的四条切线中,两条横截面圆周仍然是两条竖直线,但两条母线由水平变为倾斜。由此可以推断,微圆变成了微椭圆。同样,在图 8.1(c) 所示的梁弯曲中,中性层以上和中性层以下的微圆也都分别变成了微椭圆。

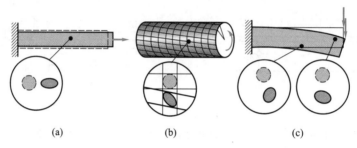

(a)　　　　　　　(b)　　　　　　　(c)

图 8.1　微圆的变形

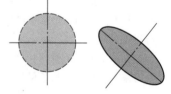

图 8.2　微圆变为微椭圆

　　由此可以推断,在各类变形中,除去可能存在的局部刚体的平移和旋转,可以看到的基本事实是:微圆的变形结果总是微椭圆,如图 8.2 所示。由于微圆足够小,可以认为它自身的变形是均匀的,它的变形就可以代表圆心处的变形。

　　那么,从这个变形可以看出哪些特点呢? 第一,它存在着一个最大线应变和一个最小线应变,称这种最大与最小的应变为主应变,同时称这两个应变的方向为主方向。第二,这两个方向,即两个主方向是相互垂直的。

　　再考虑切应变的问题。切应变是直角的变化量,在图 8.3 中,就分别画出了不同方位的直角及其变形的结果。从这些图中可以看出,由于两个主方向之间所夹的直角在变形过程中没有改变,如图 8.3(a) 所示,因此可以说,主方向上的切应变为零。比较图 8.3(a)、(b)、(c) 三个图可以看出,与主方向成 45° 方位上的切应变最大。

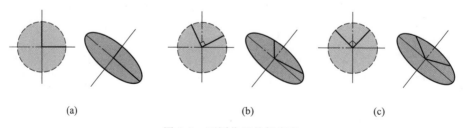

(a)　　　　　　　　(b)　　　　　　　　(c)

图 8.3　不同位置的切应变

对于各向同性线弹性体,可以想象,线应变最大的方向上一定有最大的正应力,切应变最大的方位上有最大的切应力。这样,可以推测出关于应力的一系列相关结论:存在着最大正应力和最小正应力的方向,这两个方向相互垂直,称这两个方向为应力主方向。应力主方向上的切应力为零。存在着最大的切应力,其方位与应力主方向相差45°。

以上仅是就变形的一种形象的认识,上述结论还需要逻辑证明。同时,由此而产生的进一步问题是:对于构件中的某一点而言,主应力的方位如何确定？ 主应力的大小是多少？ 应力和应变之间的关系如何表示？ 这些问题,都将在本章中解决。

8.1　应力状态分析

到目前为止,本书所给出的应力概念是应力矢量,它是物体内部某个指定点在指定方位微元面上作用力的集度,其定义式已由式(3.1)给出,即

$$p = \lim_{\Delta A \to 0} \frac{\Delta F}{\Delta A},$$

式中,ΔF 是作用在微元面 ΔA 上的力。应力矢量在微元面 ΔA 的法线方向上的分量 σ 称为法向应力(或正应力),在 ΔA 的切面上的分量 τ 称为切向应力(或切应力)。

8.1.1　应力状态矩阵

易于看出,对于物体中任意指定的 K 点而言,应力矢量的大小和方向与过该点的微元面 ΔA 的方位有关。显然,过 K 点可以做无穷多个微元面,因而得到无穷多个应力矢量。所有这些应力矢量的集合,称为 K 点的应力状态。对于应力状态,人们经常采用单元体的研究方法,即想象将 K 点"放大"为一个立方体。人们规定,单元体的一对表面表示过 K 点的同一方位上微元面的两个侧面。这样,这一对表面上的应力矢量体现了变形体内部过 K 点的微元面所隔开的两部分介质之间的作用力和反作用力,因而总是大小相等而方向相反的。因此,从这一意义上来说,单元体是没有长度、宽度和高度的,它是人们理解应力状态的工具。

一般地,取单元体的六个面分别平行于坐标面。在法线方向与 x 轴正向重合的表面上,应力矢量在 x 轴方向上的分量显然就是这个表面上的法向应力,记为 σ_x,应力矢量在 y 轴方向和 z 轴方向上的分量都是这个表面上的切向应力,分别记为 τ_{xy} 和 τ_{xz},其中第一个脚标表示该微元面的法线方向,第二个脚标表示该切应力的实际指向。依此类推,可以得到法线方向与其他两轴正向重合的两个表面上的应力分量,如图 8.4 所示,从而得到以下的应力分量的集合:

$$T = \begin{bmatrix} \sigma_x & \tau_{xy} & \tau_{xz} \\ \tau_{yx} & \sigma_y & \tau_{yz} \\ \tau_{zx} & \tau_{zy} & \sigma_z \end{bmatrix}。 \qquad (8.1)$$

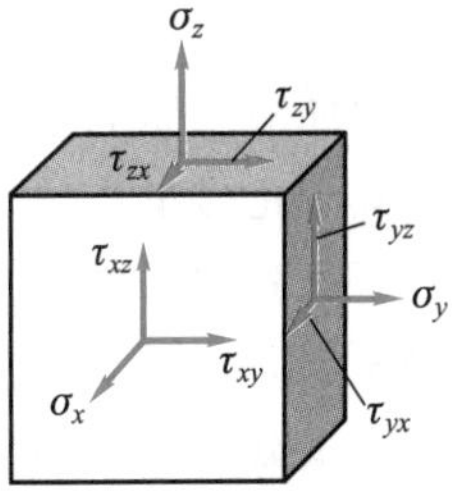

图 8.4　一点处的应力状态

上述矩阵称为应力状态矩阵(stress-state matrix)。

研究应力状态矩阵的意义在于,某点的应力状态矩阵是该点应

力状态的完备描述。虽然过这个点的微元面有无穷多个,但是它们不是杂乱无章的。从
4.1.2 节可以看出,受拉杆件斜截面上的应力尽管随方位的不同而不同,却是按照一定规律
变化的。在下一节将说明,在最一般的三维情况下,一旦式(8.1)所表示的应力状态矩阵已
经确定,那么,过该点的任意方位的微元面上的应力矢量便都可以确定下来。因此,要完整
全面地掌握某点处的应力状态,只需掌握该点的应力状态矩阵即可。

对于应力状态矩阵的每个分量,作如下的符号规定:在单元体中外法线方向与坐标轴正
向相同的面上,沿坐标轴正向的应力分量为正,沿坐标轴反向的应力分量为负;在单元体中
外法线方向与坐标轴正向相反的面上,沿坐标轴反向的应力分量为正,沿坐标轴正向的应力
分量为负。按这种规定,易于看出,对于法向应力而言,拉应力为正,压应力为负。在图 8.5
中,标出了三个面上的符号为正和符号为负的各应力分量的具体指向。

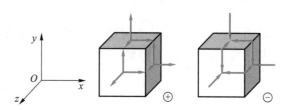

图 8.5 单元体正面上应力的符号

由 3.1.2 节所表述的切应力互等定理可知,在式(8.1)的应力状态矩阵中,

$$\tau_{xy} = \tau_{yx}, \quad \tau_{yz} = \tau_{zy}, \quad \tau_{zx} = \tau_{xz}。 \tag{8.2}$$

因此,应力状态矩阵 T 是一个对称矩阵。也就是说,一般的应力状态中,只有六个独立的应
力分量。

在某些情况下,某指定点处存在着一对表面上的应力矢量为零的单元体,称该点处于**双
向应力状态**(two-dimensional stress state)。对于双向应力状态,可以将单元体更简单地画为
正方形,如图 8.6 所示。不失一般性,下面总是把单元体中法线
方向沿 z 轴的那一对表面确认为无应力作用。在这种情况下,法
线方向沿 x 轴方向的表面上法向应力为 σ_x,切向应力只有 τ_{xy};法
线方向沿 y 轴方向的表面上法向应力为 σ_y,切向应力只有 τ_{yx},且
$\tau_{xy} = \tau_{yx}$。因此,在双向应力状态中,独立的应力分量只有 σ_x、σ_y
和 τ_{xy},应力状态矩阵可写为

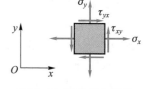

图 8.6 双向应力状态

$$T = \begin{bmatrix} \sigma_x & \tau_{xy} \\ \tau_{yx} & \sigma_y \end{bmatrix}。 \tag{8.3}$$

双向应力状态中应力正负号的规定与前述三向应力正负号规定相同,图 8.7 中分别标
出了具有正号的应力分量和具有负号的应力分量的具体指向。

下面考虑杆件拉压、扭转和弯曲情况下的应力状态矩阵。在如下的讨论中,杆件轴向总
取为 x 方向,单元体的左右表面的方位总是沿着横截面的。

在横截面面积为 A 的直杆的拉伸中,两端所受轴线上的拉力为 F,在杆内任一点处取一
个单元体,使单元体的两个相邻侧面分别平行于轴向和横截面方向,这样,单元体上只有一
对侧面上有正应力,而且无切应力作用。单元体应力如图 8.8 所示,其应力状态矩阵

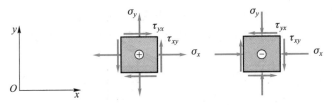

图 8.7　双向应力的正负规定

$$T = \begin{bmatrix} \sigma & 0 \\ 0 & 0 \end{bmatrix}, \tag{8.4}$$

式中，$\sigma = \dfrac{F}{A}$。这种应力状态是最简单的一类。一般地，矩阵形如式(8.4)的应力状态称为单向应力状态(one-dimensional stress state)。

在两端承受大小为 M 的扭矩作用且直径为 d 的实心圆轴中，如果在轴表面取单元体，并使单元体左右侧面平行于横截面，那么，单元体的应力便如图 8.9 所示，其应力状态矩阵

$$T = \begin{bmatrix} 0 & \tau \\ \tau & 0 \end{bmatrix}, \tag{8.5}$$

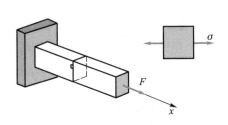

图 8.8　单向应力状态

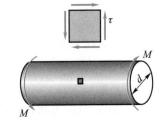

图 8.9　圆轴扭转

式中，$\tau = \dfrac{16M}{\pi d^3}$。这类单元体上没有正应力只有切应力的应力状态称为纯剪状态。一般的纯剪状态的应力状态矩阵的形式与式(8.5)相同。

对于横截面是高为 h、宽为 b 的矩形的梁，某横截面上的弯矩为 M，剪力为 F_s，且两者均为正值(图 8.10)。如果单元体取在横截面上沿 A 处，那么其正应力 $\sigma = -\dfrac{6M}{bh^2}$(压)，而切应力为零，应力状态矩阵为

$$T = \begin{bmatrix} \sigma & 0 \\ 0 & 0 \end{bmatrix}。$$

这是一个单向应力状态。

如果单元体取在中性层 B 处，那么其正应力为零，切应力 $\tau = \dfrac{3F_s}{2bh}$，且方向与剪力方向相同。这样，该单元体处于纯剪状态，其应力状态矩阵

$$T = \begin{bmatrix} 0 & -\tau \\ -\tau & 0 \end{bmatrix}。$$

式中的切应力取负号,是因为单元体右侧面的法线方向沿 x 轴正向,而这个面上的切应力方向与 y 轴正向相反。注意此处切应力正负号规定与剪力正负号规定之间的差别。

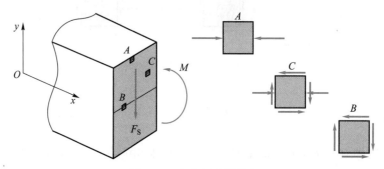

图 8.10 弯曲梁的横截面

如果在中性轴上方坐标为 y 处的 C 处取单元体,那么这个单元体上既有正应力又有切应力,其正应力 $\sigma' = -\dfrac{12M}{bh^3}y$(压),切应力 $\tau' = \dfrac{3F_s}{2bh}\left[1 - \left(\dfrac{2y}{h}\right)^2\right]$,方向与剪力方向相同。考虑到坐标轴的取向,便可得应力状态矩阵

$$T = \begin{bmatrix} \sigma' & -\tau' \\ -\tau' & 0 \end{bmatrix}。$$

A、B、C 三个单元体如图 8.10 所示,注意各个单元体的右侧面对应于左图的横截面。

8.1.2 斜截面上的应力

本节将说明,在双向应力状态中,怎样用应力状态矩阵式(8.3)来表示过该点的任意斜截面上的应力。一般地,人们总是用微元面 ΔA 上的法线方向单位矢量 $\boldsymbol{n}$ 来表征 ΔA 的方位。在双向应力状态中,法线方向单位矢量

$$\boldsymbol{n} = \begin{bmatrix} n_x \\ n_y \end{bmatrix} = \begin{bmatrix} \cos\alpha \\ \sin\alpha \end{bmatrix}, \tag{8.6}$$

式中,α 是 x 轴正向沿逆时针方向旋转至 $\boldsymbol{n}$ 的角度,如图 8.11 所示。

在本书中约定:用小写粗斜体字母表示矢量分量排成的列向量。

在所考虑的 K 点的附近取如图 8.12(a)所示的微元楔形体为研究对象,它的两个直角面分别平行于 x 轴和 y 轴,而斜面则是任意指定的,其法线方向为 n。记斜面的面积为 ΔA,那么两个直角面的面积则分别为 $n_x\Delta A$ 和 $n_y\Delta A$。在两个直角面上,分别

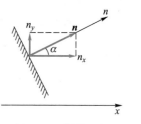

图 8.11 斜截面的
法线方向

有相应的应力分量,如图中所标注的那样。根据力平衡条件,如图 8.12(b)所示,斜面上的应力矢量 $\boldsymbol{p}$ 的两个分量 p_x 和 p_y 应满足如下的方程:

$$\begin{cases} p_x\Delta A = \sigma_x n_x\Delta A + \tau_{yx}n_y\Delta A \\ p_y\Delta A = \sigma_y n_y\Delta A + \tau_{xy}n_x\Delta A \end{cases}。$$

当微元楔形体的三个表面保持原有方位向 K 点逼近时,三个表面上的应力便趋近于 K 点处沿不同方位的三个截面上的应力了。由上式即可得

$$(p_x \quad p_y)=(n_x \quad n_y)\begin{bmatrix} \sigma_x & \tau_{xy} \\ \tau_{yx} & \sigma_y \end{bmatrix} \quad 或 \quad \pmb{p}^{\mathrm{T}}=\pmb{n}^{\mathrm{T}}\pmb{T}。 \tag{8.7}$$

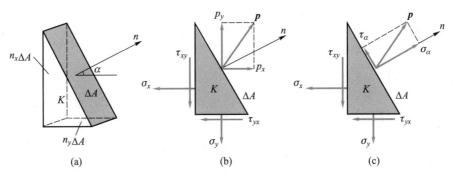

(a)　　　　　　　　(b)　　　　　　　　(c)

图 8.12　楔形体上的应力

下面进一步将应力矢量 $\pmb{p}$ 分解为法向应力和切向应力,如图 8.12(c)所示。

根据解析几何的知识,一个矢量 $\pmb{a}$ 在另一个单位矢量方向 $\pmb{n}$ 上的投影 a_n 可表示为

$$a_n=a_x n_x+a_y n_y=(a_x \quad a_y)\begin{bmatrix} n_x \\ n_y \end{bmatrix},$$

上式可改写为矩阵式

$$a_n=\pmb{a}^{\mathrm{T}}\pmb{n}。$$

上式可表述为:一个矢量 $\pmb{a}$ 在另一个单位矢量方向 $\pmb{n}$ 上的投影 a_n,等于 $\pmb{a}$ 和 $\pmb{n}$ 的内积。

这样,如果要求出应力矢量 $\pmb{p}$ 的法向应力分量(用 σ_α 表示),只需将矢量 $\pmb{p}$ 与法向单位矢量 $\pmb{n}$ 作内积就可以了。因此,有

$$\sigma_\alpha=\pmb{p}^{\mathrm{T}}\pmb{n}=\pmb{n}^{\mathrm{T}}\pmb{T}\pmb{n}, \tag{8.8a}$$

即

$$\sigma_\alpha=(n_x \quad n_y)\begin{bmatrix} \sigma_x & \tau_{xy} \\ \tau_{yx} & \sigma_y \end{bmatrix}\begin{bmatrix} n_x \\ n_y \end{bmatrix}。 \tag{8.8b}$$

将上式展开,把 n_x 和 n_y 分别用 $\cos\alpha$ 和 $\sin\alpha$ 替换,可得

$$\sigma_\alpha=\sigma_x\cos^2\alpha+2\tau_{xy}\cos\alpha\sin\alpha+\sigma_y\sin^2\alpha,$$

再利用三角公式,即可得

$$\sigma_\alpha=\frac{1}{2}(\sigma_x+\sigma_y)+\frac{1}{2}(\sigma_x-\sigma_y)\cos 2\alpha+\tau_{xy}\sin 2\alpha。 \quad (8.8c)$$

求应力矢量 $\pmb{p}$ 在切线方向上的分量时,可记法线方向 $\pmb{n}$ 沿逆时针方向旋转 $\dfrac{\pi}{2}$ 为切线正方向,并记其单位矢量为 $\pmb{t}$(图 8.13)。则有

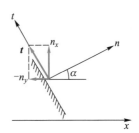

图 8.13　切线方向

$$t = \begin{bmatrix} t_x \\ t_y \end{bmatrix} = \begin{bmatrix} -n_y \\ n_x \end{bmatrix} = \begin{bmatrix} -\sin\alpha \\ \cos\alpha \end{bmatrix}。 \tag{8.9}$$

记应力矢量 $\boldsymbol{p}$ 在 t 方向上的分量为 τ_α,则有

$$\tau_\alpha = \boldsymbol{p}^{\mathrm{T}} \boldsymbol{t} = \boldsymbol{n}^{\mathrm{T}} \boldsymbol{T} \boldsymbol{t}, \tag{8.10a}$$

即

$$\tau_\alpha = \begin{pmatrix} n_x & n_y \end{pmatrix} \begin{bmatrix} \sigma_x & \tau_{xy} \\ \tau_{yx} & \sigma_y \end{bmatrix} \begin{bmatrix} -n_y \\ n_x \end{bmatrix}。 \tag{8.10b}$$

将上式展开即可得

$$\tau_\alpha = -\sigma_x \cos\alpha \sin\alpha + \tau_{xy}(\cos^2\alpha - \sin^2\alpha) + \sigma_y \cos\alpha \sin\alpha,$$

再次应用三角公式即可得

$$\tau_\alpha = -\frac{1}{2}(\sigma_x - \sigma_y)\sin 2\alpha + \tau_{xy}\cos 2\alpha。 \tag{8.10c}$$

不言而喻,按上式计算出的 τ_α 值大于(小于)零,则表明该切应力实际方向与图 8.13 所示 t 方向相同(相反)。

例 8.1 讨论横截面面积为 A 的等截面杆承受轴向拉伸时斜截面上的应力(图 8.14)。

解:根据式(8.4),杆中各点的应力状态矩阵可写为

$$\begin{bmatrix} \sigma_x & 0 \\ 0 & 0 \end{bmatrix},$$

式中,$\sigma_x = \dfrac{F}{A}$。

过这一点作一斜截面,其法线方向与 x 轴正向的夹角为 α,那么,由式(8.8)和式(8.10)可得斜截面上的正应力和切应力分别为

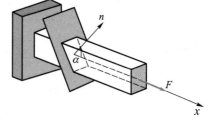

图 8.14 拉压杆斜截面
上的应力

$$\sigma_\alpha = \frac{F}{2A}(1 + \cos 2\alpha), \qquad \tau_\alpha = -\frac{F}{2A}\sin 2\alpha。$$

例 8.2 矩形截面梁某横截面上的剪力为 8 kN,弯矩为 0.9 kN·m,横截面尺寸如图 8.15(a)所示,过截面上 A 点处有一个微元斜截面,其法线方向与 xy 平面平行并与 x 轴正向成 $\dfrac{\pi}{3}$ 的夹角,求该微元斜截面上的正应力与切应力。图中应力单位为 MPa。

解:首先考虑 A 点处的应力状态矩阵,易得该横截面对 z 轴的惯性矩

$$I_z = \frac{1}{12}bh^3 = \frac{1}{12} \times 40 \times 60^3 \text{ mm}^4 = 7.2 \times 10^5 \text{ mm}^4。$$

在横截面上 A 点处的正应力

$$\sigma = -\frac{My}{I_z} = -\frac{0.9 \times 10^6 \times 15}{7.2 \times 10^5} \text{ MPa} = -18.75 \text{ MPa(压)}。$$

切应力

$$\tau = \frac{3F_s}{2bh}\left(1 - \frac{4y^2}{h^2}\right)$$

$$= \frac{3 \times 8\,000}{2 \times 40 \times 60} \times \left(1 - \frac{4 \times 15^2}{60^2}\right) \text{ MPa} = 3.75 \text{ MPa(向下)}。$$

因此,在图示的坐标系下,A 点的应力状态矩阵为

$$\begin{bmatrix} \sigma_x & \tau_{xy} \\ \tau_{yx} & \sigma_y \end{bmatrix} = \begin{bmatrix} -18.75 & -3.75 \\ -3.75 & 0 \end{bmatrix} \text{MPa}。$$

其单元体图如图 8.15(b)所示。

再考虑过 A 点的斜截面,如图 8.15(c)所示,可得

$$\sigma_{\frac{\pi}{3}} = \frac{1}{2}(\sigma_x + \sigma_y) + \frac{1}{2}(\sigma_x - \sigma_y)\cos\frac{2\pi}{3} + \tau_{xy}\sin\frac{2\pi}{3}$$

$$= \frac{1}{2} \times (-18.75)\ \text{MPa} + \frac{1}{2} \times (-18.75) \times \left(-\frac{1}{2}\right)\ \text{MPa} + (-3.75) \times \frac{1}{2}\sqrt{3}\ \text{MPa}$$

$$= -7.9\ \text{MPa},$$

$$\tau_{\frac{\pi}{3}} = -\frac{1}{2}(\sigma_x - \sigma_y)\sin\frac{2\pi}{3} + \tau_{xy}\cos\frac{2\pi}{3}$$

$$= -\frac{1}{2} \times (-18.75) \times \frac{1}{2}\sqrt{3}\ \text{MPa} + (-3.75) \times \left(-\frac{1}{2}\right)\ \text{MPa}$$

$$= 10.0\ \text{MPa}。$$

A 点的斜截面上的正应力和切应力如图 8.15(d)所示。

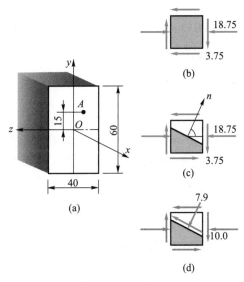

图 8.15　矩形截面

例 8.3　图 8.16(a)所示为物体中过某点处两个微元截面上的应力(单位:MPa)。求图中的切应力 τ。

解:根据图形的特点,可建立如图 8.16(b)所示的坐标系。在这个坐标系中,应力状态矩阵

$$T = \begin{bmatrix} \sigma_x & 45\ \text{MPa} \\ 45\ \text{MPa} & 15\ \text{MPa} \end{bmatrix}。$$

在这个坐标系中,右方截面成为斜截面,其法线方向与 x 轴正向的夹角为 $\frac{\pi}{3}$,而这个斜截面上的正应力为已知的 55 MPa。由此便可以求出应力状态矩阵中的未知元素 σ_x,即

$$\sigma_{\frac{\pi}{3}} = \frac{1}{2}(\sigma_x + \sigma_y) + \frac{1}{2}(\sigma_x - \sigma_y)\cos\frac{2\pi}{3} + \tau_{xy}\sin\frac{2\pi}{3},$$

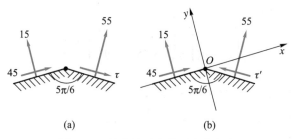

图 8.16 某点处两个截面上的应力

代入数据得

$$55\text{ MPa}=\frac{1}{2}(\sigma_x+15\text{ MPa})+\frac{1}{2}(\sigma_x-15\text{ MPa})\times\left(-\frac{1}{2}\right)+45\text{ MPa}\times\left(\frac{1}{2}\sqrt{3}\right),$$

由此可得

$$\sigma_x=175\text{ MPa}-90\sqrt{3}\text{ MPa}=19.12\text{ MPa}。$$

故斜截面上的切应力

$$\begin{aligned}\tau_{\frac{\pi}{3}}&=-\frac{1}{2}(\sigma_x-\sigma_y)\sin\frac{2\pi}{3}+\tau_{xy}\cos\frac{2\pi}{3}\\&=-\frac{1}{2}\times(19.12\text{ MPa}-15\text{ MPa})\times\left(\frac{1}{2}\sqrt{3}\right)+45\text{ MPa}\times\left(-\frac{1}{2}\right)\\&=-24.3\text{ MPa}。\end{aligned}$$

注意上式算出的结果指图 8.16(b) 中的 τ'（即在外法线方向沿逆时针方向旋转 $\frac{\pi}{2}$ 的方向上），既然计算结果为负值，其实际方向就仍如图 8.16(a) 中的 τ 所示。

可以从另一个角度来认识斜截面上的应力。如图 8.17(a) 所示，变形体中某点 K 处的应力状态可用 σ_x、σ_y 和 τ_{xy} 表示出来，其斜截面上的应力如图 8.17(b) 所示。如果建立一个新坐标系 $Ox'y'$，其中 x 轴和 x' 轴的夹角为 α，如图 8.17(c) 所示，在 K 处建立新坐标系下的单元体，如图 8.17(d) 所示，那么，新坐标系下的应力 $\sigma_{x'}$ 就是原坐标系下斜截面上的应力 σ_α。所以，斜截面上的应力问题实质上是从坐标系 Oxy 中的应力分量变换到坐标系 $Ox'y'$ 中的应力分量的问题。易于看出，相应的变换公式为

$$\sigma_{x'}=\frac{1}{2}(\sigma_x+\sigma_y)+\frac{1}{2}(\sigma_x-\sigma_y)\cos2\alpha+\tau_{xy}\sin2\alpha,\tag{8.11a}$$

$$\sigma_{y'}=\frac{1}{2}(\sigma_x+\sigma_y)-\frac{1}{2}(\sigma_x-\sigma_y)\cos2\alpha-\tau_{xy}\sin2\alpha,\tag{8.11b}$$

$$\tau_{x'y'}=-\frac{1}{2}(\sigma_x-\sigma_y)\sin2\alpha+\tau_{xy}\cos2\alpha。\tag{8.11c}$$

从上述变换公式可看出，当坐标系变化时，应力分量的全体都随之而发生变化。这说明应力的分量 σ_x、σ_y 和 τ_{xy} 不是彼此无关的，它们是一个不可分割的整体；换言之，应力分量 σ_x、σ_y 和 τ_{xy} 的全体构成一个物理量，而应力状态矩阵

$$\boldsymbol{T}=\begin{bmatrix}\sigma_x&\tau_{xy}\\\tau_{yx}&\sigma_y\end{bmatrix}$$

则是这个物理量的数学描述方式。

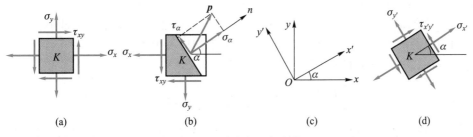

图 8.17　应力的坐标变换

8.1.3　主应力和主方向

考虑承受弯曲作用的圆轴,其危险点处于单向应力状态,并具有横截面上的最大正应力。如果这个圆轴再承受扭转作用,那么,危险点就将处于双向应力状态。直觉告诉我们,危险点将比过去更加危险。那么,就这个点的所有方位而言,之前讨论的最大弯曲正应力还是该处"真正的"最大正应力吗?扭转切应力会不会加剧该点的最大正应力?

这个问题的工程意义在于,某些材料(例如,许多脆性材料)对拉应力比较敏感。在组合变形中只考虑横截面上的最大弯曲正应力,可能并没有揭示真正的危险程度。

一般地讲,在一个指定的点,其应力状态矩阵的各分量均为常数,由式(8.8c)可知,斜截面上的正应力应为 α 的函数。由于正应力总是有限值,因此,一定存在着极值,那么,在什么方位上存在极值? 极值为多大?

为了考虑正应力 σ_α 的极值,可由式(8.8c)对 α 求导,即

$$\frac{\mathrm{d}\sigma_\alpha}{\mathrm{d}\alpha} = -(\sigma_x - \sigma_y)\sin 2\alpha + 2\tau_{xy}\cos 2\alpha,$$

因此,使 σ_α 取极值的角度 α' 一定满足 $\frac{\mathrm{d}\sigma_\alpha}{\mathrm{d}\alpha} = 0$,即

$$\tan 2\alpha' = \frac{2\tau_{xy}}{\sigma_x - \sigma_y}。 \tag{8.12}$$

如果将 α' 的取值范围限定在区间 $\left(-\frac{\pi}{2}, \frac{\pi}{2}\right]$ 内,那么满足上式的 $2\alpha'$ 在区间 $(-\pi, \pi]$ 内有两个,彼此相差 π。由此可导出两组 $\cos 2\alpha'$ 和 $\sin 2\alpha'$ 的值,再代回式(8.8c),即可得 σ_α 的两个极值 σ_i 和 σ_j:

$$\left.\begin{array}{r}\sigma_i \\ \sigma_j\end{array}\right\} = \frac{\sigma_x + \sigma_y}{2} \pm \sqrt{\left(\frac{\sigma_x - \sigma_y}{2}\right)^2 + \tau_{xy}^2}。 \tag{8.13}$$

两个极值对应的 α' 相差 $\frac{\pi}{2}$。

将满足式(8.12)的 $2\alpha'$ 代入式(8.10c)即可得

$$\tau_{\alpha'} = 0。 \tag{8.14}$$

这说明,在正应力取极值的平面上,切应力为零。

σ_α 的极值称为该点的主应力(principal stress),σ_α 取极值的微元面称为主平面(principal plane),主平面的法线方向称为主方向,也称为该点应力的主轴(principal axis)。对应于两个不同主应力的主方向是相互垂直的。主平面上切应力为零。

另一方面,若在式(8.13)中取 $\tau_{xy}=0$,则可得

$$\left.\begin{array}{c}\sigma_i\\\sigma_j\end{array}\right\}=\frac{\sigma_x+\sigma_y}{2}\pm\left|\frac{\sigma_x-\sigma_y}{2}\right|=\left\{\begin{array}{c}\sigma_x\\\sigma_y\end{array}\right.\quad\text{或}\quad\left\{\begin{array}{c}\sigma_y\\\sigma_x\end{array}\right.,$$

因此,当某个微元面上的切应力为零,该微元面上的正应力就是主应力。所以,切应力为零的微元面必定是主平面。

上述定义和性质同样适用于三向应力状态。如果将上面所讨论的双向应力状态放到三维空间中考察,如图 8.18 所示,则相应的三维单元体中必定有一对平面上既无正应力又无切应力。由于切应力为零的平面即为主平面,因此,这对无应力的平面也是主平面。在这对主平面上,数值为零的法向应力也构成一个主应力。图 8.18(b)中的所有单元面都是主平面。习惯上,人们常将主应力按代数值从大到小的顺序依次记为 σ_1、σ_2 和 σ_3,即

$$\sigma_1\geqslant\sigma_2\geqslant\sigma_3。\tag{8.15}$$

这样,按式(8.13)计算出的双向应力状态中的主应力 σ_i 和 σ_j,便是三向应力状态主应力 σ_1、σ_2 和 σ_3 中的两个,另一个则是零。

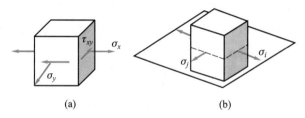

图 8.18　三维空间中的双向应力

横截面面积为 A 的等截面直杆承受轴向拉力 F,杆中部任意点都处于单向应力状态,主应力

$$\sigma_1=\frac{F}{A},\qquad\sigma_2=\sigma_3=0。$$

第一主应力对应的主方向即轴向,第二与第三主应力对应的主方向则垂直于轴线。

对于图 8.19(a)所示的纯剪状态,由于 $\tan2\alpha'=\infty$,因此其两个主方向与 x 轴正向的夹角分别为 $\alpha_1'=45°$ 和 $\alpha_2'=135°$。将 $\alpha_1'=45°$ 代入式(8.8c),即可得对应的主应力 $\sigma_i=\tau$;将 $\alpha_2'=135°$ 代入式(8.8c),即可得对应的主应力 $\sigma_j=-\tau$。这样,便有

$$\sigma_1=\tau,\quad\sigma_2=0,\quad\sigma_3=-\tau。\tag{8.16}$$

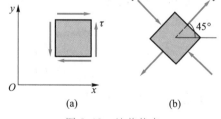

图 8.19　纯剪状态

其主应力和主方向如图 8.19(b)所示。

利用主应力的概念,可以更确切地定义单向应力状态和双向应力状态:如果一个应力状

态只有一个主应力不为零,则称为单向应力状态;如果一个应力状态有两个主应力不为零,则称为双向应力状态。

例如,在轴向拉杆中取一个单元体,如图 8.20 所示,左边一个单元体的方位是倾斜的,因此,这个单元体上既有正应力又有切应力,但这并不意味着这个应力状态就是双向的。仔细计算这个单元体的主应力,就会发现它其实只有一个主应力不为零,而且它的主方向沿着轴向。因此,如果将单元体的一对侧面沿着横截面的方向,如图 8.20 所示右边的单元体那样,则这样的单元体能够更加本质地反映该点的应力状态。一般地,沿着主方向所取的单元体称为应力状态的主单元体。

从这个意义上来讲,主应力反映了应力状态最本质的信息。容易验证,主应力的计算式 (8.13) 事实上是关于 σ 的方程

$$|\boldsymbol{T}-\sigma\boldsymbol{I}| = \begin{vmatrix} \sigma_x-\sigma & \tau_{xy} \\ \tau_{xy} & \sigma_y-\sigma \end{vmatrix} = 0 \tag{8.17}$$

的解,这里 $\boldsymbol{I}$ 是二阶单位矩阵。应用线性代数的知识即可知,主应力实际上就是应力状态矩阵 $\boldsymbol{T}$ 的特征值。可以证明,特征值对应的单位特征向量就是主方向上的单位矢量。

同样可以验证,当观察应力状态的坐标系发生变化时,主应力是不会变化的。这再次说明主应力是应力状态最为核心的信息。

例 8.4 图 8.21 所示的水平直角曲拐 C 端作用有竖向集中力 F,AB 部分是一个直径为 d 的等截面圆轴。试求 A 截面上顶点 K 处的主应力。

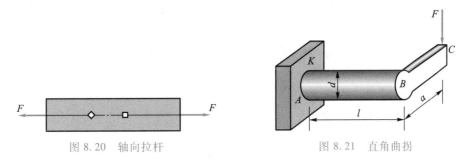

图 8.20 轴向拉杆   图 8.21 直角曲拐

解:为了考虑 K 点的主应力,应了解 K 点的应力状态。要了解应力状态,就应分析 AB 部分在 F 力作用下的变形效应。易于看出,AB 段产生弯曲和扭转的组合变形。

在 A 截面上,弯矩 $M=Fl$,它在 K 点引起的正应力

$$\sigma = \frac{M}{W} = \frac{32M}{\pi d^3}。$$

同时,A 截面扭矩 $T=Fa$,它在 K 点引起的切应力

$$\tau = \frac{T}{W_{\mathrm{p}}} = \frac{16T}{\pi d^3}。$$

在 K 点处取一个单元体,单元体左右侧面位于横截面上,其俯视图如图 8.22 所示。易见这是一个双向应力状态,且有

图 8.22 K 点
应力状态

$$\sigma_x = \sigma = \frac{32M}{\pi d^3}, \quad \sigma_y = 0, \quad \tau_{xy} = \tau = \frac{16T}{\pi d^3}。$$

这样,K 点的主应力

$$\left.\begin{array}{c}\sigma_i\\\sigma_j\end{array}\right\}=\frac{\sigma}{2}\pm\sqrt{\left(\frac{\sigma}{2}\right)^2+\tau^2}=\frac{16}{\pi d^3}(M\pm\sqrt{M^2+T^2})\,\text{。}$$

进一步,将 $M=Fl,T=Fa$ 代入上式即可得

$$\left.\begin{array}{c}\sigma_i\\\sigma_j\end{array}\right\}=\frac{16F}{\pi d^3}(l\pm\sqrt{l^2+a^2})\,\text{。}$$

故有

$$\sigma_1=\frac{16F}{\pi d^3}(l+\sqrt{l^2+a^2})\,,\quad\sigma_2=0\,,\quad\sigma_3=\frac{16F}{\pi d^3}(l-\sqrt{l^2+a^2})\,\text{。}$$

例 8.5　已知如图 8.23(a) 所示的轴向受拉锥形薄板外表面 K 点处横截面上的正应力为 σ,且已知薄板侧面斜角为 θ,试求该点处的最大正应力。

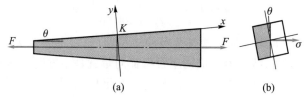

图 8.23　锥形薄板

解:注意到 K 点处于薄板上侧面处,而上侧面是自由表面,因此,可将坐标系沿边沿建立,如图 8.23(a) 所示。在这个坐标系中,$\sigma_y=0$,$\tau_{xy}=0$。

在 K 点处沿倾斜边取单元体,如图 8.23(b) 所示。在这个单元体中,已知的正应力 σ 则是斜截面上的正应力,斜截面法线方向与 x 轴正向的夹角为 $-\theta$。故有

$$\sigma=\sigma_{-\theta}=\frac{1}{2}\sigma_x+\frac{1}{2}\sigma_x\cos 2\theta=\sigma_x\cos^2\theta\,\text{。}$$

由此可得 $\sigma_x=\dfrac{\sigma}{\cos^2\theta}$。

由于 $\tau_{xy}=0$,因此,所建坐标系恰好为主轴坐标系,根据主应力为法向应力的极值这一特点可得

$$\sigma_{\max}=\sigma_x=\frac{\sigma}{\cos^2\theta}\,\text{。}$$

8.1.4　最大切应力

除了最大正应力,最大切应力也是一个具有重要意义的量。这是因为,某些材料(例如许多塑性材料)对切应力比较敏感;而我们之前讨论的横截面上最大扭转切应力,在组合变形的情况下可能已经不再是危险点处"真正"的最大切应力了。

为了考察切应力 τ_α 的极值,在式(8.10c)中对 α 求导,得

$$\frac{\mathrm{d}\tau_\alpha}{\mathrm{d}\alpha}=-(\sigma_x-\sigma_y)\cos 2\alpha-2\tau_{xy}\sin 2\alpha\,\text{。}$$

因此,使 τ_α 取极值的 α'' 必定满足

$$\tan 2\alpha''=-\frac{\sigma_x-\sigma_y}{2\tau_{xy}}\,\text{。}\tag{8.18}$$

将上式与式(8.12)比较即可看出,使法向应力 σ_α 取极值的 $2\alpha'$ 与使切向应力 τ_α 取极值的 $2\alpha''$ 相差 $\dfrac{\pi}{2}$。因此,使切应力取极值的微元面的法线方向与主方向之间相差 $\dfrac{\pi}{4}$,如图 8.24 所示。图中实线表示的单元体是主单元体,虚线表示的单元体是切应力取极值的单元体。

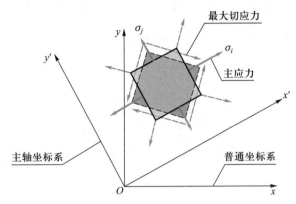

图 8.24　主方向与切应力取最大值的方向

选择主轴为坐标轴,在这个坐标系中,不妨记 $\sigma'_x = \sigma_i$,$\sigma'_y = \sigma_j$,而 $\tau'_{xy} = 0$,同时,使切应力取极值的 $\alpha'' = \dfrac{\pi}{4}$。将这些值代入式(8.10c)中即可得由主应力表示的切应力的极大值,即

$$\tau_{\alpha\max} = \frac{1}{2}(\sigma_i - \sigma_j)。 \tag{8.19}$$

同时,将 $\alpha'' = \dfrac{\pi}{4}$ 及 $\sigma'_x = \sigma_i$,$\sigma'_y = \sigma_j$,$\tau'_{xy} = 0$ 代入式(8.8c)中即可得

$$\sigma_{\alpha''} = \frac{1}{2}(\sigma_i + \sigma_j)。 \tag{8.20}$$

这说明,在切应力取极大值的微元面上,其正应力为两个主应力的平均值。

应当指出,上述极大值仅是法线在 xy 平面内的所有微元面上切应力的极大值,在三维情况下,它不一定就是过该点的所有微元面上的最大切应力。

下面,在三向应力状态下重新考虑指定点的最大切应力问题。由于用双向应力状态主应力公式(8.13)计算出的主应力 σ_i、σ_j 仅是三个主应力 σ_1、σ_2、σ_3 中的两个。因此,在过该点的平行于主平面的三个截面上考察,最大切应力将会出现

$$\frac{1}{2}(\sigma_1 - \sigma_2), \qquad \frac{1}{2}(\sigma_2 - \sigma_3), \qquad \frac{1}{2}(\sigma_1 - \sigma_3)$$

这三个值,如图 8.25(a)、(b)、(c)所示。显然,其中 $\dfrac{1}{2}(\sigma_1 - \sigma_3)$ 才是其中真正的最大值。更严密的分析[1]指出,

---

① 参见参考文献[2]、[8]、[28]。

$$\tau_{\text{MAX}} = \frac{1}{2}(\sigma_1 - \sigma_3) \qquad (8.21)$$

所确定的切应力值的确是过该点所有方位的微元面上的最大切应力。此处,特别地采用符号 τ_{MAX} 来表示在三维环境中考察所得到的最大切应力,以区别于在二维应力平面里所得到的最大切应力 τ_{max}。可以看到,τ_{MAX} 的作用平面与 σ_2 的指向平行,而与 σ_1 和 σ_3 的指向均呈 $\dfrac{\pi}{4}$ 的夹角,如图 8.25(d) 所示。这一结论对各种应力状态均适用。

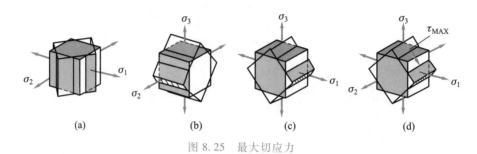

图 8.25 最大切应力

为什么在双向应力状态中最大切应力是 $\dfrac{1}{2}(\sigma_1 - \sigma_3)$ 而不是 $\dfrac{1}{2}(\sigma_i - \sigma_j)$,不妨以如图 8.26(a) 所示的情况为例予以说明,其中 $\sigma_x = 5$ MPa,$\sigma_y = 5$ MPa,$\tau_{xy} = -3$ MPa。

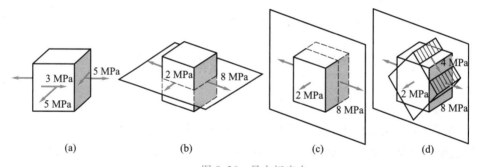

图 8.26 最大切应力

这个应力状态的主应力 $\sigma_1 = 8$ MPa,$\sigma_2 = 2$ MPa,$\sigma_3 = 0$。在图 8.26(b) 所示的水平平面(即应力平面)内考察,应该有最大切应力 $\tau_{\text{max}} = \dfrac{1}{2}(\sigma_i - \sigma_j) = 3$ MPa。但是在图 8.26(c) 的竖直平面内考察,则最大切应力 $\tau_{\text{MAX}} = \dfrac{1}{2}(\sigma_1 - \sigma_3) = 4$ MPa。显然后者大于前者,后者才是该点处沿所有方位的微元面上的最大切应力,其方位与作用平面如图 8.26(d) 所示。

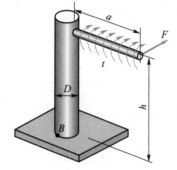

例 8.6 在如图 8.27 所示的结构中,立柱横截面为 $D = 30$ mm 的圆。伸出臂上承受使其扭转的分布力偶矩 $t = 100$ N·mm/mm,同时臂

图 8.27 立柱组合变形

端另有水平方向集中力 $F = 300$ N。伸出臂轴线到地基的距离为 $h = 300$ mm，从立柱侧面算起的臂长 $a = 140$ mm。求立柱中危险点处的最大切应力。

解：易于看出，分布力偶矩 t 使立柱产生弯曲。水平力 F 对圆柱的作用有两个方面：一方面使圆柱产生弯曲变形，弯曲的方向与分布力偶矩所引起的弯曲方向相同；另一方面，水平力使圆柱产生扭转变形。因此，圆柱总体上产生的是弯扭组合变形。

就弯曲而言，分布力偶矩 t 所引起的弯矩在圆柱各截面是相同的，该弯矩 $M_1 = ta$。水平力 F 在圆柱各截面所引起的弯矩是不相同的，显然在底面有最大的弯矩 $M_2 = Fh$。

就扭转而言，集中力 F 在圆柱各截面所引起的扭矩是相同的，即

$$T = F\left(a + \frac{D}{2}\right)。$$

因此，就弯扭组合而言，危险截面在立柱底面。如果俯视圆柱底面，危险点位置 A 和 B 就如图 8.28(a) 所示。其中 A 处有最大弯曲压应力，B 处有最大弯曲拉应力，整个圆周上都有最大扭转切应力。底面总弯矩

$$M = M_1 + M_2 = 140 \times 100 \text{ N} \cdot \text{mm} + 300 \times 300 \text{ N} \cdot \text{mm}$$
$$= 1.04 \times 10^5 \text{ N} \cdot \text{mm}。$$

由弯曲而产生的最大正应力为

$$\sigma = \frac{M}{W} = \frac{32M}{\pi D^3} = \frac{32 \times 1.04 \times 10^5}{\pi \times 30^3} \text{ MPa} = 39.23 \text{ MPa}。$$

同时，扭矩

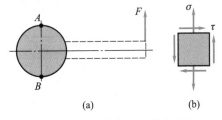

$$T = F\left(a + \frac{D}{2}\right) = 300 \times (140 + 15) \text{ N} \cdot \text{mm} = 0.465 \times 10^5 \text{ N} \cdot \text{mm}。$$

因扭转而产生的最大切应力

$$\tau = \frac{T}{W_p} = \frac{16T}{\pi D^3} = \frac{16 \times 0.465 \times 10^5}{\pi \times 30^3} \text{ MPa} = 8.77 \text{ MPa}。$$

图 8.28　危险点位置及应力状态

在 B 点前方平视立柱，B 点应力状态如图 8.28(b) 所示，其单元体上下边沿位于立柱横截面上。由此可知，主应力

$$\left.\begin{array}{c}\sigma_i \\ \sigma_j\end{array}\right\} = \frac{\sigma}{2} \pm \sqrt{\left(\frac{\sigma}{2}\right)^2 + \tau^2} = \frac{39.23}{2} \text{ MPa} \pm \sqrt{\left(\frac{39.23}{2}\right)^2 + 8.77} \text{ MPa} = 19.62 \text{ MPa} \pm 21.49 \text{ MPa}。$$

故有

$$\sigma_1 = 41.11 \text{ MPa}, \quad \sigma_2 = 0, \quad \sigma_3 = -1.87 \text{ MPa}。$$

因此，最大切应力

$$\tau_{\text{MAX}} = \frac{1}{2}(\sigma_1 - \sigma_3) = \frac{1}{2} \times (41.11 + 1.87) \text{ MPa} = 21.5 \text{ MPa}。$$

*8.1.5　应力圆

应力圆是用图形方法求解应力状态诸多问题的一种方法。虽然由于计算机的广泛应用，用应力圆求解问题的具体数值的功能被弱化了，但是在理解应力理论一系列基本关系方面它仍不失为一种比较直观的方法。

在式 (8.8c) 中，将右端第一项移到方程左端，然后两端取平方；在式 (8.10c) 中两端取平方；再将上述两项结果相加即可消去 α 得

$$\left(\sigma_\alpha - \frac{\sigma_x + \sigma_y}{2}\right)^2 + \tau_\alpha^2 = \left(\frac{\sigma_x - \sigma_y}{2}\right)^2 + \tau_{xy}^2。$$

如果以 σ 为横轴,以 τ 为纵轴建立坐标系,那么,可以看出,上述方程中动点 $(\sigma_\alpha,\tau_\alpha)$ 的

轨迹构成了以 $\left(\dfrac{\sigma_x+\sigma_y}{2},0\right)$ 为圆心,以 $\sqrt{\left(\dfrac{\sigma_x-\sigma_y}{2}\right)^2+\tau_{xy}^2}$ 为半径的圆,如图 8.29 所示。该圆称为

应力圆,也称莫尔(Mohr)圆。

为了更方便地利用应力圆这种方法,在本小节中,对切应力的记号和符号规定做一个非本质性地改动。

(1)把切应力分量 τ_{xy} 改记为 τ_x,τ_{yx} 改记为 τ_y。

(2)对单元体中任意点有逆时针方向矩的切应力为正。这一规定无论是对单元体本身所有的四个面,还是对斜截面都是一样的。

例如,在图 8.30 中,τ_x 为负,τ_y 为正,τ_α 为正。

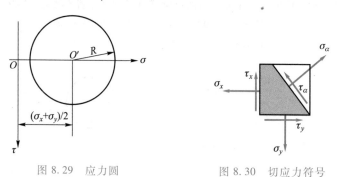

图 8.29 应力圆   图 8.30 切应力符号

由于上述变动,易于看出,切应力互等定理应改写为

$$\tau_x=-\tau_y。$$

易于看出,上述改动不会改变应力圆的圆心位置和半径大小。

如果构件中某点的应力状态已知,即该点的应力分量 σ_x、σ_y 和 τ_x 已知,那么,一般就可以画出对应的应力圆。应力圆在一定意义上就代表了这个点的应力状态。

应力圆的作法是(图 8.31):

(1)建立以 σ 为横轴(向右为正)、τ 为纵轴(向下为正)的坐标系。在该坐标平面中,找到坐标为 (σ_x,τ_x) 的 A 点。

(2)找到坐标为 (σ_y,τ_y),也就是坐标为 $(\sigma_y,-\tau_x)$ 的点 A'。将 A 与 A' 相连,连线 AA' 与横轴的交点就是应力圆的圆心 O'。

(3)以 O' 为圆心,以 $O'A$ 为半径作圆,这个圆便是所求的应力圆。

应力圆圆周上的任意一点都代表了一个截面。下面根据图 8.32 所示的应力圆给予证明。在这个应力圆中,设横轴与 $O'A$ 所夹的圆心角为 $2\alpha_0$。以 A 点为起点,沿逆时针方向在圆周上移动到 K 点,若圆心角 $\angle AO'K$ 为 2α,那么 K 点就代表了法线方向与 x 轴正向成 α 角(逆时针)的斜截面。K 点的横坐标 OQ 即代表该截面上的正应力 σ_α,纵坐标 QK 即代表该截面上的切应力 τ_α。

由于 A 点的横坐标为 σ_x,纵坐标为 τ_x,A' 点的横坐标为 σ_y,因此,可从图 8.32 中看出:

$$OO'=\frac{1}{2}(\sigma_x+\sigma_y),\quad O'S=OS-OO'=\frac{1}{2}(\sigma_x-\sigma_y),\quad SA=\tau_x。$$

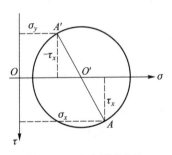

图 8.31 应力圆的作法

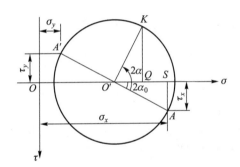

图 8.32 应力圆的证明

过 K 点作横轴的垂线并与之交于 Q，则有

$$OQ = OO' + O'K\cos(2\alpha - 2\alpha_0) = OO' + O'A\cos(2\alpha - 2\alpha_0)$$
$$= OO' + O'A\cos 2\alpha_0 \cos 2\alpha + O'A\sin 2\alpha_0 \sin 2\alpha$$
$$= OO' + O'S\cos 2\alpha + SA\sin 2\alpha$$
$$= \frac{1}{2}(\sigma_x + \sigma_y) + \frac{1}{2}(\sigma_x - \sigma_y)\cos 2\alpha + \tau_x \sin 2\alpha = \sigma_\alpha。$$

这就证明了 K 点的横坐标 OQ 表示了法线方向为 α 的截面上的正应力。同样，由于

$$QK = -KQ = -O'K\sin(2\alpha - 2\alpha_0)$$
$$= -O'A\cos 2\alpha_0 \sin 2\alpha + O'A\sin 2\alpha_0 \cos 2\alpha$$
$$= -O'S\sin 2\alpha + SA\cos 2\alpha$$
$$= -\frac{1}{2}(\sigma_x - \sigma_y)\sin 2\alpha + \tau_x \cos 2\alpha = \tau_\alpha。$$

这就证明了 K 点的纵坐标 QK 表示了法线方向为 α 的截面上的正应力。

从上面的证明过程可看出，应力圆有这样的特点：圆周上任意一点都与某个斜截面相对应。A 点代表了 $\alpha = 0$ 方位上的截面，即单元体的右侧面。以 A 点为起始点，在圆周上沿着与 α 相同的方向转向圆心角为 2α 的 K 点，则 K 点就代表了对应于 α 的斜截面，如图 8.33(a) 和(b) 所示。

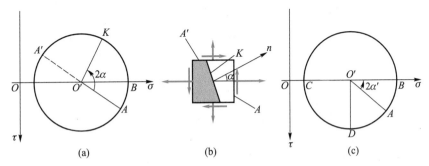

图 8.33 应力圆的应用

利用应力圆，如图 8.33(c) 所示，很容易获得以下信息：代数值大的主应力 σ_i 即 OB，代数值小的主应力 σ_j 即 OC；主方向 $\alpha' = \frac{1}{2}\angle AO'B$；最大切应力 $\tau_{\max}$ 即 $O'D$。

利用应力圆也容易印证如下结论:主平面上切应力零;取得最大切应力的平面与主平面呈 45°的夹角;取得最大切应力的平面上正应力为 $\frac{1}{2}(\sigma_i+\sigma_j)$。

例 8.7　对如图 8.34(a)所示的应力状态(应力单位为 MPa),求 $\alpha=30°$ 截面上的正应力和切应力,并求主应力大小。

解:根据单元体图可知,$\sigma_x=-60$ MPa,$\tau_x=50$ MPa,由此可以在 $O\sigma\tau$ 坐标系中先确定点 $A(-60,50)$。再根据 $\sigma_y=40$ MPa,可以确定点 $A'(40,-50)$。连接 AA' 交横轴于 O' 点。由此即可作应力圆,如图 8.34(b)所示。

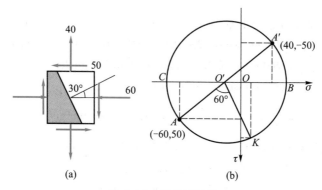

图 8.34　应力圆实例

由于斜截面是从 x 轴正向逆时针方向旋转 $\alpha=30°$ 而得到的,故从 A 点开始,沿圆周逆时针方向旋转 60°到 K 点,K 即代表了该斜截面。可量出 K 的两个坐标值分别为 8.3 和 68.3,故有

$$\sigma_{30°}=8.3\text{ MPa}, \qquad \tau_{30°}=68.3\text{ MPa}。$$

从应力圆还可看出,主应力 σ_i 即 B 点坐标,σ_j 即 C 点坐标。故可得

$$\sigma_1=60.7\text{ MPa}, \qquad \sigma_3=-80.7\text{ MPa}。$$

8.1.6　简单实验中材料破坏的力学机理

将关于主应力和最大切应力的一系列结论与材料性能结合起来,可以为一些构件的破坏现象提供合理的解释。对于低碳钢一类的塑性材料,其抗拉能力与抗压能力基本相同,抗剪能力弱一些。在 9.1.3 节中将说明,塑性材料的许用切应力与许用正应力之间有如下关系:

$$[\tau]=(0.5\sim0.58)[\sigma]。$$

而对于铸铁一类的脆性材料,其最大的特点是抗拉能力特别弱,许用拉应力 $[\sigma_t]$ 远小于许用压应力 $[\sigma_c]$。

在通常所进行的材料性能试验中,试样的单向拉伸、压缩和扭转试验是最基本的,同时又是能反映材料破坏机理的试验。

在进行单向拉伸时,第一主应力就是横截面上的正应力,而最大切应力的数值是第一主应力的一半。因此,对于塑性材料试样和脆性材料试样,其破坏形式都是抗拉强度不足引起的破坏。它们破坏的断面就是横截面,如图 8.35 所示。只不过塑性材料试样一般要在断口

处产生颈缩,如图 8.35(a)所示,而脆性材料这种现象则不明显,如图 8.35(b)所示。

在进行单向压缩时,第三主应力就是横截面上的正应力,最大切应力的数值是第三主应力的一半。因此,对塑性材料而言,它将由于抗压强度不足而产生屈服。由于其延展性,也由于试样两端的承载面的摩擦力的存在,圆柱试样将会产生相当大的变形而成为腰鼓形,如图 8.36(a)所示。而对于脆性材料而言,由于它的抗压性能远强于抗剪性能,因此,试样将会由于抗剪强度不足而破坏。由于最大切应力方向与轴线方向呈 45°,因此,试样开裂时基本上沿着这一方向。在裂纹扩展的过程中,由于试样受压,裂纹两侧都存在着压应力。这种压应力与最大切应力的共同作用,使得裂纹扩展的方向有所偏离。铸铁试样最后破坏的断面的法线与轴线大约呈 50°~55°,如图 8.36(b)所示。这种角度的另一些解释和判定可参见第 9 章例 9.5,以及本章习题 8.36。

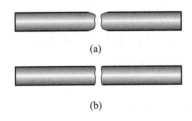

图 8.35 试样的拉伸

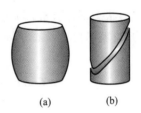

图 8.36 试样的压缩

在进行圆轴扭转破坏试验时,圆轴外侧面上的点处于纯剪状态,且具有最大的切应力。其主应力与轴线方向呈 45°的角度,主应力数值与最大切应力数值相等。在这样的应力状态下,对塑性材料而言,由于其抗剪强度弱于抗拉与抗压强度,因而会因抗剪强度不足而在横截面上产生塑性流动,如图 8.37(a)所示。对于脆性材料而言,由于其抗拉性能特别弱,因此,会首先沿着与第一主应力相垂直的方向上产生裂纹。注意到圆轴表面各处第一主应力方向都与轴线呈 45°的角度,因此,最后的断面有一部分呈螺旋面状,如图 8.37(b)所示。

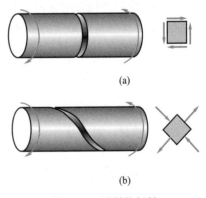

图 8.37 试样的扭转

8.1.7 三向应力状态简介

变形体中最一般的应力状态是三向应力状态,如图 8.4 所示。某指定点的三向应力状态由式(8.1)所确定。可以将前面关于双向应力状态的若干结论不加证明地推广到三向应力状态。对于过该点的某个微元面,其法线方向可用单位矢量列向量表示为

$$\boldsymbol{n} = \begin{pmatrix} n_x & n_y & n_z \end{pmatrix}^{\mathrm{T}}, \tag{8.22}$$

式中,$\boldsymbol{n}$ 的三个分量分别为法线方向与 x、y、z 轴正向夹角的余弦。这个微元面上的应力矢量列向量记为

$$\boldsymbol{p} = \begin{pmatrix} p_x & p_y & p_z \end{pmatrix}^{\mathrm{T}}, \tag{8.23}$$

那么便有

$$p^T = n^T T。 \tag{8.24}$$

该斜截面上的法向应力大小则为(图 8.38)

$$\sigma = n^T T n = \begin{pmatrix} n_x & n_y & n_z \end{pmatrix} \begin{bmatrix} \sigma_x & \tau_{xy} & \tau_{xz} \\ \tau_{yx} & \sigma_y & \tau_{yz} \\ \tau_{zx} & \tau_{zy} & \sigma_z \end{bmatrix} \begin{bmatrix} n_x \\ n_y \\ n_z \end{bmatrix}, \tag{8.25}$$

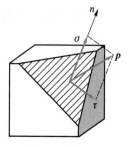

斜截面上指定 t 方向上的切应力的大小可用下式计算:

$$\tau = n^T T t。 \tag{8.26}$$

如果要计算全切应力(即斜截面上的应力矢量在该斜截面上的投影,如图 8.38 中的切应力),则可按下式计算:

$$\tau = \sqrt{p^T p - \sigma^2}。 \tag{8.27}$$

图 8.38　斜截面
及其应力

在三向应力状态下,式(8.25)所确定的法向应力 σ 取极值即该点处的主应力,也就是应力状态矩阵 T 的特征值,它是如下特征方程的根:

$$|T - \sigma I| = \begin{vmatrix} \sigma_x - \sigma & \tau_{xy} & \tau_{xz} \\ \tau_{yx} & \sigma_y - \sigma & \tau_{yz} \\ \tau_{zx} & \tau_{zy} & \sigma_z - \sigma \end{vmatrix} = 0, \tag{8.28}$$

式中,I 是三阶单位阵。由于应力状态矩阵是对称矩阵,因此,上式的 σ 一定有三个实数根(包括重根)。这就是说,三向应力状态必定有三个主应力。对应于三个特征值,存在着相应的特征向量,这三个向量的方向就是主方向。三向应力状态存在着两两垂直的三个主方向。

静水压力状态是最简单的一种三向应力状态。如果一个应力状态可用下式表示,则称为静水压力状态:

$$T = p \begin{bmatrix} 1 & 0 & 0 \\ 0 & 1 & 0 \\ 0 & 0 & 1 \end{bmatrix} = pI。 \tag{8.29}$$

式中,p 为代数量。对于这种状态,根据式(8.25),任意斜截面上的法向应力

$$\sigma = n^T T n = p n^T I n = p n^T n = p。$$

而对于沿着该截面上的任意方向 t,由于 t 与 n 正交,即 $t^T n = 0$,根据式(8.26),该方向上的切应力

$$\tau = t^T T n = p t^T I n = 0。$$

因此,任意截面均为静水压力状态的主平面。

考虑加载前处于静水压力状态的一个微元球体。由于球体表面各处都具有相等的正应力,同时没有切应力存在,因此,可以想见,加载后这个微元球体仍然是球形。所以,静水压力状态只会引起体积的变化而不会引起形状的变化。

8.2　应变状态分析

物体的变形包含了两个基本的要素,一个是线段长度的变化,另一个是两个线段夹角的

变化。在本书的第 3 章中,已针对前者定义了线应变,对后者则定义了切应变。在本节中,将在这些定义的基础上进一步阐述应变的有关理论及其计算。

8.2.1 应变状态

一般地,在指定点的不同方向上,线应变是不同的,角应变也是不同的。那么,如何全面地描述物体中任意给定点处的变形情况呢?在本章的 8.2.3 节中将说明,在二维情况下,当 ε_x、ε_y 和 γ_{xy} 已经确定,便可以导出该点处沿任意方向上的线应变和角应变。因此,可以说,ε_x、ε_y 和 γ_{xy} 确定了该点处的应变状态。

在 8.2.3 节中将导出以下结果:

与 x 轴正向成 α 角的方向上的线应变

$$\varepsilon_\alpha = \frac{1}{2}(\varepsilon_x + \varepsilon_y) + \frac{1}{2}(\varepsilon_x - \varepsilon_y)\cos 2\alpha + \frac{1}{2}\gamma_{xy}\sin 2\alpha, \tag{8.30}$$

这一方向上的切应变

$$\frac{1}{2}\gamma_\alpha = -\frac{1}{2}(\varepsilon_x - \varepsilon_y)\sin 2\alpha + \frac{1}{2}\gamma_{xy}\cos 2\alpha。 \tag{8.31}$$

可以看出,式(8.30)和式(8.31)与上节中的应力公式,即式(8.8c)和式(8.10c)具有相同的形式,只需将应力公式中的 σ_x、σ_y、τ_{xy}、σ_α、τ_α 分别用 ε_x、ε_y、$\frac{1}{2}\gamma_{xy}$、ε_α、$\frac{1}{2}\gamma_\alpha$ 代替,就可得到相应的应变公式了。事实上,由分量构成的集合

$$\boldsymbol{E} = \begin{bmatrix} \varepsilon_x & \dfrac{\gamma_{xy}}{2} \\ \dfrac{\gamma_{xy}}{2} & \varepsilon_y \end{bmatrix}$$

与应力状态矩阵

$$\boldsymbol{T} = \begin{bmatrix} \sigma_x & \tau_{xy} \\ \tau_{xy} & \sigma_y \end{bmatrix}$$

一样,都服从相同的运算规律,并显示出类似的数值特征。这一点将在 8.6 节中得到解释。

易于看出,如果斜方向上的单位矢量列向量

$$\boldsymbol{n} = (\cos\alpha \quad \sin\alpha)^{\mathrm{T}},$$

那么该方向上的线应变也可用矩阵式表达为

$$\varepsilon_\alpha = \boldsymbol{n}^{\mathrm{T}} \boldsymbol{E} \boldsymbol{n}。 \tag{8.32}$$

而该方向上的切应变

$$\frac{1}{2}\gamma_\alpha = \boldsymbol{n}^{\mathrm{T}} \boldsymbol{E} \boldsymbol{t}, \tag{8.33}$$

式中,$\boldsymbol{t}$ 为 $\boldsymbol{n}$ 沿逆时针旋转 90° 方向上的单位列向量,即

$$\boldsymbol{t} = (-\sin\alpha \quad \cos\alpha)^{\mathrm{T}}。$$

利用应变和应力计算规律的相似性,不难导出以下的结论:

(1) 在变形体中固定的点,沿不同方向上的线应变是不同的,其中必定存在极值。线应

变取极值的方向称为应变的主方向。

（2）x 轴正向与主方向之间的夹角 α' 可由下式确定：

$$\tan 2\alpha' = \frac{\gamma_{xy}}{\varepsilon_x - \varepsilon_y},\tag{8.34}$$

一定存在着相互垂直的主方向。

（3）线应变的极值为

$$\left.\begin{array}{c}\varepsilon_i\\\varepsilon_j\end{array}\right\} = \frac{1}{2}(\varepsilon_x + \varepsilon_y) \pm \sqrt{\left(\frac{\varepsilon_x - \varepsilon_y}{2}\right)^2 + \left(\frac{\gamma_{xy}}{2}\right)^2}\,。\tag{8.35}$$

（4）两个主方向之间所夹的直角在变形过程中不会改变，即在主方向上，有

$$\gamma_{\alpha'} = 0\,。$$

（5）存在最大的切应变，最大切应变的方位与应变主方向相差 45°，最大切应变

$$\gamma_{\max} = |\varepsilon_i - \varepsilon_j|\,。\tag{8.36}$$

在各向同性体中，在正应力最大的方位上将出现最大的线应变，在正应力最小的方位上线应变也最小。这意味着，应力的主方向与应变的主方向是重合的。线弹性体中的这个结论的证明留作习题。

由于应变状态与应力状态的相似性，一点处的应变状态也可以用应变圆来表示，同时，应力圆所具有的性质及使用方法也都可以体现在应变圆中。其中值得注意的地方是应变圆的纵轴是 $\dfrac{\gamma}{2}$，参与计算的切应变也都具有 $\dfrac{1}{2}$ 的因子。

8.2.2　三向应变简介

在本节中，将把双向应变的有关结论推广到一般的三向应变。

在三维空间中，可先建立直角坐标系 $Oxyz$。在物体的某点处沿坐标轴方向取微元线段，再由其变形前后的相对伸长比，便可以得到沿三个轴向的线应变 ε_x、ε_y、ε_z。同时，分别考察每两个沿坐标轴方向的微元线段所夹的直角在变形中的变化量，便可得三个角应变 γ_{xy}、γ_{yz}、γ_{zx}。这样，便确定了该点处的应变状态。

可以把上述应变写为矩阵的形式：

$$\boldsymbol{E} = \begin{bmatrix} \varepsilon_x & \dfrac{\gamma_{xy}}{2} & \dfrac{\gamma_{xz}}{2} \\[2mm] \dfrac{\gamma_{xy}}{2} & \varepsilon_y & \dfrac{\gamma_{yz}}{2} \\[2mm] \dfrac{\gamma_{xz}}{2} & \dfrac{\gamma_{yz}}{2} & \varepsilon_z \end{bmatrix}\,。$$

这样，任意指定方向（该方向上的单位矢量列向量为 $\boldsymbol{n}$）上的线应变，便可由下式计算：

$$\varepsilon_n = \boldsymbol{n}^{\mathrm{T}} \boldsymbol{E} \boldsymbol{n}\,。$$

对于两个相互垂直的方向，其单位矢量列向量为 $\boldsymbol{n}$ 和 $\boldsymbol{t}$，相应的切应变

$$\frac{1}{2}\gamma = \boldsymbol{n}^{\mathrm{T}} \boldsymbol{E} \boldsymbol{t}\,。$$

在各个方向的线应变中,极值或驻值的应变称为主应变。主应变是如下特征方程的根:

$$\begin{vmatrix} \varepsilon_x - \varepsilon & \dfrac{\gamma_{xy}}{2} & \dfrac{\gamma_{xz}}{2} \\[3mm] \dfrac{\gamma_{xy}}{2} & \varepsilon_y - \varepsilon & \dfrac{\gamma_{yz}}{2} \\[3mm] \dfrac{\gamma_{xz}}{2} & \dfrac{\gamma_{yz}}{2} & \varepsilon_z - \varepsilon \end{vmatrix} = 0。$$

一般把三个主应变按代数值的大小依次排列为

$$\varepsilon_1 \geqslant \varepsilon_2 \geqslant \varepsilon_3。$$

利用三向应变,可以描述体积的变化率。定义

$$e = \frac{\mathrm{d}v - \mathrm{d}V}{\mathrm{d}V} \tag{8.37}$$

为体积应变。式中,$\mathrm{d}v$ 为变形后的微元体积,$\mathrm{d}V$ 为变形前的微元体积。沿主轴方向取微元体,其变形前为长 $\mathrm{d}X$、宽 $\mathrm{d}Y$、高 $\mathrm{d}Z$ 的立方体。由于形变,这一立方体的长、宽、高分别成为了 $\mathrm{d}x$、$\mathrm{d}y$ 和 $\mathrm{d}z$,且有

$$\mathrm{d}x = (1 + \varepsilon_1)\mathrm{d}X, \quad \mathrm{d}y = (1 + \varepsilon_2)\mathrm{d}Y, \quad \mathrm{d}z = (1 + \varepsilon_3)\mathrm{d}Z。$$

这样,在忽略二阶及其以上微量的前提下,有

$$\begin{aligned} \mathrm{d}v &= (1 + \varepsilon_1)\mathrm{d}X \cdot (1 + \varepsilon_2)\mathrm{d}Y \cdot (1 + \varepsilon_3)\mathrm{d}Z \\ &= (1 + \varepsilon_1 + \varepsilon_2 + \varepsilon_3) \cdot \mathrm{d}X\mathrm{d}Y\mathrm{d}Z。 \end{aligned}$$

故有

$$e = \varepsilon_1 + \varepsilon_2 + \varepsilon_3。 \tag{8.38a}$$

可以证明

$$e = \varepsilon_1 + \varepsilon_2 + \varepsilon_3 = \varepsilon_x + \varepsilon_y + \varepsilon_z。 \tag{8.38b}$$

*8.2.3　斜方向上应变公式的证明

在本节中将说明,在二维情况下,当 ε_x、ε_y 和 γ_{xy} 已经确定,便可以导出该点处沿任意方向上的线应变和角应变。因此,称 ε_x、ε_y 和 γ_{xy} 完全确定了该点处的应变状态。

如图 8.39(a)所示,斜方向上的微元线段 PQ 在变形后成为了 pq。PQ 与 x 轴正向的夹角是 α。可以把 PQ 看成边长为 $\mathrm{d}x$ 和 $\mathrm{d}y$ 的矩形的对角线,如图 8.39(b)所示。变形后,这个矩形变成平行四边形。在排除了微元线段可能存在的刚体的平移和转动的因素之后,纯粹的变形就是矩形对角线 $\mathrm{d}S$ 变为平行四边形对角线 $\mathrm{d}s$,如图 8.40(a)所示。

矩形到平行四边形的变形受到了 x 方向、y 方向线应变 ε_x、ε_y 的影响,以及角应变 γ_{xy} 的影响。

图 8.40(b)显示了只有 x 方向线应变 ε_x 存在时,微元线段 $\mathrm{d}S$ 是如何变化的。由于 $\mathrm{d}x$ 有了一个增量,矩形的长边增加了 $\varepsilon_x\mathrm{d}x$,矩形对角线 $\mathrm{d}S$ 变化为新矩形的对角线。可以这样来考虑 $\mathrm{d}S$ 的伸长量:$\mathrm{d}S$ 沿自己的方位向右上方伸长出去,在伸长量的终点作 $\mathrm{d}S$ 的垂线,这条垂线恰好与变化后的新对角线顶点相交(这与桁架结点位移求解方法类似)。这样,$\mathrm{d}S$ 的伸长量就等于 $\varepsilon_x\mathrm{d}x\cos\alpha$。因此,在忽略二阶微量的前提下,$\varepsilon_x$ 对微元线段 $\mathrm{d}S$ 伸长量的贡献

是 $\varepsilon_x \mathrm{d}x\cos\alpha$。

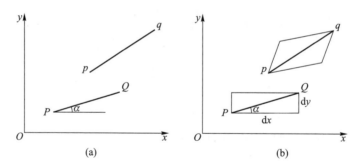

图 8.39 斜方向上的应变

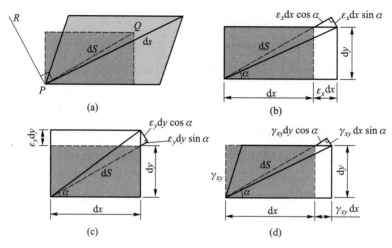

图 8.40 应变的计算

同理,从图 8.40(c)可看出,y 方向线应变 ε_y 对 $\mathrm{d}S$ 伸长量的贡献是 $\varepsilon_y\mathrm{d}y\sin\alpha$。从图 8.40(d)可看出,切应变 γ_{xy} 的贡献是 $\gamma_{xy}\mathrm{d}y\cos\alpha$。这样,$\mathrm{d}S$ 的总伸长量

$$\mathrm{d}s-\mathrm{d}S = \varepsilon_x\mathrm{d}x\cos\alpha + \varepsilon_y\mathrm{d}y\sin\alpha + \gamma_{xy}\mathrm{d}y\cos\alpha,$$

故 α 方向上的线应变

$$\varepsilon_\alpha = \frac{\mathrm{d}s-\mathrm{d}S}{\mathrm{d}S} = \varepsilon_x\frac{\mathrm{d}x}{\mathrm{d}S}\cos\alpha + \varepsilon_y\frac{\mathrm{d}y}{\mathrm{d}S}\sin\alpha + \gamma_{xy}\frac{\mathrm{d}y}{\mathrm{d}S}\cos\alpha$$

$$= \varepsilon_x\cos^2\alpha + \varepsilon_y\sin^2\alpha + \gamma_{xy}\cos\alpha\sin\alpha。$$

应用三角公式后,上式可化为

$$\varepsilon_\alpha = \frac{1}{2}(\varepsilon_x+\varepsilon_y) + \frac{1}{2}(\varepsilon_x-\varepsilon_y)\cos 2\alpha + \frac{1}{2}\gamma_{xy}\sin 2\alpha。$$

此即式(8.30)。

再考虑斜方向上的切应变。根据切应变的定义,图 8.40(a)中的直角 $\angle QPR$ 的变化量即为 α 方向上的切应变 γ_α,并以角度的减小为正,增大为负。记微元线段 PQ 在变形过程中的偏转角度(以弧度计)为 φ_α,PR 的偏转角为 $\varphi_{\alpha+\frac{\pi}{2}}$,那么,有

$$\gamma_\alpha = \varphi_{\alpha+\frac{\pi}{2}} - \varphi_\alpha。$$

现从图 8.40(b)考虑 ε_x 对 PQ 偏转角的贡献。从图中可看出,这一偏转角为

$$\Delta\varphi_1 = \tan(\Delta\varphi_1) = \frac{\varepsilon_x dx\sin\alpha}{dS + \varepsilon_x dx\cos\alpha},$$

上式中分母第二项与第一项相比是小量,故可舍去。这样便有

$$\Delta\varphi_1 = \varepsilon_x \sin\alpha\cos\alpha。$$

同理,从图 8.40(c)和(d)可看出,ε_y 和 γ_{xy} 对 PQ 偏转的贡献分别为

$$\Delta\varphi_2 = -\varepsilon_y\cos\alpha\sin\alpha, \quad \Delta\varphi_3 = \gamma_{xy}\sin^2\alpha。$$

故有

$$\varphi_\alpha = \Delta\varphi_1 + \Delta\varphi_2 + \Delta\varphi_3 = (\varepsilon_x - \varepsilon_y)\sin\alpha\cos\alpha + \gamma_{xy}\sin^2\alpha。$$

要算出 $\varphi_{\alpha+\frac{\pi}{2}}$,只需将上式中的 α 置换为 $\alpha+\frac{\pi}{2}$ 即可,这样便有

$$\varphi_{\alpha+\frac{\pi}{2}} = -(\varepsilon_x - \varepsilon_y)\sin\alpha\cos\alpha + \gamma_{xy}\cos^2\alpha。$$

因此,有

$$\gamma_\alpha = \varphi_{\alpha+\frac{\pi}{2}} - \varphi_\alpha = -(\varepsilon_x - \varepsilon_y)\sin 2\alpha + \gamma_{xy}\cos 2\alpha。$$

故有

$$\frac{1}{2}\gamma_\alpha = -\frac{1}{2}(\varepsilon_x - \varepsilon_y)\sin 2\alpha + \frac{1}{2}\gamma_{xy}\cos 2\alpha。$$

此即式(8.31)。

8.3 广义胡克定律

许多工程材料在小变形情况下,都呈现出变形与受力成比例的特性,这在 3.4.1 节中简单地表示成两个胡克定律,即

$$\sigma = E\varepsilon, \quad \tau = G\gamma。$$

上两式只考虑了单一的应力和应变关系。但是,由于泊松效应是广泛存在的,因此,在考虑三向应力与三向应变的关系时,就不能忽略分量间的耦合作用。下面只考虑各向同性弹性体。

易知,由于 σ_x 的作用,将会在 x 方向上产生应变 $\dfrac{\sigma_x}{E}$;由于泊松效应,σ_y 和 σ_z 的作用也将分别在 x 方向上产生应变 $-\nu\dfrac{\sigma_y}{E}$ 和 $-\nu\dfrac{\sigma_z}{E}$ (图 8.41)。同时,在小变形情况下,各个切应力分量 τ_{xy}、τ_{yz} 和 τ_{zx} 在 x 方向上所产生的线应变可以忽略不计。这样,x 方向上的应变就应为

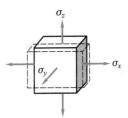

图 8.41 广义胡克定律

$$\varepsilon_x = \frac{1}{E}\left[\sigma_x - \nu(\sigma_y + \sigma_z)\right], \tag{8.39a}$$

同理，y 方向和 z 方向的应变分别为

$$\varepsilon_y = \frac{1}{E}\left[\sigma_y - \nu(\sigma_x + \sigma_z)\right], \tag{8.39b}$$

$$\varepsilon_z = \frac{1}{E}\left[\sigma_z - \nu(\sigma_x + \sigma_y)\right]。 \tag{8.39c}$$

另一方面，切应力将引起切应变，注意到切变模量 G、弹性模量 E 和泊松比 ν 间满足关系式

$$G = \frac{E}{2(1+\nu)},$$

故有

$$\gamma_{xy} = \frac{2(1+\nu)}{E}\tau_{xy}, \quad \gamma_{yz} = \frac{2(1+\nu)}{E}\tau_{yz}, \quad \gamma_{zx} = \frac{2(1+\nu)}{E}\tau_{zx}。 \tag{8.40}$$

式(8.39)和式(8.40)称为**广义胡克定律**(generalized Hooke law)。

在双向应力状态下，如果记主应力为零的方向为 z 方向，那么式(8.39)和式(8.40)便可改写为

$$\left.\begin{aligned}
\varepsilon_x &= \frac{1}{E}(\sigma_x - \nu\sigma_y) \\
\varepsilon_y &= \frac{1}{E}(\sigma_y - \nu\sigma_x) \\
\varepsilon_z &= -\frac{\nu}{E}(\sigma_x + \sigma_y)
\end{aligned}\right\}, \tag{8.41a}$$

$$\gamma_{xy} = \frac{2(1+\nu)}{E}\tau_{xy}。 \tag{8.41b}$$

在单向应力状态下，如果记非零主应力的方向为 x 方向，那么式(8.39)便退化为

$$\varepsilon_x = \frac{\sigma_x}{E},$$

这就是狭义胡克定律了。

注意式(8.39)和式(8.40)是各向同性体的广义胡克定律。既然是各向同性体，力学性能就与方向无关，因此，式(8.39)和式(8.40)就可以应用于任意的直角坐标系。推而广之，可以应用于任意的正交坐标系。

例 8.8　如图 8.42 所示的矩形截面简支梁侧面的中性轴线上 K 点贴一应变片，已知 $F = 12\ \text{kN}$，材料的弹性模量 $E = 200\ \text{GPa}$，泊松比 $\nu = 0.25$。要获得最大拉应变读数，应变片应沿什么方向粘贴？其读数为多少？

解：由于 K 点处于中性层上，过该点做横截面，可得该点处正应力为零，而切应力是该横截面上的最大值，由于该横截面剪力 $F_s = \dfrac{2}{3}F$，故有

$$\tau = k \frac{F_{S}}{A} = \frac{3}{2} \cdot \left(\frac{2F}{3} \right) \frac{1}{bh} = \frac{12 \times 10^{3}}{30 \times 100} \text{ MPa} = 4 \text{ MPa}。$$

由于该横截面上剪力为正值,切应力方向与剪力方向相同,故可得如图 8.43 所示的单元体,这是一种纯剪状态。它在与轴线正向夹角为 $-45°$ 的方向上有最大拉应力 σ_{1},其数值与 τ 相等;$45°$ 方向上有最大压应力 σ_{3},数值也是 τ。因此,要获得最大拉应变读数,应变片应沿着与 x 轴正向成 $-45°$ 的方向粘贴。

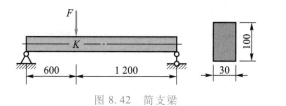

图 8.42 简支梁

图 8.43 纯剪状态

在主轴坐标系下,有

$$\varepsilon_{1} = \frac{1}{E}(\sigma_{1} - \nu\sigma_{3}) = \frac{1+\nu}{E}\tau = \frac{1+0.25}{200\times10^{3}} \times 4 = 25 \times 10^{-6}$$

故可以测出的最大拉应变为 25×10^{-6}。

例 8.9 如图 8.44(a)所示,直径 $d = 200$ mm 的圆轴承受轴向拉伸,两端的拉力 $F = 250$ kN。同时轴两端还承受扭矩 T 的作用。已知材料 $E = 200$ GPa,$\nu = 0.3$。在与轴线成 $45°$ 方向上测得应变 $\varepsilon = 220 \times 10^{-6}$,求扭矩 T 的大小。

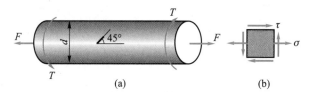

图 8.44 拉扭圆轴

解:在贴应变片处做横截面,可得该处拉伸正应力和扭转切应力分别为

$$\sigma = \frac{F_{N}}{A} = \frac{4F}{\pi d^{2}}, \quad \tau = \frac{T}{W_{p}} = \frac{16T}{\pi d^{3}}。$$

在该处取单元体如图 8.44(b)所示。对应于这个应力状态,应用胡克定律可得

$$\varepsilon_{x} = \frac{\sigma}{E}, \quad \varepsilon_{y} = -\nu\frac{\sigma}{E}, \quad \gamma_{xy} = \frac{\tau}{G} = \frac{2(1+\nu)\tau}{E}。$$

故 $45°$ 方向上的线应变为

$$\varepsilon_{45°} = \frac{1}{2}(\varepsilon_{x} + \varepsilon_{y}) + \frac{1}{2}(\varepsilon_{x} - \varepsilon_{y})\cos 90° + \frac{1}{2}\gamma_{xy}\sin 90°$$

$$= \frac{1}{2}(\varepsilon_{x} + \varepsilon_{y}) + \frac{1}{2}\gamma_{xy} = \frac{1}{2}\left(\frac{1-\nu}{E}\sigma\right) + \frac{1+\nu}{E}\tau,$$

可得

$$\tau = \frac{2E\varepsilon_{45°} - (1-\nu)\sigma}{2(1+\nu)}。$$

从而有

$$T = \frac{\pi d^{3}}{16}\tau = \frac{\pi d^{3}}{16(1+\nu)}\left[E\varepsilon_{45°} - \frac{1}{2}(1-\nu)\sigma\right] = \frac{\pi d^{3}}{16(1+\nu)}\left[E\varepsilon_{45°} - (1-\nu)\frac{2F}{\pi d^{2}}\right]$$

$$=\frac{\pi\times200^3}{16\times(1+0.3)}\times\left[200\times10^3\times220\times10^{-6}-(1-0.3)\times\frac{2\times250\times10^3}{\pi\times200^2}\right]\ \mathrm{N\cdot mm}$$

$$=49\ 800\ 029\ \mathrm{N\cdot mm}=49.8\ \mathrm{kN\cdot m}。$$

例 **8.10**　某边长为 1 的正方形在切应力 τ 作用下发生纯剪变形,如图 8.45 所示,切应变为 γ,考虑单元体对角线的应变,并由之导出

$$G=\frac{E}{2(1+\nu)}。$$

解:在图示的 Oxy 坐标系中

$$\varepsilon_x=0,\quad \varepsilon_y=0,\quad \gamma_{xy}=\gamma。$$

因此,在对角线 AC 方向上的应变

$$\varepsilon_{\frac{\pi}{4}}=\frac{1}{2}\gamma_{xy}\sin\frac{\pi}{2}=\frac{1}{2}\gamma。$$

若选择主轴坐标系 $Ox'y'$,那么,应力状态便如图 8.46 所示,且有 $\sigma=\tau$。在这个坐标系中使用广义胡克定律,便可得 x' 方向上的应变

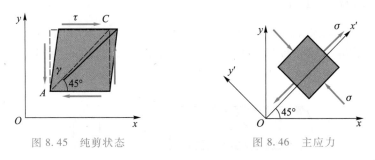

图 8.45　纯剪状态　　　　　图 8.46　主应力

$$\varepsilon_{x'}=\frac{1}{E}(\sigma'_x-\nu\sigma'_y)=\frac{\tau}{E}(1+\nu),$$

因为 x' 方向上的应变就是对角线 AC 方向上的应变,故有

$$\gamma=\tau\frac{2(1+\nu)}{E}。$$

注意到 $\tau=G\gamma$,故有

$$G=\frac{E}{2(1+\nu)}。$$

8.4　电测法的应用

8.4.1　关于测试方案的一些讨论

系统(构件)在外界激励(荷载、温度等)的作用下,必定产生一定的响应(应力、应变等)。电测技术测试出构件的应变,利用所测试的应变,可达到多种测试目的,例如,在已知弹性模量的前提下可计算出相应的应力,在已知外荷载的前提下测算材料的弹性模量等。本书在第 3 章中介绍了应变片和应变仪,以及应变仪中的测量电路惠斯通电桥。在实际的

测试过程中,首先需要根据测试目的和问题的特点确定测试方案,包括布片方案和接桥方法,然后进行实测。获得测试数据之后进行整理和辅助计算,再进行必要的分析。

布片方案的确定是整个测试的关键环节之一。在布片时,以下几点值得注意。

(1)一般地讲,在相同的场合,用相同的手段和方法,测试所得的信号越强,相对误差就越小,精度就越高。因此,应尽可能选择变形大的区域进行测试。例如,在弯曲梁中,远离中性轴的区域就比靠近中性轴的区域测得的轴向应变更大。基于同样的理由,如果在所测试的区域应力状态比较明确,那么沿主方向贴片就比沿其他方向的效果更好。

(2)如果测试的对象存在着其他要素的干扰,那么尽量选择能够排除这些干扰的布片方案。

首先,温度因素不可避免地会出现在每个应变片的读数之中,这可以通过温度补偿片的方式来将这一干扰排除。在有的情况下,也可以采用恰当的接桥方法将其排除,这将在下面的叙述中加以说明。

例如,在测量杆件的拉伸变形时,尽管如图 8.47(a)所示的应变片 ε_a 已经在原则上能够测试轴向应变,但这并不是一个好的方案。因为杆件的拉伸无法完全避免轴向力 F 的偏心作用,这样,图 8.47(a)所读出的 ε_a 就不仅包含拉伸应变,还包含了弯曲应变。

如果改为如图 8.47(b)所示的方案,即在下边缘再贴一个应变片 ε_b,就可以解决上述问题。另用两个温度补偿片 ε_c 和 ε_d,并采用如图 8.47(c)所示的接桥方案。如果记拉伸应变、弯曲应变和温度应变分别为 ε_N、ε_M 和 ε_t,则各应变片所包含的应变分别为:

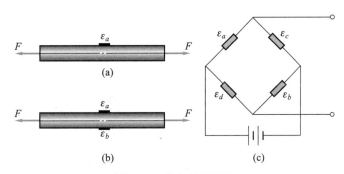

图 8.47 单向拉伸测试

$$\varepsilon_a = \varepsilon_M + \varepsilon_N + \varepsilon_t, \quad \varepsilon_b = -\varepsilon_M + \varepsilon_N + \varepsilon_t, \quad \varepsilon_c = \varepsilon_d = \varepsilon_t,$$

或者

$$\varepsilon_b = \varepsilon_M + \varepsilon_N + \varepsilon_t, \quad \varepsilon_a = -\varepsilon_M + \varepsilon_N + \varepsilon_t, \quad \varepsilon_c = \varepsilon_d = \varepsilon_t,$$

根据式(3.10),应变仪的读数应变为

$$\varepsilon_d = \varepsilon_a - \varepsilon_c - \varepsilon_d + \varepsilon_b = 2\varepsilon_N。$$

由此可见,弯曲应变 ε_M 被过滤掉了。

(3)如果不是特殊需要,不要在应力状态不明确的地方贴片。例如,应力集中处和几何尺寸显著变化处都不适合贴片。同时,要注意理想状态和真实的受力情况的区别。例如,如果悬臂梁的横向荷载作用于自由端,那么固定端处往往具有最大的轴向应变。但是实际上固定端处不是良好的贴片之处。因为该处受力情况并不清晰,该处具有的最大的轴向应变是材料力学分析的一种简化结果。

（4）在许多情况下，应变仪的读数还要经过一番计算才能得到所期望的数值。有时，由于要获得的参数不止一个且彼此耦合，就会在事实上出现求解联立方程组的情况。在这种情况下，须防止在计算中"大数吃小数"的结果。同时，须注意计算结果不稳定的情况（即测试值稍许变化，就会导致计算结果差别很大）。在考虑这类情况时，一个值得推荐的方式是，检查这个联立方程组的系数矩阵的特征值。如果这些特征值的数值彼此悬殊较大，那么结果就会不稳定，应对布片方案加以修改。

接桥方法是另一个关键环节。在这个环节中，应该注意以下几点：

（1）接桥方案中必须考虑滤掉温度应变。

（2）如果参与测试的应变片都包含了不同力学要素的影响，那么，尽可能地在接桥方案中将其分离，使读数应变只反映单个力学要素的影响。

（3）只要条件允许，应该使读数应变尽可能地放大，以利于提高测试精度。

下面以两个实例来对上述接桥方案要点予以说明。

例 8.11　等截面悬臂梁自由端附近是一个可以放置物体的平台，如图 8.48(a)所示。悬臂梁横截面尺寸和弹性模量为已知，为了测量物体的重量，可以如何布片？应该如何接桥？

解：重物使梁产生弯曲变形，因此，可测量轴向应变以计算出重物重量。采用如图 8.48(b)所示的贴片方案，如图 8.48(c)所示的半桥连接方式，由于弯曲应变

$$\varepsilon_{M} = \frac{Pl}{EW},$$

$$\varepsilon_{(1)} = \varepsilon_{M} + \varepsilon_{t}, \quad \varepsilon_{(2)} = -\varepsilon_{M} + \varepsilon_{t},$$

故读数应变

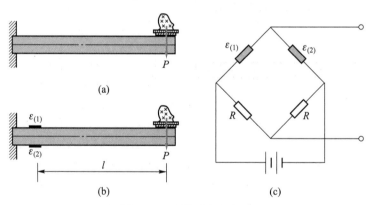

图 8.48　重量测试方案一

$$\varepsilon_{d} = (\varepsilon_{M} + \varepsilon_{t}) - (-\varepsilon_{M} + \varepsilon_{t}) = 2\varepsilon_{M},$$

式中，温度应变 ε_{t} 被过滤掉了。由此可见，布片方案与接桥方案综合考虑，可以在不使用温度补偿片的情况下滤掉温度应变。由此可得重物重量为

$$P = \frac{EW}{2l}\varepsilon_{d}。$$

由上式可知，为求出重物重量，不仅需要已知抗弯截面系数 W 和弹性模量 E，还必须已知重物重心到应变片的距离 l，而 l 的准确值并不容易测量。为解决这个问题，可采用如图 8.49 所示的贴片和全桥接桥方案。

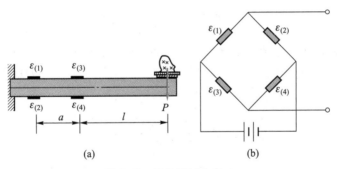

图 8.49　重量测试方案二

在这个方案中,有

$$\varepsilon_{(1)} = \frac{P(l+a)}{EW} + \varepsilon_t, \quad \varepsilon_{(2)} = -\frac{P(l+a)}{EW} + \varepsilon_t, \quad \varepsilon_{(3)} = \frac{Pl}{EW} + \varepsilon_t, \quad \varepsilon_{(4)} = -\frac{Pl}{EW} + \varepsilon_t。$$

读数应变

$$\varepsilon_d = \varepsilon_{(1)} - \varepsilon_{(2)} - \varepsilon_{(3)} + \varepsilon_{(4)} = \frac{2Pa}{EW}。$$

重物重量

$$P = \frac{EW}{2a} \varepsilon_d。$$

在这个方案中,尺寸 l 被滤掉了,重物的重心位置不再重要。而尺寸 a 是贴片前划线确定的,可以得到相当精确的 a 值,这样,重物重量的精度可以得到保证。

本题实际上给出了以电测技术为主要测试手段的电子秤的工作原理。

例 8.12　如图 8.50 所示,外径为 D、内径为 d 的空心圆轴承受弯扭组合荷载。材料的弹性模量 E 和泊松比 ν 为已知。现要用应变片测出弯矩 M 和扭矩 T 的数值,应如何布片? 应如何设计接桥方案? 如何利用测试出的应变值计算 M 和 T?

方案一:由于弯矩和扭矩的作用方向是已知的,因此,可以考虑如图 8.51 所示的布片方案。上下各贴一个应变片,即 $\varepsilon_{(1)}$ 和 $\varepsilon_{(2)}$,均沿轴向粘贴;它们可以测出最大弯曲应变,同时完全不反映扭矩的影响。另外,在圆轴前后中性轴部位各贴一个应变片,即 $\varepsilon_{(3)}$ 和 $\varepsilon_{(4)}$,均与轴向成 45°角(从轴的前方看去,前后两个应变片方向重合)。由于 $\varepsilon_{(3)}$ 和 $\varepsilon_{(4)}$ 贴在中性轴部位,因此,它们完全不反映弯曲的影响,而只反映扭转的影响。应变片与轴向成 45°角,正是该处的扭转切应力的主方向。其中,$\varepsilon_{(3)}$ 位于最大拉应变的方向上,$\varepsilon_{(4)}$ 位于最大压应变方向上。

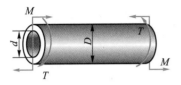

图 8.50　弯扭组合

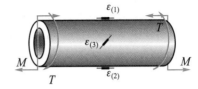

图 8.51　方案一

可利用上、下应变片 $\varepsilon_{(1)}$ 和 $\varepsilon_{(2)}$ 组成如图 8.52(a)所示的半桥方式。

记温度应变为 ε_t,则有

$$\varepsilon_{(1)} = -\frac{M}{EW} + \varepsilon_t, \quad \varepsilon_{(2)} = \frac{M}{EW} + \varepsilon_t, \quad \varepsilon_{d1} = \varepsilon_{(1)} - \varepsilon_{(2)} = -\frac{2M}{EW},$$

故有

$$M = -\frac{E\pi D^3(1-\alpha^4)}{64}\varepsilon_{d1}, \quad \alpha = \frac{d}{D}。$$

利用前后应变片 $\varepsilon_{(3)}$ 和 $\varepsilon_{(4)}$ 构成如图 8.52(b)所示的半桥方式,则有

$$\varepsilon_{(3)} = \frac{(1+\nu)T}{EW_p}+\varepsilon_t, \quad \varepsilon_{(4)} = -\frac{(1+\nu)T}{EW_p}+\varepsilon_t, \quad \varepsilon_{d2} = \varepsilon_{(3)}-\varepsilon_{(4)} = \frac{2(1+\nu)T}{EW_p},$$

故有

$$T = \frac{E\pi D^3(1-\alpha^4)}{32(1+\nu)}\varepsilon_{d2}。$$

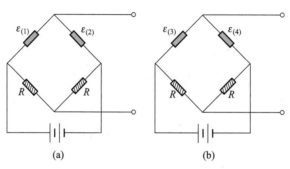

图 8.52　方案一的接桥方式

这一方案成功地在每个应变片中将弯矩和扭矩这两个力学要素隔离。这是这个方案的优点。

方案二:考虑如图 8.53 所示的布片方案,在上、下两点处各贴两个应变片,各应变片与轴线夹角均为 45°。

首先分析上、下两点处的应力状态。它们的单元体图如图 8.54 所示。由弯矩 M 引起的贴片处的横截面正应力数值为 $\frac{M}{W}$,相应的正应变 $\varepsilon_x = \frac{M}{EW}$,$\varepsilon_y = -\nu\frac{M}{EW}$。由扭矩引起的切应力为 $\frac{T}{W_p}$,相应的切应变为 $\gamma_{xy} = \frac{T}{GW_p}$。故上、下两点处沿 $\pm45°$ 方向上的线应变为

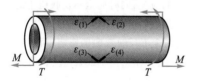

图 8.53　方案二

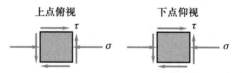

图 8.54　应力状态

$$\varepsilon_{\pm45°} = \frac{1}{2}(\varepsilon_x+\varepsilon_y)\pm\frac{1}{2}\gamma_{xy} = \frac{1}{2}(1-\nu)\varepsilon_x\pm\frac{1}{2}\gamma_{xy} = \frac{M(1-\nu)}{2EW}\pm\frac{T}{2GW_p},$$

这样,四个应变片测出的应变分别为

$$\varepsilon_{(1)} = \varepsilon_{45°} = -\frac{M}{2EW}(1-\nu)+\frac{T}{2GW_p}+\varepsilon_t,$$

$$\varepsilon_{(2)} = \varepsilon_{-45°} = -\frac{M}{2EW}(1-\nu)-\frac{T}{2GW_p}+\varepsilon_t,$$

$$\varepsilon_{(3)} = \varepsilon_{-45°} = \frac{M}{2EW}(1-\nu)-\frac{T}{2GW_p}+\varepsilon_t,$$

$$\varepsilon_{(4)} = \varepsilon_{45°} = \frac{M}{2EW}(1-\nu)+\frac{T}{2GW_p}+\varepsilon_t。$$

因此,要只测出扭矩,则可按图 8.55(a)所示的方式接桥。如要只测出弯矩,则可按图 8.55(b)所示的方式接桥。

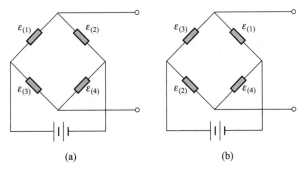

图 8.55   方案二的接桥方式

按图 8.55(a)所示的方式接桥时,有

$$\varepsilon_{d1} = \varepsilon_{(1)} - \varepsilon_{(2)} - \varepsilon_{(3)} + \varepsilon_{(4)} = \frac{2T}{GW_p} = \frac{64T(1+\nu)}{E\pi D^3(1-\alpha^4)},$$

故有

$$T = \frac{E\pi D^3(1-\alpha^4)}{64(1+\nu)}\varepsilon_{d1}。$$

按图 8.55(b)所示的方式接桥时,有

$$\varepsilon_{d2} = \varepsilon_{(3)} - \varepsilon_{(1)} - \varepsilon_{(2)} + \varepsilon_{(4)} = \frac{2M}{EW}(1-\nu) = \frac{64M(1-\nu)}{E\pi D^3(1-\alpha^4)},$$

故有

$$M = \frac{E\pi D^3(1-\alpha^4)}{64(1-\nu)}\varepsilon_{d2}。$$

在第二种方案中,每个应变片都反映了弯矩和扭矩两个要素。但由于选择在 45°方向上贴片,因此,测试效率降低了。与第一种方案相比,两种方案的测试效率相当。

从上面的例子可看出,为达到同一个测试目的,可以有不同的测试方案。有的情况下需要综合分析而决定采取何种方案[①]。

用实验对材料的力学性能进行测试和研究,对构件在外载作用下的多种响应的测试,除了电测之外,还有光测等多种方法[②]。

8.4.2   应变花的应用

应变片所反映的仅是测点处沿应变片方向的线应变。为了全面地了解测点处的应变状态,一般将三个应变片按某种方式组合成**应变花**(strain gage rosette),再利用应变花上三个不同方向的应变片所测出的线应变来确定测点处的正应变和切应变,进而求出该点的主应变、主方向以至计算出主应力。常用的应变花有图 8.56 所列出的两类,其中,图 8.56(a)所示为直角应变花,图 8.56(b)所示为等角应变花。

---

① 关于电测法的全面讨论,可参见参考文献[10]。
② 这方面的论述,可参见参考文献[17]。

设利用应变花测得 α_1、α_2、α_3 三个方向上的正应变分别为 ε_{α_1}、ε_{α_2}、ε_{α_3}，则由式（8.30）有

$$\left.\begin{array}{l} \varepsilon_{\alpha_1} = \dfrac{1}{2}(\varepsilon_x + \varepsilon_y) + \dfrac{1}{2}(\varepsilon_x - \varepsilon_y)\cos 2\alpha_1 + \dfrac{1}{2}\gamma_{xy}\sin 2\alpha_1 \\[2mm] \varepsilon_{\alpha_2} = \dfrac{1}{2}(\varepsilon_x + \varepsilon_y) + \dfrac{1}{2}(\varepsilon_x - \varepsilon_y)\cos 2\alpha_2 + \dfrac{1}{2}\gamma_{xy}\sin 2\alpha_2 \\[2mm] \varepsilon_{\alpha_3} = \dfrac{1}{2}(\varepsilon_x + \varepsilon_y) + \dfrac{1}{2}(\varepsilon_x - \varepsilon_y)\cos 2\alpha_3 + \dfrac{1}{2}\gamma_{xy}\sin 2\alpha_3 \end{array}\right\}。$$

这是一组关于 ε_x、ε_y 和 γ_{xy} 的线性方程组，联立求解即可得 ε_x、ε_y 和 γ_{xy}，进而可利用式（8.34）和式（8.35）求出主方向及主应变。再由广义胡克定律，即可算出主应力。

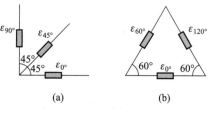

原则上，应变花的每一个应变片都应配置温度补偿片，以消除温度应变的影响。

图 8.56　应变花

例 8.13　用直角应变花测得构件上某点的线应变为

$$\varepsilon_{0°} = -300 \times 10^{-6}, \quad \varepsilon_{45°} = -200 \times 10^{-6}, \quad \varepsilon_{90°} = 200 \times 10^{-6}。$$

试求主应变及主方向。

解：选 0° 和 90° 方向为 x 轴和 y 轴方向，即有

$$\varepsilon_x = -300 \times 10^{-6}, \quad \varepsilon_y = 200 \times 10^{-6}, \quad \varepsilon_{45°} = -200 \times 10^{-6}。$$

将上述数据代入式（8.30），即

$$\varepsilon_{45°} = \frac{1}{2}(\varepsilon_x + \varepsilon_y) + \frac{1}{2}(\varepsilon_x - \varepsilon_y)\cos 90° + \frac{1}{2}\gamma_{xy}\sin 90°,$$

可得

$$\gamma_{xy} = 2\varepsilon_{45°} - (\varepsilon_x + \varepsilon_y) = -300 \times 10^{-6}。$$

再由式（8.34），可得主方向 α' 应满足

$$\tan 2\alpha' = \frac{-300}{-300-200} = 0.6,$$

故有 $\alpha'_1 = 15.5°$ 和 $\alpha'_2 = -74.5°$。将这两个值分别代入式（8.30），得

对应于 $\alpha'_1 = 15.5°$ 的主应变 $\varepsilon_j = -342 \times 10^{-6}$。

对应于 $\alpha'_2 = -74.5°$ 的主应变 $\varepsilon_i = 242 \times 10^{-6}$。

8.5　应　变　比　能

8.5.1　应变比能的概念

物体在外荷载作用下一般会产生相应的变形，这时外荷载对物体做了正功 W。除去可能存在的热效应和其他非力学效应之外，这些功将转化为能量的形式存储在物体之中。物体的变形可分为两类：一类是可恢复的变形，即所谓弹性变形；另一类是不可恢复的变形，例如塑性变形。相应地，存储的能量也分为可恢复（即可对外界做功）和不可恢复的两部分。

其中可恢复的部分称为应变能(strain energy),并记为 U。一般地,物体各处由于变形不同,所积聚的应变能大小也不同。这样就有必要引入应变能集度的概念。应变能集度,或者说单位体积的应变能,称为应变比能(density of strain energy),并记为 u_e。由此定义可知

$$U = \int_V u_e \mathrm{d}V。 \tag{8.42}$$

弹性体的一个重要特点是,在加载到弹性阶段的任何一个状态时完全卸载,它都能恢复到未加载时的状态。由此可以得到的一个重要结论是,弹性体的变形只与它相对于未加载的状态有关,而与它如何到达这一状态的过程无关。因此,物体承受荷载而发生变形的过程也许是复杂的,但最终物体处于定常状态时,它所积聚的应变能却是由它最后的状态所确定。这样,可以设想一类缓慢加载的过程,当荷载由零缓慢地增加到一定值时,相应的变形也由零缓慢地达到一定的值。荷载和变形这一组量决定了物体所存储的应变能。在这种情况下,根据机械能守恒,有

$$W = U = \int_V u_e \mathrm{d}V。 \tag{8.43}$$

先考虑在单向应力状态下的应变比能。设想一个长、宽、高分别为 $\mathrm{d}x$、$\mathrm{d}y$、$\mathrm{d}z$ 的微元体在 $\mathrm{d}y\mathrm{d}z$ 微元面上承受 σ_x 的应力作用的一个过程(图 8.57)。作用力 $\sigma_x\mathrm{d}y\mathrm{d}z$ 逐渐使微元面偏离原有位置而最后达到偏移量 $\varepsilon_x\mathrm{d}x$ 的状态,在这个过程的每个微小区段内,$\sigma_x\mathrm{d}y\mathrm{d}z$ 所做的元功

$$\delta w = (\sigma_x \mathrm{d}y\mathrm{d}z) \cdot (\mathrm{d}\varepsilon_x \mathrm{d}x),$$

当偏移量达到 $\varepsilon_x\mathrm{d}x$ 的状态时,力 $\sigma_x\mathrm{d}y\mathrm{d}z$ 所做的功

$$\delta W = \int_0^\varepsilon (\sigma_x \mathrm{d}y\mathrm{d}z) \cdot (\mathrm{d}\varepsilon_x \mathrm{d}x) = \int_0^\varepsilon \sigma_x \mathrm{d}\varepsilon_x \mathrm{d}V。$$

在这个过程中显然有

$$\delta W = \mathrm{d}U = u_e \mathrm{d}V,$$

故有

$$u_e = \int_0^\varepsilon \sigma_x \mathrm{d}\varepsilon_x。 \tag{8.44}$$

可以用图 8.58 所示的图形几何表达应变比能的概念。式(8.44)指出,应变比能就是图 8.58(a)中的阴影面积。显然,对于线弹性体,式(8.44)可改写为

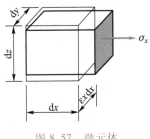

图 8.57 微元体

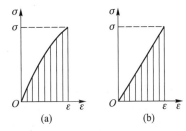

图 8.58 应变比能

$$u_e = \frac{1}{2}\sigma\varepsilon。 \tag{8.45a}$$

它对应图 8.58(b) 中的三角形面积。

可以把式 (8.45a) 推广到纯剪切的情况,即

$$u_e = \frac{1}{2}\tau\gamma 。 \tag{8.45b}$$

式 (8.44) 还可以推广到一般三向应力状态,即

$$u_e = \int_0^\varepsilon (\sigma_x \mathrm{d}\varepsilon_x + \sigma_y \mathrm{d}\varepsilon_y + \sigma_z \mathrm{d}\varepsilon_z + \tau_{xy} \mathrm{d}\gamma_{xy} + \tau_{yz} \mathrm{d}\gamma_{yz} + \tau_{zx} \mathrm{d}\gamma_{zx}) 。 \tag{8.46a}$$

对于线弹性体,有

$$u_e = \frac{1}{2}(\sigma_x \varepsilon_x + \sigma_y \varepsilon_y + \sigma_z \varepsilon_z + \tau_{xy} \gamma_{xy} + \tau_{yz} \gamma_{yz} + \tau_{zx} \gamma_{zx}) 。 \tag{8.46b}$$

在主轴坐标系下,有

$$u_e = \frac{1}{2}(\sigma_1 \varepsilon_1 + \sigma_2 \varepsilon_2 + \sigma_3 \varepsilon_3) , \tag{8.47}$$

利用广义胡克定律,上式可写为用主应力表达的应变比能,即

$$u_e = \frac{1}{2E}\left[\sigma_1^2 + \sigma_2^2 + \sigma_3^2 - 2\nu(\sigma_1\sigma_2 + \sigma_2\sigma_3 + \sigma_3\sigma_1)\right] 。 \tag{8.48}$$

8.5.2 体积改变比能和形状改变比能

对于任意微元体所发生的某种形变,总是可以视为体积改变和形状改变的合成。

先考虑体积的改变。由于在主轴坐标系下,体积变化率

$$e = \varepsilon_1 + \varepsilon_2 + \varepsilon_3 ,$$

在上式右端的三项中均引用广义胡克定律,上式便可化为

$$e = \frac{1-2\nu}{E}(\sigma_1 + \sigma_2 + \sigma_3) 。 \tag{8.49}$$

上式说明对于任意的一个应力状态,影响体积变化的是 $(\sigma_1 + \sigma_2 + \sigma_3)$,它作为一个整体量影响着体积变化,而与单个主应力的具体数量无关。这样,可以定义一个量,称为平均正应力,即

$$\bar{\sigma} = \frac{1}{3}(\sigma_1 + \sigma_2 + \sigma_3) 。 \tag{8.50}$$

利用平均正应力,可构造一个应力状态,称为球应力状态,即

$$\bar{T} = \bar{\sigma}I = \bar{\sigma}\begin{bmatrix} 1 & 0 & 0 \\ 0 & 1 & 0 \\ 0 & 0 & 1 \end{bmatrix} = \frac{1}{3}(\sigma_1 + \sigma_2 + \sigma_3)\begin{bmatrix} 1 & 0 & 0 \\ 0 & 1 & 0 \\ 0 & 0 & 1 \end{bmatrix} , \tag{8.51}$$

球应力状态的三个主应力都等于平均正应力 $\bar{\sigma}$。显然,球应力状态是一种静水压力状态。由 8.1.7 节可知,球应力状态只可能改变体积而不会改变形状。

考虑球应力状态所对应的应变能,称之为体积改变比能(density of energy of volume change),并记为 u_e^v。由式 (8.48) 可得

$$u_e^v = \frac{1}{2E}(3\bar{\sigma}^2 - 6\nu\bar{\sigma}^2) = \frac{1-2\nu}{6E}(\sigma_1 + \sigma_2 + \sigma_3)^2 。 \tag{8.52}$$

对于任意的一个应力状态 $\boldsymbol{T}$,其主应力为 σ_1、σ_2 和 σ_3,都可以得到一个平均正应力状态 $\bar{\boldsymbol{T}} = \bar{\sigma}\boldsymbol{I}$,并由此而导出另一个应力状态,称为偏应力状态,即

$$\boldsymbol{T}^{\mathrm{d}} = \boldsymbol{T} - \bar{\boldsymbol{T}} = \begin{bmatrix} \sigma_1 - \bar{\sigma} & 0 & 0 \\ 0 & \sigma_2 - \bar{\sigma} & 0 \\ 0 & 0 & \sigma_3 - \bar{\sigma} \end{bmatrix} 。 \tag{8.53a}$$

上式也可以理解为任何一个应力状态都可以分解为平均正应力状态与偏应力状态之和:

$$\boldsymbol{T} = \bar{\boldsymbol{T}} + \boldsymbol{T}^{\mathrm{d}} 。 \tag{8.53b}$$

显然,偏应力状态的三个主应力为

$$\sigma_1^{\mathrm{d}} = \sigma_1 - \bar{\sigma}, \quad \sigma_2^{\mathrm{d}} = \sigma_2 - \bar{\sigma}, \quad \sigma_3^{\mathrm{d}} = \sigma_3 - \bar{\sigma} 。 \tag{8.54}$$

现在考虑偏应力状态所引起的变形效应。根据广义胡克定律,偏应力状态的第一主应力所对应的应变为

$$\varepsilon_1^{\mathrm{d}} = \frac{1}{E} [\sigma_1 - \nu(\sigma_2 + \sigma_3) - (1 - 2\nu)\bar{\sigma}], \tag{8.55}$$

与此类似,还可以得到另外两个主应力所对应的应变。这样,偏应力状态所引起的体积变化率

$$e^{\mathrm{d}} = \varepsilon_1^{\mathrm{d}} + \varepsilon_2^{\mathrm{d}} + \varepsilon_3^{\mathrm{d}} = \frac{1 - 2\nu}{E} [(\sigma_1 + \sigma_2 + \sigma_3) - 3\bar{\sigma}] = 0 。 \tag{8.56}$$

这就说明,偏应力状态不会引起体积的变化而只会引起形状的变化。

下面进一步考虑偏应力状态所引起的应变比能 $u_{\mathrm{e}}^{\mathrm{d}}$。根据式(8.47),这一能量为

$$u_{\mathrm{e}}^{\mathrm{d}} = \frac{1}{2} (\sigma_1^{\mathrm{d}} \varepsilon_1^{\mathrm{d}} + \sigma_2^{\mathrm{d}} \varepsilon_2^{\mathrm{d}} + \sigma_3^{\mathrm{d}} \varepsilon_3^{\mathrm{d}}),$$

将式(8.54)和式(8.55)等代入上式即可导出:

$$u_{\mathrm{e}}^{\mathrm{d}} = \frac{1 + \nu}{6E} [(\sigma_1 - \sigma_2)^2 + (\sigma_2 - \sigma_3)^2 + (\sigma_3 - \sigma_1)^2] 。 \tag{8.57}$$

$u_{\mathrm{e}}^{\mathrm{d}}$ 称为形状改变比能,又称为畸变比能(distortion energy density)。

由式(8.52)、式(8.57)和式(8.48)即可导出:

$$u_{\mathrm{e}}^{\mathrm{v}} + u_{\mathrm{e}}^{\mathrm{d}} = u_{\mathrm{e}} 。 \tag{8.58}$$

这说明,应变比能可以分解为体积改变比能 $u_{\mathrm{e}}^{\mathrm{v}}$ 和形状改变比能 $u_{\mathrm{e}}^{\mathrm{d}}$ 之和。换言之,平均正应力状态在偏应力状态所引起的应变上所做的功为零;同样,偏应力状态在平均正应力状态所引起的应变上所做的功也为零。

从式(8.49)还可得到另一个结论,如果某种材料在弹性范围内的任意外力作用下都没有体积的变化,那么这种材料的泊松比

$$\nu = \frac{1}{2} 。 \tag{8.59}$$

这类材料称为不可压缩的。显然,不可压缩材料是一种理想模型。但是,如果材料中线应变的量级远大于体积变化比的量级,这种材料就可简化为不可压缩的。橡胶一类高聚合物就

常常处理为不可压缩材料;此外,流体常常也做这样的处理。

对于一般工程材料,$\nu \geqslant 0$,由之可看出泊松比的取值范围是

$$0 \leqslant \nu \leqslant \frac{1}{2} \text{[①]}。 \tag{8.60}$$

例 8.14 分别求出单向应力状态(拉应力为 σ)和纯剪切应力状态(切应力为 τ)的应变比能、体积改变比能和形状改变比能。

解:对于单向应力状态,如图 8.59(a)所示,有

$$\sigma_1 = \sigma, \quad \sigma_2 = \sigma_3 = 0。$$

故有应变比能

$$u_e = \frac{1}{2E} [\sigma_1^2 + \sigma_2^2 + \sigma_3^2 - 2\nu(\sigma_1\sigma_2 + \sigma_2\sigma_3 + \sigma_3\sigma_1)] = \frac{\sigma^2}{2E},$$

体积改变比能

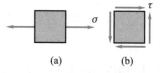

图 8.59 单向拉伸和纯剪切

$$u_e^v = \frac{1-2\nu}{6E}(\sigma_1 + \sigma_2 + \sigma_3)^2 = \frac{1-2\nu}{6E}\sigma^2,$$

形状改变比能

$$u_e^d = \frac{1+\nu}{6E} [(\sigma_1 - \sigma_2)^2 + (\sigma_2 - \sigma_3)^2 + (\sigma_3 - \sigma_1)^2] = \frac{1+\nu}{3E}\sigma^2。$$

对于纯剪状态,如图 8.59(b)所示,有

$$\sigma_1 = \tau, \quad \sigma_2 = 0, \quad \sigma_3 = -\tau。$$

故有应变比能

$$u_e = \frac{1+\nu}{E}\tau^2 = \frac{\tau^2}{2G},$$

体积改变比能 $u_e^v = 0$,形状改变比能

$$u_e^d = \frac{1+\nu}{E}\tau^2 = \frac{\tau^2}{2G}。$$

*8.6 张量的初步概念

先考虑矢量的坐标变换。显然,坐标系的平移不会影响矢量的分量数值,因此,只需考虑坐标系的旋转即可。如图 8.60 所示,Oxy 和 $Ox'y'$ 是两个直角坐标系,这两个坐标系中的单位矢量(称为基矢量)分别为 $\boldsymbol{i}$、$\boldsymbol{j}$ 和 $\boldsymbol{i}'$、$\boldsymbol{j}'$。易得

$$\begin{bmatrix} \boldsymbol{i}' \\ \boldsymbol{j}' \end{bmatrix} = \begin{bmatrix} \cos(\boldsymbol{i}', \boldsymbol{i}) & \cos(\boldsymbol{i}', \boldsymbol{j}) \\ \cos(\boldsymbol{j}', \boldsymbol{i}) & \cos(\boldsymbol{j}', \boldsymbol{j}) \end{bmatrix} \begin{bmatrix} \boldsymbol{i} \\ \boldsymbol{j} \end{bmatrix}。 \tag{8.61}$$

上式中右端的方阵称为坐标变换矩阵,记为 $\boldsymbol{M}$。若记 $\boldsymbol{i}'$ 与 $\boldsymbol{i}$ 的夹角为 α,即 $\alpha = (\boldsymbol{i}', \boldsymbol{i})$,如图 8.60 所示,便有

$$\boldsymbol{M} = \begin{bmatrix} \cos \alpha & \sin \alpha \\ -\sin \alpha & \cos \alpha \end{bmatrix}。 \tag{8.62}$$

---

① 事实上,由式(8.52)、式(8.57)、式(8.58),以及应变能恒正(包括体积改变比能和形状改变比能均恒正)的条件,可得到泊松比的严格取值范围是 $-1 < \nu < 0.5$。$\nu < 0$ 的材料被称为"负泊松比材料"。

坐标变换矩阵 $\boldsymbol{M}$ 为正交矩阵,即

$$\boldsymbol{M}^{-1} = \boldsymbol{M}^{\mathrm{T}}。 \tag{8.63}$$

对于矢量 $\vec{a}$[1],若它在 Oxy 坐标系和 $Ox'y'$ 坐标系的分量列向量分别为 $\boldsymbol{a}$ 和 $\boldsymbol{a}'$,则有

$$\vec{a} = \boldsymbol{a}^{\mathrm{T}} \begin{bmatrix} \boldsymbol{i} \\ \boldsymbol{j} \end{bmatrix}, \qquad \vec{a} = \boldsymbol{a}'^{\mathrm{T}} \begin{bmatrix} \boldsymbol{i}' \\ \boldsymbol{j}' \end{bmatrix} = \boldsymbol{a}'^{\mathrm{T}} \boldsymbol{M} \begin{bmatrix} \boldsymbol{i} \\ \boldsymbol{j} \end{bmatrix},$$

故有

$$\boldsymbol{a}^{\mathrm{T}} = \boldsymbol{a}'^{\mathrm{T}} \boldsymbol{M},$$

上式两边取转置,同时注意到式(8.63)便有

$$\boldsymbol{a} = \boldsymbol{M}^{\mathrm{T}} \boldsymbol{a}' \quad 和 \quad \boldsymbol{a}' = \boldsymbol{M} \boldsymbol{a}, \tag{8.64a}$$

即

$$\begin{bmatrix} a_x \\ a_y \end{bmatrix} = \begin{bmatrix} \cos\alpha & -\sin\alpha \\ \sin\alpha & \cos\alpha \end{bmatrix} \begin{bmatrix} a_{x'} \\ a_{y'} \end{bmatrix} \quad 和 \quad \begin{bmatrix} a_{x'} \\ a_{y'} \end{bmatrix} = \begin{bmatrix} \cos\alpha & \sin\alpha \\ -\sin\alpha & \cos\alpha \end{bmatrix} \begin{bmatrix} a_x \\ a_y \end{bmatrix}。 \tag{8.64b}$$

式(8.64)即矢量分量的坐标变换式。人们把矢量称为一阶张量。

双向应力状态中斜截面上的应力的问题实质上是坐标变换。考虑变形体中某点 K,如图 8.61 所示,在两个坐标系下,K 点的应力状态矩阵分别为

$$\boldsymbol{T} = \begin{bmatrix} \sigma_x & \tau_{xy} \\ \tau_{yx} & \sigma_y \end{bmatrix}, \quad \boldsymbol{T}' = \begin{bmatrix} \sigma_{x'} & \tau_{x'y'} \\ \tau_{y'x'} & \sigma_{y'} \end{bmatrix}。$$

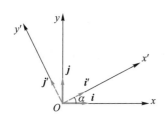
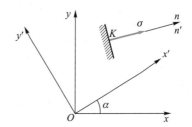

图 8.60 坐标系旋转   图 8.61 斜截面上的应力分量

依照式(8.8a),K 点某个指定斜截面上的法向应力分量在两个坐标系中的计算式分别为

$$\boldsymbol{n}^{\mathrm{T}} \boldsymbol{T} \boldsymbol{n} \quad 和 \quad \boldsymbol{n}'^{\mathrm{T}} \boldsymbol{T}' \boldsymbol{n}',$$

其中,$\boldsymbol{n}$ 和 $\boldsymbol{n}'$ 分别为该斜截面的法向单位矢量在两个坐标系中的分量列向量。作为矢量,$\boldsymbol{n}$ 和 $\boldsymbol{n}'$ 满足

$$\boldsymbol{n}' = \boldsymbol{M} \boldsymbol{n} \quad 或 \quad \boldsymbol{n} = \boldsymbol{M}^{\mathrm{T}} \boldsymbol{n}'。 \tag{8.65}$$

同时,应该注意到,该斜截面上的法向应力分量的数值是一个客观存在的物理现实,它与人们所采用的坐标系无关,因此应有

$$\boldsymbol{n}^{\mathrm{T}} \boldsymbol{T} \boldsymbol{n} = \boldsymbol{n}'^{\mathrm{T}} \boldsymbol{T}' \boldsymbol{n}',$$

将式(8.65)的第二式代入上式左端即可得

$$(\boldsymbol{M}^{\mathrm{T}} \boldsymbol{n}')^{\mathrm{T}} \boldsymbol{T} (\boldsymbol{M}^{\mathrm{T}} \boldsymbol{n}') = \boldsymbol{n}'^{\mathrm{T}} \boldsymbol{T}' \boldsymbol{n}',$$

即

---

[1]　在不引起混淆的情况下,本节矢量仍用黑斜体字母表示。

$$n'^{\mathrm{T}}T'n' = n'^{\mathrm{T}}MTM^{\mathrm{T}}n'。$$

上式对于任意指定的斜截面都是成立的,或者说,上式对于任意的 n' 均成立,故有

$$T' = MTM^{\mathrm{T}}, \tag{8.66a}$$

即

$$\begin{bmatrix} \sigma_{x'} & \tau_{x'y'} \\ \tau_{y'x'} & \sigma_{y'} \end{bmatrix} = \begin{bmatrix} \cos\alpha & \sin\alpha \\ -\sin\alpha & \cos\alpha \end{bmatrix} \begin{bmatrix} \sigma_x & \tau_{xy} \\ \tau_{yx} & \sigma_y \end{bmatrix} \begin{bmatrix} \cos\alpha & -\sin\alpha \\ \sin\alpha & \cos\alpha \end{bmatrix}。 \tag{8.66b}$$

这就是应力状态矩阵在坐标变换中应满足的关系式。将上式展开,即可获得与式(8.8c)和(8.10c)完全相同的式子。

从应力状态分析中可以看出,在描述一点的应力状态时,矢量是无能为力的,而必须借助如同 $T = \begin{bmatrix} \sigma_x & \tau_{xy} \\ \tau_{yx} & \sigma_y \end{bmatrix}$ 这样的矩阵来描述。一般地,如果一个量在二维空间中有 2^2 个分量,而且在两个坐标系中其分量各自排列为 2×2 的方阵 A' 和 A,两个坐标系的变换矩阵为 M,且满足关系式

$$A' = MAM^{\mathrm{T}}, \tag{8.67}$$

那么,这样的量就称为二维空间中的二阶张量(second-order tensor)。显然,应力就是二阶张量,称为应力张量(stress tensor)。

张量还有其他的例子。例如,平面图形的惯性矩和惯性积可以写成如下的形式:

$$J = \begin{bmatrix} I_y & I_{yx} \\ I_{xy} & I_x \end{bmatrix} = \begin{bmatrix} \int x^2\mathrm{d}A & \int xy\mathrm{d}A \\ \int yx\mathrm{d}A & \int y^2\mathrm{d}A \end{bmatrix} = \int_A \begin{bmatrix} x^2 & xy \\ xy & y^2 \end{bmatrix} \mathrm{d}A,$$

那么,这样构成的集合也是一个张量。可以证明(见附录 I.4.1),这个集合在两个不同坐标系下的分量满足

$$J' = MJM^{\mathrm{T}},$$

即

$$\begin{bmatrix} I_{y'} & I_{x'y'} \\ I_{y'x'} & I_{x'} \end{bmatrix} = \begin{bmatrix} \cos\alpha & \sin\alpha \\ -\sin\alpha & \cos\alpha \end{bmatrix} \begin{bmatrix} I_y & I_{xy} \\ I_{yx} & I_x \end{bmatrix} \begin{bmatrix} \cos\alpha & -\sin\alpha \\ \sin\alpha & \cos\alpha \end{bmatrix}。$$

将上式展开,并利用三角公式,就可以得到与转角公式完全相同的变换公式。

应变也是一个张量,其分量变换服从以下规律:

$$E' = MEM^{\mathrm{T}}。 \tag{8.68}$$

在三维空间中,设两个坐标系 $Oxyz$ 和 $Ox'y'z'$ 的基矢量分别为 i、j、k 和 i'、j'、k',则坐标变换矩阵

$$M = \begin{bmatrix} \cos(i',i) & \cos(i',j) & \cos(i',k) \\ \cos(j',i) & \cos(j',j) & \cos(j',k) \\ \cos(k',i) & \cos(k',j) & \cos(k',k) \end{bmatrix}, \tag{8.69}$$

且有

$$\begin{bmatrix} i' \\ j' \\ k' \end{bmatrix} = M \begin{bmatrix} i \\ j \\ k \end{bmatrix} \quad 和 \quad \begin{bmatrix} i \\ j \\ k \end{bmatrix} = M^{\mathrm{T}} \begin{bmatrix} i' \\ j' \\ k' \end{bmatrix}。 \tag{8.70}$$

应力张量的分量矩阵为式(8.1),即

$$T = \begin{bmatrix} \sigma_x & \tau_{xy} & \tau_{xz} \\ \tau_{yx} & \sigma_y & \tau_{yz} \\ \tau_{zx} & \tau_{zy} & \sigma_z \end{bmatrix},$$

两个坐标系中应力分量的变换仍然满足

$$T' = MTM^{\mathrm{T}}. \tag{8.71}$$

如果一个量在三维空间中有 3^2 个分量,而且在两个坐标系中其分量各自排列为 $3×3$ 的方阵 A' 和 A,两个坐标系的变换矩阵为 M,且满足关系式

$$A' = MAM^{\mathrm{T}}, \tag{8.72}$$

那么,这样的量就称为三维空间中的二阶张量。

之所以把张量的定义与坐标变换相联系,是因为基于这样的思想:某个量是客观存在的,它不依赖于坐标系的选择;但人们在考察这个量时,往往不得不采用一定的坐标系作为度量的基本框架。如果两个观察者利用不同的坐标系对同一事物进行观察测量,所得到的结果就可能是不同的。但是,只要观察对象是客观的,两个结果就不应该是互不相干的。只要两个坐标系的转换关系 M 已经确定,两个结果之间就应该通过 M 相联系。例如,对于力 F、速度 v、加速度 a 这样的矢量,就应该有

$$F' = MF, \quad v' = Mv, \quad a' = Ma;$$

对于应力 T、应变 E、惯性矩 J 这样的二阶张量,便应有

$$T' = MTM^{\mathrm{T}}, \quad E' = MEM^{\mathrm{T}}, \quad J' = MJM^{\mathrm{T}}.$$

这样,只要某个观察者采用张量对所研究的规律进行描述,就可以有效地从一个坐标系转换到另一个坐标系,以便于另一个观察者对这个规律进行审核、重现和利用,从而保证了规律的客观性质。从这个意义上讲,人们采用张量这一工具最根本的理由,就是为了保证对事物的描述具有客观性。

若二阶张量所有分量排成的矩阵 A 是对称矩阵,即

$$A = A^{\mathrm{T}},$$

则称该张量为对称张量。应力张量、应变张量、惯性矩张量都是对称张量。对称张量与对称矩阵有着类似特点:

(1)矩阵的特征值对应于张量的主值,张量 A 的主值是特征方程 $|A-\lambda I| = 0$ 的根。对称张量的主值都是实数。

(2)矩阵的特征方向对应于张量的主方向;一个张量中,对应于不同主值的主方向是相互正交的。

(3)在三维空间中的二阶张量,总存在着三个两两正交的主方向 $n_{(1)}$、$n_{(2)}$ 和 $n_{(3)}$。

随着人们对客观世界广泛和深入的了解,反映事物的度量形式也由标量发展为矢量,再发展为张量。张量理论在现代科学技术中发挥着重要的作用[①]。

利用张量这个工具,可以更加深入地理解应力、应变这一类物理量。但是应该指出,本

---

① 张量理论的进一步介绍,可参见参考文献[21]、[27]。

书的应力、应变的概念,都是建立在小变形的基础之上的①。

思 考 题 8

8.1   人们常用单元体的方式来表示一点处的应力状态。某点处的单元体与在该点处所取的一个微元体有什么区别?

8.2   为什么单元体一对表面上的应力分量总是大小相等而方向相反的?

8.3   矩形截面梁发生竖直平面内的弯曲,但梁未承受竖直方向上的分布荷载。在它的某截面附近的侧面上,从上沿到中性轴自上而下地取如图所示的三个单元体。图示六种情况中,从上到下地表示这三个单元体的应力状态。它们中哪些情况是可能存在的? 如存在则在什么情况下存在?

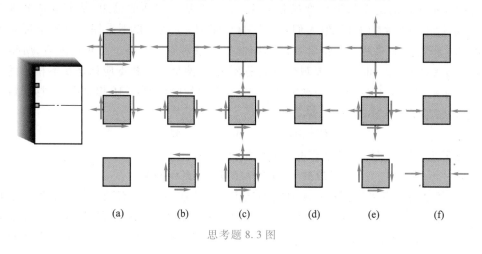

思考题 8.3 图

8.4   矩形截面梁发生轴向拉压和竖直平面内的弯曲的组合变形。与思考题 8.3 类似,在它的侧面上,从上沿到中性轴自上而下地取如图所示的三个单元体。图示情况中,哪些是可能存在的? 如存在则在什么情况下存在?

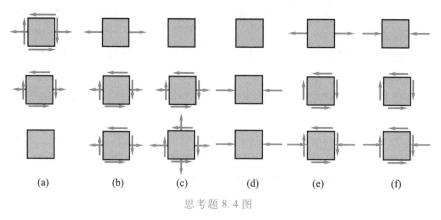

思考题 8.4 图

---

①   对变形体变形和内部受力一般性的确切描述,可参见参考文献[21]、[27]。

8.5　斜截面上的正应力和切应力公式中,斜角 α 的有意义的取值范围是什么? 试从数学和力学两方面给予说明。

8.6　为什么要研究最大正应力问题? 为什么要研究最大切应力问题?

8.7　若图中各应力分量数值相等,判断各应力状态中的 σ_1 的大致方向。

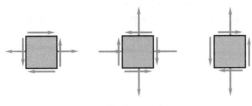

思考题 8.7 图

8.8　如果将斜截面上的应力问题与惯性矩和惯性积的转角定理相比拟,那么,主平面上切应力为零这一现象对应于惯性矩和惯性积问题中的哪一个现象?

8.9　图中所示的应力状态都是双向应力状态吗? (应力单位均为 MPa。)

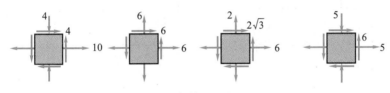

思考题 8.9 图

8.10　在常见的变形中,何处会出现纯剪状态?

8.11　在双向应力状态中,用公式 $\left.\begin{array}{c}\sigma_i\\\sigma_j\end{array}\right\}=\dfrac{\sigma_x+\sigma_y}{2}\pm\sqrt{\left(\dfrac{\sigma_x-\sigma_y}{2}\right)^2+\tau_{xy}^2}$ 所导出的主应力来计算最大切应力 $\tau_{\alpha max}=\dfrac{1}{2}(\sigma_i-\sigma_j)$,在什么情况下的确是该点处的最大切应力 τ_{MAX}? 什么情况下不是?

8.12　在用图解法求解应力状态问题时,其符号规定与用解析法求解有什么区别?

8.13　什么应力状态的应力圆退化为一个点? 什么应力状态的应力圆的圆周通过原点? 什么应力状态的应力圆的圆心恰好在原点?

8.14　在双向应力状态下,是否已知过某点的任意两个面的应力都无例外地可以画出该点处的应力圆? 为什么?

8.15　为什么低碳钢圆轴扭转断裂往往发生在横截面上? 而铸铁圆轴扭转断裂往往发生在与轴线约成 $45°$ 的曲面上?

8.16　为什么具有光滑表面的低碳钢试样在拉伸时有滑移线产生? 滑移线产生的方位有什么规律?

8.17　在考虑双向应力状态的应力和应变关系时,能否将式(8.39)中的 ε_z、γ_{zx}、γ_{yz} 取零来导出双向应力状态下的胡克定律?

8.18　在只考虑变形影响(不考虑可能存在的局部的刚体平移和转动)的前提下,过物体中某点什么方向上的微小纤维不会发生方向偏移? 这种方向有几个?

8.19　物体某点处的应力状态如图所示,过该点的任意指定方向的微小纤维在变形中的方向变化情况如何?

8.20　木材制成的圆轴的轴线方向沿顺纹方向,它在扭转时的破坏情况是怎样的? 为什么会这样破坏?

思考题 8.19 图

8.21   是否在任何材料中主应力的方向与主应变的方向都是重合的？

8.22   应变片可以直接测量切应力吗？如果不能,要获取切应变数据,可以采取什么措施？

8.23   圆轴纯扭转时,它的体积有无变化？

8.24   如何计算发生均匀变形的等厚度薄板的面积改变量？如何计算其体积改变量？

8.25   静水压力状态的主应力、主方向各有什么样的特点？

8.26   不改变形状只改变体积的应力状态有何特点？不改变体积只改变形状的应力状态有何特点？

习题 8
参考答案

习 题 8 (A)

8.1   图示两圆柱的直径均为 20 mm,试从截面水平直径的端点 A 处截取一个单元体,求单元体上的各应力分量。

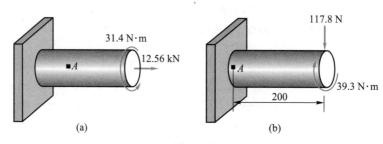

题 8.1 图

8.2   已知应力状态如图所示,应力单位为 MPa。用解析法和图解法计算图中指定截面的正应力与切应力。

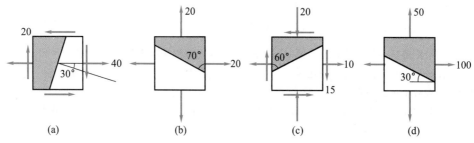

题 8.2 图

8.3   一个直径为 20 mm 的圆形截面轴向拉伸试样中,已知某斜截面 α 上的正应力为 80 MPa,切应力为 40 MPa,试求此杆的轴向拉力。

8.4   如图所示的三角形单元体上 AB 面为自由表面,角 B 为 30°,求应力分量 σ_x 及 τ_{xy},应力单位为 MPa。

8.5   已知应力状态如图所示,应力单位为 MPa。用解析法和图解法分别计算其主应力和主方向。

8.6   已知某点处两个截面的正应力和切应力如图所示,应力单位为 MPa。计算其主应力。

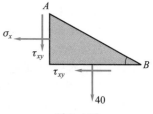

题 8.4 图

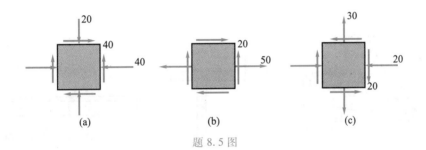

题 8.5 图

8.7 图示悬臂梁承受载荷 $F = 20$ kN，试绘出图示的三个单元体的应力状态图形，并确定主应力及主方向。

8.8 图示直角刚架是由两段长度相等、直径相等的圆钢焊制而成的，且放置于水平平面内。竖向荷载 F 可以在 BC 段上平行移动。在固定端 A 截面上顶点的 K 处，第一主应力变化的幅度为多大（以最小值为基准，用百分数表示）？主方向变化的角度为多大？

8.9 求图示单元体的主应力及最大切应力。应力单位为 MPa。

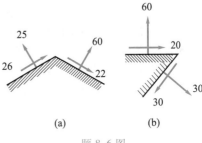

题 8.6 图

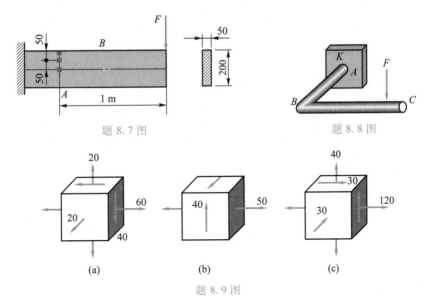

题 8.7 图   题 8.8 图

题 8.9 图

8.10 如图所示直径 $d = 20$ mm 的实心圆柱承受弯曲和扭转的双重作用。在 A 点处，由纯弯矩作用引起的正应力为 120 MPa，而该处的最大正应力为 160 MPa。求扭矩 T 的大小。

8.11 如图所示的空心圆轴 AB 外径 $D = 20$ mm，内径 $d = 16$ mm，手柄 BC 与轴 AB 垂直。$F = 250$ N，$h = 300$ mm，$b = 75$ mm，$a = 250$ mm。试求轴 AB 上危险点的最大切应力。

8.12 图示 T 形截面的悬臂梁承受均布荷载。试求 A 点处的主应力和最大切应力。

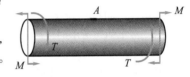

题 8.10 图

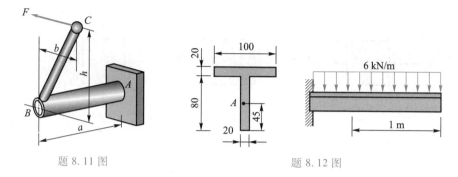

题 8.11 图　　　　　　　　　　　　　题 8.12 图

8.13　某点应力状态是如图所示两种应力状态的合成。应力单位为 MPa。求该点的主应力。

8.14　某点应力状态是如图所示两种纯剪应力状态的合成,其中 $\tau>0$。材料弹性模量为 E,泊松比为 ν。

(1) 在 $\alpha=45°$ 的条件下写出该点主应力、主方向和 ε_x、ε_y、γ_{xy} 的表达式;

(2) 证明:无论 α 为多少度,该点仍然处于纯剪应力状态。

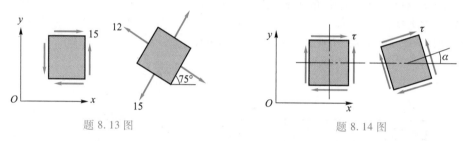

题 8.13 图　　　　　　　　　　　　　题 8.14 图

8.15　图示矩形截面杆承受轴向拉力 F 的作用,求 AB 线上的正应变。材料弹性模量 E 和泊松比 ν 均为已知。

8.16　如图所示的简支梁的横截面是宽为 b、高为 h 的矩形。在梁的侧面中性层上贴一个应变片,如果希望在此应变片上测出最大的拉应变,那么应变片应该贴在什么位置上? 应该沿什么方位贴? 若梁的弹性模量为 E,泊松比为 ν,能够测出的最大拉应变为多大? 如果规定应变片贴在上下沿,则应该贴在什么位置上? 应该沿什么方位贴?

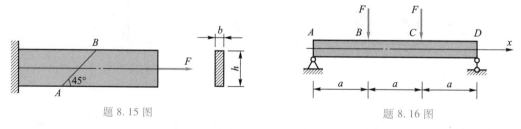

题 8.15 图　　　　　　　　　　　　　题 8.16 图

8.17　图示空心钢轴外径为 120 mm,内径为 80 mm,用应变片测得轴表面上某点与母线成 45° 方向上的线应变为 $\varepsilon=2.0\times10^{-4}$,若已知转速为 120 r/min,材料 $E=200$ GPa,$\nu=0.3$。试求该轴所传递的功率。

8.18　对于如图所示的单向应力状态 σ,若已知材料的弹性模量 E 与切变模量 G,求图示方向上的应变。

8.19　简支梁由工字形钢制成,截面翼板和腹板厚度均为 10 mm,其余尺寸如图所示。材料 $E=200$ GPa,$\nu=0.3$。在腹板 A 处粘贴三个与轴线成 0°、45°、90° 的应变片。在线弹性范围内,当中截面处荷载增加 10 kN 时,每一个应变片的读数应改变多少?

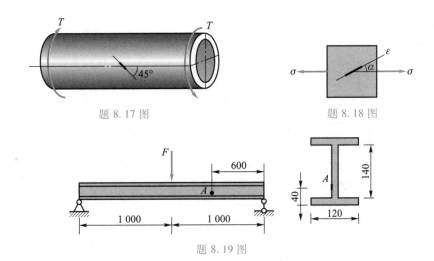

题 8.17 图   题 8.18 图

题 8.19 图

8.20 如图所示，在一个体积较大的钢块上开一个贯穿的槽，其宽度和深度都是 10 mm。在槽内紧密无隙地嵌入一个铝质立方块，它的尺寸是 10 mm×10 mm×10 mm。钢块上表面受到均布压力的作用，压力总量 $F = 6$ kN。假设钢块不变形，铝的弹性模量 $E = 70$ GPa，$\nu = 0.33$。试求铝块的三个主应力及主方向上的变形量。

8.21 在双向应力状态下，设已知应力平面内的最大切应变 $\gamma_{\max} = 5 \times 10^{-4}$，且该应力平面内两个相互垂直方向的正应力之和为 27.5 MPa。又已知材料的弹性常数 $E = 200$ GPa，$\nu = 0.25$。试计算主应力的大小。

8.22 图示直角应变花的三个应变片的读数分别为 $\varepsilon_a = 500 \times 10^{-6}$，$\varepsilon_b = -100 \times 10^{-6}$ 和 $\varepsilon_c = -100 \times 10^{-6}$。

（1）试求应变片 ε_d 的理论读数；

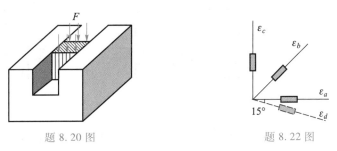

题 8.20 图   题 8.22 图

（2）不考虑垂直于测试平面方向上的应变，材料的弹性模量为 $E = 200$ GPa，泊松比为 $\nu = 0.3$，求该处平面内的主应力。

8.23 在各向同性线弹性体的双向应力状态中证明，应力主方向与应变主方向是重合的。

8.24 （1）在直角应变花中，记 $\varepsilon_{0°}$ 的方向为 x 轴方向，证明应变主方向与 x 轴夹角 α_0 满足

$$\tan 2\alpha_0 = \frac{(\varepsilon_{45°} - \varepsilon_{90°}) - (\varepsilon_{0°} - \varepsilon_{45°})}{(\varepsilon_{45°} - \varepsilon_{90°}) + (\varepsilon_{0°} - \varepsilon_{45°})}。$$

（2）证明主应变可用直角应变花的测试结果表达为

$$\left.\begin{array}{c}\varepsilon_{\max} \\ \varepsilon_{\min}\end{array}\right\} = \frac{\varepsilon_{0°} + \varepsilon_{90°}}{2} \pm \frac{\sqrt{2}}{2}\sqrt{(\varepsilon_{0°} - \varepsilon_{45°})^2 + (\varepsilon_{90°} - \varepsilon_{45°})^2}。$$

8.25 在构件表面某处有一等角应变花，测得三个方位的正应变分别为 $\varepsilon_{0°} = 300 \times 10^{-6}$，$\varepsilon_{60°} = 200 \times 10^{-6}$ 和 $\varepsilon_{120°} = -100 \times 10^{-6}$，如图所示。求该

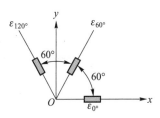

题 8.25 图

点处的正应变 ε_x、ε_y 和切应变 γ_{xy}。

8.26 （1）在等角应变花中，记 $\varepsilon_{0°}$ 的方向为 x 方向，证明应变主方向与 x 轴夹角 α_0 满足

$$\tan 2\alpha_0 = \frac{\sqrt{3}(\varepsilon_{60°} - \varepsilon_{120°})}{2\varepsilon_{0°} - (\varepsilon_{60°} + \varepsilon_{120°})}。$$

（2）证明主应变可用等角应变花的测试结果表达为

$$\left.\begin{array}{l}\varepsilon_{\max} \\ \varepsilon_{\min}\end{array}\right\} = \frac{\varepsilon_{0°} + \varepsilon_{60°} + \varepsilon_{120°}}{3} \pm \frac{\sqrt{2}}{3}\sqrt{(\varepsilon_{0°} - \varepsilon_{60°})^2 + (\varepsilon_{60°} - \varepsilon_{120°})^2 + (\varepsilon_{120°} - \varepsilon_{0°})^2}。$$

8.27 已测得等角应变花的三个应变分别是 $\varepsilon_{0°} = 4\times10^{-4}$，$\varepsilon_{60°} = 4\times10^{-4}$，$\varepsilon_{120°} = -6\times10^{-4}$，试求主应变及其主方向。若材料为碳钢，$E = 200\ \text{GPa}$，$\nu = 0.25$，试求主应力及其主方向。

8.28 如图所示的三个应变片的应变分别是 $\varepsilon_a = -295\times10^{-6}$，$\varepsilon_b = 497\times10^{-6}$，$\varepsilon_c = 761\times10^{-6}$。$\varepsilon_a$ 和 ε_c 这两个应变片相互垂直。若材料 $E = 200\ \text{GPa}$，$\nu = 0.28$，试求该点的主应力。

8.29 厚度为 $10\ \text{mm}$ 的矩形薄板沿水平方向上承受均匀拉应力 $\sigma_x = 40\ \text{MPa}$，沿竖直方向上承受均匀压应力 $\sigma_y = 30\ \text{MPa}$。材料的弹性模量为 $50\ \text{GPa}$，泊松比为 0.25。求：

（1）矩形对角线长度的增加量；

（2）矩形面积的增加量；

（3）薄板体积的增加量。

8.30 厚度 $\delta = 2\ \text{mm}$ 的正方形薄板在水平和竖直两个方向受到均布荷载 q_x 和 q_y 的作用。在如图所示的对角线上的应变片读数为 150×10^{-6}。若已知弹性模量 $E = 40\ \text{GPa}$，泊松比 $\nu = 0.25$，$q_x = 50\ \text{N/mm}$，求 q_y 的大小。

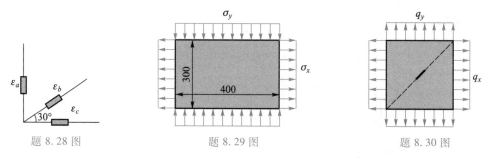

题 8.28 图   题 8.29 图   题 8.30 图

8.31 矩形截面简支梁在中点承受集中力 F，尺寸如图所示。材料的弹性模量为 E，泊松比为 ν。求中性层以上部分的体积改变量。

8.32 图示薄板具有均匀厚度 $t = 10\ \text{mm}$，材料的弹性模量 $E = 70\ \text{GPa}$，泊松比 $\nu = 0.33$，边沿承受均匀拉应力 $\sigma_x = 80\ \text{MPa}$ 和压应力 $\sigma_y = 40\ \text{MPa}$。求应变能和形状改变能。

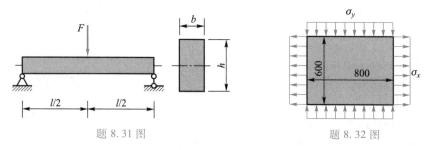

题 8.31 图   题 8.32 图

8.33 直径为 d 的圆轴长为 l，两端承受扭矩 T 而产生扭转变形，其材料常数为 E 和 ν，求其总应变能

U、体积改变应变能 U^v 和形状改变应变能 U^d。

8.34　矩形截面悬臂梁总长为 l,截面宽为 b、高为 h,其材料常数为 E 和 ν,梁在如下两种荷载作用下分别产生竖直平面内的弯曲。不考虑弯曲切应力,分别求其总应变能 U、体积改变应变能 U^v 和形状改变应变能 U^d:

（1）自由端承受集中力偶矩 M;

（2）自由端承受集中力 F。

8.35　图示的单位正方形在切应力作用下发生均匀形变,利用应变比能的概念证明各向同性线弹性体满足

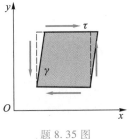

题 8.35 图

$$G = \frac{E}{2(1+\nu)}。$$

习 题 8 (B)

8.36　铸铁试样压缩破坏面是一倾斜面。若已知铸铁的内摩擦因数 $f \approx 0.35$,试求破坏面的倾角 α。

8.37　直径为 D 的圆轴承受扭转作用,在轴侧面有两个成 $45°$ 的应变片分别测得应变 ε_a 和 ε_b,若已知材料弹性模量 E 和泊松比 ν,求扭矩 T。

8.38　在图示的双向应力状态中,应力单位为 MPa,要使该点处的最大切应力尽可能地小,σ_y 应该取何值? 相应的最大切应力为多大?

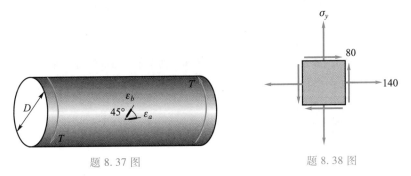

<table>
<tr><td>题 8.37 图</td><td>题 8.38 图</td></tr>
</table>

8.39　证明:当物体边界上各处均作用法向压力 p 时,物体内各点的正应力均为 p,切应力均为零。

8.40　证明:各向同性线弹性材料的泊松比 ν 的理论值满足 $-1 < \nu < 0.5$。

8.41　承受拉力 F 和扭矩 T 共同作用的圆轴产生拉伸和扭转的组合变形,现欲用一个贴在圆轴表面的直角应变花来测试荷载,其中 $\varepsilon_{(1)}$ 应该沿着轴向。但是贴片时将应变花贴歪了,如图所示。已知圆轴直径为 D,弹性模量为 E,泊松比为 ν。试用三个应变片的读数 $\varepsilon_{(1)}$、$\varepsilon_{(2)}$ 和 $\varepsilon_{(3)}$ 求圆轴承受的拉力 F 和扭矩 T。

8.42　宽度 $b = 300$ mm、厚度 $\delta = 5$ mm 的长条薄钢板螺旋形地卷曲焊接成为平均直径 $D = 400$ mm 的薄壁圆筒。该圆筒两端承受轴向拉力 F 和扭矩 T 的共同作用。焊缝的许用拉应力 $[\sigma] = 50$ MPa。

（1）若扭矩的作用方向如图所示,且要求焊缝上不出现切应力,拉力 F 和扭矩 T 各为多大?

（2）拉力 F 和扭矩 T 的数值取上一小题的结果,但扭矩方向与图示相反,则此时焊缝上的应力为多少?

8.43　已知平面应力状态下某点处两个截面上的应力如图所示。试求 σ 及主应力,并画出主单元体的方位。（图中应力单位为 MPa。）

8.44　某点应力状态如图所示,图中两个正应力均为 2σ,两个切应力数值均为 $\sqrt{3}\sigma$,α 为锐角。已知该点处的一个主应力为 5σ,$\sigma > 0$,求其他的主应力和 α。

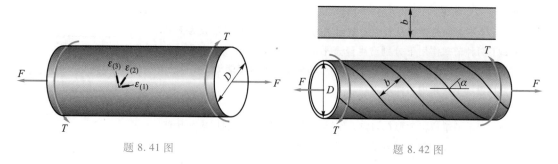

题 8.41 图　　　　　　　　　　　题 8.42 图

8.45 如图所示橡皮圆柱体放置在刚性圆筒内,已知橡胶的弹性常数为 E 和 ν,求橡皮中的主应力。

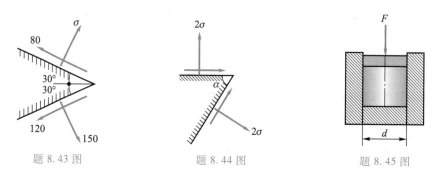

题 8.43 图　　　　　题 8.44 图　　　　　题 8.45 图

8.46 长度为 l 的悬臂梁横截面是宽为 b、高为 h 的矩形。梁的上表面承受均布压力 p_1,自由端面承受均布拉力 p_2。材料的弹性模量为 E,泊松比为 ν。不考虑固定端处的边际效应,求梁的上表面(图中阴影部分)的面积改变量。

8.47 如图所示两端放置于刚性平台的矩形截面梁承受两个集中力的作用。加载前在梁的侧面(即图示的面)的某处取一个微小的正方形,加载后这一正方形的形状可能会发生改变。在何处沿什么方位取微小正方形,可以使它变形后:

(1) 仍然保持为正方形?

(2) 成为矩形?

(3) 成为菱形?

(4) 成为平行四边形?

注意:每一个问题都不只有一种放置方式。

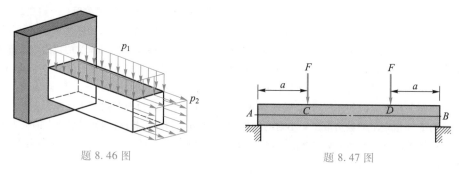

题 8.46 图　　　　　　　　　　　题 8.47 图

8.48 在轴向拉伸杆中,一根微小的纤维在拉伸过程中没有发生长度的变化。这根纤维的方位(可用图示的 α 角表示)可以是任意的吗? 如果不是任意的,其方位取决于什么因素? 对于一般的材料,其方位限制在什么范围内？

8.49　如图所示，物体在垂直于纸面方向上的各应力分量为零。在边界 bc 上，A 点处的最大切应力为 35 MPa。试求 A 点的主应力。若在 A 点周围以垂直于 x 轴和 y 轴的平面分割出单元体，试求单元体各面上的应力分量。

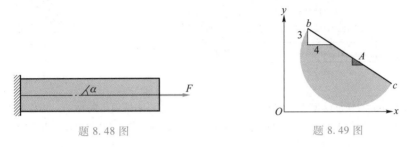

题 8.48 图　　　　　　　题 8.49 图

8.50　已知应力状态的主方向如图所示。在该点与 x 轴正向成 α 角方向应贴一应变片。但实际贴片有一微小的角度 ξ 的偏离。分析由于 ξ 而产生的误差。

8.51　某点处的应力状态如图所示，$\sigma_x > \sigma_y > 0$，$\tau_{xy} = 0$。试用解析法和图解法求所有斜截面上的应力矢量（全应力）$\boldsymbol{p}_\alpha$ 与该斜截面法线方向 n 的夹角 θ 的最大值。

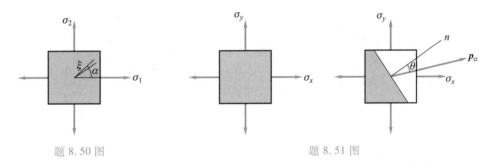

题 8.50 图　　　　　　　题 8.51 图

8.52　证明：图示平板的尖角 A 处的所有应力分量均为零。

8.53　如图所示的 50 mm×50 mm×20 mm 的矩形块夹在相距 20 mm 的两个刚性块之间。矩形块的一侧受到均布压力 q_1 的作用，其合力 $F_1 = 80$ kN，另一侧受到均布拉力

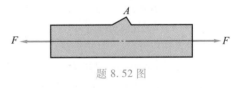

题 8.52 图

q_2 的作用，其合力为 F_2。由于两个刚性块之间的距离不可改变，因而矩形块上下表面也受到刚性块的压力 q_3 的作用，其合力 $F_3 = 37.5$ kN。若已知泊松比 $\nu = 0.3$，试求 F_2 之值。

8.54　弹簧由直径为 d 的弹簧丝绕成，螺旋角为 α（α 不很大），弹簧圈的中径为 $2R$。材料的弹性模量为 E，切变模量为 G，弹簧有效圈数为 n。弹簧承受拉力 F。在考虑弹簧丝的弯曲和扭转两种变形效应的前提下，求弹簧丝中的最大切应力，以及弹簧的伸长量。

8.55　定义体积压缩模量 K 为平均正应力 $\bar{\sigma}$ 与体积增长比 e 的比值。证明 $K = \dfrac{E}{3(1-2\nu)}$。

8.56　承受均布荷载 $q = 20$ kN/m 的简支梁 AB 的弹性模量 $E = 20$ GPa，泊松比 $\nu = 0.3$。横截面是 $b = 40$ mm、$h = 80$ mm 的矩形，梁长 $2l = 1.2$ m，该梁由两根圆杆 AD 和 BD，以及高度 $h_1 = 200$ mm 的刚性立柱 CD 加固。两根圆杆材料与梁相同，且直径 $d = 10$ mm。各杆的联结处均为铰。在梁的侧面距左端 $a = 300$ mm、距上沿 $\dfrac{h_2}{4}$ 的 K 点处有一个直角应变花，其中应变片 $\varepsilon_{0°}$ 沿轴向，如图所示。求三个应变片的理论读数。

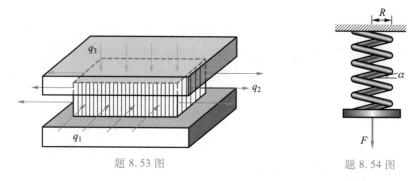

题 8.53 图　　　　　　　　　　题 8.54 图

8.57　如图所示的锥形薄壁件上端有力 F 作用,下端用胶与刚性固定物粘结。构件厚度 $\delta = 2$ mm,顶角 $2\varphi = 60°$,锥顶到粘胶层的距离 $h = 200$ mm。粘胶层的许用拉应力 $[\sigma] = 25$ MPa,许用切应力 $[\tau] = 8$ MPa。要使胶层不至于脱开,荷载 F 最大允许为多少?

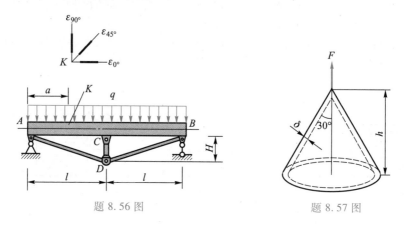

题 8.56 图　　　　　　　　　　题 8.57 图

8.58　水平放置的直角曲拐 ABC 由直径 $D = 20$ mm 的圆形截面杆制成,A 端固定。竖直方向的细丝 CD 的直径 $d = 3$ mm,D 端固定。曲拐与细丝的弹性模量 $E = 70$ GPa,切变模量 $G = 28$ GPa。若细丝的线胀系数 $\alpha_l = 2.5 \times 10^{-5}$℃$^{-1}$,其温度降低了 $40°$;而其他部分温度不变。求固定端面 A 的上顶点处由此而产生的最大拉应力和最大切应力。

8.59　外径 $D = 50$ mm、内径 $d = 40$ mm 的聚合物圆管制成如图所示水平放置的直角框架,$l = 800$ mm。框架两端固定,重物重量 $P = 300$ N。在 AB 段中截面 K 的上顶点贴有两个应变片。其中①号应变片沿着轴向,②号应变片与轴向成 $45°$并向框内倾斜。若已知弹性模量 $E = 20$ GPa,泊松比 $\nu = 0.25$,试在下列两种情况下求两个应变片的理论读数。

(1) 重物悬挂在 BD 段中截面 C 处;

(2) 重物悬挂在 B 处。

8.60　某种材料 $E = 12$ GPa,$\nu = 0.3$,用这种材料制成直径为 100 mm 的球放入 200 m 的深海中,该球的体积缩小了多少?海水的单位体积重量 $\gamma = 10$ kN/m^3。

8.61　已经测出直角应变花的三个应变,试利用这三个应变画出应变圆。

8.62　已经测出等角应变花的三个应变,试利用这三个应变画出应变圆。

8.63　物体中某点的三个主应力 σ_1、σ_2 和 σ_3 为已知,相应的主方向也已确定。过该点做一个微元面,使其法线方向与三个主方向的夹角相等。将这个微元面上的正应力与切应力用主应力表示出来,并且说明它们的物理意义。

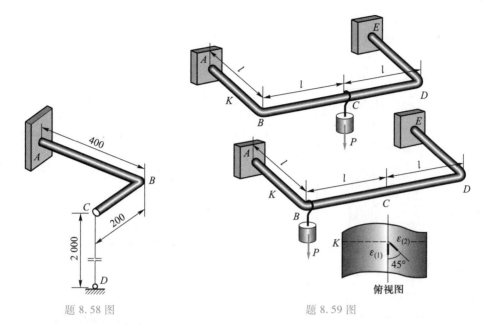

题 8.58 图　　　　　　　　　　　　　　　题 8.59 图

8.64　变形体内部在外载荷作用下形成了一个应力场。这个应力场中每一点都定义着一个应力张量，因而在每一点都存在着三个主应力和对应的主方向。由于连续体的应力分布一般是连续的，因此，每个主应力在物体中都是连续分布的，对应的主方向也是连续变化的。这样，在连续体中存在着这样的三组相互正交的曲面族，可将它们称为主应力曲面。某点处三个主应力曲面的交线的切线方向，便是该点主应力的方向。

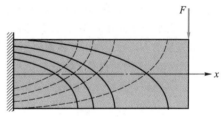

题 8.64 图

在二维情况下，这三组正交曲面族退化为两组正交曲线族，称为主应力迹线，主应力迹线上某点的切线方向，便是过该点的主应力方向。图示便是自由端承受集中力的悬臂梁的主应力迹线的示意图。主应力迹线在工程中有重要应用。例如，混凝土是一种抗拉能力较弱的材料，人们常在混凝土中加配钢筋，用以提高其抗拉能力。在理论上，在混凝土构件中的受拉区（如图中的中性层上侧）沿第一主应力迹线加配钢筋对于提高构件的抗拉能力是最为有效的。

针对题图，分析主应力迹线的规律，并回答下列问题：

（1）图中的两组迹线分别代表何种主应力？

（2）对图中的一条迹线而言，在左端处、中性层处和下边沿处与 x 轴正向的夹角分别为多少？为什么？

（3）如果将悬臂梁的荷载由图示的集中力 F 改为集中力偶矩 M，那么主应力迹线会发生什么变化？

8.65　画出或描述下列两种情况的主应力迹线：

（1）圆轴两端承受扭矩作用而产生扭转。

（2）矩形截面简支梁在中点承受竖直向下的集中力作用。

8.66　需要测量如图所示的矩形截面试样所承受的拉力 F，有人用了 4 个应变片，并按如图所示的方式粘贴。试样的横截面面积 A、材料的弹性模量 E 和泊松比 ν 为已知。

（1）这种粘贴方式有什么优点？

（2）这种粘贴方式应该如何接桥，以达到测量拉力 F 的目的？怎样由测试数据计算拉力 F？

（3）如果材料的 E 和 ν 未知，又如何利用这种应变片的粘贴方式进行实验？

8.67　横截面是长、宽分别为 h 和 b 的矩形立柱在顶部承受了一个轴向压力 F,但是 F 的大小和作用位置均为未知。试用电测法测算出 F 的大小和作用位置。设材料的弹性模量 E 和泊松比 ν 为已知。

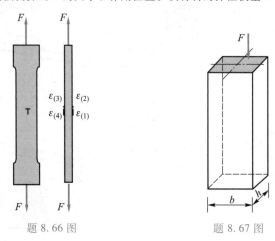

题 8.66 图　　　　　　　　题 8.67 图

8.68　悬臂梁的横截面是高为 h、宽为 b 的矩形,其自由端承受轴线上的拉力 F_1 和横向上的力 F_2,如图所示。若材料常数为已知,有 4 个应变片可供使用。试设计布片和接桥方案,以测试 F_1 和 F_2 的大小。

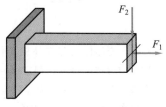

题 8.68 图

8.69　如图所示夹具的 AB 区段是等截面的,但截面形状很不规则。试用实验的方法间接测定该截面的面积和相对于 KK 轴(上下对称轴)的惯性矩。设材料的弹性模量 E 为已知。

8.70　如图所示直径为 D 的圆轴发生拉扭组合变形,其弹性模量 E 和泊松比 ν 为已知。如果要用电测法测出扭矩 T 和轴力 F_N,至少要贴多少个应变片? 在尽量少贴应变片的条件下,应变片该如何粘贴? 采取何种接桥方案? 如何利用测试出的应变值计算 F_N 和 T?

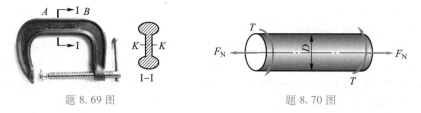

题 8.69 图　　　　　　　　题 8.70 图

8.71　如图所示,在轴向拉伸圆杆横截面的上、下、左、右沿轴向各贴有一个应变片。证明:无论轴向拉力在什么方位上偏心,这个应变片系统都可以将偏心的影响完全排除。

8.72　槽钢的壁厚均为 δ,其他尺寸如图所示。如果要用实验的方法测算出截面的弯曲中心位置,试确定布片和接桥的方案,并利用测出的数据进行计算。材料的弹性模量 E 和泊松比 ν 为已知。

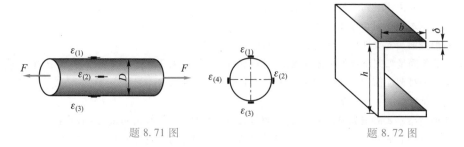

题 8.71 图　　　　　　　　题 8.72 图

第9章 强 度 理 论

大量的事实说明,常用的工程材料破坏的形式主要有两种:一种是脆性断裂,另一种是塑性屈服。因此,破坏临界应力对脆性材料就取为强度极限 σ_b,对塑料材料就取为屈服极限 σ_s。考虑到加工的误差、材料成分的偏差和工况的变化等诸多因素,在考虑破坏判据时,还必须将真实的临界破坏应力的数据除以一个安全因数 n。这样就构成了许用应力 $[\sigma]$ 和 $[\tau]$。在处理拉压、扭转和弯曲的强度问题时,采用了

$$\sigma_{max} \leqslant [\sigma] \quad \text{或} \quad \tau_{max} \leqslant [\tau]$$

作为强度设计和计算的依据。这些破坏的临界应力的数据是可以通过重现或模拟真实应力状态的实验来获取的。很显然,这样的方法仅适用于简单的应力状态。在本章中,将处理更加复杂的应力状态的强度问题。

对于复杂的应力状态,可以求出其三个主应力。主应力是应力状态的核心信息。但是,主应力的三个值却使人无法直接做出该点应力水平高低的判断。例如,人们还很难判断图 9.1 中的两个应力状态哪一个更加危险(图中应力单位为 MPa)。于是,人们希望能够构造三个主应力的一个数性函数,即

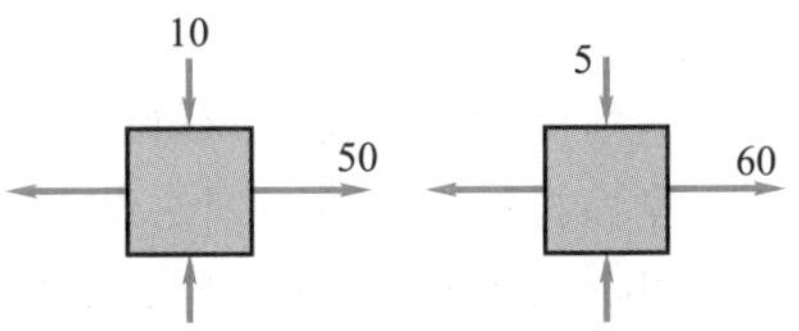

图 9.1 两个应力状态的比较

$$\sigma_{eq} = f(\sigma_1, \sigma_2, \sigma_3),$$

然后根据这一数据来判断该点应力水平的高低。这个数性函数 σ_{eq} 称为相当应力。

如何构造这个数性函数呢?可以估计到,对于不同的材料,三个主应力所起的作用可能是不一样的。例如,许多脆性材料抗拉能力比较弱,因此,这些材料的破坏对第一主应力 σ_1 特别敏感;但塑性材料却不具有这个特点。由此看来,构造这个数性函数的依据应该是材料破坏的机理,也就是说,究竟是在什么条件下由什么因素导致了材料的破坏。

如果上述数性函数已经建立,那么还需要建立一个判据来说明实际工况中危险点的相当应力是否临近破坏。由于工程结构的复杂与多样性,不可能实现或再现实际结构的真实破坏,因此,这一判据的建立必须依赖材料的破坏试验。一般地,材料的破坏试验只能在实验室中进行,而且只能进行一些简单的试验,典型的试验就是试样的单向拉伸。在实验室的单向拉伸破坏试验中,有

$$\sigma_2 = \sigma_3 = 0, \ \sigma_1 = \sigma_b(\text{脆性材料}) \quad \text{或} \quad \sigma_1 = \sigma_s(\text{塑料材料})。$$

尽管实验室的条件与实际工况的差别可能很大,但是,如果能够确定引起材料破坏的机理,那么实际工况与简单试验中的材料破坏就应该都受到这同一机理的支配。这样,由试验提供的材料破坏的基本数据,再引入安全因数,便可以导出这种材料的破坏判据:

$$\sigma_{eq} = f(\sigma_1, \sigma_2, \sigma_3) \leqslant [\sigma]。 \tag{9.1}$$

上述一系列的理论和试验方法所建立的材料破坏的判断准则就称为强度理论(strength theory),也通称强度准则。

由于实际工程材料的多样性与复杂性,不可能找到适用于各类材料和各类工况的统一

的强度准则。因此,人们针对一些常见的具体情况,提出若干不同的强度理论。目前,强度准则主要是根据材料断裂或屈服这两种主要破坏形式建立的。

下面介绍几种经典的强度理论。

9.1 经典的强度准则

9.1.1 常用强度准则

第一强度理论认为,材料破坏的主要原因是最大拉应力达到临界值。实际工况中,最大拉应力为 σ_1,而单向拉伸试验中的使材料断裂的最大拉应力为 σ_b,考虑安全因素,许用应力 $[\sigma] = \dfrac{\sigma_b}{n}$,故第一强度准则即

$$\sigma_{eq1} = \sigma_1 \leqslant [\sigma]。 \tag{9.2}$$

第一强度理论与铸铁、石料等脆性材料的试验数据吻合得很好,因此,这一理论广泛地应用于脆性材料。但这一理论没有考虑第二、第三主应力的影响,也不能应用于没有拉应力的场合,例如,单向受压、三向受压等情况。

第二强度理论认为,材料破坏的主要原因是最大拉应变达到临界值。实际工况中,最大拉应变

$$\varepsilon_1 = \frac{1}{E}[\sigma_1 - \nu(\sigma_2 + \sigma_3)]。$$

而单向拉伸试验中的使材料断裂的最大拉应变

$$\varepsilon_b = \frac{\sigma_b}{E},$$

许用拉应变

$$[\varepsilon] = \frac{\sigma_b}{nE} = \frac{1}{E}[\sigma],$$

故第二强度准则为

$$\sigma_{eq2} = \sigma_1 - \nu(\sigma_2 + \sigma_3) \leqslant [\sigma]。 \tag{9.3}$$

与第一强度理论相比,第二强度理论考虑了第二、第三主应力的影响,它也可以应用于某些不存在拉应力的情况。但是,在铸铁双向受拉的情况下,试验数据并不能证明这种情况比单向受拉更安全,反倒是第一强度理论更接近试验结果。

第一、第二强度理论比较适用于脆性材料,因此,也常称为脆性断裂准则。

第三强度理论认为,材料破坏的主要原因是最大切应力达到临界值。实际工况中最大切应力

$$\tau_{max} = \frac{1}{2}(\sigma_1 - \sigma_3)。$$

单向拉伸试验中,使材料屈服的最大切应力

$$\tau_s = \frac{1}{2}\sigma_s,$$

许用切应力

$$[\tau] = \frac{1}{2}\frac{\sigma_s}{n} = \frac{1}{2}[\sigma],$$

故有

$$\sigma_{eq3} = \sigma_1 - \sigma_3 \le [\sigma]。 \tag{9.4}$$

第三强度理论的相当应力 σ_{eq3} 又称为特雷斯卡(Tresca)应力。

第三强度理论可以较好地解释塑性材料的屈服现象,例如,具有光滑表面的低碳钢试样在拉伸时在 45° 方向上产生滑移线,就是因为这一方向也正是最大切应力的方向。

第四强度理论认为材料破坏的主要原因是形状改变比能达到临界值。当物体发生弹性变形时,各点处的应力所做的功成为积聚在物体中的应变能。单位体积的应变能称为应变比能。从 8.4.2 节中可知,应变比能可以分成体积改变比能和形状改变比能两部分,其中,形状改变比能

$$u_e^d = \frac{1+\nu}{6E}[(\sigma_1-\sigma_2)^2 + (\sigma_2-\sigma_3)^2 + (\sigma_3-\sigma_1)^2],$$

而单向拉伸试验中使材料屈服的主应力 $\sigma_1 = \sigma_s$,$\sigma_2 = \sigma_3 = 0$,相应的形状改变比能为 $\frac{1+\nu}{3E}\sigma_s^2$,再考虑到安全因素,故有

$$\sigma_{eq4} = \sqrt{\frac{1}{2}[(\sigma_1-\sigma_2)^2 + (\sigma_2-\sigma_3)^2 + (\sigma_3-\sigma_1)^2]} \le [\sigma]。 \tag{9.5}$$

第四强度理论的相当应力 σ_{eq4} 又称为米泽斯(von Mises)应力。

第四强度理论与相当多的塑性材料的试验数据吻合得很好。

第三、第四强度理论比较适用于塑性材料,因此,也常称为塑性流动准则。

在实际工程中校核构件的强度或进行强度设计时,采用何种强度准则的问题需要综合考虑。一般来讲,脆性材料宜采用第一、第二强度准则,塑性材料宜采用第三、第四强度准则。但是这一点并不是绝对的。例如,在低温条件下,塑性材料会发生脆断。又如,在三向受拉的情况下,塑性材料也会出现脆性断裂的现象。所以在选择强度准则时还需要考虑危险点应力状态以及构件的工作条件。在工程实践中,对许多重要构件的强度准则的选择往往都有相关的标准,设计中必须执行这些标准[①]。

随着对材料性能研究的深入,除了上述四个强度理论之外,还有一些新的强度理论出现。强度理论的研究目前仍然是固体力学中一个活跃的领域。

强度理论的研究离不开对于材料破坏机理的基础性研究。近现代发展起来的断裂力学在这一方面做出了卓有成效的工作。断裂力学研究裂纹产生的机理,预示裂纹扩展的过程,评价结构中裂纹的危害程度,研究如何避免由于构件断裂而引起的灾难性的后果[②]。

---

① 可参见参考文献[1]。

② 现代断裂力学的主要理论及其发展,可参见参考文献[14]。

*9.1.2　第三、第四强度准则的几何表示

对于双向应力状态,记两个非零的主应力为 σ_i 和 σ_j。以 σ_i 和 σ_j 为横轴和纵轴,则可以构成一个双向应力坐标平面。第三、第四强度准则分别在这个平面中划出一定的区域,从而将两个强度准则用图形表示出来。

在这个应力坐标平面中,整个第一象限内,σ_i 和 σ_j 均为正值,故 $\sigma_3=0$。一条穿过原点的 45°的斜线 OA 将第一象限分成两个区域,如图 9.2 所示。在右下方区域内,$\sigma_i>\sigma_j$,故 $\sigma_1=\sigma_i$,$\sigma_2=\sigma_j$,$\sigma_3=0$。第三强度准则 $\sigma_1-\sigma_3\leqslant\sigma_s$ 成为 $\sigma_i\leqslant\sigma_s$。这个不等式确定了一条竖直线 AF,其左方为弹性区,右方为塑性区。在 45°斜线的左上方区域内,$\sigma_i<\sigma_j$,故 $\sigma_1=\sigma_j$,$\sigma_2=\sigma_i$,$\sigma_3=0$。第三强度准则成为 $\sigma_j\leqslant\sigma_s$,这个不等式确定了一条水平线 BA,其下方为弹性区,上方为塑性区。

在整个第二象限内,$\sigma_i<0$,$\sigma_j>0$。故 $\sigma_1=\sigma_j$,$\sigma_2=0$,$\sigma_3=\sigma_i$。第三强度准则 $\sigma_1-\sigma_3\leqslant\sigma_s$ 成为 $\sigma_j-\sigma_i\leqslant\sigma_s$,它确定了一条 45°的斜线 BC,斜线右下方为弹性区,左上方为塑性区。

用同样的方法,在第三、第四象限内,也可划出类似的区域。这样,整个平面内构成了一个封闭的六边形 $ABCDEF$ 区域,六边形以内是弹性区,以外则是塑性区,如图 9.2 所示。这便是第三强度准则的几何表示方法。

也可以在同样的平面内考虑第四强度准则所划定的区域。由于双向应力状态中总有一个主应力为零,因此,第四强度准则的相当应力

$$\sigma_{eq4}=\sqrt{\sigma_i^2-\sigma_i\sigma_j+\sigma_j^2},$$

这一准则在双向应力平面中确定了一个曲线方程:

$$\sigma_i^2-\sigma_i\sigma_j+\sigma_j^2=\sigma_s^2。$$

这是一个椭圆方程,如图 9.3 所示。该椭圆所包围的区域是弹性区,以外则是塑性区。这就是第四强度准则的几何表示方法。这一椭圆的标准形式可引用下述的坐标变换来导出:

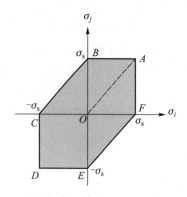

图 9.2　第三强度准则

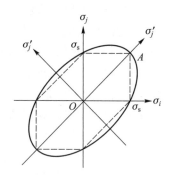

图 9.3　第四强度准则

$$\begin{cases}\sigma_i=\dfrac{1}{2}\sqrt{2}\,(\sigma_i'-\sigma_j')\\[2mm]\sigma_j=\dfrac{1}{2}\sqrt{2}\,(\sigma_i'+\sigma_j')\end{cases},$$

易知,坐标系 $O\sigma_i\sigma_j$ 绕原点沿逆时针方向旋转 $45°$,就得到新坐标系 $O\sigma_i'\sigma_j'$。在新坐标系中,第四强度准则的曲线方程即变形为

$$\frac{\sigma_i'^2}{2} + \frac{3\sigma_j'^2}{2} = \sigma_s^2。$$

从图 9.3 中可看出,这个椭圆的长轴顶点 A 在 σ_i 和 σ_j 两轴上的投影均为 σ_s。容易看出,长轴的另一个顶点也有类似的性质。由此可以得到这样的结论:该椭圆实际上就是第三强度准则六边形的外接椭圆。这一几何现象说明,第三强度准则与第四强度准则相比,在一般情况下是一个更偏于安全的准则。

9.1.3　强度准则的应用

下面,将从常见的应力状态出发,讨论强度准则的应用。

（1）单向应力状态

单向应力状态(图 9.4)是一种广泛存在的应力状态。轴向拉伸或压缩杆件的大部分点,许多弯曲梁的危险点,拉弯组合变形的危险点,斜弯曲及斜弯曲与拉压的组合的危险点,都属于单向应力状态。

在单向拉伸应力状态中,有

$$\sigma_1 = \sigma, \quad \sigma_2 = 0, \quad \sigma_3 = 0。$$

将上面的几式代入四个强度理论,不难得到其等效应力均为 σ。因此,各个强度准则在这种情况下均表示为

$$\sigma \leqslant [\sigma]。$$

（2）纯剪应力状态

纯剪应力状态(图 9.5)也经常出现在结构中。承受扭转作用的圆轴的各点,产生横力弯曲的梁的中性层上的点(这些点可能不是危险点),都处于纯剪应力状态。

图 9.4　单向应力状态　　　　图 9.5　纯剪应力状态

纯剪应力状态的主应力

$$\sigma_1 = \tau, \quad \sigma_2 = 0, \quad \sigma_3 = -\tau。$$

塑性材料一般比较适合采用第三、第四强度理论。将上面诸式代入第三、第四强度理论,则可得

$$\sigma_{eq3} = 2\tau, \tag{9.6a}$$

$$\sigma_{eq4} = \sqrt{3}\,\tau。 \tag{9.6b}$$

根据式(9.6a)可以导出

$$2\tau \leqslant [\sigma],$$

故 τ 的最大允许值为

$$[\tau] \leqslant 0.5[\sigma]。$$

同理,根据第四强度理论,即式(9.6b)可得

$$[\tau] \leqslant \frac{[\sigma]}{\sqrt{3}} = 0.577[\sigma]。$$

故对于塑性材料,可以认为许用切应力与许用正应力之间应存在着下述关系:

$$[\tau] = (0.5 \sim 0.577)[\sigma]。 \tag{9.7}$$

（3）单向应力与纯剪应力的叠加

如图 9.6 所示的应力状态是一类特殊的双向应力状态。它的特点是正应力只是单向的,即图中的 $\sigma_x = \sigma$,$\sigma_y = 0$;同时存在着切应力 $\tau_{xy} = \tau$。这类应力状态广泛存在于许多杆件中。

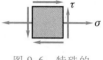

图 9.6　特殊的双向应力

例如,在产生横力弯曲的梁中,单元体的一对侧面取在横截面上,而且单元体既不在离中性轴最远的边沿上,又不在中性轴上,这种情况就可能得到这种应力状态。当单元体取在离中性轴最远处时,其中的正应力达到最大而切应力退化为零;当单元体取在中性轴上时,其中的切应力达到最大而正应力退化为零。

又例如,在杆件的弯扭组合、拉弯扭组合等情况的危险点都处于这种应力状态。其中,在拉扭组合的危险点处,有

$$\sigma = \frac{F_N}{A}, \quad \tau = \frac{T}{W_p}（适用圆轴,非圆轴另有公式,以下相同）;$$

在产生弯扭组合变形的杆件的危险点处,有

$$\sigma = \frac{M}{W}, \quad \tau = \frac{T}{W_p};$$

在产生拉弯扭组合变形的杆件的危险点处,有

$$\sigma = \frac{M}{W} + \frac{F_N}{A}, \quad \tau = \frac{T}{W_p}。$$

下面针对这类应力状态给出第三和第四强度准则的相当应力。

易得这一点的主应力

$$\left.\begin{array}{r} \sigma_i \\ \sigma_j \end{array}\right\} = \frac{1}{2}\sigma \pm \sqrt{\left(\frac{1}{2}\sigma\right)^2 + \tau^2} = \frac{1}{2}\left(\sigma \pm \sqrt{\sigma^2 + 4\tau^2}\right),$$

故有

$$\sigma_1 = \frac{1}{2}\left(\sigma + \sqrt{\sigma^2 + 4\tau^2}\right), \quad \sigma_2 = 0, \quad \sigma_3 = \frac{1}{2}\left(\sigma - \sqrt{\sigma^2 + 4\tau^2}\right)。$$

则有

$$\sigma_{eq3} = \sqrt{\sigma^2 + 4\tau^2}, \tag{9.8}$$

$$\sigma_{eq4} = \sqrt{\sigma^2 + 3\tau^2}。 \tag{9.9}$$

在很多情况下,直接采用式(9.8)和式(9.9),可以简化计算过程。

进一步地,只考虑圆轴发生弯扭组合变形的情况。一般地,只需要考虑圆轴的危险截面

及其危险点即可。例如,在图 9.7 中,危险截面在固定端处,危险点为上下两点。当然,在某些复杂的情况下,可能需要经过计算、分析和比较,才能确定危险截面的位置。记危险截面的弯矩为 M,扭矩为 T,在这个截面上,离中性轴最远的点最危险,其应力

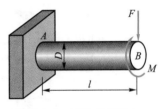

图 9.7 承受弯扭组合荷载的圆轴

$$\sigma = \frac{M}{W}, \quad \tau = \frac{T}{W_p}。$$

注意到实心圆形截面中

$$W = \frac{1}{32}\pi d^3, \quad W_p = \frac{1}{16}\pi d^3。$$

故有

$$W_p = 2W。$$

易于看出,空心圆轴也可得相同的结论。由式(9.8)可得

$$\sigma_{eq3} = \sqrt{\left(\frac{M}{W}\right)^2 + 4\left(\frac{T}{2W}\right)^2},$$

即

$$\sigma_{eq3} = \frac{1}{W}\sqrt{M^2 + T^2}。 \tag{9.10}$$

同样,对第四强度理论,可得

$$\sigma_{eq4} = \frac{1}{W}\sqrt{M^2 + \frac{3}{4}T^2}。 \tag{9.11}$$

第三、第四强度理论的相关表达式有式(9.4)与式(9.5),式(9.8)与式(9.9),以及式(9.10)与式(9.11)这三组。其中式(9.4)与式(9.5)的应用范围最广,它们对于构件的形状、变形的形式与应力状态都没有特殊的要求。式(9.8)与式(9.9),式(9.10)与式(9.11)都要求应力状态只能是双向的,而且两个正应力(例如,记为 σ_x 和 σ_y)中必定有一个为零。式(9.10)与式(9.11)的应用范围受到了进一步的限制:在构件的形状方面,只适合于圆轴;在变形方面,只适合于弯扭组合。

例 9.1 在图 9.8 所示的结构中,圆轴两端由轴承支承,中点处有一个自重为 $G = 5$ kN、直径为 $D = 300$ mm 的均质圆盘。圆盘外沿绕有钢绳以提升重为 P 的重物。圆轴左端有电动机带动圆轴转动并使重物匀速上升。已知圆轴 $l = 800$ mm, $d = 60$ mm,许用应力 $[\sigma] = 120$ MPa。考虑轴的强度,用第三强度理论求允许起吊的最大重量。

解:轴两端的轴承支承可简化为铰。由于圆盘的重量和重物的作用,轴在竖直平面内发生弯曲。同时,由于起吊重物作用线距轴线为 $\frac{D}{2}$,因此,圆轴左半段承受了扭转作用。圆轴的简化模型如图 9.9 所示。

轴的危险截面为中截面,其弯矩 $M = \frac{1}{4}(P+G)l$。其扭矩 $T = \frac{1}{2}PD$。每一瞬时危险点在中截面的上、下两点。该点处的第三强度理论的相当应力

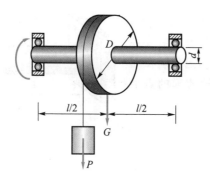

图 9.8 吊装设备

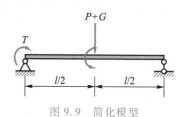

图 9.9 简化模型

$$\sigma_{eq3} = \frac{1}{W}\sqrt{M^2 + T^2}$$

$$= \frac{1}{W}\sqrt{\left[\frac{1}{4}(P+G)l\right]^2 + \left(\frac{1}{2}PD\right)^2} \leqslant [\sigma],$$

由此构成了一个关于 P 的二次不等式:

$$(4D^2 + l^2)P^2 + 2Gl^2P + (G^2l^2 - 16W^2[\sigma]^2) \leqslant 0,$$

可算出上式中的 $W = 21\,206\,\text{mm}^3$,再将其余各项数据代入上式可化简得

$$P^2 + 6\,400P - 8.761 \times 10^7 \leqslant 0(\text{式中},P\text{以 N 计})。$$

取其合理的解为

$$P \leqslant 6\,691\,\text{N} = 6.69\,\text{kN}。$$

这就是对起吊重量的限制。

例 9.2 如图 9.10 所示,上方的空心圆轴外径 $D = 80\,\text{mm}$,内径 $d = 75\,\text{mm}$。圆轴上有一个 K 截面,圆轴左端面板的下方有一个集中力 F 的作用,F 位于水平面内,但与圆轴线成 30°角。求 K 截面下沿处的第三强度准则的相当应力。

解: 如图所示,将外力 F 分解为轴向力 F_x 和横向力 F_y。

轴向力 F_x 使圆轴产生压缩和弯曲的变形。其中压缩应力在横截面上各点是相同的,其值为

$$\sigma_N = \frac{F_x}{A} = \frac{4F\cos 30°}{\pi D^2(1-\alpha^2)},$$

式中,

$$\alpha = \frac{75}{80} = 0.937\,5,$$

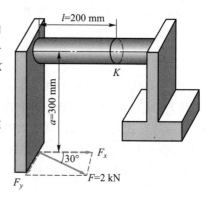

图 9.10 例 9.2 图

故有

$$\sigma_N = \frac{4 \times 2\,000 \times \cos 30°}{\pi \times 80^2 \times (1 - 0.937\,5^2)}\,\text{MPa} = 2.85\,\text{MPa}。$$

F_x 导致的弯曲作用在 K 截面的下点所引起压应力的值为

$$\sigma_M = \frac{M}{W} = \frac{32Fa\cos 30°}{\pi D^3(1-\alpha^4)}$$

$$= \frac{32 \times 2\,000 \times 300 \times \cos 30°}{\pi \times 80^3 \times (1 - 0.937\,5^4)}\,\text{MPa} = 45.43\,\text{MPa}。$$

横向力 F_y 使圆轴产生扭转和弯曲的变形。其中扭转作用在圆轴各横截面的外边沿,所引起的切应力

$$\tau = \frac{T}{W_p} = \frac{16Fa\sin 30°}{\pi D^3(1-\alpha^4)}$$

$$= \frac{16\times 2\,000\times 300\times\sin 30°}{\pi\times 80^3\times(1-0.937\,5^4)}\text{ MPa} = 13.12\text{ MPa}。$$

应注意到,F_y 引起的弯曲作用使 K 截面的下点处于中性轴上,故该点处无相应的弯曲正应力。这样,K 截面的下点处的应力状态如图 9.11 所示。该点处的第三强度理论的相当应力

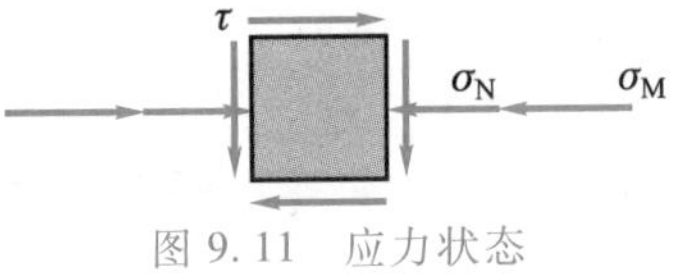

$$\sigma_{eq3} = \sqrt{\sigma^2+4\tau^2}$$

$$= \sqrt{(2.85+45.43)^2+4\times 13.12^2}\text{ MPa} = 54.9\text{ MPa}。$$

图 9.11 应力状态

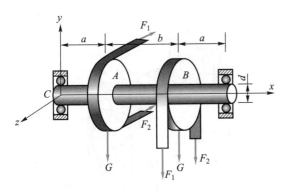

图 9.12 有两个带轮的圆轴

$$T = \frac{1}{2}(F_1-F_2)D = 1.5\times 10^6\text{ N·mm}。$$

再考虑弯曲作用。建立如图所示的坐标系。在水平平面 xz 中,圆轴在 A 处承受带的横向拉伸作用,这个力的大小为 F_1+F_2,如图 9.13(a)所示。由之可求出 C 处和 D 处水平方向的约束力:

$$F_{RCz} = 14\,000\text{ N}, \quad F_{RDz} = 6\,000\text{ N}。$$

同时还可求出 A 处和 B 处的弯矩

$$M_{Ay} = F_{RCz}a = 4.2\times 10^6\text{ N·mm},$$

$$M_{By} = F_{RDz}a = 1.8\times 10^6\text{ N·mm}。$$

在竖直平面内,在 A 处有圆轮自重 G 的向下作用,在 B 处有圆轮自重 G 和带的拉伸作用,如图 9.13(b)所示。由之可求出 C 处和 D 处竖直方向的约束力:

$$F_{RCy} = 11\,000\text{ N}, \quad F_{RDy} = 19\,000\text{ N}。$$

这样可得弯矩

$$M_{Az} = 3.3\times 10^6\text{ N·mm}, \quad M_{Bz} = 5.7\times 10^6\text{ N·mm}。$$

两个平面内的弯矩图如图 9.13(c)所示。这样,可得 A、B 两个截面处的总弯矩分别为

$$M_A = \sqrt{M_{Az}^2+M_{Ay}^2} = 5.34\times 10^6\text{ N·mm},$$

例 9.3 在如图 9.12 所示的结构中,依靠两个带轮传递扭矩,两个带轮直径均为 D,自重均为 G。试根据第四强度理论设计圆轴 AB 段的直径 d。有关数据如下:$F_1 = 15$ kN,$F_2 = 5$ kN,$G = 5$ kN,$D = 300$ mm,$a = 300$ mm,$b = 400$ mm,$[\sigma] = 150$ MPa。

解:在这个结构中,AB 段承受扭转作用。同时,由于带的张力作用,以及两轮的自重,使整个轴承受弯曲作用。因此,AB 段承受弯扭组合荷载。

先考虑扭转作用。易于看出,在 AB 段的各个横截面上的扭矩

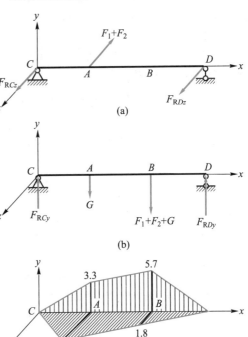

图 9.13 两个平面内的弯矩

$$M_B = \sqrt{M_{Bz}^2 + M_{By}^2} = 5.98 \times 10^6 \text{ N} \cdot \text{mm}_\circ$$

可见 B 截面比 A 截面更危险。可以证明(留作习题),在整个 AB 区段内,B 截面的总弯矩最大。

由第四强度理论,在 B 截面的危险点处,有

$$\sigma_{eq4} = \frac{1}{W}\sqrt{M^2 + 0.75T^2} = \frac{32}{\pi d^3}\sqrt{M_B^2 + 0.75T^2} \leqslant [\sigma],$$

故有

$$d \geqslant \left(\frac{32}{\pi[\sigma]}\sqrt{M_B^2 + 0.75T^2}\right)^{1/3}$$

$$= \left(\frac{32}{\pi \times 150} \times \sqrt{5.98^2 + 0.75 \times 1.5^2} \times 10^6\right)^{1/3} \text{mm} = 75.6 \text{ mm}_\circ$$

这样,可取轴径 $d = 76$ mm。

例 9.4　在如图 9.14 所示的结构中,两段圆轴部分直径均为 d,构件材料 $[\sigma] = 80$ MPa,用第三强度理论校核固定端处 A 截面,以及矩形轴 B 截面的强度。图中数据如下:

$a = 250$ mm, $c = 150$ mm, $f = 300$ mm,

$e = 370$ mm, $b = 70$ mm, $h = 140$ mm,

$d = 125$ mm, $F = 20$ kN。

解:求解这个问题可首先从变形入手,弄清所求截面附近的区段的变形效应;然后确定在发生这样的变形时的危险点位置;最后确定危险点的应力状态。通过应力状态即可计算出强度的相当应力。

可以看出,A 截面所处的圆轴部分发生弯扭组合变形。A 截面的弯矩和扭矩分别为

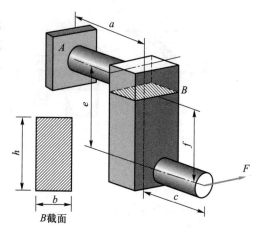

图 9.14　曲轴

$$M_A = F(a+c) = 20\,000 \times (250+150) \text{ N} \cdot \text{mm} = 8 \times 10^6 \text{ N} \cdot \text{mm},$$

$$T_A = Fe = 20\,000 \times 370 \text{ N} \cdot \text{mm} = 7.4 \times 10^6 \text{ N} \cdot \text{mm}_\circ$$

危险点在 A 截面水平直径的两端点。由于 A 截面在圆轴上,因此,可以直接应用公式(9.10)计算第三强度理论相当应力。

$$\sigma_{eq3} = \frac{1}{W}\sqrt{M_A^2 + T_A^2} = \frac{32}{\pi d^3}\sqrt{M_A^2 + T_A^2} = \frac{32}{\pi \times 125^3} \times \sqrt{8^2 + 7.4^2} \times 10^6 \text{ MPa} = 56.8 \text{ MPa}_\circ$$

B 截面所处的矩形轴部分也发生弯扭组合变形。图 9.15 表示了该截面上的内力,并用双箭头表示弯矩 M 和扭矩 T 的矩矢量。这个截面的弯矩和扭矩分别为

$$M_B = Ff = 20\,000 \times 300 \text{ N} \cdot \text{mm} = 6 \times 10^6 \text{ N} \cdot \text{mm},$$

$$T_B = Fc = 20\,000 \times 150 \text{ N} \cdot \text{mm} = 3 \times 10^6 \text{ N} \cdot \text{mm}_\circ$$

由于轴的横截面是矩形,所以不能用公式(9.10)计算第三强度理论的相当应力,而只能用公式(9.8)计算。

由图 9.15(b)可以看出,对于弯曲变形,HJ 线为中性轴,DE 线上有最大拉应力,GF 线上有最大压应力。最大正应力

$$\sigma_{Mmax} = \frac{M_B}{W} = \frac{6M_B}{bh^2} = \frac{6 \times 6 \times 10^6}{70 \times 140^2} \text{ MPa} = 26.24 \text{ MPa}_\circ$$

同时,B 截面上还存在剪力 $F_s = F$,因而存在弯曲切应力,如图 9.16(a)所示。DE 线和 GF 线上弯曲切

应力为零,HJ 线上有最大弯曲切应力

$$\tau_{Mmax} = \frac{3F}{2bh} = \frac{3 \times 20 \times 10^3}{2 \times 70 \times 140} \text{ MPa} = 3.06 \text{ MPa}。$$

B 截面上同时存在扭转切应力,如图 9.16(b)所示。其中 D、E、F、G 四点扭转切应力为零。长边中点 H 和 J 有最大扭转切应力,其数值和 h 与 b 的比值有关,由 $h : b = 2$,从表 5.1 可查得 $\alpha = 0.246$,从而有

$$\tau_{Tmax} = \frac{T_B}{\alpha h b^2} = \frac{3 \times 10^6}{0.246 \times 140 \times 70^2} \text{ MPa} = 17.78 \text{ MPa}。$$

短边中点 K 和 I 也有较大的扭转切应力,由表 5.1 可查得 $\gamma = 0.796$,从而有

$$\tau' = \gamma \tau_{Tmax} = 0.796 \times 17.78 \text{ MPa} = 14.15 \text{ MPa}。$$

综合考虑扭转切应力和弯曲切应力,如图 9.16 所示,可知在 J 点有最大切应力:

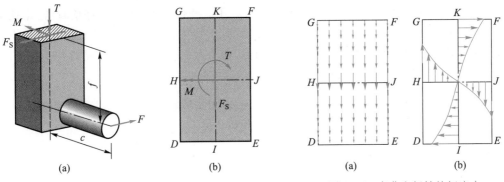

图 9.15 B 截面附视图   图 9.16   弯曲和扭转的切应力

$$\tau_{max} = \tau_{Tmax} + \tau_{Mmax} = 17.78 \text{ MPa} + 3.06 \text{ MPa} = 20.84 \text{ MPa}。$$

考虑矩形截面的危险点。在上、下边沿,由于正应力数值相同,故扭转应力最大的点(即 K 和 I)更危险。这两点的应力状态是单向应力状态和纯剪状态的组合。该点的第三强度理论相当应力

$$\sigma_{Keq3} = \sqrt{\sigma_{Mmax}^2 + 4\tau'^2} = \sqrt{26.24^2 + 4 \times 14.15^2} \text{ MPa} = 38.6 \text{ MPa}。$$

另一个可能的危险点是 J 点,该点处于纯剪状态。虽然它没有弯曲正应力,但是有最大的组合切应力。该点的第三强度理论相当应力

$$\sigma_{Jeq3} = \sqrt{\sigma^2 + 4\tau^2} = 2\tau_{max} = 41.7 \text{ MPa}。$$

由此可看出,J 点是整个 B 截面中最危险的点。

A 截面和 B 截面的危险点应力均未超过许用应力。故这两个截面的强度是足够的。

(4)薄壁梁弯曲时危险点的考虑

在薄壁杆件弯曲时,其正应力和切应力的分布特点可能会使危险点的判定更为复杂一些。例如,图 9.17(a)所示的工字形薄壁杆件,其横截面上的正应力和切应力分布分别如图 9.17(b)和(c)所示。

就正应力而言,上边沿 AB 和下边沿 CD 两条线上的点无疑具有最大值。这些点处于单向应力状态。如果在全梁弯矩最大的截面来考虑这些点,那么这些点就有可能成为全梁中的危险点。

就切应力而言,中性轴 OO' 上的点具有最大值,而且在这些点处正应力为零,故它们处于纯剪状态。如果在全梁剪力最大的截面(注意:很多情况下这种截面并不一定是弯矩最大

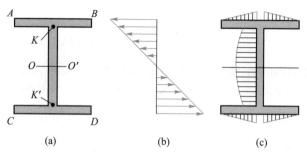

图 9.17 薄壁杆件应力分析

的截面)来考虑这些点,那么这些点也是考虑危险点时值得重视的因素。

还值得注意的是图 9.17(a)中 K 点和 K' 点。在这些位置上,由于杆件壁较薄,因此,其正应力与 AB 线上的正应力相差不大;另一方面,其切应力值又与中性层上的点相差不大。因此,如果某个截面上弯矩和剪力都比较大的话,这个截面上如同 K 点这样的点就有可能构成危险点。下面通过例子来予以说明。

例 9.5 图 9.18 中简支梁的材料许用正应力 $[\sigma] = 160$ MPa,用第四强度理论校核该梁的强度。

解:由已知条件可求得梁的剪力图和弯矩图如图 9.19 所示。

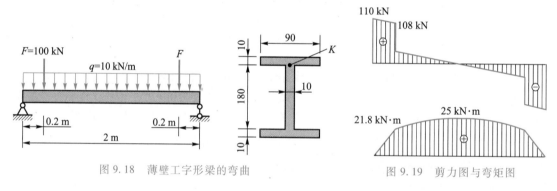

图 9.18 薄壁工字形梁的弯曲

图 9.19 剪力图与弯矩图

首先考虑横截面上正应力最大的点,显然,这些点位于中截面的最上和最下边缘上。

梁横截面的惯性矩:

$$I = \frac{1}{12} \times 90 \times (180 + 2 \times 10)^3 \, \text{mm}^4 - 2 \times \left[\frac{1}{12} \times \frac{(90-10)}{2} \times 180^3 \right] \, \text{mm}^4 = 21.12 \times 10^6 \, \text{mm}^4 \, .$$

最大正应力:

$$\sigma_{\max} = \frac{M_{\max} y_{\max}}{I} = \frac{25 \times 10^6}{21.12 \times 10^6} \times \left(\frac{180}{2} + 10 \right) \, \text{MPa}$$

$$= 118.4 \, \text{MPa} \, .$$

由于这些点处于单向应力状态,故有

$$\sigma_{\text{eq}4} = \sigma_{\max} = 118.4 \, \text{MPa} < [\sigma] \, .$$

再考虑横截面上切应力最大的点。由于剪力最大的截面在梁左右靠近铰的端面上,故这类点位于左右端面中性轴上。

中性轴以上区域关于中性轴的静矩

$$S' = 10 \times 90 \times 95 \, \text{mm}^3 + 10 \times 90 \times 45 \, \text{mm}^3 = 0.126 \times 10^6 \, \text{mm}^3 \, .$$

故有

$$\tau_{max} = \frac{F_{Smax} S'}{bI} = \frac{110 \times 10^3 \times 0.126 \times 10^6}{10 \times 21.12 \times 10^6} \text{ MPa} = 65.63 \text{ MPa}。$$

这些点处于纯剪切状态,故有

$$\sigma_{eq4} = \sqrt{3} \tau_{max} = 113.7 \text{ MPa} < [\sigma]。$$

再考虑集中力 F 作用的截面上,其弯矩和剪力都比较大。这两个截面上位于图中 K 点及其对称点处,正应力和切应力都比较大,因此,它们也可能是危险点,应加以校核。

该处正应力

$$\sigma = \frac{My}{I} = \frac{21.8 \times 10^6 \times 90}{21.12 \times 10^6} \text{ MPa} = 92.90 \text{ MPa}。$$

该处以上区域关于中性轴的静矩

$$S' = 10 \times 90 \times 95 \text{ mm}^3 = 8.55 \times 10^4 \text{ mm}^3,$$

该处切应力

$$\tau = \frac{F_s S'}{bI} = \frac{108 \times 10^3 \times 8.55 \times 10^4}{10 \times 21.12 \times 10^6} \text{ MPa} = 43.72 \text{ MPa}。$$

用第四强度理论,有

$$\sigma_{eq4} = \sqrt{\sigma^2 + 3\tau^2} = \sqrt{92.90^2 + 3 \times 43.72^2} \text{ MPa} = 119.9 \text{ MPa} < [\sigma]。$$

故梁是安全的。

注意到在这个例子中,K 点是三种危险点中最危险的一种。

*9.2　莫尔强度理论

莫尔(Mohr)强度理论是以实验为基础,以应力圆为说明工具的强度理论。许多实验表明,经典强度理论不能解释一些抗拉强度与抗压强度不相等的脆性材料的一些事实。如铸铁试样在单向压缩时发生剪切破坏,就与经典的强度理论的结果相差很大。莫尔强度理论就是针对这类材料提出来的。

对于这类材料的同一批试样,可以做一系列的破坏试验,包括单向拉伸、单向压缩、纯剪切,以及其他的包含有双向应力状态的试验。根据这些试验在破坏时的应力数据,可以在同一个坐标系下画出一系列的应力圆,如图 9.20(a) 所示。单向压缩时,$\sigma_1 = 0$,所以应力圆右侧与纵轴相切,如圆 A。单向拉伸时,$\sigma_3 = 0$,所以应力圆左侧与纵轴相切,如圆 B。在纯剪状态,$\sigma_1 = -\sigma_3$,所以应力圆圆心在原点,如圆 C。而其他的应力状态,则均位于圆 A 和圆 B 之间。所有这些应力圆的上下边沿形成两条包络线,从而界定了应力圆的一个区域,如图 9.20(a) 所示的粗线。由于这些圆的应力状态都是破坏时的应力数据所确定的,因此,对于任意的一个应力状态,如果它的应力圆超过了上、下包络线所界定的范围,那么这个应力状态将导致材料的破坏。反之则是安全的。

为了便于实用,莫尔用 A、B 两个应力圆的公切线来代替包络线,如图 9.20(b) 所示。对于任意的一个应力状态,如果它的应力圆超过了上、下公切线所界定的范围,如圆 D,那么这个应力状态将导致材料的破坏。反之,如圆 E 对应的应力状态则是安全的。

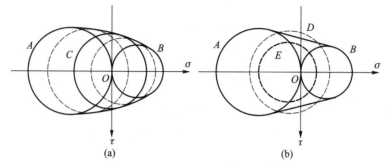

图 9.20 莫尔强度准则

将上面讨论中的破坏应力代换为许用应力,再进行如下的讨论。如图 9.21 所示,应力圆 A 和 B 分别对应于单向压缩和单向拉伸,故它们的直径

$$TO = [\sigma_{\mathrm{c}}], \quad OS = [\sigma_{\mathrm{t}}]。$$

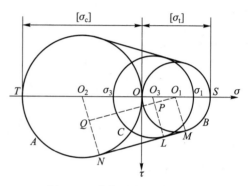

图 9.21 莫尔强度准则的证明

圆 C 是与上、下公切线相切的一个任意的应力圆,这说明相应的应力状态处于所允许的临界状态。它的圆心在 O_3,这个应力状态的主应力为 σ_1 和 σ_3,即圆 C 的左端点坐标为 σ_1,右端点坐标为 σ_3,下面的推导就是要导出 σ_1 和 σ_3 应满足的条件。为此,过 O_1、O_2 和 O_3 分别作公切线 NM 的垂线并分别与之交于 M、N 和 L。再过 O_1 作 O_2N 的垂线并与之交于 Q,交 O_3L 于 P。这样,在圆 C 上,半径

$$O_3L = \frac{\sigma_1 - \sigma_3}{2},$$

且有

$$OO_3 = \frac{\sigma_1 + \sigma_3}{2}。$$

易于看出

$$\frac{O_3P}{O_2Q} = \frac{O_3O_1}{O_2O_1}。 \qquad ①$$

式中,

$$O_3P = O_3L - O_1M = \frac{\sigma_1 - \sigma_3}{2} - \frac{[\sigma_{\mathrm{t}}]}{2}, \quad O_2Q = O_2N - O_1M = \frac{[\sigma_{\mathrm{c}}]}{2} - \frac{[\sigma_{\mathrm{t}}]}{2},$$

$$O_3O_1 = OO_1 - OO_3 = \frac{[\sigma_{\mathrm{t}}]}{2} - \frac{\sigma_1 + \sigma_3}{2}, \quad O_2O_1 = O_2O + OO_1 = \frac{[\sigma_{\mathrm{c}}]}{2} + \frac{[\sigma_{\mathrm{t}}]}{2}。$$

将上述四式代入式①并整理,即可得

$$\sigma_1 - \frac{[\sigma_{\mathrm{t}}]}{[\sigma_{\mathrm{c}}]}\sigma_3 = [\sigma_{\mathrm{t}}]。$$

这样,就导出了与上、下公切线相切的应力圆应该满足的条件。显然,对于任意的应力状态,要使其安全,便应满足

$$\sigma_{eqM} = \sigma_1 - \frac{[\sigma_t]}{[\sigma_c]}\sigma_3 \leqslant [\sigma_t]_\circ \tag{9.12}$$

这就是莫尔强度准则。这一准则适用于拉压强度不等的材料。

对于拉压强度相等的材料,即$[\sigma_t] = [\sigma_c] = [\sigma]$,这一准则退化为

$$\sigma_{eq} = \sigma_1 - \sigma_3 \leqslant [\sigma],$$

这就是第三强度准则了。对于抗压强度远远高于抗拉强度的材料,莫尔强度准则退化为

$$\sigma_{eq} = \sigma_1 \leqslant [\sigma_t],$$

这就是第一强度准则。由此可见,莫尔强度准则实质上涵盖了相当一大类材料类型,因而在实际上的应用相当广泛。

例 9.6 铸铁压缩强度极限 σ_b^c 约为拉伸强度极限 σ_b^t 的 3 倍。根据这一情况估计铸铁试样破坏时断面的方位。

解:作压缩破坏和拉伸破坏对应的应力圆,以及公切线,得如图 9.22(a)所示的图形。根据莫尔强度准则,应力状态应在左边圆的情况下材料破坏,因此,应力圆中 N 点对应着破坏面。过该点沿逆时针方向旋转 2α 到原点,即到达第一主应力对应的方位。所以,在图 9.22(b)中,破坏面的法线方向沿逆时针方向旋转 α 到竖直方向(即第一主应力的方向)。下面根据图 9.22(a)导出 α 值。由于

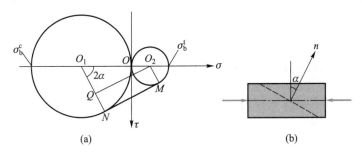

图 9.22 铸铁莫尔圆

$$\cos 2\alpha = \frac{O_1 Q}{O_1 O_2} = \frac{O_1 N - O_2 M}{O_1 O + O O_2} = \frac{(\sigma_b^c/2) - (\sigma_b^t/2)}{(\sigma_b^c/2) + (\sigma_b^t/2)} = \frac{3\sigma_b^t - \sigma_b^t}{3\sigma_b^t + \sigma_b^t} = \frac{1}{2}_\circ$$

故有 $\alpha = 30°$。这一结果也可表述为:破坏面的法线方向与轴线的夹角为 $60°$。

9.3 薄壁容器中的应力

工程中存在着大量的薄壁容器,例如,贮气罐、贮油罐等。一般认为,如果容器的内径 D 与壁厚 δ 之比 $\frac{D}{\delta} \geqslant 20$,就可处理为薄壁容器。本节中,将讨论圆柱薄壁容器中存在着均匀内压 p 时侧壁中应力的情况,如图 9.23 所示。

　　由于内压的存在,容器的长度增加了,这说明容器壁中存在着轴向应力,用 σ_a 来表示。另一方面,容器的直径也增加了,这说明壁中存在着周向应力,用 σ_c 来表示。由于容器的壁厚很小,因此,可以假定 σ_a 和 σ_c 沿壁厚均匀分布。在讨论壁中的轴向应力和周向应力时,可用截面法进行分析。

　　首先,任取一个垂直于轴线的截面,如图 9.24 所示。考虑截面右侧部分在轴线方向上的力平衡。如果把筒壁和气体连成一体作为考虑对象,那么可以看出,向右作用力的总量,等于气压乘以横截面中筒内的面积,即 $\frac{1}{4}\pi D^2 p$。均匀地分布在横截面上环带上的轴向应力构成了向左的作用力。由于壁较薄,可以认为环带的面积等于周长与厚度的乘积。这样,由力平衡可得

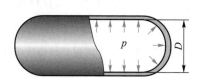

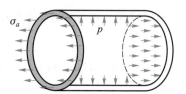

图 9.23　圆柱薄壁容器　　　　　　图 9.24　轴向应力分析

$$\frac{1}{4}\pi D^2 p = \pi D \delta \sigma_a,$$

故有

$$\sigma_a = \frac{Dp}{4\delta}。 \tag{9.13}$$

　　考虑周向应力时,可取圆筒中相距单位 1 的两个横截面所夹的部分,再取通过轴线的平面将其切为两半,考虑其中下部分的平衡(图 9.25)。同样把气体和筒壁连成一体作为考察对象,可以看出,向下的力作用就是气压作用在所保留的长度为 1、宽度为直径 D 的矩形上的力。作用在两条壁厚上的周向应力 σ_c 构成了向上的作用力。这样便有力平衡式

$$p \cdot (1 \cdot D) = 2\sigma_c \cdot (1 \cdot \delta),$$

即

$$\sigma_c = \frac{Dp}{2\delta}。 \tag{9.14}$$

　　在荷载只有内压的情况下,圆筒横截面上只有正应力而没有切应力,同时,在通过轴线的纵截面上也只有正应力而没有切应力。因此,如果在圆筒的壁中取单元体,并使单元体的一对侧面在横截面上,那么这样的单元体的各个侧面都是主平面。其中一个主应力是轴向应力,另一个主应力是周向应力,如图 9.26 所示。

　　这个单元体的第三个主应力的情况可以这样考虑:当单元体取在壁厚的外表面上,那么第三个主平面是自由表面,因此,第三个主应力为零,这样便有

$$\sigma_1 = \sigma_c = \frac{Dp}{2\delta}, \quad \sigma_2 = \sigma_a = \frac{Dp}{4\delta}, \quad \sigma_3 = 0。$$

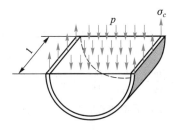

图 9.25 周向应力分析

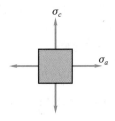

图 9.26 应力状态

当单元体取在内壁处,第三个主平面上有内压的作用,因此有

$$\sigma_1 = \sigma_c = \frac{Dp}{2\delta}, \quad \sigma_2 = \sigma_a = \frac{Dp}{4\delta}, \quad \sigma_3 = -p。$$

但是注意到轴向应力的表达式中,由于 $\frac{D}{\delta} \geq 20$,因此 $\sigma_2 \geq 5|\sigma_3|$。这样,人们就一般不再考虑第三主应力的影响了。

注意上面式(9.13)和式(9.14)只适合于薄壁圆筒[①]。

例 9.7 已知锅炉内径 $D = 1$ m,锅炉的蒸汽压强 $p = 3.6$ MPa,材料许用应力 $[\sigma] = 160$ MPa,试用第四强度理论设计锅炉圆筒部分的壁厚 δ。

解:由已知可得

$$\sigma_1 = \frac{Dp}{2\delta}, \quad \sigma_2 = \frac{Dp}{4\delta}, \quad \sigma_3 = 0。$$

$$\begin{aligned}
\sigma_{eq4} &= \sqrt{\frac{1}{2}\left[(\sigma_1 - \sigma_2)^2 + (\sigma_2 - \sigma_3)^2 + (\sigma_3 - \sigma_1)^2\right]} \\
&= \sqrt{\frac{1}{2}\left[\left(\frac{Dp}{2\delta} - \frac{Dp}{4\delta}\right)^2 + \left(\frac{Dp}{4\delta}\right)^2 + \left(\frac{Dp}{2\delta}\right)^2\right]} = \frac{\sqrt{3}Dp}{4\delta} \leq [\sigma]。
\end{aligned}$$

故有

$$\delta \geq \frac{\sqrt{3}Dp}{4[\sigma]} = \frac{\sqrt{3} \times 1\,000 \times 3.6}{4 \times 160} \text{ mm} = 9.74 \text{ mm}。$$

故可取 $\delta = 10$ mm。

当 $\delta = 10$ mm 时,$\frac{D}{\delta} = 100 > 20$,这说明使用薄壁圆筒公式是恰当的。

例 9.8 薄壁圆筒内径 $D = 1.5$ m,壁厚 $\delta = 20$ mm,其材料常数 $E = 200$ GPa,$\nu = 0.25$。为了便于测量,在未加压时在其内部横截面沿直径安装了一条直径 $d_0 = 1$ mm 的金属丝,如图 9.27 所示,其弹性模量 $E_0 = 91.5$ GPa,且安装时将金属丝拉直。金属丝安装后圆筒再承受内压 $p = 2$ MPa。

(1)求加压后在金属丝横截面上所增加的应力。

(2)将金属丝换为 $d = 30$ mm 且材料与圆筒相同的杆件,上小题所采用的计算方法仍然有效吗?为什么?

解:(1)首先应注意到由于金属丝很细,圆筒和金属丝的刚度相差悬殊,因

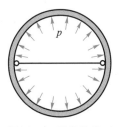

图 9.27 圆筒横截面

① 在筒壁较厚时,情况有所不同,详情可参考弹性力学的有关书籍和教材,例如,参考文献[2]、[8]、[28]等。

此,可以忽略金属丝的拉力对圆筒变形的影响。

记圆筒横截面内径的周向应变为 ε_c,则周长变化量为 $D\pi\varepsilon_c$,直径变化量为 $D\varepsilon_c$,故圆筒内径的变化比为 ε_c,从而圆筒内径的变化量

$$\Delta D = D\varepsilon_c = \frac{D}{E}(\sigma_c - \nu\sigma_a) = \frac{D}{E}\left(\frac{Dp}{2\delta} - \nu\frac{Dp}{4\delta}\right) = \frac{D^2 p}{4E\delta}(2-\nu)_\circ$$

圆筒内径的变化量就是金属丝的伸长量,故对金属丝,其加压后增加的应变

$$\varepsilon_0 = \frac{\Delta D}{D} = \frac{Dp}{4E\delta}(2-\nu),$$

故加压后在金属丝横截面上所增加的应力

$$\sigma_0 = E_0\varepsilon_0 = \frac{DpE_0}{4E\delta}(2-\nu) = \frac{1\,500\times2\times91.5\times10^3}{4\times200\times10^3\times20}\times(2-0.25)\ \text{MPa} = 30.0\ \text{MPa}_\circ$$

(2)从上小题结果的形式上看,金属丝应力与其直径无关。但这绝不意味着金属丝直径可以随意增大。将金属丝换为 $d = 30\ \text{mm}$ 的钢杆后,钢杆的抗拉刚度大为增加,其变形与圆筒的变形相互制约,从而构成超静定问题。上面的计算方法不再有效。

思 考 题 9

9.1 在什么情况下,或在什么应力状态下,各强度准则的相当应力之间有如下关系?而在哪些变形情况下的危险点会产生这样的应力状态?

(a) $\sigma_{eq1} = \sigma_{eq2} = \sigma_{eq3} = \sigma_{eq4} = \sigma_{eqM}$;

(b) $\sigma_{eq3} = \sigma_{eqM}$;

(c) $\sigma_{eq1} = \sigma_{eq3} = \sigma_{eqM}\,_\circ$

9.2 四个强度准则各适合于什么情况?在使用中又受到什么限制?

9.3 强度准则是否只适合于复杂应力状态,而不适合于单向应力状态?

9.4 在复杂应力状态(例如弯扭组合)情况下,能否采用最大弯曲正应力 $\sigma_{max} \leqslant [\sigma]$,最大扭转切应力 $\tau_{max} \leqslant [\tau]$ 来校核构件强度?为什么?

9.5 塑性材料构件中的四个点的应力状态如图所示,其中哪一个点最容易屈服?

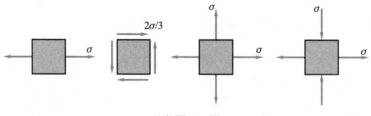

思考题 9.5 图

9.6 冬天由于天气寒冷,自来水管会由于水结冰而破裂。为什么总是水管破裂而不是冰被压碎?

9.7 将沸水倒入厚壁的冷玻璃杯中,玻璃杯易于破裂。破裂是从其内壁开始还是从其外壁开始?

9.8 仿照 9.1.2 节中的方法,在 $\sigma_i\sigma_j$ 平面中画出第一和第二强度准则所界定的安全区域。

9.9 对于图示的应力状态,$\sigma_x > \sigma_y > 0$,如果材料为塑性的,那么,根据第三强度准则,破坏将产生在什么平面内?

9.10 如图所示的结构由两端封闭的薄壁圆筒及两端的辅助部分组成。在两端的辅助部分施加拉力 F 或者（和）扭矩 T，同时，可以在圆筒内施加压力 p，这样，就可以在圆筒侧面实现多种形式的双向应力状态。试分别说明，F、T 和 p 如何配合，可以实现何种应力状态；又有哪些应力状态不能在这个装置上实现。

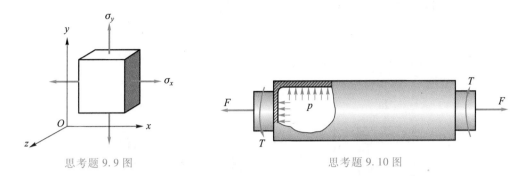

思考题 9.9 图　　　　　　　　　　　　　思考题 9.10 图

9.11 下列式子中，哪些可能是矩形截面轴在弯扭组合变形的情况下的危险点相当应力的计算式？

（a）$\dfrac{1}{W}\sqrt{M^2+T^2}$；　　（b）$\sqrt{\sigma^2+4\tau^2}$；　　（c）$\dfrac{T}{\alpha h b^2}$；　　（d）$\dfrac{6M}{bh^2}$。

9.12 为什么说第三强度准则与第四强度准则相比，是一个更偏于安全的准则？在什么应力状态下两种准则等价？

9.13 对图示的两种应力状态，其第三、第四强度理论可以分别采用公式 $\sigma_{eq3}=\sqrt{\sigma^2+4\tau^2}$ 和 $\sigma_{eq4}=\sqrt{\sigma^2+3\tau^2}$ 吗？为什么？如果不能，应采用什么公式计算？

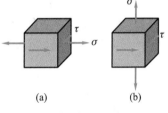

9.14 一般地说来，结构中下列三种点都可能构成危险点：① 正应力最大的点；② 切应力最大的点；③ 正应力和切应力都较大的点。上述第三种危险点经常出现在哪一类构件？这种危险点所在截面的内力一般具有什么特点？

(a)　　　(b)

思考题 9.13 图

9.15 脆性材料制成的圆柱薄壁容器由于内压过大而产生裂纹，裂纹的方向最可能沿什么方向？

9.16 承受内压的圆柱薄壁容器侧面上的点（不十分靠近两个端面）的三个主应力的大小为多少？主方向沿什么方向？

9.17 承受内压的圆柱薄壁容器侧面上的点（不十分靠近两个端面）处的最大切应力为多少？

9.18 承受内压的圆球薄壁容器侧面上的点的三个主应力的大小为多少？主方向沿什么方向？

习 题 9（A）

习题 9
参考答案

9.1 已知应力状态如图所示，图中应力单位为 MPa。试写出四个强度理论的相当应力。材料泊松比 $\nu=0.25$。

9.2 写出题 9.1 中各应力状态的莫尔强度理论相当应力。取 $\dfrac{[\sigma_t]}{[\sigma_c]}=\dfrac{1}{4}$。

9.3 已知应力状态如图所示，图中应力单位为 MPa。试写出第三和第四强度理论的相当应力。

9.4 图示的水平直角曲拐的直径为 d，材料的弹性模量为 E，泊松比 $\nu=0.25$，曲拐承受竖直方向上的均布荷载 q。

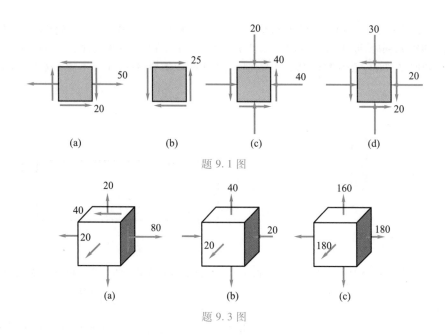

题 9.1 图

题 9.3 图

（1）求危险点的第三强度理论相当应力；

（2）求 C 截面的竖向位移。

9.5 图示的结构中，各部分均为直径为 $d = 60$ mm 的圆杆。已知 $F_1 = 1$ kN，$F_2 = 2$ kN，$[\sigma] = 100$ MPa。试用第三强度理论校核结构的强度。

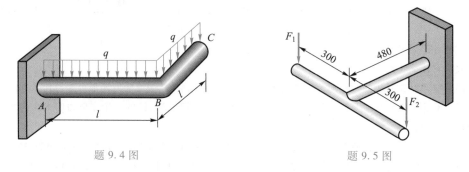

题 9.4 图　　　　　　　　　　题 9.5 图

9.6 工字形截面钢梁，其尺寸和荷载如图所示，已知 $F = 90$ kN。试比较 B 左侧截面上 K 点和 P 点的第三强度准则相当应力。

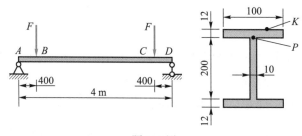

题 9.6 图

9.7 图示结构中，$q = 2$ kN/m，$F = 3$ kN，立柱许用应力 $[\sigma] = 160$ MPa。竖直实心圆柱的直径 $d = 50$ mm，

试用第四强度理论校核立柱强度。

9.8 图中曲柄上的作用力 F 保持 10 kN 不变,但角度 θ 可变。试求 θ 为何值时对 A–A 截面最为不利,并求相应的第三强度相当应力。

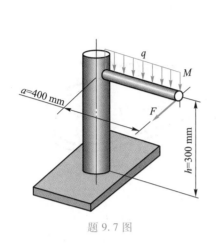

题 9.7 图

题 9.8 图

9.9 图示结构中,立柱是外径 $D = 80$ mm,内、外径之比 $\alpha = 0.8$ 的空心圆杆。已知 $H = 2$ m,板面尺寸 $b = 1$ m,$h = 1.5$ m。板面承受的最大风压 $p = 200$ Pa。不计立柱和板面自重,用第四强度理论求立柱中危险点的应力。

9.10 图示的电机输出功率为 12 kW,转速为 760 r/min。带轮两边的拉力成 2:1 的比例。主轴伸出长度 $a = 200$ mm,许用应力 $[\sigma] = 120$ MPa。大轮直径 $D = 250$ mm。试用第三强度理论设计主轴直径。

9.11 图示直角曲拐的 AB 段为直径 $d = 50$ mm 的圆轴,其长度 $l = 400$ mm,BC 段长度为 $a = 250$ mm,BC 段上有向下作用的均布载荷 $q = 5$ kN/m。

(1) 若材料的许用应力 $[\sigma] = 80$ MPa,试用第三强度理论校核 AB 区段强度。

(2) 在 K 截面上顶点安置一个直角应变花,其中水平应变片沿轴向,竖直应变片沿周向,另一应变片分别与前两个应变片成 45° 角。若材料 $E = 100$ GPa,泊松比 $\nu = 0.3$,那么三个应变片的理论读数应各为多少?

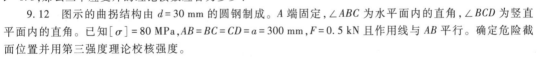

题 9.9 图

9.12 图示的曲拐结构由 $d = 30$ mm 的圆钢制成。A 端固定,∠ABC 为水平面内的直角,∠BCD 为竖直平面内的直角。已知 $[\sigma] = 80$ MPa,$AB = BC = CD = a = 300$ mm,$F = 0.5$ kN 且作用线与 AB 平行。确定危险截面位置并用第三强度理论校核强度。

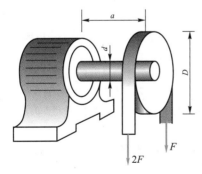

题 9.10 图

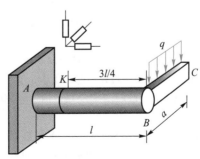

题 9.11 图

9.13 直径为 d 的圆杆制成如图所示水平面内的刚架,其中 AB 和 CD 分别为长度为 $2a$ 和 a 的直杆, BC 部分是半径为 $R=a$ 的半圆曲杆。在 CD 段有竖向均布荷载 q,D 处有水平集中力 $F=qa$。求固定端 A 截面危险点处第三强度理论的相当应力,并指出危险点位置。

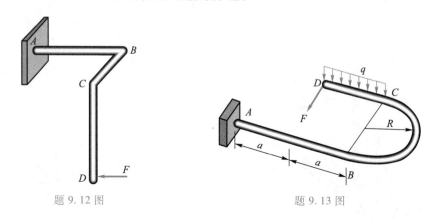

题 9.12 图   题 9.13 图

9.14 图示结构两端均为滚珠轴承,左端轴承具有止推功能。圆轮直径 $D=200$ mm,圆轴直径 $d=30$ mm,圆轮下顶点承受轴向力 $F_a=0.8$ kN,径向力 $F_r=0.6$ kN,切向力 $F_t=2.1$ kN。若轴的许用应力 $[\sigma]=160$ MPa,试根据第四强度理论校核轴的强度。

9.15 图示结构中,① 号轮直径 $D_1=200$ mm,其前面侧点处有竖直向下的切向力 $F_y=3$ kN,以及水平向内的径向力 $F_z=8$ kN 的作用。② 号轮直径 $D_2=300$ mm,其上顶点处有竖直向下的径向力 $F'_y=5$ kN,以及水平向内的切向力 $F'_z=2$ kN 的作用。材料许用应力 $[\sigma]=108$ MPa,两个支承处均为滚珠轴承。试根据第四强度理论确定轴径。

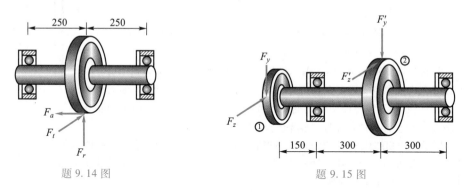

题 9.14 图   题 9.15 图

9.16 沿 x 方向延伸的圆形截面梁的 AB 区段内有弯矩 $M_y=ax+b$ 和 $M_z=cx+d$,其中 a、b、c、d 均为常数。试证明弯矩 $M=\sqrt{M_y^2+M_z^2}$ 在 AB 区段内的极大值只可能出现在 A 截面或 B 截面,而不会出现在 AB 两截面之间。

9.17 振摆计是由上端固定的金属丝和下端的重物组成,重物在垂直于金属丝的平面内周期性地来回转动,如图所示。其中金属丝长度 $l=1.5$ m,直径 $d=3$ mm,切变模量 $G=71.7$ GPa,许用应力 $[\sigma]=160$ MPa。下端重物的质量 $m=40$ kg,不计金属丝的重量,根据第三强度理论,振摆在一个周期内所允许的最大转动幅角为多少度?

9.18 图示直径 $D=500$ mm 的信号板自重 $P=60$ N,承受最大风压 $p=200$ Pa,空心竖管直径 $d=30$ mm, $\alpha=0.8$,高度 $h=800$ mm,竖管的密度为 $7\,800$ kg/m³。竖管轴线与信号板圆心之间的距离 $b=350$ mm,材料许用压应力 $[\sigma_c]=40$ MPa。不计横管部分自重,用第三强度理论校核竖管的强度。

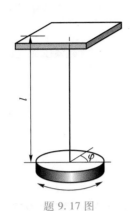

题 9.17 图

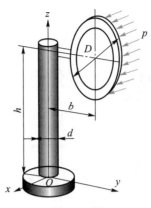

题 9.18 图

9.19　图示为飞机起落架简图,其中曲臂部分为外径 $D=85$ mm、内径 $d=75$ mm 的空心圆管,其许用应力 $[\sigma]=120$ MPa。作用于轮子轴心处的水平荷载 $F_1=1.2$ kN,地面对轮子的竖向约束力 $F_2=4.5$ kN,试用第三强度理论校核曲臂部分的强度。

9.20　承受内压作用的薄壁圆筒容器如图所示。用应变片测得 A 点处的轴向(x 轴方向)和环向(y 轴方向)的应变分别为 $\varepsilon_x=188\times10^{-6}$ 和 $\varepsilon_y=737\times10^{-6}$。已知钢材 $E=210$ GPa,$\nu=0.3$。若许用应力 $[\sigma]=170$ MPa,试用第三强度准则校核 A 点处的强度。

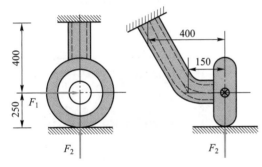

题 9.19 图

题 9.20 图

9.21　碳酸饮料易拉罐的半径与厚度之比为 $200:1$,罐体的材料常数 $E=30$ GPa,$\nu=0.35$。为了测试罐的内外压差,在罐的侧面沿轴向贴了一枚应变片。

（1）应变片在拉开罐时读数变化了 8×10^{-6},压差为多大?

（2）应变片的读数是正值还是负值?

（3）如果应变片的方向贴歪了一点,应变片的读数绝对值将会增大还是减小?

（4）要使应变片的读数绝对值最大,应变片应沿着什么方向粘贴?

9.22　水平放置的圆筒形容器如图所示。容器内径 $D=1.5$ m,厚度 $\delta=4$ mm,内储均匀压力为 $p=0.2$ MPa 的气体。不考虑容器两端面重量的影响,容器沿轴向每米重为 18 kN。试求中央截面外圆上 A 点处的主应力。

9.23　某处用铸铁管从水头高为 $h=25$ m 的蓄水池引水,如图所示。若水管材料的许用应力 $[\sigma]=10$ MPa,水管内径为 100 mm,试根据第一强度准则确定水管壁厚,水的单位体积重量取 $\gamma=10$ kN/m³。

9.24　图示的厚度为 15 mm、内径为 0.75 m 的圆筒由带钢焊制而成,两端封闭,焊缝与轴线间的夹角为 45°,现圆筒的内压为 8 MPa,求焊缝上的正应力和切应力。

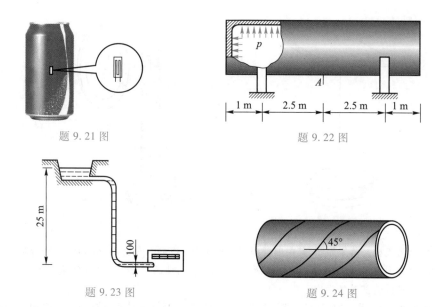

题 9.21 图 题 9.22 图

题 9.23 图 题 9.24 图

9.25 已知图示的薄壁圆筒内径 $d=0.8$ m,长度 $l=3$ m,壁厚 $\delta=10$ mm,内压 $p=3$ MPa,材料弹性模量 $E=200$ GPa,泊松比 $\nu=0.3$。不考虑端部的影响,试分别求长度、内径和容积的变化量。

9.26 图示的薄壁圆筒内径为 d,壁厚为 δ,长度为 l,固定在两个刚性壁之间后再加内压 p,已知材料泊松比为 ν,求加压后圆筒外侧面上的主应力。

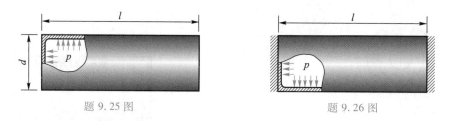

题 9.25 图 题 9.26 图

习 题 9（B）

9.27 直径 $D=100$ mm 的实心圆柱左端固定,右端承受偏心拉力 F 和力偶矩 M 的共同作用,其中拉力 F 作用于圆柱竖直对称面内。在圆柱中部最上点和最下点各有一轴向应变片 a 和 b,在水平对称面与圆柱面交线的 C 点有一与轴向成 45°角的应变片 c,如图所示。现测得三个应变片的读数分别为 $\varepsilon_a=520\times10^{-6}$,$\varepsilon_b=-9.5\times10^{-6}$,$\varepsilon_c=200\times10^{-6}$。已知材料的弹性模量 $E=200$ GPa,$\nu=0.3$,试求:

（1）拉力 F、力偶矩 M,以及偏心距 e 的大小;

（2）三个应变片处的第三强度理论的相当应力。

9.28 图示的结构中,$l=800$ mm,$a=1\,200$ mm,$F=9$ kN,长度为 l 的区段中,横截面是宽度为 b、高度为 $2b$ 的矩形。若材料的许用应力 $[\sigma]=165$ MPa,考虑弯曲切应力的影响,试根据第三强度准则确定尺寸 b。

9.29 图示的薄板每平方米重为 $P=800$ N,直梁右端固定,其自重 $q_0=200$ N/m,梁的许用应力 $[\sigma]=30$ MPa。考虑弯曲切应力,用第三强度理论校核悬臂梁的强度。

9.30 图示的结构中，杆件各段横截面均为边长为 a 的正方形，且 $l=10a$，许用应力为 $[\sigma]$，力 F 和 $2F$ 均作用在水平平面内。F 沿 DC 轴向，$2F$ 垂直于 F。试根据第三强度理论确定 F 的许用值。

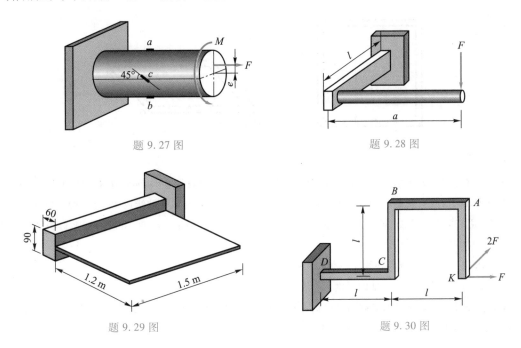

题 9.27 图   题 9.28 图

题 9.29 图   题 9.30 图

9.31 一根位于水下 $h=500$ m 的输油管道平均直径 $D=600$ mm，壁厚 $\delta=12$ mm，材料 $\nu=0.3$。管道内油压 $p_1=8$ MPa，海水单位体积重量 $\gamma=10$ kN/m^3。由于种种限制，可以认为管道的长度不能变化。忽略管道内外压力的不均匀性，试求管道外壁处的第四强度准则相当应力。

9.32 平均半径 $R=300$ mm、壁厚 $\delta=5$ mm 的薄壁球形容器承受内压 $p_1=30$ MPa 和外压 $p_2=32$ MPa，如图所示。材料的屈服极限 $\sigma_s=300$ MPa，根据第三强度理论计算其工作安全因数。

9.33 图示的外环为铜，其壁厚为 δ_{Cu}，弹性模量为 E_{Cu}，线胀系数为 α_{lCu}。内环为钢，其壁厚为 δ_{st}，弹性模量为 E_{st}，线胀系数为 α_{lst}。在常温下，铜环内径略小于钢环外径。将铜环加热使之温升为 T 时，铜环恰好能与常温的钢环套合，且此时两环内均无应力。

（1）铜环温度也降至常温时，两环内的应力各为多少？

（2）将已紧密套合的处于常温的两环再次同时加热，温升为多高时两环内无应力？

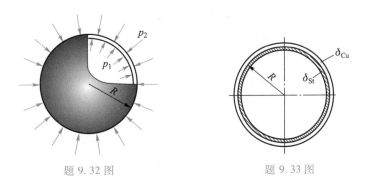

题 9.32 图   题 9.33 图

9.34 弹性模量为 E、泊松比 $\nu=0.25$、直径为 d、总长为 $4a$ 的圆钢被制成平面正方形框架 $ABCD$ 并置于水平平面内，B、D 两点有支承，A、C 两点有向下作用的力 F，如图所示。求危险点处的第三强度相当应力。

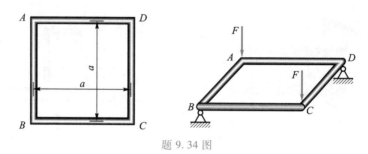

题 9.34 图

9.35 图示钢制圆轴承受拉力 F、弯矩 M 和扭矩 T 作用。圆轴直径 $d = 20$ mm，实验测得轴表面最低处 A 点沿轴线方向的线应变 $\varepsilon_{(1)} = 347 \times 10^{-6}$，在水平直径表面上的 B 点与圆轴轴线成 45° 方向的线应变 $\varepsilon_{(2)} = 269 \times 10^{-6}$，成 135° 方向的线应变 $\varepsilon_{(3)} = -209 \times 10^{-6}$。已知材料的弹性模量 $E = 200$ GPa，泊松比 $\nu = 0.25$，许用应力 $[\sigma] = 180$ MPa。

(1) 求拉力 F、弯矩 M 和扭矩 T 的值；

(2) 按第三强度理论校核轴的强度。

9.36 图示的开口圆环的横截面是边长为 b 的正方形，圆环平均半径为 R，且 R 远大于 b。开口处两侧在竖直线上沿相反方向有一对力 F 的作用。求危险点处的第三强度相当应力。

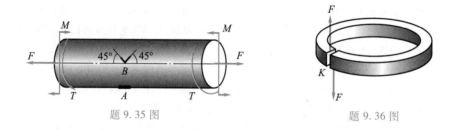

题 9.35 图　　　　　　　　　　　题 9.36 图

9.37 为了检查内径为 $d = 2$ m、壁厚 $\delta = 20$ mm 的球罐的密封性，在球罐外贴上若干应变片。在球罐加上压力 $p_0 = 1.2$ MPa 的高压气体时，这些应变片的平均读数为 $\varepsilon_0 = 150 \times 10^{-6}$。24 小时后，应变片的平均读数降为 $\varepsilon_1 = 142 \times 10^{-6}$。不计球罐变形的影响，在这段时间内，压力为 p_0 的高压气体泄露了多少？

9.38 如图所示，内径 $d = 450$ mm、壁厚 $\delta = 6$ mm 的圆筒的内压为 $p = 0.12$ MPa。圆筒左端固定，右端面上有 $F = 8$ kN 作用。不计圆筒自重，求 K 点处的最大正应力和最大切应力。

9.39 图示的结构由三个截面为矩形的杆件固结而成，其中两个拐角分别为竖直平面和水平平面内的直角，集中力 F 作用在自由端面的竖直平面内并与竖直线成 30° 角。$a = 120$ mm，$b = 150$ mm，立柱横截面是长为 $2t$、宽为 t 的矩形，且 $t = 40$ mm。立柱高度 $h = 320$ mm，许用应力 $[\sigma] = 160$ MPa，试根据第三强度理论由立柱强度确定许用荷载 F。

9.40 图示 $ABCD$ 是用一个直径为 d 的圆杆制成的直角曲拐并置于水平平面内，在 C 处有一防止向下位移的铰支承，若材料的许用应力为 $[\sigma]$，用第四强度理论确定许用荷载。

9.41 图示 ABC 为直角曲拐。AB 段为刚体，A 处为铰。已知 $a = 150$ mm，$F = 2$ kN。BC 段中 C 处固定，$l = 600$ mm，$d = 40$ mm，泊松比 $\nu = 0.33$，$[\sigma] = 60$ MPa。用第四强度理论校核 BC 段强度。

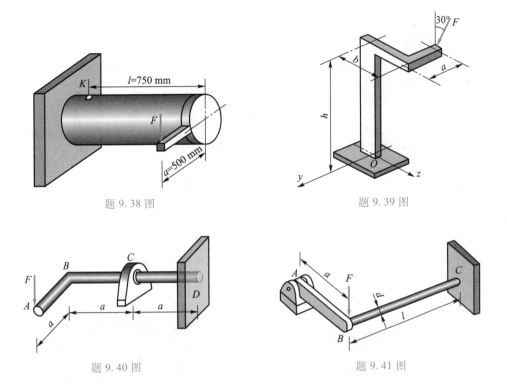

题 9.38 图　　　　　　　　　　　　　　题 9.39 图

题 9.40 图　　　　　　　　　　　　　　题 9.41 图

9.42　图示为某车刀在切削时的受力简图。已知 $F_1 = 600$ N，$F_2 = 120$ N，$F_3 = 210$ N。考虑所有内力，求危险点的第三强度理论相当应力。

9.43　图示的结构中圆杆两端与刚性板固结。左端板固定，右端板上有一个力偶矩 M 的作用。已知 $l = 5b = 20d$，$G = 0.4E$。计算圆杆危险点的第三强度理论相当应力。

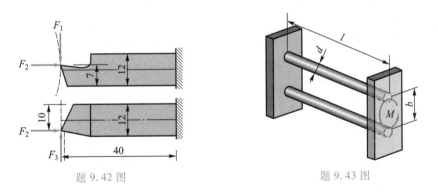

题 9.42 图　　　　　　　　　　　　　　题 9.43 图

9.44　图示的结构中，AB 为两端固定的薄壁杆件，全长 $3l = 1\,500$ mm，其壁厚均为 2 mm，外部尺寸是 30 mm×30 mm 的正方形。G 和 H 两处的重物的重量均为 P，它们的重心与 AB 轴线均相距 $a = 400$ mm。若 AB 梁材料的许用应力 $[\sigma] = 190$ MPa，除 G 和 H 处的重物外，其余部分均不计自重。用第三强度理论由 AB 梁的强度确定 P 的许用值。

9.45　直径 $D = 50$ mm 的实心铜圆柱外面包有壁厚 $\delta = 2$ mm 的钢筒。铜柱轴线上作用有压力 $F = 200$ kN，已知铜的泊松比 $\nu = 0.32$，钢和铜的弹性模量之比为 2∶1，试求铜柱的主应力。

9.46　$E_{Al} = 70$ GPa、$\nu_{Al} = 0.28$ 的铝制长圆筒两端封闭，其外径 $D = 150$ mm，壁厚 $\delta = 5$ mm。为了提高其

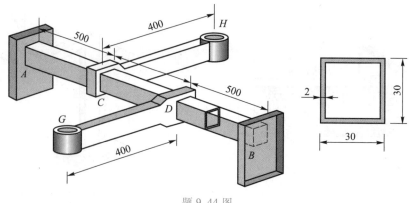

题 9.44 图

承载能力,预先在其外圆用 $d = 2.5$ mm, $E_{St} = 200$ GPa 的钢丝在拉力 $F = 400$N 的作用下紧密地缠绕一层,如图所示。钢丝缠紧之后,圆筒承受内压 $p = 7$ MPa 作用。不考虑两端效应,试求:

（1）内压作用之前圆筒的周向应力;

（2）内压作用之后圆筒的周向应力。

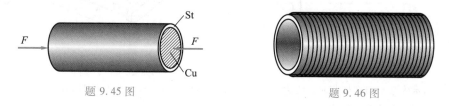

题 9.45 图   题 9.46 图

9.47　图示竖放的薄壁容器,壁厚均为 δ。圆筒上部是内径为 d 的圆筒,下部为半球形。容器内盛有单位体积重量为 γ 的液体,液体高度为 h,且有 $h > d$。容器只在上端支承,不计圆筒的自重,假定圆筒部分壁厚上的轴向应力 σ_a 和周向应力 σ_c 沿壁厚均匀分布,试求圆筒部分外壁上各点处的第三强度准则的相当应力。

9.48　顶角为 2α、壁厚为 δ 的圆锥形密闭容器内压为 p,如图所示,证明距锥顶为 x 的环周截面处的主应力为 $\sigma_1 = \dfrac{px\sin\alpha}{\delta\cos^2\alpha}$, $\sigma_2 = \dfrac{px\sin\alpha}{2\delta\cos^2\alpha}$。

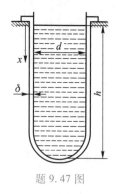

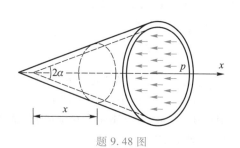

题 9.47 图   题 9.48 图

第 10 章　弹性压杆稳定

10.1　压杆稳定的一般性概念

构件要能够正常工作,除了必须满足强度和刚度的要求之外,还必须满足稳定性的要求。

10.1.1　失稳与临界荷载

下面以压杆为例说明稳定性的含义。考虑如图 10.1 所示的杆件,它在轴线上承受压力 F,当 F 不是太大时,除了在轴向上产生微小的压缩变形之外,没有其他的变形产生。在这种情况下,如果在横向上作用一个较小的干扰力,杆件也会产生横向上的弯曲变形;但是,一旦干扰力消失,这种横向弯曲也就随之自动消失,杆件仍然恢复到直线的平衡状态。这种平衡状态称为稳定平衡,如图 10.1(a)所示。

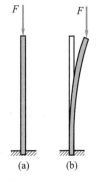

图 10.1　压杆失稳

如果轴向荷载 F 增大到一定程度,直线的稳定平衡状态就维持不下去了。当横向上作用了一个小的干扰力时,杆件将在瞬间发生横向弯曲,并在这种横向弯曲状态达到新的平衡,如图 10.1(b)所示。干扰力消失后,如果轴向荷载保持不变,这种弯曲的平衡状态将会一直保持下去,而不会自动返回到初始时的直线平衡状态。这种情况称为杆件失稳,也称屈曲(buckling)。

应当说明的是,虽然许多情况下,外界的干扰是失稳的一个诱因,但是决不能认为,失稳取决于外界的干扰。轴向荷载超过一定的限度才是导致失稳的决定性因素。

稳定问题与强度、刚度问题相比,有相当大的区别。

第一,并不是所有构件都存在失稳问题,只有某些构件在特定的受力状态下,才有可能失稳。除了压杆之外,常见的失稳问题有:横截面为狭长矩形的梁在弯曲平面外的失稳,如图 10.2(a)所示;双铰拱在竖向荷载下的失稳,如图 10.2(b)所示;薄壁圆筒扭转或者轴向受压所产生的折皱,如图 10.2(c)和(d)所示;等等。

第二,在许多情况下,构件失稳时往往还处于弹性阶段。这就是说,失稳状态下构件的应力,在许多情况下还不足以使构件产生材料的破坏。因此,构件的失稳有可能发生在材料的强度足够的情况下。

第三,失稳破坏常常在瞬间产生。这与构件强度不足而产生的破坏不同。构件强度不足引起的破坏常常有塑性流动或裂纹扩展的过程,而失稳所引起的破坏常常让人猝不及防,因而更具有危险性。所以研究构件失稳问题,对于保证结构的安全是十分重要的。

使受压杆件保持稳定的直线平衡形式的最大轴向力,或者使杆件屈曲的最小轴向力,称为压杆失稳的临界荷载(critical load),用 F_{cr} 来表示。确定结构的临界荷载是解决失稳问题

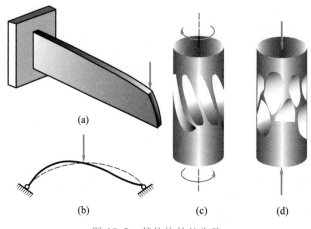

图 10.2 其他构件的失稳

的核心环节。

10.1.2 刚性杆的稳定

下面通过一个刚性杆的稳定性讨论进一步说明上述稳定与临界荷载的概念。如图 10.3(a) 所示，一个长度为 l 的刚性杆下端用铰连结，并借助于一个刚度系数为 β 的螺旋弹簧（角弹簧）使之保持竖直的平衡状态。杆的上端有一个轴向压力 F 作用。

不考虑刚性杆的重量。如果有一个横向干扰，使杆偏离初始的竖直位置而与竖直线有了一个微小的夹角 θ，如图 10.3(b) 所示。这种情况下，弹簧将会产生一个阻止杆件偏转的力偶矩 $M=\beta\theta$。这样，对杆的下端取矩便可得平衡方程：

$$M = Fl\tan\theta,$$

考虑到角 θ 是一个小量，便有

$$\beta\theta = Fl\theta, \quad 即 \quad F = \frac{\beta}{l}。$$

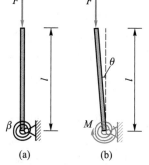

图 10.3 刚性杆的失稳

如果 $F < \dfrac{\beta}{l}$，那么轴向力对下端的矩 $Fl\theta$ 将小于螺旋弹簧提供的力偶矩 $M=\beta\theta$，故 M 将会使杆自动恢复竖直平衡状态。如果 $F > \dfrac{\beta}{l}$，则 M 不能使杆回到竖直状态，这说明杆已经失稳。由此可得到，结构的临界荷载

$$F_{\mathrm{cr}} = \frac{\beta}{l}。$$

上面的例子虽然很简单，却提供了讨论稳定问题的两个基本要素：

（1）讨论中无须涉及引发失稳的干扰力。

（2）讨论应在偏离原始平衡位置的一个已变形的构形（指形状和尺寸）中进行。

上述第二点与本书以前所讨论的强度、刚度的各类问题有所不同。以前的讨论总是在

未变形的构形中进行的,不必事先考虑荷载引起的变形对平衡的影响。在刚性杆及下面将进行的弹性压杆的稳定性讨论中,总是先取一个失稳状态,然后再在这个状态中进行平衡分析。

10.2　理　想　压　杆

所谓理想压杆是指压杆未屈曲时,其轴线是直线,即没有初始曲率;同时,没有横向荷载;而且轴线方向上的外荷载严格地作用在轴线上。本节将分析理想压杆的临界荷载和临界应力。

10.2.1　理想压杆的临界荷载

下面考虑理想压杆的屈曲曲线是偏离直线不远的微弯曲线的情况,此时变形仍然属于小变形范围,材料仍然处于线弹性阶段。记压杆的抗弯刚度为 EI,则失稳杆件中的弯矩与挠度之间存在着如下的关系:

$$w'' = \frac{M}{EI}。 \qquad ①$$

图 10.4(a)所示为两端铰支的压杆失稳的情况。在图示坐标系中,在失稳的杆件中取出 $(0,x)$ 的区段为自由体,x 处的挠度为 w,如图 10.4(b)所示,对自由体右截面取矩便可得

$$M = -Fw, \qquad ②$$

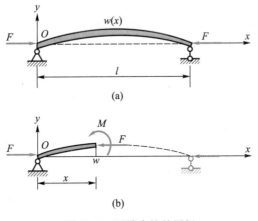

图 10.4　两端为铰的压杆

将上式代入式①即可得

$$EIw'' + Fw = 0。$$

记

$$k^2 = \frac{F}{EI}, \qquad (10.1)$$

便有

$$w''+k^2w=0。 \tag{10.2}$$

这便是两端铰支情况下弹性失稳的挠度曲线微分方程。这是一个二阶常系数的常微分方程,其通解为

$$w=A\cos kx+B\sin kx, \tag{③}$$

式中,A、B 是常数。由于这里讨论的是已经失稳的情况,因此,A、B 不能全部为零。

上述解答应该满足两端的约束条件,亦称边界条件。由于两端铰支,在 $x=0$ 处和 $x=l$ 处有 $w=0$,将这两个条件代入式③即可得关于 A、B 的一个线性齐次方程组

$$\begin{bmatrix} 1 & 0 \\ \cos kl & \sin kl \end{bmatrix} \begin{bmatrix} A \\ B \end{bmatrix} = \begin{bmatrix} 0 \\ 0 \end{bmatrix}。$$

由于 A、B 不能全部为零,因此,这个方程组应该有非零解。作为线性齐次方程组,存在非零解的条件是其系数行列式等于零,故应有

$$\begin{vmatrix} 1 & 0 \\ \cos kl & \sin kl \end{vmatrix} = 0, \quad 即 \quad \sin kl=0。 \tag{10.3}$$

上式称为两端铰支压杆的稳定特征方程。从这个方程可导出

$$kl=n\pi。$$

由式(10.1)即可得

$$k^2=\frac{F}{EI}=\left(\frac{n\pi}{l}\right)^2,$$

即

$$F=\frac{EI\pi^2n^2}{l^2}。$$

在通常的数学意义下,上面几个式子中的 n 可以取整数。但在所研究的具体情况中,显然 n 不能取零。同时,由于上式事实上表达了可能使压杆失稳的压力值,所以临界值只能取其中最小值,即只能取 $n=1$。这样便有

$$F_{cr}=\frac{EI\pi^2}{l^2}。 \tag{10.4}$$

这便是两端铰支情况下压杆的失稳临界荷载。

与上述方法对应的压杆屈曲曲线则具有如下的形式:

$$w=B\sin\frac{\pi x}{l}。 \tag{10.5}$$

与上面的例子类似,可以得到其他约束形式的理想压杆临界荷载的一般求解方法如下:

(1)在已经失稳的压杆构形上,利用截面法建立矩的平衡方程,由 $w''=\dfrac{M}{EI}$ 便可导出关于挠度 w 的平衡微分方程,并在该方程中记 $k^2=\dfrac{F}{EI}$。

(2)列出这个平衡微分方程的通解,该通解包含若干待定常数,注意这些待定常数不全为零。

(3)利用边界条件建立关于待定常数的线性方程组。在理想压杆中,该线性方程组总

是齐次的。利用这个线性齐次方程组存在非零解的条件,即系数行列式等于零,建立关于量纲一的参量 kl 的特征方程,其中 l 是压杆长度。

(4)求解特征方程,便可得到参量 kl,并可进一步导出临界荷载。

常见的几类约束的压杆的临界荷载可以用一个统一的公式来表达,即

$$F_{cr} = \frac{EI\pi^2}{(\mu l)^2}。 \tag{10.6}$$

上式称为欧拉(Euler)公式,其中 μ 是一个与约束形式相关的常数,对于如图 10.5(a)所示的两端铰支的压杆,有

$$\mu = 1; \tag{10.7a}$$

对于两端固支的压杆,如图 10.5(b)所示,有

$$\mu = 0.5; \tag{10.7b}$$

对于一端固支、一端自由的压杆,如图 10.5(c)所示,有

$$\mu = 2; \tag{10.7c}$$

对于一端固支、一端铰支的压杆,如图 10.5(d)所示,有

$$\mu \approx 0.7。 \tag{10.7d}$$

应该注意,轴向荷载 F 与失稳挠度 w 之间不再呈线性关系,因而不能在它们之间应用叠加原理。这是与许多强度问题和刚度问题很不一样的地方,从而构成了失稳问题的又一个特点。这个特点不是理想压杆的近似处理造成的,精密的分析也指出,轴向荷载 F 与失稳挠度 w 之间呈非线性的关系。

欧拉公式中,临界荷载与长度的平方成反比,因此,压杆的长度强烈地影响着临界荷载。

欧拉公式中,μ 是一个表达两端约束情况的常数。它表明,两端的约束越牢固,抗失稳的能力就越强。在上面给出了四种典型情况的 μ 值,但是应注意,在工程实际中,并不是各类结构都必须简化为这四种情况。例如,在图 10.6(a)中,丝杠的左端有足够的长度与固定结构啮合,因此,可以简化为固定端;但右端的啮合长度 a 不够,因而不能简化为固定端。这种情况下,若

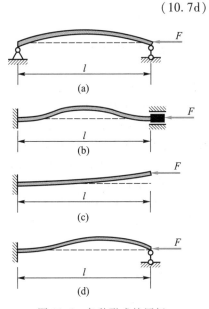

图 10.5 各种形式的压杆

a 与丝杠直径 d 之比较小,就可简化为铰,从而有 $\mu = 0.7$。若 a 与 d 之比不太小,但未达到抑制右端转角的程度,则可以考虑 μ 取 $0.5 \sim 0.7$ 之间的某个数。

欧拉公式中的 I 体现了压杆横截面对临界荷载的影响。需注意 I 是横截面的一个主惯性矩。一般地,若杆件轴线方向为 z 轴,横截面的两个主惯性矩 I_x 和 I_y 可能是不相等的。易于看出,如果杆在垂直于 z 轴的各个方向上的约束情况相同,例如,图 10.6(b)所示的情况,那么失稳将在图示的惯性主方向上发生,而不会在与其相垂直的另一个惯性主方向上发生。因此,在这种情况下,欧拉公式中的 I 应取 I_x 和 I_y 中较小的一个。

欧拉公式给出了理想压杆的临界荷载。应该注意,临界荷载这一概念表达的是结构抗

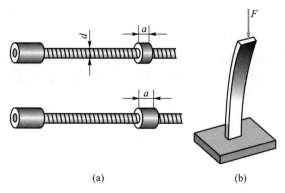

图 10.6 关于失稳的考虑

失稳的能力，它是结构自身的特性，与杆件的材料、长度、横截面几何特性和约束情况有关，而与真正作用在杆上的荷载无关。真实荷载或工作荷载 F_w 与临界荷载的比较则体现了压杆对于这种荷载的稳定性：当 $F_w < F_{cr}$ 时，压杆的直线平衡形式是稳定的；当 $F_w \geqslant F_{cr}$ 时，压杆的直线平衡形式是不稳定的，它极易产生失稳，或者说，它极易转入屈曲这一新的稳定平衡形态。

人们经常用安全因数来说明杆件的安全性。实际状态的稳定安全因数 n_{st} 不得小于事先要求的额定安全因数 $[n_{st}]$，即 $n_{st} = \dfrac{F_{cr}}{F_w} \geqslant [n_{st}]$。

例 10.1 图 10.7 所示为抗弯刚度为 EI 的细长杆件。

（1）求杆件的临界荷载；

（2）如果中间支座可以在水平方向上移动，要使临界荷载 F 尽可能地大，支座 A 的水平位置该调整到什么地方？

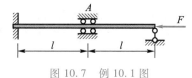

图 10.7 例 10.1 图

解：本例中的中间铰对于杆的左半部和右半部都相当于一个固定端，即不仅限制了该处杆件的挠度，还限制了该处的转角。而且，在这一杆件中，其中一段杆件的失稳变形不会使另一段杆件产生挠度，也就是说，压杆的两个部分的弹性失稳曲线是彼此独立的。这样，便可以单独考虑两部分的临界荷载，则有

$$左边杆件：F_{cr1} = \frac{EI\pi^2}{(0.5l)^2}, \quad 右边杆件：F_{cr2} = \frac{EI\pi^2}{(0.7l)^2}。$$

但是，当杆件最右端作用轴向压力 F 时，两部分的轴力是相同的，故临界荷载只能取上面两个值中较小的一个，故有

$$F_{cr} = F_{cr2} = \frac{EI\pi^2}{0.49l^2}。$$

由于左段杆件临界荷载大于上述值，说明它的抗失稳能力比右段杆件高。为了提高整个结构的临界荷载，右段杆件的长度应该适当减小，支座 A 应向右移动。当移动到两段的临界荷载相等时，没有哪一部分再有抗失稳能力的储备了，这时临界荷载达到最大。

设中间铰移动到与最左边的固定端相距 x 的地方，便有

$$\frac{EI\pi^2}{0.25x^2} = \frac{EI\pi^2}{0.49(2l-x)^2},$$

故有

$$x = \frac{7l}{6} = 1.17l。$$

这是中间铰的最佳位置。

易于算出,这样移动之后,临界荷载提高了 45%。

10.2.2　理想压杆的临界应力

用临界压力 F_{cr} 除以压杆横截面面积 A,便可得到与临界压力对应的临界应力:

$$\sigma_{cr} = \frac{EI\pi^2}{(\mu l)^2 A}。$$

利用惯性半径 $i = \sqrt{\dfrac{I}{A}}$,可将上式表示为

$$\sigma_{cr} = \frac{E\pi^2}{\lambda^2}, \tag{10.8}$$

式中,

$$\lambda = \frac{\mu l}{i} \tag{10.9}$$

称为柔度(slenderness),也称细长比。它是一个量纲一的量,综合地表示了杆件的长度、横截面的几何特性及两端的约束情况对稳定的影响。显然,柔度越大,临界应力就越小,杆件抵抗失稳的能力就越弱。

柔度表达式中的惯性半径体现了截面几何形式和尺寸对稳定性的影响。不难得到,直径为 d 的实心圆的惯性半径

$$i = \frac{1}{4}d。$$

外径为 D、内外径之比为 α 的空心圆的惯性半径

$$i = \frac{1}{4}D\sqrt{1+\alpha^2}。$$

对于宽为 b、高为 h 的矩形,则需要考察杆件失稳的方向。如图 10.8 所示,如果失稳时截面绕 x 轴旋转,则惯性半径

$$i = \frac{h}{2\sqrt{3}},$$

如果失稳时截面绕 y 轴旋转,则惯性半径

$$i = \frac{b}{2\sqrt{3}}。$$

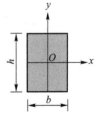

图 10.8　矩形截面

由于欧拉公式是在线弹性范围内导出的,因此,临界应力应小于材料的比例极限,即有

$$\sigma_{cr} = \frac{E\pi^2}{\lambda^2} \leqslant \sigma_p, \tag{10.10}$$

因此应有

$$\lambda \geqslant \pi\sqrt{\frac{E}{\sigma_p}} = \lambda_p。 \tag{10.11}$$

满足上式的杆称为大柔度杆。式中的 λ_p 是压杆是否属于大柔度杆的判据。当杆件的柔度很小时,例如,一根短而粗的压杆,其失效形式就不是失稳,而是材料的破坏了。为了全面地考虑压杆不同的失效形式,人们根据杆件的 λ 值将受压杆件分为大柔度杆、中柔度杆和小柔度杆这三种情况。大柔度杆的失效形式为弹性失稳,其临界应力由式(10.8)所确定;小柔度杆的失效形式为材料的破坏,其临界应力由材料的屈服极限(塑性材料)或强度极限(脆性材料)所确定;对于中柔度杆,失效的原因则较为复杂,可能既有失稳的因素,也有局部屈服的因素,通常称之为非弹性失稳。

人们常根据理论分析和实验结果把受压杆件的失稳临界应力和柔度之间的关系画成一条连续的曲线,称为临界应力总图,如图 10.9 所示。在图中,柔度 λ 为横轴,杆件横截面上的应力 σ 为纵轴。在这个 $\lambda\sigma$ 平面中的点表达了杆件的柔度及其工作应力的某个状况。临界应力曲线上方部分所对应的状况被认为是危险的,下方则是安全的。对于大柔度杆区段,临界应力曲线采用式(10.8)所定义的曲线。对于中、小柔度杆区段,工程中常根据具体材料的试验数据来确定这段曲线。

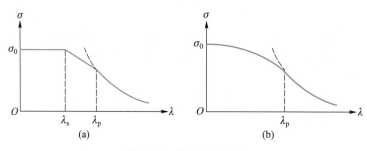

图 10.9　临界应力总图

通常有两种处理中、小柔度杆的方法。一种处理方式是在小柔度区取临界应力为常数,如图 10.9(a)所示,即

$$\sigma_{cr} = \sigma_0, \tag{10.12a}$$

式中,σ_0 是材料的屈服极限(塑性材料)或强度极限(脆性材料)。

在中柔度区,则采用直线公式

$$\sigma_{cr} = a - b\lambda, \tag{10.12b}$$

式中,a、b 可参见表 10.1。小柔度与中柔度的界限 λ_s 则可由下式算出:

$$\lambda_s = \frac{a - \sigma_0}{b}。 \tag{10.12c}$$

另一种处理方式是在小柔度和中柔度区用一个抛物线公式作为临界应力的表达式,如图 10.9(b)所示,即

$$\sigma_{cr} = \sigma_0 - \alpha\lambda^2。 \tag{10.13}$$

α 是根据试验得出的经验常数,可参见有关规范[1]。

---

①　例如,可参见参考文献[1]。

表 10.1　常用工程材料的压杆稳定常数

材料名称	a/MPa	b/MPa	λ_p	λ_s
Q235 钢	304	1.12	100	61.4
优质碳钢	460	2.57	100	60
硅钢	577	3.74	100	60
铸铁	332	1.45	85	—
铬钼钢	980	5.3	55	—
硬铝	372	2.14	50	—
松木	39	0.2	50	—

　　根据压杆的工作状况,可以计算出其工作应力,再根据临界应力总图,即可判断出这根压杆是否满足强度或稳定性的要求了。在根据临界应力总图考察压杆时,由于压杆具有多种失效形式和不同的计算模式,因此,如果用安全因数来评估压杆的安全性,而且只考虑指定平面内的失稳问题的话,则可按照图 10.10 所示的流程进行。

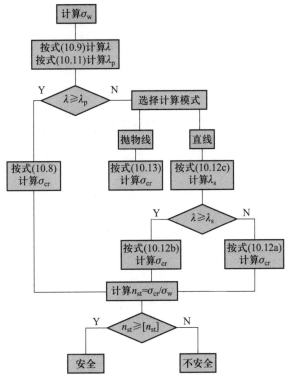

图 10.10　计算流程图

　　在计算压杆的工作应力时应注意到这样一个细节:强度校核是从构件危险点的应力来考虑的,因此,如果截面上有孔、槽,它的强度会因应力集中而受到损害,强度校核就必须考虑这些孔、槽的影响。而稳定性校核是从整个构件的抗失稳能力来考虑的,杆件某个截面上的孔、槽等局部缺陷对整个构件的抗失稳能力影响不大。因此,稳定性校核不必考虑它们的影响。根据上述理由,如果压杆局部受到孔、槽的削弱,那么,即使是大柔度杆,也应该在受到削弱的部位进行必要的强度校核。

例 10.2   如图 10.11 所示的结构中,AC 和 BC 均为直径 $d=40$ mm 的圆杆,$\angle ACB$ 为直角。两杆材料相同,其材料常数 $E=80$ GPa,$\sigma_p=65$ MPa,$\sigma_s=82$ MPa,$a=280$ MPa,$b=3.1$ MPa,结构的强度安全因数 $[n]=1.5$,稳定安全因数 $[n_{st}]=2$,荷载 $F=55$ kN。校核结构的安全性。

解:轴力计算:

易得 $\sin\alpha=\dfrac{5}{13}$,$\cos\alpha=\dfrac{12}{13}$。由 C 结点的平衡可得

$$F_{N1}=F\sin\alpha=21\,154\text{ N},\quad F_{N2}=F\cos\alpha=50\,769\text{ N}。$$

材料柔度指标:

$$\lambda_p=\pi\sqrt{\frac{E}{\sigma_p}}=\pi\times\sqrt{\frac{80\,000}{65}}\approx 110,$$

$$\lambda_s=\frac{a-\sigma_s}{b}=\frac{280-82}{3.1}\approx 64。$$

杆件安全性分析:对于①号杆,有

$$\lambda_1=\frac{\mu l_1}{i}=\frac{1\times1\,200}{\dfrac{40}{4}}=120>\lambda_p,$$

故①号杆属于大柔度杆,应考虑稳定问题。

$$\sigma_{cr1}=\frac{E\pi^2}{\lambda_1^2}=\frac{80\,000\times\pi^2}{120^2}\text{ MPa}=54.83\text{ MPa},\quad \sigma_{w1}=\frac{4F_{N1}}{\pi d^2}=\frac{4\times21\,154}{\pi\times40^2}\text{ MPa}=16.83\text{ MPa},$$

$$n_{st1}=\frac{\sigma_{cr1}}{\sigma_{w1}}=\frac{54.83}{16.83}=3.3>[n_{st}]。$$

故①号杆安全。

对于②号杆,有

$$\lambda_2=\frac{\mu l_2}{i}=\frac{1\times500}{\dfrac{40}{4}}=50<\lambda_s。$$

故②号杆属于小柔度杆,应考虑强度问题。

$$\sigma_{w2}=\frac{4F_{N2}}{\pi d^2}=\frac{4\times50\,769}{\pi\times40^2}\text{ MPa}=40.40\text{ MPa},$$

$$n_2=\frac{\sigma_s}{\sigma_{w2}}=\frac{82}{40.40}=2.0>[n]。$$

故②号杆安全,即整个结构安全。

例 10.3   在图 10.12 所示的结构中,小球重为 P,可以在横梁上自由移动。横梁左端为固定铰,横截面为矩形,$c=30$ mm,$h=80$ mm,长度 $l=600$ mm。立柱上、下端均为球铰,高度 $H=550$ mm,横截面为圆形,$d=25$ mm。两个构件材料相同。弹性模量 $E=210$ GPa,屈服极限 $\sigma_s=345$ MPa,比例极限 $\sigma_p=240$ MPa,中柔度

杆常数 $a = 577$ MPa，$b = 3.74$ MPa。强度安全因数 $n = 1.5$，稳定安全因数 $n_{st} = 2$，求许用荷载$[P]$。

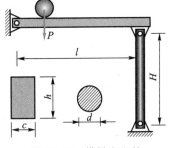

解：横梁应满足强度条件。显然小球移动到横梁中点时对横梁强度最为不利，最大弯矩 $M = \frac{1}{4}Pl$，故有

$$\sigma_M = \frac{M}{W} = \frac{3Pl}{2ch^2} \leqslant \frac{\sigma_s}{n},$$

图 10.12 横梁和立柱

即有

$$P \leqslant \frac{2ch^2\sigma_s}{3ln} = \frac{2\times30\times80^2\times345}{3\times600\times1.5}\,\text{N}$$
$$= 49\ 067\ \text{N} = 49.1\ \text{kN}。$$

小球移动到最右端对立柱最为不利，这种情况下立柱的轴力与 P 相等。

立柱的失效形式取决于柔度，即

$$\lambda = \frac{\mu H}{i} = \frac{4H}{d} = \frac{4\times550}{25} = 88。$$

而大柔度标志

$$\lambda_p = \pi\sqrt{\frac{E}{\sigma_p}} = \pi\times\sqrt{\frac{210\times10^3}{240}} = 92.9,$$

小柔度标志

$$\lambda_s = \frac{a-\sigma_s}{b} = \frac{577-345}{3.74} = 62.0。$$

由此可知，$\lambda_s < \lambda < \lambda_p$，临界荷载应采用斜直线公式，

$$\sigma_{cr} = a - b\lambda = 577\ \text{MPa} - 3.74\ \text{MPa}\times88 = 247.88\ \text{MPa}。$$

这样，立柱的稳定性要求

$$P \leqslant \frac{A\sigma_{cr}}{n_{st}} = \frac{\pi d^2\sigma_{cr}}{4n_{st}} = \frac{\pi\times25^2\times247.88}{4\times2}\,\text{N} = 60\ 839\ \text{N} = 60.8\ \text{kN}。$$

因此，许用荷载$[P] = 49.1$ kN。

例 10.4 如图 10.13 所示的机车连杆，连杆两端贯通的轴可视为刚性的。连杆自身承受的轴向压力 $F = 120$ kN，$l_1 = 1.8$ m，$l_2 = 2$ m。横截面尺寸 $b = 25$ mm，$h = 76$ mm。材料为 Q235 钢，其弹性模量 $E = 200$ GPa，$\lambda_p = 100$。若取$[n_{st}] = 2$，试校核该连杆的稳定性。

解：注意到本题中，连杆有可能在图 10.13 中 xz 平面（主视图）内失稳，如图 10.14（a）所示。由于连杆两端的圆轴均为刚性的，连杆轴线的屈曲曲线与圆轴之间的角度保持为直角，这样，其约束情况可简化为两端固支，如图 10.14（b）所示。另外一方面，连杆也可能在图 10.13 中 xy 平面（俯视图）内失稳，如图 10.14（c）所示。在这种情况下，连杆轴线的屈曲曲线将允许在其两端分别绕刚性轴产生微小的转角。据此，其约束情况可以简化为两端铰支，如图 10.14（d）所示。同时，易于看出，两个平面内失稳的杆件长度与横截面惯性半径均不相同。

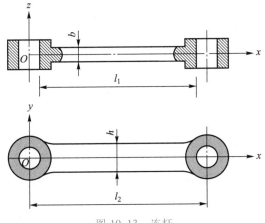

图 10.13 连杆

这样,究竟更容易在哪一个平面内失稳,就应该根据两个方向上的柔度值来进行综合判定。

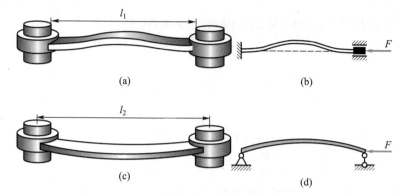

图 10.14 不同方向的简化模型

在 xz 平面中(主视图),有

$$\mu_1 = 0.5, \quad i_1 = \frac{b}{\sqrt{12}}, \quad l = l_1,$$

故有

$$\lambda_1 = \frac{\mu_1 l_1}{i_1} = \frac{0.5 \times 1\,800 \times \sqrt{12}}{25} = 124.7。$$

在 xy 平面中(俯视图),有

$$\mu_2 = 1, \quad i_2 = \frac{h}{\sqrt{12}}, \quad l = l_2,$$

故有

$$\lambda_2 = \frac{\mu_2 l_2}{i_2} = \frac{1 \times 2\,000 \times \sqrt{12}}{76} = 91.2。$$

因为 $\lambda_1 > \lambda_2$,所以连杆容易在 xz 平面内失稳。由于 $\lambda_1 > \lambda_p = 100$,故连杆属于大柔度杆,需按欧拉公式确定临界应力。

$$\sigma_{cr} = \frac{\pi^2 E}{\lambda_1^2} = \frac{\pi^2 \times 200 \times 10^3}{124.7^2} \text{ MPa} = 126.94 \text{ MPa}。$$

而连杆的工作应力为

$$\sigma_w = \frac{F}{A} = \frac{120 \times 10^3}{25 \times 76} \text{ MPa} = 63.16 \text{ MPa}。$$

连杆的工作安全因数

$$n = \frac{\sigma_{cr}}{\sigma_w} = \frac{126.94}{63.16} = 2.01 > [n_{st}]。$$

故连杆具有足够的稳定性。

对于单根的大柔度压杆,如果它已经失稳,那么原则上就认为它失效了。但是,如果轴向荷载被撤走,这根杆会恢复到原始的未加载状态。这一点与杆中应力超过材料的破坏应力的情况不同。材料产生塑性变形之后卸载,将会留下残余变形。

此外,如果超静定结构中的一根压杆失稳,在某些情况下并不会导致整个结构立即失去承载能力。例如,图 10.15 所示的结构中,当荷载 q 持续增加,会使 CD 杆因轴向压力超过临界荷载而失稳,使其先于 *AB* 梁和 *ED* 梁失效。但是结构并没有因此而失去承载能力。在本节所使用的理想压杆的计算模型的前提下,在 *CD* 杆失稳后,如果荷载 *q* 还继续增加,那么 *CD* 杆的轴力将保持临界荷载不变;*ED* 梁的荷载也就随之不变。这样,整个结构的完全失效将最后取决于 *AB* 梁的失效。

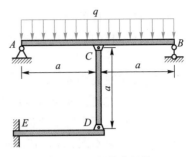

图 10.15　超静定结构

应该指出,这个例子只是说明结构失效的机理。在实际工程中,还是应避免出现承载构件失稳的情况。

10.2.3　压杆的稳定性设计

如果全面地考察一根压杆的安全性,那么首先应考察这根杆件是否存在失稳问题。这就需要计算杆件的柔度,根据柔度的大小和相关数据来判断杆件失效的形式。

如果已经确认,杆件确实存在失稳问题,那么就应考虑杆件往什么方向失稳。此时应先考察杆件两端的约束是否具有方向性。如果约束在截面的两个形心主惯性矩方向上不一样,则应该分别计算这两个方向上的柔度。柔度大的方向就是杆件易于失稳的方向。如果约束在这两个方向上是一样的,则应该考虑两个形心主惯性矩的大小。如果横截面关于某根形心主轴的惯性矩小,那么失稳时,横截面将绕着这根轴产生微小的转角。

杆件失稳方向明确之后,就应该考察杆件如何失稳。在工程实践中,可能不仅包含了上述几小节中关于理想压杆的这一类失稳的形式,还可能包含了后面 10.3 节中将要讨论的非理想压杆失稳的情况。

失稳问题的探求最终应获得临界荷载、临界应力等信息,这就是要解决杆件在多大的荷载下失稳的问题,并为设计提供可靠的数据。

为了改善构件的稳定性,可从多方面加以考虑。

由欧拉公式可知,可以选择弹性模量更高一些的材料。当然这可能要增加成本,所以需要综合考虑。应该指出,由于优质钢材与普通钢材的弹性模量没有什么差别,因此,仅用优质钢材代替普通钢材,只能改善压杆的强度,而不能改善其稳定性。

降低构件的柔度是改善构件稳定性的主要措施。根据柔度公式(10.9)可以看出,降低柔度包括以下几个方面:

(1) 选择合理的截面形状。考虑到构件成本,应在不增加截面面积的前提下尽量增大惯性矩。例如,面积相等的空心圆形截面就比实心圆形截面有更大的惯性矩。又如图 10.16 所示四根角钢焊接成形的不同组合中,图(c)所示截面就比图(a)、(b)所示截面抗失稳能力更强。

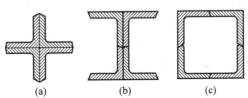

图 10.16　角钢的不同组合

（2）减小压杆的长度可以显著地改善稳定性。条件允许时,可在压杆中部增加横向支承。

（3）使压杆的约束更为刚性。自由端处无约束,自然刚性最差。固定端的刚性是最强的。

要充分重视失稳的空间方向性的问题。记压杆轴线方向为 z 轴方向,x、y 轴方向为截面形心惯性主轴方向。如果压杆两端沿垂直于 z 轴的各个方向上约束情况相同,例如,四周固定、球铰等情况,那么宜采用满足两个形心主惯性矩相等（即 $I_x = I_y$）的截面。如果 x 轴和 y 轴方向上的约束不同,如例 10.4 一类的情况,那么,良好的设计应满足 $\lambda_x = \lambda_y$ 的条件,即

$$\frac{\mu_x l_x}{i_x} = \frac{\mu_y l_y}{i_y}。$$

在设计压杆横截面尺寸时,由于尺寸未知,因此,无法预先确定柔度,继而无法确定应该采用大柔度公式还是用中小柔度公式。这种情况下不妨先用大柔度公式确定尺寸,然后根据所得结果计算柔度,再校核柔度是否在大柔度范围之内。如果不在此范围内,则应换用中小柔度公式重新确定尺寸。这样,计算可能需要几次迭代过程才能完成。

压杆问题还可用折减系数法处理。对于具体的材料,把许用应力 $[\sigma]$ 与某个折减系数 φ 的乘积 $\varphi[\sigma]$ 作为压杆的应力许可值,这实际上是再次降低许用应力。若柔度非常小,折减系数取 1,这是 φ 的最大值;由于失稳比强度问题更危险,所以柔度越大,折减系数越小。由此可形成压杆问题的统一处理方法①。

*10.3 非理想压杆简介

上节中,讨论了理想压杆的临界荷载。但在实际工程中,大量存在的情况则是非理想压杆。存在着横向荷载,轴线有初始曲率,轴向荷载未作用在轴线上等,都是非理想压杆的例子。

例如,对于偏心受压杆件,如图 10.17（a）所示,杆件仍然承受轴向压力 F,但压力作用线与轴线存在着偏差 e,此时可视为两端为铰支承,但两端有力偶矩 $M_0 = Fe$ 的情况,如图 10.17（b）所示。这就是一种非理想压杆。

在这种情况下,仍然可以采用截面法进行平衡分析,如图 10.17（c）所示。根据这个图形,可得

$$M + Fw + M_0 = 0。$$

沿用理想压杆的记号,上式即可改写为

$$w'' + k^2 w = \frac{M_0}{EI}。 \tag{10.14}$$

这是一个非齐次常系数的二阶微分方程,其通解是

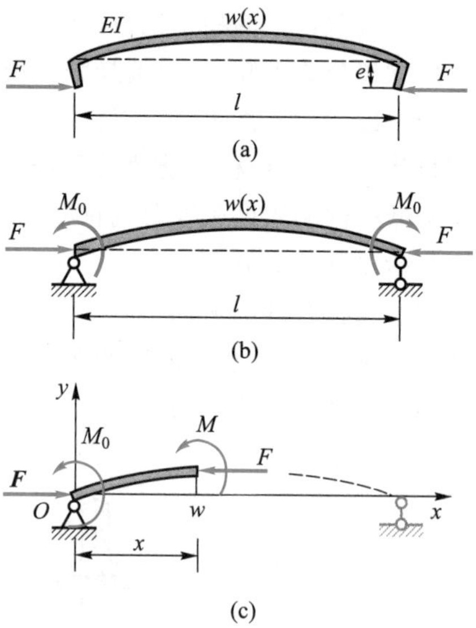

图 10.17 偏心压杆

---

① 详细内容可参见参考文献[3]、[4]。

对应的齐次方程(10.2)的通解再加上一个满足非齐次方程(10.14)的特解,这样便可取

$$w = A\cos kx + B\sin kx + \frac{M_0}{F}。$$

由边界条件 $w(0) = 0$,可得 $A = \dfrac{M_0}{F}$。由 $w(l) = 0$,可得

$$B = \frac{M_0}{F} \cdot \frac{1 - \cos kl}{\sin kl} = \frac{M_0}{F}\tan\frac{kl}{2}。$$

考虑到 $M_0 = Fe$,故有

$$w(x) = e\left(\cos kx + \tan\frac{kl}{2}\sin kx - 1\right)。 \tag{10.15a}$$

根据式(10.15a),在杆中点处具有最大的挠度,其值为

$$w_{max} = e\left(\sec\frac{kl}{2} - 1\right)。 \tag{10.15b}$$

由于 $k^2 = \dfrac{F}{EI}$,w_{max} 将随着 F 的增大连续地、非线性地增大。而当 F 接近于 $\dfrac{EI\pi^2}{l^2}$ 时,即 kl 趋近于 π 时,将会产生很大的横向弯曲,此时结构失稳。因此,可以认为,这种情况下的临界荷载

$$F_{cr} = \frac{EI\pi^2}{l^2}。 \tag{10.16}$$

上式表明,偏心压杆的失稳临界荷载与两端是铰的理想压杆的临界荷载一样。但是,与理想压杆不同的地方在于,在偏心压杆中,获知了挠度函数的确切表达式。这样,便可得到压杆中的弯矩,继而可导出横截面上的应力。其中,弯矩

$$M = EIw'' = -Fe\left(\cos kx + \tan\frac{kl}{2}\sin kx\right)。 \tag{10.17a}$$

在中截面有绝对值最大的弯矩

$$|M|_{max} = Fe\sec\frac{kl}{2}。 \tag{10.17b}$$

显然,这个杆产生压弯组合变形。记中截面上中性轴到弯曲凹进边的距离为 c,便可得到压杆横截面上的最大压应力

$$\sigma_{max}^c = \frac{F}{A} + \frac{Mc}{I} = \frac{F}{A} + \frac{Fec}{I}\sec\left(\frac{l}{2}\sqrt{\frac{F}{EI}}\right)。$$

注意到惯性半径 $i^2 = \dfrac{I}{A}$,偏心压杆的柔度 $\lambda = \dfrac{l}{i}$,则上式可改写为

$$\sigma_{max}^c = \frac{F}{A}\left[1 + \frac{ec}{i^2}\sec\left(\frac{\lambda}{2}\sqrt{\frac{F}{EA}}\right)\right]。 \tag{10.18}$$

式(10.18)称为偏心压杆的正割公式。这个公式表明,与理想压杆很不一样的是,在 F 达到临界荷载之前,应力就已经出现了弯曲的附加项,从而对强度产生强烈的影响。

如果取屈服极限 σ_s 为压杆的失效应力,由式(10.18)可得压杆的临界应力

$$\sigma_{\mathrm{cr}} = \sigma_{\mathrm{s}} \left[1 + \frac{ec}{i^2} \sec \left(\frac{\lambda}{2} \sqrt{\frac{\sigma_{\mathrm{cr}}}{E}} \right) \right]^{-1} \text{。} \tag{10.19}$$

式 (10.19) 是关于 σ_{cr} 的非线性方程,对于一个确定的 σ_{s} 值,应该采用迭代之类的算法才能得到 σ_{cr} 的数值。可以仿照图 10.9 所示的临界应力总图的方式来考察偏心压杆的柔度和临界应力之间的关系。针对一系列不同的柔度,可以得到一系列相应的 σ_{cr} 的数值,从而可以得到一条临界应力曲线。另一方面,由于压力 F 的偏心量 e,以及截面的几何特征 c 和 i

也对应力大小产生影响,因此,应该选取不同的 $\dfrac{ec}{i^2}$ 数值对临界应力进行考察。这样,便可以得到图 10.18 中的临界应力曲线族。

在图 10.18 中,σ_{s} 值是恒定的。黑色粗虚线表示理想压杆,即 $\dfrac{ec}{i^2} = 0$ 时的临界应力曲线,其中,左方平直线表示小柔度的临界应力线,即 σ_{s};右方曲线则是 $\dfrac{E\pi^2}{\lambda^2}$ 所界定的欧拉曲线。蓝色粗实线族表示按

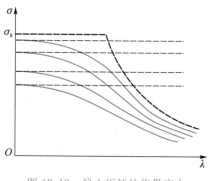

图 10.18　偏心压杆的临界应力

不同的 $\dfrac{ec}{i^2}$ 由式 (10.19) 所得到的临界应力曲线,从上到下数值 $\dfrac{ec}{i^2}$ 逐次增加。可以看出,尽管在柔度趋向于很大时,各种 $\dfrac{ec}{i^2}$ 值的临界应力曲线都趋同于欧拉曲线,但在相当大的柔度范围内,这些临界应力曲线还是与欧拉曲线有很大的差别。

本书第 6 章曾经阐述过压弯组合的强度计算。容易看出,如果按照第 6 章的方法来计算偏心压杆的最大应力,并且由此而导出相应于 σ_{s} 的临界应力,那么可得

$$\sigma_{\mathrm{cr}} = \sigma_{\mathrm{s}} \left(1 + \frac{ec}{i^2} \right)^{-1} \text{。}$$

这是一个取决于 $\dfrac{ec}{i^2}$ 的常数值。为了比对,在图 10.18 中用平直细虚线族表示根据不同的 $\dfrac{ec}{i^2}$ 值按第 6 章的压弯组合强度计算所得到的临界线。

从图 10.18 中可看出,如果按照压弯组合强度计算,如同图中的那组平直细虚线所表示的那样,那么,偏心压杆(尤其是中柔度杆)事实上存在的强度危险性就被低估了。

另一方面,如果按理想压杆方式考虑,用欧拉曲线所界定的失稳临界荷载作为失效应力,那么强度的危险性(尤其是中柔度杆)同样也被低估了。前面的式 (10.16) 说明,无论偏心量是大是小,只要轴向荷载 F 达到 $\dfrac{EI\pi^2}{l^2}$,压杆都会失稳。但是,如果据此将 $\dfrac{EI\pi^2}{l^2}$ 作为偏心压杆的安全临界荷载,则是不够妥当的;因为根据图 10.18,压杆强度所允许的临界荷载要比这个数值小。

图 10.18 和上面的讨论,也从另一个角度证实了在 10.2.2 节中对中柔度压杆所采用的修正式 (10.12b) 和式 (10.13) 的合理性和必要性。

上面以偏心压杆为例讨论了一类非理想压杆的问题。利用类似的方法,可以求出横向

均布荷载作用的压杆及存在着初始曲率的压杆等其他非理想压杆的挠度及相应的应力。可以推导出,偏心压杆的一系列观点和结论也适合于其他类型的非理想压杆。

　　上面的偏心压杆讨论表明,杆件的挠度函数不仅与横向荷载 M_0 有关,还与轴向荷载 F 有关;这个相关性不但显性地体现在式(10.15a)中,还隐性地体现在 k 值中;而且,挠度 w 与 F 呈非线性关系。一般地,横向挠度与纵向荷载相关的弯曲问题统称为纵横弯曲问题。

　　纵横弯曲现象与本书之前所讨论的组合变形似乎不太一致。在之前,我们总是认为,相互独立的荷载(例如,轴向荷载和横向荷载)所产生的变形是相互独立的,而且变形量与相应的荷载之间的关系总是线性的。

　　之所以在理论分析上会出现这种不一致,是因为在纵横弯曲问题的研究中采用了变形后的构形来建立平衡方程。虽然就物理事实而言,平衡方程本来就是应该在变形后的构形上建立的;但是,由于采用了小变形假定,在本章之前的内容中,都是在变形前的构形上建立平衡方程。由此而产生了两个结果:外荷载与内力、变形、应力之间的关系是线性的;相互独立的外荷载所引起的广义位移是相互独立的。但是,在压杆稳定问题中,无法在未变形的构形上建立反映失稳这个物理事实的平衡方程,而只能在已发生失稳,即已变形的构形中讨论平衡,因而导致了轴向荷载与横向位移相耦合的结果。

　　在工程实践中,许多纵横弯曲问题的轴向荷载对于横向位移的影响是很小的,其误差在一般的工程问题中是可以接受的。但是,在定性的层面上来讲,纵横弯曲中的轴向压力增大了杆件的柔度,减小了刚度,并明显地削弱了强度,因此需要谨慎对待。

* 10.4　关于失稳问题研究方法的一些讨论

　　前面已经讨论了弹性屈曲的一些情况。但就其方法而言,并不具有普遍的特性。例如,如果要求出压杆在一端固支、一端自由情况下的稳定特征方程,必须重新建立与式(10.2)不同的微分方程。为了解决这一问题,可以建立更具一般性的弹性屈曲方程。

　　设想承受轴向压力 F 的杆件已经发生了屈曲,图10.19所示是该杆件中长度为 $\mathrm{d}x$ 的微元区段。区段中作用有横向分布力 q,区段两端分别作用有剪力、弯矩和轴力。由于两个端面之间有距离 $\mathrm{d}x$,因此,右端的内力比左端的相应内力均多出一个增量。另一方面,该区段还发生了横向位移的增量 $\mathrm{d}w$。下面将通过区段的平衡来导出弹性屈曲压杆挠度的微分方程。在本书第2章中曾处理过类似的情况,并导出了梁弯曲时的平衡微分方程(即弯矩的导数为剪力,剪力的导数为横向分布荷载)。在本节中考虑的情况中增加了轴向荷载,并在已变形的构形中考察轴向荷载所产生的屈曲效应。

　　考虑图10.19中 x 轴方向上的力平衡,即可导出

$$\mathrm{d}F_\mathrm{N} = 0。 \quad ①$$

这说明,在没有轴向分布荷载存在的前提下,屈曲梁横截面上的轴力与未产生屈曲时的轴力一样,始终保持是常数,不会因为屈曲而发生改

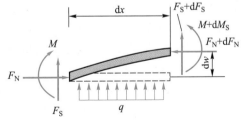

图 10.19　微元区段的平衡

变。这样便有

$$F_N = F。 \tag{10.20}$$

考虑 y 轴方向上的力平衡，即可导出

$$\frac{dF_S}{dx} = q。 \tag{10.21}$$

考虑该区段力矩的平衡，即可导出

$$\frac{dM}{dx} + F\frac{dw}{dx} = F_S。 \tag{②}$$

由于梁处于微弯状态，故有

$$M = EIw''。 \tag{③}$$

式②对 x 求导，并将式（10.20）、式（10.21）和式③三式代入，即可导出

$$(EIw'')'' + Fw'' = q。 \tag{10.22}$$

式（10.22）便是弹性压杆屈曲满足的微分方程。

对于等截面理想压杆，仍记 $k^2 = \dfrac{F}{EI}$，则方程（10.22）成为

$$w'''' + k^2 w'' = 0。 \tag{10.23}$$

它的通解是

$$w = A\cos kx + B\sin kx + Ckx + D。 \tag{10.24}$$

式中，A、B、C、D 均为待定常数，对于已经失稳的状态，A、B、C、D 不能全部为零。式中右端第三项写为 Ckx 而不是 Cx 的好处是使四个待定常数具有相同的量纲，即长度的一次方。这样，便可得理想压杆中的各个几何和力学的要素如下：

挠度　$w = A\cos kx + B\sin kx + Ckx + D$ \hfill (10.25a)

转角　$\theta = w' = -Ak\sin kx + Bk\cos kx + Ck$ \hfill (10.25b)

弯矩　$M = EIw'' = -F(A\cos kx + B\sin kx)$ \hfill (10.25c)

剪力　$F_S = \dfrac{dM}{dx} + F\dfrac{dw}{dx} = FkC$ \hfill (10.25d)

上面式中四个常数应由压杆两端的约束条件来确定。这种条件可分为两类：一类是几何约束条件，即挠度 w 和转角 θ；另一类是力学约束条件，即弯矩 M 和剪力 F_S。这样，便可以根据压杆两端的条件建立起关于 A、B、C、D 的线性方程组。

对于理想压杆，可以看出，所有的边界条件都是齐次的，即根据两端约束条件所能确定的挠度、转角、剪力或弯矩均为零。这样，求理想压杆临界荷载的过程转化为关于 A、B、C、D 的齐次线性方程组非零解存在条件的问题，由此可得方程组的系数行列式为零，并可以得到关于 kl 的特征方程，并进一步得到临界荷载。

例如，对于一端固支、一端铰支的情况，如图 10.5（d）所示。可以看出，在固支端 $x = 0$ 处，位移为零，转角为零，即

$$w(0) = 0, \quad A + D = 0; \quad \theta(0) = 0, \quad B + C = 0;$$

在铰支端 $x = l$ 处，位移为零，弯矩为零，即

$$w(l) = 0, \ A\cos kl + B\sin kl + Ckl + D = 0; \ M(l) = 0, \ A\cos kl + B\sin kl = 0。$$

从而可以建立关于 A、B、C、D 的齐次线性方程组

$$\begin{bmatrix} 1 & 0 & 0 & 1 \\ 0 & 1 & 1 & 0 \\ \cos kl & \sin kl & kl & 1 \\ \cos kl & \sin kl & 0 & 0 \end{bmatrix}\begin{bmatrix} A \\ B \\ C \\ D \end{bmatrix}=\begin{bmatrix} 0 \\ 0 \\ 0 \\ 0 \end{bmatrix},$$

由系数行列式为零的条件可导出这种情况下的特征方程

$$\tan kl = kl。$$

这个超越方程的最小的正数解为 $kl = 4.493 \approx \dfrac{\pi}{0.7}$，因此，相应临界荷载为 $F_{cr} = \dfrac{EI\pi^2}{(0.7l)^2}$，这就是式(10.7d)的结论。

　　弹性屈曲微分方程(10.22)不仅可用于理想压杆，也可用于非理想压杆。与理想压杆不同之处在于：理想压杆中的微分方程是齐次的，边界条件也是齐次的；而对于非理想压杆，其微分方程可能是非齐次的(例如，存在横向荷载)，或者(以及)边界条件可能是非齐次的(例如，对于偏心压杆，压杆两端就存在外力偶矩)。因此，非理想压杆的屈曲问题在数学上成为非齐次微分方程问题。求解这个非齐次问题，可以确切地得到 A、B、C、D 的表达式，从而导出屈曲曲线方程。研究这个曲线的性质，就可以导出临界荷载。

　　弹性屈曲微分方程(10.22)统一了各类压杆失稳现象，无须由于压杆的约束不同或荷载不同而重新建立微分方程。这个方法的应用还可以拓展到其他情况之中，例如，可以解决置于弹性地基上的压杆失稳问题[①]。

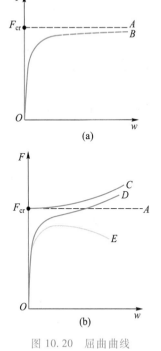

图 10.20　屈曲曲线

　　上述理论可以确定压杆(包括理想压杆和非理想压杆)的临界荷载，在工程实践中具有重要的意义。但这个理论仍然存在着一些问题。这主要表现在以下方面。

　　(1) 理想压杆临界荷载的讨论中没有确切地给出屈曲曲线的方程。例如，在简支梁中，按式(10.5)，屈曲曲线具有 $w = B\sin\dfrac{\pi x}{l}$ 的形式，但式中的 B 并没有给出确定的数值，这与人们的直觉和实验事实不相符合。

　　(2) 如果轴向荷载一旦达到临界荷载，根据目前的理论，其最大挠度将可能变得很大。图 10.20(a)中表现出压杆的最大横向挠度 w(横轴)与轴向压力 F(纵轴)之间的关系，其中水平线 A 是理想压杆的屈曲曲线；曲线 B 是非理想压杆的屈曲曲线。从图中可看出，轴向荷载达到临界荷载时，压杆的承载能力将完全丧失。这也与实验事实明显不符。

　　造成上述不合理结果的原因在于采用了近似的挠度曲率公式：

―――――――――――――――

① 更详细的介绍可参见参考文献[25]、[26]。

$$\frac{1}{\rho} = w'' = \frac{M}{EI}。$$

而真实的屈曲现象,则几乎会出现大挠度弯曲。这在压杆失稳的实验中可明显地观察出来;失稳压杆的挠度,凭肉眼就能看到。

如果采用严格的大挠度曲率公式

$$\frac{1}{\rho} = \frac{w''}{[1+(w')^2]^{3/2}} = \frac{M}{EI},$$

经过较复杂的数学运算[①],可得到的挠度曲线是图 10.20(b) 中的 C。这条曲线的特点是:

(1) 在压力未达到临界荷载 F_{cr} 时,是纵轴上的竖直线;

(2) 在压力达到并超过临界荷载 F_{cr} 时,挠度急剧增大;但是,对应于不同的荷载,都有确定的挠度与之对应。这意味着,压杆在失稳后并未丧失轴向承载能力。

大挠度曲线 C 仍然是理想压杆的"理论曲线"。由于在工程实践(包括实验室)中,完全实现理想压杆所要求的条件很困难,因此,实际的压杆挠度曲线与曲线 C 并不相同。如果失稳后压杆的最大应力一直未超过屈服极限,即压杆始终处于弹性阶段,则压杆挠度曲线可用曲线 D 表示。从这条曲线可看出,随着轴向荷载的增加,横向挠度也一直有所增长;而在临界荷载附近,挠度增长变得十分明显。在失稳之后,实际的弹性失稳曲线 D 与理想压杆大挠度曲线 C 很接近。

由于挠度的剧烈增长导致了横截面上的弯矩的剧烈增长,压杆在曲率最大的区段很容易进入塑性,从而造成非弹性屈曲。中柔度杆的屈曲,也呈现出非弹性屈曲的特征。曲线 E 就表示了非弹性屈曲的挠度与荷载之间的关系。在非弹性屈曲情况下,失稳后的轴向荷载有明显的下降趋势,说明轴向承载能力的急剧下降。

图 10.20 的两个图形区分了理想压杆与真实压杆、小挠度理论与大挠度理论、弹性屈曲与非弹性屈曲。由此可看出,理想压杆的小挠度理论虽然比较粗糙,但是它毕竟给出了临界荷载这个最重要信息,这在实际应用中具有重要的意义。

学习和研究理想压杆的另一个重要的意义在于它向我们展示了客观世界存在的一类非线性现象,即分岔(bifurcation)。

分岔可以通过图 10.21 来加以说明。在理想压杆中,当轴向荷载未达到临界荷载之前,其横向位移为零,即图中 AB 的直线段。在这个区段中,直线平衡形式是稳定的。当轴向荷载超过临界荷载时,压杆仍然可能保持着直线的平衡形式,如图所示的 BC 段;但是,这种直线的平衡形式是不稳定的,一旦有干扰作用,它就立即跳转为曲线的平衡形式,即如图所示的 BD 段或 BD' 段,而且曲线的平衡形式是稳定的。这说明,轴向荷载超过临界荷载时,杆件就存在着迥然不同的形态,这种现象称为分岔。一般地,分岔的含义是指系统的参数在未达到某个

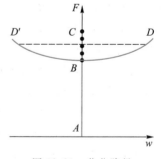

图 10.21 分岔路径

---

① 参见参考文献[15]。

临界值时,系统保持一种定性的常态。当参数超过临界值,系统会发生突然的变化。

分岔研究在当代非线性科学中占有重要地位,在力学、物理学、化学、生物学、控制理论、工程技术,以及社会科学中得到广泛应用。压杆失稳是历史上第一个研究分岔问题的科学实例①。

思 考 题 10

10.1 压杆失稳与强度破坏相比较有什么不同的特点?

10.2 三根压杆的各种条件均相同,横截面面积也相同,但其横截面分别为实心圆、空心圆和薄壁环,试问哪一个截面抗失稳能力更强?为什么?

10.3 受压杆件在中部钻了一个垂直于轴线方向上的孔,这个孔严重地削弱了杆件的强度和稳定性吗?

10.4 在许多教材和资料中将 μl 称为有效长度。试根据各种约束情况下的屈曲曲线的几何特性说明,有效长度反映了真实屈曲曲线中的什么长度?

10.5 在推导两端铰支压杆的屈曲微分方程的过程中,出现了方程 $EIw''+Fw=0$,该方程的两项符号相同。这个事实是否与坐标取向有关?或者说,换用其他的坐标系,这个方程就会变为 $EIw''-Fw=0$ 吗?什么情况下可能出现 $EIw''-Fw=0$?上述两种微分方程的通解相同吗?

10.6 压杆的临界应力越大,它的稳定性就越好。这种说法正确吗?如果你认为正确,试证明之;如果你认为错误,试举出反例。

10.7 在推导两端铰支压杆的失稳临界荷载时,由 $F=\dfrac{EI\pi^2 n^2}{l^2}$ 取 $n=1$ 便得 $F_{\text{cr}}=\dfrac{EI\pi^2}{l^2}$。什么情况下可取 $n=2$?,当 $n=2$ 时,失稳曲线具有什么样的形式?

10.8 压杆在过轴线的沿两个形心惯性主轴方向的约束不同,惯性半径不同,计算长度不同。那么,如何确定失稳的方向?

10.9 压杆两端是球铰,轴向为 z 轴方向,若已知杆件失稳在 zy 平面内发生,那么,杆件横截面的惯性积 I_{xy} 等于多少?

10.10 如果压杆的下端四周固定,上端自由并承受轴向压力,其几种横截面如图所示。试判断失稳的大致方向。

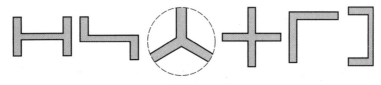

思考题 10.10 图

10.11 如果压杆轴向为 z 轴方向,横截面上 $I_x > I_y$,那么杆件失稳一定在 zy 平面内发生吗?

10.12 受压杆件失效机理的不同取决于什么因素?

10.13 两根直径 $d=50$ mm,长度 $l=1$ m 的受压杆件,两端约束均为铰。但一根用硅钢制成,一根用硬铝制成。求两杆的临界压力时,所用的计算公式相同吗?为什么?

---

① 分岔的进一步介绍,可参见参考文献[6]。

10.14　采用 Q235 钢制成的三根压杆,分别为大、中、小柔度杆。若材料改用优质碳素钢,是否可以提高各杆的承载能力? 为什么?

10.15　图示为一个油压筒的简图,考虑它的稳定问题时,应该简化为什么样的模型?

10.16　图示为一个千斤顶的简图,其丝杠部分可视为大柔度杆,丝杠下方的基座是弹性的。考虑这个千斤顶的稳定问题时,应该简化为什么样的模型? 其临界荷载的取值如何考虑?

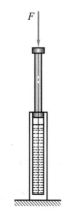
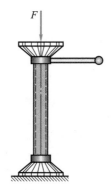

思考题 10.15 图　　　　　　　思考题 10.16 图

10.17　可以采取哪些措施来提高压杆的抗失稳能力?

10.18　在用实验验证理想压杆的欧拉公式时,实验结果的离散度总是很大,这是什么原因?

10.19　若用电测法测试一端固定、一端自由的理想压杆的临界压力,应该将应变片贴在何处? 应该如何布片? 如何接桥?

10.20　求理想压杆和非理想压杆的临界荷载在方法上有什么不同?

10.21　试利用式(10.15b)和式(10.18)说明,纵向压力削弱了横向弯曲的强度和刚度。

10.22　在纵横弯曲问题中,材料仍然满足胡克定律,为什么挠度与外荷载呈非线性关系?

习题 10
参考答案

习 题 10（A）

10.1　人体下肢稳定性讨论中,可将骨骼简化为两段刚体,而将肌肉、肌腱的作用简化为两段刚体间的螺旋弹簧,如图所示。若弹簧刚度系数为 β,求系统的临界荷载。

10.2　图示刚性杆各处的螺旋弹簧刚度系数均为 β。求临界荷载。

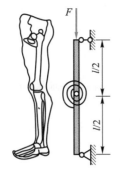
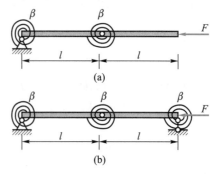

题 10.1 图　　　　　　　题 10.2 图

10.3　图示刚性杆两端分别有刚度系数为 k_1 和 k_2 的线弹簧。求临界荷载。

10.4　图示刚性杆左边有刚度系数为 β 的螺旋弹簧,右边有刚度系数为 k 的线弹簧,且有 $k = \dfrac{3\beta}{l^2}$,求临界荷载。

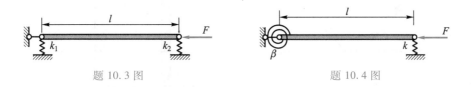

题 10.3 图　　　　　　　　　　　题 10.4 图

10.5　图示结构中,AB 和 BC 是刚性杆,DB 是抗拉刚度为 EA 的弹性杆。已知 $l = 500$ mm,$EA = 6$ kN,要使 C 端承受 $F = 8$ kN 而不至于失稳,BD 杆的长度 a 应取多大?

10.6　在图示刚架结构中,AB 段是刚性杆,BC 段是由弹性模量 $E = 70$ GPa 的材料制成的实心圆形截面杆,且 $l = 500$ mm。要使 A 端承受 $F = 10$ kN 而不至于失稳,BC 杆的直径 d 应取多大?

10.7　推导图示压杆的临界荷载的公式。

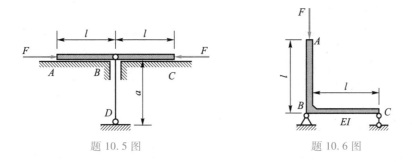

题 10.5 图　　　　　　　　　　　题 10.6 图

10.8　已知两端铰支的压杆 AB 的稳定临界荷载 $F_{cr} = 50$ kN,现在其中央 C 处增加一个铰支座。增加铰支座后失稳临界荷载为多少?

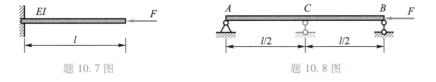

题 10.7 图　　　　　　　　　　　题 10.8 图

10.9　在如图所示两杆结构中,$a = 1$ m,两杆的抗弯刚度均为 $EI = 2$ kN·m²,稳定安全因数 $n_{st} = 5$,求许用荷载 $[F]$。

10.10　在如图所示的结构中,刚性横梁上承受线性分布荷载。两竖杆均为圆形截面杆,左边竖杆由钢制成,$E_{St} = 200$ GPa,右边竖杆由铝制成,$E_{Al} = 70$ GPa。稳定安全因数 $n_{st} = 2$。试根据稳定性要求确定两杆的合理直径。

10.11　图示横梁是刚性的,立柱两端为球铰,弹性模量 $E = 180$ GPa。稳定安全因数 $n_{st} = 1.5$,求许用荷载 F。

10.12　图示 AB 是一个横截面为圆形的吊装辅助构件,钢绳连接部位均为铰。只考虑图示平面内的失稳问题,取稳定安全因数 $n_{st} = 2$,$E = 200$ GPa,试确定构件 AB 的直径。

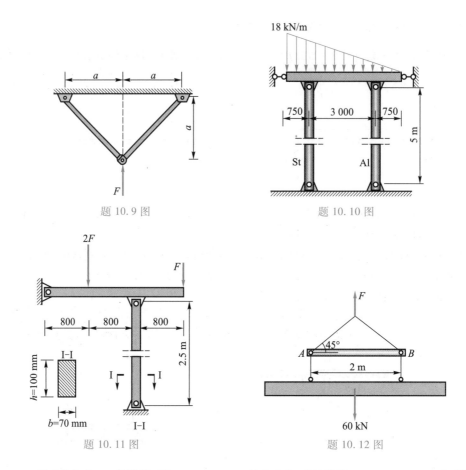

题 10.9 图   题 10.10 图

题 10.11 图   题 10.12 图

10.13 图示结构中，AB 是横截面为 60 mm×60 mm 的方木柱，弹性模量 $E = 11$ GPa。ACD 为刚架，若取稳定安全因数 $n_{st} = 2$，试求 F 的许可值。

10.14 如图所示的两根横杆为直径 $d_1 = 40$ mm 的圆杆，两根竖杆为直径 $d_2 = 32$ mm 的圆杆。这四根杆的弹性模量均为 $E = 200$ GPa。两根对角线上的拉杆之间在中点没有连接。如果一根拉杆可以用调节器增加杆中的拉力，只考虑平面内的稳定问题，且稳定安全因数取 $n_{st} = 2$，则拉杆的拉力最大允许值为多少？

10.15 竖直放置的铝制杆件横截面的壁厚均为 10 mm，尺寸如图所示。杆件高为 2 m，材料弹性模量 $E = 70$ GPa，杆件下端四周牢固地与基座固结，上端为球铰。求构件的稳定临界荷载。

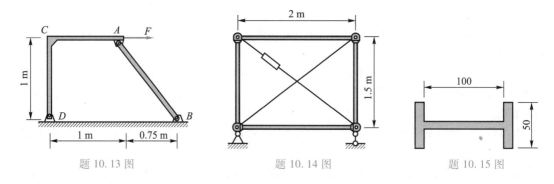

题 10.13 图   题 10.14 图   题 10.15 图

10.16 在如图所示的结构中，两端的刚性夹板除了允许少许左右平移外，其位置是不可改变的。上下两块板的材料相同,且光滑接触。只考虑结构的失稳问题,求许用荷载$[F]$。其中,$l=1\,\text{m}$,$a=40\,\text{mm}$,$b=10\,\text{mm}$,$E=70\,\text{GPa}$,$n_{\text{st}}=2.5$。

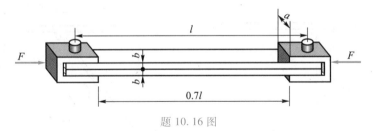

题 10.16 图

10.17 立柱由两块厚度 $\delta=10\,\text{mm}$、宽度 $b=100\,\text{mm}$ 的钢板制成,$E=200\,\text{GPa}$。立柱高度为 3 m。两板之间由若干联结与加固的板焊接在一起。立柱下端四周牢固地与基座固结,上端自由。两板之间的距离 a 应取何值最为合理?若取 $n_{\text{st}}=2$,结构的许用轴向荷载为多少?

10.18 如图所示,上方结构是足够刚性的,且保持水平位置不变。若要求压杆具有最合理的抗失稳性能,不考虑横轴尺寸,试确定立柱截面 h 和 b 的比值。

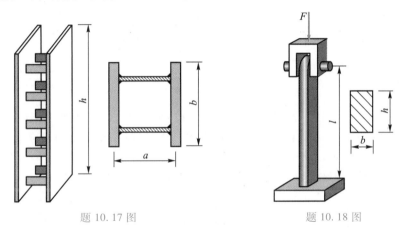

题 10.17 图　　　　　　　　题 10.18 图

10.19 图示的结构中,总高为 $2h$ 的矩形截面细长立柱 AB 的上下两端为固定约束,其中点 C 处有一根刚度相当大但直径并不大的圆杆 DE 穿过。圆杆两端 D、E 固定。立柱中点的圆孔是光滑的,这使得立柱在变形时可以沿圆杆的轴线有微小的滑动或转动。立柱上方承受轴向压力 F。要使立柱有最佳的抗失稳性能,其横截面尺寸 a 和 b 应具有何种比例关系?

10.20 两端固定的杆长为 1 000 mm,横截面是宽 $b=10\,\text{mm}$、高 $h=20\,\text{mm}$ 的矩形。材料的弹性模量 $E=70\,\text{GPa}$,线胀系数 $\alpha_l=5\times10^{-6}\,\text{℃}^{-1}$,$\lambda_{\text{p}}=120$。若安装此杆件时的温度为 10℃,两固定端之间的距离不可改变,试求不致引起杆件失稳的最高温度。

10.21 图示 AB 梁为 No.18 工字钢,其 $W_z=185\,\text{cm}^3$,AD、AE、CE 均为直径 $d=30\,\text{mm}$ 的圆钢,所有构件的 $E=200\,\text{GPa}$,$[\sigma]=160\,\text{MPa}$,$[n_{\text{st}}]=2$,求结构的许用荷载。

10.22 如图所示,结构由横截面为矩形的梁和横截面为圆形的斜撑组成。斜撑下端与横梁的垂直距离为 800 mm。若 $b=40\,\text{mm}$,$h=50\,\text{mm}$,$d=30\,\text{mm}$,$F=10\,\text{kN}$,两构件均由 Q235 钢制成,$E=200\,\text{GPa}$,$\sigma_{\text{p}}=200\,\text{MPa}$,$\sigma_{\text{s}}=400\,\text{MPa}$,强度安

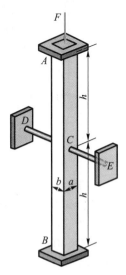

题 10.19 图

全因数$[n_s]=1.5$,稳定安全因数$[n_{st}]=2$,校核该杆的安全性。

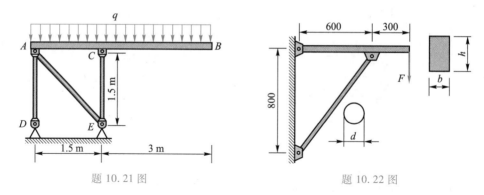

题 10.21 图   题 10.22 图

10.23 图示结构中,AB 杆是边长为 a 的正方形截面杆,BC 是直径为 d 的圆杆,两杆材料相同,且皆为细长杆。已知 A 端固定,B、C 为球铰。为使两杆具有相同的临界荷载,试求直径 d 与边长 a 之比。

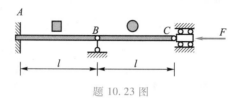

题 10.23 图

10.24 图示结构中,均匀刚性平板每平方米重为 25 kN。三根立柱下端固定,$E=200$ GPa,$[\sigma]=160$ MPa,$\sigma_p=200$ MPa,$[n_{st}]=3$。若三根立柱为直径相同的实心圆柱,试确定其直径。

10.25 立柱是由 No.14 工字钢在两侧面加上厚为 6 mm 的钢板焊制而成,如图所示。柱的下端四周固定,上端自由。材料弹性模量 $E=200$ GPa,$\lambda_p=100$,柱高为 2 m。求其临界荷载。

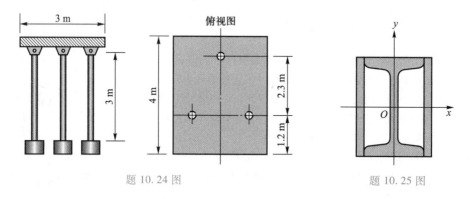

题 10.24 图   题 10.25 图

10.26 图示结构中,立柱 AK 是外径 $D=50$ mm、内径 $d=40$ mm 的钢柱,$n_{st}=3$,$E=200$ GPa。它的下端固定,上端用两根钢绳斜拉固定。钢绳有效直径 $d_0=12$ mm,许用应力 $[\sigma]=180$ MPa。若两边钢绳的拉力可以等量地调节,只考虑图示平面的稳定问题,试求钢绳中允许的最大拉力。

10.27 图示结构中,两杆均为圆杆,$d_1=20$ mm,$d_2=30$ mm,强度安全因数 $n_s=2$,稳定安全因数 $n_{st}=2.5$,$\sigma_p=196$ MPa,$\sigma_s=240$ MPa,$E=200$ GPa,$l=2$ m。θ 可在 0°和 90°之间变化,试求荷载 F 的许用值。

10.28 立柱由三根外径 $D=50$ mm、内径 $d=40$ mm 的圆管焊接组成,横截面如图所示。立柱下端四周牢固地与基座固结,上端自由。若要使立柱在轴向压力 $F=100$ kN 作用下仍然安全,取材料 $E=70$ GPa,稳

定安全因数 $n_{st}=2$，$\lambda_p=50$，求构件的允许高度。

　　10.29　立柱由四根 80 mm×80 mm×6 mm 的角钢组合而成，其横截面如图所示。立柱长度为 8 m，两端铰支。材料 $E=210$ GPa，$\lambda_p=100$，轴向压力 $F=300$ kN，许用压应力$[\sigma]=160$ MPa。若取 $n_{st}=2.5$，试确定横截面的边宽 a。

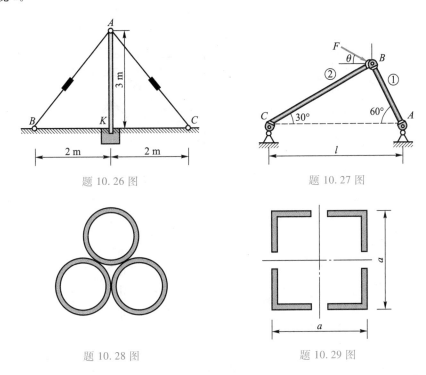

题 10.26 图　　　　　　　　　　题 10.27 图

题 10.28 图　　　　　　　　　　题 10.29 图

　　10.30　图示的三根压杆的横截面均为 20 mm×12 mm 的矩形，长度均为 $l=300$ mm。材料常数 $E=70$ GPa，$\lambda_p=50$，$\lambda_s=20$，中柔度杆临界应力公式为 $\sigma_{cr}=382$ MPa-2.18 MPa·λ，只考虑纸平面内的失稳，试计算三种情况下的临界荷载。

　　10.31　千斤顶丝杠有效直径 $d=52$ mm，最大上升高度 $h=500$ mm，材料的弹性模量 $E=206$ GPa，$\sigma_p=200$ MPa。工作安全因素 $n_{st}=3$，中小柔度杆临界应力公式为 $\sigma_{cr}=235$ MPa-0.0068 MPa·λ^2，求许用压力。

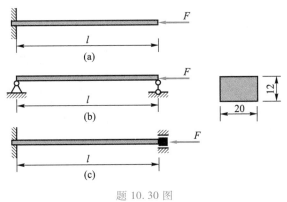

题 10.30 图

　　10.32　图示结构的斜撑由 No.20 槽钢制成。斜撑材料的弹性模量 $E=200$ GPa，屈服极限 $\sigma_s=240$ MPa，

$\sigma_p = 200$ MPa。中柔度杆的临界应力公式为 $\sigma_{cr} = 304$ MPa $- 1.12$ MPa $\cdot \lambda$，如果 $F = 40$ kN，取工作安全因素 $n_{st} = 5$，只考虑图示平面内的失稳，校核斜撑的稳定性。

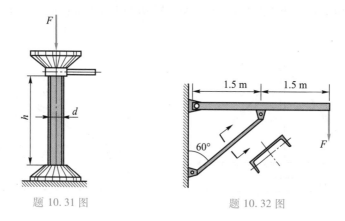

题 10.31 图   题 10.32 图

10.33   由五根材料为 Q235，直径 $d = 15$ mm 圆杆组成的正方形桁架，承受拉伸与压缩荷载 F，分别如图（a）、（b）所示，其中 $l = 300$ mm，材料的弹性模量 $E = 210$ GPa。试求两种工况临界载荷之比。

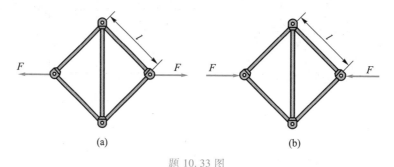

(a)   (b)

题 10.33 图

10.34   在如图所示的简易起重机构中，AB 和 CB 用 Q235 钢制成，横截面为圆形。材料 $E = 200$ GPa，$[\sigma] = 160$ MPa。重物重为 $P = 300$ kN。安全因数 $n_{st} = 3$，试选择两杆的直径。

10.35   在如图所示的结构中，$q = 50$ kN/m，BD、CD、ED 三根杆的材料相同，均为 Q235 钢，弹性模量 $E = 200$ GPa，许用应力 $[\sigma] = 160$ MPa，稳定安全因数 $n_{st} = 3$。三根杆的横截面均为圆形。试选择三根杆的直径。

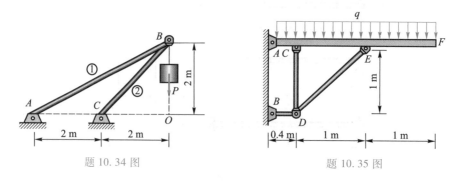

题 10.34 图   题 10.35 图

习 题 10（B）

10.36　图示结构中，AB、BC 段均为刚体，A 处有一个刚度系数为 β 的螺旋弹簧，B 处有一个刚度系数为 k 的线弹簧，且有 $\beta = ka^2$，求这个结构的稳定临界荷载。

10.37　一根横截面直径 $d_1 = 24$ mm 的圆钢 KO 与三根横截面直径均为 $d_2 = 30$ mm 的圆钢制成如图所示的结构。四杆上端铰结于 K，下端均与地基铰结，$h = 1$ m。KA、KB、KC 与竖直方向成 $\alpha = 30°$ 角，四杆材料相同，$E = 200$ GPa。求使结构完全失效的荷载。

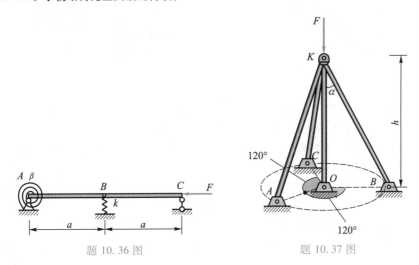

题 10.36 图　　　　　　　题 10.37 图

10.38　图示上平板为刚性的。两根竖杆的长度均为 l，直径均为 d，下端固定，材料的弹性模量 E 为已知，求结构的稳定临界荷载。

10.39　铅垂立柱为刚性的，立柱下端为铰支。设钢丝绳抗拉刚度为 EA，初始拉力为零，只考虑图示平面内的稳定问题，求临界荷载。

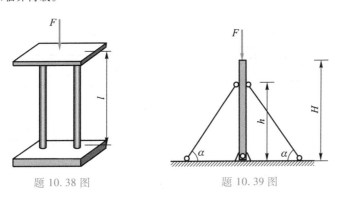

题 10.38 图　　　　　　　题 10.39 图

10.40　如图所示的结构中荷载 F 可在长度为 l 的刚性梁上移动。斜撑的两端是铰，且横截面为实心圆。结构中距离 b 不可改动。只考虑斜撑的大柔度稳定，求使斜撑用料最省的角度 θ。

10.41　一根横截面为 100 mm×100 mm 的正方形木材立柱高为 1 m，通过刚性板承受轴向压力 F。为了提高承载能力，其两侧各加一块厚 5 mm 的钢板并牢固粘接，如图所示。若木材的许用压应力为 $[\sigma_w]$，横截

面面积为 A_W，钢材的许用应力为 $[\sigma_{St}]$，两块钢板的横截面总面积为 A_{St}。

（1）如果没有钢板，只有木材，许用荷载等于 $[\sigma_W]A_W$ 吗？为什么？

（2）如果没有木材，只有钢板，许用荷载等于 $[\sigma_{St}]A_{St}$ 吗？为什么？

（3）两种材料牢固粘接，许用荷载等于 $[\sigma_{St}]A_{St}+[\sigma_W]A_W$ 吗？为什么？

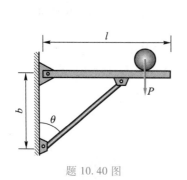

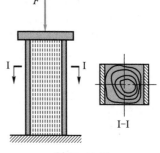

题 10.40 图　　　　　　　　　　题 10.41 图

10.42　如图所示，横截面为 $b×h$ 的矩形的铜条安放在钢框内。结构无应力时温度为 0℃，当温度升高多少度时铜条会失稳？结构中钢框上部及下部相当厚重，可忽略其变形对铜条失稳的影响。数据如下：$b=6$ mm，$h=10$ mm，$E_{Cu}=80$ GPa，$E_{St}=200$ GPa，$\alpha_{lCu}=2.5×10^{-5}$℃$^{-1}$，$\alpha_{lSt}=1.2×10^{-5}$℃$^{-1}$，钢框两边竖条的横截面总面积 $A_{St}=50$ mm^2，上端为球铰。

10.43　图示总长 $l=5$ m 横梁 AB 用 No.22a 工字钢制成，梁两端支承均为铰。立柱高 $h=3$ m，由 $d=50$ mm 圆钢制成，上下端分别与梁和地基固结。材料 $E=200$ GPa，比例极限 $\sigma_p=200$ MPa，如果立柱在达到临界荷载时即失稳，在下列两种荷载情况下求梁的中截面 C 处的挠度：（a）$q=50$ N/mm；（b）$q=100$ N/mm。

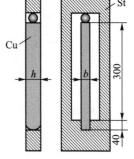

10.44　图示结构中，梁 AB 和 EF 均为直径 $d=60$ mm 的圆形截面梁。撑杆 CD 是直径为 $\dfrac{d}{3}$ 的圆杆。梁和撑杆的材料相同，$\sigma_s=320$ MPa，$E=200$ GPa，$\sigma_p=160$ MPa，外荷载 $q=24$ kN/m，$l=0.6$ m。确定梁和柱的工作安全因数。

题 10.42 图

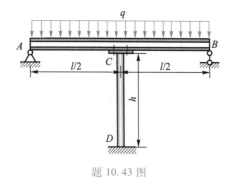

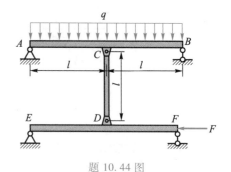

题 10.43 图　　　　　　　　　　题 10.44 图

10.45　图示结构中，AB 段为刚体，BC 段抗弯刚度为 EI，A 处有一螺旋弹簧，其刚度系数 $\beta=\dfrac{EI}{a}$，求这个结构的稳定特征方程。

10.46　如图所示的长为 $2a$、抗弯刚度为 EI 的杆件中，压力是作用在右半段上的。求临界荷载的特征方程。

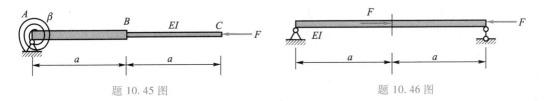

题 10.45 图　　　　　　　　　　　　题 10.46 图

10.47　如图所示结构中，螺旋弹簧刚度系数为 β，只考虑图示平面内的稳定问题。

（1）求临界荷载的特征方程；

（2）从上述解答中导出两端铰支，以及一端固支、一端铰支这两种情况下的特征方程。

10.48　图示的弹簧刚度系数为 k，只考虑图示平面内的稳定问题，求临界荷载的特征方程。

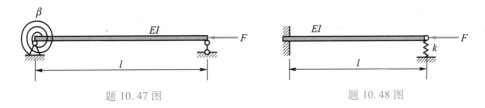

题 10.47 图　　　　　　　　　　　　题 10.48 图

10.49　如图所示刚架的横梁和竖梁的长度均为 l，抗弯刚度均为 EI。试求临界荷载的特征方程。

10.50　图示门字形刚架各杆抗弯刚度均为 EI，求结构的稳定特征方程。

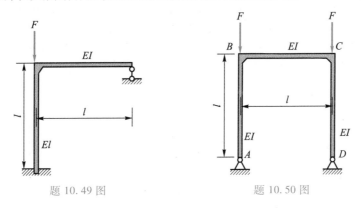

题 10.49 图　　　　　　　　　　　　题 10.50 图

10.51　图示为某个活塞机构的示意图。其中，$d = 30$ mm，$a = 150$ mm，$l_1 = 1\ 800$ mm，$l_2 = 1\ 100$ mm，$l_3 = 600$ mm，$D = 100$ mm，$\lambda_p = 85$，$E = 200$ GPa。

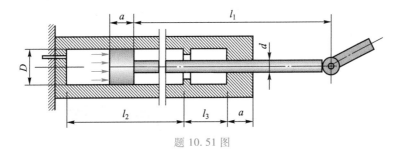

题 10.51 图

（1）在活塞杆完全进入缸体的位置上，油压的临界值为多少？

（2）在活塞杆完全伸出缸体的位置上，油压的临界值为多少？

（3）在什么位置上油压的临界值可达到最大？该最大值为多少？

10.52　图示结构中两根竖梁的横截面均为直径 $D = 60$ mm 的圆形。横杆的横截面为直径 $d = 6$ mm 的圆形，各部分材料相同，弹性模量 $E = 200$ GPa，线胀系数 $\alpha_l = 10^{-5}$℃$^{-1}$，$l = 600$ mm。室温时各部件中无应力。求横杆温度升高量为 $\Delta T = 40$℃和 $\Delta T = 80$℃时两种构件横截面上的最大正应力。

10.53　图示的 AB 梁的横截面是宽度为 b、高度为 h 的矩形，其上表面温度降低 T，下表面温度上升 T，温度沿高度线性分布。材料的线胀系数为 α_l。立柱 CD 是直径是 d 的圆杆，材料与梁相同，并且保持常温。试求使立柱失稳的临界温度变化量。

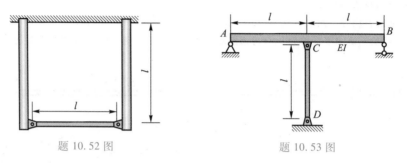

题 10.52 图　　　　　　　　　　题 10.53 图

10.54　某种车辆的专用工具手动千斤顶由四根槽形截面钢条和一个螺杆组合而成，其实物及简化模型如图所示。钢条截面厚度均为 $\delta = 1$ mm，材料为 Q235 钢，$E = 200$ GPa，$n_{st} = 2$。螺杆有效直径 $d = 15$ mm。钢条和螺杆的许用应力均为 $[\sigma] = 160$ MPa。当手动调整螺栓放松至最右方位置，即螺杆有效长度 $l_0 = 600$ mm 时，四根钢条基本上处于水平位置。在使用过程中，由于车辆底盘及轮胎等构件都是弹性的，千斤顶所抬起的重量是随着上方平台的升高而逐渐增加的。若螺栓拧动的最大行程为 80 mm，求千斤顶在上方平台的最高位置时能够顶起的最大重量。

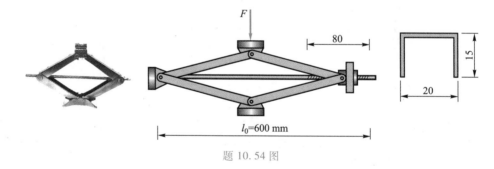

题 10.54 图

10.55　如图所示的梁承受横向三角形分布荷载和轴向力的作用，求其屈曲挠曲线方程。

10.56　图示具有初始挠曲线方程 $w_0 = a\sin\dfrac{\pi x}{l}$ 的简支梁受轴向力 F 作用，试求其挠曲线方程。

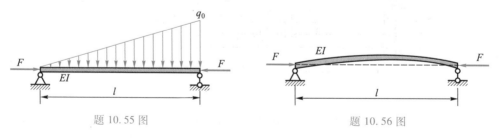

题 10.55 图　　　　　　　　　　题 10.56 图

10.57   图示简支梁受力如图所示，求其最大挠度。

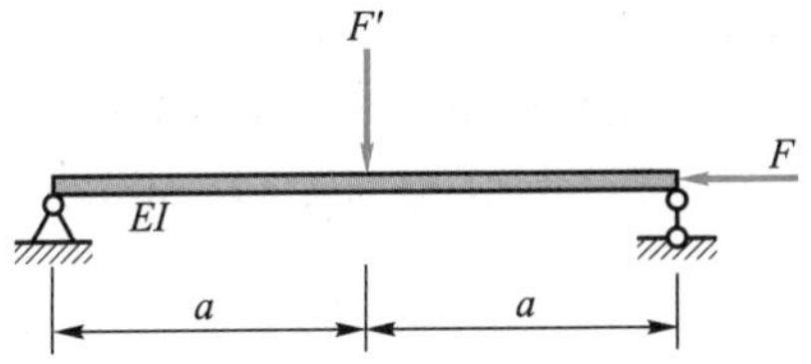

10.58   在题 10.57 的结构中，求失稳的临界荷载 F_{cr}。若

记 $w_0 = -\dfrac{F'a^3}{6EI}$（这就是上题的简支梁中无轴向力 F 时的最大挠

度），证明：$w_{max} \approx w_0 \left(1 - \dfrac{F}{F_{cr}}\right)^{-1}$。

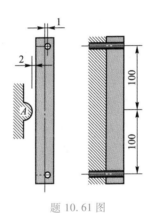

题 10.57 图

10.59   柱的两端是铰，其横截面是外径 $D = 120$ mm、内径
$d = 100$ mm 的空心圆管，圆管长为 3 m，弹性模量 $E = 120$ GPa。轴向压力 F 偏离圆管轴线 8 mm。若已测得
圆管中截面挠度为 4 mm，试求：

（1）轴向压力 F 的大小；

（2）中截面上的最大应力。

10.60   图示空心圆柱的弹性模量 E 为已知，一根钢索两端固结于地面，其中点绕过圆柱顶部的环扣。
钢索由一个拉力调节装置拉紧。钢索轴线与圆柱轴线的偏心量为 e。如果柱顶的横向位移最多只允许为
δ，钢索中的拉紧力最大为多少？

10.61   横截面是 10 mm×10 mm 的正方形长金属条用两个销固定，两个销之间的距离 200 mm 不可改
变。但销的位置却偏离金属条的轴线 1 mm。金属条的线胀系数 $\alpha_l = 2.4 \times 10^{-5}$℃$^{-1}$。金属条的温度升高多
少，才能使金属条接触到其中部侧面相距 2 mm 的凸缘 A？

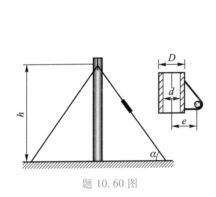

题 10.60 图

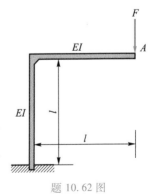

题 10.61 图

10.62   在第 7 章中，对图示刚架求得 A 点的竖向位移为 $\dfrac{4Fa^3}{3EI}$。如果
考虑竖杆中的纵横弯曲变形效应，那么这个位移为多少？两个解答之间的
相对误差有多大？这种误差具有什么样的规律？对于一般的工程结构，这
种误差是否可以接受？产生这样的误差最根本的原因是什么？

10.63   半径为 R 的刚性圆盘在圆周上由六根等距排列且完全一样的
立柱支撑，立柱上下两端与圆盘固结。竖向集中力 F 可在圆盘上自由地平
行移动，但立柱承受的轴向压力达到 $\dfrac{F}{4}$ 就会失稳。如果要使每一根立柱都
不会失稳，F 应该限制在什么区域内？

题 10.62 图

10.64   图示的结构中，ABC 是直角刚架，其水平和竖直的两部分均由
外径 $D_1 = 50$ mm、内径 $d_1 = 40$ mm 的圆杆制成，CD 杆是外径 $D_2 = 20$ mm、内径 $d_2 = 16$ mm 的圆杆，刚架 ABC
和圆杆 CD 的材料均为硬铝，屈服极限 $\sigma_s = 250$ MPa，弹性模量 $E = 45$ GPa。在 O、D 两处有固定铰，而刚架和

圆杆在 C 处铰结。A 处作用的水平力 F 的方向是既可以向右（如图所示），又可以向左的。为了防止外力 F 加得过大而致使结构失效，拟在 A 处水平方向上安装一个左右双向的限位装置，如图所示。若安全因数取 1.5，这个限位装置应该如何安装？图中所示尺寸 $a = 400$ mm，$b = 200$ mm，$l = 800$ mm。

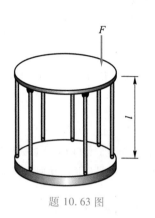

题 10.63 图

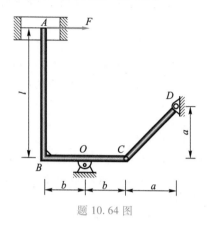

题 10.64 图

*第11章 能量法

在本书第 8 章中已经给出了应变能和应变比能的初步概念。在本章中,将进一步以应变能为主线,从能量和功的观点来讨论杆件的内力和变形。

11.1 杆件的应变能

11.1.1 杆件中外力的功

等温缓慢加载过程中,外荷载广义力 f 和杆件相应的广义变形量 δ 之间的关系可用图 11.1(a)来表示。当荷载加到 F 时,相应的变形量为 Δ。容易看出,外力的功就是图中阴影区域的面积,即

$$W = \int_0^\Delta f \mathrm{d}\delta 。 \tag{11.1}$$

如果变形始终处于线弹性范围,如同图 11.1(b)所表示的那样,外力的功

$$W = \frac{1}{2} F \Delta 。 \tag{11.2}$$

具体到杆件的各类变形形式,那么可以得到,在图 11.2 所示的直杆拉伸变形情况下,外力的功

$$W = \frac{1}{2} F \cdot \Delta l , \tag{11.3}$$

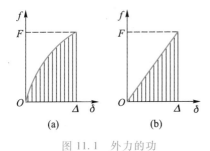

图 11.1 外力的功

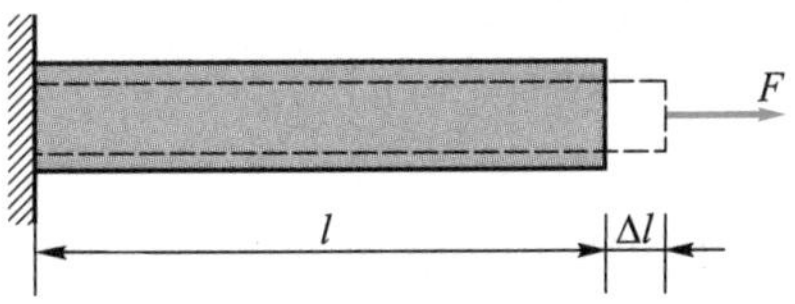

图 11.2 杆件的拉伸

图 11.3 所示的圆轴扭转变形情况下,外力的功

$$W = \frac{1}{2} M \varphi , \tag{11.4}$$

式中, φ 是圆轴两端面的相对转角。

对于梁的弯曲,由于荷载形式不同,外力功的表达形式也有所不同。如图 11.4(a)所示,在离左端 a 处有集中

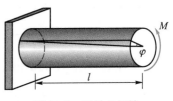

图 11.3 圆轴的扭转

力 F,该处梁的挠度为 $w(a)$,则外力的功

$$W = \frac{1}{2} F w(a)。 \tag{11.5a}$$

如图 11.4(b)所示,在离左端 a 处有集中力偶矩 M,该处梁的转角为 $\theta(a)$,则外力的功

$$W = \frac{1}{2} M \theta(a)。 \tag{11.5b}$$

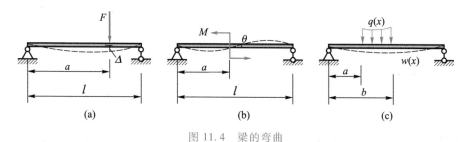

图 11.4   梁的弯曲

如图 11.4(c)所示,离左端从 a 到 b 处作用一个分布荷载 $q(x)$,相应在整个梁中有挠度函数 $w(x)$,则外力的功

$$W = \frac{1}{2} \int_a^b q(x) w(x) \, \mathrm{d}x。 \tag{11.5c}$$

11.1.2   杆件中的应变能

弹性体中某点处的应变比能在单向拉伸(或压缩)情况下由下式定义:

$$u_e = \int_0^\varepsilon \sigma \mathrm{d}\varepsilon。 \tag{11.6}$$

应变比能可用图 11.5 中的阴影部分的面积来表达。
因此,对于线弹性体,单向拉伸情况下的应变比能

$$u_e = \frac{1}{2} \sigma \varepsilon。 \tag{11.7}$$

在纯剪切的情况下,有

$$u_e = \frac{1}{2} \tau \gamma。 \tag{11.8}$$

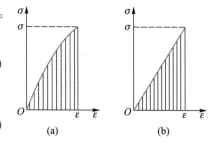

图 11.5   应变比能

在一般的三向应力状态下,应变比能由下式定义:

$$u_e = \int_0^\varepsilon (\sigma_x \mathrm{d}\varepsilon_x + \sigma_y \mathrm{d}\varepsilon_y + \sigma_z \mathrm{d}\varepsilon_z + \tau_{xy} \mathrm{d}\gamma_{xy} + \tau_{yz} \mathrm{d}\gamma_{yz} + \tau_{zx} \mathrm{d}\gamma_{zx})。 \tag{11.9}$$

与单向拉伸情况类似,对于线弹性体,有

$$u_e = \frac{1}{2} (\sigma_x \varepsilon_x + \sigma_y \varepsilon_y + \sigma_z \varepsilon_z + \tau_{xy} \gamma_{xy} + \tau_{yz} \gamma_{yz} + \tau_{zx} \gamma_{zx})。 \tag{11.10a}$$

在主轴坐标系下,上式可用主应力表达为

$$u_e = \frac{1}{2E} [\sigma_1^2 + \sigma_2^2 + \sigma_3^2 - 2\nu(\sigma_1 \sigma_2 + \sigma_2 \sigma_3 + \sigma_3 \sigma_1)]。 \tag{11.10b}$$

应变比能在物体所占有的区域上积分,便构成了整个物体中的应变能:

$$U = \int_V u_e \mathrm{d}V。 \tag{11.11}$$

由前几章中已导出杆件在拉压、扭转和弯曲情况下横截面上某点处的应力公式,根据胡克定律,可得出相应的应变表达式。这样,便可得出横截面附近的微元体中的应变比能,将应变比能在横截面上积分,再沿整个杆长 l 积分,便可导出杆件中的应变能。

例如,在拉伸变形中,横截面上的正应力 $\sigma = \dfrac{F_N}{A}$,由于横截面上的微元体处于单向应力状态,相应的应变 $\varepsilon = \dfrac{F_N}{EA}$,故应变比能 $u_e = \dfrac{F_N^2}{2EA^2}$,选择杆轴线方向为 x 轴,则应变能

$$U = \int_0^l \left(\int_A \frac{F_N^2}{2EA^2} \mathrm{d}A \right) \mathrm{d}x。$$

由于横截面上,上式内层积分中的被积函数为常数,因此有

$$U = \int_0^l \frac{F_N^2}{2EA} \mathrm{d}x。 \tag{11.12a}$$

特别地,对于杆端力为 F 的等截面二力杆,由于轴力为常数 F,上式可简化为

$$U = \frac{F^2 l}{2EA}。 \tag{11.12b}$$

对于桁架,由于结构中的每个杆件均为二力杆,因此,其应变能

$$U = \sum_i \frac{F_{Ni}^2 l_i}{2(EA)_i}。 \tag{11.13}$$

可以类似地导出圆轴扭转时的应变能

$$U = \int_0^l \frac{T^2}{2GI_p} \mathrm{d}x; \tag{11.14a}$$

在等截面圆轴只有两端才承受转矩的情况下,上式可简化为

$$U = \frac{T^2 l}{2GI_p}。 \tag{11.14b}$$

梁弯曲时的应变能为

$$U = \int_0^l \frac{M^2}{2EI} \mathrm{d}x。 \tag{11.15}$$

梁弯曲的应变能原则上还应包括对应于剪力的剪切应变能。根据式(6.11b),在许多情况下,梁横截面上的切应力可表示为

$$\tau = \frac{F_S S'}{bI},$$

因此,应变比能

$$u_e = \frac{1}{2}\tau\gamma = \frac{\tau^2}{2G} = \frac{1}{2G}\left(\frac{F_S S'}{bI}\right)^2。$$

杆件中的剪切应变能

$$U = \int_0^l \int_A \frac{1}{2G}\left(\frac{F_{\mathrm{S}}S'}{bI}\right)^2 \mathrm{d}A\,\mathrm{d}x = \int_0^l \left(\frac{F_{\mathrm{S}}^2}{2GI^2}\int_A \frac{S'^2}{b^2}\mathrm{d}A\right)\mathrm{d}x。$$

记

$$k = \frac{A}{I^2}\int_A \frac{S'^2}{b^2}\mathrm{d}A, \tag{11.16}$$

则有

$$U = \int_0^l k\frac{F_{\mathrm{S}}^2}{2GA}\mathrm{d}x。 \tag{11.17}$$

式中,k 称为剪切形状系数。注意将这里的 k 值与最大弯曲切应力计算式(6.14)中的 k 值相区别。

例如,对于宽为 b、高为 h 的矩形截面,有

$$S' = \frac{b}{2}\left(\frac{h^2}{4} - y^2\right),$$

$$k = \frac{A}{4I^2}\int_A \left(\frac{h^2}{4} - y^2\right)^2 \mathrm{d}A = \frac{36}{h^5}\int_{-h/2}^{h/2}\left(\frac{h^2}{4} - y^2\right)^2 \mathrm{d}y = \frac{6}{5}。$$

同样可以证明,对于实心圆形截面,$k = \dfrac{10}{9}$,对于薄壁圆环形截面,$k = 2$。

在细长梁中,弯曲切应力几乎总比弯曲正应力小一个数量级,因此,剪切应变能远小于弯曲应变能。这样,在一般情况下可以将剪切应变能忽略不计。

这样,在组合变形中,杆件的应变能一般可以表达为

$$U = \frac{1}{2}\int_0^l \left(\frac{F_{\mathrm{N}}^2}{EA} + \frac{T^2}{GI_{\mathrm{p}}} + \frac{M^2}{EI}\right)\mathrm{d}x。 \tag{11.18}$$

根据应变能的定义及上述一系列计算式,可以看出应变能具有下列性质:

(1) 应变能是恒正的,在只考虑力学作用引起的变形时,当且仅当应变为零时应变能才为零。

(2) 构件的应变能,等于构件中各部分的应变能的总和。

(3) 应变能是由应变状态所确定的,而与如何达到这一应变状态的过程无关。这一特点将多次应用于问题的分析之中。

(4) 应变能关于荷载是非线性的。

在线弹性杆件中,内力、变形、应力和应变等均为荷载的线性函数。如果没有初始变形和初始应力,这些量便均与荷载成正比。这一性质决定了在计算这些量时可应用叠加原理。然而应变能却不具有这样的性质。

以图 11.6 所示的双重拉伸为例予以说明。当 F_1 和 F_2 分别作用在杆件上时,所引起的伸长量分别为 Δl_1 和 Δl_2;由于变形量关于荷载满足叠加原理,因此,当 F_1 和 F_2 共同作用在杆件上时,所引起的伸长量为 $\Delta l_1 + \Delta l_2$。当 F_1 和 F_2 分别作用在杆件

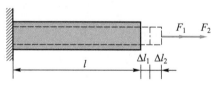

图 11.6　杆件的双重拉伸

上时,所引起的应变能分别为 $U_{(1)} = \dfrac{F_1^2 l}{2EA}$ 和 $U_{(2)} = \dfrac{F_2^2 l}{2EA}$;当 F_1 和 F_2 共同作用在杆件上时,所引起的应变能

$$U_{(1+2)} = \frac{(F_1 + F_2)^2 l}{2EA} = \frac{F_1^2 l}{2EA} + \frac{F_2^2 l}{2EA} + \frac{F_1 F_2}{EA} l = U_{(1)} + U_{(2)} + \frac{F_1 F_2}{EA} l。$$

上式中最后一项的存在,表明应变能不满足叠加原理。

上式中的最后一项可作如下的解释:可以假定加载过程是第一个荷载先由零缓慢加载至 F_1 之后,第二个荷载再由零缓慢加载至 F_2。加载 F_1 时,杆件将产生变形 $\Delta l_1 = \dfrac{F_1 l}{EA}$。再加载 F_2 时,将再产生变形 $\Delta l_2 = \dfrac{F_2 l}{EA}$。但加载 F_2 时,F_1 并未撤销,并保持其数值不变。这样 F_1 将在 Δl_2 上做功,而所做的功就是 $F_1 \Delta l_2 = \dfrac{F_1 F_2}{EA} l$。

虽然应变能关于荷载是非线性的,但是在线弹性体中,应变能所描述的物理事实是线性的,这与压杆失稳一类非线性行为有着本质的区别。

应变能与热能一样,都是变形体内能的一种类型[①]。但是与热能不同的是,应变能是一种可逆的机械能,应变能的释放可以导致对外界做功,也可以在外界条件不变的情况下自发地转换为热能;而热能转换为应变能则是有条件的。

11.1.3 应变能和外力的功

在物体始终处于弹性变形范围内的条件下,在等温缓慢加载的过程中,外力的功逐渐地全部转化为物体的应变能。由于没有能量的损耗,便有

$$W = U。 \tag{11.19}$$

可以利用这一关系求出结构中广义力的作用点处的相应广义位移。

例 11.1　图 11.7 所示桁架各杆的拉压刚度均为 EA,求力 F 作用点 D 处的竖向位移 v_D。

解:易于得到,在力 F 的作用下,各杆的轴力分别为

$$F_{NAB} = F_{NBD} = F, \quad F_{NCD} = 0, \quad F_{NBC} = -\sqrt{2} F。$$

因此,各杆的应变能分别为

$$U_{AB} = U_{BD} = \frac{F^2 a}{2EA}, \quad U_{CD} = 0,$$

$$U_{BC} = \frac{(\sqrt{2} F)^2 \cdot \sqrt{2} a}{2EA} = \frac{\sqrt{2} F^2 a}{EA}。$$

故桁架总应变能为 $U = (\sqrt{2} + 1) \dfrac{F^2 a}{EA}$。

由于力 F 所做的功

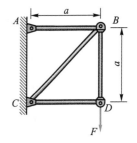

图 11.7　桁架

---

① 关于变形体内能的定义和性质,可参见参考文献[24]、[30]。

$$W = \frac{1}{2}Fv_D,$$

由功能关系 $U=W$ 即可得

$$v_D = 2(\sqrt{2}+1)\frac{Fa}{EA}(\text{向下})。$$

之所以标定位移向下,是因为式中计算出的结果为正值,这表明实际位移与力 F 作用方向相同。

例 11.2　图 11.8 所示的悬臂梁的抗弯刚度为 EI,求 A 点的挠度。

解:选 A 点为坐标原点,则离原点为 x 处的截面上的弯矩 $M=-Fx$,因此,梁的应变能

$$U = \int_0^l \frac{(-Fx)^2}{2EI}\mathrm{d}x = \frac{F^2 l^3}{6EI}。$$

力 F 所做的功 $W = \frac{1}{2}Fw_A$。由功能关系 $U=W$ 即可得

$$w_A = \frac{Fl^3}{3EI}(\text{向下})。$$

例 11.3　已知等截面闭口薄壁杆件两端承受扭矩 T 的作用而产生自由扭转,杆件长度为 l,材料的切变模量为 G,横截面图形如图 11.9 所示。已知横截面上切应力 $\tau = \frac{T}{2\omega\delta}$,式中,$\delta$ 是横截面的壁厚,ω 是壁厚中线所包围的面积。试导出两端面的相对扭转角公式。

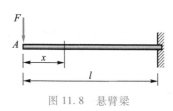

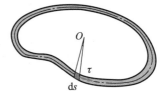

图 11.8　悬臂梁　　　　　　　　图 11.9　横截面

解:首先沿轴向取杆件的一个微元区段 $\mathrm{d}x$,再考虑这个微元区段横截面上沿周向的一个微元长度 $\mathrm{d}s$,如图 11.9 所示。由于扭转应变比能

$$u_e = \frac{1}{2}\tau\gamma = \frac{\tau^2}{2G} = \frac{T^2}{8G\omega^2\delta^2},$$

因此,这个微元区段 $\mathrm{d}x$ 上的微元长度 $\mathrm{d}s$ 的应变能

$$\mathrm{d}U = \frac{T^2}{8G\omega^2\delta^2}\cdot\delta\,\mathrm{d}s\,\mathrm{d}x = \frac{T^2}{8G\omega^2\delta}\mathrm{d}s\,\mathrm{d}x。$$

将上式沿横截面周边积分,再沿杆件长度积分,得整个杆件的扭转应变能为

$$U = \int_l \oint_s \frac{T^2}{8G\omega^2\delta}\mathrm{d}s\,\mathrm{d}x = \frac{T^2 l}{8G\omega^2}\oint_s \frac{\mathrm{d}s}{\delta}。$$

另一方面,扭矩所做的功

$$W = \frac{1}{2}T\varphi。$$

由功能关系 $U=W$ 即可得两端面的相对扭转角公式

$$\varphi = \frac{Tl}{4G\omega^2}\oint_s \frac{\mathrm{d}s}{\delta}.$$

上述结果的一个推论是:对于壁厚为常数 δ 的杆件,若记横截面壁厚中线的长度为 s,则有

$$\varphi = \frac{Tls}{4G\omega^2\delta}.$$

11.1.4 互等定理

考虑如图 11.10(a)所示的线弹性梁,梁中作用有两个荷载 F_1 和 F_2,其作用点分别为 A 和 B。梁相应地产生了如图所示的弯曲变形。这一变形可以通过两种加载方式来实现。

第一种方式是先加载 F_1,再加载 F_2,如图 11.10(b)所示。荷载从零缓慢地加载至 F_1 时,在 A 处首先产生挠度 Δ_{11}。这里挠度脚标用了两个数字,其中第一个数字表示挠度产生的位置,第二个数字表示挠度产生的原因。在 B 处荷载从零缓慢地加载至 F_2 时,在 B 点处将产生挠度 Δ_{22};与此同时,在 A 点处将产生挠度 Δ_{12}。而且由于加载 F_2 时,在 A 点处的 F_1 没有变化,这样,在这个过程中外力所做的总功为

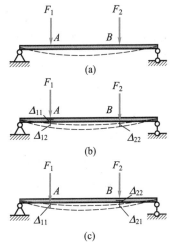

$$W^{(1)} = \frac{1}{2}F_1\Delta_{11} + \frac{1}{2}F_2\Delta_{22} + F_1\Delta_{12}.$$

第二种方式是先加载 F_2,再加载 F_1,如图 11.10(c)所示。与第一种加载方式类似,在后加载 F_1 时,B 点将产生挠度 Δ_{21}。在这个过程中外力所做的总功为

$$W^{(2)} = \frac{1}{2}F_2\Delta_{22} + \frac{1}{2}F_1\Delta_{11} + F_2\Delta_{21}.$$

这两种加载过程最终的状态是相同的。由于梁的应变能只与其所处的状态有关,而与如何到达这个状态的过程无关,因而这两个终态具有相同的应变能。由功能关系 $U = W$ 可知 $W^{(1)} = W^{(2)}$,这样便可得

图 11.10 功的互等定理

$$F_1\Delta_{12} = F_2\Delta_{21}. \tag{11.20}$$

这就是说,F_1 在 F_2 所引起的位移上所做的功,等于 F_2 在 F_1 所引起的位移上所做的功。这就是功的互等定理(reciprocal theorem of work)。

功的互等定理还可以推广为更一般的形式:在线弹性体中,第一组广义力在第二组广义力所引起的广义位移上所做的功,等于第二组广义力在第一组广义力所引起的广义位移上所做的功。

在上述推导功的互等定理的过程中,由于功的表达式用到了诸如 $\frac{1}{2}F_1\Delta_{11}$ 的形式,而这是线弹性材料构件的特征。因此,功的互等定理仅适用于线性结构。

在功的互等定理中,两组广义力可以是同时出现在结构中的,也可以是分别作用在结构上的;甚至广义力可以是虚拟的。这样便拓宽了用功的互等定理解决问题的范围。

如果在式(11.20)中取 $F_1 = F_2$,便可得

$$\Delta_{12} = \Delta_{21}, \tag{11.21}$$

这就是位移互等定理(reciprocal theorem of displacement),即在线弹性体中,若 $F_1 = F_2$,那么 F_2 在 F_1 作用点处沿 F_1 方向所引起的位移 Δ_{12},等于 F_1 在 F_2 作用点处沿 F_2 方向所引起的位移 Δ_{21}。

例 11.4 如图 11.11(a)所示的矩形板轴向抗拉刚度为 EA,泊松比为 ν,求板在图示的一对力 F 的作用下的轴向变形量 Δl。

解:所求的轴向变形 Δl 显然是由泊松效应引起的。由于图示矩形板的长度比高度大很多,因此,不能沿着水平截面求轴力和相应的变形。注意到与所求的变形量相对应的力应是如图 11.11(b)所示的轴向力 F',因此,可以把原题的状态视为第一个状态,并设想如图 11.11(b)所示的第二个状态。这样,根据功的互等定理,第一个状态中的外力 F 在第二个状态下的竖向变形量 Δb 上所做的功,就等于第二个状态中的外力 F' 在第一个状态下的轴向变形量 Δl 上所做的功。

易得第二种状态下的竖向变形量为

$$\Delta b = (\nu \varepsilon) \cdot b = b\nu \cdot \frac{F'}{EA},$$

由功的互等定理可得 $F \cdot \Delta b = F' \cdot \Delta l$,故有

$$F \cdot \frac{F'b\nu}{EA} = F' \cdot \Delta l,$$

故有

$$\Delta l = \frac{Fb\nu}{EA}。$$

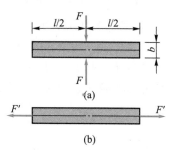

图 11.11 矩形板变形

由功的互等定理可以得到另一个结论。仍然考虑图 11.10(a)所示的情况。由于有式(11.20),在这个结构中外力所做的功

$$W = \frac{1}{2}F_1\Delta_{11} + \frac{1}{2}F_2\Delta_{22} + F_1\Delta_{12}$$

$$= \frac{1}{2}F_1\Delta_{11} + \frac{1}{2}F_2\Delta_{22} + \frac{1}{2}F_1\Delta_{12} + \frac{1}{2}F_2\Delta_{21}$$

$$= \frac{1}{2}F_1(\Delta_{11} + \Delta_{12}) + \frac{1}{2}F_2(\Delta_{22} + \Delta_{21}),$$

记在 F_1 作用位置上所产生的位移为 Δ_1,注意这里的 Δ_1 不是只由 F_1 引起的,而是由 F_1 和 F_2 共同引起的。因此有

$$\Delta_1 = \Delta_{11} + \Delta_{12}。$$

同样,记在 F_2 作用位置上所产生的位移为 Δ_2,即有

$$\Delta_2 = \Delta_{22} + \Delta_{21},$$

式中的 Δ_2 也是由 F_1 和 F_2 共同引起的。这样便有

$$W = \frac{1}{2}F_1\Delta_1 + \frac{1}{2}F_2\Delta_2。$$

上式可以推广到更一般的情况:设线弹性体作用有 n 个广义力 F_1、F_2、$\cdots$、F_n,同时该物体还相应地存在着 n 个广义位移 Δ_1、Δ_2、$\cdots$、Δ_n,那么外力所做的功

$$W = \sum_{i=1}^{n} \frac{1}{2} F_i \Delta_i \text{。}$$

这里的"相应地"包含了三层含义:第一,Δ_i 发生在 F_i 的作用位置处;第二,Δ_i 发生在沿着 F_i 的作用方向上;第三,力 F_i 和位移 Δ_i 都是广义的,而且 $F_i\Delta_i$ 一定具有功的量纲。但是仍应注意,Δ_i 所产生的原因一般不是单个的 F_i,而是全部外力。

根据式(11.19),线弹性体的应变能

$$U = W = \sum_{i=1}^{n} \frac{1}{2} F_i \Delta_i \text{。} \tag{11.22}$$

上式称为克拉珀龙(Clapeyron)原理。

由于应变能只取决于变形体所处的状态,而与如何达到这一状态的过程无关,因此,克拉珀龙原理还可以通过其他的加载过程来予以证明。

11.2　虚位移原理

在变形体中,在实际变形的平衡状态附近满足位移约束和位移协调条件的任意微小的位移称为虚位移。所谓满足位移约束,是指虚位移与真实位移一样,必须满足支座或其他形式的约束对于位移在几何方面的限制。例如,在梁的铰支端,虚挠度必须为零;在固支端,虚挠度和虚转角必须为零。所谓满足位移协调条件,是指如果虚位移一旦成为真实位移的话,不至于使结构遭到破坏。

与质点系和刚体一样,虚位移是任意的。它既可以是真实荷载的微小变动而引起的真实位移的增量,也可以是与原有荷载无关的因素(例如,温度变化)所引起的位移,这种位移与真实位移无关。在本书中,如果真实位移表示为 u,则虚位移表示为 u^*。

与质点系和刚体一样,真实外力在虚位移上所做的功称为外力的虚功,记为 W_e^*。在如图 11.12(a)所示的拉伸情况下,如果用 u^* 表示 F 加力端处的虚位移,则外力 F 的虚功

$$W_e^* = Fu^* \text{。} \tag{11.23a}$$

在如图 11.12(b)所示的圆轴扭转情况下,如果用 φ^* 表示圆轴两端的相对虚转角,则力偶矩 M 的虚功

$$W_e^* = M\varphi^* \text{。} \tag{11.23b}$$

同样,对于如图 11.12(c)、(d)、(e)所示的梁,记梁的虚挠度为 $w^*(x)$,外力的虚功则分别为

$$W_e^* = Fw^*(a), \qquad W_e^* = M\theta^*(a), \qquad W_e^* = \int_a^b q(x)w^*(x)\mathrm{d}x \text{。} \tag{11.23c}$$

式中,θ^* 为虚转角。与实位移一样,我们仍然认为

$$\theta^* = \frac{\mathrm{d}w^*}{\mathrm{d}x} \text{。}$$

对于某些杆件,如果所承受的外荷载为多种广义力,如图 11.13 所示,那么,可以把外力的虚功在形式上表示为多种广义力在相应的虚位移上的功之和,即

$$W_e^* = \sum_i F_i \Delta_i^* \text{。} \tag{11.23d}$$

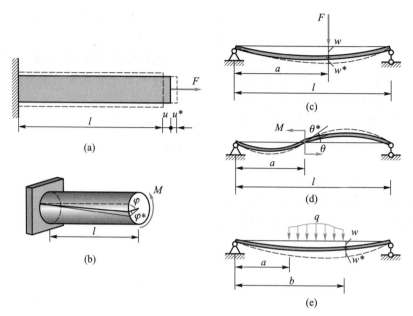

图 11.12　杆件的虚功

式中，Δ_i^* 是与第 i 个广义力 F_i 相应的虚位移，此处"相应的"这一词汇与上节克拉珀龙原理中的叙述一样，具有相同的三重含义。

与质点系和刚体不同的是，变形体除了考虑外力的虚功之外，还必须考虑内力的虚功，内力的虚功记为 W_i^*。对于杆件而言，可以这样来分析内力的虚功：从杆件上截

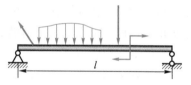

图 11.13　承受多种荷载的杆件

取一个微元区段，考虑内力在这个区段上所产生的虚变形上的功，再将微元区段上的虚功沿杆长积分，从而得到杆件内力的总虚功。

例如，对于微元区段的虚拟伸长、扭转、剪切、弯曲变形，分别如图 11.14(a)、(b)、(c)、(d)所示，其对应的轴力、扭矩、剪力、弯矩的虚元功分别为

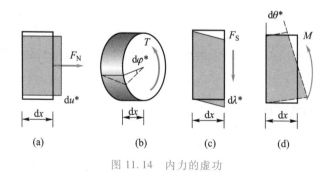

图 11.14　内力的虚功

$$dW_i^* = F_N du^*, \quad dW_i^* = T d\varphi^*, \quad dW_i^* = F_S d\lambda^*, \quad dW_i^* = M d\theta^*。 \tag{11.24}$$

上面第三式中的 $d\lambda^*$ 是微元区段右侧面与左侧面的相对竖向位移。

这样,在整个杆件中,内力的虚功

$$W_i^* = \int_l (F_N du^* + T d\varphi^* + F_S d\lambda^* + M d\theta^*) \text{。} \tag{11.25}$$

不言而喻,若杆件只有拉压变形,则内力的虚功就只包含上式右端的第一项被积函数;若只有扭转变形,则只有第二项被积函数。在横力弯曲情况下,原则上应包含第三项和第四项被积函数。但在实际中,剪力的虚功常常忽略不计,这与应变能常常忽略剪力的情况类似。

变形体的虚位移原理可表述为:变形体平衡的充分必要条件是外力的虚功等于内力的虚功,即

$$W_e^* = W_i^* \text{。} \tag{11.26}$$

为简单起见,下面仅就图 11.15 所表示的拉伸情况来说明上述定理。先考虑必要条件,在这种情况,外力的虚功

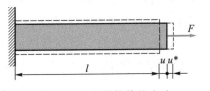

图 11.15 杆件拉伸的虚功

$$W_e^* = Fu^* \text{。}$$

在平衡状态下,杆中各横截面上恒有

$$F_N = F \text{。}$$

而内力的虚功

$$W_i^* = \int_0^l F_N du^* = \int_0^l F du^* = F \int_0^l du^* = Fu^* \text{,}$$

这就证明了

$$W_e^* = W_i^* \text{。}$$

再考虑充分条件,外力的虚功

$$W_e^* = Fu^* = F \int_0^l du^* = \int_0^l F du^* \text{;}$$

而内力的虚功

$$W_i^* = \int_0^l F_N du^* \text{。}$$

若有 $W_e^* = W_i^*$,那么便有

$$\int_0^l F du^* = \int_0^l F_N du^* \text{,} \quad 即 \quad \int_0^l (F - F_N) du^* = 0 \text{。}$$

由于 du^* 的任意性,便有

$$F = F_N \text{。}$$

这就由 $W_e^* = W_i^*$ 导出了平衡条件。

对于承受多个外荷载的杆件,虚位移原理常用的一般表达式为

$$\sum_i F_i \Delta_i^* = \int_l (F_N du^* + T d\varphi^* + M d\theta^*) \text{。} \tag{11.27}$$

虚位移原理未涉及材料性质,因此适用于各类材料,这样,虚位移原理有着广泛的用途[1]。

---

① 虚位移原理更一般的证明见参考文献[26]。

11.3 莫 尔 定 理

由虚位移原理,可以推导出求解构件中任意指定点处位移的单位荷载法(unit load method),又称莫尔定理。

如图 11.16(a)所示,杆件承受多个荷载,因而杆件各点产生真实的位移。如果欲求这个杆件中的 A 点沿 n 方向(图中虚线方向)上的位移 Δ,那么可以考虑如图 11.16(b)所示的情况。图 11.16(b)所示的结构与约束形式与图 11.16(a)所示完全一样,但外荷载仅是在 A 点处沿 n 方向的单位广义力 $F_0 = 1$。图 11.16(b)所示结构中的轴力、扭矩和弯矩分别记为 $\bar{F}_N$、$\bar{T}$ 和 $\bar{M}$。在图 11.16(b)所示的结构中应用虚位移原理,并把图 11.16(a)所示结构中的真实位移视为图 11.16(b)所示结构中的虚位移,那么根据式(11.27)便有

$$1 \cdot \Delta = \int_l (\bar{F}_N \mathrm{d}u + \bar{T} \mathrm{d}\varphi + \bar{M} \mathrm{d}\theta) \, 。 \tag{11.28}$$

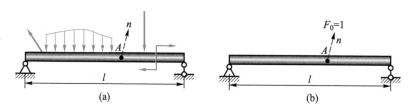

图 11.16 单位荷载法

若图 11.16(a)所示的杆件材料是线弹性的,则有

$$\mathrm{d}u = \frac{F_N}{EA}\mathrm{d}x, \quad \mathrm{d}\varphi = \frac{T}{GI_p}\mathrm{d}x, \quad \mathrm{d}\theta = \frac{M}{EI}\mathrm{d}x,$$

故有

$$\Delta = \int_l \left(\frac{\bar{F}_N F_N}{EA} + \frac{\bar{T}T}{GI_p} + \frac{\bar{M}M}{EI} \right) \mathrm{d}x \, 。 \tag{11.29a}$$

这就是莫尔定理,上式中的积分称为莫尔积分。

根据这一定理可知,求解结构中 K 点处沿 n 方向的广义位移的一般步骤是:

(1)求出原有荷载在结构中引起的内力 F_N、T 和 M;

(2)在同一结构中的 K 点处沿 n 方向加上单位 1 的相应广义力,求出单位荷载下结构的内力 $\bar{F}_N$、$\bar{T}$ 和 $\bar{M}$;

(3)求莫尔积分,即做式(11.29a)所规定的运算,即可获得所求位移。

单位荷载法有广泛的应用范围。很显然,可以根据杆件受力的实际情况,有选择地使用式(11.29a)右端的各项。例如,对于弯曲梁,式(11.29a)简化为

$$\Delta = \int_l \frac{\bar{M}M}{EI}\mathrm{d}x \, 。 \tag{11.29b}$$

而对于桁架,式(11.29a)转化为

$$\Delta = \sum_i \frac{\bar{F}_{Ni} F_{Ni} l_i}{(EA)_i}。 \tag{11.29c}$$

单位荷载法也可以用到求解超静定问题中。求解时,仍需解除"多余"约束而形成静定基。在静定基上,原有荷载引起的(广义)位移,"多余约束力"引起的位移,都可以用单位荷载法求出。同时,还要利用单位荷载法求解建立协调方程所需的各项广义位移。求解超静定问题的实例见后面的例 11.8。

应该注意到,虽然式(11.29a)是由式(11.28)推导而来,但式(11.28)比式(11.29a)应用范围更广。式(11.28)没有涉及材料性质,因此,它不仅可以用于线弹性材料,还可以用于其他材料。在这种情况下,应利用非线性弹性的本构关系导出 du、$d\varphi$ 和 $d\theta$ 的表达式,再代入式(11.28)中进行计算。同样,式(11.28)中的 du、$d\varphi$ 和 $d\theta$ 还可以表示由温度变化等非力学因素而引起的微元广义位移变化量,可参见后面的例 11.9。

例 11.5　如图 11.17 所示的简支梁 AB 中,AC 段的抗弯刚度为 EI;CB 段的抗弯刚度为 $2EI$,且承受均布荷载 q。用单位荷载法求中点 C 的挠度。

解:由于荷载和抗弯刚度的不同,弯矩函数应分段写出。

易于得出,A 端支座约束力为 $\frac{1}{4}ql$,故在 AC 段,以 A 为坐标原点,x_1 轴正向向右,如图 11.18(a)所示,弯矩

$$M_1 = \frac{1}{4}qlx_1。$$

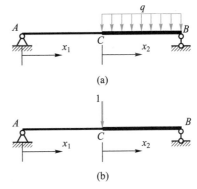

(a)

(b)

图 11.18　坐标取向

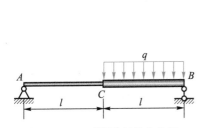

图 11.17　不同刚度组合的梁

在 CB 段,以 C 为坐标原点,x_2 轴正向仍向右,弯矩

$$M_2 = \frac{1}{4}q(l^2 + lx_2 - 2x_2^2)。$$

为求出 C 处的挠度,在 C 处加上单位力,如图 11.18(b)所示。这个荷载在 AC 段的局部坐标系中引起弯矩 $\bar{M}_1 = \frac{1}{2}x_1$,在 CB 段的局部坐标系中引起弯矩 $\bar{M}_2 = \frac{1}{2}(l-x_2)$。这样,所求挠度

$$w_C = \int_0^l \frac{M_1 \bar{M}_1}{EI} dx + \int_0^l \frac{M_2 \bar{M}_2}{2EI} dx$$

$$= \frac{ql}{8EI}\int_0^l x_1^2 \mathrm{d}x_1 + \frac{q}{16EI}\int_0^l (l^2 + lx_2 - 2x_2^2)(l - x_2)\mathrm{d}x_2$$

$$= \frac{7ql^4}{96EI}(\text{向下})。$$

例11.6 如图11.19所示的正方形桁架各杆抗拉刚度均为 EA,不考虑可能存在的失稳问题,求 AC 两点间的相对位移。

解:先求荷载 F 在各杆中引起的轴力,可得斜杆(长度为 a)中的轴力

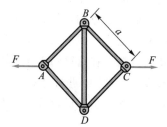

均为 $\frac{1}{2}\sqrt{2}F$;竖杆(长度为 $\sqrt{2}a$)中的轴力为 $-F$。

为了求 AC 间的相对位移,可在 AC 两点加上方向与 F 相同的一对单位力,相应地,斜杆中的轴力均为 $\frac{1}{2}\sqrt{2}$;竖杆中的轴力为 -1。

根据式(11.29c)可得,AC 两点间的相对位移

图11.19 正方形桁架

$$u_{AB} = 4 \times \frac{1}{EA}\left(\frac{\sqrt{2}}{2}F\right)\cdot\left(\frac{\sqrt{2}}{2}\right)\cdot a + \frac{1}{EA}(F\cdot 1)\cdot(\sqrt{2}a) = (2+\sqrt{2})\frac{Fa}{EA}(\text{分开})。$$

例11.7 直径为 d 的细长圆杆制成半径为 R 的四分之一的圆环,R 远大于 d。圆环水平放置,一端固定,另一端 A 处有竖直向下的集中力 F 作用,如图11.20(a)所示。材料的泊松比 $\nu = 0.25$,弹性模量为 E,求 A 端的竖向位移。

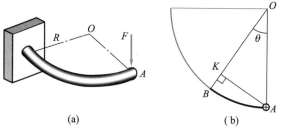

(a) (b)

图11.20 四分之一圆杆

解:在力 F 的作用下,圆杆各部均产生弯扭组合变形。如图11.20(b)所示,取右段弧 AB 为自由体,记弧 AB 的幅角为 θ,过 A 作 OB 的垂线并与之相交于 K,则 B 截面处的弯矩和扭矩的绝对值分别为

$$M = F\cdot AK = FR\sin\theta, \quad T = F\cdot BK = FR(1-\cos\theta)。$$

为求 A 处的竖向位移,可在 A 处加上竖向的单位力。显然,只需将上面式子中的 F 换为 1,就可得到这个单位力所引起的弯矩和扭矩,即

$$\overline{M} = R\sin\theta, \quad \overline{T} = R(1-\cos\theta)。$$

这样,A 处的竖向位移

$$w_A = \int_l\left(\frac{M\overline{M}}{EI} + \frac{T\overline{T}}{GI_\mathrm{p}}\right)\mathrm{d}s = FR^2\int_0^{\pi/2}\left[\frac{\sin^2\theta}{EI} + \frac{(1-\cos\theta)^2}{GI_\mathrm{p}}\right]R\mathrm{d}\theta$$

$$= \frac{FR^3}{4}\left(\frac{\pi}{EI} + \frac{3\pi-8}{GI_\mathrm{p}}\right)。$$

注意到 $G = \dfrac{E}{2(1+\nu)} = \dfrac{2}{5}E$,$I_\mathrm{p} = 2I$,故有 $GI_\mathrm{p} = \dfrac{4}{5}EI$,即有

$$w_A = \frac{FR^3}{EI}\left(\frac{19\pi}{16} - \frac{5}{2}\right) \approx 1.231 \frac{FR^3}{EI} \approx 25.07 \frac{FR^3}{Ed^4}(\text{向下})。$$

在本例中显示,在涉及空间构件时,各横截面上的弯矩和扭矩的符号可以不必刻意关注,应该着重关注的是原有荷载与单位荷载的弯矩和扭矩是同号或是异号。

例 11.8 求图 11.21(a)所示的四分之一圆的曲杆中 A 处的支座约束力,曲杆的半径远大于横截面尺寸。

解:这是一个一次超静定问题。解除 A 点处水平方向的约束,用一个约束力 F_R 来代替,形成一个静定基,如图 11.21(b)所示。这样,构件便在 F 和 F_R 共同作用下发生变形和位移。

当 F 单独作用在静定基上时,如图 11.21(b)所示,取右边 AB 区段为自由体,则可将 B 处截面的弯矩表达为幅角 α 的函数,即

$$M_F = -FR \sin \alpha。$$

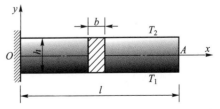

(a)　　　　　　　(b)　　　　　　　(c)

图 11.21　超静定四分之一圆杆

同理,F_R 单独作用在静定基上所引起的弯矩

$$M_R = F_R R(1-\cos \alpha)。$$

这样,在 F 和 F_R 共同作用下的弯矩

$$M = M_F + M_R = -FR\sin \alpha + F_R R(1-\cos \alpha)。$$

显然,在实际结构中,A 处的水平位移 u_A 为零。考虑到这一点,可以在静定基的 A 处加上水平的单位力,如图 11.21(c)所示,且有

$$\overline{M} = R(1-\cos \alpha)。$$

这样,由协调条件 $u_A = \dfrac{1}{EI}\displaystyle\int_l M\overline{M}\,\mathrm{d}s = 0$ 可得

$$\int_0^{\pi/2} \left[-F\sin \alpha + F_R(1-\cos \alpha)\right](1-\cos \alpha)\mathrm{d}\alpha = 0,$$

由此可解出

$$F_R = \frac{2F}{3\pi - 8} \approx 1.404F。$$

这就是所求的 A 处的支座约束力。

例 11.9　图 11.22 所示的悬臂梁的横截面是宽为 b、高为 h 的矩形,材料弹性模量为 E,线胀系数为 α_l。梁长为 l,其下底面有温升 T_1,上底面有温升 T_2,$T_1 > T_2$,且温度沿高度线性变化。求其自由端 A 截面的水平位移 Δ_x、竖向位移 Δ_y 和转角 θ_A。

图 11.22　变温悬臂梁

解:这个热学变形效应的问题可用式(11.28)求解,在本题的情况中,考虑到将出现的变形不包含扭转,故有

$$\Delta = \int_l (\bar{F}_N du + \bar{M} d\theta),$$

式中,du、$d\theta$ 分别表示由温度变化引起的微元水平位移和转角的变化量。

为此,考虑梁的一个微元区段由温升而引起的变化,如图 11.23 所示。微元区段上边缘长度成为 $dx + T_2 \alpha_l dx$,下边缘长度成为 $dx + T_1 \alpha_l dx$。中性层长度的变化量

$$du = \frac{(T_1 + T_2)}{2} \alpha_l dx_{\circ}$$

同时,由于上下边缘温升不一致,微元区段两侧面产生了相对转角

$$d\theta = \frac{(T_1 - T_2)}{h} \alpha_l dx_{\circ}$$

为求 A 截面水平位移,可在 A 处加上水平方向的单位力,如图 11.24 所示。显然,这个单位力所引起的轴力 $\bar{F}_N = 1$,弯矩 $\bar{M} = 0$,故有

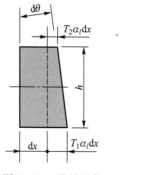

图 11.23　微元区段

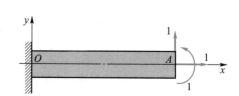

图 11.24　单位荷载

$$\Delta_x = \int_0^l 1 \cdot \frac{(T_1 + T_2)}{2} \alpha_l dx = \frac{(T_1 + T_2)}{2} \alpha_l l_{\circ}$$

为求 A 截面的竖向位移,可在 A 处加上竖直方向的单位力。这个单位力所引起的弯矩 $\bar{M} = l - x$,轴力 $\bar{F}_N = 0$,故有

$$\Delta_y = \int_0^l (l - x) \frac{(T_1 - T_2)}{h} \alpha_l dx = \frac{(T_1 - T_2)}{2h} \alpha_l l^2_{\circ}$$

为求 A 截面的转角,可在 A 处加上单位力偶矩。这个单位力所引起的弯矩 $\bar{M} = 1$,轴力 $\bar{F}_N = 0$,故有

$$\theta_A = \int_0^l 1 \cdot \frac{(T_1 - T_2)}{h} \alpha_l dx = \frac{(T_1 - T_2)}{h} \alpha_l l_{\circ}$$

11.4   图形相乘法

莫尔定理具有广泛的应用范围。但是对于直梁弯曲问题,由于往往需要分段积分,因而

显得较为繁琐。如果处理的对象是等截面直梁(包括分段等截面直梁和平面刚架),则可进一步将莫尔定理推演到图形相乘法(简称图乘法)。这一方法往往更为方便快捷。

用莫尔定理处理等截面直梁问题时,由于抗弯刚度是常数,因此核心的问题是计算积分

$$\int_0^l M\overline{M}dx。 \tag{①}$$

考察常见的各类直梁问题中 $\overline{M}$ 的图像就会发现,由于所施加的荷载是单位力或单位力偶矩,不存在分布荷载,因此,$\overline{M}$ 的图线总是由若干个直线段构成的。根据这几个直线段将$(0,l)$分成若干区段,这样,式①的积分便由若干个形如

$$\int_a^b M\overline{M}dx \tag{②}$$

的积分相加而得到。这个区段的抗弯刚度是常数,对应的 M 和 $\overline{M}$ 的弯矩图形如图 11.25 所示。

在式②的积分中,由于 $\overline{M}$ 是直线段,因此不妨令

$$\overline{M}=kx+c, \tag{③}$$

这样便有

$$\int_a^b M\overline{M}dx = k\int_a^b Mxdx+c\int_a^b Mdx。$$

上式中,右端第二项的积分显然就是图形 $M(x)$ 在区间(a,b)内的面积,记为 ω。右端第一项中,Mdx 构成图形 $M(x)$ 中的条形微元面积 dA,如图 11.26(a)所示,而积分

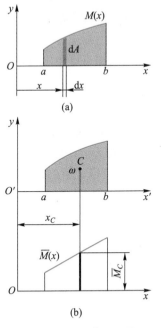

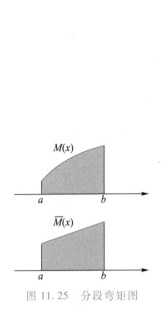

图 11.25 分段弯矩图   图 11.26 图乘法证明

$$\int_a^b Mxdx = \int_a^b xdA$$

就构成面积 ω 关于 y 轴的静矩 S_y。

由静矩的计算方法可知(见附录 I),

$$S_y = x_C \omega ,$$

式中,x_C 是图形 $M(x)$ 的形心 C 的 x 坐标。这样便有

$$\int_a^b M\overline{M}\mathrm{d}x = k\omega x_C + c\omega = \omega(kx_C + c) ,$$

由式③可知,$kx_C + c$ 就是单位荷载弯矩图中 $x = x_C$ 处的弯矩值,故由图 11.26(b)可看出,$kx_C + c$ 就是图形 $M(x)$ 的形心位置对应的 $\overline{M}(x)$ 的值,记为 $\overline{M}_C$。所以,上述积分的结果就等于图形 $M(x)$ 的面积 ω 与 $\overline{M}_C$ 的乘积,即

$$\int_a^b M\overline{M}\mathrm{d}x = \omega\overline{M}_C 。$$

上述结论用于计算等截面直梁的莫尔积分,便可得到图乘法,如图 11.27 所示。图乘法的主要步骤为

(1)画出原有荷载弯矩图 $M(x)$。

(2)与单位荷载法类似,根据需要在结构中加上单位荷载,并画出相应的弯矩图 $\overline{M}(x)$。

(3)根据 $\overline{M}(x)$ 图形的情况将两个弯矩图形对应地分为若干个区段,以保证每个区段内 $\overline{M}(x)$ 的图线都是一个直线段。如果是分段等截面直梁,不同的抗弯刚度的部分也必须分段。

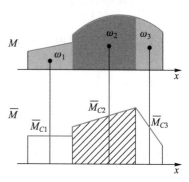

图 11.27 图乘法示意

(4)计算出每个区段中 $M(x)$ 的图形面积 ω_1、ω_2、$\cdots$,找到各个面积的形心,进而确定 $\overline{M}(x)$ 中对应的 $\overline{M}_{C1}$、$\overline{M}_{C2}$、$\cdots$ 数值。

(5)按下式求和,即可得所求的位移

$$w = \frac{\omega_1 \overline{M}_{C1}}{(EI)_1} + \frac{\omega_2 \overline{M}_{C2}}{(EI)_2} + \cdots 。 \tag{11.30}$$

在图乘法的应用过程中,常常会出现分布荷载的弯矩图,相应图线为抛物线。设图 11.28 中两图的曲线均为 n 次抛物线,曲线顶点 A 的坐标为 b 和 h。两个图形中,曲线均在 $x = 0$ 处与 x 轴相切。可以证明(参见附录例 I.1),图 11.28(a)所示的图形的阴影面积

$$A = \frac{1}{n+1}bh , \tag{11.31a}$$

形心位置

$$b_1 = \frac{n+1}{n+2}b , \quad b_2 = \frac{1}{n+2}b 。 \tag{11.31b}$$

而图 11.28(b)所示图形的阴影面积

$$A = \frac{n}{n+1}bh , \tag{11.32a}$$

形心位置

$$b_1 = \frac{n+1}{2(n+2)}b , \quad b_2 = \frac{n+3}{2(n+2)}b 。 \tag{11.32b}$$

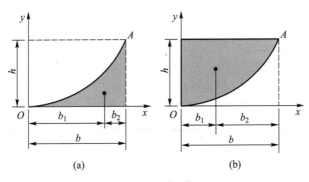

图 11.28 形心位置

上述弯矩图相乘的方法可以自然地推广到扭矩图的相乘和轴力图的相乘。

例 11.10 求图 11.29(a)所示外伸梁中 A 点的转角 θ_A。

解:外伸梁在均布荷载 q 作用下的弯矩图如图 11.29(b)所示。

为求 A 点处转角,在 A 点加上顺时针方向的单位力偶矩,如图 11.29(c)所示。对应的弯矩图如图 11.29(d)所示。

根据单位荷载弯矩图,可把两个弯矩图分别分为左右两部分。荷载弯矩图的左端部分为三角形,其形心位置到左端点的距离为 $\dfrac{2}{3} \cdot 2a$。

荷载弯矩图的右面部分为一个二次抛物线。可以根据式(11.31)确定其面积为

$$A = \frac{1}{3} \cdot \frac{qa^2}{2} \cdot a,$$

以及形心到移动铰处的距离为 $\dfrac{1}{4}a$。这样,所求的转角

$$\theta_A = \frac{1}{EI}\left[\left(\frac{1}{2} \cdot \frac{qa^2}{2} \cdot 2a\right) \cdot \frac{2}{3} + \left(\frac{1}{3} \cdot \frac{qa^2}{2} \cdot a\right) \cdot 1\right]$$

$$= \frac{qa^3}{2EI}(\text{顺时针})。$$

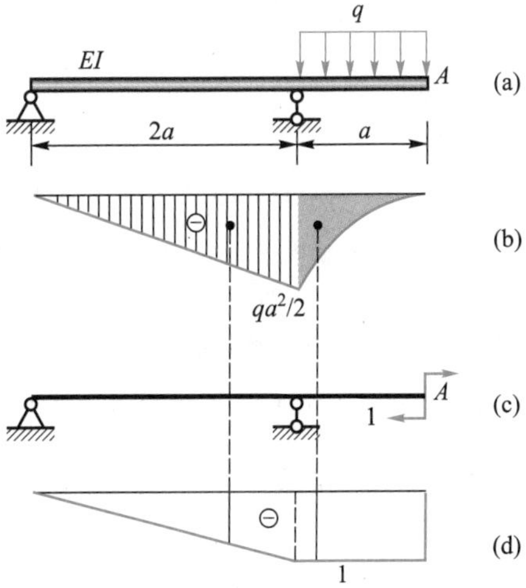

图 11.29 外伸梁

例 11.11 求如图 11.30(a)所示外伸梁中 A 点的挠度。

解:根据图乘法的一般步骤,首先应画出原荷载所引起的弯矩图。但是在本例中,如图 11.30(b)所示,这一弯矩图各区段抛物线的形式不再是式(11.31)或式(11.32)的标准形式。为解决这一问题,可将原荷载分解为图 11.30(c)和(e)两个荷载的组合。这两个荷载相应的弯矩图分别如图 11.30(d)和(f)所示。由于弯矩关于荷载满足叠加原理,故图 11.30(d)和(f)的弯矩图之和,与按原荷载所画出的弯矩图等价。

在 A 点处加上单位力,如图 11.30(g)所示。对应的弯矩图如图 11.30(h)所示。

这样,所求结果应是图形(d)与(h)相乘,再加上图形(f)与(h)相乘。在图形(d)与(h)相乘时,应注意两个弯矩图分别在横轴的两侧,这意味着两者弯矩是一正一负的,因此其乘积为负数。由于

$$-\left(\frac{2}{3} \cdot \frac{qa^2}{8} \cdot a\right) \cdot \frac{1}{2} \cdot \frac{a}{4} + \left(\frac{1}{2} \cdot \frac{qa^2}{32} \cdot a\right) \cdot \frac{2}{3} \cdot \frac{a}{4} + \left(\frac{1}{3} \cdot \frac{qa^2}{32} \cdot \frac{1}{4}a\right) \cdot \frac{3}{4} \cdot \frac{a}{4} = -\frac{15qa^4}{2\,048},$$

结果为负值说明实际位移方向与单位荷载方向相反。

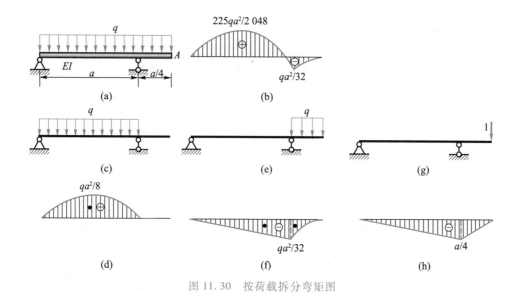

图 11.30 按荷载拆分弯矩图

故有

$$w_A = -\frac{15qa^4}{2\,048EI}(\text{向上})。$$

例 11.12 求如图 11.31(a)所示简支梁 AB 中点 C 处的挠度。

解:本例中的弯矩图如图 11.31(b)所示,它含有一段非标准的抛物线图形。本例也无法按上一例的方法将荷载拆分。在画这类问题的弯矩图时,可以采用按梁的区段拆分的方法进行处理。

很容易计算出 A 处的支座约束力为 $\frac{3}{4}ql$,B 处的支座约束力为 $\frac{1}{4}ql$。这两个力可以用来代替两个铰并视其为外荷载的一部分。

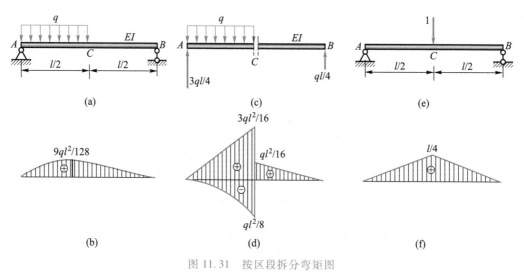

图 11.31 按区段拆分弯矩图

可以设想在 C 处用一个截面将梁拆分为左右两部分,如图 11.31(c)所示。

对于左边 AC 部分,截面处的内力与外荷载构成平衡力系,截面处的内力与将该处视为悬臂梁固定端的支座约束力完全一样。因此,在只考虑力学要素的前提下,AC 区段可视为悬臂梁,而 C 截面视为固定端。

这样,便可画出支座约束力 $\frac{3}{4}ql$ 所引起的弯矩图,如图 11.31(d) 所示的左上部的三角形;以及均布荷载 q 所引起的弯矩图,如图 11.31(d) 所示的左下部的抛物线形。显然这两个图形都具有所谓标准的形式。

同理,对右边 CB 部分而言,也可以将其视为悬臂梁,C 截面视为固定端,从而画出如图 11.31(d) 所示的右半段的三角形。这样,整个梁的弯矩图就如图 11.31(d) 所示,且该弯矩图与图 11.31(b) 所示的弯矩图等价。

为求 C 处的挠度,在 C 处加上单位力,如图 11.31(e) 所示,相应的弯矩图如图 11.31(f) 所示。

图 11.31(d) 所示的弯矩图与图 11.31(f) 所示的弯矩图相乘,可得

$$w_C = \frac{1}{EI}\left[\frac{1}{2}\cdot\frac{3}{16}ql^2\cdot\frac{l}{2}\cdot\frac{2}{3}\cdot\frac{l}{4}-\frac{1}{3}\cdot\frac{1}{8}ql^2\cdot\frac{l}{2}\cdot\frac{3}{4}\cdot\frac{l}{4}+\frac{1}{2}\cdot\frac{1}{16}ql^2\cdot\frac{l}{2}\cdot\frac{2}{3}\cdot\frac{l}{4}\right]$$

$$=\frac{5ql^4}{768EI}(\text{向下})。$$

本例按区段拆分弯矩图的方法,以及例 11.11 所说明的按荷载拆分弯矩图的方法,可以视问题的具体情况灵活应用,甚至可以交叉使用。这些做法显著地增加了图乘法的适应性。

例 11.13   求图 11.32(a) 所示刚架中 A 点的竖向位移,各杆抗弯刚度均为 EI。

解:首先注意到本例是一个一次超静定问题,因此,必须先求解超静定问题,才能求出 A 处位移。

将 A 处约束解除,而代之以多余约束力 F,形成如图 11.32(b) 所示静定基。荷载 q 和多余约束力 F 在静定基上引起的弯矩图分别如图 11.32(e) 和(f) 所示。

由于 A 处实际水平位移为零,因此,可在静定基上 A 点沿水平方向加上单位力,如图 11.32(c) 所示,并做出相应弯矩图如图 11.32(g) 所示。这样,弯矩图(e) 与(g) 相乘,再加上弯矩图(f) 与(g) 相乘,就得到 A 点的水平位移,也就是零。根据这一条件,即可求出约束力 F,即由

$$EIu_A = -\left(\frac{1}{3}\cdot\frac{1}{2}ql^2\cdot l\right)\cdot l+(Fl\cdot l\cdot l)+\left(\frac{1}{2}Fl\cdot l\right)\cdot\frac{2}{3}l=0,$$

可得

$$F=\frac{1}{8}ql(\text{向右})。 \tag{①}$$

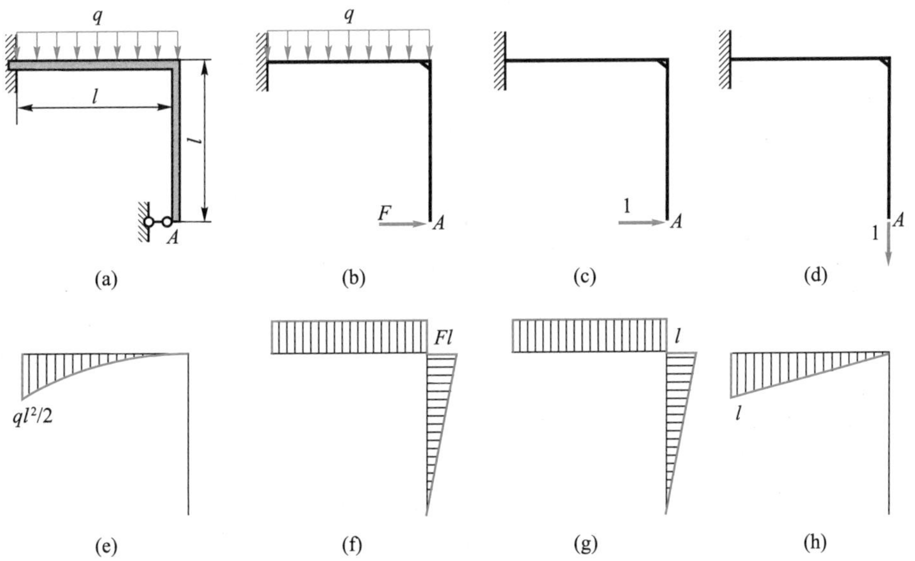

图 11.32   超静定刚架

为了求出 A 点竖向位移,在静定基上的 A 点加上竖向单位力,如图 11.32(d)所示,其弯矩图如图 11.32(h)所示。将弯矩图(e)与(h)相乘,弯矩图(f)与(h)相乘,再将两个乘积的结果相加,即可得所求结果如下:

$$EIv_A = \left(\frac{1}{3} \cdot \frac{1}{2}ql^2 \cdot l \right) \cdot \frac{3}{4}l - (Fl \cdot l) \cdot \frac{1}{2}l = \frac{1}{8}ql^4 - \frac{1}{2}Fl^3,$$

将式①的结果代入即可得 $v_A = \dfrac{ql^4}{16EI}$(向下)。

11.5　动荷载问题

11.5.1　动荷载问题的分类及惯性荷载

工程中的许多问题涉及运动状态或荷载随时间变化的情况。根据荷载的性质,可以将这些问题划分为三类。第一类,如果构件处于加速度已知的运动状态,则称为惯性荷载问题。第二类,如果荷载在很短的时间内骤然施加在构件上,而后趋于平稳,则称为冲击荷载问题,其荷载关于时间的变化图像如图 11.33 所示。第三类,如果荷载以周期性的加载卸载过程循环往复地作用在构件上,则称为交变荷载,如图 11.34 所示。长时间的交变荷载作用可能导致构件疲劳,这已在第 3 章中有所叙述。

图 11.33　冲击荷载 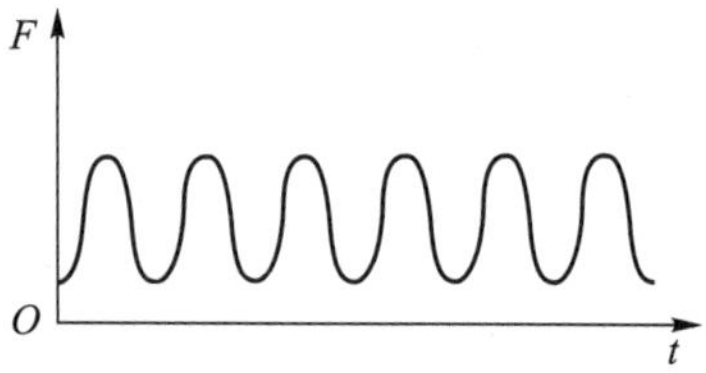　　　　　　　图 11.34　交变荷载

对于惯性荷载问题,由于构件运动加速度已知,便可以利用动静法的原理,将惯性力(其方向与加速度方向相反)处理为作用于构件的外力,并与其他荷载一起构成平衡力系,由此便可以导出相应的分析结论。

例如,一根横截面面积为 A 的钢绳吊装着一个静止重量为 P 的货物以加速度 a 匀加速上升,如图 11.35 所示,那么,方向为竖直向下的惯性力即为 $\dfrac{Pa}{g}$,不计钢绳自重,根据货物的平衡可得

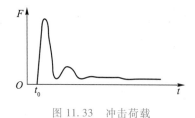

$$F_N = P + \frac{P}{g}a,$$

因此,钢绳横截面上的动态应力即为

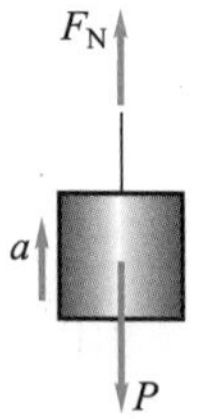

图 11.35　货物吊装

$$\sigma_d = \frac{P}{A}\left(1 + \frac{a}{g} \right).$$

除了上例所出现的直线运动加速度之外,工程构件中常见的加速度还有匀速转动情况

下的向心加速度,匀加速转动情况下的向心加速度和切向加速度等。

利用机械能守恒是经常用以求解惯性荷载问题的方法。

例 11.14   在图 11.36 所示的结构中,圆轴中点处有一个自重为 G、直径为 D 的均质圆盘。圆盘外沿绕有钢绳,以提升静止重量为 P 的重物。圆轴左端有电动机带动圆轴转动并使重物以匀加速度 a 上升。试用第三强度理论设计轴径 d。

解:读者可以把本例与例 9.1 对照起来,着重考虑动态效应的影响。易于看出,与静态情况类似,圆轴左半部发生弯扭组合变形,危险截面在中截面,在每一瞬时,危险点位于中截面的上下两点。

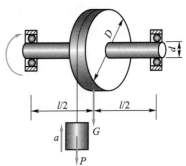

图 11.36   重物匀加速上升

危险截面的弯矩由两部分构成。中部圆盘的自重 G 将引起弯矩,而自重 G 与静态情况相同。同时,钢绳的拉力将引起弯矩。与静态问题不同,由于重物以匀加速度 a 上升,拉力将发生改变,即

$$F_{\mathrm{d}} = P\left(1 + \frac{a}{g}\right),$$

这样,危险截面的动态弯矩

$$M_{\mathrm{d}} = \frac{1}{4}\left[G + P\left(1 + \frac{a}{g}\right)\right]l_{\circ}$$

危险截面的扭矩也由两部分构成。以匀加速度 a 上升的重物将引起扭矩

$$T_{1} = \frac{1}{2}PD\left(1 + \frac{a}{g}\right),$$

同时,要使重物匀加速上升,必定使具有质量 $m = \dfrac{G}{g}$ 的圆盘匀加速转动,因此,还应附加力偶矩 T_{2}。记圆盘的转动惯量为 J,角加速度为 α,半径为 R,则有

$$T_{2} = J\alpha = \left(\frac{1}{2}mR^{2}\right)\cdot\left(\frac{a}{R}\right) = \frac{GDa}{4g}_{\circ}$$

因此,危险截面的动态扭矩

$$T_{\mathrm{d}} = T_{1} + T_{2} = \frac{1}{2}PD\left(1 + \frac{a}{g}\right) + \frac{GDa}{4g}_{\circ}$$

动态情况下的第三强度准则的相当应力

$$\sigma_{\mathrm{eq3}} = \frac{32}{\pi d^{3}}\sqrt{M_{\mathrm{d}}^{2} + T_{\mathrm{d}}^{2}} \leqslant [\sigma],$$

由此可得圆轴直径

$$d \geqslant \left\{\frac{32}{\pi[\sigma]}\sqrt{\frac{l^{2}}{16}\left[P\left(1 + \frac{a}{g}\right) + G\right]^{2} + \left[\frac{P}{2}\left(1 + \frac{a}{g}\right)D + \frac{GDa}{4g}\right]^{2}}\right\}^{\frac{1}{3}}_{\circ}$$

11.5.2   冲击问题的能量法分析

工程中某些情况存在着冲击荷载问题,例如,构筑地基过程中的打桩,吊装过程中的急刹车等。在冲击过程中,荷载在很短的时间内急剧上升下降,受载物体内部的变形及应力也会发生剧烈的波动。受冲击部位附近往往有高热产生,有些构件内部还伴随着产生细观甚至宏观层次上的裂纹或破坏。因此,冲击过程包含了大量力学、热学的复杂过程。

在本节中,将冲击问题简化处理。这种简化在许多工程问题中是允许的,所获得的结果具有重要的参考价值。

本节的基本假定是：

（1）只考虑被冲击物的变形。

（2）在冲击过程中，被冲击物的变形一直保持在线弹性范围之内。

（3）在冲击过程中机械能守恒，即冲击能量全部转化为被冲击物的应变能。

先考虑自由落体冲击问题。如图 11.37 所示，重为 P 的重物从弹性柱上方 H 的高度上自由落下，撞击到柱上，使柱产生的动态最大压缩量为 δ_d。因此，在产生最大压缩量的那一瞬时，重物势能的减小量

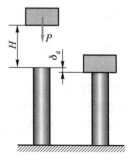

图 11.37　自由落体冲击

$$V = P(H+\delta_d)。 \qquad ①$$

而从弹性柱产生最大压缩量的那一瞬时来考虑，由于其变形量为 δ_d，因此应变能

$$U = \frac{1}{2}F_d\delta_d。 \qquad ②$$

式中，F_d 是这一瞬时的动态作用力。根据机械能守恒的假定，应有

$$P(H+\delta_d) = \frac{1}{2}F_d\delta_d。 \qquad ③$$

注意到柱一直处于线弹性范围，因此，如果重物不是冲击，而是静止地放置在柱顶，所产生的静止变形为 δ_{st}，则应有

$$\frac{P}{\delta_{st}} = \frac{F_d}{\delta_d}。 \qquad ④$$

由此可得

$$F_d = P\frac{\delta_d}{\delta_{st}}。 \qquad ⑤$$

将式⑤代入式③，整理得

$$\delta_d^2 - 2\delta_d\delta_{st} - 2H\delta_{st} = 0，$$

从中解得

$$\delta_d = \delta_{st}\left(1 + \sqrt{1+\frac{2H}{\delta_{st}}}\right)。 \qquad (11.33)$$

记

$$K_d = 1 + \sqrt{1+\frac{2H}{\delta_{st}}}， \qquad (11.34)$$

并称之为动荷因数（factor of dynamic loading）。由式（11.33）可看出，动荷因数是动变形量与静变形量之比。由于结构是线弹性的，因此，动态量（动态变形、动态应力、动态内力）与相应的静态量（静态变形、静态应力、静态内力）之比都等于这个动荷因数。因此，只要求出动荷因数，动态的各种量都可由之而计算出来。

容易看出，若采取措施使静止的重物下表面与被冲击物上表面刚好接触但没有相互作用，然后让重物突然作用在被冲击物上，那么，即可在式（11.34）中取 $H=0$，且有 $K_d=2$。这表明，这种情况下被冲击物所发生的变形和应力是静载时的 2 倍。

例 11.15　如图 11.38(a)所示,体重为 550 N 的跳水运动员在端部上方竖直落在跳板上。若跳板的弹性模量 $E = 18$ GPa,跳板尺寸如图所示。求跳板中的最大正应力。

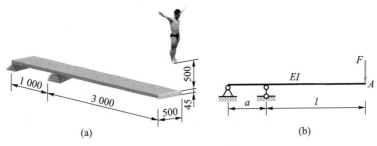

图 11.38　跳板跳水

解:根据约束情况,跳板结构可以简化为如图 11.38(b)所示的外伸梁。

跳板中的最大动态应力,等于运动员静止在 A 处时跳板中的最大应力与动荷因数之积。为求出动荷因数,应先考虑 A 处的静位移。

用图乘法求 A 点静位移。容易得到荷载 F 引起的弯矩图和 A 点竖向单位力引起的弯矩图,如图 11.39 所示,由此可得

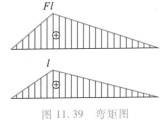

$$\delta_{st} = \frac{1}{EI}\left[\left(\frac{1}{2} \cdot Fl \cdot a\right) \cdot \frac{2}{3}l + \left(\frac{1}{2} \cdot Fl \cdot l\right) \cdot \frac{2}{3}l\right]$$

$$= \frac{1}{3EI}Fl^2(l+a)。$$

图 11.39　弯矩图

式中,

$$I = \frac{1}{12}bh^3 = \frac{1}{12}\times500\times45^3 \text{ mm}^4 = 3.80\times10^6 \text{ mm}^4,$$

$$EI = 18\ 000\times3.80\times10^6 \text{ N}\cdot\text{mm}^2 = 6.84\times10^{10} \text{ N}\cdot\text{mm}^2,$$

故

$$\delta_{st} = \frac{550\times3\ 000^2\times(3\ 000+1\ 000)}{3\times6.84\times10^{10}} \text{ mm} = 96.5 \text{ mm}。$$

由此可得动荷因数

$$K_d = 1 + \sqrt{1 + \frac{2H}{\delta_{st}}} = 1 + \sqrt{1 + \frac{2\times500}{96.5}} = 4.37。$$

易于看出,最大应力产生在中间铰处横截面上。该处静态弯矩 $M_{st} = Fl$,最大静态正应力

$$\sigma_{st} = \frac{M_{st}}{W} = \frac{6Fl}{bh^2} = \frac{6\times550\times3\ 000}{500\times45^2} \text{ MPa} = 9.78 \text{ MPa}。$$

故最大动应力

$$\sigma_d = K_d\sigma_{st} = 4.37\times9.78 \text{ MPa} = 42.7 \text{ MPa}。$$

例 11.16　在图 11.40 所示的结构中,下方的刚性圆盘与一根上端固定的弹性圆杆连结。圆盘上有刚度系数为 k 的弹簧。空心的重物从与弹簧上端面相距 H 的高度上自由下落。求下落的许用高度 H。已知重物 $P = 15$ kN,圆杆 $d = 40$ mm,$l = 2$ m,$E = 200$ GPa,$[\sigma] = 120$ MPa,弹簧刚度系数 $k = 1.6$ kN/mm。

解:由于重物落下的势能转化为圆杆和弹簧两者的应变能,结构下部总位移(包括静态和动态位移)是两者位移之和,而且荷载与两者位移之和呈线性关系,因此有

$$\delta_{st} = \frac{P}{k} + \frac{Pl}{EA} = P\left(\frac{1}{k} + \frac{4l}{E\pi d^2}\right)。$$

动荷因数

$$K_d = 1 + \sqrt{1 + \frac{2H}{P}\left(\frac{1}{k} + \frac{4l}{E\pi d^2}\right)^{-1}} 。$$

杆中的静应力

$$\sigma_{st} = \frac{P}{A} = \frac{4P}{\pi d^2},$$

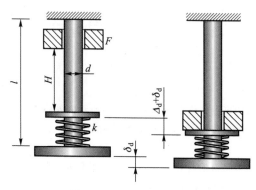

图 11.40　以弹簧为缓冲

故有

$$\sigma_d = \sigma_{st} K_d = \frac{4P}{\pi d^2}\left(1 + \sqrt{1 + \frac{2H}{\delta_{st}}}\right) \leqslant [\sigma]。$$

即可导出

$$H \leqslant \frac{\delta_{st}}{2}\left[\left(\frac{\pi d^2 [\sigma]}{4P} - 1\right)^2 - 1\right]。$$

代入数据得

$$\delta_{st} = 15 \times 10^3 \times \left(\frac{1}{1.6 \times 10^3} + \frac{4 \times 2\,000}{200 \times 10^3 \times \pi \times 40^2}\right) \text{ mm} = 9.49 \text{ mm}。$$

$$H \leqslant \frac{9.49}{2} \times \left[\left(\frac{\pi \times 40^2 \times 120}{4 \times 15 \times 10^3} - 1\right)^2 - 1\right] \text{ mm} = 384 \text{ mm}。$$

　　在上例中,如果要考虑未设置弹簧时的许用高度,只需在静位移计算式中取弹簧刚度系数无穷大即可。计算表明,在这种情况下,许用高度降为 10 mm。由此可见,弹簧在这里起到了缓冲作用,它在相当大的程度上提高了结构的抗冲击性能。

　　更一般地讲,结构的刚度过大,会使其抗冲击性能太弱。因此,为了提高结构抗冲击性能,不妨在允许的前提下(例如,必须满足强度条件),适当地降低结构的刚度。

　　例 11.17　如图 11.41(a)所示,两根抗弯刚度均为 EI、长度均为 l 的悬臂梁末端有间隙 $\delta = \dfrac{Pl^3}{3EI}$,左梁末端处有一重为 P 的重物突然加在梁上,但没有冲击高度。求右梁末端的最大挠度 Δ。

　　解:直接应用动荷因数公式时应满足机械能守恒,以及被冲击物的变形一直保持在线弹性范围之内这两个条件。考察本例

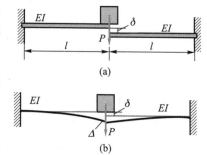

图 11.41　有间隙的两个梁

时就会发现,由于间隙 δ 的存在,冲击过程刚开始时,只有左梁发生变形。当左梁自由端的挠度达到 δ 时,才开始左右梁同时变形的过程。而前后两个过程中,荷载与变形量之间的比例关系是不同的。因此可以说,在冲击过程中,荷载与变形量之间的关系是分段线性的。在这种情况下,就不能直接套用动荷因数公式求解,而应该根据机械能守恒重新讨论。

在发生最大位移时,两梁的变形如图 11.41(b) 所示。易见,此时重物的势能转化为左右两梁的应变能之和,即

$$P(\delta+\Delta) = U_1 + U_r 。 \qquad ①$$

由于所求为挠度,因此可考虑把应变能用最大挠度表示出来。由例 11.2 可知,当悬臂梁末端有静止荷载 P 作用时,应变能

$$U = \frac{P^2 l^3}{6EI} 。$$

同时,悬臂梁的最大挠度,即自由端的挠度 $w_{max} = \frac{Pl^3}{3EI}$,因此有 $U = \frac{3EI}{2l^3} w_{max}^2$。注意到其中 $\frac{3EI}{l^3}$ 只与结构形式、荷载类型和加载位置有关,而与荷载大小和挠度无关,因此不妨记 $\frac{3EI}{l^3} = s$,这样便有

$$U = \frac{1}{2} s w_{max}^2 。 \qquad ②$$

注意到左梁最大挠度为 $\delta+\Delta$,右梁最大挠度为 Δ,利用式②,便可将式①表达为

$$P(\delta+\Delta) = \frac{1}{2} s(\delta+\Delta)^2 + \frac{1}{2} s\Delta^2 。 \qquad ③$$

由于间隙 $\delta = \frac{Pl^3}{3EI}$,因此有 $P = \frac{3EI}{l^3}\delta = s\delta$,将这个式子代入式③并消去 s 即可得

$$2\delta(\delta+\Delta) = (\delta+\Delta)^2 + \Delta^2 。$$

从上式中即可解得 $\Delta = \frac{1}{2}\sqrt{2}\delta$。

上述用能量处理的方法可以推广到其他形式的冲击荷载问题中去。例如,在竖直方向上作用有冲击荷载,而冲击速度 v 已知(图 11.42),那么易于推出,这种情况下

$$K_d = 1 + \sqrt{1 + \frac{v^2}{g\delta_{st}}} 。 \qquad (11.35)$$

如果有重为 P 的重物以水平速度 v 冲击到水平固定的弹性结构上(图 11.43)。则重物冲击时的动能

$$T = \frac{1}{2} \frac{P}{g} v^2 ,$$

图 11.42 竖直冲击

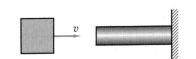

图 11.43 水平冲击

再利用动能完全转化为被冲击结构的应变能的条件,与自由落体冲击类似,即可推导出这种情况下的动荷因数

$$K_d = \sqrt{\frac{v^2}{g\delta_{st}}} \, 。$$ (11.36)

思 考 题 11

11.1　什么是应变能?只有弹性体才有应变能吗?如果一根拉杆中,当外力做功为 3 000 J 时拉杆已发生了塑性变形,那么,拉杆中有应变能吗?如果有,应变能等于 3 000 J 吗?

11.2　应变能有哪些特点?应变能只与结构所处状态有关,而与如何达到这一状态的过程无关这一特点在本章中的哪些地方得到了应用?

11.3　计算应变能时可以一般地应用叠加原理吗?如果不能,为什么杆件应变能又等于拉压应变能、扭转应变能和弯曲应变能之和?什么情况下应变能可以叠加?什么情况下应变能不可以叠加?

11.4　什么情况下构件的应变能等于应变比能与构件体积的乘积?

11.5　功的互等定理的应用范围是什么?在功的互等定理中,荷载一定要实际作用在结构上吗?如何针对如图所示的情况写出功的互等定理的表达式?

11.6　在功的互等定理中,"力"和"位移"都是广义的。当"力"表示力偶矩时,"位移"则表示转角。当"力"表示均布荷载 q 时,"位移"表示什么?当"力"表示压力 p 时,"位移"表示什么?

11.7　有人认为,弹性体承受 n 个(广义)外力 F_1、F_2、$\cdots$、F_n 的作用,当 F_i 作用在该物体上时,引起的(广义)位移为 Δ_i,所做的功为 $\frac{1}{2}F_i\Delta_i$,根据叠加原理,所有外力所做的功就是 $\sum_{i=1}^{n}\frac{1}{2}F_i\Delta_i$,这也等于该物体的应变能。这就是克拉珀龙原理。这种说法对吗?为什么?

11.8　变形体的虚位移与质点系和刚体的虚位移相比,有哪些相同点?有哪些不同点?

11.9　变形体的虚位移原理与机械能守恒等价吗?

11.10　为什么弹性体中外力的实功一般包含一个 $\frac{1}{2}$ 的系数,而外力的虚功则不包含这个系数?

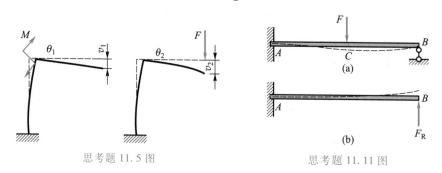

思考题 11.5 图　　　　　　　　　　思考题 11.11 图

11.11　图(b)所示的实位移可以作为图(a)所示的虚位移吗?为什么?

11.12　试说明单位荷载法和图乘法的计算结果为正或为负的意义。

11.13　在式(11.28)中,如何正确理解其中 du、$d\varphi$ 和 $d\theta$ 的含义?如何将该式应用到热应力问题之中?如果材料是非线性弹性的,例如,应力和应变的绝对值满足关系 $\sigma = C\varepsilon^n$(其中 C、n 均为材料常数,且 $0 \leqslant n \leqslant 1$),在拉伸问题中如何表达 du?在弯曲问题中如何表达 $d\theta$?

11.14 如图所示的几组图乘法中,上面各图均为荷载弯矩图,下面各图均为单位荷载弯矩图,以其中粗实线的高度参与计算。图示的这些图乘方式是否正确? 如不对,请改正。

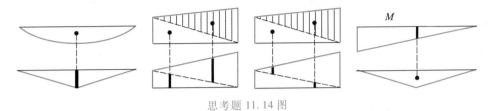

思考题 11.14 图

11.15 在使用"按区段拆分弯矩图"的方法时,设想在某处用一个截面将梁拆分为左右两部分,按这种方法画出的弯矩图在该截面处有什么特点? 如果在该截面处恰好有集中力偶矩作用,那么,所画出的弯矩图是如何体现这个力偶矩的存在的?

11.16 在冲击荷载问题的讨论中,引入了诸如机械能守恒之类的三个假定,因此,其导出的一系列结论与公式必定与真实情况有一定的差别。如果按照本书的方法来设计构件尺寸,确定许用荷载等,那么,这些设计结果与完全按真实情况的理想设计结果相比,是偏于安全还是偏于危险?

11.17 冲击荷载中的动荷因数与哪些因素有关? 为什么恰当减小结构刚度能够提高结构抗冲击性能?

11.18 在如图所示的结构中,计算 A 截面的动应力时,动荷因数公式中的静位移应取 P 作用于 A 处还是 B 处的静位移?

11.19 在如图所示的三种情况下,哪种情况的动荷因数为最大? 哪种情况的动荷因数为最小? 减小动荷因数就可以减小结构中的最大冲击应力吗? 为什么?

11.20 在悬臂梁上方有重物自由落下,在落下处为中点和落下处为自由端这两种情况下,哪一种情况的动荷因数大? 哪一种情况的动变形大? 哪一种情况下的冲击应力大?

11.21 冲击荷载的动荷因数中当 $H=0$ 时加载是如何进行的? 此时动荷因数为多少? 这种情况下,最大动位移是最大静位移的几倍? 重物势能减小了多少? 如何在 F-Δ 图形中表示出这个过程中的能量? 承载物最终平衡时,所具有的应变能是冲击时外力所做功的几分之一?

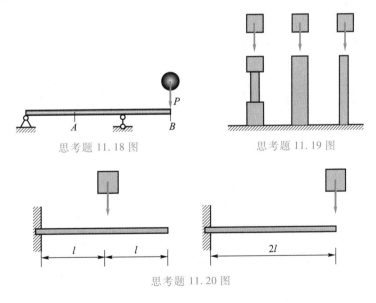

思考题 11.18 图   思考题 11.19 图

思考题 11.20 图

11.22 若 H 远大于 δ_{st},动荷因数可以如何简化?

11.23 动荷因数公式 $K_d = 1 + \sqrt{1 + \dfrac{2H}{\delta_{st}}}$ 的应用范围是什么？在荷载与变形的关系是分段线性的情况下，应该如何分析计算这种冲击荷载问题？

习题 11
参考答案

习题 11（A）

应变能和外力的功（11.1~11.11）

11.1 如图所示桁架各杆的材料相同，横截面面积相等。试求在力 F 作用下桁架的应变能。

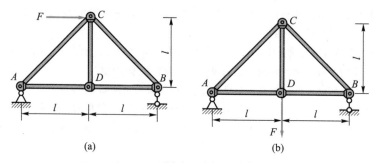

题 11.1 图

11.2 已知 AC 段和 CB 段杆的横截面面积分别为 A 和 $2A$，在下列两种情况下，求图示阶梯形直杆的应变能。

（a）材料为线弹性，$\sigma = E\varepsilon$。

（b）杆为非线性弹性材料制成，应力和应变的关系为 $\sigma = B\sqrt{\varepsilon}$，其中 B 为材料常数。

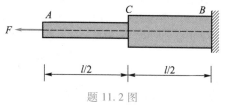

题 11.2 图

11.3 求图示二杆的应变能。已知二杆的抗拉刚度 EA 相等。

11.4 在如图所示的结构中，两段梁的抗弯刚度分别为 $2EI$ 和 EI，求结构的应变能。

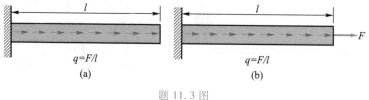

题 11.3 图

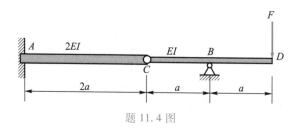

题 11.4 图

11.5 计算图示受扭圆轴的应变能。设 $d_2 = 1.5d_1$，材料的切变模量为 G。

11.6　图示梁和曲杆的抗弯刚度分别为 EI，试求它们的应变能和所加荷载的相应位移。

11.7　如图所示，长为 $2a$ 的钢丝的抗拉刚度为 EA，两端固定，中点有一个竖向集中力 F 作用，并使中点产生竖向位移 δ，δ 远小于 a。

（1）将钢丝应变能表达为竖向位移 δ 的函数；

（2）将钢丝应变能表达为力 F 的函数。

11.8　如图所示的桁架中，各杆的抗拉刚度均为 EA，在竖向力作用下，下方结点产生竖向位移 δ。求结构的应变能。

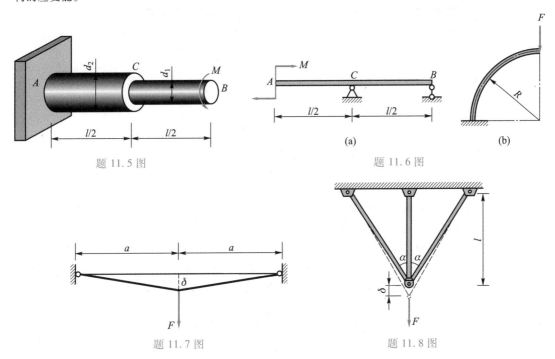

题 11.5 图　　　　　　　　　题 11.6 图

题 11.7 图　　　　　　　　　题 11.8 图

11.9　利用功能关系，求出密圈螺旋弹簧在拉伸（或压缩）的力为 F 时，其长度的变化量 Δ。弹簧中径 $2R$、弹簧圈数 n 和弹簧丝的直径 d 为已知，且只考虑弹簧丝的扭转。

11.10　薄壁杆件的横截面如图所示，其中弓缘部分和腹板部分的切变模量分别为 G_1 和 G_2，两部分的厚度均为 δ，且 R 远大于 δ。杆件承受扭矩 T 的作用。求横截面上的切应力和单位长度上的转角。

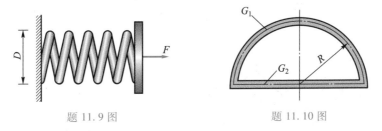

题 11.9 图　　　　　　　　　题 11.10 图

11.11　用功的互等定理求解下列问题：

（1）已知图（a）中 D 处的转角为 $\dfrac{Fl^2}{16EI}$，求图（b）中 AB 中点 C 处的挠度。

（2）已知图（c）中的挠度函数 $w = -\dfrac{Mx^2}{2EI}$，求图（d）中 B 处的转角。

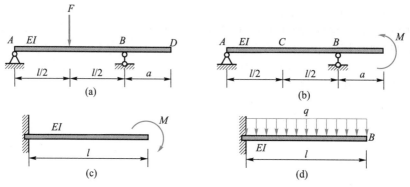

题 11.11 图

单位荷载法求结构位移（11.12~11.34）

11.12　在如图所示支架中，ADB 和 AEC 两杆可看作是刚体，拉杆 DE 的横截面直径 $d = 15\ \text{mm}$，弹性模量 $E = 70\ \text{GPa}$，$F = 20\ \text{kN}$。试求力 F 作用点 A 的竖直位移 v_A 和 C 点的水平位移 u_C。

11.13　图示等截面杆，承受轴向均布载荷 q 及集中载荷 F 作用。试计算杆端截面 B 的轴向位移。设杆的拉压刚度 EA 为已知。

11.14　图示圆形截面轴，右半段承受集度为 t 的均布扭矩作用。试计算杆端截面 A 的扭转角。设扭转刚度 GI_p 为常数。

11.15　如图所示简易吊车的吊重 $P = 2.4\ \text{kN}$。撑梁 CD 和拉杆 AB 用同种材料制成，$E = 200\ \text{GPa}$。撑梁 CD 长 $2a = 2\ \text{m}$，横截面的惯性矩 $I = 4 \times 10^6\ \text{mm}^4$。拉杆 AB 的横截面面积 $A = 300\ \text{mm}^2$。如撑梁只考虑弯曲的影响，试求 D 点的竖直位移。

11.16　图示梁的抗弯刚度为 EI，试求 C 截面的挠度和 B 截面的转角。

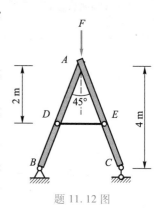

题 11.12 图

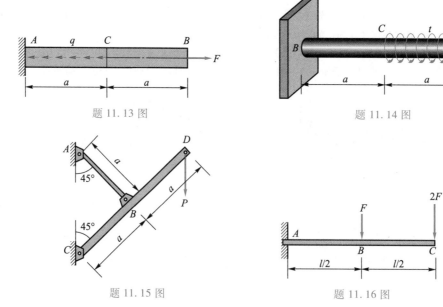

题 11.13 图　　　　　　　题 11.14 图

题 11.15 图　　　　　　　题 11.16 图

11.17 图示变截面梁在自由端受集中荷载 F 作用,试求自由端 C 处的挠度和转角。

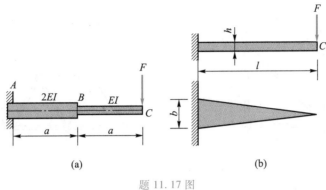

题 11.17 图

11.18 图示各杆的抗弯刚度各不相同,试求在力 F 作用下,截面 A 的水平位移和转角。

11.19 如图所示,刚架 ABC 的 EI 为常量;拉杆 BD 的横截面面积为 A,弹性模量为 E。试求 C 点的竖向位移。

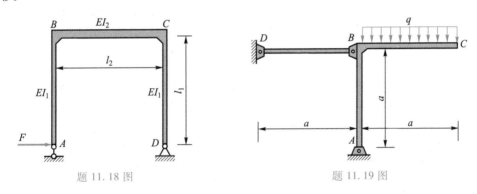

题 11.18 图　　　　　　题 11.19 图

11.20 图示桁架各拉杆抗拉刚度 EA 相同,试用单位荷载法求结点 C 的铅垂位移和结点 B 的水平位移。

11.21 图示桁架各拉杆抗拉刚度 EA 相同,试用单位荷载法求结点 B 的铅垂位移、水平位移,以及 AB 杆的转角。

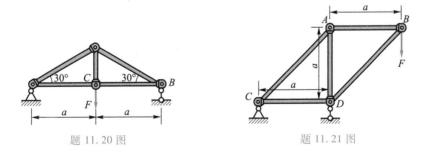

题 11.20 图　　　　　　题 11.21 图

11.22 图示正方形桁架各杆抗拉刚度均为 EA,求 BD 两点间的相对位移。

11.23 如图所示桁架各杆件长度均为 l,抗拉刚度均为 EA,求 D 点竖向位移,以及 AC、BE 两杆的相对转角。

11.24 如图所示变截面悬臂梁承受集中力 $F = 1\ \mathrm{kN}$ 的作用,材料弹性模量 $E = 200\ \mathrm{GPa}$。求自由端的挠度。

　11.25　求图示悬臂梁中自由端 A 处的挠度。

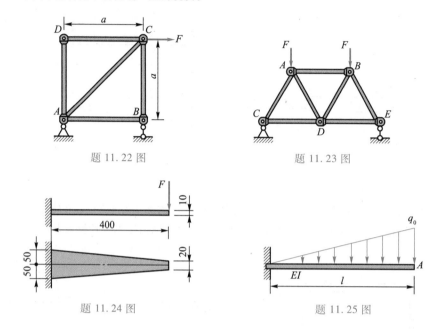

题 11.22 图　　　　　　　　　题 11.23 图

题 11.24 图　　　　　　　　　题 11.25 图

　11.26　三个刚架各部分的抗弯刚度均为 EI,求在图示一对力 F 作用下,A、B 两点之间的相对位移。

　11.27　如图所示,刚架 $ABCD$ 用铰与悬臂梁的自由端 D 相连接,各段 EI 相同且等于常量。若不计结构的自重,试求力 F 作用点 A 的位移。

　11.28　在如图所示的分段等截面简支梁中,AC 段和 CB 段的惯性矩分别为 I_1 和 I_2,两段梁的材料相同。在 C 截面上有一个集中力偶矩 M 作用。若已知 C 截面挠度为零,试求 I_1 与 I_2 之比。

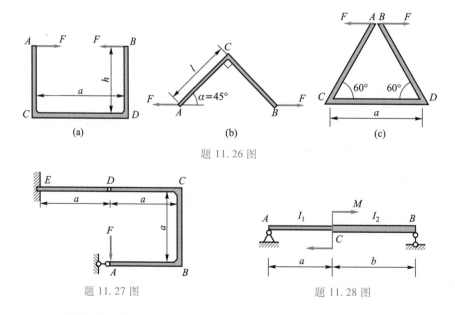

(a)　　　　　　　　(b)　　　　　　　　(c)

题 11.26 图

题 11.27 图　　　　　　　　　题 11.28 图

　11.29　已知如图所示轴线半径为 R 的半圆刚架的抗弯刚度为 EI,其横截面的尺寸远小于 R。刚架的一端固定,另一端 A 点处有如图所示的(a)、(b)两种受力情况。求 A 点处的竖向位移、水平位移和转角。

11.30 如图所示,抗弯刚度为 EI 的等截面曲杆 BC 的轴线为四分之三的圆周。若 AB 杆可视为刚性杆,试求在力 F 作用下,截面 B 的水平位移及竖向位移。

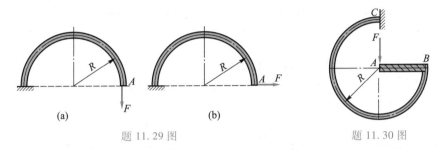

题 11.29 图　　　　　　　　　　题 11.30 图

11.31 图示小曲率杆轴线半径为 R,抗弯刚度为 EI。曲杆存在着圆心角为 $\Delta\varphi$ 的微小切口。在切口两边应作用何种外荷载,其值为多少,才能使切口完全密合?

11.32 如图所示,轴线半径为 R 的半圆环水平放置且 B 端固定,A 端承受竖直向下的集中力 F 的作用。圆环横截面是直径为 d 的圆,且 R 远大于 d。材料的弹性模量为 E,泊松比为 ν。试求 A 处的竖向位移。

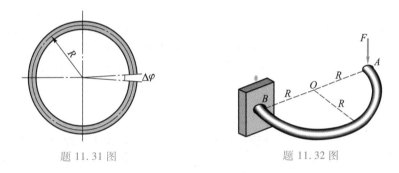

题 11.31 图　　　　　　　　　　题 11.32 图

11.33 直径为 d 的圆杆制成的平面结构由轴线半径为 R 的四分之三的圆环 ABCD 及长度为 R 的一段直杆 OA 组成,如图所示,其中 R 远大于 d。结构水平放置,D 处固定,在 O 处有竖直向下的集中力 F 作用。材料的弹性模量为 E,泊松比 $\nu = 0.25$。试求 O 处的竖向位移。

11.34 如图所示,轴线半径为 R 的圆环水平放置。圆环在 A 处有一个切口,切口两边有一对集中力偶矩沿着相反方向作用,力偶矩矢量方向与圆环轴线相切。圆环横截面是直径为 d 的圆,且 R 远大于 d。材料的弹性模量为 E,泊松比为 ν。试求切口处两边的竖向相对位移。

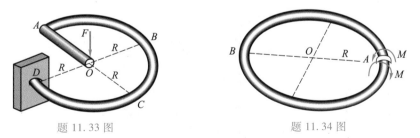

题 11.33 图　　　　　　　　　　题 11.34 图

图乘法（11.35～11.44）

11.35 图示梁的抗弯刚度为 EI,求 D 截面的挠度。

11.36 求图示梁的截面 D 的挠度和转角。其中,AC 段抗弯刚度为 2EI,CD 段抗弯刚度为 EI。

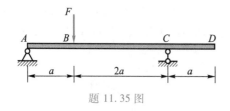

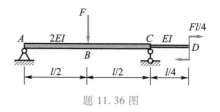

题 11.35 图   题 11.36 图

11.37   图示梁的抗弯刚度为 EI，求 D 截面的挠度。

11.38   图示外伸梁，承受均布荷载 q 及集中力偶矩作用。试计算横截面 B 的挠度。

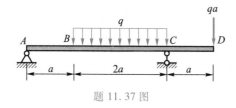

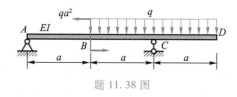

题 11.37 图   题 11.38 图

11.39   证明：等截面直梁上两个横截面 A、B 之间的相对转角等于两截面间的弯矩图面积除以抗弯刚度。

11.40   如图所示刚架各部分的抗弯刚度均为 EI，求断口处 AB 间的相对位移。

11.41   图示刚架处于平衡状态，各段抗弯刚度均为 EI，求 AB 两点间的相对位移。

11.42   如图所示的结构中，$ABCD$ 是刚架，DE 是直梁，它们均由弹性模量为 E、直径为 d 的圆钢制成。求 DE 杆的转角。

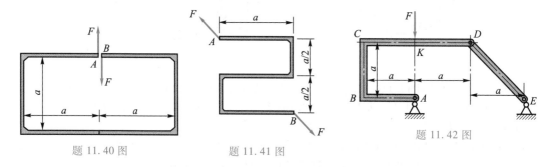

题 11.40 图   题 11.41 图   题 11.42 图

11.43   图示刚架各部分的抗弯刚度均为 EI，求 A 截面的转角和 B 截面的位移。

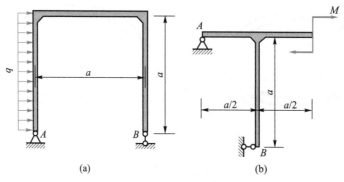

(a)   (b)

题 11.43 图

0

11.44 图示两个刚架各部分的抗弯刚度均为 EI，求 C 截面的位移和转角。

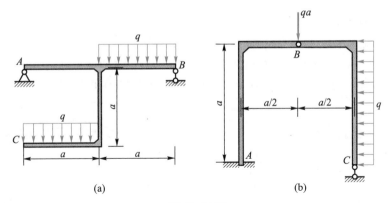

(a)　　　　　　(b)

题 11.44 图

超静定问题（11.45~11.51）

11.45 图示杆系结构，$\alpha=30°$，①、②、③号杆材料相同，$E=200$ GPa。各杆横截面面积分别为 $A_1=100$ mm^2，$A_2=150$ mm^2，$A_3=200$ mm^2。在 A 点有竖直向下的荷载 $F=10$ kN。试求各杆内力。

11.46 如图所示的刚架结构中，各梁的抗弯刚度均为 EI。求横梁中截面偏左和偏右处的内力。

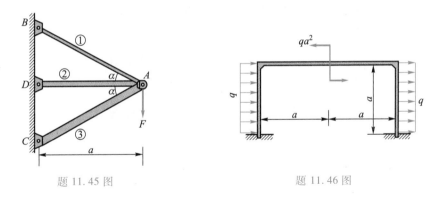

题 11.45 图　　　　　　题 11.46 图

11.47 抗弯刚度为 EI 的金属条制成如图所示的平面刚架，A 处为铰。刚架承受的荷载如图所示。试画出刚架的弯矩图，并求 A 处铰两侧的相对转角。

11.48 如图所示的结构中，AB、BC、CD 构成刚架，抗弯刚度均为 EI。AD 是抗拉刚度为 EA 的杆件。D 处有一个水平力 F 的作用。求 AD 中的轴力。

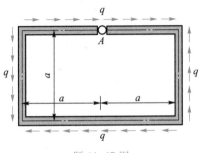
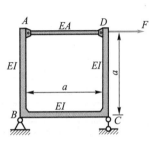

题 11.47 图　　　　　　题 11.48 图

11.49　直径为 d 的圆钢制成如图所示的封闭平面刚架,在 AA' 两处有一对力 F 作用,其中 d 比 R 小很多。

（1）求刚架横截面上的最大正应力;

（2）只考虑弯曲的影响,求 AA' 之间的相对位移 $\delta_{AA'}$。

11.50　如图所示半径为 R 的圆环在其直径的两端受到一对力偶矩 M 的作用。已知材料的弹性模量为 E,泊松比 $\nu=0.25$,横截面为直径是 d 的圆,且 R 远大于 d。求两个力偶矩作用点处 C 和 C' 截面的相对转角 $\theta_{CC'}$。

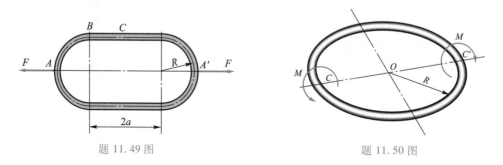

题 11.49 图　　　　　　　　题 11.50 图

11.51　图示封闭刚架各部分的抗弯刚度均为 EI,试画出其弯矩图。

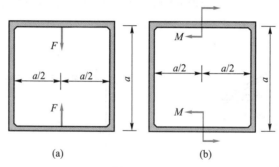

(a)　　　　　　　　(b)

题 11.51 图

动应力(11.52~11.74)

11.52　图示的均质等截面杆长为 l,重为 P,横截面面积为 A,弹性模量为 E,水平放置在一排光滑的滚子上。杆的两端受轴向力 F_1 和 F_2 的作用,且 $F_2>F_1$,设滚动摩擦可以忽略不计,试求杆内正应力沿杆件长度分布的函数,以及杆件的伸长量。

11.53　图示飞轮的最大圆周速度 $v=25$ m/s,材料密度 $\rho=7.41\times10^3$ kg/m³,若不计轮辐的影响,飞轮可视为均质的薄圆环。试求轮缘内的最大正应力。

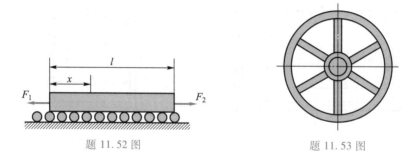

题 11.52 图　　　　　　　　题 11.53 图

11.54　图示的圆轴上装有一个钢质圆盘,该盘上有一圆孔。若轴与盘以均匀角速度 $\omega = 40$ rad/s 旋转,密度 $\rho = 7.81 \times 10^3$ kg/m³。试求轴内由这一圆孔而引起的最大正应力。

11.55　水平轴 AD 以均匀角速度 ω 转动。在轴的纵向对称面内,轴线两侧分别有一个重为 P 的偏心载荷,如图所示。试求轴内最大弯矩。

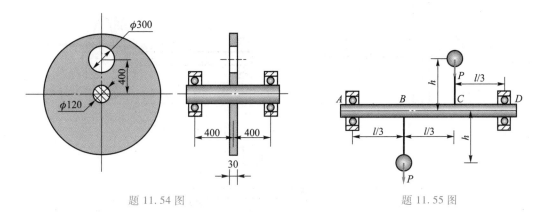

题 11.54 图　　　　　　　　　　　　题 11.55 图

11.56　如图所示,一根长度为 l 的等截面杆在水平平面内绕着过其中点处的竖直轴匀速转动。若材料密度为 ρ,弹性模量为 E,许用应力为 $[\sigma]$,不考虑由于自重而引起的弯曲效应。

(1) 当转速为 ω 时,求杆件的总伸长量 Δl;

(2) 试求最大允许转速 $\omega_{\max}$。

11.57　半径 $R = 250$ mm 的两轮以 300 r/min 的转速匀速转动,两轮由一连杆连结,如图所示。连杆长度 $l = 2$ m,单位长度的静止重量 $q_{st} = 0.12$ kN/m,连杆的横截面为矩形,$b = 28$ mm,$h = 56$ mm。求连杆横截面上的最大正应力。

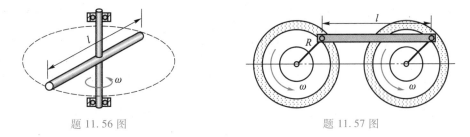

题 11.56 图　　　　　　　　　　　　题 11.57 图

11.58　如图所示,在直径为 100 mm 的轴上装有转动惯量 $J = 0.5$ kN·m·s² 的飞轮,轴的转速为 300 r/min。制动器开始作用后,在 20 转内将飞轮刹停。试求轴内最大切应力。设在制动器作用前,轴已与驱动装置脱开,且轴承内的摩擦力可以不计。

11.59　图示直径为 d 的圆轴右端与转动惯量为 J 的飞轮固结,两者以角速度 ω 匀速转动。圆轴左端突然有一力偶矩出现,使转动在瞬间停止。

(1) 不考虑圆轴自身的转动惯量及飞轮的变形,求圆轴内的最大扭转切应力。

(2) 将本题与上题相比较,能否在上题计算中通过减小刹停幅角来逼近本题的解?

11.60　如图所示的三根圆杆下方的托盘是刚性的,三根圆杆的直径均为 $d = 30$ mm,长度 $l = 1$ m,它们材料的弹性模量 $E = 80$ GPa,许用应力 $[\sigma] = 180$ MPa。重物的重量为 5 kN,它可以沿着圆杆无摩擦地下落,试求重物自由下落的最大允许高度 h。

11.61　在如图所示的结构中,横梁与立柱的抗弯刚度和抗压刚度已知,横梁左端为固定铰,立柱为大柔度杆。求使立柱不至于失稳的重物的最大下落高度。

　　11.62　如图的立柱是 $d=50$ mm，高度为 $a=500$ mm 的大柔度圆杆。如果重物静止地放在杆顶端，那么杆横截面上的正应力是稳定临界应力的百分之一。取稳定安全因数为 $n_{st}=2$，求重物自由落下的允许高度。

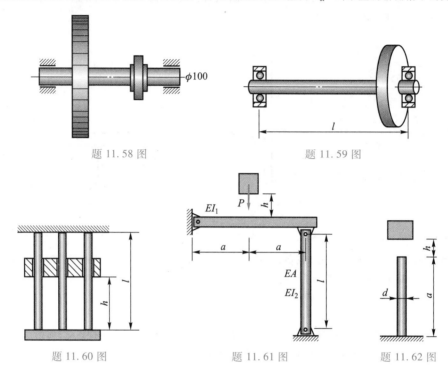

题 11.58 图   题 11.59 图

题 11.60 图   题 11.61 图   题 11.62 图

　　11.63　图示刚架的两段梁的横截面均为边长为 $a=35$ mm 的正方形，刚架的高度和长度均为 1 m，弹性模量 $E=200$ GPa。重为 300 N 的重物在自由端 A 点从高度 $h=50$ mm 处下落。求重物下落处 A 的竖向位移与刚架中的最大正应力。

　　11.64　在如图所示的结构中，横梁是刚性的，横梁左端为固定铰。立柱的上端是一个缓冲弹簧，弹簧刚度系数 $k=100$ N/mm，下端四周与基座牢固焊接。立柱的弹性模量 $E=200$ GPa，$h=30$ mm，$b=15$ mm，$l=1$ m，稳定安全因数 $n_{st}=3$。立柱的轴向变形与弹簧变形相比太小而可以忽略。重物重为 300 N，自由下落高度为 45 mm。试校核立柱的安全性。

　　11.65　蹦极平台距湖面 $h=60$ m，绳索抗拉刚度 $EA=2\,400$ N，要使体重为 500 N 的蹦极爱好者在下坠过程中距湖面的最小距离 $s=10$ m，绳索的长度 l 应为多长？

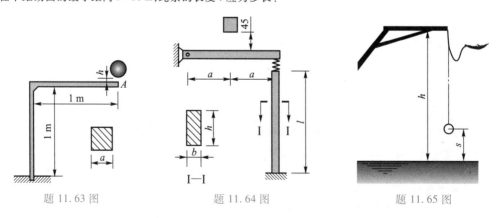

题 11.63 图   题 11.64 图   题 11.65 图

11.66 图示的 AB 梁和 CD 梁的横截面都是宽度为 b、高度为 h 的矩形，两梁材料相同。CD 梁两端简支，AB 梁为悬臂梁，其自由端 B 处下表面刚好与 CD 梁中点上表面接触但无相互作用。B 处正上方有一重为 P 的重物在高度为 48 mm 处自由下落。求两梁中的最大冲击应力。相关数据如下：b = 20 mm，h = 30 mm，P = 250 N，E = 81 GPa。

11.67 图中梁的抗弯截面系数为 W，弹簧刚度系数 $k = \dfrac{EI}{l^3}$，求重物落下时的最大动应力。

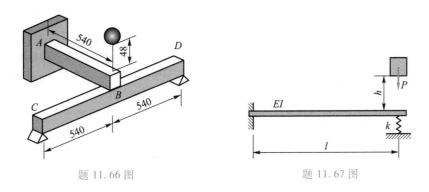

题 11.66 图   题 11.67 图

11.68 图示两端固定的变截面梁中点 C 的正上方有一重为 P 的重物，在高度 $h = \dfrac{5.5Pl^3}{EI}$ 处自由下落。求梁中的最大弯矩。

11.69 直径为 d 的圆杆做成的直角丁字架水平放置且两端固定，自由端 D 处上方有重为 P 的重物自高度为 h 处自由落下。已知材料的弹性模量 E，泊松比 $\nu = 0.25$，求自由端的最大位移。

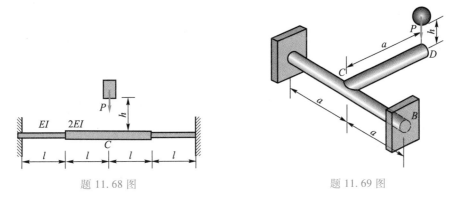

题 11.68 图   题 11.69 图

11.70 如图所示的三铰梁横截面是直径为 d 的圆，材料的弹性模量为 E，在 B 点正上方 h 处有一重为 P 的重物自由下落，已知 $h = \dfrac{25Pa^3}{4EI}$。求梁中的最大冲击应力。

11.71 如图所示的直角曲拐中，圆轴正上方 A 处贴有两个应变片，其中①号应变片沿轴向，②号应变片与①号应变片成 45° 角。曲拐部分的自由端 C 处有一悬吊的重物，重物底面刚好与曲拐接触，但对曲拐没有作用力。如果悬吊重物的绳索突然断开，则将在两个应变片上测出应变。若已知圆轴部分 AB 的直径 d = 40 mm，材料常数 E = 20 GPa，$\nu = 0.25$，l = 400 mm，两个应变片测出的动态应变分别为 $\varepsilon_{(1)} = 6\,365 \times 10^{-6}$，$\varepsilon_{(2)} = 600 \times 10^{-6}$，试求重物重量 P 和曲拐部分的长度 a。

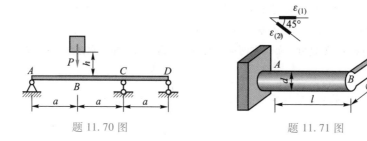

题 11.70 图　　　　　　　　　题 11.71 图

11.72　如图所示长度为 $3a$ 的简支梁的抗弯刚度为 EI，梁上方悬吊着两个相同的重物，重物重为 P，底面刚好与梁表面接触，但对梁没有作用力。如果悬吊重物的绳索突然在 K 处断开，求梁中出现的最大挠度。

11.73　重为 P 的重物以水平速度 v 冲击如图所示的 L 形刚架的自由端。若刚架各段横截面均是宽为 b 的正方形，l 比 b 大很多，材料弹性模量为 E，试求刚架中的最大冲击拉应力。

11.74　如图所示，重为 P 的重物以水平速度 v 从左方冲击下端固定的长形薄片中点处。薄片厚为 b，宽为 $4b$，长为 $2l$，材料弹性模量为 E。薄片上方自由端右方 Δ 处有一个固定触点。重物的冲击速度 v 应为多大，才能使冲击时薄片上方恰好与触点接通？

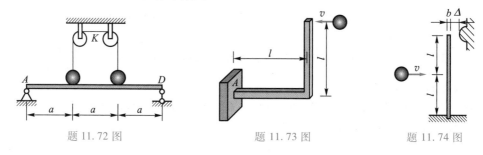

题 11.72 图　　　　　　　题 11.73 图　　　　　　题 11.74 图

习　题　11（B）

11.75　如图所示厚壁圆筒内径为 d，外径为 D，承受内压 p。材料的弹性模量为 E，泊松比为 ν。试计算长度 l 内的轴向变形。

11.76　图(a)所示圆形板的弹性模量为 E，泊松比为 ν，直径为 d，厚度为 t。受到一对径向力 F 的作用，求板面积的改变量。

图(b)所示直径为 D 的钢球的弹性模量为 E，泊松比为 ν，受到一对径向力 F 的作用，试求其体积的改变量。

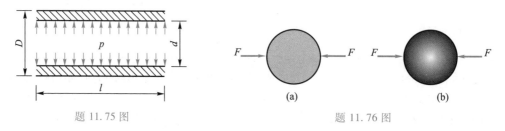

题 11.75 图　　　　　　　　　　　题 11.76 图

11.77　如图所示的矩形截面悬臂梁上表面承受均布切向荷载。材料的弹性模量为 E，求自由端处下

端点 A 的水平位移和竖向位移。

11.78 如图所示的结构中，横梁 AB 的抗弯刚度为 EI，横梁下方桁架各杆的抗拉刚度均为 EA，不计横梁 AB 的拉压变形，求横杆 CD 中的轴力 F_N。

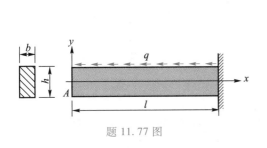

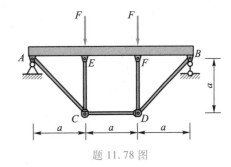

题 11.77 图　　　　　　　　　　　题 11.78 图

11.79 如图所示的三根梁均为简支梁，抗弯刚度均为 EI。未加载时，它们的底座高度恰好使上梁的底面与两根下梁的顶面相接触。试求当上梁承受均布荷载时，每个支座的支座约束力。

11.80 弹性模量为 E、泊松比 $\nu=0.25$、直径为 d 的圆钢被制成半径为 R 的平面半圆环，其中 R 比 d 大很多。半圆环水平放置且两端固定，在下面两种情况下求半圆环中点 A 的竖向位移：

（1）A 处作用竖直向下的集中力 F，如图（a）所示；

（2）沿圆环轴线作用竖直向下的均布荷载 q，如图（b）所示。

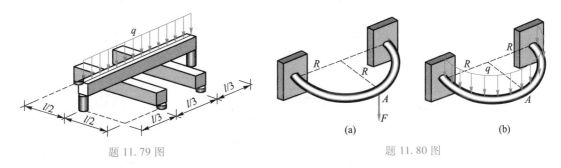

题 11.79 图　　　　　　　　　　　题 11.80 图

11.81 如图所示，抗弯刚度为 EI、轴线半径为 R 的四分之一圆环承受切向均布荷载 q。R 远大于圆环横截面的尺寸。圆环的一端固定，求另一端 A 处的水平位移和竖向位移。

11.82 内径为 R_1、外径为 R_2 的长圆筒内壁固定，外壁有均匀切向应力 τ_0 的作用。圆筒切变模量为 G，求圆筒外壁上某点的周向位移。

11.83 两段抗弯刚度均为 EI 的梁制成刚架安装于刚性壁和铰之间。安装时梁内无应力。安装后梁 BC 段的温度升高，上沿升高了 T_1，下沿升高了 T_2，且 $T_2>T_1$，温度沿 BC 梁的高度 h 线性分布，AB 段温度不变。材料的线胀系数为 α_l。求 C 截面处的弯矩。

11.84 如图所示，宽度为 b、高度为 h 的矩形截面悬臂梁承受均布荷载 q 作用。若材料应力和应变的绝对值间的关系满足 $\sigma=c\sqrt{\varepsilon}$，求自由端 B 处的挠度。

11.85 两个直径为 D、抗弯刚度为 EI 的半圆环 A、B、C 三处铰结。但 C 处与 AB 连线（水平线）有距离 Δ，D 远大于 Δ，C 处有作用力 F，要使 C 处铰沿竖直方向移至 AB 连线上，F 应为多大？

11.86 密度为 ρ、横截面积为 A 的均质开口圆环绕过圆心且位于圆环平面内的轴 KK 以角速度 ω 匀速转动。求圆环横截面上由于转动而引起的最大弯矩。

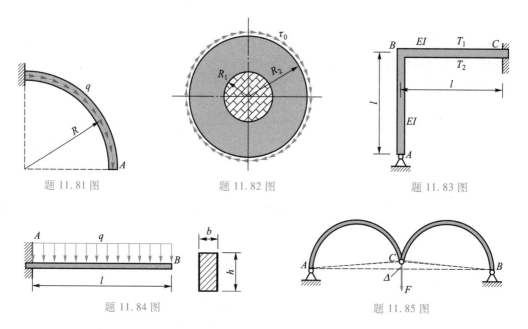

题 11.81 图　　　　　题 11.82 图　　　　　题 11.83 图

题 11.84 图　　　　　　题 11.85 图

11.87　密度为 ρ、抗弯刚度为 EI、横截面面积为 A 的均质开口圆环绕垂直于圆环平面的轴 O 以角速度 ω 匀速转动。求由于转动而引起的缺口的张开宽度。

11.88　密度为 ρ、直径为 d 的圆钢被制成半径为 R 的闭口圆环，R 远大于 d。它绕垂直于圆环平面的轴 O 以角速度 ω 匀速转动。在圆环中有一沿直径方向的拉杆，这个拉杆是直径 $d_0 = \dfrac{1}{4} d$ 的圆杆，如图所示。圆环与拉杆材料相同。求拉杆中与圆环连接处横截面上的应力。

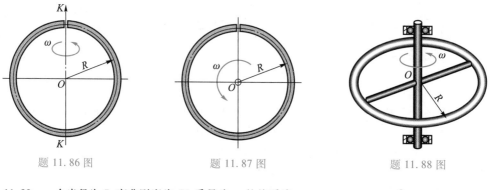

题 11.86 图　　　　　题 11.87 图　　　　　题 11.88 图

11.89　一个半径为 R、弯曲刚度为 EI、质量为 m 的均质半圆环，如果把它的开口向上静止放在刚性的水平地面上，如图所示，试求其重心距地面的高度。

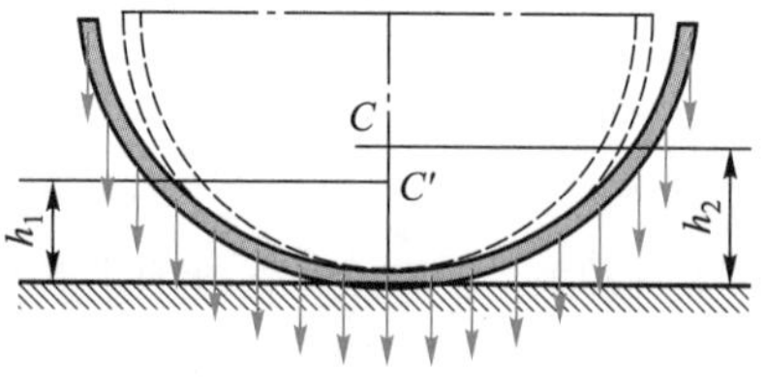

11.90　有研究者认为，在撑竿跳中，当撑竿弯曲得最厉害时，其轴线近似为圆弧。根据这一看法，计算该圆弧半径 R。已知运动员的质量为 m，撑竿的质量比运动员的质量小很多；起跳的瞬间运动员的速度为 v_0，重心离地为 h_0；撑竿弯曲得最厉害的瞬间运动员速度为 v_1，重心离地面为 h_1；撑竿长度为 l，外径为 D，内径为 d，弹性模量为 E。

题 11.89 图

11.91　烟囱底部定向爆破后倾倒。在倒地过程中，它再次折断的位置在何处？

11.92 图示简支梁 AB 上平放着副梁 CD，主梁和副梁的抗弯刚度均为 EI，副梁中央上方 $h = \dfrac{7Pa^3}{4EI}$ 处有一重为 P 的重物自由落下。求结构中的最大动弯矩。

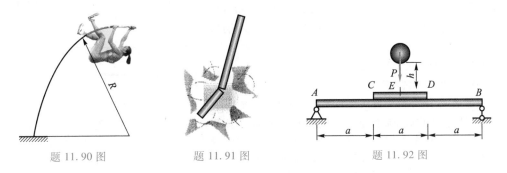

题 11.90 图　　　　题 11.91 图　　　　题 11.92 图

11.93 图示结构中，三个重量均为 P 的圆球用刚性杆按图示的方式固定在直径为 d 的竖直圆柱上，刚性杆与圆柱垂直。圆柱上端为一滚珠轴承，下端的止推轴承可简化为固定铰。圆柱连同圆球以角速度 $\omega = \sqrt{\dfrac{g}{2h}}$ 匀速转动。不计圆柱和刚性杆的质量，求圆柱中部横截面上的最大拉应力和最大压应力。

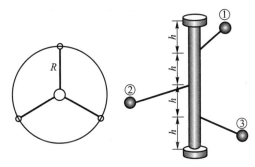

题 11.93 图

11.94 长为 l、抗弯刚度为 EI 的简支梁中点正下方 $\Delta = \dfrac{Pl^3}{48EI}$ 处有一刚度系数 $k = \dfrac{48EI}{l^3}$ 的弹簧。中点正上方 $h = \dfrac{Pl^3}{32EI}$ 处有一重为 P 的重物自由下落。求弹簧所受的最大冲击力。

11.95 如图所示，重为 P 的重物固结在轻质杆的末端，轻质杆另一端铰结于简支梁的 A 端，故轻质杆可绕 A 端旋转。当轻质杆处于竖直位置时，重物具有水平速度 v。已知梁的抗弯刚度为 EI，抗弯截面系数为 W，不计梁和杆的重量。求重物冲击在梁上时的最大正应力。

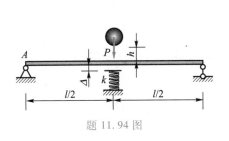

题 11.94 图

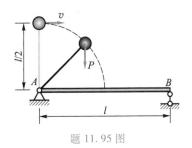

题 11.95 图

11.96   如图所示均质刚性杆长度 $l = 400$ mm,重量 $P = 5$ N,悬挂在 $a = 200$ mm 的绳上。绳子 $E = 0.5$ GPa,横截面直径 $d = 3$ mm。将刚性杆拉到最高位置静止,然后放开。试求绳中的最大冲击应力。

11.97   总长为 $l+a$ 的均质长杆 AB 的抗弯刚度为 EI,在其端头固结一个重量为 P 的重物。杆在水平平面内以角速度 ω 匀速绕竖直轴 A 转动,转动到 AB' 时,由于 C 处的约束而停止转动,如图所示。不计 AB 的质量,求杆中最大的冲击弯矩。

11.98   如图所示抗弯刚度为 EI 的悬臂梁在端点有一重量为 P 的物体以速度 v 匀速下降。当重物下降至绳长为 a 时突然刹住。若绳的弹性模量为 E,横截面面积为 A,梁和绳的材料相同,不计绳子及吊装重物装置的重量,求绳中的动应力。

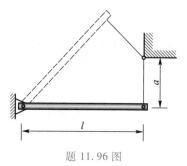

题 11.96 图

11.99   起重轮带动抗拉刚度为 EA 的钢索将重为 P 的重物以匀速度 v 下降,钢索与重物间有一半径为 R、抗弯刚度为 EI 的开口圆环,开口位于圆环的正左侧,如图所示。当重物下降使钢索长度为 l 时起重轮被突然刹住。不计钢索与圆环的重量,求切口的张开量。

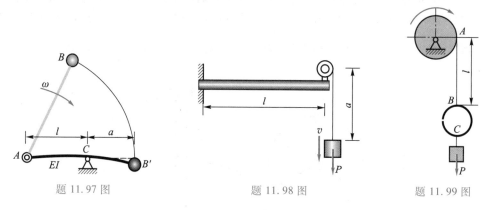

题 11.97 图   题 11.98 图   题 11.99 图

11.100   两根简支梁的横截面均为边长为 $a = 30$ mm 的正方形,长度均为 $l = 1$ m,两梁在中间处垂直交错,但两梁之间有竖直方向的间隙 $\Delta = 2$ mm。一个重为 $P = 0.6$ kN 的重物在 $h = 20$ mm 的高度自由下落。若弹性模量 $E = 200$ GPa,求梁中的最大应力。

11.101   如图所示两个重为 P 的重物固结在一个总长为 $2l$ 的矩形截面梁两端。梁材料的弹性模量为 E,横截面厚度为 b,宽度为 $2b$,且 $l = 10b$。梁绕其中点在水平平面内以角速度 ω 匀速转动。若由于制动,旋转速度在瞬间突然降为 $\dfrac{\omega}{2}$。不计梁的质量,求梁中横截面上的最大正应力。

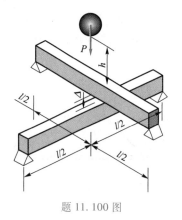

题 11.100 图

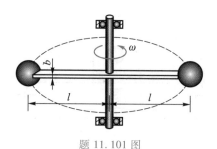

题 11.101 图

11.102 取一条长度为 l、抗弯刚度为 EI 的弹簧钢片,固定其下端。紧靠钢片左下方根部处放置一个半径为 R 的刚性圆柱。质量为 m 的重物放置在钢片顶部,将钢片连同重物一起紧压在圆柱表面上并使钢片与圆柱表面密合,然后突然松手。借助于钢片的弹力,重物便往右方飞去,如图所示。在这个过程中,人们观察到以下的现象:

（1）重物离开钢片顶端飞出去时,速度是水平的。

（2）重物飞离钢片时,钢片基本上停止在垂直线上,但微微地颤动了一下,经测量,钢片顶部颤动的最大位移 δ 约为 l 的百分之一。

试根据以上现象计算重物抛出的距离 s,取 $R=\dfrac{2l}{\pi}$,且不计钢片质量和空气阻力。

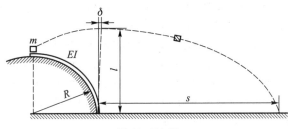

题 11.102 图

11.103 图示的 AB 梁和 ED 梁的横截面都是宽度为 b、高度为 h 的矩形,CD 杆为直径为 d 的圆杆,各部件材料相同。C 处正上方有一重为 P 的重物在高度为 50 mm 处自由下落。求两梁中的最大冲击应力。相关数据如下:$b=20$ mm,$h=30$ mm,$d=9$ mm,$l=540$ mm,$P=250$ N,$E=81$ GPa。

11.104 如图所示简支梁的总重量 $P=mg$,中点 C 处正上方 h 处有重量 $P_0=m_0g$ 的重物自由下落。在考虑梁 AB 的质量的前提下:

（1）求重物与梁刚开始接触并以相同速度运动的初始速度;

（2）导出其用静态应变能 U_{st}（即重物静置于 C 处梁的应变能）表示的动荷因数 K_d。

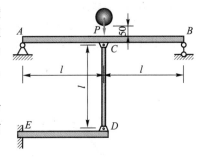

题 11.103 图

11.105 如图所示的缓冲机构中,圆杆许用应力为 $[\sigma]$,弹性模量为 E,横截面面积为 A,长度为 l,弹簧刚度系数为 k,机构限位长度为 a,重物质量为 m。若不考虑弹簧的强度问题,重物的最大冲击速度 v 应受到什么限制?

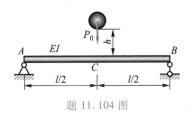

题 11.104 图

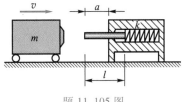

题 11.105 图

11.106 长度为 l 的简支梁横截面是高为 h、宽为 b 的矩形,梁上承受竖直方向上均布荷载 q 的作用。材料的本构关系为 $\sigma=c\sqrt{\varepsilon}$。若平截面假设成立,试求梁的最大挠度。

11.107 身材高大的篮球运动员在球篮下跃身投球时,会顺势抓住篮圈,这构成了对篮圈强度的极大威胁。篮圈是由直径为 d 的实心圆钢制成的圆环,其中线半径为 R。材料的弹性模量为 E,泊松比为 ν。可以将篮圈视为在一段圆弧 PQ 范围内完全固定的圆环,且圆弧 PQ 对应的圆心角为 2Ψ,如图所示。体重为 P 的运动员跳起的高度使其刚好能伸手抓住篮圈,且抓住篮圈的位置为距离圆弧 PQ 最远的 A 处。

（1）试计算 A 截面上的弯矩 M_A。

（2）试计算 Q 截面上危险点的第三强度准则的相当应力。

（3）现欲用电测技术来研究篮圈的强度,但实测难度太大。为了解决这一问题,可以考虑用模型来进行模拟。采用与篮圈相同的材料做成一个形状相似的模型,其所有外形尺寸均为真实篮圈相应尺寸的 2 倍,并用常见的缓慢加载方式进行加载。为了获得与实际情况相同的应变读数,外力应为 P 的多少倍? 试说明你的结论。

（4）如果要测出 A 截面处表面上最大的拉应变,应变片应贴在何处? 沿什么方位粘贴? 如果要测出固定端面 Q 处篮圈表面上的最大拉应变,应变片应贴在何处? 沿什么方位粘贴?

11.108　重量为 P 的运动员在单杠中央连续地做大回环动作。运动员两手间距为 a,单杠两支点的间距为 l,直径为 d。为了对单杠的力学行为进行定量分析,不妨先在粗糙的简化模型上做出一些简化假设:假定运动员处于最上位时速度为零;运动员简化为一个与单杠的距离保持为 h 的集中质量;由于运动员重心的位置的变化幅度比单杠变形量大很多,因此,可以在先不考虑单杠变形的前提下求出单杠与运动员的相互作用力。求出此作用力后,再将单杠简化为简支梁。

（1）在此模型上分别求出运动员在最上位、水平位和最下位时单杠中的最大应力。

（2）以运动员身体轴线与竖直线的夹角 θ 为自变量,列出单杠中截面圆心在变形过程中的轨迹方程,并画出相应的轨迹图形。已知单杠材料的弹性模量为 E。

（3）尝试将运动员的身体用其他简化模型进行单杠中的最大应力计算。

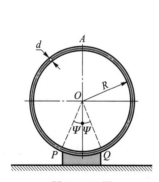

题 11.107 图

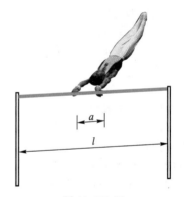

题 11.108 图

附录 I 截面图形的几何性质

在附录 I 中将定义一系列描述杆件截面性质的几何量,以及它们所涉及的运算。这些知识在梁的弯曲和轴的扭转等各章中得到应用。

I.1 几何图形的一次矩

杆件的截面是一个封闭的几何图形。在 xy 平面内一般地考察任意的一个图形,如图 I.1 所示。在图形内坐标为 (x,y) 的任意点处取一个微元面积 $\mathrm{d}A$,定义

$$S_y = \int_A x\mathrm{d}A, \quad S_x = \int_A y\mathrm{d}A \qquad (\mathrm{I}.1)$$

分别为图形关于 y 轴和 x 轴的**静矩**(static moment),也称面积矩(moment of areas)。

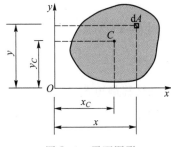

图 I.1 平面图形

根据定义可看出,静矩的量纲是长度的三次方,其数值是可正可负的,它不仅与图形的大小和形状有关,还跟图形与坐标系的相对位置有关。

形心 C 是图形几何形状的中心。如果把截面看作是一个极薄的均质平板,那么截面的形心位置与重心位置重合。据此,根据理论力学的知识,截面形心的坐标 (x_c, y_c) 就可以表示为

$$x_C = \frac{S_y}{A}, \quad y_C = \frac{S_x}{A}。 \qquad (\mathrm{I}.2)$$

利用式(I.2)可得

$$S_y = Ax_C, \quad S_x = Ay_C。 \qquad (\mathrm{I}.3)$$

矩形、圆形等图形的形心位置是很容易确定的,计算这些图形的静矩时,利用式(I.3)就很方便,可以避免根据定义进行积分运算。

从式(I.3)可看出,如果坐标轴中的某一根轴通过形心,则图形关于该轴的静矩为零。反之,若图形关于某轴的静矩为零,则该轴一定通过形心。

上面结论的必然推论是:图形关于它的对称轴的静矩为零。

如果图形 A 可以划分为两个图形 A_1 和 A_2,根据定积分的性质,可以得到

$$A = A_1 + A_2, \quad S_{Ay} = S_{A_1 y} + S_{A_2 y}。$$

上式还可以推广到多个图形的组合。这样,便可以导出组合图形的形心公式:

$$x_C = \frac{\sum_i S_{yi}}{\sum_i A_i}, \quad y_C = \frac{\sum_i S_{xi}}{\sum_i A_i}。 \qquad (\mathrm{I}.4)$$

式(Ⅰ.4)还可以推广到图形 A 是图形 A_1 扣除图形 A_2 的情况,即

$$x_C = \frac{S_{y1} - S_{y2}}{A_1 - A_2}, \quad y_C = \frac{S_{x1} - S_{x2}}{A_1 - A_2}。 \tag{Ⅰ.5}$$

通常把上述的方法称为负面积法。

例Ⅰ.1 图Ⅰ.2所示的曲线为 n 次抛物线,即 $y = x^n$。已知图线顶点 A 的坐标为 (b, h),求图Ⅰ.2(a)、(b)所示的两种情况下灰色区域的面积,以及形心 C 的 x 坐标 b_1 和 b_2。

解:(1)对于图Ⅰ.2(a)中的灰色区域,可取微元面积为如图Ⅰ.3所示的微元竖条,从而将二重积分化为单重积分,即

$$dA = y dx = x^n dx,$$

故有

$$A = \int_A dA = \int_0^b x^n \, dx = \frac{1}{n+1} b^{n+1}。$$

注意到 $h = b^n$,故有

$$A = \frac{1}{n+1} bh。$$

在计算静矩 S_y 时,注意到被积函数与 y 无关,因此,也可以采用图Ⅰ.3那样的微元竖条,并有

$$S_y = \int_A x dA = \int_0^b x^{n+1} dx = \frac{1}{n+2} b^{n+2} = \frac{1}{n+2} b^2 h。$$

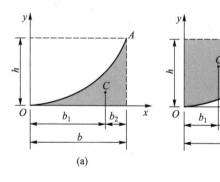

图Ⅰ.2 形心位置

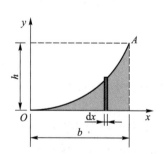

图Ⅰ.3 微元条面积

故有形心坐标

$$b_1 = \frac{S_y}{A} = \frac{n+1}{n+2} b, \quad b_2 = b - b_1 = \frac{b}{n+2}。$$

(2)对于图Ⅰ.2(b)中的灰色区域,可视其为一个 $b \times h$ 的矩形扣除上一小题中的阴影区域所得。故其面积

$$A = bh - \frac{bh}{n+1} = \frac{n}{n+1} bh。$$

由于矩形关于 y 轴的静矩

$$S_{y0} = \frac{1}{2}b^2h,$$

利用上一小题的结论,灰色区域关于 y 轴的静矩

$$S_y = \frac{1}{2}b^2h - \frac{1}{n+2}b^2h = \frac{n}{2(n+2)}b^2h。$$

并可得形心坐标

$$b_1 = \frac{S_y}{A} = \frac{n+1}{2(n+2)}b, \quad b_2 = b - b_1 = \frac{n+3}{2(n+2)}b。$$

例Ⅰ.2　求图Ⅰ.4中半径为 R 的四分之一圆的形心坐标。

解:根据图形特点,积分采用极坐标为宜。在极坐标中,有

$$dA = r\,dr\,d\theta。$$

故有

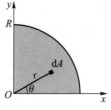

$$\begin{aligned}
S_x &= \int_A y\,dA = \int_A r\sin\theta r dr d\theta \\
&= \int_0^{\pi/2}\sin\theta d\theta \cdot \int_0^R r^2 dr = \frac{1}{3}R^3。
\end{aligned}$$

图Ⅰ.4　四分之一圆

因为 $A = \frac{1}{4}\pi R^2$,故可得

$$y_C = \frac{R^3}{3} \cdot \left(\frac{\pi R^2}{4}\right)^{-1} = \frac{4R}{3\pi}。$$

由于对称性,有

$$x_C = y_C = \frac{4R}{3\pi}。 \tag{Ⅰ.6}$$

例Ⅰ.3　求图Ⅰ.5所示图形的形心位置。

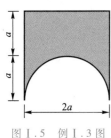

解:图形可视为边长为 $2a$ 的正方形扣除直径为 $2a$ 的半圆所得,故可用负面积法计算。半圆的形心位置可直接引用上一例题的结论。

由于对称性,形心必定在左右对称轴上,故只需确定竖向位置。

以下边缘为基准,图形的形心位置

$$\begin{aligned}
y_C &= \left[(2a)^2 \cdot a - \frac{1}{2}\pi a^2 \cdot \frac{4a}{3\pi}\right] \cdot \left[(2a)^2 - \frac{1}{2}\pi a^2\right]^{-1} \\
&= \frac{20a}{3(8-\pi)} \approx 1.37a。
\end{aligned}$$

图Ⅰ.5　例Ⅰ.3图

故形心位于距左边缘为 a、距下边缘为 $1.37a$ 的位置上。

Ⅰ.2　几何图形的二次矩

利用图Ⅰ.6,可以定义图形以下的几种二次矩:

惯性矩(moment of inertia):

$$I_y = \int_A x^2 \mathrm{d}A, \quad I_x = \int_A y^2 \mathrm{d}A。 \qquad (\mathrm{I}.7)$$

惯性积(product of inertia):

$$I_{xy} = \int_A xy\mathrm{d}A。 \qquad (\mathrm{I}.8)$$

极惯性矩(polar moment of inertia):

$$I_\mathrm{p} = \int_A (x^2 + y^2)\mathrm{d}A = \int_A r^2 \mathrm{d}A。 \qquad (\mathrm{I}.9)$$

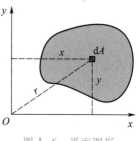

图 I.6　平面图形

上述二次矩的量纲是长度的四次方。惯性矩和极惯性矩是恒正的,而惯性积则是可正可负的。

惯性矩 I_y 的大小取决于图形的形状和面积,以及图形与 y 轴的位置关系,而与 x 轴无关。类似地,惯性矩 I_x 与 x 轴有关而与 y 轴无关;惯性积 I_{xy} 与两个坐标轴都有关;而极惯性矩 I_p 则与坐标原点有关。

根据定义,有

$$I_\mathrm{p} = I_y + I_x。 \qquad (\mathrm{I}.10)$$

例 I.4　图 I.7 中坐标轴是 $b \times h$ 的矩形的对称轴,求图形关于 x 轴的惯性矩。

解:在求图形关于 x 轴的惯性矩时,注意到定义 $I_x = \int_A y^2 \mathrm{d}A$ 中被积函数与 x 无关,因此,可采用如图所示的微元横条面积:

$$\mathrm{d}A = b\mathrm{d}y,$$

故有

$$I_x = \int_A y^2 \mathrm{d}A = \int_{-h/2}^{+h/2} by^2 \mathrm{d}y = \frac{1}{12}bh^3。$$

例 I.5　求图 I.4 中半径为 R 的四分之一圆关于两个坐标轴的惯性矩。

解:采用极坐标系,有

$$I_x = \int_A y^2 \mathrm{d}A = \int_0^{\pi/2} \int_0^R r^2 \sin^2\theta\, r\, \mathrm{d}r\, \mathrm{d}\theta = \int_0^{\pi/2} \sin^2\theta\, \mathrm{d}\theta \cdot \int_0^R r^3 \mathrm{d}r = \frac{1}{16}\pi R^4。$$

同理可得 $I_y = \dfrac{1}{16}\pi R^4$。

例 I.6　求图 I.8 中的三角形关于 x 轴的惯性矩 I_x。

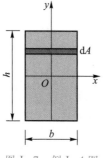

图 I.7　例 I.4 图

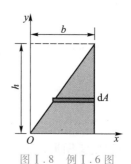

图 I.8　例 I.6 图

解:三角形斜边的方程为 $y=\dfrac{h}{b}x$,即 $x=\dfrac{b}{h}y$。注意到 I_x 的定义式中被积函数与 x 无关,因此,可采用如图的微元横条面积:

$$dA=\left(b-\frac{b}{h}y\right)dy。$$

故有

$$I_x=\int_0^h y^2\left(b-\frac{b}{h}y\right)dy=\frac{1}{12}bh^3。$$

由例Ⅰ.4可得,宽为 b、高为 h 的矩形关于水平对称轴和竖直对称轴的惯性矩分别为

$$I_x=\frac{1}{12}bh^3,\quad I_y=\frac{1}{12}b^3h。\tag{Ⅰ.11}$$

根据例Ⅰ.5的结论容易导出,直径为 D 的实心圆关于过圆心的 x 轴的惯性矩

$$I_x=\frac{1}{64}\pi D^4。\tag{Ⅰ.12}$$

关于圆心的极惯性矩

$$I_p=\frac{1}{32}\pi D^4。\tag{Ⅰ.13}$$

还可以导出,外径为 D、内径为 d 的空心圆关于过圆心的 x 轴的惯性矩

$$I_x=\frac{1}{64}\pi(D^4-d^4)=\frac{1}{64}\pi D^4(1-\alpha^4),\tag{Ⅰ.14}$$

式中,$\alpha=\dfrac{d}{D}$。同样,其极惯性矩

$$I_p=\frac{1}{32}\pi D^4(1-\alpha^4)。\tag{Ⅰ.15}$$

上述式(Ⅰ.11)~式(Ⅰ.15)将在轴的扭转和梁的弯曲计算中频繁地应用。

如果图形有一根对称轴,例如,图Ⅰ.9所示的图形关于 y 轴对称,那么可以看出,y 轴把图形分为对称的 A_1 和 A_2 两部分。对于 A_1 区域中的任意一个微元面积 dA,A_2 区域中都有另一个微元面积 dA 与之相对应,两者 y 坐标相同而 x 坐标相反。因此,有

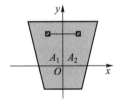

图Ⅰ.9　对称图形

$$I_{xy}=\int_A xy\,dA=\int_{A_1}xy\,dA+\int_{A_2}xy\,dA=\int_{A_2}(-xy)\,dA+\int_{A_2}xy\,dA=0。$$

注意在这种情况下,无论 x 轴的位置在何处,惯性积均为零。

如果图形关于坐标系的惯性积 $I_{xy}=0$,则这个坐标系的两根坐标轴称为图形的惯性主轴,通常也简称为主轴。图形对主轴的惯性矩称为主惯性矩。如果一根惯性主轴还通过图形的形心,那么这根主轴称为图形的形心惯性主轴。图形对形心惯性主轴的惯性矩称为形心主惯性矩。图Ⅰ.10是一些常见截面的形心惯性主轴的示意图。

如果图形关于坐标系的一个轴对称,那么坐标系的两个轴都是图形的惯性主轴。其中对称轴过形心,因而这根对称轴同时又是形心惯性主轴。

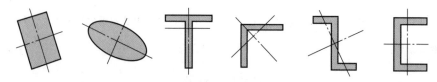

图 I.10 形心惯性主轴

如果图形关于坐标系的两个轴对称,那么显然这两个轴的交点就是形心,这两个轴都是图形的形心惯性主轴。

例如,图 I.11 的图形中,x、x_1、x_2 和 y 轴都是惯性主轴,它们当中,又只有 x 轴和 y 轴才是形心惯性主轴。

容易看出,对于圆形,任何过圆心的轴都是形心惯性主轴。可以证明(见本章 I.4),对于正多边形,任何过形心的轴也都是图形的形心惯性主轴。

如果图形 A 可以划分为若干个图形 A_i,与静矩类似,有

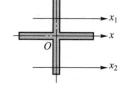

$$I_{Ax} = \sum_i I_{A_ix}, \quad (\text{I.16a})$$

$$I_{Ay} = \sum_i I_{A_iy}, \quad (\text{I.16b})$$

图 I.11 双对称图形

$$I_{Axy} = \sum_i I_{A_ixy}, \quad (\text{I.16c})$$

$$I_{Ap} = \sum_i I_{A_ip}。 \quad (\text{I.16d})$$

如果图形 A 是图形 A_1 扣除图形 A_2 的情况,那么与静矩类似,也可以应用负面积法。

例 I.7 求图 I.12 中的工字形截面图形关于水平对称轴的惯性矩。

解:图形可视为一个 60 mm×80 mm 的矩形与两个 25 mm×60 mm 矩形的差。而这三个矩形关于水平对称轴的惯性矩都可以利用式(I.11)来进行计算。故有

$$I_x = \frac{1}{12}\times60\times80^3 \text{ mm}^4 - 2\times\frac{1}{12}\times25\times60^3 \text{ mm}^4 = 1.66\times10^6 \text{ mm}^4。$$

图 I.12 例 I.7 图

I.3 平行移轴定理

本小节要解决的问题是,如果已知图形关于形心坐标系(即原点位于形心 C 处)的惯性矩和惯性积,如何求图形关于另一个平行坐标系的惯性矩和惯性积。

如图 I.13 所示,Oxy 是一个普通的坐标系,图形的形心 C 在这个坐标系中的坐标是 (b,a)。Cx_Cy_C 是形心坐标系。两组坐标轴对应平行。

考虑图形中的任意微元面积 $\mathrm{d}A$,它在 Cx_Cy_C 坐标系中的坐标是 x' 和 y'。这样,图形关于 y 轴的惯性矩

$$I_y = \int_A x^2 \,\mathrm{d}A = \int_A (x'+b)^2\mathrm{d}A = \int_A x'^2\mathrm{d}A + 2b\int_A x'\mathrm{d}A + b^2\int_A \mathrm{d}A。$$

上式右端最后一个等号后的第一项是图形关于 y_C 轴的惯性矩 I_{y_C}。第二项中的积分是图形关于 y_C 轴的静矩 S_{y_C}。但是由于 y_C 轴是形心轴,故有

$$S_{y_C} = 0。$$

第三项中的积分显然就是图形的面积。由此可得

$$I_y = I_{y_C} + b^2 A \qquad (Ⅰ.17a)$$

同理可得

$$I_x = I_{x_C} + a^2 A, \qquad (Ⅰ.17b)$$

$$I_{xy} = I_{x_C y_C} + abA, \qquad (Ⅰ.17c)$$

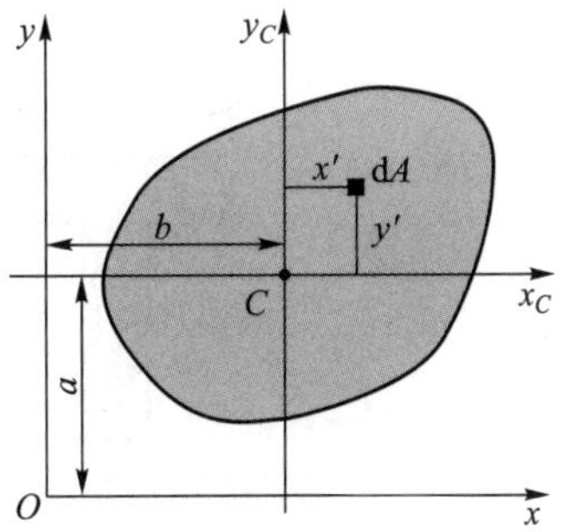

$$I_p = I_{pC} + (a^2 + b^2)A。 \qquad (Ⅰ.17d)$$

图Ⅰ.13 平行移轴定理

式(Ⅰ.17)统称平行移轴定理(parallel-axis theorem)。

由于平行移轴公式中 $a^2 A$ 和 $b^2 A$ 恒为非负的,因此,可得到这样的结论:在一组平行线中,图形关于过形心的那条线(如果的确有一条线穿过形心的话)的惯性矩为最小;图形关于距离形心最远的那条线的惯性矩为最大。

在平行移轴公式中,惯性矩和极惯性矩中的平移附加项 $a^2 A$、$b^2 A$ 和 $(a^2 + b^2)A$ 都是恒正的,因此,只与平移的距离有关。但惯性积的平移附加项 abA 不是恒正的,它与形心的坐标 a 和 b 有关,这一点在计算中应该加以注意。

应用平行移轴定理时应保证两组坐标系中有一组坐标轴是形心轴。若已知图形关于形心轴的二次矩,求关于普通坐标系的二次矩,则可以直接套用式(Ⅰ.17)。有些情况下则是倒过来使用,即已知图形关于普通坐标系的二次矩,求关于形心轴的二次矩,这种情况下要注意附加项($a^2 A$ 等)的符号。

如果所涉及的两组坐标系 Oxy 和 $O'x'y'$ 都不是形心坐标系,那么可以采用两种计算方案:

(1)从平行移轴定理的证明过程中可看出,这种情况可利用

$$I_y = I_{y'} + 2bS_{y'} + b^2 A, \quad I_x = I_{x'} + 2aS_{x'} + a^2 A$$

等式子进行计算。

(2)添加形心坐标系 $Cx_C y_C$ 作为过渡,两次使用平行移轴定理进行计算。

例Ⅰ.8 求图Ⅰ.14中的T形截面关于水平和竖直形心轴的惯性矩。

解:本题中形心位置未给出,故应首先求形心位置。

显然图形左右对称,故竖直形心轴即对称轴。考虑水平形心轴位置,以下边沿为基准,将图形视为如图Ⅰ.15所示的两个矩形的合成,便有

$$y = \frac{3a^2 \cdot 3.5a + 3a^2 \cdot 1.5a}{3a^2 + 3a^2} = 2.5a。$$

故整体形心 C 距下边沿为 $2.5a$。由此可得上、下两个矩形形心 C_1 和 C_2 到 C 间的距离均为 a,如图Ⅰ.15所示。

利用平行移轴定理,图形关于 x_C 轴的惯性矩

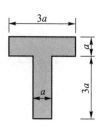

图 I.14 例 I.8 图

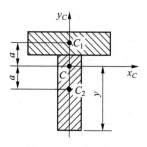

图 I.15 形心位置

$$I_{x_C}=\frac{1}{12}\cdot 3a\cdot a^3+3a^2\cdot a^2+\frac{1}{12}\cdot a\cdot(3a)^3+3a^2\cdot a^2=\frac{17}{2}a^4。$$

计算图形关于 y_C 轴的惯性矩时,无须采用平行移轴定理:

$$I_{y_C}=\frac{1}{12}a\cdot(3a)^3+\frac{1}{12}\cdot 3a\cdot a^3=\frac{5}{2}a^4。$$

例 I.9 求图 I.16 所示的图形关于 x、y 轴的惯性矩。

解:图形可视为边长为 $4a$ 的正方形扣除两个直径为 $2a$ 的半圆所得。

图形关于 x 轴的惯性矩

$$I_x=\frac{1}{12}(4a)^4-\frac{1}{64}\pi(2a)^4=\left(\frac{64}{3}-\frac{\pi}{4}\right)a^4\approx 20.55a^4。$$

在求图形关于 y 轴的惯性矩时,必须求半圆关于 y 轴的惯性矩。如图 I.17 所示,半圆关于自身的形心轴的惯性矩

$$I_C=\frac{1}{2}\cdot\frac{1}{64}\pi(2a)^4-\frac{1}{2}\pi a^2\cdot\left(\frac{4a}{3\pi}\right)^2=\left(\frac{\pi}{8}-\frac{8}{9\pi}\right)a^4。$$

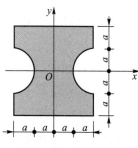

图 I.16 例 I.9 图

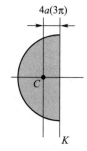

图 I.17 半圆

而形心轴与 y 轴的距离为 $\left(2-\dfrac{4}{3\pi}\right)a$,因此,半圆关于 y 轴的惯性矩

$$I_y'=\left(\frac{\pi}{8}-\frac{8}{9\pi}\right)a^4+\frac{1}{2}\pi a^2\cdot\left(2-\frac{4}{3\pi}\right)^2 a^2=\left(\frac{17}{8}\pi-\frac{8}{3}\right)a^4。$$

这样,图形关于 y 轴的惯性矩

$$I_y=\frac{1}{12}(4a)^4-2\times\left(\frac{17}{8}\pi-\frac{8}{3}\right)a^4=\left(\frac{80}{3}-\frac{17}{4}\pi\right)a^4\approx 13.31a^4。$$

*I.4 转 轴 定 理

I.4.1 转轴定理

本小节要解决的问题是:如果图形关于 Oxy 坐标系的惯性矩和惯性积是已知的,当坐标系绕着原点旋转一个角度 α 而构成一个新的坐标系 $Ox'y'$,如图 I.18 所示,那么,图形关于 $Ox'y'$ 坐标系的惯性矩和惯性积应该如何计算。

首先考虑 (x,y) 和 (x',y') 之间的坐标变换。图 I.19 中的一个矢量 $\overrightarrow{OK}$ 在两个坐标系中的分量分别为

$$\begin{cases} x = OP \\ y = OQ' \end{cases} \quad \begin{cases} x' = OP' \\ y' = OQ' \end{cases}$$

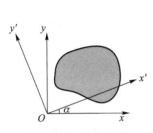

图 I.18 转角公式

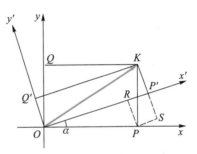

图 I.19 坐标变换

根据图 I.19 不难导出

$$\begin{cases} x' = x\cos \alpha + y\sin \alpha \\ y' = -x\sin \alpha + y\cos \alpha \end{cases} \tag{I.18a}$$

可以把上式记为矩阵式

$$\begin{bmatrix} x' \\ y' \end{bmatrix} = \begin{bmatrix} \cos \alpha & \sin \alpha \\ -\sin \alpha & \cos \alpha \end{bmatrix} \begin{bmatrix} x \\ y \end{bmatrix}。 \tag{I.18b}$$

记

$$\begin{bmatrix} x' \\ y' \end{bmatrix} = \boldsymbol{x}', \qquad \begin{bmatrix} x \\ y \end{bmatrix} = \boldsymbol{x},$$

$$\begin{bmatrix} \cos \alpha & \sin \alpha \\ -\sin \alpha & \cos \alpha \end{bmatrix} = \boldsymbol{M}, \tag{I.19}$$

那么式(I.18b)便可表示为

$$\boldsymbol{x}' = \boldsymbol{M}\boldsymbol{x}。 \tag{I.20}$$

矩阵 $\boldsymbol{M}$ 称为坐标变换矩阵。注意到矩阵 $\boldsymbol{M}$ 是正交矩阵,即

$$\boldsymbol{M}^{-1} = \boldsymbol{M}^{\mathrm{T}}, \tag{I.21}$$

故有

$$MM^{\mathrm{T}} = M^{\mathrm{T}}M = I, \tag{I.22}$$

式中，I 是二阶单位矩阵。

定义

$$J = \begin{bmatrix} I_y & I_{xy} \\ I_{xy} & I_x \end{bmatrix}, \tag{I.23a}$$

根据二次矩的定义

$$J = \begin{bmatrix} \int x^2\,\mathrm{d}A & \int xy\,\mathrm{d}A \\ \int xy\,\mathrm{d}A & \int y^2\,\mathrm{d}A \end{bmatrix} = \int \begin{bmatrix} x^2 & xy \\ yx & y^2 \end{bmatrix}\,\mathrm{d}A$$

$$= \int \begin{bmatrix} x \\ y \end{bmatrix} (x \quad y)\,\mathrm{d}A = \int x x^{\mathrm{T}}\,\mathrm{d}A。$$

即

$$J = \int x x^{\mathrm{T}}\,\mathrm{d}A。 \tag{I.23b}$$

读者可以自行证明，坐标系 Oxy 中的微元面积 $\mathrm{d}A$ 与坐标系 $Ox'y'$ 中的微元面积 $\mathrm{d}A'$ 相等，即
$$\mathrm{d}A = \mathrm{d}A',$$

这样，在坐标系 $Ox'y'$ 中，有

$$J' = \begin{bmatrix} I_{y'} & I_{x'y'} \\ I_{x'y'} & I_{x'} \end{bmatrix} = \int x' {x'}^{\mathrm{T}}\,\mathrm{d}A。$$

引用式（I.20），便可得

$$J' = \int x' {x'}^{\mathrm{T}}\,\mathrm{d}A = \int (Mx)(Mx)^{\mathrm{T}}\,\mathrm{d}A = \int M x x^{\mathrm{T}} M^{\mathrm{T}}\,\mathrm{d}A。$$

由于坐标转换矩阵与积分无关，因此，可以置于积分号之外，这样便有

$$J' = M\left(\int x x^{\mathrm{T}}\,\mathrm{d}A \right) M^{\mathrm{T}}。$$

注意到式（I.23b），便可以得到惯性矩和惯性积的一个集合的坐标变换式：
$$J' = M J M^{\mathrm{T}}。 \tag{I.24a}$$

上式的分量式是

$$\begin{bmatrix} I_{y'} & I_{x'y'} \\ I_{x'y'} & I_{x'} \end{bmatrix} = \begin{bmatrix} \cos\alpha & \sin\alpha \\ -\sin\alpha & \cos\alpha \end{bmatrix} \begin{bmatrix} I_y & I_{xy} \\ I_{xy} & I_x \end{bmatrix} \begin{bmatrix} \cos\alpha & -\sin\alpha \\ \sin\alpha & \cos\alpha \end{bmatrix}。 \tag{I.24b}$$

将其分量单独写出可得

$$I_{y'} = I_y \cos^2\alpha + 2I_{xy}\cos\alpha\sin\alpha + I_x\sin^2\alpha,$$
$$I_{x'} = I_y \sin^2\alpha - 2I_{xy}\cos\alpha\sin\alpha + I_x\cos^2\alpha,$$
$$I_{x'y'} = -(I_y - I_x)\cos\alpha\sin\alpha + I_{xy}(\cos^2\alpha - \sin^2\alpha)。$$

引用三角公式便可得

$$I_{y'} = \frac{1}{2}(I_y + I_x) + \frac{1}{2}(I_y - I_x)\cos 2\alpha + I_{xy}\sin 2\alpha, \tag{I.25a}$$

$$I_{x'} = \frac{1}{2}(I_y + I_x) - \frac{1}{2}(I_y - I_x)\cos 2\alpha - I_{xy}\sin 2\alpha, \tag{I.25b}$$

$$I_{x'y'} = -\frac{1}{2}(I_y - I_x)\sin 2\alpha + I_{xy}\cos 2\alpha_\circ \qquad (\mathrm{I}.25c)$$

以上三式称为转轴定理。

例Ⅰ.10　求图Ⅰ.20所示的矩形关于对角线的惯性矩。

解:若取对称轴为坐标系 Oxy,如图所示,则有

$$I_x = \frac{1}{12}ab^3, \quad I_y = \frac{1}{12}ba^3, \quad I_{xy} = 0_\circ$$

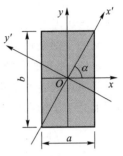

求关于对角线的惯性矩,可把对角线视为坐标轴 x',并取新的坐标系 $Ox'y'$。于是所求惯性矩便为

$$I_{x'} = \frac{1}{2}(I_y + I_x) - \frac{1}{2}(I_y - I_x)\cos 2\alpha$$

$$= \frac{ab}{24}(a^2 + b^2) - \frac{ab}{24}(a^2 - b^2)\cos 2\alpha_\circ$$

图Ⅰ.20　例Ⅰ.10图

由于

$$\cos\alpha = \frac{a}{\sqrt{a^2 + b^2}}, \quad \sin\alpha = \frac{b}{\sqrt{a^2 + b^2}}$$

故有

$$\cos 2\alpha = \cos^2\alpha - \sin^2\alpha = \frac{a^2 - b^2}{a^2 + b^2},$$

故有

$$I_{x'} = \frac{ab}{24}(a^2 + b^2) - \frac{ab}{24}(a^2 - b^2) \cdot \frac{a^2 - b^2}{a^2 + b^2} = \frac{a^3 b^3}{6(a^2 + b^2)}_\circ$$

Ⅰ.4.2　主惯性矩和惯性主轴

对于一个图形,在坐标原点不动的前提下旋转坐标系。对于每一个转动角度,都可以建立一个新的坐标系;那么,图形关于哪一个坐标系的惯性矩取得极值? 换言之,由式(Ⅰ.25a)可知,惯性矩 $I_{y'}$ 是转角 α 的函数,当 α 取何值时惯性矩 $I_{y'}$ 取得极值?

这样,就需要将式(Ⅰ.25a)对 α 求导,即

$$\frac{\mathrm{d}I_{y'}}{\mathrm{d}\alpha} = 0, \quad -(I_y - I_x)\sin 2\alpha^* + 2I_{xy}\cos 2\alpha^* = 0, \qquad (\mathrm{I}.26)$$

这里的 α^* 是使 $I_{y'}$ 取极值的角度。由上式可得

$$\tan 2\alpha^* = \frac{2I_{xy}}{I_y - I_x}_\circ \qquad (\mathrm{I}.27)$$

根据三角函数的周期性,不妨在 $(0, 2\pi]$ 的区间内对上式进行考察。显然,满足上式的 $2\alpha^*$ 在此区间内有两个值,彼此相差 π;故满足上式的 α^* 有两个,彼此相差 $\frac{\pi}{2}$。将式(Ⅰ.25b)对 α 求导,可以得到与式(Ⅰ.27)相同的结果。这说明,当 $I_{y'}$ 取极值时 $I_{x'}$ 也就同时取得了极值。

使惯性矩取极值的方向称为主方向。平面图形存在着两个相互垂直的主方向。

由式(I.27)可得 $\sin 2\alpha^*$ 和 $\cos 2\alpha^*$ 之值,再代回到式(I.25a)中去便可得到

$$\left.\begin{array}{c}I_{\max}\\I_{\min}\end{array}\right\}=\frac{1}{2}(I_y+I_x)\pm\sqrt{\left(\frac{I_y-I_x}{2}\right)^2+I_{xy}^2}\,。\qquad(\text{I}.28)$$

在式(I.26)的第二式两端除以 2 便可知,当两个惯性矩取极值时,惯性积为零。反之,若将 $I_{xy}=0$ 代入式(I.28)便可导出,当惯性积为零时,两个惯性矩就是极值。因此,I.2 节所定义的主惯性矩实际上就是惯性矩的极值。

这样,便有如下结论:当坐标轴是图形的惯性主轴时,相应的惯性矩(即主惯性矩)是坐标系绕原点旋转各个角度上惯性矩的极值,坐标轴方向为主方向,而惯性积为零;反之亦然,即图形关于坐标系的惯性积为零时,相应的惯性矩(即主惯性矩)为极值。

例 I.11 求图 I.21 所示的图形的主方向和形心主惯性矩。

解: 应先计算出在图示坐标系下的惯性矩和惯性积。为此,可将图形分为图示的三部分。易于看出,中间竖条是关于坐标轴双对称的矩形,记其惯性矩分别为 I_{x1} 和 I_{y1},则有

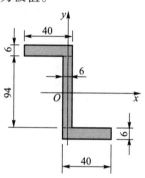

$$I_{x1}=\frac{1}{12}\times6\times94^3\text{ mm}^4=415\ 292\text{ mm}^4,$$

$$I_{y1}=\frac{1}{12}\times94\times6^3\text{ mm}^4=1\ 692\text{ mm}^4,$$

$$I_{xy1}=0。$$

左上条的形心坐标为 $(-17,50)$,记其惯性矩和惯性积分别为 I_{x2}、I_{y2} 和 I_{xy2}。由平行移轴定理,有

图 I.21 例 I.11 图

$$I_{x2}=\frac{1}{12}\times40\times6^3\text{ mm}^4+40\times6\times50^2\text{ mm}^4=600\ 720\text{ mm}^4,$$

$$I_{y2}=\frac{1}{12}\times6\times40^3\text{ mm}^4+40\times6\times17^2\text{ mm}^4=101\ 360\text{ mm}^4,$$

$$I_{xy2}=-40\times6\times17\times50\text{ mm}^4=-204\ 000\text{ mm}^4。$$

右下条与左上条关于坐标原点反对称。故整个图形有

$$I_x=I_{x1}+2I_{x2}=1\ 616\ 732\text{ mm}^4,$$
$$I_y=I_{y1}+2I_{y2}=204\ 412\text{ mm}^4,$$
$$I_{xy}=2I_{xy2}=-408\ 000\text{ mm}^4。$$

确定主方向:

$$\tan 2\alpha^*=\frac{2I_{xy}}{I_y-I_x}=\frac{-2\times408\ 000}{204\ 412-1\ 616\ 732}=0.577\ 8,$$

故有 $2\alpha^*=30°$,$\alpha^*=15°$。主方向如图 I.22 所示。

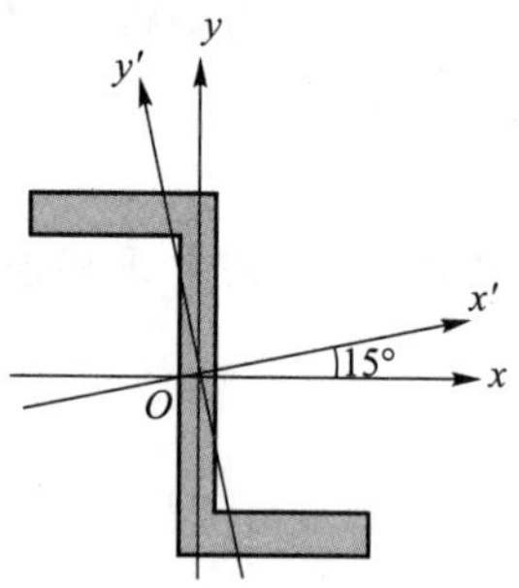

将 $\alpha^*=15°$ 代入式(I.25a),得

$$I_{x'}=\frac{1}{2}(I_y+I_x)-\frac{1}{2}(I_y-I_x)\cos 30°-I_{xy}\sin 30°$$

$$=1.726\times10^6\text{ mm}^4。$$

图 I.22 惯性主轴

这就是对应于 $\alpha^*=15°$ 的形心主惯性矩。另一个主方向与 x 轴的夹角为 $105°$,也就是 y' 的方向。相应的形心主惯性矩

$$I_{y'} = \frac{1}{2}(I_y + I_x) + \frac{1}{2}(I_y - I_x)\cos 30° + I_{xy}\sin 30°$$
$$= 0.095 \times 10^6 \text{ mm}^4。$$

例Ⅰ.12　证明:任何过正方形形心的轴都是它的形心惯性主轴。

解:如图Ⅰ.23所示,设正方形边长为 a,在图示坐标系 Oxy 下,有

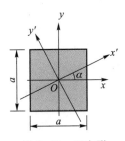

$$I_x = \frac{1}{12}a^4, \quad I_y = \frac{1}{12}a^4, \quad I_{xy} = 0。$$

图Ⅰ.23　正方形

故其惯性矩和惯性积可表达为矩阵:

$$\boldsymbol{J} = \begin{bmatrix} I_y & I_{xy} \\ I_{xy} & I_x \end{bmatrix} = \frac{1}{12}a^4 \begin{bmatrix} 1 & 0 \\ 0 & 1 \end{bmatrix} = \frac{1}{12}a^4\boldsymbol{I}。$$

任意建立一个其他的形心坐标系 $Ox'y'$,根据式(Ⅰ.24a),在新的坐标系下,有

$$\boldsymbol{J}' = \boldsymbol{MJM}^{\mathrm{T}} = \frac{1}{12}a^4 \boldsymbol{MIM}^{\mathrm{T}} = \frac{1}{12}a^4\boldsymbol{MM}^{\mathrm{T}}。$$

由于 $\boldsymbol{M}$ 是正交矩阵, $\boldsymbol{MM}^{\mathrm{T}} = \boldsymbol{I}$,故有

$$\boldsymbol{J}' = \frac{1}{12}a^4\boldsymbol{I} = \frac{1}{12}a^4 \begin{bmatrix} 1 & 0 \\ 0 & 1 \end{bmatrix}。$$

这说明在形心坐标系 $Ox'y'$ 下仍有 $I_{x'y'} = 0$,故坐标系 $Ox'y'$ 的两轴是形心惯性主轴。

由上例可以得到如下的结论:若在某个形心坐标系下有

$$I_x = I_y = \frac{1}{2}I_p, \quad I_{xy} = 0, \tag{Ⅰ.29}$$

则过形心的任意轴都是它的形心惯性主轴。

例Ⅰ.13　证明:若图形至少有三根不重合的对称轴,则过形心的任意轴都是它的形心惯性主轴。

解:利用式(Ⅰ.29)所表示的条件来证明题设。对于至少有三根对称轴的图形,易知形心必定位于这些对称轴的交点。以其中一根对称轴为 x 轴,过形心作相应的 y 轴而建立坐标系 Oxy。由于 x 轴是对称轴,故有

$$I_{xy} = 0。 \tag{①}$$

图形至少还有另一根对称轴,记该轴为 x',并记它与 x 轴的夹角为 α',显然 $\alpha' \neq 90°$。同时建立坐标系 $Ox'y'$,由于 x' 轴是对称轴,便有

$$I_{x'y'} = 0。$$

另一方面,根据转轴定理式(Ⅰ.25c),有

$$I_{x'y'} = -\frac{1}{2}(I_y - I_x)\sin 2\alpha' + I_{xy}\cos 2\alpha' = -\frac{1}{2}(I_y - I_x)\sin 2\alpha' = 0。$$

由于 x' 轴一定不会与 y 轴重合,故上式中 $\sin 2\alpha' \neq 0$,故有

$$I_x = I_y。 \tag{②}$$

式①和式②满足条件式(Ⅰ.29),故过形心的任意轴都是图形的形心惯性主轴。

根据上述例题,很容易得到又一个结论:如果图形不只有两个对称轴,则对于原点在图形形心的任意坐标系 Oxy,都有

$$I_x = I_y = \frac{1}{2}I_p, \quad I_{xy} = 0。$$

例Ⅰ.14　图Ⅰ.24所示的图形由三块狭长矩形构成。矩形条厚度为 δ,长度为 h,且 h 比 δ 大很多。每

两条矩形间的夹角均为 120°,求图形的形心主惯性矩。

解:显然图形有三根对称轴。以水平形心轴和竖直形心轴建立坐标系 Oxy。先考虑竖直矩形关于自己形心的极惯性矩:

$$I'_{pC} = I'_{x_C} + I'_{y_C} = \frac{1}{12}\delta h^3 + \frac{1}{12}\delta^3 h。$$

再考虑竖直矩形关于整体形心 O 的极惯性矩。由平行移轴公式(I.17d)可得

$$I'_p = I'_{pC} + (a^2 + b^2)A$$

$$= \frac{1}{12}h\delta(h^2 + \delta^2) + h\delta\left(\frac{h}{2}\right)^2 = \frac{1}{3}h^3\delta\left(1 + \frac{\delta^2}{4h^2}\right) \approx \frac{1}{3}h^3\delta。$$

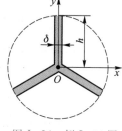

图 I.24 例 I.14 图

显然,由于对称性,三个矩形条关于整体形心 O 的极惯性矩是相等的,故整个图形的极惯性矩

$$I_p = 3I'_p = h^3\delta。$$

这样,图形的形心主惯性矩

$$I_x = \frac{1}{2}I_p = \frac{1}{2}h^3\delta。$$

附录 I 思考题

I.1 在用积分法直接计算静矩、惯性矩等几何量时,原则上应是重积分。在什么情况下积分可以化为单重积分?

I.2 如何计算组合图形的惯性矩?

I.3 在用积分法计算图示三角形关于 x 轴的惯性矩时,可以将算式中的 dA 换为图(a)所示的横向微元条,并有 $dA = \left(b - \frac{b}{h}y\right)dy$,从而将二重积分化为了单重积分。在这个积分式中,可否将式中的 dA 换为图(b)所示的竖向微元条?为什么?

I.4 如图所示的三角形对哪一根轴的惯性矩最小?对哪一根轴的惯性矩最大?

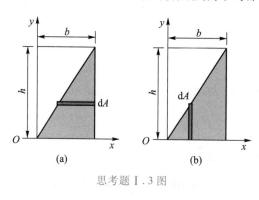

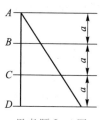

思考题 I.3 图   思考题 I.4 图

I.5 说明同底等高的平行四边形关于底边的惯性矩是相等的。

I.6 如果两组平行坐标系的原点均不在形心,如何利用平行移轴定理进行惯性矩和惯性积的计算?

I.7 图示图形中,对坐标轴惯性积为零的有哪些?

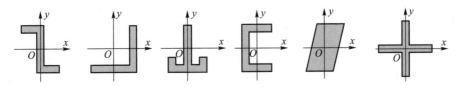

思考题 I.7 图

I.8　在题 I.7 所示各图形中,对坐标轴惯性积为负值的有哪些?

I.9　如果图形 A 可以划分为若干个图形 A_i,而 A_i 是一些具有对称轴的规整图形,在计算图形 A 的惯性积时,如何应用平行移轴定理? 平行移轴定理的附加项与计算惯性矩的附加项有什么重要的区别?

I.10　在坐标系绕原点转动后,新旧两个坐标系下的 $I_{x'}+I_{y'}$ 和 I_x+I_y 有什么关系? 这一关系的几何意义是什么?

I.11　图示图形中坐标系原点均在形心处,各图中所标出的轴显然不可能是形心惯性主轴的有哪些?

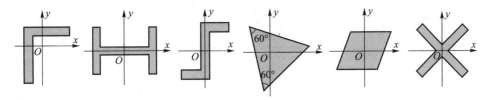

思考题 I.11 图

I.12　可以用图示的集合表示方法来表达形心轴、对称轴和惯性主轴这三个概念之间的关系,图中 k 表示所有直线轴的集合。试指出 a、b、c 这三个圆各代表什么轴。试针对 A、B、C、D 这几个区域各举出一个图形及其所在坐标系的例子,$A=a-(a\cap b)$,$B=b-(a\cap b)$,$D=(a\cap b)-c$,$K=k-(a\cap b)$。

I.13　根据图示图形中的各个轴的性质,将它们放到图 I.12 中的区域 A、B、C、D、K 中去。各图形中,C 为图形形心,G 为边的中点。

I.14　如果图形关于坐标系 Oxy 有 $I_x=I_y$,$I_{xy}=0$,坐标系原点是图形的形心吗? 该坐标系统原点 O 得一个新的坐标系 $Ox'y'$,这个图形关于新坐标系的惯性矩和惯性积等于多少?

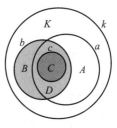

思考题 I.12 图

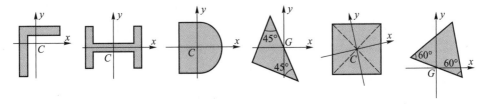

思考题 I.13 图

I.15　对称图形的惯性主轴一定是对称轴吗? 如果是,试证明之;如果不一定是,试举出反例。

I.16　将惯性矩、惯性积的组合 I_y、I_x、I_{xy} 与应力 σ_x、σ_y、τ_{xy} 相比拟,你能得到什么启示?

I.17　若已知 $I_x=1.6\times10^6$ mm^4,$I_y=0.2\times10^6$ mm^4,$I_{xy}=-0.4\times10^6$ mm^4,试仿照应力圆的方法,作相应的莫尔圆。求出其惯性主轴的方位,以及主惯性矩的大小(说出步骤,大致画图,不必精确作图)。

I.18　将惯性矩、惯性积的组合与应力组合相比拟,如果图形关于坐标系 Oxy 有 $I_x=I_y$,$I_{xy}=0$,那么,相应的莫尔圆是什么? 这种情况对应于应力组合的什么现象?

附录 I 习题（A）

I.1 试确定图示图形的形心坐标。

I.2 如图所示的截面由一个直径为 D 的半圆和一个矩形组成。如果该截面的形心位于半圆的圆心 C 处，求矩形的高 a。

I.3 求如图所示直径为 D 的半圆对过形心且平行于底边的轴的惯性矩 I。

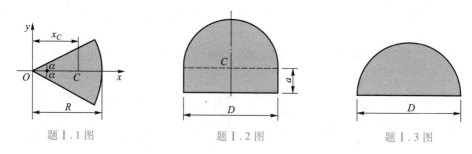

题 I.1 图   题 I.2 图   题 I.3 图

I.4 求图示截面关于水平形心轴 x 轴的惯性矩。

I.5 图示截面的各部分壁厚均为 20 mm，求图形的形心主惯性矩。

I.6 图示截面的各部分壁厚均为 20 mm，求图形的形心主惯性矩。

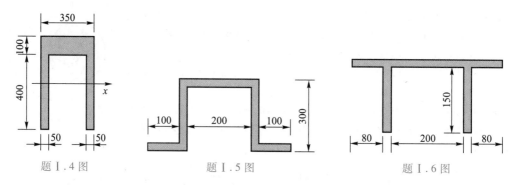

题 I.4 图   题 I.5 图   题 I.6 图

I.7 已知如图所示直角三角形对 y_1 轴的惯性矩 I_{y_1}，求图形对 y_2 轴的惯性矩 I_{y_2}。

I.8 求图示边长为 a 的正六边形关于水平形心轴的惯性矩。

I.9 图示阴影部分是边长为 R 的正方形与半径为 R 的四分之一圆组合而成。C 为其形心，求图形关于水平形心轴的惯性矩。

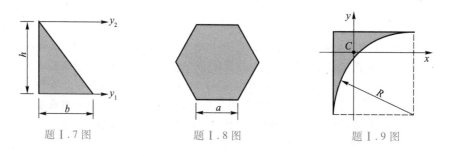

题 I.7 图   题 I.8 图   题 I.9 图

I.10 求如图所示图形对 y 轴的惯性矩，其中圆孔直径为 $\dfrac{a}{2}$。

I.11 图示直径为 $2a$ 的圆与直径为 a 的圆内切。C 是阴影部分的形心。y 轴通过 C 点及两圆的圆心，x 轴过 C 点并与 y 轴正交，求阴影部分关于 x 轴和 y 轴的惯性矩。

I.12 图示直径为 $4d$ 的圆中有三个直径为 d 的圆孔。求图形的形心主惯性矩。

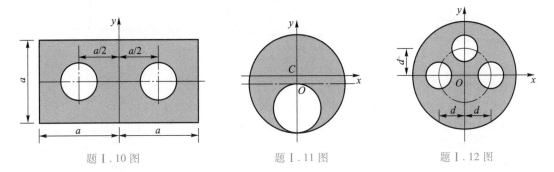

题 I.10 图   题 I.11 图   题 I.12 图

I.13 求如图所示图形对 y 轴的惯性矩。

I.14 图示截面由一个矩形和一个半圆构成。求其关于水平形心轴的惯性矩。

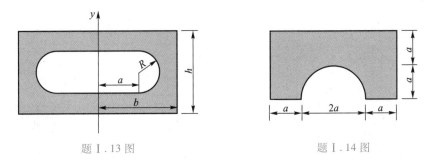

题 I.13 图   题 I.14 图

I.15 图示截面是一个直径为 $4a$ 的圆开了一个 $2a \times a$ 的矩形孔而构成的。求其形心主惯性矩。

I.16 图示 C 为图形形心。求图形关于两个形心轴的惯性矩和惯性积。

I.17 证明：如图所示，过直角三角形斜边中点并平行于直角边的轴是该直角三角形的一对惯性主轴。

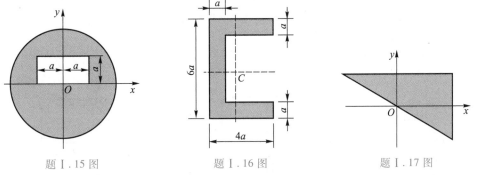

题 I.15 图   题 I.16 图   题 I.17 图

I.18 计算如图所示图形对 x、y 轴的惯性矩 I_x、I_y 和惯性积 I_{xy}。

I.19 求图示矩形关于过 A 点的主轴方位和主惯性矩。

I.20 求如图所示图形对水平和竖直形心轴的惯性矩和惯性积。

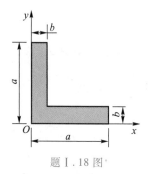

题 I.18 图

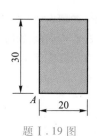

题 I.19 图

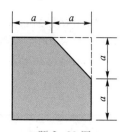

题 I.20 图

I.21 如图所示的矩形对角线将其分为两个三角形。证明这两个三角形关于 x、y 轴的惯性积相等,且等于该矩形关于 x、y 轴的惯性积的一半。

I.22 图示边长为 $4a$ 的正方形四边分别截去直径为 $2a$ 的半圆,且圆心位于边中点。求图形关于水平形心轴的惯性矩。

I.23 图示截面由两个 No.10 槽钢制成,要使图形 $I_x = I_y$,求间距 a。

I.24 图示截面由一个 No.14b 的槽钢和一个 No.20b 的工字钢组成,求其形心主惯性矩。

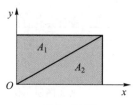

题 I.21 图

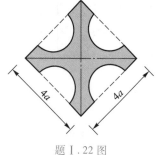

题 I.22 图

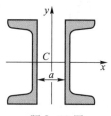

题 I.23 图

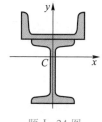

题 I.24 图

I.25 求平均直径(即壁厚中线直径)为 d、厚度为 δ(d 比 δ 大很多)的截面的形心主惯性矩。

I.26 图示图形为一壁厚均为 δ 的薄壁杆件截面,b 比 δ 大很多。图形左右对称,上下对称。求其形心主惯性矩。

I.27 图示图形为一壁厚均为 δ 的薄壁杆件截面,b 比 δ 大很多。求其关于水平对称轴的惯性矩。

题 I.25 图

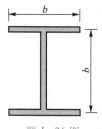

题 I.26 图

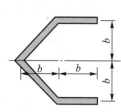

题 I.27 图

附录 I 习题（B）

I.28 计算如图所示阴影部分对 x、y 轴的惯性矩 I_x、I_y 和惯性积 I_{xy}。根据你的计算结果判断，x、y 轴是否是图形的惯性主轴？是否是图形的形心惯性主轴？Oxy 坐标系绕原点旋转一个角度形成新的坐标系，图形关于新坐标系的惯性矩和惯性积与关于原坐标系的惯性矩和惯性积对应相等吗？

I.29 如图放置的边长为 $2a$ 的正方形中心部位挖去一个边长为 a 的正方形，且两者之间方位错开 α 角。求图形对 x、y 轴的惯性矩与惯性积。

I.30 求图示矩形关于 A-A 轴的惯性矩。

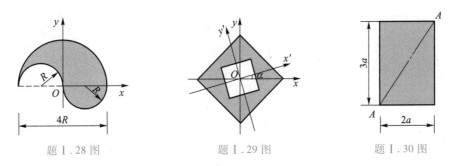

题 I.28 图   题 I.29 图   题 I.30 图

I.31 图示截面由一个直角三角形和一个半径为 R 的半圆构成。图中的尺寸 b 和 R 应满足何种关系，才能使图形关于图示坐标系的惯性积为零？

I.32 求图示直角三角形的形心惯性主轴方位及形心主惯性矩。

I.33 求图示截面的形心主惯性矩。

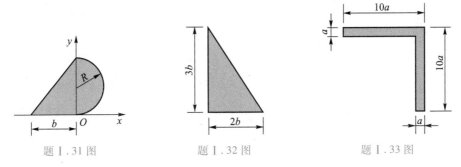

题 I.31 图   题 I.32 图   题 I.33 图

I.34 求图示的平行四边形的形心惯性主轴的位置及形心主惯性矩。

I.35 求长半轴为 a、短半轴为 b 的椭圆对主轴的惯性矩。

I.36 求图示截面的形心主惯性矩。

I.37 求图示等腰梯形截面的形心主惯性矩。

I.38 半径为 R 的圆形对称地去掉上下部分形成题图的圆台区域，以如图所示的角度 α 为参数表示该区域关于水平对称轴的惯性矩。

I.39 图示图形是由 n 个（$n \geqslant 3$）直径为 d 的小圆组合而成的。这 n 个小圆圆心的连线构成正 n 边形。求图形关于水平形心轴的惯性矩。

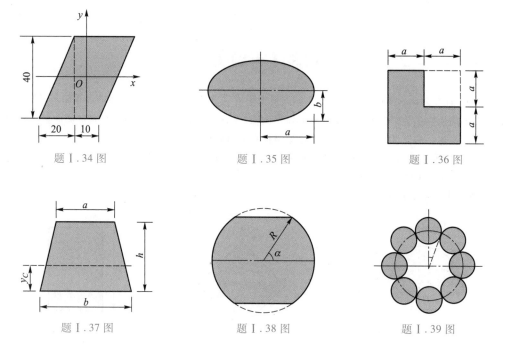

题Ⅰ.34图　　　　　　　题Ⅰ.35图　　　　　　　题Ⅰ.36图

题Ⅰ.37图　　　　　　　题Ⅰ.38图　　　　　　　题Ⅰ.39图

Ⅰ.40　如图所示的薄壁正 n 边形（$n \geqslant 3$）截面的周长为 l，其壁厚为常数 δ，l 比 δ 大很多。求截面关于形心轴的惯性矩。

Ⅰ.41　图示的两个图形分别由三个和四个平均直径（即壁厚中线直径）为 D、厚度为 δ 的薄壁圆环组成。这些圆环彼此外切，D 比 δ 大很多。求两个截面的形心主惯性矩之比。

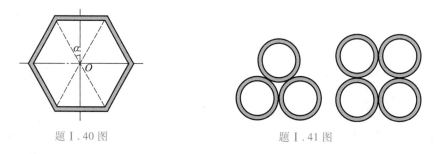

题Ⅰ.40图　　　　　　　　　　　　　题Ⅰ.41图

Ⅰ.42　计算图示花键轴截面图形的形心主惯性矩。

Ⅰ.43　平面图形关于点 $A(x_0, y_0)$ 的极惯性矩为 I_{p0}。该图形还对若干点 K 的极惯性矩也为 I_{p0}。求所有这些 K 点的轨迹。

Ⅰ.44　图示图形为一壁厚均为 δ 的薄壁杆件截面，b 比 δ 大很多。求其形心主惯性矩。

Ⅰ.45　图示图形为一壁厚为 δ 的圆弧薄壁杆件截面，R 比 δ 大很多，该圆弧对应的圆形角为 2α。求其形心主惯性矩。

Ⅰ.46　许多教师在上材料力学的第一堂课时，都会拿出一张 A4 大小的硬纸片问学生，你有办法让这张纸站立起来吗？或者，把这张纸水平地架空在两摞等高的书之间，然后问学生，你有办法让这张纸承受一定的竖向荷载吗？学生们纷纷将纸折叠成各种形状来满足上述要求，如图所示。教师趁此说明，要准确地解释其中的道理，就要用到材料力学的知识，以此来提高学生学习材料力学的兴趣。

这一问题的核心概念之一，就是横截面的惯性矩。我们不妨先在理论上进行一些试探性的计算。假定

硬纸片的宽度 l 和厚度 δ 之比为 100。单张纸竖起来时极易弯曲的主要原因是这张纸关于弯曲轴的惯性矩为 $I_0 = \dfrac{1}{12}l\delta^3$，这个数值太小了。如果将它折叠起来，惯性矩有很大的提高。试计算在如图所示的六种截面情况下，图形关于水平形心轴的惯性矩 I 与 I_0 之比。

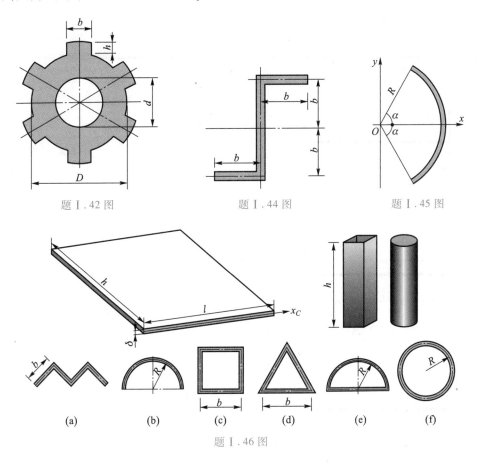

题 I.42 图　　　　　题 I.44 图　　　　　题 I.45 图

题 I.46 图

(a)　　(b)　　(c)　　(d)　　(e)　　(f)

附录II 简单梁的挠度与转角

序号	梁的计算简图	挠度和转角	挠曲线函数
1		$w_B = -\dfrac{Fl^3}{3EI}$ $\theta_B = -\dfrac{Fl^2}{2EI}$	$w = -\dfrac{Fx^2}{6EI}(3l-x)$
2		$w_B = -\dfrac{Fa^2}{6EI}(3l-a)$ $\theta_B = -\dfrac{Fa^2}{2EI}$	$w = -\dfrac{Fx^2}{6EI}(3a-x),$ $(0 \leqslant x \leqslant a)$ $w = -\dfrac{Fa^2}{6EI}(3x-a),$ $(a \leqslant x \leqslant l)$
3		$w_B = -\dfrac{Ml^2}{2EI}$ $\theta_B = -\dfrac{Ml}{EI}$	$w = -\dfrac{Mx^2}{2EI}$
4		$w_B = -\dfrac{ql^4}{8EI}$ $\theta_B = -\dfrac{ql^3}{6EI}$	$w = -\dfrac{qx^2}{24EI}(x^2-4lx+6l^2)$
5		$w_C = -\dfrac{Fl^3}{48EI}$ $\theta_A = -\theta_B =$ $-\dfrac{Fl^2}{16EI}$	$w = -\dfrac{Fx}{48EI}(3l^2-4x^2)$ $(0 \leqslant x \leqslant l/2)$

序号	梁的计算简图	挠度和转角	挠曲线函数
6		$w_{max} = -\dfrac{Fb(l^2-b^2)^{3/2}}{9\sqrt{3}\,EIl}$ （在 $x = \sqrt{\dfrac{l^2-b^2}{3}}$ 处） $\theta_A = -\dfrac{Fab(l+b)}{6EIl}$ $\theta_B = \dfrac{Fab(l+a)}{6EIl}$	$w = -\dfrac{Fbx}{6EIl}(l^2-x^2-b^2)$ $(0 \leqslant x \leqslant a)$ $w = -\dfrac{Fb}{6EIl}\left[\dfrac{l}{b}(x-a)^3 - x^3 + (l^2-b^2)x\right]$ $(a \leqslant x \leqslant l)$
7		$w_{max} = -\dfrac{5ql^4}{384EI}$ $\theta_A = -\theta_B = -\dfrac{ql^3}{24EI}$	$w = -\dfrac{qx}{24EI}(l^3-2lx^2+x^3)$
8		$x = \dfrac{l}{\sqrt{3}},\ w_{max} = -\dfrac{Ml^2}{9\sqrt{3}\,EI}$ $x = \dfrac{l}{2},\ w_C = -\dfrac{Ml^2}{16EI}$ $\theta_A = -\dfrac{Ml}{6EI}$ $\theta_B = \dfrac{Ml}{3EI}$	$w = -\dfrac{Mx}{6EIl}(l^2-x^2)$
9		$\theta_A = \dfrac{M}{6EIl}(l^2-3b^2)$ $\theta_B = \dfrac{M}{6EIl}(l^2-3a^2)$	$w = \dfrac{Mx}{6EIl}(l^2-3b^2-x^2)$, $(0 \leqslant x \leqslant a)$ $w = \dfrac{M}{6EIl}[-x^3+3l(x-a)^2 + (l^2-3b^2)x]$, $(a \leqslant x \leqslant l)$

附录Ⅲ 常用工程材料的力学性能

材料名称	密度 $\rho/(\text{kg} \cdot \text{m}^{-3})$	弹性模量 E/GPa	泊松比 ν	屈服极限 σ_s/MPa	强度极限 σ_b/MPa	线胀系数 $\alpha_l/(10^{-5}\,^\circ\text{C}^{-1})$
普通钢	7 850	190~210	0.25~0.33	220~240	380~470	1.0~1.5
合金钢	7 860	190~210	0.25~0.33	340~420	490~550	1.0~1.5
灰铸铁	7 190	80~150	0.23~0.27		180(拉) 670(压)	0.9
球墨铸铁	7 280	160	0.25~0.29	412	588	0.9~1.2
铜合金	8 740	120	0.36	435	585	1.6~2.1
铝合金	1 800	45	0.41	250	345	1.8~2.4
混凝土 (C20)	2 320	14~35	0.16~0.18		1.6(拉) 14.2(压)	1
PVC	1 440	3.1	0.4	45(拉)	40(拉) 70(压)	13.5
尼龙	1 140	2.8	0.4	45	75(拉) 95(压)	14.4
木材 (顺纹)	470~720	9~12			75(拉) 50(压)	2.2~3.1

附录Ⅳ 型钢规格表
（GB/T 706—2016）

表 A.1 工字钢截面尺寸、截面面积、理论重量及截面特性

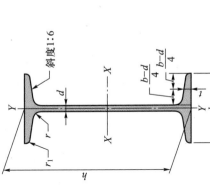

h——高度；
b——腿宽度；
d——腰厚度；
t——腿中间厚度；
r——内圆弧半径；
r_1——腿端圆弧半径。

型号	截面尺寸/mm						截面面积/ cm²	理论重量/ (kg/m)	外表面积/ (m²/m)	惯性矩/ cm⁴		惯性半径/ cm		截面模数①/ cm³	
	h	b	d	t	r	r_1				I_x	I_y	i_x	i_y	W_x	W_y
10	100	68	4.5	7.6	6.5	3.3	14.33	11.3	0.432	245	33.0	4.14	1.52	49.0	9.72
12	120	74	5.0	8.4	7.0	3.5	17.80	14.0	0.493	436	46.9	4.95	1.62	72.7	12.7

① 本书称为弯曲截面系数。

续表

型号	截面尺寸/mm						截面面积/cm²	理论重量/(kg/m)	外表面积/(m²/m)	惯性矩/cm⁴		惯性半径/cm		截面模数/cm³	
	h	b	d	t	r	r_1				I_x	I_y	i_x	i_y	W_x	W_y
12.6	126	74	5.0	8.4	7.0	3.5	18.10	14.2	0.505	488	46.9	5.20	1.61	77.5	12.7
14	140	80	5.5	9.1	7.5	3.8	21.50	16.9	0.553	712	64.4	5.76	1.73	102	16.1
16	160	88	6.0	9.9	8.0	4.0	26.11	20.5	0.621	1 130	93.1	6.58	1.89	141	21.2
18	180	94	6.5	10.7	8.5	4.3	30.74	24.1	0.681	1 660	122	7.36	2.00	185	26.0
20a	200	100	7.0	11.4	9.0	4.5	35.55	27.9	0.742	2 370	158	8.15	2.12	237	31.5
20b	200	102	9.0	11.4	9.0	4.5	39.55	31.1	0.746	2 500	169	7.96	2.06	250	33.1
22a	220	110	7.5	12.3	9.5	4.8	42.10	33.1	0.817	3 400	225	8.99	2.31	309	40.9
22b	220	112	9.5	12.3	9.5	4.8	46.50	36.5	0.821	3 570	239	8.78	2.27	325	42.7
24a	240	116	8.0	13.0	10.0	5.0	47.71	37.5	0.878	4 570	280	9.77	2.42	381	48.4
24b	240	118	10.0	13.0	10.0	5.0	52.51	41.2	0.882	4 800	297	9.57	2.38	400	50.4
25a	250	116	8.0	13.0	10.0	5.0	48.51	38.1	0.898	5 020	280	10.2	2.40	402	48.3
25b	250	118	10.0	13.0	10.0	5.0	53.51	42.0	0.902	5 280	309	9.94	2.40	423	52.4
27a	270	122	8.5	13.7	10.5	5.3	54.52	42.8	0.958	6 550	345	10.9	2.51	485	56.6
27b	270	124	10.5	13.7	10.5	5.3	59.92	47.0	0.962	6 870	366	10.7	2.47	509	58.9
28a	280	122	8.5	13.7	10.5	5.3	55.37	43.5	0.978	7 110	345	11.3	2.50	508	56.6
28b	280	124	10.5	13.7	10.5	5.3	60.97	47.9	0.982	7 480	379	11.1	2.49	534	61.2
30a	300	126	9.0	14.4	11.0	5.5	61.22	48.1	1.031	8 950	400	12.1	2.55	597	63.5
30b	300	128	11.0	14.4	11.0	5.5	67.22	52.8	1.035	9 400	422	11.8	2.50	627	65.9

续表

型号	截面尺寸/mm						截面面积/cm²	理论重量/(kg/m)	外表面积/(m²/m)	惯性矩/cm⁴		惯性半径/cm		截面模数/cm³	
	h	b	d	t	r	r_1				I_x	I_y	i_x	i_y	W_x	W_y
30c	300	130	13.0	14.4	11.0	5.5	73.22	57.5	1.039	9 850	445	11.6	2.46	657	68.5
32a	320	130	9.5	15.0	11.5	5.8	67.12	52.7	1.084	11 100	460	12.8	2.62	692	70.8
32b		132	11.5				73.52	57.7	1.088	11 600	502	12.6	2.61	726	76.0
32c		134	13.5				79.92	62.7	1.092	12 200	544	12.3	2.61	760	81.2
36a	360	136	10.0	15.8	12.0	6.0	76.44	60.0	1.185	15 800	552	14.4	2.69	875	81.2
36b		138	12.0				83.64	65.7	1.189	16 500	582	14.1	2.64	919	84.3
36c		140	14.0				90.84	71.3	1.193	17 300	612	13.8	2.60	962	87.4
40a	400	142	10.5	16.5	12.5	6.3	86.07	67.6	1.285	21 700	660	15.9	2.77	1 090	93.2
40b		144	12.5				94.07	73.8	1.289	22 800	692	15.6	2.71	1 140	96.2
40c		146	14.5				102.1	80.1	1.293	23 900	727	15.2	2.65	1 190	99.6
45a	450	150	11.5	18.0	13.5	6.8	102.4	80.4	1.411	32 200	855	17.7	2.89	1 430	114
45b		152	13.5				111.4	87.4	1.415	33 800	894	17.4	2.84	1 500	118
45c		154	15.5				120.4	94.5	1.419	35 300	938	17.1	2.79	1 570	122
50a	500	158	12.0	20.0	14.0	7.0	119.2	93.6	1.539	46 500	1 120	19.7	3.07	1 860	142
50b		160	14.0				129.2	101	1.543	48 600	1 170	19.4	3.01	1 940	146
50c		162	16.0				139.2	109	1.547	50 600	1 220	19.0	2.96	2 080	151
55a	550	166	12.5	21.0	14.5	7.3	134.1	105	1.667	62 900	1 370	21.6	3.19	2 290	164

续表

| 型号 | 截面尺寸/mm | | | | | | 截面面积/cm² | 理论重量/(kg/m) | 外表面积/(m²/m) | 惯性矩/cm⁴ | | 惯性半径/cm | | 截面模数/cm³ | |
	h	b	d	t	r	r_1				I_x	I_y	i_x	i_y	W_x	W_y
55b	550	168	14.5	21.0	14.5	7.3	145.1	114	1.671	65 600	1 420	21.2	3.14	2 390	170
55c		170	16.5				156.1	123	1.675	68 400	1 480	20.9	3.08	2 490	175
56a	560	166	12.5				135.4	106	1.687	65 600	1 370	22.0	3.18	2 340	165
56b		168	14.5				146.6	115	1.691	68 500	1 490	21.6	3.16	2 450	174
56c		170	16.5				157.8	124	1.695	71 400	1 560	21.3	3.16	2 550	183
63a	630	176	13.0	22.0	15.0	7.5	154.6	121	1.862	93 900	1 700	24.5	3.31	2 980	193
63b		178	15.0				167.2	131	1.866	98 100	1 810	24.2	3.29	3 160	204
63c		180	17.0				179.8	141	1.870	102 000	1 920	23.8	3.27	3 300	214

注：表中 r、r_1 的数据用于孔型设计，不做交货条件。

表 A.2 槽钢截面尺寸、截面面积、理论重量及截面特性

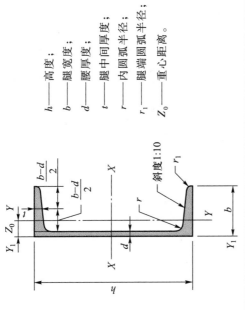

h——高度；
b——腿宽度；
d——腰厚度；
t——腿中间厚度；
r——内圆弧半径；
r_1——腿端圆弧半径；
Z_0——重心距离。

斜度1:10

型号	截面尺寸/mm						截面面积/cm²	理论重量/(kg/m)	外表面积/(m²/m)	惯性矩/cm⁴			惯性半径/cm		截面模数/cm³		重心距离/cm
	h	b	d	t	r	r_1				I_x	I_y	I_{y1}	i_x	i_y	W_x	W_y	Z_0
5	50	37	4.5	7.0	7.0	3.5	6.925	5.44	0.226	26.0	8.30	20.9	1.94	1.10	10.4	3.55	1.35
6.3	63	40	4.8	7.5	7.5	3.8	8.446	6.63	0.262	50.8	11.9	28.4	2.45	1.19	16.1	4.50	1.36
6.5	65	40	4.3	7.5	7.5	3.8	8.292	6.51	0.267	55.2	12.0	28.3	2.54	1.19	17.0	4.59	1.38
8	80	43	5.0	8.0	8.0	4.0	10.24	8.04	0.307	101	16.6	37.4	3.15	1.27	25.3	5.79	1.43
10	100	48	5.3	8.5	8.5	4.2	12.74	10.0	0.365	198	25.6	54.9	3.95	1.41	39.7	7.80	1.52
12	120	53	5.5	9.0	9.0	4.5	15.36	12.1	0.423	346	37.4	77.7	4.75	1.56	57.7	10.2	1.62
12.6	126	53	5.5	9.0	9.0	4.5	15.69	12.3	0.435	391	38.0	77.1	4.95	1.57	62.1	10.2	1.59

续表

型号	截面尺寸/mm						截面面积/cm²	理论重量/(kg/m)	外表面积/(m²/m)	惯性矩/cm⁴			惯性半径/cm		截面模数/cm³		重心距离/cm
	h	b	d	t	r	r_1				I_x	I_y	I_{y1}	i_x	i_y	W_x	W_y	Z_0
14a	140	58	6.0	9.5	9.5	4.8	18.51	14.5	0.480	564	53.2	107	5.52	1.70	80.5	13.0	1.71
14b	140	60	8.0	9.5	9.5	4.8	21.31	16.7	0.484	609	61.1	121	5.35	1.69	87.1	14.1	1.67
16a	160	63	6.5	10.0	10.0	5.0	21.95	17.2	0.538	866	73.3	144	6.28	1.83	108	16.3	1.80
16b	160	65	8.5	10.0	10.0	5.0	25.15	19.8	0.542	935	83.4	161	6.10	1.82	117	17.6	1.75
18a	180	68	7.0	10.5	10.5	5.2	25.69	20.2	0.596	1270	98.6	190	7.04	1.96	141	20.0	1.88
18b	180	70	9.0	10.5	10.5	5.2	29.29	23.0	0.600	1370	111	210	6.84	1.95	152	21.5	1.84
20a	200	73	7.0	11.0	11.0	5.5	28.83	22.6	0.654	1780	128	244	7.86	2.11	178	24.2	2.01
20b	200	75	9.0	11.0	11.0	5.5	32.83	25.8	0.658	1910	144	268	7.64	2.09	191	25.9	1.95
22a	220	77	7.0	11.5	11.5	5.8	31.83	25.0	0.709	2390	158	298	8.67	2.23	218	28.2	2.10
22b	220	79	9.0	11.5	11.5	5.8	36.23	28.5	0.713	2570	176	326	8.42	2.21	234	30.1	2.03
24a	240	78	7.0	12.0	12.0	6.0	34.21	26.9	0.752	3050	174	325	9.45	2.25	254	30.5	2.10
24b	240	80	9.0	12.0	12.0	6.0	39.01	30.6	0.756	3280	194	355	9.17	2.23	274	32.5	2.03
24c	240	82	11.0	12.0	12.0	6.0	43.81	34.4	0.760	3510	213	388	8.96	2.21	293	34.4	2.00
25a	250	78	7.0	12.0	12.0	6.0	34.91	27.4	0.722	3370	176	322	9.82	2.24	270	30.6	2.07
25b	250	80	9.0	12.0	12.0	6.0	39.91	31.3	0.776	3530	196	353	9.41	2.22	282	32.7	1.98
25c	250	82	11.0	12.0	12.0	6.0	44.91	35.3	0.780	3690	218	384	9.07	2.21	295	35.9	1.92
27a	270	82	7.5	12.5	12.5	6.2	39.27	30.8	0.826	4360	216	393	10.5	2.34	323	35.5	2.13
27b	270	84	9.5	12.5	12.5	6.2	44.67	35.1	0.830	4690	239	428	10.3	2.31	347	37.7	2.06
27c	270	86	11.5	12.5	12.5	6.2	50.07	39.3	0.834	5020	261	467	10.1	2.28	372	39.8	2.03

续表

| 型号 | 截面尺寸/mm | | | | | | 截面面积/cm² | 理论重量/(kg/m) | 外表面积/(m²/m) | 惯性矩/cm⁴ | | | 惯性半径/cm | | 截面模数/cm³ | | 重心距离/cm |
	h	b	d	t	r	r_1				I_x	I_y	I_{y1}	i_x	i_y	W_x	W_y	Z_0
28a	280	82	7.5	12.5	12.5	6.2	40.02	31.4	0.846	4 760	218	388	10.9	2.33	340	35.7	2.10
28b		84	9.5				45.62	35.8	0.850	5 130	242	428	10.6	2.30	366	37.9	2.02
28c		86	11.5				51.22	40.2	0.854	5 500	268	463	10.4	2.29	393	40.3	1.95
30a	300	85	7.5	13.5	13.5	6.8	43.89	34.5	0.897	6 050	260	467	11.7	2.43	403	41.1	2.17
30b		87	9.5				49.89	39.2	0.901	6 500	289	515	11.4	2.41	433	44.0	2.13
30c		89	11.5				55.89	43.9	0.905	6 950	316	560	11.2	2.38	463	46.4	2.09
32a	320	88	8.0	14.0	14.0	7.0	48.50	38.1	0.947	7 600	305	552	12.5	2.50	475	46.5	2.24
32b		90	10.0				54.90	43.1	0.951	8 140	336	593	12.2	2.47	509	49.2	2.16
32c		92	12.0				61.30	48.1	0.955	8 690	374	643	11.9	2.47	543	52.6	2.09
36a	360	96	9.0	16.0	16.0	8.0	60.89	47.8	1.053	11 900	455	818	14.0	2.73	660	63.5	2.44
36b		98	11.0				68.09	53.5	1.057	12 700	497	880	13.6	2.70	703	66.9	2.37
36c		100	13.0				75.29	59.1	1.061	13 400	536	948	13.4	2.67	746	70.0	2.34
40a	400	100	10.5	18.0	18.0	9.0	75.04	58.9	1.144	17 600	592	1 070	15.3	2.81	879	78.8	2.49
40b		102	12.5				83.04	65.2	1.148	18 600	640	1 140	15.0	2.78	932	82.5	2.44
40c		104	14.5				91.04	71.5	1.152	19 700	688	1 220	14.7	2.75	986	86.2	2.42

注：表中 r、r_1 的数据用于孔型设计，不做交货条件。

表 A.3　等边角钢截面尺寸、截面面积、理论重量及截面特性

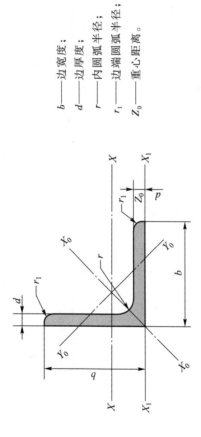

b——边宽度；
d——边厚度；
r——内圆弧半径；
r₁——边端圆弧半径；
Z₀——重心距离。

型号	截面尺寸/mm			截面面积/cm²	理论重量/(kg/m)	外表面积/(m²/m)	惯性矩/cm⁴				惯性半径/cm			截面模数/cm³			重心距离/cm
	b	d	r				I_x	I_{x1}	I_{x0}	I_{y0}	i_x	i_{x0}	i_{y0}	W_x	W_{x0}	W_{y0}	Z_0
2	20	3	3.5	1.132	0.89	0.078	0.40	0.81	0.63	0.17	0.59	0.75	0.39	0.29	0.45	0.20	0.60
		4		1.459	1.15	0.077	0.50	1.09	0.78	0.22	0.58	0.73	0.38	0.36	0.55	0.24	0.64
2.5	25	3		1.432	1.12	0.098	0.82	1.57	1.29	0.34	0.76	0.95	0.49	0.46	0.73	0.33	0.73
		4		1.859	1.46	0.097	1.03	2.11	1.62	0.43	0.74	0.93	0.48	0.59	0.92	0.40	0.76
3.0	30	3	4.5	1.749	1.37	0.117	1.46	2.71	2.31	0.61	0.91	1.15	0.59	0.68	1.09	0.51	0.85
		4		2.276	1.79	0.117	1.84	3.63	2.92	0.77	0.90	1.13	0.58	0.87	1.37	0.62	0.89
3.6	36	3		2.109	1.66	0.141	2.58	4.68	4.09	1.07	1.11	1.39	0.71	0.99	1.61	0.76	1.00
		4		2.756	2.16	0.141	3.29	6.25	5.22	1.37	1.09	1.38	0.70	1.28	2.05	0.93	1.04
		5		3.382	2.65	0.141	3.95	7.84	6.24	1.65	1.08	1.36	0.7	1.56	2.45	1.00	1.07

续表

型号	截面尺寸/mm			截面面积/cm²	理论重量/(kg/m)	外表面积/(m²/m)	惯性矩/cm⁴				惯性半径/cm			截面模数/cm³			重心距离/cm
	b	d	r				I_x	I_{x1}	I_{x0}	I_{y0}	i_x	i_{x0}	i_{y0}	W_x	W_{x0}	W_{y0}	Z_0
4	40	3	5	2.359	1.85	0.157	3.59	6.41	5.69	1.49	1.23	1.55	0.79	1.23	2.01	0.96	1.09
		4		3.086	2.42	0.157	4.60	8.56	7.29	1.91	1.22	1.54	0.79	1.60	2.58	1.19	1.13
		5		3.792	2.98	0.156	5.53	10.7	8.76	2.30	1.21	1.52	0.78	1.96	3.10	1.39	1.17
4.5	45	3	5	2.659	2.09	0.177	5.17	9.12	8.20	2.14	1.40	1.76	0.89	1.58	2.58	1.24	1.22
		4		3.486	2.74	0.177	6.65	12.2	10.6	2.75	1.38	1.74	0.89	2.05	3.32	1.54	1.26
		5		4.292	3.37	0.176	8.04	15.2	12.7	3.33	1.37	1.72	0.88	2.51	4.00	1.81	1.30
		6		5.077	3.99	0.176	9.33	18.4	14.8	3.89	1.36	1.70	0.80	2.95	4.64	2.06	1.33
5	50	3	5.5	2.971	2.33	0.197	7.18	12.5	11.4	2.98	1.55	1.96	1.00	1.96	3.22	1.57	1.34
		4		3.897	3.06	0.197	9.26	16.7	14.7	3.82	1.54	1.94	0.99	2.56	4.16	1.96	1.38
		5		4.803	3.77	0.196	11.2	20.9	17.8	4.64	1.53	1.92	0.98	3.13	5.03	2.31	1.42
		6		5.688	4.46	0.196	13.1	25.1	20.7	5.42	1.52	1.91	0.98	3.68	5.85	2.63	1.46
5.6	56	3	6	3.343	2.62	0.221	10.2	17.6	16.1	4.24	1.75	2.20	1.13	2.48	4.08	2.02	1.48
		4		4.39	3.45	0.220	13.2	23.4	20.9	5.46	1.73	2.18	1.11	3.24	5.28	2.52	1.53
		5		5.415	4.25	0.220	16.0	29.3	25.4	6.61	1.72	2.17	1.10	3.97	6.42	2.98	1.57
		6		6.42	5.04	0.220	18.7	35.3	29.7	7.73	1.71	2.15	1.10	4.68	7.49	3.40	1.61
		7		7.404	5.81	0.219	21.2	41.2	33.6	8.82	1.69	2.13	1.09	5.36	8.49	3.80	1.64
		8		8.367	6.57	0.219	23.6	47.2	37.4	9.89	1.68	2.11	1.09	6.03	9.44	4.16	1.68
6	60	5	6.5	5.829	4.58	0.236	19.9	36.1	31.6	8.21	1.85	2.33	1.19	4.59	7.44	3.48	1.67
		6		6.914	5.43	0.235	23.4	43.3	36.9	9.60	1.83	2.31	1.18	5.41	8.70	3.98	1.70

续表

型号	截面尺寸/mm b	截面尺寸/mm d	截面尺寸/mm r	截面面积/cm²	理论重量/(kg/m)	外表面积/(m²/m)	惯性矩/cm⁴ I_x	I_{x1}	I_{x0}	I_{y0}	惯性半径/cm i_x	i_{x0}	i_{y0}	截面模数/cm³ W_x	W_{x0}	W_{y0}	重心距离/cm Z_0
6	60	7	6.5	7.977	6.26	0.235	26.4	50.7	41.9	11.0	1.82	2.29	1.17	6.21	9.88	4.45	1.74
		8		9.02	7.08	0.235	29.5	58.0	46.7	12.3	1.81	2.27	1.17	6.98	11.0	4.88	1.78
6.3	63	4	7	4.978	3.91	0.248	19.0	33.4	30.2	7.89	1.96	2.46	1.26	4.13	6.78	3.29	1.70
		5		6.143	4.82	0.248	23.2	41.7	36.8	9.57	1.94	2.45	1.25	5.08	8.25	3.90	1.74
		6		7.288	5.72	0.247	27.1	50.1	43.0	11.2	1.93	2.43	1.24	6.00	9.66	4.46	1.78
		7		8.412	6.60	0.247	30.9	58.6	49.0	12.8	1.92	2.41	1.23	6.88	11.0	4.98	1.82
		8		9.515	7.47	0.247	34.5	67.1	54.6	14.3	1.90	2.40	1.23	7.75	12.3	5.47	1.85
		10		11.66	9.15	0.246	41.1	84.3	64.9	17.3	1.88	2.36	1.22	9.39	14.6	6.36	1.93
7	70	4	8	5.570	4.37	0.275	26.4	45.7	41.8	11.0	2.18	2.74	1.40	5.14	8.44	4.17	1.86
		5		6.876	5.40	0.275	32.2	57.2	51.1	13.3	2.16	2.73	1.39	6.32	10.3	4.95	1.91
		6		8.160	6.41	0.275	37.8	68.7	59.9	15.6	2.15	2.71	1.38	7.48	12.1	5.67	1.95
		7		9.424	7.40	0.275	43.1	80.3	68.4	17.8	2.14	2.69	1.38	8.59	13.8	6.34	1.99
		8		10.67	8.37	0.274	48.2	91.9	76.4	20.0	2.12	2.68	1.37	9.68	15.4	6.98	2.03
7.5	75	5	9	7.412	5.82	0.295	40.0	70.6	63.3	16.6	2.33	2.92	1.50	7.32	11.9	5.77	2.04
		6		8.797	6.91	0.294	47.0	84.6	74.4	19.5	2.31	2.90	1.49	8.64	14.0	6.67	2.07
		7		10.16	7.98	0.294	53.6	98.7	85.0	22.2	2.30	2.89	1.48	9.93	16.0	7.44	2.11
		8		11.50	9.03	0.294	60.0	113	95.1	24.9	2.28	2.88	1.47	11.2	17.9	8.19	2.15
		9		12.83	10.1	0.294	66.1	127	105	27.5	2.27	2.86	1.46	12.4	19.8	8.89	2.18
		10		14.13	11.1	0.293	72.0	142	114	30.1	2.26	2.84	1.46	13.6	21.5	9.56	2.22

续表

型号	截面尺寸/mm			截面面积/cm²	理论重量/(kg/m)	外表面积/(m²/m)	惯性矩/cm⁴				惯性半径/cm			截面模数/cm³			重心距离/cm
	b	d	r				I_x	I_{x1}	I_{x0}	I_{y0}	i_x	i_{x0}	i_{y0}	W_x	W_{x0}	W_{y0}	Z_0
8	80	5	9	7.912	6.21	0.315	48.8	85.4	77.3	20.3	2.48	3.13	1.60	8.34	13.7	6.66	2.15
		6		9.397	7.38	0.314	57.4	103	91.0	23.7	2.47	3.11	1.59	9.87	16.1	7.65	2.19
		7		10.86	8.53	0.314	65.6	120	104	27.1	2.46	3.10	1.58	11.4	18.4	8.58	2.23
		8		12.30	9.66	0.314	73.5	137	117	30.4	2.44	3.08	1.57	12.8	20.6	9.46	2.27
		9		13.73	10.8	0.314	81.1	154	129	33.6	2.43	3.06	1.56	14.3	22.7	10.3	2.31
		10		15.13	11.9	0.313	88.4	172	140	36.8	2.42	3.04	1.56	15.6	24.8	11.1	2.35
9	90	6	10	10.64	8.35	0.354	82.8	146	131	34.3	2.79	3.51	1.80	12.6	20.6	9.95	2.44
		7		12.30	9.66	0.354	94.8	170	150	39.2	2.78	3.50	1.78	14.5	23.6	11.2	2.48
		8		13.94	10.9	0.353	106	195	169	44.0	2.76	3.48	1.78	16.4	26.6	12.4	2.52
		9		15.57	12.2	0.353	118	219	187	48.7	2.75	3.46	1.77	18.3	29.4	13.5	2.56
		10		17.17	13.5	0.353	129	244	204	53.3	2.74	3.45	1.76	20.1	32.0	14.5	2.59
		12		20.31	15.9	0.352	149	294	236	62.2	2.71	3.41	1.75	23.6	37.1	16.5	2.67
10	100	6	12	11.93	9.37	0.393	115	200	182	47.9	3.10	3.90	2.00	15.7	25.7	12.7	2.67
		7		13.80	10.8	0.393	132	234	209	54.7	3.09	3.89	1.99	18.1	29.6	14.3	2.71
		8		15.64	12.3	0.393	148	267	235	61.4	3.08	3.88	1.98	20.5	33.2	15.8	2.76
		9		17.46	13.7	0.392	164	300	260	68.0	3.07	3.86	1.97	22.8	36.8	17.2	2.80
		10		19.26	15.1	0.392	180	334	285	74.4	3.05	3.84	1.96	25.1	40.3	18.5	2.84
		12		22.80	17.9	0.391	209	402	331	86.8	3.03	3.81	1.95	29.5	46.8	21.1	2.91
		14		26.26	20.6	0.391	237	471	374	99.0	3.00	3.77	1.94	33.7	52.9	23.4	2.99

续表

型号	截面尺寸/mm			截面面积/cm²	理论重量/(kg/m)	外表面积/(m²/m)	惯性矩/cm⁴				惯性半径/cm			截面模数/cm³			重心距离/cm
	b	d	r				I_x	I_{x1}	I_{x0}	I_{y0}	i_x	i_{x0}	i_{y0}	W_x	W_{x0}	W_{y0}	Z_0
10	100	16	12	29.63	23.3	0.390	263	540	414	111	2.98	3.74	1.94	37.8	58.6	25.6	3.06
11	110	7	12	15.20	11.9	0.433	177	311	281	73.4	3.41	4.30	2.20	22.1	36.1	17.5	2.96
		8		17.24	13.5	0.433	199	355	316	82.4	3.40	4.28	2.19	25.0	40.7	19.4	3.01
		10		21.26	16.7	0.432	242	445	384	100	3.38	4.25	2.17	30.6	49.4	22.9	3.09
		12		25.20	19.8	0.431	283	535	448	117	3.35	4.22	2.15	36.1	57.6	26.2	3.16
		14		29.06	22.8	0.431	321	625	508	133	3.32	4.18	2.14	41.3	65.3	29.1	3.24
12.5	125	8	14	19.75	15.5	0.492	297	521	471	123	3.88	4.88	2.50	32.5	53.3	25.9	3.37
		10		24.37	19.1	0.491	362	652	574	149	3.85	4.85	2.48	40.0	64.9	30.6	3.45
		12		28.91	22.7	0.491	423	783	671	175	3.83	4.82	2.46	41.2	76.0	35.0	3.53
		14		33.37	26.2	0.490	482	916	764	200	3.80	4.78	2.45	54.2	86.4	39.1	3.61
		16		37.74	29.6	0.489	537	1 050	851	224	3.77	4.75	2.43	60.9	96.3	43.0	3.68
14	140	10	14	27.37	21.5	0.551	515	915	817	212	4.34	5.46	2.78	50.6	82.6	39.2	3.82
		12		32.51	25.5	0.551	604	1 100	959	249	4.31	5.43	2.76	59.8	96.9	45.0	3.90
		14		37.57	29.5	0.550	689	1 280	1 090	284	4.28	5.40	2.75	68.8	110	50.5	3.98
		16		42.54	33.4	0.549	770	1 470	1 220	319	4.26	5.36	2.74	77.5	123	55.6	4.06
15	150	8		23.75	18.6	0.592	521	900	827	215	4.69	5.90	3.01	47.4	78.0	38.1	3.99
		10		29.37	23.1	0.591	638	1 130	1 010	262	4.66	5.87	2.99	58.4	95.5	45.5	4.08
		12		34.91	27.4	0.591	749	1 350	1 190	308	4.63	5.84	2.97	69.0	112	52.4	4.15
		14		40.37	31.7	0.590	856	1 580	1 360	352	4.60	5.80	2.95	79.5	128	58.8	4.23

续表

型号	截面尺寸/mm b	截面尺寸/mm d	截面尺寸/mm r	截面面积/cm²	理论重量/(kg/m)	外表面积/(m²/m)	惯性矩/cm⁴ I_x	惯性矩/cm⁴ I_{x1}	惯性矩/cm⁴ I_{x0}	惯性矩/cm⁴ I_{y0}	惯性半径/cm i_x	惯性半径/cm i_{x0}	惯性半径/cm i_{y0}	截面模数/cm³ W_x	截面模数/cm³ W_{x0}	截面模数/cm³ W_{y0}	重心距离/cm Z_0
15	150	15	14	43.06	33.8	0.590	907	1 690	1 440	374	4.59	5.78	2.95	84.6	136	61.9	4.27
		16	14	45.74	35.9	0.589	958	1 810	1 520	395	4.58	5.77	2.94	89.6	143	64.9	4.31
16	160	10	16	31.50	24.7	0.630	780	1 370	1 240	322	4.98	6.27	3.20	66.7	109	52.8	4.31
		12		37.44	29.4	0.630	917	1 640	1 460	377	4.95	6.24	3.18	79.0	129	60.7	4.39
		14		43.30	34.0	0.629	1 050	1 910	1 670	432	4.92	6.20	3.16	91.0	147	68.2	4.47
		16		49.07	38.5	0.629	1 180	2 190	1 870	485	4.89	6.17	3.14	103	165	75.3	4.55
18	180	12	16	42.24	33.2	0.710	1 320	2 330	2 100	543	5.59	7.05	3.58	101	165	78.4	4.89
		14		48.90	38.4	0.709	1 510	2 720	2 410	622	5.56	7.02	3.56	116	189	88.4	4.97
		16		55.47	43.5	0.709	1 700	3 120	2 700	699	5.54	6.98	3.55	131	212	97.8	5.05
		18		61.96	48.6	0.708	1 880	3 500	2 990	762	5.50	6.94	3.51	146	235	105	5.13
20	200	14	18	54.64	42.9	0.788	2 100	3 730	3 340	864	6.20	7.82	3.98	145	236	112	5.46
		16		62.01	48.7	0.788	2 370	4 270	3 760	971	6.18	7.79	3.96	164	266	124	5.54
		18		69.30	54.4	0.787	2 620	4 810	4 160	1 080	6.15	7.75	3.94	182	294	136	5.62
		20		76.51	60.1	0.787	2 870	5 350	4 550	1 180	6.12	7.72	3.93	200	322	147	5.69
		24		90.66	71.2	0.785	3 340	6 460	5 290	1 380	6.07	7.64	3.90	236	374	167	5.87
22	220	16	21	68.67	53.9	0.866	3 190	5 680	5 060	1 310	6.81	8.59	4.37	200	326	154	6.03
		18		76.75	60.3	0.866	3 540	6 400	5 620	1 450	6.79	8.55	4.35	223	361	168	6.11
		20		84.76	66.5	0.865	3 870	7 110	6 150	1 590	6.76	8.52	4.34	245	395	182	6.18
		22		92.68	72.8	0.865	4 200	7 830	6 670	1 730	6.73	8.48	4.32	267	429	195	6.26

续表

| 型号 | 截面尺寸/mm | | | 截面面积/cm² | 理论重量/(kg/m) | 外表面积/(m²/m) | 惯性矩/cm⁴ | | | | 惯性半径/cm | | | 截面模数/cm³ | | | 重心距离/cm |
	b	d	r				I_x	I_{x1}	I_{x0}	I_{y0}	i_x	i_{x0}	i_{y0}	W_x	W_{x0}	W_{y0}	Z_0
22	220	24	21	100.5	78.9	0.864	4 520	8 550	7 170	1 870	6.71	8.45	4.31	289	461	208	6.33
		26		108.3	85.0	0.864	4 830	9 280	7 690	2 000	6.68	8.41	4.30	310	492	221	6.41
25	250	18		87.84	69.0	0.985	5 270	9 380	8 370	2 170	7.75	9.76	4.97	290	473	224	6.84
		20		97.05	76.2	0.984	5 780	10 400	9 180	2 380	7.72	9.73	4.95	320	519	243	6.92
		22		106.2	83.3	0.983	6 280	11 500	9 970	2 580	7.69	9.69	4.93	349	564	261	7.00
		24	24	115.2	90.4	0.983	6 770	12 500	10 700	2 790	7.67	9.66	4.92	378	608	278	7.07
		26		124.2	97.5	0.982	7 240	13 600	11 500	2 980	7.64	9.62	4.90	406	650	295	7.15
		28		133.0	104	0.982	7 700	14 600	12 200	3 180	7.61	9.58	4.89	433	691	311	7.22
		30		141.8	111	0.981	8 160	15 700	12 900	3 380	7.58	9.55	4.88	461	731	327	7.30
		32		150.5	118	0.981	8 600	16 800	13 600	3 570	7.56	9.51	4.87	488	770	342	7.37
		35		163.4	128	0.980	9 240	18 400	14 600	3 850	7.52	9.46	4.86	527	827	364	7.48

注：截面图中的 $r_1 = 1/3d$ 及表中的 r 的数据用于孔型设计，不做交货条件。

参 考 文 献

［1］成大先. 机械设计手册［M］. 5 版. 北京:化学工业出版社,2014.

［2］杜庆华,余寿文,姚振汉. 弹性理论［M］. 北京:科学出版社,1986.

［3］范钦珊. 工程力学教程（Ⅰ）,（Ⅱ）［M］. 北京:高等教育出版社,1998.

［4］刘鸿文. 材料力学（Ⅰ）,（Ⅱ）［M］. 6 版. 北京:高等教育出版社,2017.

［5］刘鸿文. 高等材料力学［M］. 北京:高等教育出版社,1985.

［6］陆启韶. 分岔与奇异性［M］. 上海:上海科技教育出版社,1995.

［7］穆斯海里什维里. 数学弹性理论的几个基本问题［M］. 赵惠元,范天佑,王成,译. 北京:科学出版社,2018.

［8］钱伟长,叶开沅. 弹性力学［M］. 北京:科学出版社,1956.

［9］单辉祖. 材料力学（Ⅰ）,（Ⅱ）［M］. 4 版. 北京:高等教育出版社,2016.

［10］沈观林. 电阻应变计及其应用［M］. 北京:清华大学出版社,1983.

［11］铁摩辛柯. 材料力学史［M］. 常振机,译. 上海:上海科技出版社,1961.

［12］铁摩辛柯. 材料力学（高等理论及问题）［M］. 汪一麟,译. 北京:科学出版社,1964.

［13］武际可. 力学史［M］. 重庆:重庆出版社,2000.

［14］杨卫. 宏微观断裂力学［M］. 北京:国防工业出版社,1995.

［15］殷有泉,邓成光. 材料力学［M］. 北京:北京大学出版社,1992.

［16］张明. 结构可靠度分析方法与程序［M］. 北京:科学出版社,2009.

［17］张如一,陆耀桢. 实验应力分析［M］. 北京:机械工业出版社,1986.

［18］Atkins R J,Fox N. An Introduction to the Theory of Elasticity［M］. London:Longman,1980.

［19］Beer F P,Johnston E R,Dewolf J T,et al. Mechanics of Materials［M］. 6th ed. New York:McGraw-Hill,2012.

［20］Gere J M,Goodno B J. Mechanics of Materials［M］. 7th ed. Toronto:Cengage Learning,2009.

［21］Fung Y C. Foundations of Solid Mechanics［M］. New Jersey:Prentice-Hall,1965.

［22］Hibbeler R C. Mechanics of Materials［M］,8th ed. New Jersey:Prentice-Hall,2011.

［23］Nash W A. Schaum's Outline of Strength of Mechanics. 5th ed. New York:McGraw-Hill,2010.

［24］Nowinski J L. Theory of Thermoelasticity with Applications［M］. The Netherlands:Sijthoff & Noordhoff Internatinal Publishers,1978.

［25］Schnell W,Gross D,Hauger W. Technische Mechanik［M］. 6th ed. Berlin:Springer-Verlag,1998.

［26］Shames I H. Introduction to Solid Mechanics［M］. 3rd ed. New Jersey:Prentice-Hall,1999.

[27] Spencer A J M. Continuum Mechanics[M]. London：Longman，1980.

[28] Timoshenko S P，Goodier J N. Theory of Elasticity[M]. 3rd ed. New York：McGraw-Hill，1970.

[29] Young W C，Budyad R G. Roark's Formulas for Stress and Strain[M]. 7th ed(影印版). 北京：清华大学出版社，2004.

[30] Ziegler H. An Introduction to Thermomechanics[M]. 2nd ed. New York：North Holland Pub. Co. ，1980.

作 者 简 介

    秦世伦,四川大学建筑与环境学院教授,主要从事计算力学及连续介质力学方面的研究工作,是国家级精品课程"工程力学"和四川省教学团队的主要策划者,主编了《工程力学》("十二五"普通高等教育本科国家级规划教材)等多部教材。曾获全国高校优秀教师"宝钢奖"、四川省优秀教学成果奖、四川省优秀教师奖、四川省教学名师奖等多项奖励。组织和参与了第九届和第十届全国周培源大学生力学竞赛的命题工作,并获得竞赛的"特殊贡献奖"。

    李晋川,博士,四川大学建筑与环境学院教授,基础力学实验室主任,《生物医学工程学杂志》编委。长期从事实验力学教学和实验、生物医学工程、计算机数据采集与处理相关领域的教学工作;研究领域涉及力学测量仪器仪表及新型传感器应用、生物医学传感器及检测技术、计算机控制及数据采集与处理的工程应用。主持科研项目 26 项,获省部级科研及教学奖励二等奖 1 项,三等奖 2 项,主持制定国家标准 2 项。

郑重声明

高等教育出版社依法对本书享有专有出版权。任何未经许可的复制、销售行为均违反《中华人民共和国著作权法》,其行为人将承担相应的民事责任和行政责任;构成犯罪的,将被依法追究刑事责任。为了维护市场秩序,保护读者的合法权益,避免读者误用盗版书造成不良后果,我社将配合行政执法部门和司法机关对违法犯罪的单位和个人进行严厉打击。社会各界人士如发现上述侵权行为,希望及时举报,我社将奖励举报有功人员。

反盗版举报电话　(010) 58581999　58582371

反盗版举报邮箱　dd@ hep.com.cn

通信地址　北京市西城区德外大街 4 号
　　　　　高等教育出版社法律事务部

邮政编码　100120

读者意见反馈

为收集对教材的意见建议,进一步完善教材编写并做好服务工作,读者可将对本教材的意见建议通过如下渠道反馈至我社。

咨询电话　400-810-0598

反馈邮箱　gjdzfwb@ pub.hep.cn

通信地址　北京市朝阳区惠新东街 4 号富盛大厦 1 座
　　　　　高等教育出版社总编辑办公室

邮政编码　100029

防伪查询说明

用户购书后刮开防伪涂层,使用手机微信等软件扫描二维码,会跳转至防伪查询网页,获得所购图书详细信息。

防伪客服电话　(010)58582300